Handbuch

der

Differential- und Integral-Rechnung

von

S. F. Lacroix.

Aus dem Französischen übersetzt

von

C. F. Bethke.

Nach der zweiten durchgesehenen und verbesserten Original-Ausgabe.

Mit fünf Kupfertafeln.

Berlin, 1817.
In der Realschulbuchhandlung.

Vorrede.

Unter den deutschen Lehrbüchern, die Anfangsgründe der höhern Größwissenschaft enthaltend, ist mir keins bekannt, das den Forderungen, wozu der gegenwärtige erhöhte Zustand der gesammten Größenlehre nöthigt, auf eine zureichende Weise Genüge leistete. Um nun zum Behufe verschiedener über jenen Zweig des Wissens zu haltenden mündlichen Vorträge einen Leitfaden zu haben, ohne doch ganze Abschnitte selbst ausarbeiten und den Lernenden in die Feder sagen zu dürfen, was mir theils meine, besonders aber meiner Schüler Zeit verbot: so konnte, wo auch französische Werke dieses Gegenstandes zulässig waren, da diese in einem Lande, welches sich besonders neuerer Zeit in den mathematischen Wissenschaften durch schöpferischen Geist und allgemein verbreiteten Eifer so glänzend hervorgethan, und zur Entwickelung und Ausbildung einer höhern umfassendern wissenschaftlichen Allgemeinheit der Mathematik hauptsächlich mitbeigetragen hat, in größerer Vollkommenheit gedeihen mußten, zwar nur die Auswahl zu treffen sein. Weil aber das erste Erlernen selbst einer reinen Wissenschaft aus einer fremden, und, wie dies am häufigsten der Fall, noch nicht bis zur nöthigen Fertigkeit für den Denkgebrauch besessenen Sprache, immer jenes als den Hauptzweck genommen, durch ein unvermeidliches Zerstreuen der auf den Gegenstand zu heftenden Aufmerksamkeit mit nicht geringem Zeitverlust verknüpft ist: so durfte ich, bei gegebner Muße, das Uebersetzen der nach meinem Urtheile für den ersten Unterricht in der höhern Wissenschaft am meisten geeigneten Anfangsgründe für keine ganz nutzlose Arbeit achten, besonders in Hinsicht der bei weitem größern Anzahl derjenigen Anfänger in dieser Wissenschaft, denen es an der Kenntniß der französischen Sprache fast gänzlich gebricht. Wenn aber Gründlichkeit, Klarheit und Bündigkeit in den Grundsätzen, Begriffen und Beweisen, wenn eine mit tiefer Kenntniß des Entwickelungsganges eines die Wissenschaft sich anbildenden Gemüthes und mit steter Hinsicht auf den gegenwärtigen Zustand der Größenlehre getroffene Auswahl des Stoffes, wenn endlich unter den mannigfaltigen Begründungen, welche man der Differential-Rechnung zu geben gesucht hat, die Darlegung der das Wesen der letztern am lichtvollsten offenbarenden und alle andern als Keime in sich schließenden, nämlich die der Grenzenlehre, einem Werke den Vorzug giebt: so konnte die Wahl des Uebersetzers auf kein anderes fallen, als auf das nach meiner Ueberzeugung alle diese genannten Eigenschaften im hohen Grade in sich vereinigende Werk von Lacroix: Traité élémentaire de Calcul différentiel et de Calcul intégral. Um jedoch dieses Buch auch zum Selbstunterricht brauchbarer zu machen, manche Abschnitte etwas weiter auszuführen und zu ergänzen, letzteres besonders durch eine strenge Durchführung der Grenzenlehre, und vorzüglich, um die oben ausgesprochene Ueberzeugung über die Urgrundlegung der Differential-

Rechnung aus ihren Gründen, wie ich hoffe, vollständig zu rechtfertigen, soll eine eigene kleine Schrift, Erläuterungen und Zusätze in sich begreifend, dieser Uebersetzung als Anhang folgen. Indeß hege ich den Wunsch, auch schon durch Ausarbeitung dieser Uebersetzung wenigstens Einigen nützlich zu werden, und daß dieselbe, entsprungen aus dem Bestreben, nach meinen Verhältnissen und Kräften zur Erleichterung im Betriebe des höhern Theils der Größenlehre Einiges beizutragen, eine nachsichtige Aufnahme finden möge.

Berlin, den 23sten September 1817.

Der Uebersetzer.

Inhalt.

Erster Theil.

Differential-Rechnung.

Zweiter Theil.

Integral-Rechnung.

Von der Integrirung der Differential-Gleichungen mit zwei veränderlichen Größen.

Von der Integrirung der Functionen mit zwei oder einer größern Anzahl veränderlicher Größen.

Von der Variations-Methode.

Anhang zum Handbuche der Differential- und Integral-Rechnung.

Von den Differenzen und den Reihen.

Ende des Inhalts.

Handbuch

der

Differential- und Integral-Rechnung.

Erster Theil.

Von der Differential-Rechnung.

Vorläufige Begriffe und Grundsätze von der Differentiirung der Functionen einer einzigen veränderlichen Größe.

§. 1. In diesem Theile der Analysis nimmt man zum Gegenstande den Uebergang einer oder mehrerer Größen durch verschiedene Werthzustände und die Veränderungen, welche dadurch andere Größen erleiden, die ihrem Werthe nach von dem Werthe der ersteren abhängig sind.

§. 2. Um auszudrücken, daß eine Größe von einer oder mehreren andern abhänge, sei dies nun durch beliebige Operationen, oder auch nur durch Beziehungen, die, wiewohl algebraisch unangeblich, doch ein durch sichere Bedingungen bestimmtes Dasein haben: so sagt man, die erste sei eine Function der andern. Der Gebrauch dieses Wortes wird die Bedeutung desselben völlig aufklären.

§. 3. Die Größe, welche so betrachtet wird, daß sie ihren Werthzustand verändere oder verändern könne, heißt die veränderliche, und diejenige, welche immer denselben Werth im Verlaufe der Rechnung behält, die beständige Größe. Hiernach sieht man, daß die Natur der vorgelegten Frage bestimmt, welche Größen als veränderlich, oder welche als beständig anzusehen sind.

§. 4. Um dieses deutlich zu machen, will ich sogleich einige Beispiele hinzufügen. Es sei $u = ax$;

und a betrachte man als beständig, so ist u eine Function von x, und zwar von der einfachsten Ordnung, da sie eine Größe ist, die mit dieser veränderlichen in Proportion steht. Setzt man, x werde $x + h$, und stellt den neuen Werth von u durch u' vor, so bekommt man $u' = ax + ah$, woraus $u' - u = ah$ folgt; und aus der Division beider Seiten der Gleichung durch h ergiebt sich $\frac{u' - u}{h} = a$, d. h.: der Verhältnißname von den Zuwachsen der Function und der veränderlichen Größe ist von ihren besondern Werthen unabhängig.

Ich gehe jetzt zu der ein wenig verwickeltern Function $u = ax^2$ über. Man setze darin $x + h$ statt x, so wird $u' = a\,(x^2 + 2xh + h^2)$; subtrahirt man darauf die erste Gleichung von der zweiten, so kommt $u' - u = 2axh + ah^2$; und dividirt man endlich auf beiden Seiten mit h, so hat man $\frac{u' - u}{h} = 2ax + ah$. Hier besteht der Verhältnißname der Zuwachse der Function und der veränderlichen Größe aus zwei Theilen; der eine hängt nicht von dem besondern Werthe der Zuwachse ab, und der andere ist mit h behaftet. Stellt man sich vor, diese Größe nehme fortwährend ab, so wird sich das Resultat immer mehr dem $2ax$ nähern, und alsdann nur erreichen, wenn $h = 0$ gesetzt worden, so daß $2ax$ die Grenze des Verhältnißnamens $\frac{u' - u}{h}$, d. h.: der Werth ist, dem dieser Verhältnißname in dem Maaße, als die Größe h abnimmt, sich zu nähern strebt und so nahe kommen kann, als man nur will.

Man sieht leicht, daß die Differenz $u' - u$ allemal mit h zu gleicher Zeit verschwindet, weil jene Größe durch das Vorhandensein der letztern allein nur Statt findet; doch verschwindet keinesweges ihr Verhältnißname, welcher zu der Art von Größen gehört, die §. 70. in den Anfangsgründen der Algebra angezeigt worden sind.

Macht man ferner noch $u = ax^3$, ſo ergiebt ſich durch die Subſtitution von $x + h$ ſtatt x
$u' = a(x+h)^3 = ax^3 = 3ax^2h + 3axh^2 + ah^3$.
Die erſte Gleichung von der zweiten abgezogen, giebt $u' - u = 3ax^2h + 3axh^2 + ah^3$, und hieraus den Verhältnißnamen der Zuwachſe geſucht,
$\frac{u' - u}{h} = 3ax^2 + 3axh + ah^2$. Hier ſieht man wiederum ein von jedem beſondern Werthe der Zuwachſe unabhängiges Glied, welches ihr Verhältnißname beſtändig zu erreichen ſtrebt, indem h abnimmt, ſo daß dieſer Verhältnißname auch eine Grenze hat.

Dieſes erſte Glied oder dieſe Grenze iſt nicht blos den Functionen eigen, welche wir jetzt eben unterſucht haben, ſondern es findet ſich allgemein in jeder Function. **Beim Verſchwinden behalten die beiderſeitigen Zuwachſe einer Function und ihrer veränderlichen Größe noch den Verhältnißnamen, dem ſie ſich ſtufenweiſe genähert haben; und es findet zwiſchen dieſem letztern und der Function, von welcher derſelbe abgeleitet iſt, eine gegenſeitige Abhängigkeit Statt, durch welche ſie wechſelsweiſe beſtimmt werden.** Dieſe Behauptungen erläutern und beſtätigen ſich auf eine ſehr befriedigende Art durch die Betrachtung der Curven, wie man es in der Folge (§. 61 u. 62.) ſehen wird.

§. 5. Zuvörderſt werde ich mit den Zeichen bekannt machen, wodurch die neuen Beziehungen, welche die vorhergehenden Begriffe zwiſchen den Größen feſtſtellen, ausgedrückt werden. Um deren zweckmäßigen Gebrauch zu zeigen, nehme ich die ſchon oben §. 4. betrachtete Function $u = ax^3$ wieder vor.

Dadurch, daß man $x + h$ ſtatt x ſetzte, und von

diesem Resultate die Größe ax^3 abzog, erhielt man in dem Ausdrucke $u' - u = 3ax^2h + 3axh^2 + ah^3$ die Entwickelung der Differenz der zwei Zustände der Function u, geordnet nach den Potenzen des Zuwachses h, welchen man der veränderlichen Größe beilegt; und die Grenze $3ax^2$ des Verhältnißnamens der Zuwachse $u' - u$ und h hängt nur von der Betrachtung des ersten Gliedes $3ax^2h$ dieser Differenz ab (§. 4.). Dieses erste Glied, welches nur ein Theil der Differenz ist, heißt Differential, und wird durch du bezeichnet, wo der Buchstabe d als ein Kennbuchstabe dient; es wird daher in dem vorgegebenen Beispiele $du = 3ax\ h$.

Um hierauf zu $3ax^2$, als der gesuchten Grenze, zu gelangen, muß man durch h dividiren, und man erhält $\frac{du}{h} = 3ax^2$. Ist aber von einer schlichten veränderlichen Größe die Rede, da sich x in $x' = x + h$ verwandelt, so hat man $x' - x = h$; alsdann sind die Differenz und das Differential nur ein und dasselbe. Man gebraucht dem zufolge statt der Größe h das Zeichen dx, um Gleichförmigkeit in die Rechnungen zu bringen, und es ergiebt sich $du = 3ax^2dx$, $\frac{du}{dx} = 3ax^2$. Der erste Ausdruck wird das Differential von u oder von ax^3 sein, und der zweite, welcher die Grenze des Verhältnißnamens der gleichzeitigen Veränderungen von der Function und der veränderlichen Größe ausdrückt, bekommt den Namen Differential-Coefficient, weil die Größe, welche dadurch dargestellt wird, nichts anders, als der Multiplicator des Differentials dx, in dem Ausdrucke des Differentials du ist. Hieraus folgt, daß die Grenze des Verhältnißnamens der Zuwachse oder der Differential-Coefficient erhalten wird, indem man das Differential der Function durch das Differential der veränderlichen Größe dividirt; und daß gegenſeitig man das Differential erhalten wird, indem man die Grenze des Verhältnißnamens der Zuwachſe oder den Differential-Coefficienten durch das Differential der veränderlichen Größe multiplicirt.

Dieſe Bemerkung iſt wichtig, weil es Functionen giebt, deren Differential-Coefficient ſich leichter, als das Differential findet. Um nämlich unmittelbar zu dieſem letztern zu gelangen, muß man $x + dx$ ſtatt x in der vorgegebenen Function ſchreiben, das Reſultat nach den Potenzen von dx entwickeln, indem man bei dem mit der erſten Potenz behafteten Gliede ſtehen bleibt, und von dem Reſultate den urſprünglichen Ausdruck abziehen. Man ſieht, daß dieſe Methode vorausſetzt, daß man die vorgegebene Function zu entwickeln wiſſe, wobei noch anderweitige Hülfsmittel erforderlich ſein können, deren uns die Betrachtung der Grenzen am öfterſten überhebt.

Zufolge dieſer verſchiedenen Betrachtungen iſt die Differential-Rechnung die Erforſchung der Grenze von dem Verhältnißnamen der gleichzeitigen Zuwachſe einer Function und der veränderlichen Größe, wovon ſie abhängt.

§. 6. Man muß ſich wohl in Acht nehmen, und das Differential nicht mit der Differenz $u' - u$ verwechſeln. So iſt in dem Beiſpiele von §. 4. das eine $3ax^2h$ und die andere $3ax^2h + 3axh^2 + ah^3$; aber man ſieht, daß, wenn die Größe h ſehr klein iſt, das Differential $3ax^2h$ den beträchtlichſten Theil der Differenz $u' - u$ ausmacht, und das Differential, je kleiner h wird, ſich immer mehr und mehr der Differenz nähert. Im Allgemeinen begeht man einen um ſo geringern Fehler, indem man das Differential für die Differenz nimmt, je kleiner man den Werth des Zuwachses der veränderlichen Größe setzt. Dieselbe Folgerung läßt sich auch aus der Betrachtung der Grenzen ziehen; denn wenn der Verhältnißname der gleichzeitigen Zuwachse $u' - u$ und h eine Function p zur Grenze hat, so nähert er sich ihr unaufhörlich; es wird daher die Gleichung $\frac{u' - u}{h} = p$ desto genauer, je kleiner der Zuwachs h ist, und in dieser Voraussetzung wird $u' - u = hp$. *)

Es ist hier zweckdienlich zu bemerken, daß, wenn das Resultat der Substitution von $x + h$ nach den Potenzen von h in der Form $U + ph + qh^2 +$ etc. entwickelt worden, das erste Glied U der ursprüngliche Werth der vorgegebenen Function ist, weil auf dieses Glied allein der obige Ausdruck zurückgebracht wird, wenn man darin $h = 0$ macht, welches voraussetzt, daß x sich nicht verändert hat.

§. 7. Es ist leicht einzusehen, daß zwei gleiche Functionen gleiche Differentialen haben; denn wenn zwei Functionen, welches auch der Werth der veränderlichen Größe, wovon sie abhängen, sein möge, unter sich gleich sind, so müssen die beiderseitigen Veränderungen, welche sie in Folge der Veränderung, welche man der veränderlichen Größe beilegt, erleiden, immer gleich sein. Bezeichnen z. B. u und v solche Functionen von x, daß, was auch x sein mag, $u = v$ ist, und, wenn x zu $x + dx$ wird, verwandle sich u in u', und v in v', so ist ebenfalls $u' = v'$. Zieht man nun von dieser Gleichung die vorhergehende ab, so ergiebt sich $u' - u = v' - v$; hierauf durch dx dividirt, erhält man $\frac{u' - u}{dx} = \frac{v' - v}{dx}$. Wenn daher p und q die Grenzen der obigen Verhältnißnamen bezeichnen,

*) Auf diesem Grundsatze führte Leibnitz die Differential-Rechnung auf, indem er die Differentialen als unendlich kleine Differenzen betrachtete.

ſo hat man $p = q$, woraus $pdx = qdx$ und endlich $du = dv$ geſchloſſen wird, in Betracht, daß nach §. 5. pdx und qdx die Differentialen der Functionen u und v ſind.

Der umgekehrte Satz iſt nicht allgemein wahr, und man würde mit Unrecht behaupten, daß zwei gleiche Differentialen zu gleichen Functionen gehören. Denn hatte man $a + bx$, und ſetzte $x + dx$ ſtatt x, ſo würde man $a + bx + bdx$ erhalten, und nach Abzug von $a + bx$ ein Reſultat bdx finden, in welchem keine Spur mehr von der beſtändigen Größe a iſt. Das Differential bdx gehört daher ſowohl zu $a + bx$, als zu bx; und im Allgemeinen kommt es allen den verſchiedenen Fällen zu, welche die Function $a + bx$ darſtellt, wenn man a alle nur mögliche Werthe giebt. Man ſieht daraus leicht, daß bei der Differentiirung irgend einer Function alle blos vermittelſt der Addition oder Subtraction damit verbundenen beſtändigen Größen verſchwinden; da hingegen diejenigen, die durch Multiplication oder Diviſion darin ſich finden, ſtets als Coefficienten oder als Diviſoren verbleiben.

§. Ehe wir zur Erforſchung der Differentialen vermittelſt der Grenzen übergehen, iſt zu bemerken:

1) daß die Grenze des Products zweier zu gleicher Zeit veränderlichen Größen das Product ihrer entſprechenden Grenzen iſt; 2) daß die Grenze der Quotienten derſelben Größen auch der Quotient ihrer Grenzen iſt.

Denn es ſeien nämlich P und Q die vorgegebenen Größen, und p und q ihre entſprechenden Grenzen, ſo laſſen ſich die erſten, in ihrem allgemeinen Zuſtande betrachtet, durch $p + \alpha$ und $q + \beta$ vorſtellen, wo α und β ſolche Größen bezeichnen, die, nachdem ſie durch alle Grade von Kleinheit gegangen ſind, zu gleicher Zeit verſchwinden können; demnach hat man im Allgemeinen $PQ = (p + \alpha)(q + \beta) = pq + p\beta + q\alpha + \alpha\beta$.

Die zweite Seite dieser Gleichung wird blos pq, wenn man, um die Grenzen zu erhalten, $\alpha = 0$ und $\beta = 0$ macht. Man sieht außerdem, daß, indem man den Größen α und β angemessene Werthe giebt, man die Differenz $PQ - pp = p\beta + q\alpha + \alpha\beta$ so klein machen kann, als man nur immer will.

Wird der Quotient $\frac{P}{Q} = \frac{p+\alpha}{q+\beta}$ unter die Form $\frac{P}{Q} = \frac{p}{q} + \frac{p+\alpha}{q+\beta} - \frac{p}{q}$ gebracht, so erhält man dadurch, daß man die beiden letzten Brüche auf gleiche Nenner bringt $\frac{P}{Q} = \frac{p}{q} + \frac{q\alpha - p\beta}{q(q+\beta)}$. Der Zähler des letzten Bruches in diesem Resultate verschwindet, wenn α und β Null sind, und geht vorher durch alle Grade von Kleinheit, indeß der Nenner sich unaufhörlich dem q^2 nähert. So wird $\frac{P}{Q}$ auf die Grenze $\frac{p}{q}$ zurückgebracht, und die Differenz $\frac{P}{Q} - \frac{p}{q} = \frac{q\alpha - p\beta}{q(q+\beta)}$ kann so klein gemacht werden, als man nur immer will.

§. 9. Vermittelst der vorhergehenden Bemerkungen erhält man den Differential-Coefficienten von einer Function, auf eine veränderliche Größe bezogen, wovon sie nicht unmittelbar abhängt. Wenn z. B. drei solche Größen v, u, x, daß die erste eine Function der zweiten, und diese eine Function der dritten ist, zu einem neuen durch v', u', x' dargestellten Werthzustande gemeinschaftlich übergehen, oder die gegenseitigen Veränderungen $v' - v$, $u' - u$, $x' - x$ erhalten, so daß die Verhältnißnamen dieser Zuwachse $\frac{v'-v}{u'-u}$, $\frac{u'-u}{x'-x}$, und ihre Grenzen $\frac{dv}{du} = p$, $\frac{du}{dx} = q$ sind, so wird aus der ersten der vorhergehenden Bemerkungen geſchloſſen, daß die Grenze von $\frac{v'-v}{u'-u} \times \frac{u'-u}{x'-x}$, oder von $\frac{v'-v}{x'-x}$, pq, und folglich $\frac{dv}{dx} = pq = \frac{dv}{du} \times \frac{du}{dx}$ iſt.

Wann der Zuwachs $u'-u$ mit $x'-x$ und $v'-v$ nach einander verglichen wird, und man für die Verhältnißnamen $\frac{u'-u}{x'-x}$ und $\frac{u'-u}{v'-v}$ die Grenzen $\frac{du}{dx} = p$, $\frac{du}{dv} = q$ hat, ſo wird man aus der zweiten Bemerkung ſchließen, daß die Grenze von $\dfrac{\frac{u'-u}{x'-x}}{\frac{u'-u}{v'-v}}$ oder von $\frac{v'-v}{x'-x}$, $\frac{p}{q}$, und daß folglich $\frac{dv}{dx} = \frac{p}{q} = \dfrac{\frac{du}{dx}}{\frac{du}{dv}}$ iſt.

Wenn zwei Größen u und x durch eine wechſelſeitige Abhängigkeit verbunden ſind, ſo kann man ſowohl ſagen, daß u eine Function von x, als auch daß x eine Function von u iſt, je nachdem man u als durch x, oder x als durch u beſtimmt betrachten will; auch der Differential-Coefficient kann ſich unter einem jeden dieſer Geſichtspunkte darſtellen. Hat man im erſten Fall $\frac{du}{dx} = p$, ſo iſt einleuchtend, daß man in dem zweiten Fall $\frac{dx}{du} = \frac{1}{p}$ haben müſſe.

§. 10. Ich gehe nunmehr ſofort zur Anwendung des Vorhergehenden auf die Erforſchung der Differentialen derjenigen Functionen, welche in den Anfangsgründen der Algebra vorkommen, nämlich der Summen, Differenzen, Producte, Quotienten, Potenzen und Wurzeln. Sind erſtens mehrere von x abhängige

Größen, deren Differential man zu finden weiß, durch die Addition und Subtraction, wie in dem Beispiele $u + v - w$, zusammen verbunden, und es verändere die Setzung von $x + dx$ statt x, u in $u + \alpha$, und v in $v + \beta$, so geht der Ausdruck $u + v - w$ in $u + v - w + \alpha + \beta - \gamma$ über. Seine aus den Gliedern $\alpha + \beta - \gamma$ gebildete und mit dem Zuwachse dx der veränderlichen Größe x verglichene Veränderung giebt $\frac{\alpha}{dx} + \frac{\beta}{dx} - \frac{\gamma}{dx}$, eine Größe, deren Grenze $p + q - r$ ist, wenn p, q, r die gegenseitigen Grenzen der einzelnen Verhältnißnamen $\frac{\alpha}{dx}, \frac{\beta}{dx}, \frac{\gamma}{dx}$ bezeichnen; und indem man durch dx die Größe $p + q - r$ multiplicirt, wird das Resultat $pdx + qdx - rdx$ das Differential der vorgegebenen Function; aber pdx, qdx, rdx sind die einer jeden der Functionen u, v und w zugehörigen Differentialen, oder stellen du, dv, dw vor; mithin hat man $d(u+v-w) = du + dv - dw$, d. h.: das Differential einer aus mehreren Gliedern bestehenden Function von x wird erhalten, wenn man das Differential eines jeden Gliedes mit dem Zeichen nimmt, womit dieses Glied behaftet ist.

§. 11. Zweitens, wenn in dem Producte zweier Functionen u und v, u sich in $u + \alpha$, v in $v + \beta$ verwandelt, so wird dieses Product $uv + u\beta + v\alpha + \alpha\beta$; und sein Zuwachs $u\beta + v\alpha + \alpha\beta$ mit dx verglichen, giebt den Ausdruck $u\frac{\beta}{dx} + v\frac{\alpha}{dx} + \frac{\alpha}{dx}\beta$.

Indem man, wie oben, durch p und q die gegenseitigen Grenzen der Verhältnißnamen $\frac{\alpha}{dx}$, $\frac{\beta}{dx}$ bezeichnet, hernach darauf Acht hat, daß der Zuwachs β zu gleicher Zeit mit dx verschwindet, wovon die Größen u und v überdies unabhängig sind, so erhellt, daß die Grenze des Gliedes $\frac{\alpha}{dx}\beta$ Null (§. 8.) und der beiden andern hingegen uq + vp iſt. Man ſchließe hieraus (§. 5.), das Differential von uv ſei uqdx + vpdx; aber qdx und pdx ſind mit dv und du gleichbedeutend; mithin d.uv = udv + vdu *).

Die Formel d.uv = udv + vdu lehrt, daß, um das Differential von dem Producte zweier Functionen zu erhalten, man eine jede durch das Differential der andern multipliciren, und die zwei Producte zuſammen addiren müſſe.

Werden die beiden Seiten der Gleichung d.uv = udv + vdu durch die urſprüngliche Function uv dividirt, ſo findet ſich $\frac{d.uv}{uv} = \frac{du}{u} + \frac{dv}{v}$, welches leicht auf den Ausdruck des Differentials eines aus einer beliebigen Anzahl von Factoren zuſammengeſetzten Products leiten wird. Zu dem Ende ſetze man, es ſei $v = ts$, ſo wird $\frac{dv}{v} = \frac{d.ts}{ts} = \frac{dt}{t} + \frac{ds}{s}$, und folglich $\frac{d.uts}{uts} = \frac{du}{u} + \frac{dt}{t} + \frac{ds}{s}$; auf dieſelbe Art findet ſich $\frac{d.utsr \ldots etc.}{utsr \ldots etc} = \frac{du}{u} + \frac{dt}{t} + \frac{ds}{s} + \frac{dr}{r} + $ etc.

Wenn man die Nenner in der Gleichung $\frac{d.uts}{uts} = \frac{du}{u} + \frac{dt}{t} + \frac{ds}{s}$ verſchwinden läßt, ſo findet man d.uts = tsdu + usdt + utds; und man ſieht leicht, daß, wie groß auch die Anzahl der Factoren ſein möge, das Differential ihres Productes gleich ſein wird der Summe der Producte aus dem Differential eines jeden in alle übrigen.

*) Befindet ſich ein Punct nach dem Kennbuchſtaben d, ſo heißt dies, daß der letztere ſich auf alles bezieht, was unmittelbar nach ihm folgt; ſo iſt d.uv daſſelbe, was d(uv) und d.x^n daſſelbe, was d(x^n) iſt.

§. 12. Das Differential von $\frac{u}{v}$ erhält man, indem man $\frac{u}{v} = t$ macht; denn es kommt alsdann $u = vt$, und nach dem Vorhergehenden $du = vdt + tdv$; nimmt man den Werth von dt und setzt für t den Bruch $\frac{u}{v}$, so hat man $dt = \frac{du}{v} - \frac{udv}{v^2}$, oder, auf gleiche Benennung gebracht, $dt = \frac{vdu - udv}{v^2}$, woraus sich zur Findung des Differentials eines Bruches folgende Regel ergiebt: Man multiplicire den Nenner durch das Differential des Zählers, ziehe von diesem Producte das Product aus dem Zähler in das Differential des Nenners ab, und dividire alles durch das Quadrat des Nenners.

Wenn der Zähler des vorgegebenen Bruches beständig ist, so hängt u nicht von x ab, und hat folglich auch kein Differential, d. h.: es ist $du = 0$; und es kommt blos $dt = -\frac{udv}{v^2}$.

§. 13. Da die Function x^n, wenn n eine ganze positive Zahl ist, das Product aus n Factoren, jeder $= x$, bezeichnet, so fließt aus §. 11.

$$\frac{d.x^n}{x^n} = \frac{d.xxxx\ldots}{xxxx\ldots} = \frac{dx}{x} + \frac{dx}{x} + \frac{dx}{x} + \frac{dx}{x} + \ldots$$

Die Anzahl der Factoren der ersten Seite der Gleichung ist n; aus einer eben so großen Anzahl von Gliedern, jedes gleich $\frac{dx}{x}$, wird auch die zweite bestehen; man erhält also $\frac{d.x^n}{x^n} = \frac{ndx}{x}$, woraus $d.x^n = nx^{n-1}dx$ folgt.

Wenn die Zahl n ein Bruch ist, und man sie durch $\frac{r}{s}$ vorstellt, so mache man $x^{\frac{1}{s}} = v$, und es ist

$x^r = v^s$. Setzt man nun $u = x^r$ und $u = v^s$, wo r und s ganze Zahlen seyn sollen, so hat man nach dem Vorhergehenden $\frac{du}{dx} = r x^{r-1}$; $\frac{du}{dv} = s v^{s-1}$, woraus man nach §. 9. $\frac{dv}{dx} = \frac{r x^{r-1}}{s v^{s-1}} = \frac{r x^{r-1}}{s x^{\frac{r}{s}(s-1)}}$

herleitet. Nach der Zusammenziehung findet sich $\frac{dv}{dx} = \frac{r}{s} x^{\frac{r}{s}-1}$, und folglich $dv = \frac{r}{s} x^{\frac{r}{s}-1} dx$, welches hier wiederum, da $n = \frac{r}{s}$ iſt, auf $d.x^n = n x^{n-1} dx$ zurückkommt.

Wenn endlich die Zahl n negativ iſt, so hat man $x^{-n} = \frac{1}{x^n}$, woraus man nach der Formel von §. 12. $d.x^{-n} = \frac{-d.x^n}{x^{2n}}$ ableitet; und da nach dem Vorhergehenden in allen den Fällen, wo n poſitiv, $d.x^n = n x^{n-1} dx$ iſt, so hat man demnach

$$d.x^{-n} = \frac{-n x^{n-1} dx}{x^{2n}} = -n x^{-n-1} dx.$$

Aus dieser Aufzählung ergiebt sich zur Differentiirung irgend einer Potenz einer veränderlichen Größe folgende Regel: **Man multiplicire die Potenz durch ihren Exponenten, verringere darauf diesen Exponenten um eins, und multiplicire das Resultat durch das Differential der veränderlichen Größe.** *)

*) Ich hätte diese Regel unmittelbar aus der Entwickelung des Binomiums $(x + dx)^n$ ableiten können, da in dieser Entwickelung, nämlich in $x^n + n x^{n-1} dx +$ etc., wenn man x^n davon abzieht, das erste Glied der Differenz, $n x^{n-1} dx$, iſt; allein ich wollte nicht den Beweis des Binomiums voraussetzen, weil die Differential-Rechnung einen sehr allgemeinen und sehr einfachen liefert.

§. 14. Die in den §§. 10, 11, 12, 13 aufgestellten Regeln reichen hin, alle Functionen zu differentiiren, worin die veränderliche Größe nur durch Addition, Subtraction, Multiplication, Division, Erhebung zu ganzen oder gebrochenen, positiven oder negativen Potenzen verbunden vorkommt. Die Functionen, welche aus algebraischen Operationen entspringen, heißen aus diesem Grunde algebraische Functionen. Ich werde sofort einige derselben differentiiren, um dadurch die Anwendung der Regeln zu zeigen.

Es sey 1) $u = a + b\sqrt{x} - \frac{c}{x}$; wird das Differential von jedem Gliede dieser Function besonders genommen, so verschwindet das erste Glied, weil es beständig ist (§. 7.; das zweite, unter die Form $bx^{\frac{1}{2}}$ gesetzt, giebt, vermittelst der Anwendung der Regel von §. 13, $\frac{1}{2}bx^{\frac{1}{2}-1}dx$ oder $\frac{bdx}{2\sqrt{x}}$; aus dem dritten $-\frac{c}{x}$ folgt $+\frac{cdx}{x^2}$ (§. 13.). Nimmt man nun die einzelnen Resultate zusammen, so findet sich

$$du = \left(\frac{b}{2\sqrt{x}} + \frac{c}{x^2}\right)dx \text{ und } \frac{du}{dx} = \frac{b}{2\sqrt{x}} + \frac{c}{x^2}.$$

2) $u = a + \frac{b}{\sqrt[3]{x^2}} - \frac{c}{x\sqrt[3]{x}} + \frac{e}{x^2}$; schreibt man diese Function auf folgende Art:

$u = a + bx^{-\frac{2}{3}} - cx^{-1-\frac{1}{3}} + ex^{-2}$, so giebt die Anwendung der Regel aus §. 13.

$$du = -\frac{2}{3}\frac{bdx}{x^{\frac{5}{3}}} + \frac{4}{3}\frac{cdx}{x^{\frac{7}{3}}} - \frac{2edx}{x^3}, \text{ oder}$$

$$du = -\frac{2bdx}{3x\sqrt[3]{x^2}} + \frac{4cdx}{3x^2\sqrt[3]{x}} - \frac{2edx}{x^3}.$$

§. 15.

§. 15. Die obigen Beiſpiele begreifen nur Monomien; allein es giebt Functionen, welche nicht ohne eine vorgängige Entwickelung in Glieder von dieſer Form zerlegt werden können. Eine ſolche Function iſt $u = (a + bx^m)^n$. In dieſem Falle mache man $a + bx^m = z$, woraus $u = z^n$ folgt; und in Betracht, daß $d.z^n = nz^{n-1}dz$ (§. 13.) iſt, erhält man (§. 9.) $\frac{du}{dx} = \frac{du}{dz} \times \frac{dz}{dx} = nz^{n-1}\frac{dz}{dx}$; nun aber iſt $dz = d(a + bx^m) = d.bx^m = mbx^{m-1}dx$; mithin $\frac{du}{dx} = n(a + bx^m)^{n-1} \times mbx^{m-1}$, und $du = nmbx^{m-1}dx\,(a+bx^m)^{n-1}$.

Es iſt hier eine zweckdienliche Bemerkung, daß das Vorhergehende darauf hinaus geht, daß man zuerſt den Ausdruck von u in z differentiirt, und nachher die Werthe von z und von dz in x und dx ſubſtituirt.

Hätte man $u = \sqrt{a + bx + cx^2}$, ſo könnte man das Trinomium $a + bx + cx^2$ wie eine beſondere Function z betrachten; und da das Differential von $\sqrt{z}$ oder $z^{\frac{1}{2}}$, $\frac{1}{2}z^{-\frac{1}{2}}dz$ oder $\frac{dz}{2\sqrt{z}}$ iſt, ſo würde ſich daraus ergeben:

$$du = \frac{d(a + bx + cx^2)}{2\sqrt{a+bx+cx^2}} = \frac{bdx + 2cxdx}{2\sqrt{a+bx+cx^2}}.$$

Da man oft Wurzelgrößen vom zweiten Grade zu differentiiren nöthig hat, ſo merke man zu Folge der Formel $\frac{dz}{2\sqrt{z}}$: Das Differential einer Wurzelgröße vom zweiten Grade wird erhalten, wenn man das Differential der Größe, welche ſich unter dem Wurzelzeichen befindet, durch das Doppelte der Wurzel dividirt.

§. 16. Die §. 11. für die Differentiirung der Producte gegebene Regel auf die Function $u = x(a^2 + x^2)\sqrt{a^2 - x^2}$ angewendet, führt auf

$$du = dx(a^2+x^2)\sqrt{a^2-x^2} + x\sqrt{a^2-x^2}.\,d(a^2+x^2) + x(a^2+x^2)\,d\sqrt{a^2-x^2}.$$

Die zwei letzten Glieder dieses Ausdruckes schließen Operationen ein, welche nur angedeutet sind, aber sich nach einander bewerkstelligen lassen, in sofern als $d(a^2 + x^2) = d.x^2 = 2x\,dx$,

$$d\sqrt{a^2 - x^2} = \frac{d(-x^2)}{2\sqrt{a^2 - x^2}} = \frac{-x\,dx}{\sqrt{a^2 - x^2}}$$ ist;

und man findet hiernach

$$du = \left((a^2+x^2)\sqrt{a^2-x^2} + 2x^2\sqrt{a^2-x^2} - \frac{x^2(a^2+x^2)}{\sqrt{a^2-x^2}}\right)dx;$$

bringt man alle Glieder auf gleiche Benennung, so hat man endlich $du = \frac{(a^4 + a^2x^2 - 4x^4)\,dx}{\sqrt{a^2 - x^2}}$.

Die auf die Differentiirung der Brüche sich beziehende Regel auf die Function $u = \frac{a^2 - x^2}{x^4 + a^2x^2 - x^4}$ angewendet, giebt unmittelbar

$$du = \frac{(a^4+a^2x^2+x^4)\,d(a^2-x^2) - (a^2-x^2)\,d(a^4+a^2x^2+x^4)}{(a^4+a^2x^2+x^4)^2},$$

woraus $du = \frac{-2x(2a^4 + 2a^2x^2 - x^4)\,dx}{(a^4 + a^2x^2 + x^4)^2}$ fließt.

Ich beschließe diese Beispiele mit der Function $u = \sqrt[4]{\left(a - \frac{b}{\sqrt{x}} + \sqrt[3]{(c^2 - x^2)^2}\right)^3}$, welche mehrere nach einander zu verrichtende Operationen in sich begreift. Um die Differentiirung derselben zu erleichtern, kann man $\frac{b}{\sqrt{x}} = y$; $\sqrt[3]{(c^2 - x^2)^2} = z$ setzen, so daß $u = \sqrt[4]{(a - y + z)^3} = (a - y + z)^{\frac{3}{4}}$ wird; die Regel von

§. 13. giebt $du = \frac{3}{4}(a - y + z)^{\frac{3}{4} - 1} d(a - y + z)$

$$= \frac{3}{4}(a - y + z)^{-\frac{1}{4}}(-dy + dz)$$

$$= \frac{-3dy + 3dz}{4\sqrt[4]{a - y + z}}.$$

Hierauf findet man

$$dy = d.\frac{b}{\sqrt{x}} = -b\frac{d\sqrt{x}}{x} = \frac{-bdx}{2x\sqrt{x}};$$

$$dz = d.(c^2 - x^2)^{\frac{2}{3}} = \frac{2}{3}(c^2 - x^2)^{\frac{2}{3} - 1} d(c^2 - x^2)$$

$$= \frac{2}{3}(c^2 - x^2)^{-\frac{1}{3}} \times -2xdx = \frac{-4xdx}{3\sqrt[3]{c^2 - x^2}}.$$

Subſtituirt man nun dieſe und die Werthe von y und von z in den Ausdruck von du, ſo kommt

$$du = \left\{ \frac{\frac{3b}{2x\sqrt{x}} - \frac{4x}{\sqrt[3]{c^2 - x^2}}}{4\sqrt[4]{a - \frac{b}{\sqrt{x}} + \sqrt[3]{(c^2 - x^2)^2}}} \right\} dx$$

Von den aufeinander folgenden Differentiirungen.

§. 17. Der Differential-Coefficient, als eine neue Function von x, kann der Differentiirung unterworfen werden, und durch die Grenze des Verhältnißnamens von ſeinem, und der veränderlichen Gröſze x Zuwachſe ſeinen eigenen Differential-Coefficienten geben, welcher ebenfalls eine Function von x ſein wird. Dadurch, daß man ſo die Differentiirungen auf einander folgen läßt, leitet man aus der vorgegebenen Function eine Reihe von Grenzen oder Differential-Coefficienten ab, welche man der Anzahl der Differentiirungen gemäß, die man, um sie zu erhalten, bewerkstelligen muß, nach Ordnungen unterscheidet.

Macht man $\frac{du}{dx} = p$; $\frac{dp}{dx} = q$; $\frac{dq}{dx} = r$; etc. so stellt p den Differential-Coefficienten der ersten Ordnung der vorgegebenen Function vor, q den der Function p oder den Coefficienten der zweiten Ordnung der vorgegebenen Function, r den der Function q oder den Coefficienten der dritten Ordnung der vorgegebenen Function, 2c.; und man muß bemerken, daß die Coefficienten q, r, 2c. sich aus den auf einander folgenden Differentialen von du ergeben, diese so genommen, daß darin der Zuwachs dx als eine beständige Größe betrachtet wird. Diese Differentialen werden so bezeichnet:

$$d(du) = ddu = d^2u; \; d(d^2u) = d^3u, \text{ etc.}$$

Der Exponent, welcher den Kennbuchstaben d behaftet, zeigt eine wiederholte Operation an, und nicht eine Potenz von dem Buchstaben d, welcher niemals als eine Größe, sondern blos als ein Zeichen betrachtet wird. Nach dieser Feststellung geben die Gleichungen $\frac{du}{dx} = p$; $\frac{dp}{dx} = q$; $\frac{dq}{dx} = r$; etc. diese $du = pdx$; $dp = qdx$; $dq = rdx$; etc.

Differentiirt man die erste Gleichung von neuem, ohne darin dx sich verändern zu lassen, so wird $d^2u = dpdx$; und für dp seinen aus der zweiten Gleichung genommenen Werth gesetzt, erhält man $d^2u = qdx^2$ *), und daraus $q = \frac{d^2u}{dx^2}$; differentiirt man von neuem die Gleichung $d^2u = qdx^2$,

*) Man muß wohl in Betracht ziehen, daß die Ausdrücke dx^2, dx^3... mit $(dx)^2$, $(dx)^3$..., und nicht mit $d.x^2$, $d.x^3$... gleich bedeutend sind. (S. die Anmerkung, Seite 13.)

so findet man $d^3 u = dq\,dx^2$, und da $dq = r\,dx$ ist, ergiebt sich $d^3 u = r\,dx^3$ oder $r = \frac{d^3 u}{dx^3}$. Man hat daher $p = \frac{du}{dx}$; $q = \frac{d^2 u}{dx^2}$; $r = \frac{d^3 u}{dx^3}$ etc.

§. 18. Wenn die vorgegebene Function z. B. ax^n wäre, so würde man $d.ax^n = nax^{n-1}\,dx$ (§. 13.) finden; werden die Factoren na und dx in dem ersten Differential $nax^{n-1}\,dx$ als beständig betrachtet, so ist es, um das zweite Differential zu erhalten, hinreichend (§. 7.), x^{n-1} zu differentiiren, und das Resultat durch $nadx$ zu multipliciren; es ist aber $d.x^{n-1} = (n-1)\,x^{n-2}\,dx$; mithin erhält man $d^2.ax^n = n\,(n-1)\,ax^{n-2}\,dx^2$.

Auf eine ähnliche Art findet sich:

$d^3.ax^n = n\,(n-1)\,(n-2)\,ax^{n-3}\,dx^3$;

$d^4.ax^n = n\,(n-1)\,(n-2)\,(n-3)\,ax^{n-4}\,dx^4$; etc.

und die Differential-Coefficienten haben folgende Werthe:

$$\frac{d.ax^n}{dx} = nax^{n-1};$$

$$\frac{d^2.ax^n}{dx^2} = n\,(n-1)\,ax^{n-2};$$

$$\frac{d^3.ax^n}{dx^3} = n\,(n-1)\,(n-2)\,ax^{n-3};$$

$$\frac{d^4.ax^n}{dx^4} = n\,(n-1)\,(n-2)\,(n-3)\,ax^{n-4};\ \text{etc.}$$

Man wird leicht bemerken, daß in dem Falle, wo der Exponent n eine ganze positive Zahl ist, die Function ax^n nur eine begrenzte Anzahl von Differentialen hat, deren höchstes

$d^n.ax^n = n\,(n-1)\,(n-2)\,\ldots.2.1\,adx^n$ ist,

ein Ausdruck, welcher nicht weiter differentiirt werden kann, weil er keine veränderlichen Größen mehr enthält; man hat also alsdann zum letzten Differential-Coefficienten $\frac{d^n.ax^n}{dx^n} = n\,(n-1)\,(n-2)\,\ldots.1\,a$, d. h. eine beständige Größe.

§. 19. Diese Bemerkung giebt ein sehr einfaches Mittel, in eine Reihe nach ganzen und positiven Potenzen von x irgend eine Function u dieser veränderlichen Größe zu entwickeln, wenn dieses möglich ist. Nämlich, wenn man die Gleichung

$u = A + Bx + Cx^2 + Dx^3 + Ex^4 + \text{etc.}$ setzt,

und sie differentiirt, so findet man

$$\frac{du}{dx} = B + 2Cx + 3Dx^2 + 4Ex^3 + \text{etc.}$$

$$\frac{d^2u}{dx^2} = 1.2C + 2.3Dx + 3.4Ex^2 + \text{etc.}$$

$$\frac{d^3u}{dx^3} = 1.2.3D + 2.3.4Ex + \text{etc.};$$

etc.

und wenn man außerdem den Ausdruck der Größen $u, \frac{du}{dx}, \frac{d^2u}{dx^2}, \frac{d^3u}{dx^3}$, etc. in x hat, und durch U, U', U'', U''', etc. dasjenige bezeichnet, was aus ihnen wird, wenn man $x = 0$ macht, so läßt sich aus den obigen Gleichungen, indem man darin ebenfalls $x = 0$ setzt, $A = U$; $B = \frac{1}{1}U'$; $C = \frac{1}{1.2}U''$;

$D = \frac{1}{1.2\ 3}U'''$; etc. herleiten, woraus

$$u = U + U'\frac{x}{1} + U''\frac{x^2}{1.2} + U'''\frac{x^2}{1.2.3} + \text{etc. wird.}$$

§. 20. Wenn man $u = (a+x)^n$ annimmt, so hat man:

$$\frac{du}{dx} = n\,(a+x)^{n-1};\quad \frac{d^2u}{dx^2} = n(n-1)(a+x)^{n-2};$$

$$\frac{d^3u}{dx^3} = n\,(n-1)\,(n-2)\,(a+x)^{n-3};\ \text{etc.};$$

und $x = 0$ gesetzt, erhält man:

$U = a^n$; $U' = na^{n-1}$; $U'' = n\,(n-1)a^{n-2}$;

$U''' = n\,(n-1)\,n-2)\,a^{n-3}$; etc., woraus

$$(a+x)^n = a^n + \frac{n}{1} a^{n-1} x + \frac{n(n-1)}{1.2} a^{n-2} x^2 + \frac{n(n-1)(n-2)}{1.2.3} a^{n-3} x^3 + \text{etc.}$$

geschlossen wird.

Da die Grundsätze der Differentiirung oben gegeben worden sind, ohne die Entwickelung von $(a+x)$ vorauszusetzen, so muß man diese jetzt für alle die Fälle, wo der Exponent n ganz oder gebrochen, positiv oder negativ ist, als bewiesen ansehen.

Setzt man z. B. die Ausdrücke

$$\left.\begin{array}{c} \sqrt{a^2+x^2} \\ \sqrt[3]{(a^2+x^2)^2} \\ \dfrac{1}{a+x} \\ \dfrac{1}{\sqrt[4]{a^4+x^4}} \end{array}\right\} \text{unter die Form} \left\{\begin{array}{l} a\left(1+\dfrac{x^2}{a^2}\right)^{\frac{1}{2}} \\ a^{\frac{4}{3}}\left(1-\dfrac{x^2}{a^2}\right)^{\frac{2}{3}} \\ a^{-1}\left(1+\dfrac{x}{a}\right)^{-1} \\ a^{-1}\left(1+\dfrac{x^4}{a^4}\right)^{-\frac{1}{4}} \end{array}\right.$$

so wird man ihre Entwickelung nach dem in §. 144. der Anfangsgründe der Algebra angezeigten Verfahren erhalten.

§. 21. Dasselbe Mittel führt dahin, durch die Differential-Coefficienten die allgemeine Entwickelung des Werthes, welchen die Function u erhält, wenn man darin x + h statt x substituirt, auszudrücken. Denn die Function u, wenn sie sich durch diese Substitution in u′ verwandelt, kann als eine Function von h betrachtet werden; man hat also nach dem vorhergehenden §.:

$$u' = U + U'\frac{h}{1} + U''\frac{h^2}{1.2} + U'''\frac{h^3}{1.2.3} + \text{etc.},$$

wenn U, U′, U″, U‴, etc. dasjenige bezeichnen, was aus u′, $\frac{du'}{dh}$, $\frac{d^2u'}{dh^2}$, $\frac{d^3u'}{dh^3}$, etc. wird, wenn man darin $h=0$ macht.

Es ist zuvörderst sichtbar, daß u' wieder u wird, wenn man darin $h = 0$ setzt, und daß man folglich $U = u$ hat; ferner aber sind die obigen Differential-Coefficienten, welche für h als veränderlich, und für x als beständig betrachtet, gebildet worden, eben dieselben, als die, welche man finden würde, wenn x als veränderlich, und h als beständig behandelt wird. Um dies darzuthun, sei $x + h \; x'$, so ist die Function u' aus x' eben so, wie die Function u aus x zusammengesetzt; daraus schließt man $du' = p'dx'$, wo p' eine Function von x' und $dx' = d(x+h)$ ist. Läßt man blos h sich verändern, so wird $dx' = dh$; $du' = p'dh$; und $\frac{du'}{dh} = p'$, und läßt man blos x sich verändern, so erhält man $dx' = dx$; $du' = p'dx$; und $\frac{du'}{dx} = p'$; mithin $\frac{du'}{dh} = \frac{du'}{dx}$. Da die Function p' selbst eine Function von x' ist, so hat man auch ferner $\frac{dp'}{dh} = \frac{dp'}{dx}$; und hieraus $\frac{d^2u'}{dh^2} = \frac{d^2u'}{dx^2}$; und im Allgemeinen $\frac{d^mu'}{dh^m} = \frac{d^mu'}{dx^m}$.

Dies festgestellt, verwandelt sich für $h = 0$, u' in u; hieraus ergiebt sich $U' = \frac{du}{dx}$; $U'' = \frac{d^2u}{dx^2}$; $U''' = \frac{d^3u}{dx^3}$; etc., und

$$u' = u + \frac{du}{dx}\frac{h}{1} + \frac{d^2u}{dx^2}\frac{h^2}{1.2} + \frac{d^3u}{dx^3}\frac{h^3}{1.2.3} + \text{etc.}$$

Diese Formel ist unter dem Namen des Taylorschen Lehrsatzes bekannt, weil dieser englische Geometer ihn zuerst gegeben hat. *)

*) Ich werde hier noch einen Beweis dieser Formel mittheilen. Nachdem, wie oben, bewiesen worden, daß

Er enthält die Entwickelung des Binomiums unter sich; denn wenn man $u = x^n$ setzt, so wird $u' = (x + h)^n$, und man hat

$$(x+h)^n = x^n + n x^{n-1} \frac{h}{1} + n(n-1) x^{n-2} \frac{h^2}{1.2} + n(n-1)(n-2) x^{n-3} \frac{h^3}{1.2.3} + \text{etc.}$$

§. 22. Die Taylorsche Formel zeigt auch, daß die verschiedenen Differential-Coefficienten noch die merkwürdige Eigenschaft haben, wenn man sie gegenseitig durch die Producte 1, 1.2, 1.2.3, rc. dividirt, die Multiplicatoren von Potenzen des Zuwachses h, in der vollständigen Entwickelung der Differenz

$$u' - u = \frac{du}{dx}\frac{h}{1} + \frac{d^2u}{dx^2}\frac{h^2}{1.2} + \frac{d^3u}{dx^3}\frac{h^3}{1.2.3} + \text{etc. zu}$$

bilden.

$\frac{du'}{dh} = \frac{du'}{dx}$, mache man $u' = A + Bh + Ch^2 + Dh^3 +$ rc., und setze, daß die Coefficienten A, B, C, D, etc. kein h enthalten, so werden sie nur von der veränderlichen Größe x und von beständigen Größen, welche in der vorgegebenen Function sich befinden, abhängig sein; und man wird daher

$$\frac{du'}{dh} = B + 2Ch + 3Dh^2 + \text{etc.}$$

$$\frac{du'}{dx} = \frac{dA}{dx} + \frac{dB}{dx}h + \frac{dC}{dx}h^2 + \text{etc, erhalten.}$$

Diese zwei Resultate Glied für Glied gleich gesetzt, findet man $B = \frac{dA}{dx}$; $C = \frac{1\,dB}{2\,dx}$; $D = \frac{1\,dC}{3\,dx}$; etc., nun aber ist $A = u$; mithin $B = \frac{du}{dx}$;

$$C = \frac{1}{1.2}\frac{d^2u}{dx^2};\ D = \frac{2}{1.2.3}\frac{d^3u}{dx^3};\ \text{etc.}$$

Dieser Beweis ist mir bei einer öffentlichen Uebung in einem der vornehmsten Erziehungshäuser zu Paris vorgewiesen worden.

Diese Entwickelung, wenn man darin $h = dx$ macht, wird (§. 17.) $u' - u = \frac{du}{1} + \frac{d^2u}{1.2} + \frac{d^3u}{1.2.3} +$ etc., eine sehr einfache Formel, wo man sieht, wie die Differenz von u, welche einem beliebigen Zuwachse dx entspricht, aus den auf eben den Zuwachs sich beziehenden Differentialen der verschiedenen Ordnungen zusammengesetzt ist.

Von der Differentiirung der transcendenten Functionen.

§. 23. Die Functionen, welche nicht unter der bei §. 14. gemachten Aufzählung begriffen sind, heißen **transcendent**. Die Exponential-Function $u = a^x$ ist die einfachste dieser Art. Wenn man darin $x + dx$ für x substituirt, so wird die Differenz $a^{x+dx} - a^x = a^x(a^{dx} - 1)$; um sie nach den Potenzen von dx zu entwickeln, macht man $a = 1 + b$, und es kommt $a^{dx} = (1+b)^{dx}$

$$= 1 + \frac{dx}{1} b + \frac{dx(dx-1)}{1.2} b^2 + \frac{dx(dx-1)(dx-2)}{1.2.3} b^3 + \text{etc.},$$

woraus $a^{dx} - 1$

$$= \left(\frac{dx}{1} b + \frac{dx(dx-1)}{1.2} b^2 + \frac{dx(dx-1)(dx-2)}{1.2.3} b^3 + \text{etc.}\right)$$

und, in Ansehung von dx geordnet,

$$a^{dx} - 1 = dx\left(\frac{b}{1} - \frac{b^2}{2} + \frac{b^3}{3} - \text{etc.}\right)$$

$+$ etc. folgt.

Setzt man für b wieder seinen Werth $a - 1$, so entsteht (§. 5.)

$$d.a^x = a^x dx\left(\frac{a-1}{1} - \frac{(a-1)^2}{2} + \frac{(a-1)^3}{3} - \text{etc.}\right).$$

Nimmt man also $k = \frac{a-1}{1} - \frac{(a-1)^2}{2} + \frac{(a-1)^3}{3}$ etc., so wird $d.a^x = k a^x dx$. Dies ist die Form des Differentials der vorgegebenen Function; und man wird bald einen neuen Ausdruck der beständigen Zahl k finden.

§. 24. Es ist sichtbar, daß

$$d^2.a^x = k dx d.a^x = k^2 a^x dx^2,$$
$$d^3.a^x = k^3 a^x dx^3$$
$$\ldots\ldots\ldots\ldots\ldots$$
$$d^n.a^x = k^n a^x dx^n;$$

und es folgt hieraus, daß

$$\frac{du}{dx} = ka; \quad \frac{d^2u}{dx^2} = k^2 a^x; \quad \frac{d^3u}{dx^3} = k^3 a^x; \text{ etc.}$$

Wenn $x = 0$, so werden die Function u und ihre Differential-Coefficienten:

$U = 1$; $U' = k$; $U'' = k^2$; $U''' = k^3$; etc.; man erhält daher (§. 19.) $a^x = 1 + \frac{kx}{1} + \frac{k^2x^2}{1.2} + \frac{k^3x^3}{1.2.3} +$ etc.

§. 25. Die oben gefundene Entwickelung der Function a^x dient zu erkennen, von welcher Größe die durch k vorgestellte Reihe ihren Ursprung nimmt.

Wenn man $x = 1$ setzt, so wird

$$a = 1 + \frac{k}{1} + \frac{k^2}{1.2} + \frac{k^3}{1.2.3} + \text{etc.}$$

Da diese Reihe sich wenig eignet, um a vermittelst k zu bestimmen, so suche man den Werth, welchen a erhalten muß, wenn $k = 1$ ist; und wenn man ihn mit e bezeichnet, so hat man

$$e = 1 + \frac{1}{1} + \frac{1}{1.2} + \frac{1}{1.2.3} + \frac{1}{1.2.3.4} + \text{ꝛc.}$$

Wenn man diese Reihe bis zu zehn Gliedern fortsetzt, und sie alle in Decimal-Brüche verwandelt, so findet man $e = 2,7182818$. Dieses gesetzt, weil dieser Werth dem $k = 1$ entspricht, so folgt, daß $e^x = 1 + \frac{x}{1} + \frac{x^2}{1.2} + \frac{x^3}{1.2.3} + \frac{x^4}{1.2.3.4} +$ etc., daß eben so $e^k = 1 + \frac{k}{1} + \frac{k^2}{1.2} + \frac{k^3}{1.2.3} +$ etc., und daß folglich $e^k = a$ ist. Nimmt man auf beiden Seiten die Logarithmen, so erhält man $k\,le = la$ oder $k = \frac{la}{le}$, und hieraus also

$$d.a^x = ka^x dx = \frac{la}{le} a^x dx.$$

§. 26. Man kann jetzt zu dem Differential der logarithmischen Function gelangen. Nämlich nennt man a die Grundzahl des Systems, y die Zahl, x den Logarithmen, so hat man (Alg. §. 241.) die Gleichung $y = a$; wird x als eine Function von y betrachtet, und die Differentialen einer jeden Seite genommen, so findet man $dy = a^x k dx$, woraus man (§. 9.) $dx = \frac{dy}{a^x k}$ oder $d.ly = le \frac{dy}{y}$ erhält, indem man wieder für a^x seinen Werth y und für k seinen Werth $\frac{1}{le}$ setzt, da a die Grundzahl des Systems der vorliegenden Logarithmen ist.

§. 27. Die Zahl e kommt oft in den analytischen Untersuchungen vor; man nimmt sie zur Grundzahl eines Logarithmen-Systems, welches ich von Neper, dem Erfinder der Logarithmen, das Nepersche genannt habe, und welches ich durch den Kennbuchstaben l' vorstellig mache *); man hat alsdann $l'e = 1$, $k = l'a$, und die Resultate der vorhergehenden §§. werden

$$a^x = 1 + \frac{x.(l'a)}{1} + \frac{x^2 (l'a)^2}{1.2} + \frac{x^3 (l'a)^3}{1.2.3} + \text{etc. (§. 24.)};$$

$$d.a^x = a^x dx.l'a \text{ (§. 25.)}; \quad d.l'y = \frac{dy}{y} \text{ (§. 26.)}$$

Um von dem Systeme, dessen Grundzahl e, zu dem-

---

*) Diese Logarithmen waren unter dem sehr uneigentlichen Namen der natürlichen oder hyperbolischen Logarithmen bekannt.

jenigen, dessen Grundzahl a wäre, überzugehen (Alg. §. 250.), hätte man, indem diese Systeme durch die Kennbuchstaben l und l′ bezeichnet werden, $ly = le . l'y$; und da man alle Logarithmen-Systeme mit dem Neperschen vergleicht, so heißt Modul die Zahl le, durch welche man einen Neperschen Logarithmen multipliciren muß, um zu dem entsprechenden Logarithmen eines andern Systems überzugehen. Da das logarithmische Differential von großem Gebrauche ist, so muß man sich erinnern, daß das Differential des Logarithmen gleich ist dem Producte aus dem Modul in das Differential der Zahl, dividirt durch die Zahl selbst.

§. 28. Wenn man von da zur Entwickelung von x in y, oder vom Logarithmen nach den Potenzen der Zahl übergehen wollte, so würde man finden, daß die Größen $x, \frac{dx}{dy}, \frac{d^2x}{dy^2}$, etc., durch die Annahme von $y = o$ unendlich werden, und daraus schließen, daß der Logarithme sich nicht in die Form $x = A + By + Cy^2 + Dy^3 +$ etc. entwickeln könne. Dies ist auch leicht a priori einzusehen, wenn man bedenkt, daß die Function x für $y = o$ unendlich wird (Alg. §. 251.), was nicht aus der obigen Formel folgt, welche alsdann auf $x = A$ zurückkommt.

Dies wurde nicht der Fall sein, wenn man $y = 1 + u$ machte, denn, wenn man die Neperschen Logarithmen nimmt, würde man finden $x = l'(1+u)$; $\frac{dx}{du} = \frac{1}{1+u} = (1+u)^{-1}$; $\frac{d^2x}{du^2} = -(1+u)^{-2}$; $\frac{d^3x}{du^3} = 2(1+u)^{-3}$; etc; machte man $u = o$, so würde man $l'(1+u) = u - \frac{u^2}{2} + \frac{u^3}{3} - \frac{u^4}{4} + \frac{u^5}{5} -$ etc. erhalten, und für irgend eine Grundzahl a, wenn man mit M den nach dieser Grundzahl ge-

nommenen Logarithmen von e bezeichnet, würde man
$$l(1+u) = M\left(u - \frac{u^2}{2} + \frac{u^3}{3} + \frac{u^4}{4} + \frac{u^5}{5} - \text{etc.}\right)$$ haben. *)

§. 29. Die Reihe der zweiten Seite ist nur, wenn u ein Bruch ist, convergirend genug (Alg. §. 256.), um bei der Berechnung der Logarithmen angewendet zu werden; allein man hat Mittel gefunden, sie in andere zu verwandeln, welche sich in den verschiedenen Fällen mit mehr oder weniger Vortheil gebrauchen lassen. Man hat alsbald wahrgenommen, daß durch die Veränderung von $+u$ in $-u$
$$l(1-u) = M\left(-u - \frac{u^2}{2} - \frac{u^3}{3} - \frac{u^4}{4} - \frac{u^5}{5} - \text{etc.}\right)$$
entstand; und diese Gleichung von der vorhergehenden abgezogen, hat man $l(1+u) - l(1-u)$
$$= l\left(\frac{1+u}{1-u}\right) = 2M\left(\frac{u}{1} + \frac{u^3}{3} + \frac{u^5}{5} + \text{etc.}\right)$$
gefunden; indem man darauf $\frac{1+u}{1-u} = 1 + \frac{z}{n}$ setzte, welches $u = \frac{z}{2n+z}$ giebt, und beachtete, daß
$l\left(1+\frac{z}{n}\right) = l\left(\frac{n+z}{n}\right) = l(n+z) - l\,n$ ist, so hat

---

*) Man wird ohne Zweifel bemerken, daß die Gleichung $k = \frac{la}{le}$ aus §. 25., verbunden mit dem Ausdrucke in §. 23.
$$k = \frac{(a-1)}{1} - \frac{(a-1)^2}{2} + \frac{(a-1)^3}{3} - \frac{(a-1)^4}{4} + \text{etc.},$$
zu $la = le\left(\frac{(a-1)}{1} - \frac{(a-1)^2}{2} + \frac{(a-1)^3}{3} - \text{etc.}\right)$
führt; und indem man $a = 1 + u$ macht, findet man die eben erhaltene Entwickelung wieder.

sich daraus $l(n+z) - ln$

$$= 2M\left[\frac{z}{2n+z} + \frac{1}{3}\left(\frac{z}{2n+z}\right) + \frac{1}{3}\left(\frac{z}{2n+z}\right)^5 + \text{etc.}\right]$$

ergeben, woraus man $l(n+z) = ln$

$$+ 2M\left[\frac{z}{2n+z} + \frac{1}{3}\left(\frac{z}{2n+z}\right)^3 + \frac{1}{5}\left(\frac{z}{2n+z}\right)^5 + \text{etc.}\right]$$

geschlossen hat. Diese Reihe, welche den Logarithmen von $n + z$ finden lehrt, wenn man den von n hat, giebt, indem man $n = 1$ und $z = 1$ setzt,

$$l2 = 2M\left(\frac{1}{3} + \frac{1}{3 \cdot 3^3} + \frac{1}{5 \cdot 3^5} + \text{etc.}\right), \text{weil } l1 = 0$$

ist. Sie ist schon sehr convergirend, und wird es für eine größere Zahl noch mehr. Wenn $M = 1$ gesetzt wird, so findet man $l'2 = 0,6931472$.

Der Modul M wird dadurch erhalten, daß man den Logarithmen einer und derselben Zahl in dem Systeme, welches man annehmen will, und in dem Neperschen Systeme berechnet, und den Verhältnißnamen der beiden Resultate nimmt (§. 27.). Man gelangt ziemlich schnell zu dem Modul der gemeinen Logarithmen, wenn man zuvörderst den Neperschen Logarithmen von 5 aus dem von 4 berechnet, welchen man aus dem von 2 ableitet, weil $l4 = 2l2$ ist; nachdem man nunmehr $l'5$ und $l'2$ kennt, hat man $l'10 = l'5 + l'2$; und indem man durch diesen letzten die Einheit theilt, welches der gemeine Logarithme von 10 ist, so erhält man den gesuchten Modul; man findet $M = 0,434294482$. Dies ist die Zahl, durch welche man die Neperschen Logarithmen multipliciren muß, um die gemeinen oder Briggischen Logarithmen zu erhalten.

Gegenseitig, um wieder zu den Neperschen Logarithmen zurückzukommen, müßten die gemeinen Logarithmen durch diese Zahl dividirt, oder durch die

Zahl $\frac{1}{0,43429448^2} = 2,302585093$ multiplicirt werden.

§. 30. Ich will hier einige Beispiele zu der Anwendung der Regeln der Differentiirung der logarithmischen Functionen geben; aber mehrerer Einfachheit wegen werde ich in Zukunft voraussetzen, daß die Logarithmen Nepersche sind, wofern ich nicht ausdrücklich das Gegentheil bemerken sollte.

Es sei 1) $u = l\left(\frac{x}{\sqrt{a^2+x^2}}\right)$; setzt man $\frac{x}{\sqrt{a^2+x^2}} = z$, so hat man $du = \frac{dz}{z}$; aber es ist

$$dz = \frac{dx\sqrt{a^2+x^2} - \frac{x^2 dx}{\sqrt{a^2+x^2}}}{a^2+x^2} = \frac{a^2 dx}{(a^2+x^2)^{\frac{3}{2}}};$$

mithin $du = \frac{a^2 dx}{x(a^2+x^2)}$.

2) $u = l\left(\frac{\sqrt{1+x}+\sqrt{1-x}}{\sqrt{1+x}-\sqrt{1-x}}\right)$; man setze $\sqrt{1+x}+\sqrt{1-x} = y$; $\sqrt{1+x}-\sqrt{1-x} = z$, welches giebt $u = l\left(\frac{y}{z}\right) = ly - lz$; $du = \frac{dy}{y} - \frac{dz}{z}$; aber man hat

$$dy = \frac{dx}{2\sqrt{1+x}} - \frac{dx}{2\sqrt{1-x}} = \frac{-dx}{2\sqrt{1-x^2}} \times (\sqrt{1+x}-\sqrt{1-x}) = -\frac{z\,dx}{2\sqrt{1-x^2}};$$

$$dz = \frac{dx}{2\sqrt{1+x}} + \frac{dx}{2\sqrt{1-x}} = \frac{dx}{2\sqrt{1-x^2}} \times (\sqrt{1+x}+\sqrt{1-x}) = \frac{y\,dx}{2\sqrt{1-x^2}};$$

hieraus

hieraus ergiebt sich $\frac{dy}{y} - \frac{dz}{z} = - \frac{z\,dx}{2y\sqrt{1-x^2}} - \frac{y\,dx}{2z\sqrt{1-x^2}} = \frac{-(y^2+z^2)\,dx}{2yz\sqrt{1-x^2}}$; und in Betracht, daß $y^2 + z^2 = 4$; $yz = 2x$ ist, findet man endlich $du = - \frac{dx}{x\sqrt{1-x^2}}$.

Dieses Beispiel ist merkwürdig wegen der Reductionen, welche das Differential gestattet, und wegen seiner Einfachheit in Rücksicht der Function, wovon es herrührt. Es wird nunmehr leicht sein, die Rechnung von folgenden Beispielen zu bewerkstelligen, wovon ich nur die Resultate hersetzen werde.

3) $u = l\left(x + \sqrt{1+x^2}\right)$; $du = \frac{dx}{\sqrt{1+x^2}}$;

4) $u = \frac{1}{\sqrt{-1}}\, l\left(x\sqrt{-1} + \sqrt{1-x^2}\right)$; $du = \frac{dx}{\sqrt{1-x^2}}$;

5) $u = l\left(\frac{\sqrt{1+x^2}+x}{\sqrt{1+x^2}-x}\right)^{\frac{1}{2}}$; $du = \frac{dx}{\sqrt{1+x^2}}$;

6) Wenn man $u = (lx)^n$ hätte, und machte $lx = z$, so würde man $(lx)^n = z^n$; $d.z^n = nz^{n-1}dz$ finden; und indem man statt z und dz ihre Werthe wieder setzte, würde sich $d.(ln)^n = n(lx)^{n-1}\frac{dx}{x}$ ergeben.

7) Es sei endlich $u = l.lx$, d. h. der Logarithme vom Logarithmen von x; setzt man, wie oben, $lx = z$, so hat man zuvörderst $u = lz$; $du = \frac{dz}{z}$; $dz = d.lx = \frac{dx}{x}$, woraus man hernach $du = \frac{dx}{xlx}$ ableitet.

§. 31. Die Betrachtung der Logarithmen erleichtert sehr die Differentiirung der Exponential-Formeln, wenn sie verwickelt sind.

1) Es sei z. B. $u = z^y$, wo y und z irgend zwei Functionen von x sind. Nimmt man den Logarithmen einer jeden Seite, so hat man $lu = ylz$; und differentiirt man darauf, so erhält man

$\frac{du}{u} = dylz + yd.lz$ (§§. 11, 27.), oder

$= dylz + y\frac{dz}{z}$, und daraus $du = u(dylz + y\frac{dz}{z})$;

$$dz^y = z^y\left(dylz + y\frac{dz}{z}\right).$$

2) Es sei $u = a^{b^x}$; man mache $b^x = y$, und man hat $u = a^y$; $du = a^y dyla$ (§. 27.); aber es ist

$dy = d.b^x = b^x dxlb$; daher $du = a^{b^x} b^x dxlalb$.

3) Es sei $u = z^{t^s}$, wo z, t und s Functionen von x sind; man mache $t^s = y$, so ergiebt sich $u = z^y$;

$du = z^y\left(dylz + \frac{ydz}{z}\right)$; $dy = t^s\left(dslt + \frac{sdt}{t}\right)$,

und folglich $du = z^{t^s} t^s\left(dsltlz + \frac{sdtlz}{t} + \frac{dz}{z}\right)$.

Vermittelst dieser Formeln läßt sich das Differential einer jeden Exponential-Function leicht finden.

§. 32. Die Sinus, Cosinus, Tangenten und die andern trigonometrischen Linien, in Beziehung auf den Kreisbogen, wovon sie abhängen, betrachtet, sind ebenfalls transcendente Functionen; man nennt sie sehr gewöhnlich Kreis-Functionen. Mehrerer Einfachheit wegen werde ich voraussetzen, daß der Halbmesser gleich 1 sei.

Indem man $x + dx$ für x in die Function $\sin x$ substituirt, so kommt (Trig. §. 11.)

$\sin(x + dx) = \sin x \cos dx + \cos x \sin dx$, woraus sich für die Differenz $\sin(x + dx) - \sin x =$
$\sin x \cos dx + \cos x \sin dx - \sin x$

$= \sin x(\cos dx - 1) + \cos x \sin dx$ ergiebt.

Man müßte nunmehr nach den Potenzen des Zuwachses dx die letzte Seite dieser Gleichung entwickeln; aber man kann ohne dieses die Grenze des Verhältnißnamens des Zuwachses der Function und der veränderlichen Größe erhalten, wie man es sogleich sehen wird. Indem man den Verhältnißnamen dieser Zuwachse nimmt, findet man

$$\frac{\sin(x+dx)-\sin x}{dx} = \sin x\,\frac{(\cos dx-1)}{dx} + \cos x\,\frac{\sin dx}{dx}.$$

Wenn man in Betracht zieht, daß $(\sin dx)^2 = 1-(\cos dx)^2 = (1+\cos dx)(1-\cos dx)$, und folglich $1-\cos dx = \frac{(\sin dx)^2}{1+\cos dx}$ ist, so hat man $\frac{\sin(x+dx)-\sin x}{dx} = -\sin x\,\frac{\sin dx}{1+\cos dx}\,\frac{\sin dx}{dx} + \cos x\,\frac{\sin dx}{dx} = \left(-\sin x\,\frac{\sin dx}{1+\cos dx} + \cos x\right)\frac{\sin dx}{dx}$.

Man geht zu den Grenzen über, indem man untersucht, was die zwei Factoren der zweiten Seite werden, wenn der Zuwachs dx verschwindet (§. 8.). In diesem Falle ist $\sin dx = 0$ und $\cos dx = 1$, und der erste Factor wird auf $\cos x$ zurückgebracht. Der Factor $\frac{\sin dx}{dx}$ nähert sich unaufhörlich der Einheit; denn von $\tang A = \frac{\sin A}{\cos A}$ leitet man $\frac{\sin A}{\tang A} = \cos A$ ab; und weil $\cos A = 1$, wenn $A = 0$ ist, so ist die Einheit die Grenze des Verhältnißnamens zwischen dem Sinus und der Tangente, wenn der Bogen verschwindet. Nun ist es sichtbar, daß der Bogen kleiner als die Tangente, und größer, als der Sinus ist, und um so mehr nähert sich sein Verhältnißname mit dem Sinus unaufhörlich der Einheit.

Man hat also vermöge dieser Bemerkung

$\frac{d. \sin x}{dx} = \cos x$, oder $d. \sin x = dx \cos x$.

§. 33. Aus diesem erhaltenen Differential lassen sich die andern ohne Mühe ableiten; denn man hat

1) $\cos x = \sin(1Q - x)$; $d. \cos x = d. \sin(1Q - x)$; aber nach dem vorhergehenden $d. \sin(1Q - x) = d(1Q - x) \cos(1Q - x) = - dx \cos(1Q - x)$, und $\cos(1Q - x) = \sin x$; mithin $d. \cos x = - dx \sin x$.

2) Da $\sin \text{vers}\, x = 1 - \cos x$ ist, so hat man $d. \sin \text{vers}\, x = - d. \cos x = dx \sin x$.

3) $\tan x = \frac{\sin x}{\cos x}$; $d. \tan x =$

$$\frac{\cos x d. \sin x - \sin x d. \cos x}{\cos x^2} \text{ (§. 12.)} = \frac{(\cos x^2 + \sin x^2) dx}{\cos x^2};$$

aber $\cos x^2 + \sin x^2 = 1$; mithin $d. \tan x = \frac{dx}{\cos x^2}$

4) $\cot x = \frac{1}{\tan x}$; $d. \cot x = - \frac{d. \tan x}{\tan x^2}$

$= - \frac{dx}{\tan x^2 \cos x^2} = - \frac{dx}{\sin x^2}$, indem man für die Tangente x ihren Werth setzt.

5) $\sec x = \frac{1}{\cos x}$; $d. \sec x = - \frac{d. \cos x}{\cos x^2} = \frac{dx \sin x}{\cos x^2}$

$= dx \tan x \sec x$, da $\frac{\sin x}{\cos x} = \tan x$, und

$\frac{1}{\cos x} = \sec x$.

6) $\operatorname{cosec} x = \frac{1}{\sin x}$; $d. \operatorname{cosec} x = - \frac{d. \sin x}{\sin x^2}$

$= - \frac{dx \cos x}{\sin x^2} = - dx \cot x \operatorname{cosec} x$.

§. 34. Vermittelst dieser Formeln kann man das Differential von jedem, Sinus, Cosinus, Tangenten, 2c., in sich schließenden Ausdrucke finden.

Man muß zu dem Ende diese Größen, als besondere Functionen betrachtet, differentiiren, und statt ihrer Differentialen die obigen Resultate setzen. Ich werde hiervon nur ein einziges Beispiel geben, nämlich $u = \cos x^{\sin x}$. Man setze $\cos x = z$; $\sin x = y$, so hat man $u = z^y$, und

$$du = d.z^y = z^y \left(dy\,lz + \frac{y\,dz}{z}\right) \text{ (§. 31.)}$$

$$= dx \cos x^{\sin x} \left(\cos x\, l.\cos x - \frac{\sin x^2}{\cos x}\right).$$

§. 35. Nachdem die Sinus, Cosinus, 2c. als Functionen des Bogens behandelt worden, ist der Bogen nach einander als eine Function seines Sinus, Cosinus, 2c. zu behandeln, und davon das Differential unter diesen verschiedenen Gesichtspuncten zu bestimmen. Zu dem Ende sei x die vorgegebene Function, und u die veränderliche Größe, wovon diese Function abhängt. 1) Die Gleichung $d.\sin x = dx \cos x$ wegen $\sin x = u$ und $\cos x = \sqrt{1-u^2}$ giebt $du = dx\sqrt{1-u^2}$, und folglich (§. 9.) $dx = \frac{du}{\sqrt{1-u^2}}$; dies ist der Werth des Differentials von dem Bogen, durch den Sinus und durch sein Differential ausgedrückt. Wollte man das Differential des Bogens durch seinen Cosinus ausdrücken, so müßte man von der Gleichung $d.\cos x = -dx \sin x$ ausgehen, welche, indem man $\cos x = u$ macht, $du = -dx\sqrt{1-u^2}$ oder $dx = -\frac{du}{\sqrt{1-u^2}}$ giebt.

Um von da zum Sinus-Versus überzugehen, mache man $u = 1 - y$, da $\cos x = 1 - \sin\text{vers}\, x$ ist; man hat folglich $du = -dy$, und $dx = \frac{dy}{\sqrt{2y-y^2}}$.

2) Es sei $\tan x = u$; die Gleichung $d.\tan x = \frac{dx}{\cos x^2}$ giebt $du = \frac{dx}{\cos x^2}$ und $dx = du \cos x^2$. Wegen $\frac{\sin x}{\cos x} = \tan x$ findet man $\sin x = \cos x \tan x$; $\sin x^2 = \tan x^2 \cos x^2$; und substituirt man $1 - \cos x^2$ für $\sin x^2$, so kommt $1 = \cos x^2 + \tan x^2 \cos x^2 = \cos x^2 (1 + \tan x^2)$; man hat daher $\cos x^2 = \frac{1}{1 + \tan x^2} = \frac{1}{1 + u^2}$.

Setzt man diesen Werth in den Werth von dx, so ergiebt sich daraus $dx = \frac{du}{1 + u^2}$, woraus man schließen kann, daß das Differential des Bogens gleich ist dem Differential der Tangente, dividirt durch das Quadrat der Secante; denn $\sqrt{1 + u^2}$ drückt die Secante aus, wenn die Tangente durch u vorgestellt wird.

Ich werde diesen Gegenstand durch folgendes Beispiel beschließen:

Es sei x ein Bogen, welcher zum Sinus die Function $2u\sqrt{1 - u^2}$ hat, und man setze $2u\sqrt{1 - u^2} = z$, so hat man $dx = \frac{dz}{\sqrt{1 - z^2}}$; aber es ist $dz = \frac{2du(1 - 2u^2)}{\sqrt{1 - u^2}}$ und $\sqrt{1 - z^2} = 1 - 2u^2$; daher $dx = \frac{2du}{\sqrt{1 - u^2}}$.

§. 36. Man kann vermittelst der vorher erhaltenen Differential-Ausdrücke die Entwickelungen der hauptsächlichsten Kreis-Functionen bilden.

1) Für $\sin x$ hat man $\frac{du}{dx} = \cos x$; $\frac{d^2u}{dx^2} = -\sin x$; $\frac{d^3u}{dx^3} = -\cos x$; $\frac{d^4u}{dx^4} = \sin x$; etc.

Macht man $x = 0$, so kommt nach §. 19. $U = 0$; und $U' = 1$; $U'' = 0$; $U''' = -1$; $U'''' = 0$, etc.;

woraus man $\sin x = \frac{x}{1} - \frac{x^3}{1.2.3} + \frac{x^5}{1.2.3.4.5} -$ etc., schließt.

2) Man findet für $\cos x$, $\frac{du}{dx} = -\sin x$; $\frac{d^2u}{dx^2} = -\cos x$; $\frac{d^3u}{dx^3} = \sin x$; $\frac{d^4u}{dx^4} = \cos x$; etc. Macht man $x = 0$, so ergiebt sich $U = 1$; $U' = 0$; $U'' = -1$; $U''' = 0$; $U'''' = 1$; etc., welches $\cos x = 1 - \frac{x^2}{1.2} + \frac{x^4}{1.2.3.4} -$ etc. giebt.

Diese zwei Formeln, deren Gesetz sehr einleuchtend und sehr einfach ist, bieten eine der genauesten und schnellsten Methode dar, die einem gegebenen Bogen entsprechenden Sinus und Cosinus zu berechnen, besonders wenn dieser Bogen nicht sehr groß ist. Man findet analoge Formeln für die Tangente und die andern trigonometrischen Linien; aber das Gesetz dieser letztern Formeln ist nicht so einfach, als das der vorhergehenden; und sie sind weit weniger bequem in der Anwendung, als die Beziehungen, wodurch die Tangente, Secante, 2c. vermittelst des Sinus und des Cosinus gegeben werden; deshalb werde ich mich dabei nicht aufhalten.

§. 37. Wenn man unter y einen Kreisbogen vorstellt, dessen Sinus x sei, so hat man (§. 35.) $dy = \frac{dx}{\sqrt{1-x^2}}$, welches zur Entwickelung des Bogens nach den Potenzen des Sinus führen wird. Es ergiebt sich nämlich daraus

$$\frac{dy}{dx} = (1-x^2)^{-\frac{1}{2}};$$

$$\frac{d^2y}{dx^2} = x\,(1-x^2)^{-\frac{3}{2}};$$

$$\frac{d^3y}{dx^3} = (1-x^2)^{-\frac{3}{2}} + 3x^2\,(1-x^2)^{-\frac{5}{2}};$$

$$\frac{d^4y}{dx^4} = 3 \cdot 3x(1-x^2)^{-\frac{5}{2}} + 3 \cdot 5x^3(1-x^2)^{-\frac{7}{2}};$$

$$\frac{d^5y}{dx^5} = 3 \cdot 3\,(1-x^2)^{-\frac{5}{2}} + 2 \cdot 5 \cdot 9x^2(1-x^2)^{-\frac{7}{2}}$$

$$+ 3 \cdot 5 \cdot 7 \cdot x^4(1-x^2)^{-\frac{9}{2}};$$

etc.

Macht man $x = 0$, und beachtet, daß in dieser Voraussetzung der Bogen $y = 0$ ist, so findet man

$$y = x + \frac{x^3}{1 \cdot 2 \cdot 3} + \frac{3 \cdot 3x^5}{1 \cdot 2 \cdot 3 \cdot 4 \cdot 5} + \text{etc.}$$

Ich gehe zur Aufsuchung des Bogens durch seine Tangente. Man nenne y den Bogen, und x seine Tangente, so hat man (§. 35.) $dy = \frac{dx}{1+x^2}$, woraus folgt:

$$\frac{dy}{dx} = (1+x^2)^{-1}$$

$$\frac{d^2y}{dx^2} = -2x(1+x^2)^{-2};$$

$$\frac{d^3y}{dx^3} = -2(1+x^2)^{-2} + 8x^2(1+x^2)^{-3};$$

$$\frac{d^4y}{dx^4} = 24x(1+x^2)^{-3} - 48x^3(1+x^2)^{-4};$$

$$\frac{d^5y}{dx^5} = 24x(1+x^2)^{-3} - 288x^2(1+x^2)^{-4}$$

$$+ 384x^4(1+x^2)^{-5};$$

etc.

und macht man $x = 0$, so findet man

$$y = x - \frac{x^3}{3} + \frac{x^5}{5} - \text{etc.}$$

Das Gesetz offenbart sich hier von den ersten Gliedern an; so verhält es sich damit nicht in Rücksicht der vorhergehenden Reihe; sondern da die aufeinander folgenden Differentialen von y wegen ihrer Nenner immer mehr und mehr verwickelt werden, so ist das eben gebrauchte Verfahren nicht das schicklichste, um zu den gesuchten Entwickelungen zu gelangen; die Integral-Rechnung liefert bequemere. Die letzte dieser Entwickelungen giebt einen merkwürdigen Ausdruck des Bogens $0,5^Q$, dessen Tangente, wie man weiß, gleich 1 ist; nämlich, wenn man $x = 1$ setzt, kommt

$$0,5^Q = 1 - \frac{1}{3} + \frac{1}{5} - \frac{1}{7} + \frac{1}{9} - \text{etc.}$$

Diese Reihe ist für die Anwendung zu wenig convergirend; aber man kann denselben Bogen in mehreren Theilen berechnen; und da die Tangente eines jeden kleiner, als die Einheit ist, so hat man convergirende Reihen. Der englische Geometer Machin hat gefunden, daß der Bogen $0,5^Q$ viermal demjenigen gleich ist, welcher zur Tangente $\frac{1}{5}$ hat, weniger dem Bogen, dessen Tangente $\frac{1}{239}$ ist, wovon man sich leicht versichern kann, indem man bemerkt, daß, wenn $\tang a = \frac{1}{5}$ ist, sich ergiebt (Trig. §. 26.)

$$\tang 2a = \frac{2 \tang a}{1 - \tang a^2} = \frac{5}{12}; \ \tang 4a$$

$$= \frac{2 \tang 2a}{1 - (\tang 2a)^2} = \frac{120}{119}.$$

Die letzte Zahl, ein wenig größer als die Einheit, oder als die Tangente von $0,5^Q$, zeigt, daß $4a > 0,5^Q$ ist; macht man daher $4a = A$; $0,5^Q = B$, so hat die Differenz $4a - 0,5^Q$ oder $A - B$ zur Tangente

$$\tang (A - B) = \tang b = \frac{\tang A - \tang B}{1 + \tang A \tang B} = \frac{1}{239};$$

und da $B = A - (A - B)$ ist, so kommt $0,5^Q = 4a - b$.

Nimmt man daher nun nach einander $x = \frac{1}{5}$, $x = \frac{1}{239}$, so findet man

$$b = \frac{1}{239} - \frac{1}{3 \cdot (239)^3} + \frac{1}{5 \cdot (239)^5} - \frac{1}{7 \cdot (239)^7} + \text{etc.};$$

$$a = \frac{1}{5} - \frac{1}{3 \cdot 5^3} + \frac{1}{5 \cdot 5^5} - \frac{1}{7 \cdot 5^7} + \frac{1}{9 \cdot 5^9} - \text{etc.};$$

und daraus schließt man

$$0{,}5\varrho = \left\{ \begin{array}{l} 4\left(\frac{1}{5} - \frac{1}{3 \cdot 5^3} + \frac{1}{5 \cdot 5^5} - \frac{1}{7 \cdot 5^7} + \text{ꝛc.}\right) \\ -\left(\frac{1}{239} - \frac{1}{3\,(239)^3} + \frac{1}{5\,(239)^5} + \text{ꝛc.}\right) \end{array} \right\}$$

Von der Differentiirung beliebiger Gleichungen mit zwei veränderlichen Größen.

§. 38. Bisher habe ich nur gesonderte Gleichungen differentiirt, d. h. solche, in denen die veränderliche Größe sich allein auf der einen, und die Function auf der andern Seite befand; von dieser Art sind die Gleichungen von der Form $X = Y$, wo Y eine Function von y, und X eine Function von x ist; aber die größte Anzahl der Gleichungen, welche man bei analytischen Untersuchungen antrifft, stellt sich so nicht dar; die veränderliche Größe und die Function sind darin oft vermischt, oder unter sich verbunden.

Wenn man irgend eine Gleichung $V = 0$ zwischen x und y hat, so ist dadurch die Bestimmung von x durch y, oder von y durch x bedingt, dergestalt, daß die eine dieser Größen eine Function der andern ist. Denkt man sich für einen Augenblick, man habe y durch x bestimmt, und setzt den Ausdruck von y in die Größe V, so wird diese nothwendig eine Zusammensetzung von Functionen von x allein, aber aus Gliedern bestehend, welche sich unabhängig von einem jeden Werthe von x zernichten, da diese veränderliche Größe unbestimmt bleiben soll. Es folgt hieraus, daß, indem x irgend einen Zuwachs h erhält, y eine solche Veränderung erleidet, daß die Function V, wie vorher, Null bleibt. Wenn man daher das, was dem Anscheine nach der Ausdruck V wird, mit V′ bezeichnet, so muß $V' = 0$ sein, woraus man $V' - V = 0$; dann, welches auch der Zuwachs sei, $\frac{V' - V}{h} = 0$ schließt; und folglich, wenn der Ausdruck $\frac{V' - V}{h}$ einer Grenze P fähig ist, muß man $P = 0$ haben. *)

Da aber V aus x, und aus y als eine Function von x betrachtet, zusammengesetzt ist, so kann diese Grenze erhalten werden, indem man V so differentiirt, daß darin y und x nach den Regeln der

*) Um dieses deutlich zu fassen, reicht es hin, einzusehen, daß im Allgemeinen, wenn man in dem Ausdrucke V, $x + h$ für x, und $y + k$ für y substituirt, das Resultat in der Form $V + Mh + Nk + Ph^2 + Qhk + Rk^2 + Sh^2 + \text{etc.} = 0$ sich entwickeln könne, wo M, N, P, Q, R, S, etc. von h und k unabhängige Größen sind.

Diese Gleichung reducirt sich wegen $V = 0$ auf $Mh + Nk + Ph^2 + Qhk + Rk^2 + Sh^3 + \text{etc.} = 0$, und giebt die Beziehung der Größen h und k.

Wenn man darin $k = \pi h$ macht, so erhält sie einen Factor h in allen ihren Gliedern; und wenn man ihn wegschafft, so kommt $M + N\pi + Ph + Q\pi h + R\pi^2 h + Sh^2 + \text{etc.} = 0$. Der Verhältnißname π verändert sich in dem Maße, als h kleiner wird; aber ohne mit dieser Größe zu gleicher Zeit zu verschwinden; und man hat zur Bestimmung von π in der Annahme von $h = 0$ die Gleichung $M + N\pi = 0$. Der Werth von π, welcher sich daraus ergiebt, ist die Grenze von allen den Werthen, welche diese Größe in Ansehung der Werthe von h annehmen kann; es ist demnach einleuchtend, daß, wenn man diese Grenze mit p bezeichnet, die Gleichung $M + Np = 0$ in aller Strenge wahr ist.

Es ist aus dem eben gebrauchten Verfahren sichtbar, daß der Ausdruck $M + Np$ der Differential-Coefficient der Function V ist, der so genommen worden, daß man darin y als eine Function von x betrachtete.

§§. 10, 11, 12, 13, 15 sich ändern; und wenn man beachtet, daß $Pdx = dV$ ist, so wird man aus dem Ebengesagten schließen, daß die Gleichung $V = o$ die Gleichung $dV = o$ zur Folge hat, von welchen die erste y und die zweite dy bestimmt. Das nachfolgende Beispiel wird dieses deutlich machen.

Es sei die Gleichung $y^2 - 2mxy + x^2 - a^2 = o$. Der Ausdruck V ist hier $y^2 - 2mxy + x^2 - a^2$; wenn man ihn unter der Voraussetzung, daß y eine Function von x ist, differentiirt, und dann gleich Null setzt, so findet man

$$2ydy - 2mxdy - 2mydx + 2xdx = o,$$

oder $ydy - mxdy - mydx + xdx = o$ (1), indem man den gemeinschaftlichen Factor 2 wegschafft; und wird $dy = pdx$ gemacht, so hat man zur Bestimmung von p die Gleichung $(y - mx)p - my + x = o$, woraus sich $p = \frac{my - x}{y - mx}$ ergiebt.

Um p in x allein zu erhalten, müßte man in dieser Gleichung den Werth von y substituiren, welcher in der vorgegebenen Gleichung

$y = mx \pm \sqrt{a^2 - x^2 + m^2 x^2}$ ist, und es käme

$$p = \frac{-x + m^2 x \pm m\sqrt{a^2 - x^2 + m^2 x^2}}{\pm\sqrt{a^2 - x^2 + m^2 x^2}}$$

$$= m \pm \frac{-x + m^2 x}{\sqrt{a^2 - x^2 + m^2 x^2}},$$ ein Resultat, dem gleich, welches man unmittelbar aus der gesonderten der vorgegebenen entsprechenden Gleichung

$y = mx \pm \sqrt{a^2 - x^2 + m^2 x^2}$ ableiten würde.

§. 39. Differentiirt man die Gleichung $(y - mx)p - my + x = o$, indem man darin y und p als Functionen von x betrachtet, so führt sie zu der Gleichung

$(dy - mdx)p + (y - mx)dp - mdy + dx = o;$

und wenn man $dy = pdx$; $dp = qdx$ macht, so kommt $(p - m)\, p + (y - mx)\, q - mp + 1 = 0$, eine Gleichung, wodurch die Beziehung gegeben wird, welche der Differential-Coefficient der zweiten Ordnung q oder $\frac{d^2y}{dx^2}$ (§. 17.) mit dem der ersten Ordnung p oder $\frac{dy}{dx}$ und mit den veränderlichen Größen x und y haben muß.

Fährt man auf dieselbe Art zu differentiiren fort, so würde man die Gleichung bilden, von welcher der Differential-Coefficient der dritten Ordnung abhängt, ꝛc.

§. 40. Hat man darauf Acht, daß $q = \frac{d^2y}{dx^2}$ und daß $d^2y = d\,(dy)$ ist, so wird man einsehen, daß die Gleichung $(p - m)\, p + (y - mx)\, q - mp + 1 = 0$ sich unmittelbar aus der Gleichung

$$ydy - mxdy - mydx + xdx = 0 \quad (1)$$

ableiten läßt, wenn man sie so differentiirt, daß man darin dy als eine Function von x sich verändern läßt, und darauf durch dx^2 dividirt. Man hat nämlich erstlich $dy^2 + yd^2y - 2mdxdy - mxd^2y + dx^2 = 0$ (2); zweitens $\frac{dy^2}{dx^2} - 2m\frac{dy}{dx} + 1 + (y - mx)\frac{d^2y}{dx^2} = 0$, eine Gleichung, welche, wenn man darin $\frac{dy}{dx}$ in p, $\frac{d^2y}{dx^2}$ in q verwandelt, mit derjenigen übereinstimmt, welche ich weiter oben zur Bestimmung von q erhalten habe.

Im Allgemeinen die Größen p, q, etc. als Functionen von x sich verändern lassen, heißt von den gleichbedeutenden Ausdrücken $\frac{dy}{dx}$, $\frac{d^2y}{dx^2}$ die Differentialen nehmen, welche gegenseitig durch $\frac{d^2y}{dx}$, $\frac{d^3y}{dx}$, etc.

vorgestellt werden, heißt endlich die Größen dy, d^2y, etc. als Functionen von x ansehen.

Die Gleichung (1) ist das erste Differential der vorgegebenen; die Gleichung (2) ist davon das zweite Differential, ꝛc.; und nach der obigen Bemerkung werden die Differentialen einer vorgegebenen ursprünglichen Gleichung durch die Differentiirung, indem man y, dy, d^2y, etc. als Functionen von x betrachtet, von einander abgeleitet.

Man geht zu den Gleichungen, welche die Differential-Coefficienten geben, über, indem man beachtet, daß diese Coefficienten durch $\frac{dy}{dx}$, $\frac{d^2y}{dx^2}$, etc. vorgestellt werden, oder indem man $dy = p\,dx$, $d^2y = q\,dx^2$, etc. setzt.

Durch diese letzten Substitutionen verschwinden die Differentialen, und es bleiben in den Resultaten nur die Functionen p, q, etc., welche von dem Werthe des Zuwachses dx durchaus unabhängig sind.

§. 41. Die Gleichung $y^2 - 2mxy + x^2 - a^2 = 0$, da sie vom zweiten Grade ist, giebt für y zwei Werthe, vermittelst welcher die Gleichung

$$(y - mx)\,dy - (my - x)\,dx = 0 \quad (1),$$

woraus man $\frac{dy}{dx} = \frac{my - x}{y - mx}$ erhält, auch für den Differential-Coefficienten $\frac{dy}{dx}$ zwei den Werthen der Function y entsprechende Werthe giebt. Wenn, anstatt die vorgegebene Gleichung aufzulösen, um daraus den Werth von y zu ziehen, man diese veränderliche Größe zwischen den zwei Gleichungen $y^2 - 2mxy + x^2 - a^2 = 0$,

$$(y - mx)\,dy - (my - x)\,dx = 0 \quad (1)$$

eliminirt hätte, so würde man sofort vermöge der zweiten $y = \frac{x(m\,dy - dx)}{dy - m\,dx}$ bekommen haben; durch die

Substitution in die erste würde man nach den Reductionen
$(x^2 - a^2 - m^2 x^2)\, dy^2 - (2mx^2 - 2ma^2 - 2m^3 x^2)\, dx\, dy + (x^2 - m^2 x^2 - a^2 m^2)\, dx^2 = 0$ herausgebracht haben. Dieser letzte Ausdruck, in Hinsicht von dy aufgelöset, würde dieselben Resultate geben, welche man erhalten würde, indem man die Werthe von y differentiirte; und nach der Division durch dx^2 würde man daraus unmittelbar die Werthe des Differential-Coefficienten herleiten. Man hätte alsdann

$$(x^2 - a^2 - m^2 x^2)\frac{dy^2}{dx^2} - (2mx^2 - 2ma^2 - 2m^3 x^2)\frac{dy}{dx} \ldots$$
$$+ x^2 - m^2 x^2 - a^2 m^2 = 0;$$ und indem man die zweite durch $\frac{dy^2}{dx^2}$ ausgedrückte Potenz des Differentials frei machte, so käme

$$\frac{dy^2}{dx^2} - 2m\frac{dy}{dx} + \frac{x^2 - m^2 x^2 - a^2 m^2}{x^2 - a^2 - m^2 x^2} = 0.$$

§. 42. Es ist leicht, das Vorhergehende auf verwickeltere Beispiele anzuwenden, oder auf solche, in welchen die veränderlichen Größen zu einem höhern Grade steigen. Es sei noch die Gleichung
$y^3 - 3axy + x^3 = 0$, so giebt die Differentiirung

$$3y^2 dy - 3ax\, dy - 3ay\, dx + 3x^2 dx = 0,$$

oder, indem man den gemeinschaftlichen Factor 3 fortschafft, $y^2 dy - ax\, dy - ay\, dx + x^2 dx = 0$ (1)
und folglich $\frac{dx}{dy} = \frac{ay - x^2}{y^2 - ax}$.

Die Function y, welche in diesem Beispiele durch eine Gleichung vom dritten Grade gegeben wird, muß drei Werthe haben; substituirt man sie nach einander in den Ausdruck $\frac{dy}{dx}$, so wird man eine gleiche Anzahl von Werthen für den Differential-Coefficienten erhalten. Man sieht im Allgemeinen, daß dieser Coefficient immer eben die Anzahl Werthe haben wird, deren die Function in der vorgegebenen Gleichung fähig ist;

eben so wird es sich damit in Rücksicht des Differentials verhalten.

Wenn man y zwischen den zwei Gleichungen

$$y^3 - 3axy + x^3 = 0,$$

$$y^2 dy - axdy - aydx + x^2 dx = 0 \quad (1)$$

eliminirte, so würde man zum Resultate eine Gleichung vom dritten Grade in Hinsicht von dy haben, welche die drei Werthe, deren dieses Differential fähig ist, einschlösse. Sind die Ausdrücke dy und $\frac{dy}{dx}$ gefunden, so gelangt man zu denen von d^2y und $\frac{d^2y}{dx^2}$, indem man in Rücksicht von dy, y und x nach der §. 40. aufgestellten Regel die Gleichung

$$y^2 dy - axdy - aydx + x^2 dx = 0 \quad (1),$$

das erste Differential der vorgegebenen Gleichung, differentiirt. Indem man so verfährt, erhält man

$$y^2 d^2y - axd^2y + 2ydy^2 - adydx - adxdy + 2xdx^2 = 0;$$

und nach der Reduction kommt

$$(y^2 - ax)\, d^2y + 2y\, dy^2 - 2adxdy + 2xdx^2 = 0 \quad (2).$$

Dies ist das zweite Differential der vorgegebenen Gleichung; wenn man dieses mit dem ersten Differential verbindet, so kann man dy eliminiren, und das Resultat wird den Ausdruck von d^2y in x, dx und y geben. Die Function y läßt sich vermittelst der vorgegebenen Gleichung wegschaffen.

Theilt man die Gleichung (2) durch dx^2, so erhält sie die Form

$$(y^2 - ax)\frac{d^2y}{dx^2} + 2y\frac{dy^2}{dx^2} - 2a\frac{dy}{dx} + 2x = 0,$$

und schließt nur noch die Differential-Coefficienten $\frac{d^2y}{dx^2}$ und $\frac{dx}{dy}$ ein. Setzt man statt $\frac{dy}{dx}$ seinen aus (1) genommenen Werth $\frac{ay - x^2}{y^2 - ax}$, so kommt

$$(y^2 - ax)\frac{d^2y}{dx^2} + 2y\left(\frac{ay - x^2}{y^2 - ax}\right)^2 - 2a\left(\frac{ay - x^2}{y^2 - ax}\right)$$
$$+ 2x = 0,$$

und

und auf gleiche Benennung gebracht,

$$(y^2 - ax)^3 \frac{d^2y}{dx^2} + 2xy^4 - 6ax^2y^2 + 2x^4y + 2a^3xy = 0;$$

aber die Größe $2xy^4 - 6ax^2y^2 + 2x^4y$ ist nichts anders, als $2xy\,(y^3 - 3axy + x^3)$; sie ist daher Null vermöge der vorgegebenen Gleichung; und folglich hat man $(y^2 - ax)^3 \frac{d^2y}{dx^2} + 2a^3xy = 0$

$$\text{oder } \frac{d^2y}{dx^2} = - \frac{2a^3xy}{(y^2 - ax)^3}.$$

Differentiirt man (2) in Hinsicht auf d^2y, dy, y und x, so wird man das dritte Differential der vorgegebenen Gleichung bilden, und daraus den Werth d^3y erhalten, wenn man d^2y und dy mit Hülfe der Gleichungen (1) und (2) eliminirt; wird das Resultat durch dx^3 dividirt, so hat man den Ausdruck des Coefficienten $\frac{d^3y}{dx^3}$. Indem man auf diese Weise fortfährt, so gelangt man zu den höhern Differentialen.

§. 43. Die Bemerkung in §. 7. über die beständigen Größen, welche durch die Differentiirung der Functionen verschwinden, läßt sich ebenfalls auf die Gleichungen anwenden. Hätte man z. B. $y^2 = ax + b$, so würde das Differential $2ydy = adx$, als von b unabhängig, zu einer jeden der besondern Gleichungen gehören, welche aus der vorgegebenen, indem man dem b alle mögliche Werthe giebt, entspringen. Aber man kann auch in dem vorliegenden Falle zu einer von a unabhängigen Gleichung gelangen, wenn durch die Differentiirung diese beständige Größe nicht verschwunden ist; es reicht zu dem Ende hin, a aus den beiden Gleichungen $y^2 = ax + b$, $2ydy = adx$ zu eliminiren, und man wird $y^2dx = 2xydy + bdx$ finden.

Obgleich diese letzte Gleichung nicht das unmittelbare Differential der vorgegebenen ist, so fließt sie indessen doch auf die Weise daraus, daß sie, durch dx dividirt, die Beziehung, welche zwischen der veränderlichen Größe x, der Function y und dem Coefficienten $\frac{dy}{dx}$ obwalten muß, wie auch a beschaffen sein mag, ausdrückt.

Wenn die beständige Größe, welche man eliminirt, nicht vom ersten Grade in der vorgegebenen Gleichung ist, so wird das erhaltene Resultat Potenzen von dy und dx, welche höher als die erste sind, einschließen. Hiervon sei ein Beispiel

$$y^2 - 2ay + x^2 = a^2.$$

Durch Differentiirung findet man

$y dy - a dy + x dx = 0$, und hieraus

$a = \frac{y dy + x dx}{dy}$; substituirt man dies in die vorgegebene Gleichung, so ergiebt sich, nachdem in Beziehung auf dy geordnet, und durch dx^2 dividirt worden,

$$(x^2 - 2y^2)\frac{dy^2}{dx^2} - 4xy\frac{dy}{dx} - x^2 = 0.$$

Dies ist die Beziehung, welche zwischen der veränderlichen Große x, der Function y und ihrem Differential-Coefficienten $\frac{dy}{dx}$, unabhängig von einem jeden besondern Werthe der beständigen Größe a, Statt finden muß.

Würde die Gleichung $y^2 - 2ay + x^2 = a^2$ in Hinsicht von a aufgelöset, so erhielte man daraus $a = -y \pm \sqrt{2y^2 + x^2}$; und da a von den veränderlichen Größen x und y sich befreiet fände, so verschwände es durch die bloße Differentiirung; und man würde $-dy \pm \frac{2y dy + x dx}{\sqrt{2y^2 + x^2}} = 0$ finden.

Läßt man die Wurzelgröße verschwinden, so wird man sich versichern, daß diese Gleichung dieselbe ist, welche aus der Elimination entspringt.

§. 44. Man kann so viele beständige Größen, als man will, verschwinden lassen, indem man so viel mal differentiirt, als beständige Größen sind. Es sei $y^2 = m(a^2 - x^2)$; man hat sofort $ydy = -mxdx$; differentiirt man von neuem, so findet man $yd^2y + dy^2 = - mdx^2$; wird für m sein aus der vorhergehenden Gleichung genommener Werth $\frac{-ydy}{xdx}$ substituirt, und durch dx^2 dividirt, so ergiebt sich $y\frac{dy}{dx} - x\frac{dy^2}{dx^2} - xy\frac{d^2y}{dx^2} = 0$, ein von den beständigen Größen m und a unabhängiges Resultat.

§. 45. Die Differentiirung, verbunden mit der Elimination, verschafft das Mittel, die irrationalen Functionen verschwinden zu lassen. Es sei z. B. $P^n = Q$, wo P und Q beliebige Functionen von x und y sind; nimmt man das Differential dieser Gleichung, so kommt $nP^{n-1}dP = dQ$, oder $nP^n dP = PdQ$, indem man beide Seiten mit P multiplicirt; und wenn man für P^n seinen Werth setzt, so erhält man $nQdP = PdQ$, eine Gleichung, in welcher die Größe P von dem Exponenten n befreiet ist.

Man gelangt zu demselben Resultate, indem man den Logarithmen einer jeden Seite der vorgegebenen Gleichung nimmt; man hat nach einander

$nlP = lQ$; $n\frac{dP}{P} = \frac{dQ}{Q}$ (§. 27.), und folglich $nQdP = PdQ$.

Diese Bemerkung dient, um nach den Potenzen von x, die Function $(a + bx + cx^2 + dx^3 + ex^4 + \text{etc.})^n$, welches auch der Exponent n sei, zu entwickeln. Zu dem Ende sei $(a + bx + cx^2 + dx^3 + ex^4 + \text{etc.})^n = A + Bx + Cx^2 + Dx^3 + Ex^4 + \text{etc.}$

Geht man zu den Logarithmen über, so kommt

$$n\,l(a + bx + cx^2 + dx^3 + ex^4 + \text{etc.}) = l(A + Bx + Cx^2 + Dx^3 + Ex^4 + \text{etc.});$$

differentiirt man darauf, so erhält man

$$\frac{n(b + 2cx + 3dx^2 + 4ex^3 + \text{etc.})\,dx}{a + bx + cx^2 + dx^3 + ex^4 + \text{etc.}} = \frac{(B + 2Cx + 3Dx^2 + 4Ex^3 + \text{etc.})\,dx}{A + Bx + Cx^2 + Dx^3 + Ex^4 + \text{etc.}};$$

man schaffe den gemeinschaftlichen Factor dx heraus, lasse die Nenner verschwinden, und entwickele jede Seite nach den Potenzen von x, so kommt

$$\left.\begin{array}{l} nbA + 2ncAx + 3ndAx^2 + 4neAx^3 + \text{etc.} \\ \quad + nbBx + 2ncBx^2 + 3ndBx^3 + \text{etc.} \\ \quad\quad + nbCx^2 + 2ncCx^3 + \text{etc.} \\ \quad\quad\quad + nbDx^3 + \text{etc.} \end{array}\right\} =$$

$$\left.\begin{array}{l} aB + 2aCx + 3aDx^2 + 4aEx^3 + \text{etc.} \\ \quad + bBx + 2bCx^2 + 3bDx^3 + \text{etc.} \\ \quad\quad + cBx^2 + 2cCx^3 + \text{etc.} \\ \quad\quad\quad + dBx^3 + \text{etc.} \end{array}\right\};$$

aber da x unbestimmt bleiben soll, so müssen die beiden Seiten dieser Gleichung eben durch die Coefficienten von x identisch werden, d. h. die Coefficienten derselben Potenz auf jeder Seite gegenseitig gleich sein. Diese schon in §. 193 der Anfangsgründe der Algebra angewendete Betrachtung liefert folgende Gleichungen:

$$nbA = aB;$$
$$2ncA + nbB = 2aC + bB;$$
$$3ndA + 2ncB + nbC = 3aD + 2bC + cB;$$
etc.

woraus die Werthe der Coefficienten B, C, D etc. hergeleitet werden. Der Coefficient A scheint unbestimmt zu bleiben, indeß findet man seinen Werth, wenn $x = 0$ in der Gleichung $(a + bx + \text{etc.})^n = A + Bx + \text{etc.}$ gemacht wird, welche bei dieser Voraussetzung sich auf $a^n = A$ reducirt. Substituirt man diesen Ausdruck in die vorhergehenden Gleichungen, so schließt man daraus

$$B = \frac{n}{1} a^{n-1} b;$$

$$C = n a^{n-1} c + \frac{n(n-1)}{1 \cdot 2} a^{n-2} b^2;$$

$$D = n a^{n-1} d + \frac{n(n-1)}{1 \cdot 1} a^{n-2} bc + \frac{n(n-1)(n-2)}{1 \cdot 2 \cdot 3} a^{n-3} b^3;$$

und hieraus $(a + bx + cx^2 + dx^3 + \text{etc.})^n =$

$$a^n + \frac{n}{1} a^{n-1} bx + \left(n a^{n-1} c + \frac{n(n-1)}{1 \cdot 2} a^{n-2} b^2\right) x^2$$
$$+ \left(n a^{n-1} d + \frac{n(n-1)}{1 \cdot 1} a^{n-2} bc + \frac{n(n-1)(n-2)}{1 \cdot 2 \cdot 3} a^{n-3} b^3\right) x^3$$
$$+ \text{etc.}$$

§. 46. Man kann auch die transcendenten Größen einer Gleichung, indem man sie mit ihren Differentialen verbindet, verschwinden lassen. Eine der einfachsten dieser Functionen ist

$l(a + bx + cx^2 + dx^3 + \text{etc.})$; wenn man ihre Entwickelung durch $A + Bx + Cx^2 + Dx^3 + \text{etc.}$ vorstelle, und das Differential der Gleichung

$l(a + bx + cx^2 + dx^3 + \text{etc.}) = A + Bx + Cx^2 + Dx^3 + \text{etc.}$

nimmt, so findet man

$$\frac{b + 2cx + 3dx^2 + \text{etc.}}{a + bx + cx^2 + dx^3 + \text{etc.}} = B + 2Cx + 3Dx^2 + \text{etc.},$$

und man bestimmt die Coefficienten A, B, C, D, etc., wie gewöhnlich.

Es sei noch zum Beispiel

$\sin(a + bx + cx^2 + dx^3 + \text{etc.}) = A + Bx + Cx^2 + Dx^3 + Ex^4 + \text{etc.}$;

macht man zur Abkürzung

$$a + bx + cx^2 + dx^3 + \text{etc.} = u;$$
$$A + Bx + Cx^2 + Dx^3 + \text{etc.} = y,$$

so entspringt daraus $y = \sin u$; und differentiirt man,

so kommt $dy = du \cos u$. Man könnte $\cos u$ vermittelst der Gleichung $\cos u = \sqrt{1 - \sin u^2}$ eliminiren, welche $\cos u = \sqrt{1 - y^2}$ giebt, und hätte alsdann $dy = du \sqrt{1 - y^2}$; aber man müßte auch noch die Wurzelgröße in dieser Gleichung verschwinden lassen. Um diese Unbequemlichkeit zu vermeiden, differentiirt man zum zweitenmal die Gleichung $dy = du \cos u$, indem man sich dabei erinnert, daß u sowohl als y eine Function von x ist; und es kommt
$d^2y = d^2u \cos u - du^2 \sin u$; setzt man für $\sin u$ und $\cos u$ ihre Werthe y und $\frac{dy}{dx}$, so hat man

$$d^2y = \frac{dy}{du} d^2u - y du^3, \text{ oder}$$

$du\, d^2y - dy\, d^2u + y du^3 = 0$. Es kommt jetzt nur noch darauf an, für y, dy, d^2y, du, d^2u, d^3u ihren Werth zu substituiren; nun aber giebt

$$y = A + Bx + Cx^2 + Dx^3 + \text{etc.};$$
$$dy = (B + 2Cx + 3Dx^2 + \text{etc.})\, dx;$$
$$d^2y = (2C + 2.3Dx + \text{etc.})\, dx^2;$$

und um mich nicht in zuweitläuftige Rechnungen einzulassen, so bringe ich die vorgegebene Function auf $\sin(a + bx + cx^2)$ zurück, indem ich $d, e, \text{etc.} = 0$ mache; in diesem besondern Falle ist

$$du = (b + 2cx)\, dx$$
$$d^2u = 2c dx^2$$
$$du^3 = (b^3 + 6b^2cx + 12bc^2x^2 + 8c^3x^3)\, dx^3.$$

Vermittelst dieser Werthe wird die Gleichung
$du\, d^2y - dy\, d^2u + y du^3 = 0$ durch dx^3 theilbar; und indem man sie in Rücksicht von x ordnet, bekommt sie folgende Form:

$$\left.\begin{array}{rrrr} 2bC & + 6bDx & + 12bEx^2 & + \text{etc.} \\ & + 4cCx & + 12cDx^2 & + \text{etc.} \\ + b^3A & + 6b^2cAx & + 12bc^2Ax^2 & + \text{etc.} \\ & + b^3Bx & + 6b^2cBx^2 & + \text{etc.} \\ & & + b^3Cx^2 & + \text{etc.} \\ - 2cB & - 4cCx & - 6cDx^2 & - \text{etc.} \end{array}\right\} = 0.$$

Macht man die Coefficienten einer jeden Potenz von x gleich Null, so erhält man die Gleichungen, welche C, D, E, etc. bestimmen; in Rücksicht von A und B muß man zu den Gleichungen $y = \sin u$ und $\frac{dy}{du} = \cos u$ zurückgehen. Wenn $x = 0$ ist, so kommt $u = a$; $y = A$; $du = bdx$; $dy = Bdx$; und es folgen aus diesen Werthen

$$A = \sin a;\ B = b\ \cos a.$$

Erforschung der Größten und Kleinsten der Functionen von einer einzigen veränderlichen Größe.

§. 47. Die Erforschung der größten und kleinsten Werthe, deren eine gegebene Function fähig ist, macht eine der wichtigsten analytischen Anwendungen der Differential-Rechnung aus. Folgendes sind hiervon die Grundsätze.

Wenn die veränderliche Größe, von welcher eine vorgegebene Function abhängt, nach und nach durch alle Grade von Größe geht, so kann es sich ereignen, daß die Reihe der Werthe, welche diese Function erhält, anfangs zunehmend sei, und nachher abnehmend werde; alsdann wird einer unter diesen Werthen vorkommen, welcher alle andern übertrifft. Wenn im Gegentheil die Reihe der Werthe der vorgegebenen Function anfangs abnimmt und hernach zunimmt, so wird man nothwendig einen Werth antreffen, welcher kleiner als alle andern ist. Die Grenze, wo der Wachsthum einer Function innehält, heißt ein Größtes (Maximum), und diejenige, wo sie abzunehmen aufhört, ein Kleinstes (Minimum).

Es sei z. B. die Function $y = b - (x - a)^2$; wird $x = 0$ gemacht, so hat man $y = b - a^2$; und da die Größe $(x - a)^2$ abnimmt, wenn x zunimmt, so nimmt auch y zu, bis daß man $x = a$ hat, woraus sich $y = b$ für das Größte ergiebt; wird aber diese Grenze überschritten, so nimmt y ab, obgleich x von neuem zunimmt, und wird Null, wenn $(x - a)^2 = b$ wird. Es ist leicht, den Gang der Function zu verfolgen, und sich außerdem zu vergewissern, daß der größte Werth von y dem $x = a$ entspreche, indem man nach einander $a + \delta$ und $a - \delta$ für x substituirt; man findet in beiden Fällen ein Resultat $y = b - \delta^2$, welches immer kleiner als b ist.

Es sei ferner $y = b + (x - a)^2$. Wenn in diesem Beispiele $x = 0$ ist, so hat man $y = b + a^2$; so wie nun x zunimmt, so nimmt die Größe $(x - a)^2$ und eben so auch y ab, bis daß $x = a$ ist. Wird aber diese Grenze überschritten, so nimmt $(x - a)^2$ zu, und eben so ist es mit y, dessen Kleinstes folglich der Annahme $x = a$ entspricht, welches sich noch dadurch bewährt, wenn man nach einander $a - \delta$ und $a + \delta$ für x substituirt, weil für beide Fälle sich $y = b + \delta^2$ findet, ein Resultat stets größer als b.

Jede Function, welche ohne Aufhören zu- oder abnimmt, wenn die veränderliche Größe, wovon sie abhängt, zunimmt, ist weder eines Größten noch Kleinsten fähig, weil einem jeden beliebigen Werthe immer ein größerer oder kleinerer folgt.

Der wesentliche Character des Größten besteht darin, daß die ihm unmittelbar vorhergehenden und nachfolgenden Werthe kleiner sind; das Kleinste im Gegentheil wird von den ihm unmittelbar vorhergehenden oder nachfolgenden Werthen übertroffen.

Ich habe unmittelbar gesagt, weil es oft geschieht, daß eine Function Werthe hat, welche ihr Größtes übertreffen, oder welche kleiner sind, als ihr Kleinstes, oder endlich, daß sie mehrere unter sich ungleiche Größte und Kleinste hat; alles dieses ist leicht zu begreifen; denn wenn z. B. eine Function, nachdem sie zugenommen und abgenommen hat, von neuem und unbegrenzt fort zunimmt, so wird sie endlich das anfangs gehabte Größte überschreiten.

Wenn diese zweite Zunahme, statt unbegrenzt zu sein, an einer gewissen Grenze aufhörte, so würde daraus ein neues Größte entstehen, welches von dem ersten verschieden sein könnte. Man wird leicht einsehen, was geschehen müsse, wenn diese Abwechselungen in ihren gegenseitigen Größen sich wiederholen und abändern. Ich gehe nunmehr zu der Methode über, deren man sich bedient, die Größten und Kleinsten der Function von einer einzigen veränderlichen Größe aufzufinden.

§. 48. Es sei also y irgend eine beliebige Function von x, in welcher diese veränderliche Größe den Werth erreicht habe, welcher das Größte oder Kleinste giebt. Es folgt aus dem Vorhergehenden, daß, wenn man die zu $x-h$ und $x+h$ gehörigen Werthe von y sucht, man kleinere Resultate als das Kleinste, oder größere als das Größte erhalten müsse, wie klein auch immer die Größe h sein möge. Bezeichnet man durch $,y$ den Werth von y, welcher dem $x-h$ entspricht, und durch y' denjenigen, welcher dem $x+h$ entspricht, so erhält man nach dem Taylorschen Lehrsatze (§. 21.)

$$,y = y - \frac{dy}{dx}\frac{h}{1} + \frac{d^2y}{dx^2}\frac{h^2}{1.2} - \frac{d^3y}{dx^3}\frac{h^3}{1.2.3} + \text{etc.}$$

$$y' = y + \frac{dy}{dx}\frac{h}{1} + \frac{d^2y}{dx^2}\frac{h^2}{1.2} + \frac{d^3y}{dx^3}\frac{h^3}{1.2.3} + \text{etc.}$$

Da die Potenzen einer Größe, welche kleiner als die Einheit ist, um so viel kleiner werden, als ihr Exponent größer wird, so ist begreiflich, daß es immer möglich sei, h klein genug zu nehmen, damit das Glied $\frac{dy}{dx}h$ die Summe aller ihm folgenden übertreffe; und da dieses Glied mit verschiedenen Zeichen in den Werthen ,y und y' vorkommt, so geht daraus hervor, daß einer von beiden y übertreffe, während der andere kleiner ist. Die vorgegebene Function wird folglich weder ein Größtes noch ein Kleinstes sein, so lange als $\frac{dy}{dx}$ nicht Null ist.*) Wenn aber dieser Coefficient verschwände, so würde, da alsdann

$$,y = y + \frac{d^2y}{dx^2}\frac{h^2}{1.2} - \frac{d^3y}{dx^3}\frac{h^3}{1.2.3} + \text{etc.}$$

$$y' = y + \frac{d^2y}{dx^2}\frac{h^2}{1.2} + \frac{d^3y}{dx^3}\frac{h^3}{1.2.3} + \text{etc.}$$

herauskommen würde, zu gleicher Zeit ,y und $y' > y$, wenn der Werth des Coefficienten $\frac{d^2y}{dx^2}$ positiv wäre, oder aber ,y und $y' < y$, wenn dieser Werth negativ wäre. Der erste Fall würde für y ein Kleinstes, und der zweite für y ein Größtes geben. Es folgt daraus, daß, um zu finden, wann eine Function y ihr Größtes oder ihr Kleinstes erreiche (denn beides ist durch dieselbe Gleichung gegeben), man den Ausdruck des ersten Differential-Coef-

---

*) Wenn man über diese Behauptung irgend einen Zweifel hegen sollte, so würde es hinreichen, um deren Genauigkeit einzusehen, zu erwägen, daß eine Reihe von der Form $Ah + Bh^2 + Ch^3 + Dh^4 +$ etc. sich so schreiben lasse $h(A + Bh + Ch^2 + Dh^3 +$ etc.$)$, und daß der Theil $Bh + Ch^2 + Dh^3 +$ etc., welcher sich vernichtet, wenn $h = 0$ ist, folglich kleiner als die Größe A werden könne, deren Werth derselbe bleibt, was auch h immer sein möge.

ficienten $\frac{dy}{dx}$ suchen und ihn gleich Null setzen müsse.

In dem oben beigebrachten Beispiele $y = b - (x - a)^2$ hat man $\frac{dy}{dx} = -2(x - a)$; und indem man diesen ersten Differential-Coefficienten $= 0$ setzt, findet man $x = a$. Um nun zu erfahren, ob dieser Werth einem Größten oder Kleinsten entspreche, so suche man, was $\frac{d^2 y}{dx^2}$ werde; und da er sich auf -2, eine negative Größe, reducirt, so folgt daraus, daß die Annahme $x = a$ das Größte gebe. Würde die Function $y = b + (x - a)^2$ eben so behandelt, so fände man auch $x = a$; aber $\frac{d^2 y}{dx^2}$ würde positiv werden; mithin findet in diesem Falle das Kleinste Statt.

§. 49. Daraus, daß in dem Falle des Größten oder des Kleinsten $\frac{dy}{dx} = 0$ sein müsse, darf man nicht schließen, daß das eine oder das andere nothwendig Statt habe, wenn diese Bedingung erfullt ist. Denn wenn der Werth von x, welcher $\frac{dy}{dx}$ Null macht, zu gleicher Zeit $\frac{d^2 y}{dx^2}$ verschwinden ließe, ohne daß $\frac{d^3 y}{dx^3}$ verschwände, so daß in dem Falle

$$,y = y - \frac{d^3 y}{dx^3} \frac{h^3}{1.2.3} + \frac{d^4 y}{dx^4} \frac{h^4}{1.2.3.4} - \text{etc.}$$

$$y' = y + \frac{d^3 y}{dx^3} \frac{h^3}{1.2.3} + \frac{d^4 y}{dx^4} \frac{h^4}{1.2.3.4} + \text{etc.}$$

sich fände, so würde, da das Glied $\frac{d^3 y}{dx^3} \frac{h^3}{1.2.3}$ vermittelst eines schicklichen Werthes von h die Summe aller ihm folgenden Glieder übertreffen könnte, zwischen den drei Größen ,y, y, y′ die dem Größten oder Kleinsten zukommende Unterordnung nicht mehr Statt finden; die mittlere würde größer als die eine der äußern, und kleiner als die andere sein. Dies kann man an der Function $y = b + (x - a)^3$ sehen.

Wenn aber der Werth von x den Differential-Coefficienten der dritten Ordnung $\frac{d^3 y}{dx^3}$ vernichtete, so käme

$$,y = y + \frac{d^4 y}{dx^4} \frac{h^4}{1.2.3.4} - \text{etc.}$$

$$y' = y + \frac{d^4 y}{dx^4} \frac{h^4}{1.2.3.4} + \text{etc.}$$

Die Bedingungen des Größten oder Kleinsten wären wiederum erfüllt, und man würde an dem Zeichen von $\frac{d^4 y}{dx^4}$ erkennen, welches von beiden Statt finden müßte. Auf diese Art würde man finden, daß der Werth $x = a$ ein Größtes für die Function $y = b - (x - a)^4$, und ein Kleinstes für die Function $y = b + (x - a)^4$ giebt.

Ohne nöthig zu haben, diese Betrachtungen weiter zu treiben, sieht man, daß überhaupt nur alsdann ein Größtes oder Kleinstes Statt finden kann, wenn der erste der Differential-Coefficienten, welche nicht verschwinden, von einer geraden Ordnung ist, und daß dieser Coefficient für das Größte negativ, und für das Kleinste positiv sein müsse.

Da ich auf diesen Gegenstand bei Gelegenheit der Theorie der Curven werde wieder zurückkommen müssen, so will ich für jetzt nur einige Anwendungen geben.

§. 50. Ich nehme zuerst an, es werde verlangt, eine Größe a dergestalt in zwei gleiche Theile zu theilen, daß das Product aus der Potenz m des ersten Theils in die Potenz n des zweiten Theils größer sei, als alle ähnliche Producte, welche man bilden könnte.

Es sei x einer der Theile von a, so ist der andere $a-x$; und wenn das Product, deren Größtes man sucht, durch y vorgestellt wird, so hat man $y=x^m(a-x)^n$, woraus man

$$\frac{dy}{dx}=mx^{m-1}(a-x)^n-nx^m(a-x)^{n-1}$$

$$=[ma-mx-nx]\,x^{m-1}(a-x)^{n-1}$$ hergeleitet. Macht man jeden Factor dieses Resultates $=0$, so findet man $x=\frac{ma}{m+n}$; $x=0$; $x=a$.

Der erste dieser Werthe entspricht einem Größten, denn wenn man ihn in den allgemeinen Ausdruck $\frac{d^2y}{dx^2}$ substituirt, so giebt er die negative Größe

$$-\frac{m^{m-1}n^{n-1}a^{m+n-2}}{(m+n)^{m+n-3}}$$

Die beiden andern Werthe werden Kleinsten entsprechen, wenn m und n gerade sind, wie man sich davon durch die Prüfung der Differential-Coefficienten versichern kann, oder noch einfacher, wenn man $x=\pm h$ und $x=a\pm h$ macht. Man wird immer in beiden Fällen ein positives Resultat finden, welches auch immer das Zeichen, das man dem h giebt, sein möge, woraus erhellt, daß die vorgegebene Function, nachdem sie bis auf Null abgenommen hat, nicht zum Negativen übergehe, sondern wiederum zuzunehmen anfange.

§. 51. Ich werde ferner die Function betrachten, welche y in der Gleichung

$y^2-2mxy+x^2-a^2=0$ bezeichnet, deren Differential $(y-mx)\,dy-(my-x)\,dx=0$

(§. 38.) ist; dann wird $\frac{dy}{dx} = \frac{my - x}{y - mx}$, woraus $my \quad x = 0$ folgt.

Um den Werth von x zu erhalten, muß man diese letzte Gleichung mit der vorgegebenen verbinden; hierdurch hat man $y = \frac{x}{m}$; $\frac{x^2}{m^2} - x^2 - a^2 = 0$, woraus $x = \frac{ma}{\sqrt{1 - m}}$; $y = \frac{a}{\sqrt{1 \quad m^2}}$ hervorgeht.

Es bleibt noch zu untersuchen übrig, was der Coefficient $\frac{d^2 y}{dx^2}$ wird. Das zweite Differential der vorgegebenen Gleichung giebt folgende $(y - mx)\frac{d^2 y}{dx^2} + \frac{dy^2}{dx^2} - 2m\frac{dy}{dx} + 1 = 0$, welche die Annahme von $\frac{dy}{dx} = 0$ auf $(y - mx)\frac{d^2 y}{dx^2} + 1 = 0$ reducirt, woraus man $\frac{d^2 y}{dx^2} = \frac{-m}{x(1 - m^2)}$ ableitet, indem man für y seinen Werth in x setzt. Man muß nun noch den Werth von x substituiren; geschieht dies, so findet man $\frac{d^2 y}{dx^2} = -\frac{1}{a\sqrt{1 - m^2}}$; dieses Resultat, das negativ ist, zeigt, daß der oben bestimmte Werth von y ein Größtes ist.

Von den Werthen, welche in gewissen Fällen die Differential-Coefficienten annehmen, und von den Ausdrücken, welche $\frac{0}{0}$ werden.

§. 52. Wenn man das Größte oder Kleinste der Function $ay = \sqrt{a^2 x^2 - x^4}$ z. B. suchte, so würde man daraus $a\frac{dy}{dx} = \frac{a^2x - 2x^3}{\sqrt{a^2x^2 - x^4}}$ ableiten; und indem man $x = 0$ machte, so käme $a\frac{dy}{dx} = \frac{0}{0}$. Indeß wird man bei weniger Aufmerksamkeit einsehen, daß der Zähler und der Nenner des Bruchs $\frac{a^2x - 2x^3}{\sqrt{a^2x^2 - x^4}}$ nur deswegen zu gleicher Zeit verschwinden, weil sie mit dem gemeinsamen Factor x behaftet sind. Wenn man sie davon befreit, so findet sich $a\frac{dy}{dx} = \frac{a^2 - 2x^2}{\sqrt{a^2 - x^2}}$; und folglich $\frac{dy}{dx} = \pm 1$, wenn $x = 0$ ist.

Wird im Allgemeinen $x = a$ in einem Ausdrucke von der Form $\frac{P(x-a)^m}{Q(x-a)^n}$ gemacht, so wird er $\frac{0}{0}$; nichts desto weniger muß sein wahrer Werth entweder Null oder endlich oder unendlich werden, je nachdem $m > n$, $m = n$, $m < n$ ist; denn indem man die gemeinschaftlichen Factoren im Zähler und im Nenner wegschafft, so findet man in dem ersten Falle $\frac{P(x-a)^{m-n}}{Q}$, im zweiten $\frac{P}{Q}$, und im dritten $\frac{P}{Q(x-a)^{n-m}}$, in sofern nämlich die Größen P und Q durch die Annahme von $x = a$ weder Null noch unendlich werden.

Wenn also irgend ein Ausdruck sich unter der Form $\frac{0}{0}$ darstellt, so muß man, um seine wahre Bedeutung kennen zu lernen, ihn von den Factoren, welche seinem Zähler und Nenner gemein sind (Alg. §. 70), befreien. Die Differentiirung gewährt dazu das Mittel.

Da das Differential des Ausdruckes $P(x-a)$, in welchem P irgend eine beliebige Function von x, welche aber von dem Factor $x - a$ unabhängig ist, bezeichnet, $(x - a)\,dP + P\,dx$ ist, so verschwindet es nicht mehr, wenn $x = a$ ist.

Würde die Function $P(x - a)^2$ zweimal differentiirt, so fände man $(x - a)^2\,dP + 2(x - a)P\,dx$;
$(x - a)^2\,d^2P + 4(x - a)\,dP\,dx + 1.2\,P\,dx^2$;
und da P nicht $x - a$ enthält, so reducirte sich das zweite Differential auf sein letztes Glied. Führe man so fort, so überzeugt man sich leicht, daß alle Differentialen eines Ausdruckes von der Form $P(x - a)^m$ bis mit auf die Ordnung $m - 1$ bei der Annahme von $x = a$ verschwinden, wenn m eine ganze Zahl ist, und daß alsdann das Differential der Ordnung m sich auf $1.2 \ldots m\,P\,dx^m$ reducirt. Der Factor $(x - a)^m$ verschwindet daher in dieser Voraussetzung nach m Differentiirungen. Es ist nicht nothwendig, daß man den Exponenten m kenne, noch selbst, daß der Factor $(x - a)^m$ vor Augen liege, um zu wissen, wann der Ausdruck $P(x - a)^m$ davon befreit ist; es reicht hin, sich nach jeder Differentiirung zu versichern, ob das erhaltene Resultat, wenn man a statt x setzt, verschwinde oder nicht; in dem letzteren Falle ist die Operation beendet, und das Gefundene stellt die Größe
$1.2 \ldots m\,P\,dx^m$ dar. Es sei z. B. die Function $x^3 - ax^2 - a^2x + a^3$, welche durch die Annahme von $x = a$ verschwindet. Ihr erstes Differential verschwindet ebenfalls unter dieser Voraussetzung; aber nicht ihr zweites Differential, welches $(6x - 2a)\,dx^2$ ist. Sie ist folglich von dem Factor $(x - a)$ befreit; und weil man dazu zwei Differentiirungen nöthig gehabt hat, so muß man daraus schließen, daß sie von der Form $P(x - a)^2$ ist, wovon man sich überdies leicht vergewissern kann; denn man wird
$x^3 - ax^2 - a^2x + a^3 = (x + a)(x - a)^2$ finden.

Wenn man, dies vorausgesetzt, in dem Falle, wo $m = n$ ist, m mal nach einander, sowohl den Zähler als den Nen-

Nenner des Bruches $\frac{P(x-a)^m}{Q(x-a)}$ differentiirte, so würden sie von dem Factor $x-a$ befreit werden; denn wenn $x=a$ ist, hätte man

$$\frac{d.^m P(x-a)^m}{d.^m Q(x-a)^m} = \frac{1.2\ldots m P dx^m}{1.2\ldots m Q dx^m} = \frac{P}{Q}.$$

Ist es der Zähler, der zuerst ein nicht verschwindendes Resultat giebt, so ist dies ein Beweis, daß der Factor $(x-a)$ sich darin auf einer niedern Potenz, als im Nenner befindet; und folglich wird der vorgegebene Bruch unendlich sein; ist es im Gegentheil der Nenner, so wird der vorgegebene Bruch Null sein. Man kann daher folgende Regel aufstellen:

Um den wahren Werth einer Function, welche $\frac{0}{0}$ wird, wenn man dem x einen besondern Werth giebt, zu erhalten, so differentiire man ihren Zähler und Nenner, bis daß man für den einen oder den andern ein Resultat findet, welches nicht verschwindet. Die vorgegebene Function ist im ersten Falle unendlich, im zweiten Null, und sie hat einen endlichen Werth, wenn man zu gleicher Zeit auf zwei sich nicht vernichtende Resultate kommt.

Einige Beispiele werden dies hinreichend erläutern.

§. 53. 1) Die Formel $\frac{x^n-1}{x-1}$, welche die Summe der ersten n Glieder der Quotienten-Progression $\div\!\div\; 1:x:x^2:x^3:$ etc. ausdrückt, wird $\frac{0}{0}$, wenn $x=1$ ist. Indessen hat diese Summe in der Progression $\div\!\div\; 1:1:1:1:$ u. s. w., zu welcher man alsdann geführt wird, einen bestimmten Werth, gleich n, welchen die vorhergehende Regel uns auch sofort geben wird. Nämlich nachdem der Zähler und Nenner des

Ausdrucks $\frac{x^n - 1}{x - 1}$ differentiirt worden, findet man $\frac{n x^{n-1} dx}{dx}$; und schreibt man 1 für x, so kommt n.

2) Der wahre Werth von $\frac{a x^2 - 2 a c x + a c^2}{b x^2 - 2 b c x + b c^2}$ kann in dem Falle, wo $x = c$ ist, nur nach zwei Differentiirungen erhalten werden; denn die erste giebt $\frac{a x - a c}{b x - b c}$, ein Resultat, welches noch $\frac{0}{0}$ wird; und indem man es differentiirt, findet man $\frac{a}{b}$.

3) Wenn man den Werth des Bruches $\frac{x^3 - a x^2 - a^2 x + a^3}{x^2 - a^2}$, wenn $x = a$ ist, sucht, so findet man, nachdem man einmal den Zähler und Nenner differentiirt hat, daß der erste allein noch Null wird, wenn man a statt x setzt, welches zeigt, daß der wahre Werth der vorgegebenen Function Null ist. Das Gegentheil würde für die Function $\frac{a x - x^2}{a^4 - 2 a^3 x + 2 a x^3 - x^4}$ Statt finden.

4) Wiewohl man nicht sogleich einsieht, wie es möglich ist, der transcendenten Function $\frac{a^x - b^x}{x}$, welche, für $x = 0$, $\frac{0}{0}$ wird, die Form $\frac{P (x - a)^m}{Q (x - a)^n}$ zu geben, so kann man nichtsdestoweniger auf jene die Regel anwenden; und nachdem man ihren Zähler und Nenner differentiirt hat, findet sich $a^x \, l a - b^x \, l b$. Wird 0 für x gesetzt, so hat man $la - lb$ für den gesuchten wahren Werth.

Dieses Resultat wird sogleich erhalten, wenn man für die Functionen a^x und b^x ihre Entwickelungen (§. 27) substituirt; denn es kommt

$$\frac{a^x - b^x}{x} = (la - lb) + \left[(la)^2 - (lb)^2\right] \frac{x}{1 . 2} + \text{etc.};$$

und die Annahme von $x = 0$ reducirt die zweite Seite dieser Gleichung auf ihr erstes Glied. Geht man der Operation nach, so wird man bemerken, daß ein Factor x da ist, welcher durch die Division verschwindet.

5) Die Function $\frac{1 - \sin x + \cos x}{\sin x + \cos x - 1}$ reducirt sich auf $\frac{0}{0}$, wenn der Bogen $x = 1^{Q}$ ist; aber indem man die Regel darauf anwendet, findet man, daß ihr wahrer Werth alsdann 1 ist.

6) Der Leser kann sich an den Functionen $\frac{a - x - a\,l\,a + a\,l\,x}{a - \sqrt{2ax - x^2}}$ und $\frac{x^2 - x}{1 - x + l\,x}$ üben; die erste wird $\frac{0}{0}$, wenn $x = 1$ ist; die wahren Werthe sind gegenseitig -1 und -2.

§. 54. Die Regel in §. 52. würde nicht auf den Fall anwendbar sein, wo die verschwindenden Factoren zu Bruch-Potenzen erhoben wären; denn die nach einander folgenden Differentiirungen, da sie von dem Exponenten m des Factors $x - a$ nur Einheiten wegnehmen, können diesen Exponenten, wenn er ein Bruch ist, nicht erschöpfen; nur wird er negativ, wenn die Anzahl der Differentiirungen die ganze Zahl übersteigt, welche sich darin enthalten fände (§. 13). Wenn man z. B. $\frac{(x^2 - a^2)^{\frac{3}{2}}}{(x - a)^{\frac{3}{2}}}$ hätte, so würde man, obgleich für $x = a$ der wahre Werth dieses Bruches $(2a)^{\frac{3}{2}}$ ist, doch niemals dazu durch die Differentiirung gelangen; man fände nach einander

$$\frac{3x(x^2 - a^2)^{\frac{1}{2}}}{\frac{3}{2}(x - a)^{\frac{1}{2}}},\ \frac{3(x^2 - a^2)^{\frac{1}{2}} + 3x^2(x^2 - a^2)^{-\frac{1}{2}}}{\frac{1}{2}\cdot\frac{3}{2}(x - a)^{-\frac{1}{2}}},\ \text{etc.}$$

Das erste dieser Resultate wird auch noch $\frac{0}{0}$,

wenn man $x=a$ macht; und die nämliche Annahme macht die Zähler und Nenner eines jeden der folgenden unendlich. Läßt man die negativen Exponenten dadurch verschwinden, daß man diejenigen, welche im Zähler sich befinden, in den Nenner bringt, und umgekehrt, so reduciren sich alle aus dieser Versetzung entstehenden neuen Ausdrücke auf $\frac{c}{c}$.

§. 55. Diese Schwierigkeit rührt daher, daß das Differential einer Function von x in dem Falle, wo ein besonderer Werth von x eine Irrationalität in dieser Function verschwinden läßt, nicht von der Form $p\,dx$ sein kann. Hat man z. B. $y=b+\sqrt{x-a}$, und will für $x=a$ den auf ihn folgenden Werth finden, so muß man $a+dx$ für x setzen; und es kommt $y'=b+\sqrt{dx}$; und die Differenz wird $y'-y=\sqrt{dx}=dx^{\frac{1}{2}}$. Sie reducirt sich auf das einzige Glied $dx^{\frac{1}{2}}$, welches folglich auch das auf diesem Fall sich beziehende Differential ist, und man erhält daraus

$\frac{y'-y}{dx}=\frac{dx^{\frac{1}{2}}}{dx}=\frac{1}{dx^{\frac{1}{2}}}$, einen Ausdruck, dessen Nenner allein verschwindet, wenn man $dx=0$ macht, und aus welchem hervorgeht, daß der Differential-Coefficient $\frac{dy}{dx}$ für den besondern Werth $x=a$ unendlich ist.

In der Folge wird die Betrachtung der Curven noch besser diese Art von Paradox erläutern.

§. 56. Folgendes ist ein allgemeines, von aller Schwierigkeit freies Verfahren, welches die Regel von §. 52. begreift, und welche ich nur deshalb zuletzt dargestellt habe, weil es mir schien, daß die Betrachtungen des angeführten §s ein großes Licht über diesen Gegenstand verbreiten könnte.

Es sei $\frac{X}{X'}$ ein Bruch, dessen Zähler und Nenner alle beide für $x = a$ verschwinden; substituirt man $a + h$ anstatt x, so werden sich die Functionen X und X' nach steigenden Reihen von der Form

$Ah^{\alpha} + Bh^{\beta} + \text{etc.}$, $A'h^{\alpha'} + B'h^{\beta'} + \text{etc.}$

entwickeln, d. h. nach Reihen, in welchen die Exponenten α, β, etc. wachsend fortgehen und positiv sind, weil diese Reihen unter der Voraussetzung von $h = 0$, welche der von $x = a$ entspricht, Null werden sollen.

Man hat demnach $\frac{Ah^{\alpha} + Bh^{\beta} + \text{etc.}}{A'h^{\alpha'} + B'h^{\beta'} + \text{etc.}}$ statt des vorgegebenen Bruchs. Wenn man in diesem Resultate $h = 0$ setzt, so muß man auf den Werth, welchen die Function $\frac{X}{X'}$ erhält, wenn man x in a verwandelt, zurückkommen; und obgleich dasselbe anfangs sich auf $\frac{0}{0}$ zu reduciren scheint, so wird man jedoch sogleich sehen, daß es immer einen bestimmten Werth hat.

Unterscheidet man die drei Fälle $\alpha > \alpha'$, $\alpha = \alpha'$, und $\alpha < \alpha'$, so kann man in den beiden ersten Fällen den vorhergehenden Ausdruck auf folgende Art schreiben

$$\frac{A'h^{\alpha - \alpha'} + Bh^{\beta - \alpha'} + \text{etc.}}{A' + B'h^{\beta' - \alpha'} + \text{etc.}}.$$

Unter dieser Form ist es leicht wahrzunehmen, daß, so lange α, α' übertrifft, die Annahme von $h = 0$ den Bruch zu Null macht, und daß er sich für $\alpha = \alpha$ auf $\frac{A}{A'}$ reducirt. In dem dritten Falle hingegen, wo $\alpha < \alpha'$ ist, hat man $\frac{A + Bh^{\beta - \alpha} + \text{etc.}}{A'h^{\alpha' - \alpha} + B'h^{\beta' - \alpha} + \text{etc.}}$; und dieses Resultat wird durch die Annahme von $h = 0$ unendlich.

In allen diesen Fällen hängt der gesuchte wahre Werth nur von dem ersten Gliede einer jeden Reihe ab.

Die folgende Regel erstreckt sich auf alle die Functionen, welche sich unter der unbestimmten Form $\frac{0}{0}$ darstellen können:

Man suche das erste Glied von einer jeden der steigenden Reihen, welche die Entwickelung des Zählers und Nenners für $x = a + h$ ausdrücken, reducire den neuen, von diesen ersten Gliedern gebildeten Bruch auf seinen einfachsten Ausdruck, und mache darauf $h = 0$: so werden die Resultate, welche man erhält, die verschwindenden Werthe sein, welche der vorgegebene Bruch für $x = a$ annimmt.

Der Bruch $\frac{(x^2 - a^2)^{\frac{3}{2}}}{(x - a)^{\frac{3}{2}}}$, dessen Werth man durch Differentiirung für $x = a$ (§. 54.) nicht finden kann, wird durch das obige Verfahren

$\frac{(2ah + h^2)^{\frac{3}{2}}}{h^{\frac{3}{2}}} = (2a + h)^{\frac{3}{2}}$, indem man x in $a + h$ verwandelt; und macht man $h = 0$, so erhält man den wahren Werth $(2a)^{\frac{3}{2}}$.

Dasselbe Verfahren scheint zuweilen bequemer, als die Differenturung, im Falle, wo sie angewendet werden kann. Nur nachdem man z. B. viermal hintereinander den Zähler und Nenner des Bruches

$$\frac{x^3 - 4ax^2 + 7a^2x - 2a^3 - 2a^2\sqrt{2ax - a^2}}{x^2 - 2ax - a^2 + 2a\sqrt{2ax - x^2}}$$

differentiirt hat, gelangt man endlich dahin, den wahren Werth in dem Falle, wo $x = a$ ist, zu finden.

Wird a + h statt x geschrieben, wie die Regel es vorschreibt, so kommt

$$\frac{2a^3 + 2a^2 h - ah^2 + h^3 - 2a^2\sqrt{a^2 + 2ah}}{-2a^2 + h^2 + 2a\sqrt{a^2 + h^2}};$$

reducirt man die beiden Wurzelgrößen in Reihen, so hat man

$$\sqrt{a^2 + 2ah} = a + h - \frac{h^2}{2a} + \frac{h^3}{2a^2} - \frac{5h^4}{8a^3} + \text{etc.}$$

$$\sqrt{a^2 - h^2} = a - \frac{h^2}{2a} - \frac{h^4}{8a^3} - \text{etc.}$$

Die Substitution dieser beiden Reihen in den vorhergehenden Bruch giebt für den gesuchten wahren Werth $-5a$.

§. 57. Eine Function kann sich noch unter mehreren unbestimmten Formen darstellen, die dem Anscheine nach von $\frac{0}{0}$ verschieden sind, die aber im Grunde auf dasselbe zurückkommen, und die es gut ist zu kennen.

1) Der Zähler und der Nenner des Bruchs $\frac{X}{X'}$ können zu gleicher Zeit unendlich werden; schreibt man aber diesen Bruch auf folgende Art $\frac{\frac{1}{X'}}{\frac{1}{X}}$, so reducirt er sich auf $\frac{0}{0}$, wenn X und X' unendlich sind.

2) Es kann geschehen, daß man ein aus zwei Factoren bestehendes Product antrifft, wovon der eine unendlich und der andere Null ist. Es sei PQ dieses Product; wenn die Annahme von $x = a$, $P = 0$, $Q = \frac{b}{0}$ giebt, so bemerke man, daß $PQ = \frac{P}{\frac{1}{Q}}$, und daß $\frac{1}{Q} = 0$ ist; und es kommt $PQ = \frac{0}{0}$ *).

*) Das Verfahren von §. 56. bietet einige Schwierigkeiten dar, wenn es auf Differential-Coefficienten an-

§. 58. Wenn man den Werth, welchen die Function $\frac{lx}{x}$, wenn x unendlich ist, erhält, oder was dasselbe ist, die Grenze dieser Function verlangte, so könnte man dahin durch keine der Verfahrungsarten, deren wir uns bis jetzt bedient haben, wegen der Unmöglich-

---

gewendet werden soll, welche durch eine Gleichung gegeben sind, in der die veränderlichen Größen x und y sich vermischt befinden. Man muß seine Zuflucht zu besondern Mitteln nehmen, um aus der ursprünglich vorgegebenen Gleichung einen entwickelten und nach den Potenzen von h geordneten Werth von y herzuleiten (s. den Lehrbegriff der Differential- und Integral-Rechnung). Wenn indeß diese Gleichung von Wurzelgrößen befreit ist, so kann man zu dem wahren Werthe von $\frac{dy}{dx}$ durch die in der Anmerkung zur Seite 43 angezeigten Betrachtungen gelangen. Nämlich die Gleichung $M + Np = o$ giebt $p = -\frac{M}{N}$, und führt auf $p = \frac{o}{o}$, wenn die Größen M und N zu gleicher Zeit verschwinden; aber in diesem Falle reducirt sich die vollständige Entwickelung, woraus diese Gleichung
$M h + N \pi h + P h^2 + Q \pi h^2 + R \pi h^2 + S h^2 + \text{etc.} = o$
hergeleitet worden, auf
$P h^2 + Q \pi h^2 + R \pi^2 h^2 + S h^3 + \text{etc.} = o$, und wird durch h^3 theilbar; geht man darauf zu den Grenzen über, indem man $h = o$ macht, und π in p verwandelt, so erhält man $P + Q p + R p^2 = o$. Man findet daher in diesem Falle zwei Werthe von p.

Wenn die Werthe von x und von y, wodurch die Größen M und N veschwinden, auch die Größen P, Q und R vernichten sollten, so müßte man seine Zuflucht zu den Gliedern nehmen, wo der Zuwachs h auf den dritten Grad steigt, um p zu erhalten, welches alsdann drei Werthe haben würde. Man wird in der Folge sehen, wie die Größen P, Q, R, etc., welche man a priori berechnen kann, indem man die in der Anmerk. zur S. 43 angezeigte Substitution vornimmt, sich auch durch Differentiirungen bilden.

keit, lx auf eine Reihe zu reduciren, gelangen, und man müßte zu den der Natur der vorgegebenen Function lx eigenthümlichen Betrachtungen ſeine Zuflucht nehmen.

Verwandelt man x in n und a in x in der Entwickelung von a (§. 27), ſo hat man

$$x^n = 1 + \frac{n\,lx}{1} + \frac{n^2 (lx)^2}{1.2} + \frac{n^3 (lx)^3}{1.2.3} + \text{etc.},$$

woraus man ſchließt

$$\frac{lx}{x^n} = \frac{lx}{1 + \frac{n\,lx}{1} + \frac{n^2 (lx)^2}{1.2} + \frac{n^3 (lx)^3}{1.2.3} + \text{etc.}}$$

$$= \frac{1}{\frac{1}{lx} + n + \frac{n^2\,lx}{1.2} + \frac{n^3 (lx)^2}{1.2.3} + \text{etc.}},$$

eine Größe, welche in dem Maße, als x zunimmt, Null zu werden ſtrebt, wenigſtens ſo lange n nicht von einer mit dem Werthe von $\frac{1}{lx}$ vergleichbaren Kleinheit iſt (§. 57).

§. 59 Eine Gleichung $V = 0$, welche gleiche Wurzeln hat, iſt nothwendig von der Form $V = P(x - a)^n = 0$, wo der Factor P die ungleichen Wurzeln enthält, und es folgt aus dem im §. 52. Geſagten, daß alle Differential-Coefficienten $\frac{dV}{dx}$, $\frac{d^2V}{dx^2}$ bis mit auf $\frac{d^{n-1}V}{dx^{n-1}}$ durch die Annahme von $x = a$ verſchwinden, weil ſie alle den Factor $x - a$ einſchließen. Die Gleichungen $V = 0$, $\frac{dV}{dx} = 0$, $\frac{d^2V}{dx^2} = 0$, ..., $\frac{d^{n-1}V}{dx^{n-1}} = 0$ werden daher zu gleicher Zeit Statt haben; und wenn man den gemeinſchaftlichen Diviſor zwiſchen der erſten und der zweiten, welche gegenſeitig $P(x-a)^n = 0$, $\frac{dP}{dx}(x-a)^n + nP(x-a)^{n-1} = 0$ ſind, ſucht, ſo iſt es ſichtbar, daß man $(x-a)^{n-1}$ finden muß.

Man sieht leicht ein, daß die Gleichungen $\frac{dV}{dx} = 0$, $\frac{d^2V}{dx^2} = 0$ etc. genau dieselben sind, welche man mit (A), (B), etc. in §. 205. der Anfangsgründe der Algebra bezeichnet hat.

Diese Betrachtungen lassen sich leicht auf die Fälle anwenden, wo die vorgegebene Gleichung mehrere Arten von gleichen Wurzeln einschließt, d. h. von der Form $X(x-a)^n (x-b)^p = 0$ ist; denn indem man die erste Seite nach der §. 11. gegebenen Regel differentiirt, findet man:

$$\left.\begin{array}{r}(x-a)^n (x-b)^p \frac{dX}{dx} + nX(x-a)^{n-1} (x-b)^p \\ + pX(x-a)^n (x-b)^{p-1}\end{array}\right\},$$

eine Größe, welche auch verschwindet, wenn man $x=a$ oder $x=b$ macht, und deren mit der ersten Seite der vorgegebenen Gleichung gemeinschaftlicher Divisor offenbar $(x-a)^{n-1}(x-b)^{p-1}$ ist.

Man kann eben so verfahren, welches auch die Anzahl der Factoren $(x-a)^n$, $(x-b)^p$, $(x-c)^q$, etc. sein möge, und man wird immer finden, daß der gemeinschaftliche Divisor zwischen den Gleichungen $V=0$, $\frac{dV}{dx}=0$ die gleichen Wurzeln auf eine um eine Einheit niedrigere Potenz, als in der vorgegebenen $V=0$, erhoben, enthalten muß.

Anwendung der Differential-Rechnung auf die Theorie der Curven.

§. 60. Durch Untersuchungen, krumme Linien betreffend, sind die Geometer zur Differential-Rechnung gelangt, welche man seitdem unter sehr mannigfaltigen Gesichtspunkten dargestellt hat; aber welches auch der Ursprung sei, welchen man dieser Rechnung giebt, so wird sie immer unmittelbar auf einer analytischen vor aller erklärenden Annahme daseienden Thatsache beruhen, wie der Fall der schweren Körper gegen die Oberfläche der Erde vor allen Erklärungen, welche man davon gegeben hat, da ist; und diese Thatsache ist genau die Eigenschaft, die allen Functionen zukommt, in dem Verhältnißnamen, welche ihre Zuwachse mit denen der veränderlichen Größe, wovon sie abhängen, haben, eine Grenze zuzulassen. Diese Grenze, verschieden für jede Function, aber beständig dieselbe für die nämliche Function, und immer unabhängig von den absoluten Werthen der Zuwachse, charakterisirt auf eine ihr eigenthümliche Weise den Gang dieser Function in den verschiedenen Zuständen, durch welche sie gelangen kann. Denn je kleiner nämlich die Zuwachse der unabhängigen veränderlichen Größe sind, je enger die auf einanderfolgenden Werthe der Function sich zusammenziehen, je mehr endlich diese Function, dem Gesetze der Stetigkeit unterworfen zu sein, sich nähert, desto mehr nähert sich auch der Verhältnißname zwischen diesen Veränderungen und denen der unabhängigen veränderlichen Größe der Gleichheit mit der durch die Rechnung bezeichneten Grenze. Unter dem Gesetze der Stetigkeit muß man dasjenige verstehen, welches bei der Beschreibung der Linien durch Bewegung beobachtet wird, und nach welchem sich die Puncte einer und derselben Linie hintereinander ohne einen Zwischenraum folgen. Die Betrachtungsweise der Größen in der Rechnung scheint dieses Gesetz nicht zuzulassen, weil man immer einen Zwischenraum zwischen zwei nachfolgenden Werthen derselben Größe annimmt; aber je kleiner dieser Zwischenraum ist, desto mehr nähert man sich dem Gesetze der Stetigkeit, mit welchem die Grenze vollkommen zusammentrifft. Auch ist es kraft dieses Gesetzes der Stetigkeit, daß die Zuwachse, obwohl verschwindend, immer noch den Verhältnißnamen, dem sie sich stuffenweise vor ihrem Verschwinden genähert haben, behalten. Es scheint mir jetzt sehr einleuchtend, daß die vorhergehende Metaphysik die philosophische Erklärung der Eigenschaften der Differential- und Integral-Rechnung einschließt, sowohl in Beziehung auf die Untersuchungen der Curven, als auch in Beziehung auf die, welche die Bewegung betreffen. Die Schwierigkeit in beiden rührt daher, daß in den Veränderungen der Linien oder der Geschwindigkeiten Stetigkeit Statt findet; und die Betrachtung der Grenzen (oder jede andere gleichgeltende) giebt das Mittel, diese Stetigkeit in die Rechnung einzuführen.

§. 61. Die geometrischen Betrachtungen beweisen auf eine sehr einleuchtende Weise, daß der Verhältnißname der Zuwachse einer Function und ihrer veränderlichen Größe der Grenzen fähig ist.

Jede Function einer einzigen veränderlichen Größe kann durch die Ordinate einer Curve, deren veränderliche Größe die Abscisse ist, dargestellt werden (§. 77. Trig.); und der Verhältnißname der Ordinate der Curve mit der Subtangente entspricht dem Differential-Coefficienten der Function. Wenn man nämlich in irgend einer beliebigen Curve CD
Fig. 1. (Fig. 1.) durch zwei Puncte M und M′ eine Secante MM′ zieht und sie so weit verlängert, daß sie in S die Axe der Abscissen AB trifft, und dann die zwei Ordinaten PM, P′M′ und die gerade Linie MQ der AB parallel zieht, so zeigen die ähnlichen Dreiecke M′QM und MPS, daß die Verhältnißnamen $\frac{M'Q}{MQ}$ und $\frac{PM}{PS}$ immer gleich sind. Wenn man sich aber vorstellt, daß der Punkt M′ sich unaufhörlich dem

Punkte M nähert, so wird sich der Punct S auch dem Puncte T nähern; die Linie PS wird daher der Subtangente PT gleich zu werden streben. Der Verhältnißname $\frac{PM}{PS}$ wird sich eben so dem Verhältnißnamen $\frac{PM}{PT}$ nähern, welchen jener zur Grenze hat, und welcher folglich auch die Grenze des Verhältnißmens der Zuwachse MQ und M′Q, welche gleichzeitig die Abscisse AL und die Ordinate PM erhalten, sein wird.

Es folgt hieraus, daß, wenn die Function, welche die Ordinate darstellt, bekannt ist, ihr Differential-Coefficient den Ausdruck des Verhältnißnamens $\frac{PM}{PT}$ giebt, und daß gegenseitig, wenn der Ausdruck dieses Verhältnißnamens anderswoher bekannt ist, derselbe die Differential-Coefficienten von der der Ordinate entsprechenden Function liefert *).

§. 62. Wenn man der Abscisse nach einander folgende Werthe giebt, so bestimmen die Ordinaten, welche diesen Werthen entsprechen, auf der Curve

---

*) Obgleich nicht leicht in Zweifel gezogen werden kann, daß zwei Größen, welche die Grenze der nämlichen veränderlichen Größe sind, gleich seien, so pflegt man dennoch diesen Satz, wie folgt, zu beweisen.

Es seien A, B die zwei ersten Größen und V die dritte. Hätte man A = B — D, und wäre V immer kleiner als A, wie nahe sie auch dieser Größe sein möge, so würde ihr Unterschied von B, D übertreffen. Man kann auch nicht sagen, daß V zwischen A und B enthalten sei; denn alsdann würde es von B oder A um eine Größe, welche wenigstens gleich ½ D wäre, verschieden sein; also könnte in allen den Fällen V den beiden Größen A und B nicht zu gleicher Zeit so nahe kommen, als man wollte, was gegen die Erklärung der Grenzen ist.

Puncte, welche man als die Spitzen der Winkel eines in der Curve beschriebenen Polygons betrachten kann.

Wenn man z. B. auf der Axe der Abscissen die von einander um eine und dieselbe Größe h abste-
Fig. 2. henden Puncte P, P′, P″ (Fig. 2.) nimmt, so hat man AP=x, AP′=x+h, AP″=x+2h, etc.; und man errichte die entsprechenden Ordinaten PM, P′M′, P″M″, und verbinde die Puncte M, M′, M″, etc. durch Sehnen, so bildet sich das Polygon MM′M″, etc., welches um so weniger von der vorgegebenen Curve verschieden ist, als die Puncte M, M′, M″, etc. einander näher kommen; aber zu gleicher Zeit vergrößert sich die Anzahl seiner Seiten immer mehr und mehr, weil der Abstand PP′ eine immer größere Anzahl mal in der bestimmten Abscisse AB enthalten ist. Die Curve CD wird offenbar die Grenze aller dieser Polygone sein, und folglich werden die Eigenschaften, welche dieser Grenze zukommen, auch der vorgegebenen Curve zukommen *).

---

*) Leibnitz hat die Differential-Rechnung stets unter einem fast ähnlichen Gesichtspuncte betrachtet. „Sentio autem et hanc et alias (methodos) hactenus adhibitas omnes deduci posse ex generali quodam meo dimetiendorum curvilineorum principio, quod figura curvilinea censenda sit aequipollere polygono infinitorum laterum; unde sequitur, quidquid de tali polygono demonstrari potest, sive ita, ut nullus habeatur ad numerum laterum respectus, sive ita, ut tanto magis verificetur, quanto major sumitur laterum numerus, ita ut error tandem fiat quovis dato minor; id de curva posse pronuntiari." (Acta Eruditorum an. 1684. pag. 585).

Es ist offenbar, daß diese Metaphysik auch sehr lichtvoll ist, und sich von der, welche ich eben dargestellt habe, nur dadurch unterscheidet, daß die Grenze darin als ein Polygon von einer unendlichen Anzahl von unendlich kleinen Seiten bezeichnet ist.

Wenn man, dies vorausgesetzt, MQ und M'Q' parallel mit der Axe AB zieht, so ist M'Q der Unterschied der zwei auf einander folgenden Ordinaten PM und P'M', und M''Q' der Unterschied der Ordinaten P'M' und P''M''. Verlängert man die gerade Linie MM' bis N'', so bilden sich die gleichen Dreiecke MM'Q, M'N''Q', welche M'Q = N''Q' geben; und daraus geht M''N'' = N''Q' − M''Q' oder M''N'' = M''Q' − N''Q', und folglich M''Q' − M'Q = ∓ M''N'' hervor, je nachdem die Curve hohl oder erhaben gegen die Axe der Abscissen ist; M''N'' wird daher der Unterschied der Linien M'Q und M''Q' sein.

Die Differential=Rechnung giebt den Ausdruck dieser verschiedenen geraden Linien; denn man hat nach einander (§. 21.)

$$PM = y$$

$$P'M' = y + \frac{dy}{dx}\frac{h}{1} + \frac{d^2y}{dx^2}\frac{h^2}{1.2} + \text{etc.}$$

$$P''M'' = y + \frac{dy}{dx}\frac{2h}{1} + \frac{d^2y}{dx^2}\frac{4h^2}{1.2} + \text{etc.}$$

$$P'M' - PM = M'Q = \frac{dy}{dx}h + \frac{d^2y}{dx^2}\frac{h^2}{2} + \text{etc.}$$

$$P''M'' - P'M' = M''Q' = \frac{dy}{dx}h + \frac{d^2y}{dx^2}\frac{3h^2}{2} + \text{etc.}$$

$$M''Q' - M'Q = \mp M''N'' = \frac{d^2y}{dx^2}h^2 + \text{etc.}$$

woraus folgt, daß sich, wenn man h = dx nimmt, der Werth M'Q immer mehr und mehr dem ersten Differential dy, und der Werth M''N'' dem zweiten Differential d^2y nähert. Betrachtete man einen vierten Punct des Polygons, so würde man eben so die dem dritten Differential entsprechende Linie finden.

§. 63. Die Linien PM, M'Q, M''N'' haben, in Hinsicht der Grenzenrechnung, eine durch die Exponenten, mit denen der Zuwachs h in ihrem ersten Gliede behaftet ist, bezeichnete Unterordnung, wo jeder

Exponent der nämliche ist, als von der Ordnung des Differentials, denen sie entsprechen. Man sieht in der That, daß der Verhältnißname $M'Q$ zu PM unaufhörlich abnimmt, und endlich für $h=0$ verschwindet, und daß es sich eben so mit dem Verhältnißnamen von $M''N''$ zu $M'Q$ verhält; daß aber, wenn man den ersten von ihnen mit dem Quadrate des zweiten vergliche, der Verhältnißname alsdann eine angebliche Grenze haben würde, welche der Verhältnißname von $\frac{d^2y}{dx^2}$ zu $\frac{dy^2}{dx^2}$ wäre (§. 56.) *).

§. 64. Man sieht zu gleicher Zeit aus dem Vorhergehenden, daß der Differential-Coefficient der ersten Ordnung $\frac{dy}{dx}$, welcher den Verhältnißnamen

Fig. 1. $\frac{PM}{PT}$ (Fig. 1.) ausdrückt, die trigonometrische Tangente des Winkels MTP giebt, welchen mit der Axe der Abscissen AB die gerade Linie macht, welche die Curve in dem Puncte M berührt.

Ferner, wenn man seine Aufmerksamkeit darauf richtet, daß, wenn die Ordinate positiv ist, der Unterschied

Fig. 2. $M''Q' - M'Q$ (Fig. 2.) negativ oder positiv ist, je nachdem die Curve gegen die Axe der Abscissen hohl oder erhaben ist, und daß dieser Umstand Statt finden muß, wie nahe man auch die Puncte P, P', P'' annehme und wie klein auch h sei, so wird man daraus schließen, daß

*) Dieses verschafft eine sehr einfache Erklärung der verschiedenen Ordnungen des Unendlichkleinen, welche Leibnitz annahm. Er betrachtete das erste Differential als unendlich klein in Hinsicht der Ordinate; das zweite Differential als unendlich klein in Hinsicht des ersten Differentials u. s. f. Nach diesem Grundsatze ließ er die einen in Bezug auf die andern außer Acht, was man in der That thun muß, wenn man zu den Grenzen übergehen will.

daß das Glied $\frac{d^2y}{dx^2}h^2$, mit welchem die Entwickelung von $M''Q'-M'Q$ anfängt und welches zum beträchtlichsten gemacht werden kann, dasselbe Zeichen, als der Unterschied $M''Q'-M'Q$, haben muß; da nun die Größe h^2 wesentlich positiv ist, so folgt aus dem Vorhergehenden, daß $\frac{d^2y}{dx^2}$ negativ ist, wenn die Curve gegen ihre Absciſſen=Axe hohl, und im Gegenfall positiv ist.

Die Betrachtung der Curven cm, welche unter der Abscissenlinie liegen, zeigt, daß die Zeichen von $\frac{d^2y}{dx^2}$ in umgekehrter Ordnung genommen werden müssen, wenn die Ordinate negativ ist, und daß folglich eine Curve hohl oder erhaben gegen die Abscissenlinie ist, je nachdem die Ordinate und ihr Differential=Coefficient der zweiten Ordnung entgegengesetzte oder gleiche Zeichen haben.

§. 65. Da man durch den Coefficienten $\frac{dy}{dx}$ den Winkel MTP kennt, so ist nichts leichter, als die Tangente MT zu construiren (Fig. 1.): aber man bedient sich gewöhnlicher der Subtangente, welche zu berechnen man bemerke, daß $\frac{PM}{PT}=\frac{dy}{dx}$, Fig. 1.

$PT=\frac{PM\,dx}{dy}=\frac{y\,dx}{dy}$ giebt.

Das bei T rechtwinklige Dreieck PMT giebt die Tangente $MT=\sqrt{\overline{PM}^2+\overline{PP}^2}=y\sqrt{1+\frac{dx^2}{dy^2}}$.

Die Betrachtung der ähnlichen Dreiecke PMT und PMR (Trig. §. 152) giebt die Subnormale $PR=PM\frac{PM}{PT}=\frac{y\,dy}{dx}$.

Das bei P rechtwinklige Dreieck PMR giebt die Normale $MR = \sqrt{\overline{PM}^2 + \overline{PR}^2} = y\sqrt{1 + \frac{dy^2}{dx^2}}$.

§. 66. Hier nunmehr einige Anwendungen dieser Formeln.

Da die allgemeine Gleichung der Linien des zweiten Grades $y^2 = mx + nx^2$ (Trig. §. 148 ist, so hat man $\frac{dy}{dx} = \frac{m + 2nx}{2y} = \frac{m + 2nx}{2\sqrt{mx + nx^2}}$; und hieraus ergiebt sich $PT = \frac{ydx}{dy} = \frac{2(mx + nx^2)}{m + 2nx}$;

$MT = y\sqrt{1 + \frac{dx^2}{dy^2}} = \sqrt{mx + nx^2 + 4\left[\frac{mx + nx^2}{m + 2nx}\right]^2}$;

$PR = \frac{ydy}{dx} = \frac{m + 2nx}{2}$;

$MR = y\sqrt{1 + \frac{dy^2}{dx^2}} = \sqrt{mx + nx^2 + \frac{1}{4}(m + 2nx)^2}$.

In dem Falle, wo $n = 0$ ist, wird die Curve eine Parabel (Trig. §. 114), und alsdann hat man blos $PT = 2x$; $MT = \sqrt{mx + 4x^2}$; $PR = \frac{m}{2}$; $MR = \sqrt{mx + \frac{1}{4}m^2}$.

Man könnte aus diesen Werthen die in der Anwendung der Algebra auf die Geometrie für die Linien des zweiten Grades angezeigten Resultate und Constructionen ableiten.

In der durch die Gleichung $x^3 - 3axy + y^3 = 0$ dargestellten Curve hat man $\frac{dy}{dx} = \frac{ay - x^2}{y^2 - ax}$, woraus sich $PT = \frac{y^3 - axy}{ay - x^2} = \frac{2axy - x^3}{ay - x^2}$ findet, welcher Werth leicht construirt wird, wenn man ihn von x angenommen und von y bestimmt hat. (Trig. §. 6.).

§. 67. Es ist oft bequemer und zumal zierlicher, die Tangente und Normale vermittelst ihrer

Gleichung (Trig. §. 148.) zu betrachten. Um diese von der ersten zu erhalten, will ich sofort im Allgemeinen die Beziehungen suchen, welche Statt finden müssen, wenn zwei Linien sich berühren. Betrachtet man anfangs diese Linien, als wenn sie zwei Puncte M und M′ (Fig. 1.) gemein hätten, F. 1 so ist einleuchtend, daß ihre Gleichungen dieselben Werthe der Ordinate PM und des Unterschiedes M′Q, welche der Absciſſe AP und ihrem Zuwachse PP′ entsprechen, geben müssen. Wenn man daher unter x, y die dem Puncte M zukommenden Coordinaten in der vorgegebenen Curve versteht, und mit x′, y′ die Coordinaten beliebiger Puncte derjenigen Linie, welche jene in M und M′ schneidet, bezeichnet, so hat man für diese beiden Puncte

$$y' = y,\ \frac{dy'}{dx'}h + \text{etc.} = \frac{dy}{dx}h + \text{etc.}\ (\S.\ 62).$$

Die zweite Gleichung ist durch h theilbar; und wenn man davon die Grenze nimmt, indem man $h = 0$ setzt, so reducirt sie sich auf $\frac{dy'}{dx'} = \frac{dy}{dx}$; aber in dieser Voraussetzung vereinigen sich die beiden Durchschnittspuncte in einen einzigen, welcher ein Berührungspunct für die vorgegebenen Linien wird, weil sie nicht mehr als jenen gemein haben. Hieraus folgt, daß, wenn zwei Linien sich berühren, man nur allein für den Berührungspunkt

$$y' = y,\ \frac{dy'}{dx'} = \frac{dy}{dx}$$ habe.

Ist von der geraden Linie die Rede, deren Gleichung von der Form $y' = Ax' + B$ (Trig. §. 83) ist, und $\frac{dy'}{dx'} = A$ giebt, so hat man für die Berührung dieser geraden Linie mit der vorgegebenen Curve $y = Ax + B$, $A = \frac{dy}{dx}$, woraus man

$B = y - x\frac{dy}{dx}$, und $y' = \frac{dy}{dx}x' + y - x\frac{dy}{dx}$, oder $y' - y = \frac{dy}{dx}(x' - x)$ schließt.

Nach dieser Gleichung wird die der Normale, welche auf der Tangente senkrecht ist und durch den Punct M geht, $y' - y = -\frac{dx}{dy}(x' - x)$ (Trig. §. 86).

Für den durch die Gleichung $y^2 + x^2 = a^2$ gegebenen Kreis findet man $\frac{dy}{dx} = -\frac{x}{y}$. Die Gleichung seiner Tangente wird folglich $y' - y = -\frac{x}{y}(x' - x)$ oder $yy' - y^2 = -xx' + x^2$ oder $yy' + xx' = a^2$, weil $y^2 + x^2 = a^2$ ist. Die Gleichung der Normale wird $y' - y = \frac{y}{x}(x' - x)$, und reducirt sich auf $y' = \frac{y}{x}x'$, welches zeigt, daß die Normalen des Kreises durch seinen Mittelpunct, welcher hier der Ursprung der Coordinaten ist, gehen (Trig. §. 85), welches in der That geschehen muß, weil die Normalen eines Kreises nichts anders als seine Halbmesser sind.

Die Tangente der durch die Gleichung $x^3 + 3axy + y^3 = 0$ gegebenen Curve hat zur Gleichung $y' - y = \frac{ay - x^2}{y^2 - ax}(x' - x)$ oder $y^2y' - axy' - y^3 + axy = ayx' - x^2x' - axy + x^3$.

§. 63. Wenn man durch einen außerhalb einer Curve gegebenen Punct, dessen Abscisse α und dessen Ordinate β wäre, eine Tangente an diese Curve ziehen wollte, so ist es einleuchtend, daß man α für x' und β für y' in die Gleichung der Tangente substituiren müßte, welche alsdann $\beta - y = \frac{dy}{dx}(\alpha - x)$ werden, und in Verbindung mit der Gleichung der vorgegebenen Curve dienen würde, die Coordinaten x und des Berührungspunktes zu bestimmen.

Ich nehme zum ersten Beispiele den Kreis. Da die Gleichung seiner Tangente $yy' + xx' = a^2$ (vorhergeh. §.) ist, so hat man $\beta y + x = a^2$.

Diese Gleichung, mit der Gleichung des Kreises verbunden, wird die Coordinaten x und y der Berührungspuncte bestimmen, oder, was auf dasselbe hinausläuft, diese Puncte werden beim Zusammentreffen des Kreises mit der geraden durch die Gleichung $\beta y + \alpha x = a^2$ ausgedruckten Linie sich befinden (Trig. §. 110).

In der Curve, welche der Gleichung $x^3 - 3axy + y^3 = 0$ entspricht, würde man den Berührungspunct finden, wenn man den Durchschnitt dieser Curve mit der Linie der zweiten Ordnung, welche sich aus der Gleichung $\beta(y^2 - ax + \alpha(x^2 - ay = axy$ ergiebt, suchte.

§. 69. Um eine gerade Linie zu ziehen, welche eine gegebene Curve berührt, und welche zu gleicher Zeit mit einer der Lage nach gegebenen geraden Linie parallel ist, oder welche mit der Abscissenlinie einen Winkel, dessen Tangente durch a vorgestellt werde, macht, so ist es hinreichend $\frac{dy}{dx} = a$ zu setzen (Trig. §. 85). Verbindet man diese Gleichung mit der Gleichung der vorgegebenen Curve, so wird man die Werthe von x und y bestimmen, welche dem verlangten Berührungspunete zukommen.

In dem Falle, wo die vorgegebene Curve die gemeine Parabel wäre, hätte man $y^2 = mx$, $\frac{dy}{dx} = \frac{m}{2y} = a$, welches $y = \frac{m}{2a}$ und $x = \frac{m}{4a^2}$ geben würde.

§. 70. In allem Vorhergehenden sind die Coordinaten xy unter sich senkrecht angenommen worden; aber man sieht leicht, daß selbst, wenn sie einen be=

liebigen Winkel machten, der Verhältnißname von MQ zu MQ noch zur Grenze den Verhältnißnamen von PM zu PT haben würde; die Gleichung der Tangente würde ihre Form nicht verändern. In Hinsicht von MT, MR und PR fande man ihren Ausdruck vermittelst der Dreiecke MPT, MTR und MPR, in welchen man immer entweder einen Winkel und zwei Seiten, oder zwei Winkel und eine Seite kennen würde.

§. 71. Sucht man die Lagen, welche die Tangente einer vorgegebenen Curve bekommt, wenn der Berührungspunct sich mehr und mehr von dem Ursprunge der Coordinaten entfernt, so kann man erfahren, ob diese Curve, wie die Hyperbel, gerade Linien zu Asymptoten (Trig. §. 151) hat, und ihre Lage bestimmen.

Man sieht nämlich, daß in einer Curve MX
Fig. 3. (Fig. 3., welche eine Asymptote RS hat, die Tangente MT in dem Maße, als sich der Punct M von dem Ursprunge entfernt, sich der Asymptote nähert, und daß sich die Puncte T und D gegenseitig gegen die Puncte R und E ziehen, so daß AR und AE Grenzen sind, welche die Werthe AT und AD weder überschreiten noch selbst erreichen, deren sie sich aber so weit, als man immer nur will, nähern können. Daraus folgt, daß, um zu finden, ob eine Curve Asymptoten habe, man suchen müsse, ob die Ausdrücke von AT und AD in Beziehung auf diese Curve der Grenzen fähig sind; und wenn dieses sein sollte, so werden diese Grenzen, construirt, die zwei Puncte R und E geben, durch welche die gerade Linie RS, welche die verlangte Asymptote sein wird, zu ziehen ist. Die Ausdrücke von AT und AD ergeben sich aus dem Ausdrucke von PT; der erste aus der Bemerkung, daß AT = AP − PT ist; der zweite vermittelst der ähnlichen Dreiecke ADT und MPT; man leitet sie auch aus der Gleichung der

Tangente ab, indem man nach einander $y'=0$ und $x'=0$ macht (Trig. §. 83). Es findet sich
$$AT=x-y\frac{dx}{dy},\ AD=y-x\frac{dy}{dx}.$$

§. 72. Das Vorhergehende, auf die Gleichung $y^2=mx+nx^2$ angewendet, führt auf
$$AT=x-\frac{2y^2}{m+2nx}=\frac{-mx}{m+2nx},$$
$$AD=y-\frac{mx+2nx^2}{2y}=\frac{mx}{2\sqrt{mx+nx^2}}.$$

Da die letzten Glieder dieser Gleichungen unter die Formen $-\frac{m}{\frac{m}{x}+2n}$, $\frac{m}{2\sqrt{\frac{m}{x}+n}}$ gebracht werden können, so sind ihre gegenseitigen Grenzen in dem Falle, wo man x unendlich annimmt, $-\frac{m}{2n}=AR$, und $\frac{m}{2\sqrt{n}}=AE$.

Wenn n Null wäre, so würden die Ausdrücke von AT und von AD mit x zu gleicher Zeit unendlich werden, und die vorgegebene Curve würde keine Asymptoten haben; sie wird ebenfalls keine haben, wenn n negativ ist, weil alsdann ihre Gleichung keinen unendlichen Werth für x zuläßt.

In der durch die Gleichung $x^3+3axy+y^3=0$ vorgestellten Curve hat man $AT=\frac{axy}{x^2-ay}$, $AD=\frac{axy}{y^2-ax}$. Um die Grenze zu finden, zu welcher diese Ausdrücke in dem Maße, als y zunimmt, streben, müßte man für y die Grenze, zu welcher es strebt, substituiren, und folglich den Ausdruck von y in x kennen; aber man kann diesen Ausdruck in dem vorliegenden Beispiele durch einen sehr einfachen

analytischen Kunstgriff ersetzen. Macht man $x = ty$, so wird die vorgegebene Gleichung durch y^2 theilbar, woraus sich $y = \frac{3at}{1+t^3}$ ergiebt; und man sieht alsdann leicht, daß die Annahme von $t = -1$, y unendlich macht, und $x = -y$ giebt. Wird x in $-y$ in den Ausdrücken von AT und AD verwandelt, darauf die Grenzen genommen, so hat man $AR = -a = AE$; und zieht man durch die nach den vorhergehenden Werthen construirten Puncte
Fig. 4. R und E (Fig. 4.) die gerade Linie RE, so wird sie die Asymptote der Zweige AY und AZ.

§. 73. Wenn die eine der Größen AR oder AE endlich bleibt, und die andere unendlich würde, so ist es einleuchtend, daß die Asymptote mit der Axe, auf welcher jene letztere sich befindet, parallel wäre. Um keine von den Asymptoten, welche die vorgegebene Curve wirklich hat, zu verfehlen, so muß man daher nach einander x unendlich und y unendlich machen, und in die Ausdrücke von AT und AD ein jedes der verschiedenen Resultate, welche beide Voraussetzungen geben, substituiren. Wenn AT und AD immer zu gleicher Zeit unendlich sind, so schließt man daraus, daß die vorgegebene Curve keine Asymptote hat.

Es könnte sich ereignen, daß diese Größen alle beide Null wären; in diesem Falle hätte die Curve eine durch den Anfang der Coordinaten gezogene gerade Linie zur Asymptote; aber da man von ihr alsdann nur einen Punct kennte so müßte man ihre Richtung suchen, und zu dem Ende würde man die Grenze des Ausdruckes $\frac{dy}{dx}$, welcher die Tangente des Winkels MTP (§. 64.) für irgend einen beliebigen Punct der Curve darstellt, nehmen, und die Tangente des Winkels SRB erhalten.

§. 74. Man nimmt gemeinhin als augenscheinlich an: ein kleiner Bogen der Curve könne für seine Sehne genommen werden, d. h. der Verhältnißname des Bogens und seiner Sehne habe die Einheit zur Grenze. Dieser sehr wichtige Satz bedarf nichts desto weniger eines Beweises, und dieser kann auf folgende Art gegeben werden.

Das rechtwinklige Dreieck $MM'Q$ Fig. 5. giebt Fig. 5.
$MM' = \sqrt{\overline{MQ}^2 + \overline{M'Q}^2}$; man hat ferner (§. 62.)
$MQ = h$, $M'Q = \frac{dy}{dx}\frac{h}{1} + \frac{d^2y}{dx^2}\frac{h^2}{1.2} + \text{etc.}$

Man kann diese Entwickelung unter die Form $(p + Ph)h$ setzen, indem man
$\frac{d^2y}{dx^2}\frac{h^2}{1.2} + \frac{d^3y}{dx^3}\frac{h^3}{1.2.3} + \text{etc.} = Ph^2$ und $\frac{dy}{dx} = p$
macht; man erhält $MM' = \sqrt{h^2 + (p + Ph)^2 h^2}$ $= h\sqrt{1 + (p + Ph)^2}$. Wird darauf die Tangente MN gezogen, so findet man

$$NQ = MQ \operatorname{tang} NMQ = \frac{dy}{dx}h = ph \text{ (§. 64.)},$$

$$MN = \sqrt{h^2 + p^2h^2} = h\sqrt{1 + p^2},$$

$$M'N = NQ - M'Q = -\frac{d^2y}{dx^2}\frac{h^2}{1.2} - \text{etc.} = -Ph^2,$$

und hieraus schließt man

$$\frac{MN + N'N}{MM'} = \frac{h\sqrt{1+p^2} - Ph^2}{h\sqrt{1+(p+Ph)^2}} = \frac{\sqrt{1+p^2} - Ph}{\sqrt{1+(p+Ph)^2}},$$

welcher Verhältnißname $\frac{\sqrt{1+p^2}}{\sqrt{1+p^2}} = 1$ zur Grenze hat.

Aber der Bogen MOM' ist immer zwischen der Sehne MM' und der gebrochenen Linie $MN + M'N$ begriffen; also hat um so mehr der Verhältnißname $\frac{MOM'}{MM'}$ die Einheit zur Grenze.

§. 75. Es ist einleuchtend, daß der Bogen einer Curve eine Function der Abscisse ist; und um den Differential-Coefficienten dieser Function zu erhalten, muß man die Grenze des Verhältnißnamens $\frac{MOM'}{PP'}$ suchen; nun aber hat man

$$\frac{MOM'}{PP'} = \frac{MM'}{PP'} \times \frac{MOM'}{MM'}.$$

Substituirt man den Werth des ersten Verhältnißnamens der zweiten Seite, und macht $h = 0$, um zu der Grenze überzugehen, so wird der zweite Verhältnißname die Einheit, und man erhält $\sqrt{1+p^2}$ (§. 8). Nennt man daher z den Bogen CM, so kommt $\frac{dz}{dx} = \sqrt{1 + \frac{dy^2}{dx^2}}$ oder $dz = \sqrt{dx^2 + dy^2}$.

Da der Kreis, dessen Gleichung $x^2 + y^2 = a^2$ ist, $x dx + y dy = 0$ oder $dy = -\frac{x dx}{y}$ giebt, so kommt $dz = \sqrt{dx^2 + \frac{x^2 dx^2}{y^2}} = \frac{dx}{y}\sqrt{x^2 + y^2} = \frac{a dx}{y} = \frac{a dx}{\sqrt{a^2 - x^2}}$, welches Resultat, wenn man $a = 1$ setzt, mit dem in §. 35. übereintrifft.

§. 76. Das Differential von dem Flächeninhalte des Abschnitts ACMP einer Curve ergiebt sich, wenn man bemerkt, daß der Verhältnißname der Rechtecke PP'QM und PP'M'N Fig. 6., welche
Fig. 6. dieselbe Grundlinie haben, gleich $\frac{P'M'}{PM}$, und folglich seine Grenze die Einheit ist. Hieraus folgt, daß das krummlinige Trapezium PP'MM', welches zwischen den beiden ebengenannten Rechtecken begriffen ist, und den Zuwachs darstellt, welchen der Abschnitt ACMP, wenn die Abscisse um PP' zunimmt, bekommt, dem Rechtecke PP'QM unaufhörlich gleich

zu werden strebt, oder daß der Verhältnißname $\frac{PP'M'M}{PP' \times PM} = \frac{PP'M'M}{PP'} \times \frac{1}{PM}$ die Einheit zur Grenze hat. Nennt man daher s die dem Flächeninhalt ACMP entsprechende Function von x, so erhält man zur Grenze (§. 8.)

$$\frac{PPM'M}{PP'} = \frac{ds}{dx}, \text{ und } \frac{ds}{dx} \times \frac{1}{y} = 1 \text{ oder } ds = y\,dx.$$

In dem Kreise ist $ds = dx\sqrt{a^2 + x^2}$. So gelangt man also, ob man gleich den algébraischen Ausdruck des Kreisabschnittes nicht angeben kann, durch die Betrachtung der Grenzen zu dem Ausdrucke seines Differentials.

Untersuchung der singulären Puncte der Curven.

§. 77. Man nennt singuläre Puncte einer Curve diejenigen, in welchen sie irgend einen merkwürdigen Umstand darbietet; und die Differential-Rechnung liefert sehr einfache Mittel, ihr Dasein zu erkennen, und ihre Lage zu bestimmen.

Wenn der Differential-Coefficient $\frac{dy}{dx}$, welcher die Tangente des Winkels MTP (§. 64.) ausdrückt, Null ist, so folgt, daß die gerade Linie, welche die Curve in dem Puncte M berührt, der Abscissenlinie parallel ist; und wenn er nach diesem Puncte sein Zeichen verändert, so neigt sich die Tangente nach der entgegengesetzten Seite der Ordinate, als wohin sie sich zuvor neigte. Die Betrachtung der beiden Figuren 7. und 8. zeigt, daß in diesem Falle die Ordinate, nachdem sie eine gewisse Größe erreicht hat, abzunehmen anfängt (Fig. 7.) oder aber, nach- Fig. 7. u. 8. Fig. 7.

dem sie bis zu einem gewissen Puncte abgenommen
Fig. 8. hat, zuzunehmen anfängt (Fig. 8).

Der erste Umstand entspricht offenbar dem **Größten** der Ordinate y, und der zweite ihrem **Kleinsten.** Wann das eine oder das andere Statt findet, so hat man also auf gleiche Weise $\frac{dy}{dx} = 0$, eben so wie dies die analytischen Betrachtungen zeigen (§. 48.).

§. 78. Die geometrischen Betrachtungen thun auch dar, daß diese Eigenschaft nicht blos den Puncten zukomme, wo es ein **Größtes** oder **Kleinstes** giebt, sondern daß dieselbe auch noch unter andern Umständen Statt habe. Obgleich die Tangente bei
Fig. 9. dem Puncte M der Figur 9 der Abscissenlinie parallel ist, so entspricht dieser Punct dennoch nicht einem **Größten**, weil die Ordinate darüber hinaus zuzunehmen fortfährt; aber man muß bemerken, daß die Höhlung der Curve, anfangs gegen die Abscissen-Axe gekehrt oder unterhalb der Tangente liegend, sich nachher nach der entgegengesetzten Seite wendet. Dieser Umstand ist das, was man eine **Wendung** oder **Beugung** nennt, und der Punct M ist ein **Wendungs-** oder **Beugungspunct.** Er wird dadurch bemerklich, daß der Coefficient $\frac{d^2y}{dx^2}$ vor oder nach dem Puncte M (§. 64.) sein Zeichen ändert. Auch ist er noch daraus zu erkennen, wenn man die Lage der Curve in Ansehung ihrer Tangente vor und nach diesem Puncte sucht.

Da die Gleichung der Tangente im Allgemeinen $(y'-y) = \frac{dy}{dx}(x'-x)$ §. 67. ist, so hat man, indem $x' = x + h$ gemacht wird, $y'-y = \frac{dy}{dx}h$ oder
Fig. 10. $y' = y + \frac{dy}{dx}h$ für den Ausdruck von P'N' (Fig. 10.),

welches die dem Puncte P', wovon die Abscisse $x+h$ ist entsprechende Ordinate der Tangente ist; da aber y eine Function von x ist, so hat man (§. 21.) für $P'M'$ diese Reihe

$$y+\frac{dy}{dx}\frac{h}{1}+\frac{d^2y}{dx^2}\frac{h^2}{1.2}+\frac{d^3y}{dx^3}\frac{h^3}{1.2.3}+\text{etc.},$$

woraus man

$$P'M'-P'N'=\frac{d^2y}{dx^2}\frac{h^2}{1.2}+\frac{d^3y}{dx^3}\frac{h^3}{1.2.3}+\text{etc.}$$

ableitet.

Nähme man auf der Abscissen-Axe einen Punct $P_{,}$ rückwärts von dem Puncte P, dessen Abscisse $x-h$ sei, so fände man eben so

$$P_{,}M_{,}-P_{,}N_{,}=\frac{d^2y}{dx^2}\frac{h^2}{1.2}-\frac{d^3y}{dx^2}\frac{h^3}{1.2.3}+\text{etc.}$$

Es ist jetzt einleuchtend, daß, wenn $\frac{d^2y}{dx^2}=0$ ist, die zwei Differenzen $P'M'-P'N'=\frac{d^3y}{dx^3}\frac{h^3}{1.2.3}+\text{etc.}$

$$P_{,}M_{,}-P_{,}N_{,}=-\frac{d^3y}{dx^3}\frac{h^3}{1.2.3}+\text{tc.}$$

entgegengesetzte Zeichen haben werden, wenigstens wenn man h klein genug nimmt, daß das erste Glied der Reihe größer als die Summe der andern sei (§. 48. ; so geht die vorgegebene Curve also, nachdem sie unterhalb ihrer Tangente gewesen ist, über dieselbe hinaus, und umgekehrt.

Es giebt daher beim Puncte M (Fig. 9) eine Biegung und kein Größtes oder Kleinstes, wenn daselbst $\frac{d^2y}{dx^2}$ mit $\frac{dy}{dx}$ zu gleicher Zeit Null wird, und im Allgemeinen, wenn der erste der Differential-Coefficienten, welche nicht verschwinden, von einer ungeraden Ordnung ist. Dies ist die geometrische Bedeutung der in §. 49. angezeigten analytischen Kennzeichen.

§. 79. Es kann eine Wendung in Puncten geben, wo die Tangente nicht der Abscissenlinie parallel ist, und wo man folglich nicht $\frac{dy}{dx} = 0$ hat; aber das Kennzeichen dieses Punctes ist immer die Abwandlung des Zeichens von $\frac{d^2y}{dx^2}$ in Ansehung von y.

Es ist offenbar, daß jede ganze Größe ihr Zeichen nur ändern kann, wenn sie durch Null geht; aber eine Bruchgroße kann auch ihr Zeichen ändern, wenn sie durch das Unendliche geht, wie dieses mit dem Ausdrucke $\frac{a}{x}$ geschieht, welcher nach einander $\frac{a}{b}, \frac{a}{0}, -\frac{a}{b}$ wird, wenn man darin $x = b$, $x = 0$, $x = -b$ macht; man kann daher aus dem Vorhergehenden schließen, daß für einen Wendungspunct $\frac{d^2y}{dx^2}$ Null oder unendlich ist; aber man muß diesen Satz nicht umkehren.

§. 80. Wenn $\frac{dy}{dx}$, anstatt zu verschwinden, unendlich wird, so wird die Ordinate eine Tangente,

Fig. 11. wie in E Fig. 11. Dieser Umstand entspricht einer Grenze der Curve in der Richtung der Abscissen, d. h. einem Größten oder Kleinsten der Abscisse, es sei denn daß es in diesem Puncte eine Wendung gäbe, in welcher die Tangente auf der Abscissenlinie senkrecht wäre.

§. 81. Man hat §. 55. gesehen, daß $\frac{dy}{dx}$ unendlich wurde, wenn irgend eine Wurzelgröße verschwand. Es ist zu bemerken, daß alsdann fur einen einzigen Werth von y die Veränderung dieser Function gegen die gewöhnliche Regel mehrere Werthe haben muß; denn ohne dies würde man nicht mehr die Anzahl derselben finden, welche der Grad der

Function zuläßt, und welche immer dieselbe bleiben muß, indem die Gleichheit mehrerer dieser Werthe nur für den Augenblick (instantan) sein kann.

Dieser Umstand findet sich bei dem Puncte E, wo es sichtbar ist, daß für die auf AC folgende Abscisse Ac die Curve zwei Ordinaten und folglich dieselbe Ordinate CE zwei Unterschiede hat, einen ce' — CE und einen andern CE — ce.

Dasselbe ereignet sich bei dem Puncte G, wo zwei Zweige der Curve sich schneiden; die einzelne Ordinate FG hat auch für denselben Zuwachs Ff der Abscisse zwei Unterschiede, einen fg' — FG, einen andern FG — fg; aber in den andern Theilen der Curve hat eine und dieselbe Ordinate für jeden Zuwachs der Abscisse nur einen einzigen Unterschied.

Die Puncte, welche der Durchschnitt mehrerer Zweige wie G oder die Vereinigung zweier Zweige GDE und GD'E sind, wie E, heißen *vielfache Puncte*. Man erkennt sie daran, daß eine einzige Ordinate für ein und dieselbe Abscisse mehrere Differentialen hat, wodurch alsdann der Differential-Coefficient daselbst unendlich wird. Er kann sich auch unter der Form $\frac{0}{0}$ zeigen, und dies geschieht immer, wenn sein Ausdruck zu gleicher Zeit die zwei veränderlichen Größen x und y enthält.

Zu jedem dieser Puncte hat die Curve mehrere Tangenten. In G z. B. hat sie zwei völlig unterschiedene; in E hat sie gleichfalls zwei; aber in einer einzigen vereinigt, welche die Grenze der Tangente des obern Zweiges GD'E und des untern Zweiges GDE ist.

§. 82. Die vielfachen Puncte nehmen zuweilen zwei besondere Formen an, welche *Rückkehrpuncte* heißen, weil die Zweige der Curve, welche sich daselbst treffen, sich nicht darüber hinaus erstrecken. Der Rückkehrpunct der 12. Figur, in welchem die beiden Zweige sich ihre erhabenen Seiten entgegenkeh- Fig. 12

ren, ist ein Rückkehrpunct der ersten Art; und
Fig. 13. der Rückkehrpunct der 13. Fig., in welchem die beiden Zweige ihre hohlen Seiten nach einer Gegend hinwenden, ist ein Rückkehrpunct der zweiten Art.

Diese Puncte haben nur eine einzige Tangente, die man aber als doppelt betrachten muß, wie bei dem Puncte E in der Figur des vorhergehenden §s. Sie unterscheiden sich von andern vielfachen Puncten durch den Gang, welchen die Curve vor und nachher in Ansehung ihrer Tangente nimmt, und welchen man aus dem Zeichen des Coefficienten $\frac{d^2y}{dx^2}$ (§. 64.) erkennen kann, indem man nach einander für x zwei Werthe, den einen größer und den andern kleiner als die Abscisse nimmt, welche dem vielfachen Puncte, den man sich zu untersuchen vornimmt, entspricht.

§. 83. Alles Vorhergehende kann auf diese eben so einfache als sichere Regel zurückgebracht werden: Man erhält im Allgemeinen die Anzeige der Abscisse, welcher ein singulärer Punct entspricht, wenn man aufsucht, in welchen Fällen die Differential-Coefficienten, von irgend einer Ordnung an, Null oder unendlich oder $\frac{0}{0}$ werden; man bestimmt die Gattung des Punctes: 1) indem man untersucht, wie viele Zweige der Curve zu diesem Puncte gehen, und ob sie sich diesseits und jenseits erstrecken oder nicht; 2) indem man die Lage ihrer Tangente; und 3) die Seite, nach welcher sie ihre Höhlung oder Erhabenheit kehren, ausmittelt.

§. 84. Man trifft in der Familie der durch die sehr einfache Gleichung $y = b + c(x - a)^m$ dargestellten Curven Beispiele von beinahe allen vorher angezeigten besondern Eigenschaften an, und ihre Untersuchung ist sehr geeignet, die obige Regel zu erläutern.

Da

Da der Ausdruck

$$\frac{d^n y}{dx^n} = m(m-1)\ldots.(m-n+1)\,c\,(x-a)^{m-n},$$

wenn man darin $x=a$ macht, für alle Fälle, wo $m>n$ ist, verschwindet, und, wo $m<n$ ist, unendlich wird, so geht daraus hervor, daß die Abscisse a einem singulären Puncte entspricht.

Der Exponent m kann positiv oder negativ, größer oder kleiner als die Einheit sein; ich nehme ihn anfangs positiv und >1 an.

Wenn er eine gerade Zahl ist oder ein Bruch mit geradem Zähler, so findet man: 1) denselben Werth für y, man mag $x<a$ oder $x>a$ nehmen. Die Curve erstreckt sich daher über die Abscissen, welche a vorhergehen oder folgen, und es geht nur ein einziger Zweig durch den Punct, welchen man untersucht.

2) Aus dem Ausdrucke $\frac{dy}{dx} = mc(x-a)^{m-1}$, welcher für $x=a$ verschwindet, sieht man, daß die Tangente an diesem Puncte der Abscissenaxe parallel ist.

3) Wenn man in dem Werthe von $\frac{d^2 y}{dx^2} = m(m-1)\,c\,(x-a)^{m-2}$ abwechselnd $x<a$ und $x>a$ macht, und bemerkt, daß zufolge der angenommenen Voraussetzung der Exponent $m-2$ noch eine gerade Zahl oder ein Bruch von geradem Zähler ist, so sieht man ein, daß dieser Differential-Coefficient in beiden Fällen, wie die Ordinate y, dasselbe Zeichen behält, und daß folglich die Curve, vor und nach dem Puncte, welchen man untersucht, ihre Höhlung nach derselben Seite wendet. Ihr Lauf bei diesem Puncte ist daher einer von denen, welche die 14. Fig. darstellt; der erste, wann c negativ ist; und der zweite im entgegengesetztem Falle. Fig. 14.

Wenn der Exponent m eine ungerade Zahl oder ein Bruch ist, dessen Zähler und Nenner alle beide ungerade sind, so hat die Ordinate für jede Abscisse nur einen einzigen Werth; und nimmt man $x < a$ und $x > a$, so findet man für y zwei reelle Werthe. Die Curve erstreckt sich wiederum vor und hinter den Punct, welchen man untersucht, und es geht nur ein Zweig an diesem Puncte vorbei. Die Tangente ist immer der Abscissenlinie parallel; aber da der Exponent $m - 2$ alsdann entweder eine ungerade Zahl oder ein Bruch von ungeradem Zähler und Nenner ist, so verändert der Coefficient $\frac{d^2 y}{d x^2}$ sein Zeichen, wenn man darin $x < a$ und $x > a$ macht. Die Curve wendet folglich ihre Höhlung nicht nach eben derselben Seite vor und nach dem Puncte, welchen man untersucht. Dieser Punct ist daher eine Wen-
Fig. 15. dung, wie in der 15. Fig.

Da endlich, wenn der Exponent m ein Bruch von geradem Nenner ist, die Größe $(x - a)^m$ alsdann die Zeichen $\pm$ zuläßt, so hat die Ordinate y für jede Abscisse zwei reelle Werthe, wenn $x > a$, und imaginäre, wenn $x < a$ ist; es gehen daher zwei Zweige der Curve durch den Punct, welchen man untersucht; welche aber sich nur nach einer Seite erstrecken. Ihre Tangente ist abermals der Abscissenaxe parallel. Der Coefficient $\frac{d^2 y}{d x^2}$ hat zwei Werthe mit verschiedenen Zeichen, während die Werthe der Ordinate dasselbe Zeichen haben. Hieraus folgt, daß einer der Zweige gegen die Abscissenaxe seine Höhlung und der andere seine Erhabenheit wendet,
Fig. 16. wie es die 16. Fig. zeigt, welches einen Rückkehrpunct der ersten Art hervorbringt.

Wenn der Exponent $m < 1$ wäre, so würde der Werth $x = a$, da man alsdann $\frac{dy}{dx} = \frac{mc}{(x-a)^{1-m}}$ hätte, diesen Differential-Coefficienten unendlich machen, und die gerade Linie, welche die Curve in dem Puncte, wo $x = a$ ist, berührt, auf der Abscissenaxe senkrecht sein. Man würde durch Betrachtungen, welche den vorhergehenden ähnlich sind, finden, daß der Punct C eine Grenze derCurve nach der Richtung der Abscissenaxe ist, wenn m ein Bruch ist, dessen Zähler ungerade und dessen Nenner gerade ist; daß dieser Punct ein Rückkehrpunct ist, wenn der Zähler gerade ist; endlich ein Wendungspunct, wenn der Zähler und Nenner alle beide ungerade sind *. Die Ordinate würde dadurch unendlich werden, und sich in eine Asymptote verwandeln, wenn der Exponent negativ wäre.

§. 85. Die durch die Gleichung $(y - x^2)^2 = x^5$ dargestellte Curve bietet ein Beispiel von einem Rückkehrpunct der zweiten Art dar (§. 82). In dieser Curve ist $y = x^2 \pm x^{\frac{5}{2}}$. Um zu erfahren, ob sie einen singulären Punct hat, muß man untersuchen, ob nicht irgend einer der Differential-Coefficienten der Function Null oder unendlich werde Man erhält zuvörderst $\frac{dy}{dx} = 2x \pm \frac{5}{2} x^{\frac{3}{2}}$, $\frac{d^2 y}{dx^2} = 2 \pm \frac{5}{2} \cdot \frac{3}{2} x^{\frac{1}{2}}$. Das erste dieser Resultate verschwindet für $x = 0$; das zweite reducirt sich auf 2. Man sieht hernach, daß der dritte Differential-Coefficient

$\frac{d^3 y}{dx^3} = \pm \frac{5}{2} \cdot \frac{3}{2} \cdot \frac{1}{2} x^{-\frac{1}{2}}$ in diesem Falle unendlich wird; der dem $x = 0$ entsprechende Punct ist daher ein singulärer Punct. Es ist zuvörderst einleuchtend, daß dieser Punct eine Grenze der Curve ist, welche sich nicht nach der Seite der negativen Ab-

*) Der Rückkehrpunct der 17. Fig. könnte der Strenge nach für ein Größtes und der in der 18. Fig. für ein Kleinstes genommen werden. Fig. 17. und 18

scissen erstreckt, weil das Glied $x^{\frac{5}{2}}$ alsdann imaginär wird. Die Werthe des Coefficienten $\frac{d^2y}{dx^2}$ sind alle beide positiv, wenn x sehr klein ist, und haben dasselbe Zeichen, als die Werthe von y. Die beiden Zweige der Curve wenden daher zu gleicher Zeit
Fig. 13. ihre Erhabenheit gegen die Abscissenaxe AB (Fig. 13). Sie berühren sich in dem Puncte A; denn sie haben daselbst zur gemeinschaftlichen Tangente die Axe AB, weil in diesem Puncte $\frac{dy}{dx} = 0$ ist. Es geht aus der Gesammtheit dieser Kennzeichen hervor, daß die Gestalt der Curve in diesem Puncte eine solche ist, wie sie die Figur darstellt.

Die vorhergehenden Beispiele, welche sich nur auf singuläre Puncte beziehen, wo die Zweige der Curve sich berühren, gestatten nur eine einzige Tangente. Die der Gleichung $ay = \sqrt{a^2x^2 - x^4}$ aus §. 52.: entsprechende Curve stellt bei dem Puncte, wo $x = 0$ ist, zwei Zweige dar, welche sich in zwei Tangenten schneiden; aber ich werde mich bei diesem Beispiele nicht aufhalten, weil ich noch weiterhin ein anderes entwickeln werde, welches denselben Umstand darbietet.

§. 86. Die Curven sind zuweilen von isolirten Puncten begleitet, welche das Kennzeichen der vielfachen Puncte haben; aber man unterscheidet sie davon, weil der Differential-Coefficient $\frac{dy}{dx}$ für die ersten einen imaginären Werth bekommt.

Es sei die Gleichung $ay^2 - x^3 + bx = 0$, woraus man $y = \sqrt{\frac{x^2(x-b)}{a}}$, $\frac{dy}{dx} = \frac{x(3x-2b)}{2\sqrt{ax^2(x-b)}}$ herleitet.

Der Differential-Coefficient wird $\frac{0}{0}$ für $x=a$; aber man kann den wahren Werth desselben erhalten, wenn man den Factor x, welcher den beiden Gliedern des Bruches gemeinschaftlich ist, wegschafft, man erhält $\frac{dy}{dx}=\frac{3x-2b}{2\sqrt{a(x-b)}}$. Macht man darauf $x=o$, so geht daraus $\frac{dy}{dx}=-\frac{2b}{2\sqrt{-ab}}$, ein imaginärer Ausdrack, hervor.

In derselben Voraussetzung giebt die vorgegebene Gleichung $y=o$; aber diese Ordinate, welche, wenn x negativ, imaginär ist, wird es wiederum bis $x=b$. So ist also der Punct A (Fig. 20.), wiewohl er in der Gleichung der Curve mitbegriffen ist, davon gänzlich abgesondert. Fig. 20.

Die Puncte dieser Art heißen conjugirte Puncte; sie gehen daraus hervor, daß ein endlicher Theil der vorgegebenen Curve durch die besondere Bestimmung von irgend einer beständigen Größe ihrer Gleichung verschwindet. Die durch die Gleichung $ay^2-x^3(b-c)x^2+bcx=o$ dargestellte Curve, welche $y=\pm\sqrt{\frac{x(x-b)(x-c)}{a}}$ giebt, bietet ein Beispiel dieser Verwandlungen dar. Sie hat anfangs den in der 19. Fig. dargestellten Lauf. Die Fig. 19. Annahme von $c=o$ reducirt den Theil AF auf den einzigen Punct A Fig. 20., wie man es oben gesehen hat. Fig. 20. Sie erhält die Gestalt der 21. Fig. für Fig. 21. $b=o$, ohne daß c verschwindet und die Gestalt der 22. Fig., wenn man zu gleicher Zeit $b=o$, $c=o$ Fig. 22. macht.

Die Curven haben auch zuweilen singuläre Puncte, welche nicht sichtbar sind. Dies sind diejenigen, welche aus einer geraden Anzahl von Wendungspuncten, welche sich in einen einzigen vereinigen, hervorgehen. (Man sehe über diese und die Schlangenpuncte, wovon sie abgeleitet sind, den Lehrbegriff der Differential- und Integral-Rechnung) *).

Beispiel von der Analyse einer Curve.

§. 87. Man theilt die Linien in verschiedene Ordnungen nach dem Grade ihrer Gleichung. Die gerade Linie bildet die erste Ordnung, weil sie die allgemeine Gleichung des ersten Grades für zwei unbestimmte Größen vorstellt. Die Linien der zweiten oder dritten Ordnung sind die, deren Gleichungen bis zum zweiten oder dritten Grade steigen, und so mit den übrigen. Newton theilte, in Betracht, daß die erste Ordnung nur die gerade Linie in sich schlösse, und die Curven in der zweiten sich nur zu zeigen anfingen, diese letztern in Geschlechter, und nannte die Linien der zweiten Ordnung Curven des ersten Geschlechts, und die Linien der dritten Ordnung Curven des zweiten Geschlechts, und so fort.

Die Linien einer und derselben Ordnung werden nach der Betrachtung der Hauptumstände ihres Laufes wieder in Arten eingetheilt.

Wenn es möglich wäre, die Gleichungen von allen Graden aufzulösen, so würde nichts leichter sein, als den Lauf der durch irgend eine algebraische

*) Indem ich diesen Gegenstand verlasse, bemerke ich noch, daß der im Vorhergehenden zur Bestimmung der singulären Puncte der Curven genommene Gang, welcher schon im ersten Bande des Lehrbegriffs der Differential- und Integral-Rechnung vorgezeichnet worden, und die Regel in §. 83, welche sich in der ersten französischen Ausgabe dieses Handbuchs befindet, scheinen nichts zu wünschen übrig zu lassen.

Gleichung dargestellten Curve zu verfolgen. Setzen wir nämlich, daß diese Gleichung, in Beziehung auf eine der unbestimmten Größen, welche sie enthält, z. B. y aufgelöset, die verschiedenen Wurzeln X', X'', X''', etc. lieferte, welche nothwendig Functionen von x und von beständigen Größen sein werden, so wird die Frage darauf zurückkommen, den Lauf einer jeden der durch die Gleichungen $y = X'$, $y = X''$, $y = X'''$, etc. hervorgebrachten Linien einzeln zu untersuchen, wenn man dem x alle sowohl positive als negative Werthe ertheilt, welche die Functionen X', X'', X''', etc. zulassen können, ohne aufzuhören, reell zu sein. Diese Linien werden eben so viele Zweige der die vorgegebene Gleichung darstellenden Curve sein.

Die Ausdehnung eines jeden Zweiges wird durch die bestimmt, welche die verschiedenen Auflösungen begreifen, deren die Gleichung, welche derselbe insbesondere darstellt, fähig ist. Wenn unter den Größen X', X'', X''', etc. sich einige finden, welche unendlich werden, oder in welchen man x unendlich nehmen kann, so werden daraus Zweige entstehen, deren Lauf unendlich ist, weil sie sich unbegrenzt von der einen Axe oder von allen beiden zugleich entfernen können.

Ein Zweig hört nur darum auf, weil der Ausdruck seiner Ordinate imaginär wird; aber der Lauf der vorgegebenen Curve wird deshalb nicht unterbrochen. Es geschieht nur alsdann, daß zwei Zweige sich vereinigen, und sich gegenseitig fortsetzen. Man überzeugt sich davon, wenn man bemerkt, daß die imaginären Werthe von y nothwendig in gerader Anzahl vorhanden sind, und daß die von einem und demselben Paare reel und gleich gewesen sind, ehe sie imaginär wurden. Da nämlich die vorgegebene Gleichung immer in reelle Factoren des ersten und zweiten Grades zerlegt werden kann, so sieht man, wenn einer dieser letztern durch $y^2 - 2Py + Q = 0$ vorgestellt wird, daß ihre Wurzeln $P \pm \sqrt{P^2 - Q}$ nur deswegen imaginär werden, weil Q größer als P^2 wird, indem es anfangs kleiner war, und daß es folglich einen Punct giebt, wo die Functionen von x, welche durch die Buchstaben P und Q bezeichnet werden, so beschaffen sind, daß man $P^2 = Q$ hat, welches die Wurzelgröße vernichtet und für y zwei gleiche Werthe giebt.

Wenn mehrere Zweige sich in einem Puncte schneiden, so geschieht es auch, daß eine gleiche Anzahl von Werthen von y gleich wird.

§. 88. Es sei die Gleichung $y^4 - 96a^2y^2 + 100a^2x^2 - x^4 = 0$. Diese Gleichung, welche aufgelös't werden kann, sei es in Beziehung auf y, oder auf x, giebt in dem ersten Falle

$$y = \pm\sqrt{48a^2 \pm \sqrt{2304a^4 - 100a^2x^2 + x^4}}.$$

Wenn man jeden der Werthe von y genau untersuchte, wie man es in Rücksicht der Werthe der allgemeinen Gleichung des zweiten Grades mit zwei unbestimmten Größen gethan hat (Trig. §. 107 u. f.), so könnte man die Ausdehnung und die Grenzen der Zweige, woraus die vorgegebene Curve sich bildet, entdecken und die Puncte bestimmen, wo sie die Axe treffen (Trig. §. 81.), wo sie sich schneiden oder vereinigen; aber die Anwendung der Differential-Rechnung kürzt diese Untersuchungen sehr ab, und hat den Vortheil zu zeigen, wie sie selbst dann bewerkstelligt werden können, wenn die Gleichung der vorgegebenen Curve von einem zu hohen Grade ist, als daß man den allgemeinen Ausdruck der einen der veränderlichen Größen vermittelst der andern erhalten könne.

§. 89. Um die Grenzen der Curven nach der Richtung der Ordinaten zu bestimmen oder zu entdecken, ob y eines Größten oder Kleinsten fähig ist, untersuche man, in welchen Fällen der Differential-Coefficient $\frac{dy}{dx} = \frac{x^3 - 50a^2x}{y^3 - 48a^2y}$ Null werde. Man hat dann $x^3 - 50a^2x = 0$, und hieraus $x = 0$, $x = \pm 5a\sqrt{2}$. Der erste Werth von x, in die vorgegebene Gleichung substituirt, giebt $y = 0$ und $y = \pm 4a\sqrt{6}$.

Die beiden Werthe von y, gleich $\pm 4a\sqrt{6}$, geben die Punkte D und D′ Fig 23., wovon der eine über der Abscissenaxe, und der andere darunter liegt, und welche wirkliche Größte sind. Man kann sich davon überzeugen, entweder indem man untersucht, was alsdann aus $\frac{d^2y}{dx^2}$ werde, oder indem man durch den Ausdruck von y ausmacht, ob die unmittelbar vorhergehenden und nachfolgenden Werthe alle beide kleiner sind, als $4a\sqrt{6}$. Fig. 23.

§. 90. Das Zusammentreffen der beiden Werthe $x = 0$ und $y = 0$ zeigt den Punct A an, und macht zu gleicher Zeit $\frac{dy}{dx} = \frac{0}{0}$. Um zu erfahren, was dieser letzte Ausdruck bedeute, welcher im Allgemeinen einen vielfachen Punct zu erkennen giebt, müßte man zu dem Verfahren des 56sten §s zurückgehen; aber man kann dahin gelangen, wenn man den Differential-Coefficienten der zweiten Ordnung untersucht. Deshalb bemerke ich, daß das erste Differential der vorgegebenen Gleichung

$$(y^3 - 48a^2y)\,dy + (50a^2x - x^3)\,dx = 0,$$

und das zweite Differential

$$\left.\begin{array}{l}(y^3 - 48a^2y)\,d^2y + (3y^2 - 48a^2)\,dy^2 \\ \qquad + (50a^2 - 3x^2)\,dx^2\end{array}\right\} = 0 \text{ ist;}$$

und daß in dem Falle, wo x und y verschwinden, dieses letztere Differential sich auf

$-48a^2dy^2 + 50a^2dx^2 = 0$ reducirt, und daß es folglich blos für diesen Fall die Werthe des Coefficienten $\frac{dy}{dx}$ giebt, welche man nicht aus dem ersten Differential herleiten kann; man hat nämlich

$$\frac{dy}{dx} = \pm \sqrt{\frac{50}{18}} = \pm \frac{5}{4}\sqrt{\frac{2}{3}}.$$

Es folgt aus diesen Werthen, daß die Curve in dem Puncte A zwei Tangenten hat, welche mit der Abscissenaxe Winkel machen, deren trigonometrische Tangenten gegenseitig $\frac{5}{4}\sqrt{\frac{2}{3}}, -\frac{5}{4}\sqrt{\frac{2}{3}}$ sind, und welche daher leicht construirt werden können. *) Es bleiben noch die Wurzeln $x = \pm 5a\sqrt{2}$ zu untersuchen übrig. Substituirt man sie in die vorgegebene Gleichung, so machen sie y imaginär, und geben folglich weder ein Größtes noch ein Kleinstes.

§. 91. Um die Grenzen der Curve nach der Richtung der Abscissen, oder, was auf dasselbe hinausläuft, die Größten und die Kleinsten zu erhalten, mache man den Nenner des Bruchs, welcher $\frac{dy}{dx}$ ausdrückt, gleich Null, welches die Gleichung $y^3 - 48a^2y = 0$ giebt, woraus $y = 0$ und $y = \pm\sqrt{48a^2}$ folgt. Der erste Werth giebt $100a^2x^2 - x^4 = 0$, und man folgert daraus $x = 0$, $x = \pm 10a$. Die Wurzel $x = 0$ zeigt auch noch den in dem Anfange A liegenden vielfachen Punct an; aber die beiden andern entsprechen den Punc-

---

*) Man gelangt im Allgemeinen, wie oben, dahin, den wahren Werth von $\frac{dy}{dx}$ in dem Falle, wo es $\frac{0}{0}$ wird, zu finden, indem man die aufeinanderfolgenden Differentialen der vorgegebenen Gleichung untersucht, und bis zu der Ordnung hinuntergeht, deren Exponent der Zahl der Werthe, welche $\frac{dy}{dx}$ haben muß, gleich ist.

ten I und I', wo die Curve die Abscissenaxe AB trifft, und welche noch nicht bemerkt worden waren. Die beiden letzten Werthe $y = \pm\sqrt{48a^2} = \pm 4a\sqrt{3}$ fuhren auf $x = + 6a$ und $x = \pm 8a$; das eine dieser Resultate giebt den Punct F und die analogen Puncte an. Man bemerke, daß bei den Puncten F und I die Abscisse ein Größtes und bei dem Puncte H ein Kleinstes ist, weil in dem ersten Falle die Curve ihre Höhlung gegen die Axe AC der Ordinaten wendet, welcher sie in dem zweiten Falle ihre Erhabenheit zeigt.

§. 92. Um die Hauptumstände der vorgegebenen Curve völlig zu bestimmen, bleibt noch die Natur ihrer unendlichen Zweige und ihrer Wendungspuncte zu finden übrig; denn da man ihre verschiedenen vielfachen Puncte kennt, so weiß man schon, daß sie keinen Rückkehrpunct hat. Ich fange damit an, mich mit den unendlichen Zweigen zu beschäftigen. Man kann sich leicht vergewissern, daß die beiden in §. 88 angeführten Werthe von y zu gleicher Zeit mit x unendlich werden; aber ohne diese Werthe zu Hülfe zu nehmen, wird die vorgegebene Gleichung, wenn man $y = tx$ macht, durch x^2 theilbar, und giebt
$t^4 x^2 - 96a^2 t^2 + 100a^2 - x^2 = 0$, woraus man
$x^2 = \frac{100a^2 - 96a^2 t^2}{1 - t^4}$ herleitet, welches Resultat $x = \pm$ unendlich, wenn $t = 1$ ist, und alsdann $y = x$ giebt.

Man hat hierauf (§. 71.)

$$x - y\frac{dx}{dy} = \frac{x^4 - 50a^2x^2 - y^4 + 48a^2y^2}{x^3 - 50a^2x},$$

$$y - x\frac{dy}{dx} = \frac{y^4 - 48a^2y^2 - x^4 + 50a^2x^2}{y^3 - 48a^2y}.$$

Diese Ausdrücke, welche, wenn man darin für x^4 seinen Werth setzt, sich auf $\frac{50a^2x^2 - 48a^2y^2}{x^3 - 50a^2x}$,

$\frac{48a^2y^2 - 50a^2x^2}{y^3 - 48a^2y}$ reduciren, nehmen unaufhörlich in dem Maße ab, als x und y zunehmen, und haben nur Null zur Grenze, wenn man darin $y = x$ setzt. Man sieht hieraus (§. 73.), daß die vorgegebene Curve zwei durch den Anfang A gezogene gerade Linien zu Asymptoten hat; und da für den Ausdruck $\frac{dy}{dx}$ die Einheit die Grenze ist, so folgt daraus, daß diese Asymptoten einen Winkel von $0,5^Q$ mit der Abscissenaxe bilden. Sie sind nicht gezogen worden, um die Figur nicht zu verwickelt zu machen.

§. 93. Ich gehe jetzt zur Untersuchung der Wendungspuncte über. Man hat

$$\frac{d^2y}{dx^2} = \frac{(3x^2 - 50a^2) - (3y^2 - 48a^2)\frac{dy^2}{dx^2}}{y^3 - 48a^2y},$$

Dieser Ausdruck wird $\frac{0}{0}$, wenn y und x Null sind, in welchem Falle $\frac{dy^2}{dx^2} = \frac{50}{48}$ ist; und um seinen wahren Werth zu finden, muß man das dritte Differential der vorgegebenen Gleichung suchen. Macht man in dem Resultate x und y gleich Null, so hat man blos $-144a^2dyd^2y = 0$, welches $\frac{d^2y}{dx^2} = 0$ giebt, und darthut, daß der Punct A wirklich ein Wendungspunct ist. Um zu sehen, ob die vorgegebene Curve deren noch andere habe, so muß man den Zähler von $\frac{d^2y}{dx^2}$ gleich Null machen, und es kommt die Gleichung

$$3x^2 - 50a^2 - (3y^2 - 48a^2)\frac{dy^2}{dx^2} = 0.$$

Setzt man für $\frac{dy^2}{dx^2}$ seinen Werth, und läßt den Nenner verschwinden, so hat man

$$(3x^2 - 50a^2)(y^3 - 48a^2y)^2$$
$$-(3y^2 - 48a^2)(x^3 - 50a^2x)^2 = 0.$$

Man kann dieser Gleichung folgende Form geben:

$$y^2 (y^2 - 48a^2)^2 (3x^2 - 50a^2) - x^2 (x^2 - 60a^2)^2 (3y^2 - 48a^2) = 0.$$

Bemerkt man nunmehr, daß die vorgegebene Gleichung selbst auf folgende zurückkommt

$$(y^2 - 48a^2)^2 - (x^2 - 50a^2)^2 + 196a^4 = 0,$$

und nimmt den Werth $(y^2 - 48a^2)^2$, um ihn in die vorhergehende zu substituiren, so findet man nach den Reductionen $(x^2 - 50a^2)^2 (25y^2 - 24x^2) + 98a^2y^2 (3x^2 - 50a^2) = 0.$

Diese letzte Gleichung in Verbindung mit der vorgegebenen dient, um die Abscissen und Ordinaten des Wendungspunctes K und der analogen Puncte in den andern Zweigen zu bestimmen. Man leitet hieraus leicht den Werth von y^2 ab, und substituirt man ihn in die Gleichung der vorgegebenen Curve, so hat man ein Resultat, welches nur noch x enthält.

Macht man $\frac{d^2y}{dx^2}$ unendlich, oder setzt seinen Nenner $y^3 - 48a^2y$ gleich Null, so findet man $y = 0$ und $y = \pm\sqrt{48a^2}$. Diese Werthe lehren nichts neues; sie gehören zu dem Puncte A, welcher schon bemerkt worden ist, und zu den Puncten F, H und I, welche nicht Wendungspuncte, sondern blos Grenzen der Curve nach der Richtung der Abscissen sind.

Faßt man alles Vorige zusammen, so sieht man, daß die Gestalt der vorgegebenen Curve nach und nach durch die Umstände, welche die Puncte A, D, F, I, H, K und die unendlichen Zweige darbieten, bestimmt wird.

Von den anschmiegenden (osculirenden) Curven.

Dadurch, daß man eine Curve in Bezug auf ihre Tangente betrachtete, lernte man die Art, die verschiedenen Umstände ihres Laufes zu bestimmen. Die Geometer haben sich nicht darauf beschränkt, die Curven auf jene Weise mit geraden Linien, wovon sie sich bald entfernen, zu vergleichen, sondern sie haben sich auch vorgesetzt, unter den einfachen Curven, wie der Parabel, dem Kreise, rc. diejenigen zu finden, welche in einem kleinen Raume sich am meisten irgend einer Curve nähern.

Da die Tangente einer Curve die Grenze von allen, diese Curve in zweien Puncten treffenden Linien ist, so kann man nach Aehnlichkeit im Allgemeinen unter allen Linien einer gegebenen Art die Grenze von denjenigen suchen, welche die vorgegebene Curve in einer gegebenen Anzahl von Puncten schneiden.

Man weiß z. B., daß drei Puncte zur Bestimmung eines Kreises nöthig sind; man kann setzen, daß diese drei Puncte auf der vorgegebenen Curve genommen wären, und suchen, zu welchem Kreise man gelangt, wenn die drei Puncte auf einander zu fallen kommen. Dieser Kreis, welcher der Schmiegungskreis heißt, ist die Grenze aller andern, wie es die Tangente von allen Secanten ist.

Die letztere wird durch zwei beständige Größen bestimmt, welche in ihrer Gleichung vorkommen (Trig. §. 83), und der Kreis durch drei beständige Größen, welche die Abscisse und die Ordinate seines Mittelpunctes und die Größe seines Halbmessers ausdrücken (Trig. §. 90).

Es ist sichtbar, daß, wenn zweien beliebigen Curven DX, EY drei Puncte M, M′, M″ gemeinschaftlich sind Fig. 24., sie nothwendig drei Ordinaten gemeinschaftlich haben, oder, was dasselbe ist, es giebt zwei Seiten des Polygons M M′ M″ etc. Fig. 2, welche zu gleicher Zeit einer jeden dieser Curven eingeschrieben sind, und die Linien P M, M Q und M′ N″ §. 62.) haben in beiden denselben Werth. Bezeichnet man daher immer durch x, y die dem Puncte M in der vorgegebenen Curve D X, Fig. 24., zugehörigen Ordinaten, und durch y′, x′ die Ordinate eines beliebigen Punctes der zweiten Curve E Y, so hat man nach §. 62 für die Puncte M, M′, M″ Fig. 24. Fig. 2. Fig. 24.

$$y' = y$$
$$\frac{dy'}{dx'}h + \text{etc.} = \frac{dy}{dx}h + \text{etc.}$$
$$\frac{d^2y'}{dx'^2}h^2 + \text{etc.} = \frac{d^2y}{dx^2}h^2 + \text{etc.}$$

oder:

$$y' = y$$
$$\frac{dy'}{dx'} + \text{etc.} = \frac{dy}{dx} + \text{etc,}$$
$$\frac{d^2y'}{dx'^2} + \text{etc.} = \frac{d^2y}{dx^2} + \text{etc.}$$

indem vorausgesetzt wird, daß man in den aus der Gleichung der Curve E Y gezogenen Ausdrücken von y', $\frac{dy'}{dx'}$, $\frac{d^2y'}{dx'^2}$, etc. das x' in x verwandelt habe. Wenn man nunmehr durch die Annahme von $h = o$ zu der Grenze übergeht, so vereinigen sich die drei Durchschnittspuncte in einen einzigen Berührungspunct, für welchen man die Bedingungen $y' = y$, $\frac{dy'}{dx'} = \frac{dy}{dx'}$, $\frac{d^2y'}{dx'^2} = \frac{d^2y}{dx^2}$ findet. Wenn die Curve E Y der durch die Gleichung $(x' - \alpha)^2 + (y' - \beta)^2 = \gamma^2$ (Trig. §. 90) vorgestellte Kreis ist, so ergiebt sich daraus, wenn man zweimal hintereinander differentiirt,

$$(x'-\alpha)+(y'-\beta)\frac{dy'}{dx'}=0,\ 1+\frac{dy'^2}{dx'^2}+(y'-\beta)\frac{d^2y'}{dx'^2}=0;$$

und durch die Verwandlung von x' in x müssen diese Gleichungen für y, $\frac{dy}{dx}$ und $\frac{d^2y}{dx^2}$ dieselben Werthe, als die vorgegebene Curve geben, oder auch, es muß ihnen ein Genüge geschehen, wenn man darin x, y, $\frac{dy}{dx}$, $\frac{d^2y}{dx^2}$ substituirt. Macht man diese letzte Substitution, so werden sie

$$(x-\alpha)^2+(y-\beta)^2=\gamma^2,$$

$$(x-\alpha)+(y-\beta)\frac{dy}{dx}=0,$$

$$1+\frac{dy^2}{dx^2}+(y-\beta)\frac{d^2y}{dx^2}=0.$$

Da aber die abgeleiteten Größen der vorgegebenen Curve, weil sie zu einem besondern Puncte M gehören, bestimmt sind, so müssen die Größen α, β und γ Werthe erhalten, welche geeignet sind, die obigen Gleichungen zu bewähren. Bestimmt man durch die beiden letztern Gleichungen die Werthe von $y-\beta$ und von $x-\alpha$, um sie in die erste zu substituiren, so findet man

$$y-\beta=-\frac{dx^2+dy^2}{d^2y},$$

$$x-\alpha=\frac{dy}{dx}\left(\frac{dx^2+dy^2}{d^2y}\right),$$

$$\gamma=\pm\frac{(dx^2+dy^2)^{\frac{3}{2}}}{dx\,d^2y}.$$

§. 95. Der Kreis, dessen Größe und Lage ich so eben bestimmt habe, ändert sich für jeden Punct der Curve, weil die Größen α, β und γ, welche ihn characterisiren, Functionen von x und y sind. Er besitzt merkwürdige Eigenschaften, welche man sowohl durch geometrische als durch analytische Betrachtungen

gen entdecken kann. Ich mache mit der Darlegung der erstern den Anfang. Es sei $MM'M''M'''$ etc. Fig. 25. das der vorgegebenen Curve eingeschriebene Polygon. Der durch die drei Puncte M, M', M'' gehende Kreis hat seinen Mittelpunct in dem Durchschnitte der geraden Linien NO und $N'O'$, welche auf der Mitte der geraden Linien MM' und $M'M''$ senkrecht stehen. Wenn man mit den Puncten M' und M'' einen vierten Punct M''' verbindet, so bestimmt sich durch diese drei Puncte ein neuer Kreis, dessen Mittelpunct in dem Durchschnitt der auf der Mitte der Seiten $M'M''$ und $M''M'''$ gegenseitig senkrechten geraden Linien $N'O'$ und $N''O''$ in O' liegt. Stellt man sich vor, dieselbe Operation sei in dem ganzen Umfange des Polygons $MM'M''M'''$ etc. fortgesetzt, so werden die Mittelpuncte aller nach einander zu betrachtenden Kreise ein solches Polygon $OO'O''O'''$ etc. bilden, daß alle seine Seiten verlängert die Seiten des ersten Polygons unter einem rechten Winkel treffen. Fig. 25

Wenn man zu den Grenzen übergeht, d. h. wenn man die Curven den Polygonen substituirt, so wird, da die Puncte M, M', M'' dann zusammenfallen, die gerade Linie NO eine Normale zu der Curve, welche die Grenze des Polygons $MM'M''M'''$ etc. ist, und eine Tangente an derjenigen, welche die Grenze ist des Polygons $OO'O'O'''$ etc.; und der Kreis, welcher durch die drei Puncte $MM'M''$ geht, wird der Schmiegungskreis. Alsdann muß man für die Fig. 25. die Fig. 26. setzen, in welcher die Stelle der Polygone von den Curven DX und FZ eingenommen wird, wo die zweite der Ort aller Mittelpuncte der Schmiegungskreise der ersten ist, die zum Halbmesser die Tangente MO haben. Fig. 26

§. 96. Um die vorhergehenden Eigenschaften aus der Analysis abzuleiten, nehme man die drei Gleichungen aus §. 94. wieder vor; und lasse die

Differentialen, welche in den beiden letztern als Divisoren vorkommen, verschwinden, so kommt

$$(x-\alpha)^2+(y-\beta)^2=\gamma^2 \ldots\ldots (1)$$
$$(x-\alpha)dx+(y-\beta)dy=0 \ldots\ldots (2)$$
$$dx^2+dy^2+(y-\beta)d^2y=0 \ldots\ldots (3)$$

1. Die zweite, welche $\beta-y=-\frac{dx}{dy}(\alpha-x)$ giebt, ist (§. 67.) die Gleichung der Normale, die aus dem Puncte, dessen Coordinaten α und β sind, d. h. aus dem Puncte O der Curve FZ zu dem Puncte M der vorgegebenen Curve DX gezogen worden ist.

2. Differentiirt man die beiden ersten Gleichungen nicht nur in Beziehung auf x, y, sondern auch in Beziehung auf die Größen α, β und γ insofern, als diese letztern Functionen der erstern sind (§. 95.), so hat man

$$(x-\alpha)dx+(y-\beta)dy-(x-\alpha)d\alpha-(y-\beta)d\beta=\gamma d\gamma,$$
$$dx^2+dy^2+(y-\beta)d^2y-d\alpha dx-d\beta dy=0.$$

Die Gleichungen (2) und (3) reduciren diese beiden auf

$$-(x-\alpha)d\alpha-(y-\beta)d\beta=\gamma d\gamma \ldots\ldots (4),$$
$$-d\alpha dx-d\beta dy=0 \ldots\ldots\ldots\ldots\ldots\ldots (5),$$

deren letztere $\frac{d\beta}{d\alpha}=-\frac{dx}{dy}$ giebt, welcher Ausdruck die Gleichung $\beta-y=-\frac{dx}{dy}(\alpha-x)$ in $y-\beta=\frac{d\beta}{d\alpha}(x-\alpha)$ verwandelt, und folglich zeigt (§. 67.), daß die Normale MO eine Tangente an der Curve, deren Coordinaten α und β sind, d. h. an der Curve FZ ist.

3. Wenn man $x-\alpha$, $y-\beta$, $\frac{dy}{dx}$ zwischen den Gleichungen (1), (2), (4) und (5) eliminirt, so hat man

$d\gamma^2 = d\alpha^2 + d\beta^2$ oder $\frac{d\gamma}{d\alpha} = \sqrt{1 + \frac{d\beta^2}{d\alpha^2}}$, welches den Differential-Coefficienten von γ in Beziehung auf die veränderliche Größe α giebt. Nun ist aber (§. 75.) dieser Ausdruck auch der des Differential-Coefficienten von dem Bogen der Curve, deren Coordinaten α und β sind; und es geht aus dieser Einerleiheit hervor, daß der Halbmesser des Schmiegungskreises um dieselben Unterschiede sich ändert, als der Bogen der Curve FZ (§. 20.), welche Eigenschaft die größte Aufmerksamkeit verdient.

Es hat nämlich der Halbmesser MO des Schmiegungskreises des Punctes M als Tangente an der Curve FZ nothwendig dieselbe Richtung, welche ein um die Erhabenheit dieser Curve gewickelter Faden annehmen würde, wenn man mit dem Abwickeln desselben bis zum Puncte O gekommen wäre. Man wird bemerken, daß, wenn man mit der Abwickelung von O bis O′ fortführe, dieser Faden sich um eine Größe, gleich dem Bogen OO′ der Curve FZ, verlängern würde; und da nach dem Vorhergehenden der Unterschied der Halbmesser OM und OM′ auch dem Bogen OO′ gleich ist, so folgt, daß das Ende M des Fadens sich auch noch auf der vorgegebenen Curve befinden müsse, welche er bei der von dem einen dieser Puncte bis zu dem andern verrichteten Abwickelung nicht hat verlassen dürfen. Man kann daher die Curve DX als durch Abwickelung der Curve FZ erzeugt betrachten.

Dies Verfahren hat eine große Aehnlichkeit mit der Beschreibung des Kreises; hier vertritt die Curve FZ die Stelle des Mittelpuncts, und der Halbmesser MO, statt beständig zu sein, ändert sich für jeden Punct. Die Curve FZ heißt die Abgewickelte (Evolute), die Curve DX die Abwickelnde (Evolvente) und der Halbmesser des

Schmiegungskreises der Abwickelungshalbmesser (Halbmesser der Evolute) *.

Im Allgemeinen berührt und schneidet der Schmiegungskreis die Curve, wie es die Tangente bei einem Wendungspuncte thut §. 73). Wenn die Schmiegungskreise an Halbmesser von M bis M′ zunehmen, so ist sichtbar, daß der Bogen MM′ der Curve sich über dem Kreise GH, dem Schmiegungskreise bei dem Puncte M, befinden muß, während das Stück MD darunter ist. Ferner, da man sich immer die Puncte M und M′ einander nahe genug vorstellen kann, damit der Unterschied der Halbmesser MO und M′O′ von einer gegebenen Kleinheit sei, und da, wenn man mit einem Halbmesser $Mo = M'O'$ den Kreis G′MH′ beschreibt, der Bogen DM′ ganz darunter ist; so sieht man leicht ein, daß kein anderer Kreis zwischen der Curve und ihrem Schmiegungskreise hindurch gehen könne, weil jeder Kreis von einem Halbmesser kleiner als MO innerhalb des Bogens GMH geht, während jeder Kreis von einem Halbmesser größer als Mo sich außerhalb des Bogens GMH befindet.

Von allen den Kreisen, welche die vorgegebene Curve in dem Puncte M berühren, ist demnach der Schmiegungskreis derjenige, welcher sich ihr am meisten nähert, sei es vor oder nach der Berührung, und ist folglich der, welcher am wenigsten von dieser Curve in dem betrachteten Puncte verschieden ist. Die Krümmung des Kreises ist in allen seinen

*) Durch diese letzte Betrachtung hat Huyghens den Schmiegungskreis bestimmt, welchen er zuerst bemerkt hat; und sie kann ebenfalls zu den Formeln des vorhergehenden §s führen; allein dieser Gesichtspunct, welcher die Untersuchung des Schmiegungskreises von der allgemeinen Theorie der Berührungen der Curven trennt, wovon sie doch einen Theil ausmachen soll, ist für den gegenwärtigen Zustand der Wissenschaft zu beschränkt.

Puncten gleichförmig; aber für Bogen von derselben Länge ist die Krümmung eines kleinen Kreises beträchtlicher als die eines großen, so daß die Krümmungen dieser Bogen im umgekehrten Verhältnisse der Halbmesser derjenigen Kreise sind, zu welchen sie gehören. Man kann daher aus dem Halbmesser des Schmiegungskreises die Krümmung einer Curve in irgend einem ihrer Puncte beurtheilen. Diese Betrachtung hat veranlaßt, dem Halbmesser des Schmiegungskreises den Namen *Krümmungshalbmesser* zu geben; und man sieht nach dem Vorhergehenden, daß *die Krümmung einer Curve im umgekehrten Verhältnisse ihres Krümmungshalbmessers steht.*

Die Abgewickelte (Evolute) kann auch als die *Grenze* der Durchschnitte der Normalen von der vorgegebenen Curve, je zwei nach einander genommen, betrachtet werden, weil der Punct K, im Durchschnitt der zwei Halbmesser MO, M'O', welche auf der Curve DX in M und M' senkrecht sind, sich um so viel mehr der Curve FZ nähert, als die Puncte M und M' einander näher sind.

§. 97. Man kann auch mit Hülfe der Analysis darthun, daß zwischen der vorgegebenen Curve und ihrem Schmiegungskreise kein anderer Kreis durchgehen könne; und diese Eigenschaft führt unmittelbar zu den andern.

Im Allgemeinen, wenn zwei Curven, deren Ordinaten und Abscissen mit x und y, x' und y' bezeichnet sind, einen Punct gemeinschaftlich haben, in welchem folglich $x'=x$, $y'=y$ ist, und man den Unterschied der Reihen

$$y+\frac{dy}{dx}\frac{h}{1}+\frac{d^2y}{dx^2}\frac{h^2}{1.2}+\frac{d^3y}{dx^2}\frac{h^3}{1.2.3}+\text{etc.}$$

$$y'+\frac{dy'}{dx'}\frac{h}{1}+\frac{d^2y'}{dx'^2}\frac{h^2}{1.2}+\frac{d^3y'}{dx'^3}\frac{h^3}{1.2.3}+\text{etc. nimmt,}$$

welche die Ordinaten der der Abscisse $x+h$ entsprechenden Puncte ausdrücken, so findet man im Allgemeinen

$$\left(\frac{dy}{dx}-\frac{dy'}{dx'}\right)\frac{h}{1}+\left(\frac{d^2y}{dx^2}-\frac{d^2y'}{dx'^2}\right)\frac{h^2}{1.2}+$$

$$\left(\frac{d^3y}{dx^3}-\frac{d^3y'}{dx^{3'}}\right)\frac{h^3}{1.2.3}+ \text{etc.}$$ für den Ausdruck des Abstands dieser Curven in der Richtung der Ordinate; wenn man aber in dem bestimmten Puncte, den man betrachtet, $\frac{dy'}{dx'}=\frac{dy}{dx}$ hat, so wird dieser Abstand alsdann auf

$$\left(\frac{d^2y}{dx^2}-\frac{d^2y'}{dx'^2}\right)\frac{h^2}{1.2}+\left(\frac{d^3y}{dx^3}-\frac{d^3y'}{dx^{3'}}\right)\frac{h^3}{1.2.3}+ \text{etc.}$$

reducirt.

Da der Verhältnißname dieser zu der vorhergehenden Entwickelung immer kleiner und kleiner in dem Maße wird, als h abnimmt (§. 56), so geht daraus hervor, daß der Abstand, welchen sie zwischen den zwei Curven darstellt, endlich kleiner wird, als der, welchen die andere ausdrückt, und daß folglich jede Curve, fur welche man nicht $\frac{dy'}{dx'}=\frac{dy}{dx}$ hat, nicht zwischen denjenigen Curven hindurch gehen kann, welche diese Bedingung erfüllen. So kann man also zwischen einer Curve und ihrer Tangente keine gerade Linie durch ihren Berührungspunct ziehen.

Die Annäherung würde noch größer werden, wenn man auch $\frac{d^2y'}{dx'^2}=\frac{d^2y}{dx^2}$ hätte. Keine der Curven, welche nur den beiden Bedingungen $y'=y$, $\frac{dy'}{dx'}=\frac{dy}{dx}$ Genüge leistete, d. h. welche nur eine einfache Berührung hätte, könnte unmittelbar bei dem gemeinschaftlichen Puncte sich der zweiten Curve so sehr nähern, als es die erste thäte, und könnte nicht zwischen beiden hindurch gehen; dies ist der Fall mit den blos berührenden Kreisen in Beziehung auf den Schmiegungskreis.

Man sieht auch noch, daß, da der Ausdruck des Unterschiedes der Ordinaten im ersten Gliede den Factor h^3 hat, welcher sein Zeichen verändert, wenn man $-h$ statt $+h$ setzt, im Allgemeinen dem Schmiegungskreise widerfährt, was man in Betreff der Tangente in den Wendungspuncten bemerkt hat (§. 74), ausgenommen jedoch in dem besondern Falle, wo man auch $\frac{d^3 y'}{dx^3} = \frac{d^3 y}{dx^3}$ hätte.

Es ist nicht nöthig, diese Betrachtungen weiter zu treiben, um sich zu überzeugen, daß die Curven unter sich Berührungen, die mehr oder weniger unmittelbar sind, haben können. Verfolgte man den in §. 91. vorgezeichneten Gang, so fände man, daß, wenn zwei Curven vier Puncte gemeinschaftlich haben, und man die eine dieser Curven auf die Art bestimmt, daß die vier Puncte zusammenfallen, man zu gleicher Zeit $y' = y$, $\frac{dy'}{dx'} = \frac{dy}{dx}$, $\frac{d^2 y'}{dx'^2} = \frac{d^2 y}{dx^2}$, $\frac{d^3 y'}{dx'^3} = \frac{d^3 y}{dx^3}$ haben würde. Diese Berührung würde sich von den vorhergehenden darin unterscheiden, daß keine der Curven, welche nur eine von der Art dieser letztern mit der einen der vorgegebenen Curven hatten, zwischen dieser und der andern hindurch gehen konnte.

Wendet man die obigen Bedingungen zur Bestimmung der beständigen Größen an, welche die Gleichung, deren veränderliche Größen x und y sind, zu einer besondern machen, so sieht man ein, daß diese Gleichung vier beständige Größen enthalten müsse.

§. 98. Die Berührungen werden nach der Anzahl der sich in ihnen vereinigt befindenden Durchschnittspuncte in Ordnungen getheilt, oder, was auf dasselbe hinauskommt, nach der Zahl der Glieder, deren Gleichheit sie in den Entwickelungen der zu dem folgenden Puncte gehörenden Ordinaten voraussetzen. Die höchste von denen, welche im Allgemeinen die berührende Curve mit der vorgegebenen Curve haben kann, eine Berührung, deren Ordnung durch die Zahl der beständigen Größen, welche die Gleichung der ersten umfaßt, bezeichnet wird, heißt Schmiegung (Osculation).

So ist die Tangente, welche im Allgemeinen nur eine einfache Berührung der ersten Ordnung mit einer gegebenen Curve haben kann, eine Schmiegungsline der ersten Ordnung (Osculatrix). Der Kreis, dessen Gleichung drei beständige Größen einschließt, kann entweder eine einfache Berührung der ersten Ordnung oder eine Berührung der zweiten Ordnung haben; aber diese letzte, welche die höchste ist, bekommt den Namen Schmiegung, und unterscheidet den Schmiegungskreis von allen berührenden Kreisen.

§. 99. Ueber die Anwendung der Fomerln

$$\gamma = \pm \frac{(dx^2 + dy^2)^{\frac{3}{2}}}{dx\,d^2y},$$

$$x - \alpha = \frac{dy\,(dx^2 + dy^2)}{dx\,d^2y},$$

$$y - \beta = -\frac{dx^2 + dy^2}{d^2y}$$ werde ich mich nicht

sehr ausbreiten, weil diese Anwendung, wenn man den Mechanismus der Differential-Rechnung gut inne hat, von keiner Schwierigkeit ist.

Da der Werth von γ des doppelten Zeichens $\pm$ fähig ist, so kann man fragen, welches von beiden man anwenden müsse; denn es ist leicht sichtbar, daß es im Allgemeinen an jedem Puncte der Curve nur einen Krümmungshalbmesser gebe; und dieser Halbmesser, welcher, ausgenommen in einigen besondern Fällen, nicht nach der Richtung der Ordinate oder der Abscisse liegt, hat eigentlich zu reden, kein Zeichen in Beziehung auf diese Linien. Die Bestimmung desjenigen, welches man ihm gewöhnlich beilegt, hängt von der Uebereinkunft ab, welche man über die Richtung der Curve in Beziehung auf die Normale getroffen hat. Will man, daß der Krümmungshalbmesser für die Curven, deren Höhlung gegen die Axe der Abscissen gewendet ist, positiv sei, so muß man, da der Werth von $\frac{d^2y}{dx^2}$ alsdann negativ ist (§. 64.), den Ausdruck von γ mit dem Zeichen — versehen; und in diesem Falle wird der Krümmungshalbmesser negativ, wenn die Höhlung der Curve auf die entgegengesetzte Seite übergeht, weil er mit $\frac{d^2y}{dx^2}$ sein Zeichen ändert. Dieser Uebereinkunft gemäß kann man in den Anwendungen

$$\gamma = -\frac{(dx^2+dy^2)^{\frac{3}{2}}}{dx\,d^2y} \text{ annehmen.}$$

Da die allgemeine Gleichung der Linien der zweiten Ordnung $y^2 = mx + nx^2$ auf

$$dy = \frac{(m+2nx)\,dx}{2y},$$

$$d^2y = \frac{2ny\,dx^2 - (m+2nx)\,dx\,y}{2y^2} = \frac{[4ny^2-(m+2nx)^2]\,dx^2}{4y^3}$$

führt, so ergiebt sich daraus

$$\gamma = -\frac{[4y^2+(m+2nx)^2]^{\frac{3}{2}}}{8ny^2-2(m+2nx)^2}.$$

Wenn man den Werth von y^2 in diesen Ausdruck substituirt, so hat man

$$\gamma = \frac{[4(mx+nx^2)+(m+2nx)^2]^{\frac{3}{2}}}{2m^2}.$$

Dies ist der allgemeine Ausdruck des Krümmungshalbmessers in den Linien der zweiten Ordnung. Man bestimmt aus ihm die besondern, wenn man dem m und n die Werthe giebt, welche einer jeden Art dieser Linien zukommen (Trig. §. 147).

Dieses Resultat reducirt sich auf $\frac{1}{2}m$ für $x=0$. Die Krümmung der vorgegebenen Linien an ihrem Scheitel ist daher dieselbe, welche ein Kreis hat, mit einem dem halben Parameter gleichen Halbmesser beschrieben Trig. §. 132).

Wenn man den Werth von γ mit dem im §. 66. für die Normale gefundenen zusammenhält, so sieht man, daß $\gamma=\frac{MR^3}{\frac{1}{4}m^2}$ oder der Krümmungshalbmesser in den Linien der zweiten Ordnung dem Cubus der Normale, dividirt durch das Quadrat des halben Parameters, gleich ist.

In der Parabel, wo $n=0$ ist, hat man blos

$$\gamma=\frac{(m^{\frac{1}{2}}+4mx)^{\frac{3}{2}}}{2m^2}.$$

Man würde eben so die allgemeinen Ausdrücke von $x-\alpha$ und von $y-\beta$ anwenden; und für y seinen Werth gesetzt, zwei Gleichungen in x, α und β haben, aus welchen sich durch die Elimination von x die Gleichung in α und β, welche zu der Abgewickelten gehört, ableiten ließe. Ich werde diese Rechnung nur für die Parabel ausführen. Man hat in diesem Falle $dy=\frac{mdx}{2y}$, $d^2y=-\frac{m^2dx^2}{4y^3}$, und es kommt

$$y-\beta=\frac{4y^3}{m^2}\left(\frac{4y^2+m^2}{4y^2}\right)=\frac{4y^3}{m^2},+y,$$

$$x-\alpha=-\frac{m}{2y}\frac{4y^3}{m^2}\left(\frac{4y^2+m^2}{4y^2}\right)=-\frac{4y^2+m^2}{2m};$$

daraus schließt man $-\beta=\frac{4y^3}{m^2}$,

$x-\alpha=-\frac{2y^2}{m}-\frac{1}{2}m$; setzt man in eine jede dieser Gleichungen für y seinen Werth $m^{\frac{1}{2}}x^{\frac{1}{2}}$, so kommt

$-\beta = \frac{4x^{\frac{3}{2}}}{m^{\frac{1}{2}}}$, $x - \alpha = -2x - \frac{1}{2}m$; nimmt man hierauf den Werth von x in dem zweiten Resultate, um ihn in das erste zu substituiren, so erhält man $x = \frac{1}{3}(\alpha - \frac{1}{2}m)$, $\beta^2 = \frac{16}{27m}(\alpha - \frac{1}{2}m)^3$. Die letzte dieser Gleichungen gehört zur Abgewickelten der Parabel. Wenn man darin $\alpha - \frac{1}{2}m$ in α' verwandelt, oder den Anfang der Abscissen nach D bringt Fig. 27., so kann man ihr diese sehr einfache Form $\beta^2 = \frac{16\alpha'^3}{27m}$ geben, welche zeigt, daß die Curve DF eine der Parabeln der dritten Ordnung ist *), welche aus den beiden Zweigen DF und Df besteht, wovon der erste durch seine Entwickelung den Zweig AX der gemeinen Parabel XAx erzeugt, und der zweite den Zweig Ax hervorbringt. Fig. 27.

§. 100. Es ist zu beachten, daß, zur Beschreibung der Parabel XAx durch die Abwickelung der Curve FDf, der um den einen oder den andern der Zweige DF und Df gewickelte Faden an dem Puncte D, in der Verlängerung der Tangente BD, eine Länge AD dem Krümmungshalbmesser in dem Puncte A d. h. dem halben Parameter der vorgegebenen Linie gleich, haben muß. Jeder andere Punct, wie I, auf diesem Faden genommen, würde eine verschiedene Curve hervorbringen. Wenn der Punct I auf den Punct D fiele, so wäre der Krümmungshalbmesser der alsdann beschriebenen Curve in ihrem Anfange Null, und folglich hätte sie in diesem Puncte eine unendliche Krümmung §. 96.

---

*) Die Gleichung $y^2 = mx$, folgender Gestalt verallgemeinert: $y^q = mx^p$, stellt eine Familie von Curven dar, wovon die gemeine Parabel nur ein besonderer Fall ist; man nennt sie ebenfalls Parabeln, unterscheidet sie aber nach den Exponenten ihres Grades.

Man sieht auch, daß, weil die Länge des Bogens DF der Differenz gleich ist, welche sich zwischen dem entsprechenden Krümmungshalbmesser MF und dem Krümmungshalbmesser AD, welcher zu dem Anfange gehört, findet, die Curve FDf rectificirbar ist, d. h. daß man eine gerade Linie, welche ihr an Länge gleich ist, angeben könne.

Diese Bemerkung ist allgemein; denn weil man immer zu dem Ausdrucke des Krümmungshalbmessers der algebraischen Curven gelangen kann, so sind die Abgewickelten dieser Curven alle rectificirbar.

Von den transcendenten Curven.

§. 101. Ich habe bisher nur algebraische Curven betrachtet; nunmehr werde ich mit einigen der merkwürdigsten transcendenten Curven bekannt machen. So nennt man solche, deren Gleichung nicht in algebraischen Ausdrücken erhalten werden kann. Zuvörderst werde ich mich mit der logarithmischen oder mit derjenigen Curve beschäftigen, in welcher die Ordinaten die Logarithmen der Abscissen sind.

Man hat in dieser Curve $y = lx$; und macht man $x = 1$, so kommt $y = 0$, woraus man sieht, Fig. 28 daß sie die Axe AB in dem Puncte E Fig. 28. trifft, wo die Abscisse AE der Einheit gleich ist. Der Zweig EX, welcher den positiven Abscissen, welche größer als die Einheit sind, entspricht, ist unendlich, weil die Logarithmen dieser Abscissen beständig zunehmen. In dem Theile AE, wo die Abscissen Brüche sind, sind die Ordinaten negativ und nehmen in dem Maße zu, wie die Brüche abnehmen, so daß der Zweig Ex den negativen Theil Ac der

Axe der Ordinaten zur Asymptote hat. Endlich erstreckt sich die logarithmische Curve (Logistik) nicht auf die Seite der negativen Abscissen, weil ihre Logarithmen imaginär sind. (Man sehe den Lehrbegriff der Differential- und Integral-Rechnung). Differentiirt man die Gleichung $y = lx$, so kommt $\frac{dy}{dx} = \frac{M}{x}$ (§. 27). Man sieht hieraus, daß die Tangente dieser Curve für $x = 0$ auf der Abscissenlinie senkrecht und ihr nicht eher parallel ist, als wenn man x unendlich annimmt (§. 77). Der allgemeine Ausdruck der Subtangente (§. 65.) giebt $PT = \frac{xy}{M}$; wenn man aber y wegschafft, so führt man den Logarithmen von x ein; also ist dieser Ausdruck transcendent. Nimmt man indessen die Subtangente OD auf der Axe AC, so bekommt man $OD = \frac{x\,dy}{dx} = M$, welches Resultat deshalb sehr merkwürdig ist, weil es darthut, daß die Subtangente OD für alle Puncte der Curve beständig und dem Modul gleich ist. Eben so würde man finden, daß die Tangente, Subnormale und Normale, in Beziehung auf die Axe AB genommen, transcendent sind, weil die Ordinate y in ihren Ausdruck hineinkommt; daß sie aber algebraisch werden, wenn man sie in Hinsicht der Axe AC betrachtet.

Ich gehe zur Aufsuchung des Krümmungshalbmessers über. Man hat $1 + \frac{dy^2}{dx^2} = \frac{x^2 + M^2}{x^2}$, $\frac{d^2y}{dx^2} = -\frac{M}{x^2}$, und hieraus (§. 94.) $\gamma = \frac{(x^2+M^2)^{\frac{3}{2}}}{Mx}$,

$$y - \beta = \frac{(x^2 + M^2)}{M},\ x - \alpha = -\frac{(x^2 + M^2)}{x}.$$

Ich werde mich nicht dabei aufhalten, die Abgewickelte zu betrachten, welche nothwendig transcendent sein würde; ich bemerke blos, daß man die Differential-Gleichung dieser Curve unmittelbar erhalten könnte, wenn man vermittelst der Werthe von $\gamma - \beta$ und $x - \alpha$ und ihrer Differentialen $\dot{x}$, dx und dy aus der Gleichung $dy = M \frac{dx}{\dot{x}}$ eliminirte.

Die logarithmischen Linien unterscheiden sich von einander nach Maßgabe des Moduls, der zu dem durch jene dargestellten Logarithmen-Systeme gehört. Die Gleichung $x = a^y$ giebt, die Neperschen Logarithmen genommen, $l'x = y l'a$, und hieraus $\gamma = \frac{lx}{l'a}$, von welchem Resultate das zweite Glied nichts anders ist, als der Logarithmen von x, für einen Modul gleich $\frac{1}{l'a}$ berechnet. Diese Gleichung gehört daher zu einer logarithmischen Linie.

Die Cycloide oder Radlinie oder die Curve, welche ein auf dem Umfange eines Kreises genommener Punct beschreibt, während dieser Kreis auf einer der Lage nach gegebenen geraden Linie rollt, ist ebenfalls eine transcendente Curve. Die Beziehung zwischen ihren Ordinaten und ihren Abscissen hängt von den Bogen des Erzeugungskreises ab. Wie man dieselbe ausdrücken könne, davon zunächst.

Da der Anfang der Bewegung des Kreises willkührlich ist, so nehme ich ihn in dem Puncte A an, Fig. 29. Fig. 29, wo der beschreibende Punct M sich auf der von dem Erzeugungskreise durchlaufenen geraden Linie befand. Weil dieser Kreis bei seinem Fortwälzen sich nach und nach mit allen Puncten seines Umfanges an die gerade Linie AB anlegt, so ist klar, daß, wenn er in irgend eine Lage QMG gekommen ist, der Abstand AQ dem Bogen MQ gleich ist, welcher zwischen dem Puncte M, welcher die gerade Linie AB in A berührte, und dem Puncte Q, welcher sie in der gegenwärtigen Lage berührt, begriffen ist.

Wenn man auf AB durch den Punct Q die senkrechte Linie QO, welche durch den Mittelpunct des Erzeugungskreises gehen wird, errichtet, und MN der AB parallel zieht: so wird MN der Sinus des Bogens MQ, und NQ der Sinusversus davon sein (Trig. §. 5).

Es sei QO = a, AP = x, PM = QN = y; und man hat $MN = \sqrt{2ay - y^2}$, $x = AQ - PQ = \text{arc } MQ - MN$, oder $x = \text{arc}$ (wovon y der Sinusversus ist) $- \sqrt{2ay - y^2}$, welches die ursprüngliche Gleichung der Radlinie ist. *)

Der Bogen MQ kann auch durch seinen Sinus MN oder $\sqrt{2ay - y^2}$ angezeigt werden; und man läßt ihn durch die Differentiirung verschwinden, wenn man sich der Formel des 7; §s bedient, in welcher a ebenfalls den Halbmesser vorstellt, und wo der Si-

---

*) Wenn man die Länge des Bogens MQ nach seinem Sinus vermittelst der trigonometrischen Tafeln berechnen wollte, um die Curve zu construiren, so müßte man zuvörderst den auf den Halbmesser sich beziehenden Sinus MN auf den Halbmesser 1 bringen, und man hätte $\frac{MN}{a}$ oder $\frac{1}{a}\sqrt{2ay - y^2}$. Bezeichnet man mit t die Länge des auf diesen letzten Sinus bezogenen Bogens, so hat die des Bogens MQ mit dem Quadranten des Kreises, wovon er einen Theil ausmacht, nothwendig denselben Verhältnißnamen als der Bogen t mit dem Quadranten der Tafeln. Daraus ergiebt sich $\text{arc } MQ = at$, $x = at - \sqrt{2ay - y^2}$ und $t = \text{arc}$, dessen Sinus $= \frac{1}{a}\sqrt{2ay - y^2}$ ist. Der Ausdruck von x, wenn man darin für t seinen Werth setzt, läßt sich so schreiben:

$$x = a\,\text{arc}\left(\sin = \frac{1}{a}\sqrt{2ay - y^2}\right) - \sqrt{2ay - y^2};$$

und wird nach der Regel des 32 §s differentiirt, so kommt man auf das oben gegebene Resultat zurück.

nus mit x bezeichnet ist. Substituirt man $\sqrt{2ay-y^2}$ statt x in diese Formel, so leitet man

$$d.\,\text{arc}\,MQ = \frac{a\,dy}{\sqrt{2ay - y^2}}$$ daraus her, und erhält

hierauf $$dx = \frac{a\,dy}{\sqrt{2ay - y^2}} - \frac{a\,dy - y\,dy}{\sqrt{2ay - y^2}}$$ oder

$$dx = \frac{y\,dy}{\sqrt{2ay - y^2}}.$$ Solches ist die Differential-Gleichung der Radlinie.

Nichts ist nunmehr leichter, als die Ausdrücke der Subtangente und Tangente, der Subnormale und Normale in der Radlinie zu erhalten. Man findet vermittelst der allgemeinen Formeln des 65 §s

$$PT = \frac{y^2}{\sqrt{2ay - y^2}},\quad MT = \frac{y\sqrt{2ay}}{\sqrt{2ay - y^2}},$$

$$PR = \sqrt{2ay - y^2},\quad MR = \sqrt{2ay}.$$

Man kann diese Werthe auf eine sehr einfache Art construiren; denn es ist leicht zu bemerken, daß, MP oder y als die Abscisse QN in dem Erzeugungskreise QMG betrachtet, der oben für PR gegebene Werth genau derjenige der Ordinate MN dieses Kreises ist, und daß folglich die Normale mit der Sehne des Bogens MQ zusammenfällt, wie man es auch aus dem Ausdrucke von MR ersehen kann, woraus folgt, daß die Tangente MT die Verlängerung der Sehne MG ist. Wenn man sich denkt, daß der Kreis QMG auf dem Puncte Q fortgleite, um in irgend eine Lage qmg zu gelangen, so werden die Linien mq und mg ungeachtet dieser Versetzung den Linien MQ und MG parallel bleiben. Es wird also, um die Tangente und die Normale in einem gegebenen Puncte M zu construiren, hinreichend sein, diesen Punct dadurch, daß man die gerade Linie Mm der AB parallel zieht, auf den unbeweglichen Kreis qmg überzutragen, und darauf

MT

MT der mg und MQ der mq parallel zu ziehen.

§. 103. Ich gehe zur Untersuchung des Krümmungshalbmessers fort. Durch Differentiirung der Gleichung $dx = \frac{y\,dy}{\sqrt{2ay - y^2}}$ ergiebt sich, weil dx beständig ist,

$$o = (y\,d^2y + dy^2)\sqrt{2ay - y^2} - \frac{y\,dy(a\,dy - y\,dy)}{\sqrt{2ay - y^2}};$$

reducirt und mit y dividirt, kommt

$o = (2ay - y^2)\,d^2y + a\,dy^2$, und hieraus

$d^2y = -\frac{a\,dy^2}{2ay - y^2}$. Substituirt man diesen Werth und den von dy in den Ausdruck des Krümmungshalbmessers (§. 94.), so findet sich nach den nöthigen Reductionen $\gamma = 2^{\frac{3}{2}}(ay)^{\frac{1}{2}} = 2\sqrt{2ay}$.

Dieses Resultat zeigt, daß der Krümmungshalbmesser MM′ das Doppelte der Normale MQ ist, und daß er folglich nicht größer werden kann, als das Doppelte des Durchmessers des Erzeugungskreises, welcher Durchmesser zugleich die Ordinate und die Normale der Radlinie an dem Puncte I ist, wo die Berührung Q die Hälfte des Umkreises durchlaufen hat.

Die Ausdrücke von $x - \alpha$ und von $y - \beta$ geben hierauf $y - \beta = 2y$, $x - \alpha = -2\sqrt{2ay - y^2}$. Hieraus folgt $y = -\beta$, $x = \alpha - 2\sqrt{-2a\beta - \beta^2}$. Diese Werthe in die ursprüngliche Gleichung der Radlinie gesetzt, und dieselbe reducirt, erhält man $\alpha = \text{arc}$ (wovon $-\beta$ der Sinusversus ist) $+ \sqrt{-2a\beta - \beta^2}$, welches Resultat viele Aehnlichkeit mit jener Gleichung hat. Der Wurzelausdruck $\sqrt{-2a\beta - \beta^2}$ wird dem $\sqrt{2ay - y^2}$ ähnlich, wenn man $\beta = -2a + \beta'$ macht, was darauf hinausläuft, statt der immer negativen Ordinate EM′ die Ordinate P′M′, auf eine unter AB in einem Abstande A′I = 2a liegende Axe A′B′ bezogen, zu nehmen. Durch diese Umformung kommt

α = arc (wovon $2a-\beta'$ der Sinusversus ist) + $\sqrt{2a\beta'-\beta'^2}$; hiernächst in Betracht, daß zwei Bogen, deren Sinusversus zusammen den Durchmesser ausmachen, Ergänzungen zum Halbkreise von einander sind, und den halben Umkreis mit π bezeichnend, kann man $\alpha = \pi$ — arc (wovon β' der Sinusversus ist + $\sqrt{2a\beta'-\beta'^2}$ schreiben. Endlich $\alpha = \pi - \alpha'$ genommen, d. h. für die Abscisse AE die Abscisse A′P′ = AI — AE gesetzt, so kommt die Gleichung

α' = arc (wovon β' der Sinusversus ist) — $\sqrt{2a\beta'-\beta'^2}$

von einer Radlinie, deren Anfang im Puncte A′ ist, und welche auf der Axe A′B′ durch denselben Erzeugungskreis, als die vorgegebene, aber in einer der AB entgegengesetzten Richtung A′B′ beschrieben worden.

Dieselbe Folgerung läßt sich unmittelbar aus der Bestimmung des Krümmungshalbmessers ziehen. Wird die gerade Linie GQ verlängert, bis sie A′B′ in Q′ trifft, und Q′M′ gezogen, so bildet man die unter sich gleichen Dreiecke GMQ und QM′Q′. Der Winkel QM′Q′ wird daher ein rechter sein. Und wenn man auf QQ′ als Durchmesser einen Kreis beschreibt, so wird er durch den Punct M′ gehen, und dem Erzeugungskreise gleich sein. Dies vorausgesetzt und weil der Bogen M′Q′ den Bogen M′Q, welcher selbst gleich MQ ist, zum Halbkreise ergänzt, hat man arc M′Q′ = QMG — arc MQ

= AI — AQ = QI = A′Q′,

welches ganz deutlich zeigt, daß die Abgewickelte A′M′A eine Radlinie ist, welche durch den auf A′B′ von A′ gegen B′ sich wälzenden Kreis QM′Q′ beschrieben wird.

Man bemerkt ohne Zweifel, daß nach dem Vorhergehenden die Radlinie sich rectificiren läßt, weil sie selbst ihre Abgewickelte, und der Ausdruck ihres Krümmungshalbmessers algebraisch ist; und man leitet daraus das bemerkenswerthe Resultat ab, daß die Länge des Bogens A′A oder des ihm gleichen

AK, welcher die Hälfte des durch eine ganze Umwälzung des Erzeugungskreises beschriebenen Zweiges ausmacht, genau dieselbe ist, als von A′K oder von dem doppelten Durchmesser dieses Kreises.

Die Radlinie endet nicht bei dem Puncte L, wo der Kreis auf der geraden Linie AL seinen ganzen Umfang durchlaufen hat; denn nichts begrenzt die Dauer dieser Bewegung. Man muß bei der Beschreibung der Curven wohl bemerken, daß die verschiedenen aus einer und derselben Construction oder aus einer und derselben Bewegung hervorgehenden Theile alle derselben Curve angehören. So beschreibt der Kreis QMG, sich auf der geraden Linie AB über dem Punct L hinauszuwälzen fortfahrend, eine Reihe von Theilen, ähnlich dem AKL; und man muß sich eben solche zur Linken des Punctes A vorstellen, weil der Kreis zu diesem Puncte nicht anders, als in Folge einer von unendlicher Zeit an begonnenen Bewegung hat gelangen können. Die Gleichung der Curve leitet zu diesen Bemerkungen; denn nichts hindert, den Bogen QM um so viele Umfänge, als man will, vermehrt oder vermindert anzunehmen. Man sieht außerdem, daß y niemals 2a übertreffen kann. Es folgt daraus, daß die Radlinie, in der ganzen Ausdehnung gedacht, welche sie haben muß, durch eine und dieselbe gerade Linie in unendlich vielen Puncten geschnitten werden kann.

Der Differential-Coefficient der zweiten Ordnung $\frac{d^2y}{dx^2}$ gleich $-\frac{a}{y^2}$, ist immer negativ, weil y^2 immer positiv ist; aber er wird unendlich, so wie $\frac{dy}{dx}$ für $y=0$, welches geschieht, wenn der Bogen MQ Null oder irgend einem Vielfachen des Umfanges gleich ist. In denselben Fällen sind die Puncte A, L etc., wo sich die verschiedenen Zweige der Radlinie berühren, demnach Rückkehrpuncte der ersten Art, in welchen die Tangente auf der Abscissenaxe senkrecht ist .§. 83).

§. 104. Die Spirallinien machen ebenfalls eine Ordnung von transcendenten Curven aus, merkwürdig durch ihre Form und Eigenschaften. Auf folgende Weise erzeugt sich diejenige Spirallinie, welche Conon von Syracus ersann, und wovon Archimedes die Haupteigenschaften entdeckte.

Fig. 30. Während der Halbmesser AO Fig. 30. sich um den Mittelpunct A des Kreises OGQ bewegt, durchläuft ein beweglicher Punct, von diesem Mittelpuncte ausgehend, gleichförmig die Linie AO, und mit einer solchen Geschwindigkeit, daß er zu eben der Zeit in den Punct O ankommt, da diese gerade Linie ihre Umwälzung vollendet hat. Es folgt daraus, daß für irgend einen Punct M der Spirallinie AMOM'X der Verhältnißname von AM zu AN derselbe, als von dem Bogen ON zu dem Umkreise OGO ist; da aber dem nichts entgegensteht, daß der beschreibende Punct seine Bewegung über den Punct O hinaus auf dem verlängerten Halbmesser fortsetzt, und dieser Halbmesser selbst eine unendliche Anzahl von Umwälzungen machen kann, so wird die Curve AMO sich verlängern, indem sie sich beständig dergestalt um den Punct A dreht, daß der Verhältnißname zwischen dem Abstande eines jeden ihrer Puncte von dem Puncte A. und zwischen dem Halbmesser des Kreises dem gleich ist, welcher sich zwischen dem durch den Punct O von dem Anfange der Berührung an durchlaufenden Bogen und zwischen dem ganzen Umkreise befindet. In M' z. B., wo der Halbmesser AN eine Umwälzung zusammt dem Bogen ON gemacht hat, erhält man $\frac{AM'}{AN} = \frac{OGO + ON}{OGO}$.

Macht man daher $ON = t, AM = u$ und stellt, indem man den Halbmesser AN zur Einheit annimmt, durch 2π den Umkreis OGO vor, so hat man $u = \frac{t}{2\pi}$.

Die veränderlichen Größen dieser Gleichung sind das, was die Geometer Polar-Coordinaten nennen. Der Mittelpunct A des Kreises OGO heißt der Pol; die Linie AM, welche immer durch diesen Punct gehen soll, ist der Radius-Vector, und vertritt die Stelle der Ordinate der Curve, während der Bogen ON statt der Absciße dient.

Die Spirallinie, welche ich so eben betrachtet habe, und welche die Spirallinie des Archimedes heißt, ist nur ein besonderer Fall derjenigen Curven, welche durch die Gleichung $u = at^n$ vorgestellt wird, indem man dem n alle möglichen Werthe giebt. Wird $n = -1$ gemacht, so hat man $u = at^{-1}$ oder $ut = a$, welche Gleichung zu der hyperbolischen Spirallinie gehört.

Wenn man statt des Abstandes AM für u den Theil MN des zwischen dem Puncte M und des Umfanges des Kreises OGO begriffenen Radius-Vector nähme, so würde die Gleichung $u^2 = at$ die Gleichung der parabolischen Spirallinie sein, oder der Curve, welche man bilden würde, wenn man die Axe einer Parabel um den Kreis OG rollte. Die Ordinaten würden alsdann senkrecht auf dem Umfange dieses Kreises sein, und auf seinen Halbmesser fallen. So lange n eine positive Zahl ist, nehmen die durch die Gleichung $u = at^n$ gegebenen Spirallinien ihren Anfang im Puncte A; aber wenn n negativ ist, so nimmt u, anfangs für $t = 0$ unendlich, in dem Maße ab, als dieser Bogen zunimmt, und bei jeder neuen Umwälzung nähert sich der beschreibende Punct dem Puncte A, ohne ihn jemals erreichen zu können.

§. 105. Wenn man die Curven auf Polar-Coordinaten bezieht, so ist das erste Differential des Radius-Vector AM Fig. 31. der Theil QM', welcher durch den aus dem Puncte A als Mittelpuncte mit dem Halbmesser MA beschriebenen Kreisbogen MQ von dem folgenden Radius-Vector abgeschnit- Fig. 31.

ten wird. Man betrachtet diesen kleinen Bogen als eine gerade Linie (§. 74.), und als Dreieck MQM' als geradlinig, welches $MM' = \sqrt{\overline{QM}^2 + \overline{QM'}^2}$ giebt. Wenn man den Winkel MAM' durch einen Kreisbogen NN', mit einem der Einheit gleichen Halbmesser AN beschrieben, mißt, so hat man $QM = u\,dt$; und da QM' das du ist, so kommt $MM' = \sqrt{du^2 + u^2 dt^2}$.

§. 106. Wenn man AT der Sehne des kleinen Bogens QM parallel zieht, und bis zum Zusammentreffen mit dieser geraden Linie die Seite MM' des in der Curve beschriebenen Polygons verlängert, so hat man aus der Aehnlichkeit der Dreiecke $M'QM$ und $M'AT$, $\frac{QM'}{QM} = \frac{AM'}{AT}$.

Geht man zu den Grenzen über, so kann die Sehne QM für den Bogen genommen werden. Der Winkel QMA ist als ein rechter, die Linie MT als eine Tangente der Curve, AT als eine senkrechte Linie auf AM, mit welcher alsdann AM' zusammenfällt, zu betrachten, und man hat $\frac{du}{u\,dt} = \frac{u}{AT}$, woraus $AT = \frac{u^2 dt}{du}$ folgt.

§. 107. Das zweite Differential d^2u, als der Unterschied zwischen zwei auf einander folgenden ersten Differentialen genommen (§. 62.), wird durch $M''Q' - M'Q$ vorgestellt werden; und man muß bemerken, daß, wenn man den Bogen NN' beständig setzt, oder den Winkel t stets um dieselbe Größe sich ändern läßt, die Bogen QM, $Q'M'$ deswegen nicht unter sich gleich sind; denn sie haben alle verschiedene Halbmesser.

Man könnte hieraus die Ausdrücke der Tangenten, der Normalen, u. s. w. ableiten; ich habe es aber vorgezogen, auf die Curven, welche auf Polar-Coordinaten bezogen werden, die für rechtwinklige Coordinaten gefundenen Ausdrücke der Subtangenten, der Tangenten, u. s. w. anzuwenden, weil dieser Gang Gelegenheit verschafft, die Coordinaten des ersten Systems in die des zweiten umzuformen, und zu zeigen, wie man von dem einen zum andern übergehen kann. Dies wird um so nützlicher sein, da man zuweilen die algebraische Curven auf Polar-Coordinaten bezieht. Man thut es besonders in Hinsicht der Curven des zweiten Grades, indem man ihren Brennpunct zum Pole nimmt.

§. 108. Ich werde mehrerer Einfachheit wegen in den Punct A Fig. 30. den Anfang der rechtwinkligen Coordinaten $AP = x$ und $PM = y$ legen; und um die Lage der Abscissenaxe festzusetzen, mit m den Bogen QO bezeichnen, welcher zwischen dieser Axe und dem Puncte O, dem Anfange des Bogens t, begriffen ist. Zieht man PM senkrecht auf AB, und beachtet, daß der Winkel MAP durch den Bogen $NQ = t - m$ gemessen wird, so findet sich Fig. 30.

$$\overline{AM}^2 = \overline{AP}^2 + \overline{PM}^2,$$
$$AP = AM \cos NQ,$$
$$PM = AM \sin NQ,$$

oder
$$u = \sqrt{x^2 + y^2},$$
$$x = u \cos (t - m),$$
$$y = u \sin (t - m).$$

Vermittelst der beiden letztern Werthe läßt sich jede algebraische Gleichung zwischen x und y in eine andere verwandeln, welche nichts weiter als den Sinus, den Cosinus des Bogens t, und den Radius-Vector u enthält. Diese Werthe geben auch $\cos (t - m) = \frac{x}{u}$, $\sin (t - m) = \frac{y}{u}$, woraus sich Werthe von $\cos t$ und $\sin t$ in x, y, u, $\sin m$ und $\cos m$ herleiten lassen, welche, in irgend einer Gleichung zwischen u, $\sin t$ und $\cos t$ gesetzt, auf ein nur noch x und y enthaltendes Resultat führen, weil man $\sqrt{x^2 + y^2}$ statt u setzen kann.

Wenn man zur Abkürzung annimmt, daß die Linie AB mit der Linie AO zusammenfalle, so hat man blos $\cos t = \frac{x}{u}$, $\sin t = \frac{y}{u}$.

Wenn die Gleichung in u und t, welche man sich umzuformen vornimmt, den Bogen t selbst enthält, so ist es nicht mehr möglich, eine algebraische Beziehung zwischen x und y zu erhalten, weil man keine solche zwischen dem Bogen t, seinem Sinus und Cosinus hat; aber man gelangt, wie man sogleich sehen wird, zu einer Differential-Gleichung, welche nur noch x, y, dx und dy enthält.

Aus den oben gefundenen Werthen für u, x und y ergiebt sich $du = d.\sqrt{x^2 + y^2}$,

$$dx = du \cos(t - m) - u\,dt \sin(t - m),$$

$$dy = du \sin(t - m) + u\,dt \cos(t - m);$$

eliminirt man du aus den beiden letzten Gleichungen, so kommt $dt = \frac{dy \cos(t - m) - dx \sin(t - m)}{u}$; werden für $\cos(t - m)$, $\sin(t - m)$ und u ihre Werthe gesetzt, so erhält man $dt = \frac{x\,dy - y\,dx}{x^2 + y^2}$.

Man kann also aus der Gleichung in u und t, und aus ihrem Differential die Größen u, cos t, sin t, du und dt wegschaffen; und da die beiden Resultate, welche man erhält, nur noch t enthalten, so kann man dies durch die Eliminirung verschwinden lassen.

Es sei z. B. die Gleichung $u = a t^n$, welche

$$u^{\frac{1}{n}} = a^{\frac{1}{n}} t, \quad \frac{1}{n} u^{\frac{1}{n} - 1} du = a^{\frac{1}{n}} dt \text{ giebt.}$$

Da die Ausdrücke von u, du und dt von dem Winkel m unabhängig sind, so kommt, wenn man sie substituirt und auf gleichen Nenner bringt,

$$\frac{1}{n}(x^2 + y^2)^{\frac{1}{2n}} (x\,dx + y\,dy) = a^{\frac{1}{n}} (x\,dy - y\,dx).$$

Mit dieser Gleichung würde man die Subtangenten, die Tangenten, u. s. w. der Spirallinien bestimmen wenn man von den Formeln des 65sten §s Gebrauch machte; allein es wird einfacher und zu gleicher Zeit allgemeiner sein, diese Formeln in Beziebung auf die veränderlichen Größen u und t umzuformen, welches ich auch sofort thun werde.

§. 109. Der Ausdruck der Subtangente wird, für y und $\frac{dx}{dy}$ ihre Werthe gesetzt,

$$PT = u \sin(t-m) \frac{du \cos(t-m) - u\,dt \sin(t-m)}{du \sin(t-m) + u\,dt \cos(t-m)}.$$

Dieses Resultat wird viel einfacher, wenn man in Betracht zieht, daß die Lage der Abscissenlinie, auf welche die Entfernung PT fällt, willkührlich ist, und man folglich m immer so nehmen könne, daß der Bogen QN, 1Q sei, in welchem Falle die Ordinate PM mit dem Radius-Vector AM zusammenfällt, $\cos(t-m)=0$, $\sin(t-m)=1$ wird, und PT sich in $AT' = -\frac{u^2 dt}{du}$ verwandelt.

Wendet man diese Formel auf die Gleichung $u = at^n$ an, so findet sich

$$AT'' = -\frac{u^2}{nat^{n-1}} = -\frac{a}{n} t^{n+1}.$$

In Conon's Spirallinie hat man $n=1$ und $a = \frac{1}{2\pi}$; daraus ergiebt sich $AT' = -\frac{t^2}{2\pi}$. Man sieht aus diesem Ausdrucke, daß für $t = 2\pi$, oder nach einer Umwälzung des beschreibenden Halbmessers, die Subtangente dem rectificirten Umfange gleich ist. Man findet eine viermal so große Subtangente am Ende zweier Umwälzungen u. s. f., wie es Archimedes bemerkt hat.

Ist $n = -1$, welches bei der hyperbolischen Spirallinie der Fall ist, so hat man $AT' = a$, d. h. die Subtangente dieser Curve ist beständig.

Ich halte mich nicht bei der Untersuchung der

Subnormale und Normale auf, weil man sie leicht erhalten kann, wenn die Subtangente bekannt ist. Ich bemerke blos, daß $\frac{AT'}{AM} = \frac{udt}{du}$ die Tangente des Winkels ausdrückt, welchen die gerade Linie T'M, welche die Curve im Puncte M berührt, mit dem Radius=Vector AM macht, und daß man

$$T'M = \sqrt{\overline{AM}^2 + \overline{AT'}^2} = u\sqrt{1 + \frac{u^2dt^2}{du^2}}$$ erhält.

§. 110. Wenn man in das Differential des Bogens AM, welches $dz = \sqrt{dx^2 + dy^2}$ ist (§. 75.), statt dx und dy ihre Werthe für Polar=Coordinaten substituirt, so hat man $dz = \sqrt{du^2 + u^2dt^2}$, wie man es unmittelbar daraus schließen würde, daß Fig. 31. man das krummlinige Dreieck MM'Q Fig. 31. als geradlinig und rechtwinkelig betrachtete, von welcher Gestalt es um so weniger abweicht, je näher die Puncte M und M' gebracht sind.

§. 111. Das Differential der Fläche ADM, in Beziehung auf die Polar=Coordinaten genommen, ist nicht ein Trapezium, wie in dem Falle der parallelen Ordinaten, sondern ein Ausschnitt AMM'. Geht man zu den Grenzen über, so wird der Verhältnißname dieses Ausschnittes und des Differentials NN' einerlei sein mit der Grenze der Verhältnißnamen, welche die Ausschnitte AMQ, AM'R, zwischen welchen jener sich begriffen befindet, und welche zur Gleichheit streben, mit demselben Differential NN' haben. Daraus läßt sich schließen, daß, wenn die Fläche ADM durch s vorgestellt wird, man $\frac{ds}{dt} = \frac{AM \times MQ}{2NN'} = \frac{u^2}{2}$ oder $ds = \frac{u^2dt}{2}$ haben müsse.

Man trifft oft den Ausdruck des Abschnittes ds für rechtwinklige Coordinaten an, und es ist sonach nützlich, ihn anzumerken. Er läßt sich aus dem vorhergehenden ableiten, wenn man für dt und für u^2 ihre in §. 108. gefundenen Werthe setzt; es kommt alsdann $ds = \frac{xdy - ydx}{2}$.

§. 112. Ich gehe zur Untersuchung des Krümmungshalbmessers über. Hier muß man beachten, daß die Formel $-\frac{(dx^2 + dy^2)^{\frac{3}{2}}}{dx d^2 y}$ (§. 94.) voraussetzt, der Zuwachs dx bleibe in allen an der Function y vorgenommenen Differentiirungen beständig, und daß, da die Polar-Coordinaten t und u Functionen von x und y sind, sie auf eine eingewickelte (implicite) Weise Functionen von x sind, und sich folglich eben so, wie ihre Differentialen ändern, wenn diese letztere Größe Aenderung erleidet. Man muß daher die beiden Gleichungen

$dx = du \cos(t - m) - u dt \sin(t - m)$,

$dy = du \sin(t - m) + u dt \cos(t - m)$ differentiiren, indem man darin zugleich dy, du, dt sich ändern läßt, und sie geben:

$$0 = d^2 u \cos(t - m) - 2 du dt \sin(t - m) - u d^2 t \sin(t - m) - u dt^2 \cos(t - m),$$

$$d^2 y = d^2 u \sin(t - m) + 2 du dt \cos(t - m) + u d^2 t \cos(t - m) - u dt^2 \sin(t = m).$$

Da die Lage der Linie AB Fig. 30. willkührlich ist, so kann man zur Vereinfachung dieser Ausdrücke annehmen, daß sie senkrecht auf AM (§. 109.) sei, und dem zufolge $t - m = 1^{\circ}$ machen; hieraus ergiebt sich Fig. 30.

$\sin(t - m) = 1$, $\cos(t - m) = 0$,

$dx = - u dt$, $dy = du$,

$0 = - 2 du dt - u d^2 t$, $d^2 y = d^2 u - u dt^2$,

$$\frac{(dx^2 + dy^2)^{\frac{3}{2}}}{dx d^2 y} = - \frac{(du^2 + u^2 dt^2)^{\frac{3}{2}}}{u dt(d^2 u - u dt^2)} = MF.$$

Wenn man die letzte Formel anwendet, so ist erforderlich, zu gleicher Zeit die beiden Differentialen du und dt der Polar-Coordinaten u und t sich verändern zu lassen, indem man das Differential d^2t der Bedingung der Gleichung $o = -2dudt - ud^2t$, welche eine Beziehung zwischen d^2t und $dudt$ festsetzt, unterwirft, d. h. man muß in den Ausdruck von d^2u statt d^2t seinen aus der obigen Gleichung gezogenen Werth substituiren.

§. 113. Statt die Ausdrücke der Coordinaten α und β der Abgewickelten zu berechnen (§. 94.), pflegt man beim Gebrauch der Polar-Coordinaten die Lage des Mittelpunctes des Schmiegungskreises durch die Lage der Normale und durch den Abstand ME, welcher zwischen dem Puncte M und dem Standpuncte der von dem Mittelpuncte F des Schmiegungskreises auf die gerade AM gefällten senkrechten Linie EF begriffen ist, zu bestimmen, welches zuweilen der Construction des Krümmungshalbmessers Zierlichkeit giebt.

Wird die Linie AM für die Axe der Coordinaten y genommen, so stellt der Theil AE die Ordinate β der Abgewickelten vor; und folglich ist

$$ME = AM - AE = y - \beta = -\frac{dx^2 + dy^2}{d^2y};$$

mithin $$ME = -\frac{(du^2 + u^2dt^2)}{d^2u - udt^2}.$$

§. 114. Um eine Anwendung von den vorhergehenden Formeln zu machen, nehme ich die logarithmische Spirallinie, deren Gleichung $t = lu$ ist. Diese differentiirt, kommt (§. 27.)

$$dt = M\frac{du}{u} \text{ oder } \frac{udt}{du} = M,$$

welches zeigt (§. 109.), daß in allen Puncten dieser Curve die Tangente mit dem Radius-Vector denselben Winkel macht.

Eine zweite Differentiirung, an der Gleichung $udt - Mdu = o$ verrichtet, in welcher dt und du zu gleicher Zeit sich andern, giebt

$$ud^2t + dudt - Md^2u = o.$$

Setzt man für ud^2t seinen Werth $-2dudt$ (§. 112.), so kommt $-dudt-Md^2u=0$; und in die Ausdrücke von MF und ME diesen Werth von d^2u, dann den Werth von dt durch du substituirt, so hat man

$$MF=\frac{u\sqrt{1+M^2}}{M},\ ME=u=AM$$

Es folgt hieraus, daß die auf den Radius-Vector AM senkrecht gezogene gerade Linie AF Fig. 32. die Normale MF im Mittelpuncte des Schmiegungskreises oder bei dem entsprechenden Pucnte der Abgewickelten FZ treffen werde. Fig. 32.

Diese Abgewickelte ist eine der vorgegebenen ähnliche Spirallinie; denn der Winkel AFM, als dem TMA gleich, ist für alle Puncte der Curve FZ, wie für alle Puncte der Curve AX derselbe.

Von der Verwandlung der unabhängigen veränderlichen Größe, oder wie sich das Differential, welches man für beständig genommen hat, in ein anderes, welches es nicht mehr ist, verwandeln lasse.

§. 115. Bei der Untersuchung des Krümmungshalbmessers für die Polar-Coordinaten habe ich die veränderliche Größe u und t als solche betrachtet, die auf eine eingewickelte (implicite) Weise Functionen von x sind, und dem zufolge die beiden Differentialen du und dt zu gleicher Zeit sich ändern lassen. Indeß da man die Gleichung der vorgegebenen zwischen den Polar-Coordinaten u und t unabhängig von den rechtwinkligen Coordinaten x und y betrachten kann, so kann man auch u als eine Function von t betrachten, und dt für einen beständigen Zuwachs dieser letzten veränderlichen Größe, welche alsdann von jeder andern unabhängig ist, nehmen. Unter diesem Gesichtspuncte muß man $d^2 t = 0$ nehmen; es sind aber die Formeln der §§. 112 und 113 vorläufig zu verwandeln, in denen man immer annahm, daß x die unabhängige veränderliche Größe und dx beständig sei.

Ich bemerke zuvörderst, daß, t und u für Functionen der veränderlichen Größe x genommen, man $dt = p\,dx$, $du = q\,dx$ und folglich $\frac{du}{dt} = \frac{q}{p}$ habe.

Differentiirt man in derselben Voraussetzung, wo man dt und du als eingewickelte (implicite) Functionen von x und dx betrachtet, jedes Glied dieser Gleichung, so kommt

$$d\left(\frac{du}{dt}\right) = \frac{p\,dq - q\,dp}{p^2} = \frac{\frac{dt}{dx}\frac{d^2u}{dx} - \frac{du}{dx}\frac{d^2t}{dx}}{\left(\frac{dt}{dx}\right)^2},$$

welches auf $d\left(\frac{du}{dt}\right) = \frac{dt\,d^2u - du\,d^2t}{dt^2}$ zurückkommt, so wie es sich aus der unmittelbaren Differentiirung des Bruches $\frac{du}{dt}$ ergeben würde (§. 12). In dieser Voraussetzung ist der Differential-Coefficient des Bruches $\frac{du}{dt}$ die Grenze des Verhältnißnamens von $d.\frac{du}{dt}$ zu dt nicht mehr durch $\frac{d^2u}{dt^2}$ ausgedrückt, wo man nämlich t als unabhängige veränderliche Größe nimmt, sondern durch

$$\frac{1}{dt} d\left(\frac{du}{dt}\right) = \frac{dt\,d^2u - du\,d^2t}{dt^3}.$$

Wenn man daher $\frac{du}{dt} = m$, $\frac{dm}{dt} = n$ macht, m und n als eingewickelte Functionen von t betrachtet, so hat man $n = \frac{dtd^2u - dud^2t}{dt^3}$; und vermittelst der Gleichung $0 = 2dudt + ud^2t$ aus §. 112. kommt $d^2t = -\frac{2dudt}{u}$ und $n = \frac{ud^2u + 2du^2}{udt^2}$.

Nunmehr folgt aus der Natur der Differential-Rechnung selbst, daß alle Ausdrücke, welche diese Rechnung liefert, von den Werthen der Zuwachse unabhängig sein, und sich mithin in andere umgestalten müssen, welche nur noch die bestimmten Functionen m, n, etc. enthalten. So hat man nämlich aus dem Vorhergehenden $du = mdt$, $d^2u = \frac{nudt^2 - 2du^2}{u} = \frac{(nu - 2m^2)dt^2}{u}$. Dies in die Ausdrücke von MF und ME substituirt, so erhält man

$$MF = \frac{(m^2 + u^2)^{\frac{3}{2}}}{2m^2 - nu + u^2},$$

$$ME = \frac{u(m^2 + u^2)}{2m^2 - nu + u^2},$$

welche Formeln, von den Zuwachsen befreit, nur noch die Functionen m und n, welches die Grenzen ihrer Verhältnißnamen sind, enthalten; wenn man aber t zur unabhängigen veränderlichen Größe nimmt, so werden die Functionen m und n durch $\frac{du}{dt}$ und $\frac{d^2u}{dt^2}$ vorgestellt; und man hat dem zufolge

$$MF = \frac{(du^2 + u^2dt^2)^{\frac{3}{2}}}{2du^2dt - udtd^2u + u^2dt^3},$$

$$ME = \frac{u(du^2 + u^2dt^2)}{2du^2 - ud^2u + u^2dt^2},$$

in welchen Formeln u unmittelbar als eine Function von t angenommen ist. Um sie also anzuwenden, muß man bei der Differentiirung in u und t der vorgegebenen Gleichung dt beständig machen.

§. 116. Es ist oft nützlich, das Umgekehrte des Vorigen zu thun, d. h. einen Differential-Ausdruck, so genommen, daß y als eine Function von x betrachtet wird, in einen andern umzuformen, wo x und y alle beide als Functionen irgend einer dritten veränderlichen Größe z, welche man unabhängig annimmt, angesehen werden.

Der Coefficient $p = \frac{dy}{dx}$ kommt alsdann auf

$p = \frac{\frac{dy}{dz}}{\frac{dx}{dz}}$ zurück. Es sind daher auch dy und dx als Functionen von z zu betrachten, und dem zufolge zu differentiiren, welches

$dp = d\left(\frac{dy}{dx}\right) = \frac{dxd^2y - dyd^2x}{dx^2}$ giebt. Wird darauf $dp = qdx$ gemacht, so findet man

$$q = \frac{1}{dx} d\left(\frac{dy}{dx}\right) = \frac{dx\,d^2y - dy\,d^2x}{dx^3}.$$

Auf diese Weise fortfahrend, erhält man

$$dq = d\left[\frac{1}{dx} d\left(\frac{dy}{dx}\right)\right] = d\left(\frac{dx\,d^2y - dy\,d^2x}{dx^3}\right)$$

$$= \frac{dx^2\,d^3y - 3\,dx\,d^2x\,d^2y + 3\,dy\,d^2x^2 - dx\,dy\,d^3x}{dx^4},$$

und $dq = rdx$ gesetzt,

$$r = \frac{dx^2\,d^3y - 3\,dx\,d^2x\,d^2y + 3\,dy\,d^2x^2 - dx\,dy\,d^3x}{dx^5}.$$

So lassen sich also die Größen p, q, r, u. s. w. welche eingewickelte Functionen von x sind, vermittelst dx, dy, d^2x, etc., als Functionen von z betrachtet, ausdrücken, und werden diese Werthe in irgend eine beliebige und dahin, daß sie blos Differential-Coefficienten enthalten, gebrachte Formel substituirt,

stituirt, so wird diese unter dem aufgestellten allgemeinen Gesichtspunct umgeformt worden.

Der Ausdruck des Krümmungshalbmessers, z. B.

$$y = -\frac{(dx^2+dy^2)^{\frac{3}{2}}}{dx\,d^2y},$$ zuvörderst unter die Form

$$y = -\frac{\left(1+\frac{dy^2}{dx^2}\right)^{\frac{3}{2}}}{\frac{d^2y}{dx^2}} = -\frac{(1+p^2)^{\frac{3}{2}}}{q}$$ gebracht, wird

$$y = -\frac{(dx^2+dy^2)^{\frac{3}{2}}}{dx\,d^2y - dy\,d^2x}.$$

§. 117. Die Ausdrücke von q, r, etc. sind unbestimmt, so lange als man keine Beziehung zwischen den veränderlichen Größen x, y und z angiebt; aber eine solche vorhandene Beziehung macht, daß eine Abhängigkeit zwischen d^2x und d^2y obwalte, da dz, weil z auch als eine Function von x und y betrachtet werden kann, gleichfalls eine Function dieser veränderlichen Größen und ihrer Differentialen ist, und die Annahme von dz als beständig die Gleichung $d^2z = 0$ mit sich bringt.

Es ist selbst nicht nothwendig, um diese letztere zu erhalten, die ursprüngliche Beziehung zwischen x, y und der veränderlichen Größe z, welche man als unabhängig betrachten will, zu kennen; es reicht hin, den Ausdruck von dz zu haben.

Wenn man z. B. zu dieser veränderlichen Größe die Bogen der vorgegebenen Curve nähme, so hätte man alsdann (§. 75.) $dz = \sqrt{dx^2+dy^2}$; und dx und dy als Functionen von z differentiirt, so käme $dx\,d^2x + dy\,d^2y = 0$. Schaffte man vermittelst dieser Gleichung und ihrer Differentialen d^2x, d^3x, etc. aus den Ausdrücken von q, r, etc. fort, so hätte man die Formeln, welche die Differential-Coefficienten annehmen, wenn man x und y zufolge der Aenderungen des Bogens, sich ändern läßt, oder diesen Bogen als die unabhängige veränderliche Größe betrachtet, oder endlich sein Differential als beständig annimmt.

Die geometrischen Betrachtungen entsprechen sehr einleuchtend diesem Umstande; denn es ist sichtbar,
Fig. 2. daß, um das Polygon MM'M'' etc. Fig. 2., welches man in irgend eine Curve CM zu beschreiben sich vornimmt, näher zu bestimmen, man ein Gesetz in der Aufeinanderfolge der Winkel dieses Polygons angeben müsse. Ich habe anfangs die Differenzen der Abscissen PP', P'P'', etc. unter sich gleich genommen; man kann an die Stelle dieses Gesetzes jedes andere setzen, z. B. annehmen, daß die Seiten MM', M'M'', etc. gleich sein sollen.

Man kann auch nach Belieben $dz = dx$ oder $dz = dy$ annehmen, woraus $d^2x = 0$ oder $d^2y = 0$ sich ergiebt; und vermittelst dieser Voraussetzungen nimmt man wechselsweise x oder y zur unabhängigen veränderlichen Größe, d. h. man betrachtet y als Function von x oder x als Function von y. In dem ersten Falle ist $q = \frac{d^2y}{dx^2}$, und im zweiten

$$q = -\frac{dy\,d^2x}{dx^3}.$$

Setzt man diesen letzten Werth in den Ausdruck

$\gamma = -\frac{(1+p^2)^{\frac{3}{2}}}{q}$, so verwandelt man ihn unmittelbar in den, welcher für den Fall gehört, wo man x als eine Function von y betrachtet, und welcher $\gamma = \frac{(dx^2+dy)^{\frac{3}{2}}}{dy\,d^2x}$ ist.

Alles Vorige geht nur auf die Zeichen, und ist endlich nichts als eine besondere Art, die Differential-Coefficienten zu schreiben. Denn das y wegen der Veränderung, welche x beliebig erleidet oder wegen der Veränderung, die eine andere veränderliche Größe z, von welcher x abhängt, erleidet, sich ändert, alles dieses läuft in Betreff der Grenzen, welche von den Werthen der Zuwachse unabhängig sind, auf eins und dasselbe hinaus. Auch wenn man eine Gleichung zwischen x und y differentiirt, indem man sowohl dx als dy sich ändern läßt, kann man darauf die Resultate in Differential-Coefficienten vermittelst der Formeln des 116. §s umformen, wie man es beim Differentiiren nach dem Verfahren des 115. §s thun würde; auf die eine oder die andere Art gelangt man zu einem und demselben Resultate. Die nach der erstern erhaltenen Formeln sind gewissermaßen zierlicher, weil die beiden veränderlichen Größen darin symmetrisch (ebenmäßig) behandelt werden. Man findet über diesen Gegenstand, in dem ersten Capitel des Lehrbegriffs der Differential- und Integral-Rechnung, ziemlich wichtige und umständliche Erörterungen, welche noch von niemanden, sovlel ich weiß, vor der Herausgabe dieses Werks gegeben worden sind.

§. 118. Nach dem so eben gesehenen läßt sich immer das System zweier, drei veränderliche Größen enthaltenden Gleichungen, aus welchem sich ergiebt, daß irgend zwei dieser veränderlichen Größen bestimmte Functionen der dritten sind, differentiiren. Wenn U = o und V = o zwei Gleichungen zwischen x, y und z bezeichnen, so nehme man ihre auf einander folgenden Differentialen, so daß man zu gleicher Zeit die der zwei unbestimmten Größen, welche man als Functionen der dritten betrachtet, sich ändern lasse.

Wenn man drei Gleichungen U = o, V = o und W = o zwischen vier veränderliche Größen, t, x, y, z hätte, so würden drei dieser veränderlichen Größen, als durch die vierte nothwendig bestimmt, Functionen von dieser letztern, und ihre Differentialen müßten sich ändern.

Ueberhaupt, eine Anzahl m Gleichungen zwischen $m+1$ veränderlichen Größen, m dieser veränderlichen vermittelst der übrigbleibenden bestimmend, ist nur, als Functionen dieser veränderlichen Größe enthaltend, zu betrachten; man muß daher in den auf einander folgenden Differentiirungen dieser Gleichungen die Differentialen der unbestimmten Größen, welche Functionen derjenigen veränderlichen Größe vorstellen, die man als unabhängig betrachtet und deren Differential man als beständig nimmt, sich ändern lassen.

§. 119. Wenn man Gleichungen von dieser Beschaffenheit hat, so kann man daraus immer ein einziges Resultat zwischen irgend zwei der veränderlichen Größen durch ein Verfahren herleiten, welches ich sogleich an zwei Gleichungen mit drei veränderlichen Größen auseinandersetzen werde, und welches man nachher leicht, so weit als man nur will, wird ausdehnen können.

Es seien $U=0$, $V=0$ diese Gleichungen, die eine von der Ordnung m und die andere von der Ordnung n zwischen den veränderlichen Größen x, y, t und ihren Differentialen, und man wolle aus ihnen t eliminiren; die erste kann außer der veränderlichen Größe t die Differentialen dt, d^2t, ... d^mt, und die zweite dt, d^2t, ... d^nt enthalten. Da man weder die ursprünglichen Gleichungen, noch alle Differentialen von niedern Ordnungen, als die der vorgegebenen Gleichungen hat, so muß man sich nothwendig neue Gleichungen verschaffen, um die unbekannten Größen dt, d^2t, etc. hinauszubringen, und dies geschieht dadurch, daß man n mal die Gleichung $U=0$, und m mal die Gleichung $V=0$ differentiirt. Man erhält hierdurch $n+m$ neue Gleichungen, und hat im Ganzen eine Anzahl $m+n+2$, die beiden vorgegebenen Gleichungen mit eingerechnet. Da die zu eliminirenden unbekannten Größen, nämlich t, dt, d^2t, ... d^mt, ... $d^{m+n}t$ an der

Zahl $m+n+1$ sind, so bleibt daher eine Endgleichung in x, y und ihren Differentialen übrig.

Wäre dt beständig, so möchte es scheinen, daß man durch ein blos einmaliges Differentiiren der einen der vorgegebenen Gleichungen t und dt würde eliminiren können, indem man alsdann drei Gleichungen hätte; allein man muß bedenken, daß die Differentialen d^2x, d^2y auf eine eingewickelte (implicite) Weise t enthalten, da man alsdann x und y als Functionen dieser veränderlichen Größe betrachtet hat (§. 118). Man muß daher das Differential der einen der veränderlichen Größe, welche man beibehalten will, als beständig annehmen.

Von der Differentiirung der Functionen von zwei oder mehreren veränderlichen Größen.

§. 120. Wenn man nur eine einzige Gleichung zwischen drei veränderlichen Größen hat, so muß man zuvörderst die Werthe von irgend zwei dieser veränderlichen Größen willkührlich festsetzen, um die dritte zu bestimmen, welche auch eine Function von den beiden ersten ist. Wenn man z. B. die Gleichung $x^2+y^2+z^2=a^2$ hat, so kann man z nicht erhalten, ohne vorläufig dem x und y Werthe beigelegt zu haben; es verdient aber bemerkt zu werden, daß, da die Größen x und y unter sich durch keine Beziehung verknüpft sind, die zweite dieselbe bleiben kann, obgleich die erste sich verändert hat, und so umgekehrt.

Hieraus folgt, daß der Werth von z sich auf mehrerlei Weise ändern kann; 1) zufolge einer dem x oder y allein widerfahrenden Veränderung; 2) durch das Zusammentreffen dieser beiden Umstände. Da in dem ersten Falle die Größe y oder die Größe x als beständig betrachtet wird, so kommt die vorgegebene Gleichung im Grunde auf eine Gleichung mit zwei veränderlichen Größen zurück; sonach, wenn x sich allein verändert, hat man

$$xdx + zdz = 0, \text{ oder } x + z\frac{dz}{dy} = 0;$$

und ist es y, so kommt

$$ydy + zdz = 0, \text{ oder } y + z\frac{dz}{dy} = 0.$$

Man hat daher nach einander $dz = -\frac{xdx}{z}$, $dz = -\frac{ydy}{z}$; man muß aber dabei beachten, daß das erste dieser Differentialen auf die besondere Veränderlichkeit von x, und das zweite auf die von y bezogen ist. Dies pflegt man so auszudrücken: das eine ist das theilhafte (partiale) Differential in Beziehung auf x, und das andere das theilhafte Differential in Beziehung auf y.

Der Sinn der Frage reicht hin, die Verwechselung derselben zu verhindern, und man unterscheidet sie überdies genugsam, indem man auf das Differential der sie behaftenden unabhängigen veränderlichen Größe Acht hat.

Die analogen Differential-Coefficienten sind $\frac{dz}{dx} = -\frac{x}{z}$, $\frac{dz}{dy} = -\frac{y}{z}$.

Im Allgemeinen ist von einer Function mehrerer veränderlichen Größen die Rede, so hat man sich wohl zu erinnern, daß in $\frac{dz}{dx}$, dz das theilhafte Differential von z in Beziehung auf x, dahingegen in $\frac{dz}{dx}$, dz das theilhafte Differential in Beziehung auf y ist.

§. 121. Wenn f (x, y) irgend eine Function von x und y vorstellt, und man nimmt zuvörderst an, daß die veränderliche Größe x sich blos allein ändere und x + h werde, so muß man y als eine beständige Größe betrachten, und die vorgegebene Function eben so als eine Function von x behandeln; man erhält demnach aus dem Lehrsatze des 21. §s, der Kürze wegen f (x, y) = u gemacht;

$$f(x+h, y) = u + \frac{du}{dx}\frac{h}{1} + \frac{d^2u}{dx^2}\frac{h^2}{1.2} + \frac{d^3u}{dx^3}\frac{h^3}{1.2.3} + \text{etc.}$$

Um zu finden, was die vorgegebene Function wird, wenn y allein einen Zuwachs k erhält, so betrachte man x als eine beständige Größe, und f (x, y) oder u als eine Function von y; dadurch erhält man

$$f(x, y+k) = u + \frac{du}{dy}\frac{k}{1} + \frac{d^2u}{dy^2}\frac{k^2}{1.2} + \frac{d^3u}{dy^3}\frac{k^3}{1.2.3} + \text{etc.}$$

In dem Falle, wo die Größen x und y zu gleicher Zeit sich ändern, und x + h und y + k werden, ist es nicht möglich, da man keine besondere Form für die Function f (x, y) angegeben hat, darin mit einmal die zwei angezeigten Substitutionen zu machen; aber man wird leicht inne werden, daß man zu demselben Resultate gelange, wenn man anfangs x in x + h verwandelt, und hernach y + k für y in die durch die erste Operation erhaltene Entwickelung setzt.

Man hat bereits.

$$f(x+h, y) = u + \frac{du}{dx}\frac{h}{1} + \frac{d^2u}{dx^2}\frac{h^2}{1.2} + \frac{d^3u}{dx^3}\frac{h^3}{1.2.3} + \text{etc.},$$

wo u für f (x, y) steht. Um die Coefficienten der verschiedenen Glieder dieser Reihe in Rücksicht auf die Veränderung von y zu entwickeln, bemerke ich zuvörderst, daß in jedem derselben x als eine beständige Größe zu betrachten ist, und man sie folglich als Functionen von der einzigen veränderlichen Größe y zu behandeln habe. Hiernach wird f(x, y) oder u

$$u + \frac{du}{dy}\frac{k}{1} + \frac{d^2u}{dy^2}\frac{k^2}{1.2} + \frac{d^3u}{dy^3}\frac{k^3}{1.2.3} + \text{etc.}$$

Wenn man in dieser Entwickelung $\frac{du}{dx}$ statt u schreibt, so erhält man zum Resultat, was die Function $\frac{du}{dx}$ wird, wenn sich y in y + k verwandelt, d. h.

$$\frac{du}{dx} + \frac{d\left(\frac{du}{dx}\right)}{dy}\frac{k}{1} + \frac{d^2\left(\frac{du}{dx}\right)}{dy^2}\frac{k^2}{1.2} + \frac{d^3\left(\frac{du}{dx}\right)}{dy^3}\frac{k^3}{1.2.3} + \text{etc.}$$

Da aber, von der Function u ausgehend, der Ausdruck $\frac{d\left(\frac{du}{dx}\right)}{dy}$ zwei auf einander folgende Differentiirungen anzeigt, die erste in Rücksicht auf die Veränderlichkeit von x allein, und die zweite, nur in Betracht von y als veränderlich, verrichtet, so giebt man diesem Ausdrucke eine einfachere Form, wenn man ihn so schreibt: $\frac{d^2u}{dy\,dx}$. Man stellt eben so $\frac{d^2\left(\frac{du}{dx}\right)}{dy^2}$ durch $\frac{d^3u}{dy^2dx}$ vor; und im Allgemeinen muß man unter $\frac{d^{n+m}u}{dy^n dx^m}$ den Differential-Coefficienten von der Ordnung n in Beziehung auf die Function $\frac{d^m u}{dx^m}$, nur allein y darin als veränderlich angenommen, verstehen, während daß diese Function selbst der Differential-Coefficient der Ordnung m von der vorgegebenen Function ist, x nur allein als veränderlich darin angenommen. Dies gesetzt, so verwandelt die Substitution von y + k statt y

$$\frac{du}{dx} \text{ in } \frac{du}{dx} + \frac{d^2u}{dydx}\frac{k}{1} + \frac{d^3u}{dy^2dx}\frac{k^2}{1.2} + \frac{d^4u}{dy^3dx}\frac{k^3}{1.2.3} + \text{etc.}$$

$$\frac{d^2u}{dx^2} \text{ in } \frac{d^2u}{dx^2} + \frac{d^3u}{dydx^2}\frac{k}{1} + \frac{d^4u}{dy^2dx^2}\frac{k^2}{1.2} + \frac{d^5u}{dy^3dx^2}\frac{k^3}{1.2.3} + \text{etc.}$$

$$\frac{d^3u}{dx^3} \text{ in } \frac{d^3u}{dx^3} + \frac{d^4u}{dydx^3}\frac{k}{1} + \frac{d^5u}{dy^2dx^3}\frac{k^2}{1.2} + \frac{d^6u}{dy^3dx^3}\frac{k^3}{1.2.3} + \text{etc.}$$

etc.

Substituirt man diese Werthe in die Entwickelung von f(x + h, y), und ordnet so, daß alle Glieder, in welchen die Exponenten von h und k ein und dieselbe Summe ausmachen, auch senkrecht unter einander zu stehen kommen, so wird

$$\left.\begin{aligned} f(x+h,y+k) = u &+ \frac{du}{dy}\frac{k}{1} + \frac{d^2u}{d^2y}\frac{k^2}{1.2} + \frac{d^3u}{dy^3}\frac{k^3}{1.2.3} + \text{etc.}\\ &+ \frac{du}{dx}\frac{h}{1} + \frac{d^2u}{dydx}\frac{k}{1}\frac{h}{1} + \frac{d^3u}{dy^2dx}\frac{k^2}{1.2}\frac{h}{1} + \text{etc.}\\ &+ \frac{d^2u}{dx^2}\frac{h^2}{1.2} + \frac{d^3u}{dydx^2}\frac{k}{1}\frac{h^2}{1.2} + \text{etc.}\\ &+ \frac{d^3u}{dx^3}\frac{h^3}{1.2.3} + \text{etc.}\\ &+ \text{etc.} \end{aligned}\right\}$$

Man hat die vorhergehende Entwickelung dadurch erhalten, daß man zuerst x + h statt x und nachher y + k statt y setzte; man hätte aber auch in einer umgekehrten Ordnung verfahren, und mit der Substitution in Beziehung auf y anfangen können; f x, y) wäre alsdann f (x, y + k) oder

$$u + \frac{du}{dy}\frac{k}{1} + \frac{d^2u}{dy^2}\frac{k^2}{1.2} + \frac{d^3u}{dy^3}\frac{k^3}{1.2.3} + \text{etc. geworden.}$$

Die Substitution von x + h statt x in diese Reihe hätte u in

$$u + \frac{du}{dx}\frac{h}{1} + \frac{d^2u}{dx^2}\frac{h^2}{1.2} + \frac{d^3u}{dx^3}\frac{h^3}{1.2.3} + \text{etc.}$$

und hierauf

$$\frac{du}{dy} \text{ in } \frac{du}{dy} + \frac{d^2u}{dxdy}\frac{h}{1} + \frac{d^3u}{dx^2dy}\frac{h^2}{1.2} + \frac{d^4u}{dx^3dy}\frac{h^3}{1.2.3} + \text{etc.}$$

$$\frac{d^2u}{dy^2} \text{ in } \frac{d^2u}{dy^2} + \frac{d^3u}{dxdy^2}\frac{h}{1} + \frac{d^4u}{dx^2dy^2}\frac{h^2}{1.2} + \frac{d^5u}{dx^3dy^2}\frac{h^3}{1.2.3} + \text{etc}$$

$$\frac{d^3u}{dy^3} \text{ in } \frac{d^3u}{dy^3} + \frac{d^4u}{dxdy^3}\frac{h}{1} + \frac{d^5u}{dx^2dy^3}\frac{h^2}{1.2} + \frac{d^6u}{dx^3dy^3}\frac{h^3}{1.2.3} + \text{etc.}$$

verwandelt; man bekäme folglich

$$\left.\begin{aligned} f(x+h, y+k) = u &+ \frac{du}{dx}\frac{h}{1} + \frac{d^2u}{dx^2}\frac{h^2}{1.2} + \frac{d^3u}{dx^3}\frac{h^3}{1.2.3} + \text{etc.} \\ &+ \frac{du}{dy}\frac{k}{1} + \frac{d^2u}{dxdy}\frac{h}{1}\frac{k}{1} + \frac{d^3u}{dx^2dy}\frac{h^2}{1.2}\frac{k}{1} + \text{etc.} \\ &+ \frac{d^2u}{dy^2}\frac{k^2}{1.2} + \frac{d^3u}{dxdy^2}\frac{h}{1}\frac{k^2}{1.2} + \text{etc.} \\ &+ \frac{d^3u}{dy^3}\frac{k^3}{1.2.3} + \text{etc.} \\ &+ \text{etc.} \end{aligned}\right\}$$

Es ist einleuchtend, daß diese zweite Entwickelung mit der ersten identisch sein müsse; denn es ist einerlei, ob man erst x in x + h und dann y in y + k verwandelt, oder ob man dieselbe Substitution in einer umgekehrten Ordnung verrichtet, da man sowohl auf die eine als die andere Weise f(x + h, y + k) erhält.

Werden in diesen beiden Entwickelungen die mit denselben Potenzen von h und k behafteten Glieder verglichen, so findet man folgende Gleichungen:

$$\frac{d^2u}{dydx} = \frac{d^2u}{dxdy},$$

$$\frac{d^3u}{dydx^2} = \frac{d^3u}{dx^2dy},$$

$$\frac{d^3u}{dy^2dx} = \frac{d^3u}{dxdy^2},$$

. . . .

$$\frac{d^{n+m}u}{dy^n dx^m} = \frac{d^{m+n}u}{dx^m dy^n},$$

etc. etc.

Aus der ersten geht hervor, daß der Differential-Coefficient der zweiten Ordnung von einer Function zweier veränderlichen Größen, so genommen, daß man zuerst in Beziehung der einen der letztern und dann in Beziehung der andern differentiirt, derselbe bleibt, welche Ordnung man auch bei den Differentiirungen befolgt haben mag.

Es sei z. B. $u = x^m y^n$. Sieht man zuerst x allein als veränderlich an und differentiirt, so hat man $\frac{du}{dx} = mx^{m-1}y^n$; differentiirt man hierauf dieses Resultat, indem man nur y sich ändern läßt, so erhält man $\frac{d^2u}{dydx} = mnx^{m-1}y^{n-1}$. Verfährt man in umgekehrter Ordnung, so findet man

$$\frac{du}{dy} = nx^m y^{n-1} \text{ und } \frac{d^2u}{dxdy} = mnx^{m-1}y^{n-1};$$

und man sieht, daß das letzte Resultat in beiden Fällen dasselbe ist. Die übrigen oben beigebrachten Gleichungen sind nur Folgerungen aus der ersten.

Zieht man f (x, y) oder u von f (x + h, y + k) ab, so findet man

$$f(x+h, y+k) - f(x,y) = \left\{ \begin{array}{l} \frac{du}{dx}\frac{h}{1} + \frac{d^2u}{dx^2}\frac{h^2}{1.2} + \text{etc.} \\ + \frac{du}{dy}\frac{k}{1} + \frac{d^2u}{dydx}\frac{k}{1}\frac{h}{1} + \text{etc.} \\ + \frac{d^2u}{dy^2}\frac{k^2}{1.2} + \text{etc.} \\ + \text{etc.} \end{array} \right.$$

Wenn man auf die Functionen zweier veränderlichen Größen die (§. 5.) von dem Differential einer Function gegebene Erklärung ausdehnt, so sieht man, daß das Differential von f (x, y) oder von u in den beiden Gliedern enthalten ist, welche die erste Columne der vorhergehenden Entwickelung bilden. Verwandelt man h in dx und k in dy, so hat man

$$df(x,y)=du=\frac{du}{dx}dx+\frac{du}{dy}dy.$$

Hieraus folgt, daß das gesammte Differential einer Function von zwei veränderlichen Größen zwei Theile begreift, nämlich: $\frac{du}{dx}dx$, oder das so genommene Differential, daß man x allein als veränderlich betrachtet; und $\frac{du}{dy}dy$, oder das Differential, welches für das als allein veränderlich betrachtete y genommen worden.

Man kann daher auf die Functionen zweier veränderlichen Größen die §. 10. u. f. f. gegebenen Regeln für die Differentiirungen der von einer einzigen veränderlichen Größe abhängenden anwenden, und zu dem Ende differentiire man die vorgegebene Function zuerst in Beziehung auf eine der veränderlichen Größen, und sodann in Beziehung auf die andere; die Summe der beiden Resultate wird das gesuchte gesammte Differential sein.

§. 124. In Betreff der Differentiirung der Functionen von zwei veränderlichen Größen viele Beispiele zu geben, halte ich nicht für nöthig, da sie sich in die Differentiirung der Functionen von nur einer veränderlichen auflöſt; ich beschränke mich daher auf folgende:

Man sieht alsbald nach obiger Regel, daß

$$d(x+y)=dx+dy,$$

$$d\,.\,xy=ydx+xdy,$$

$$d\,.\,\frac{x}{y}=\frac{dx}{y}-\frac{xdy}{y^2}=\frac{ydx-xdy}{y^2}.$$

Es sei ferner 1) $u=x^m y^n$, so hat man

$$\frac{du}{dx}dx=mx^{m-1}y^n\,dx,$$

$$\frac{du}{dy}dy=nx^m y^{n-1}\,dy;$$

mithin

$$du = m\,x^{m-1}\,y^n\,dx + n\,x^m\,y^{n-1}\,dy$$
$$= x^{m-1}\,y^{n-1}\,(m\,y\,dx + n\,x\,dy).$$

2) $u = \frac{ay}{\sqrt{x^2 + y^2}} = ay(x^2 + y^2)^{-\frac{1}{2}}$, so hat man

$$\frac{du}{dx}dx = -\frac{ayxdx}{(x^2+y^2)^{\frac{3}{2}}},$$

$$\frac{du}{dy}dy = \frac{ady}{(x^2+y^2)^{\frac{1}{2}}} - \frac{ay^2dy}{(x^2+y^2)^{\frac{3}{2}}};$$

mithin

$$du = -\frac{ayxdx}{(x^2+y^2)^{\frac{3}{2}}} + \frac{ady}{(x^2+y^2)^{\frac{1}{2}}} - \frac{ay^2dy}{(x^2+y^2)^{\frac{3}{2}}},$$

oder reducirt $du = \frac{-axydx + ax^2dy}{(x^2+y^2)^{\frac{3}{2}}}$;

3) $u = \text{Arc}\,(\text{tang} = \frac{x}{y})$, welcher Ausdruck einem Kreisbogen angehört, dessen Halbmesser 1 und dessen Tangente $\frac{x}{y}$ ist. Um denselben zu differentiiren, mache man $\frac{x}{y} = z$, und suche nach §. 35. das Differential des Bogens, dessen Tangente durch z ausgedrückt ist; so kommt zum Resultat $\frac{dz}{1+z^2}$; mithin hat man $du = \frac{dz}{1+z^2}$; und für z und dz ihren Werth gesetzt, findet mau

$$du = \frac{\frac{ydx - xdy}{y^2}}{1 + \frac{x^2}{y^2}} = \frac{ydx - xdy}{y^2 + x^2}.$$

§. 125. Die Art, wie man die Differentialen der von mehreren veränderlichen Größen abhängigen Functionen schreibt, giebt zu wichtigen Bemerkungen Anlaß. Man hat bereits (§. 120.) gesehen, daß man alsdann $\frac{du}{dx}dx$ nicht mit du verwechseln müsse, wie es sich thun ließe, wenn u nur die einzige veränderliche Größe x enthielte, weil der Ausdruck $\frac{du}{dx}$ in diesem Falle einen eigenthümlichen Sinn hat. Er bezeichnet den in der Voraussetzung von x allein als veränderlich genommenen Differential-Coefficienten, oder den Quotienten des ersten Gliedes von der Entwickelung des in dieser Voraussetzung genommenen Unterschiedes, durch den Zuwachs dx dividirt. Eben so verhält es sich mit $\frac{du}{dy}$.

Die Größen $\frac{du}{dx}$, $\frac{du}{dy}$ heißen gewöhnlich theilhafte (partiale) Differenzen der ersten Ordnung von der Function u; und allgemein stellt $\frac{d^{m+n}u}{dx^m\,dy^n}$ eine theilhafte Differenz von der Ordnung $m+n$ vor, so genommen, daß man m mal in Beziehung auf x, und n mal in Beziehung auf y differentiirt.

Ich glaube bemerken zu müssen, daß die Benennung theilhafte Differenz nicht genau ist; denn die Formeln, welche man so bezeichnet, drücken nicht die Differenz zwischen zwei Größen aus. Die wahren theilhaften Differenzen von u sind

$$f(x+h, y) - f(x, y),$$
$$f(x, y+k) - f(x, y),$$

die erste in Hinsicht auf die Veränderung von x allein, und die zweite unter der Voraussetzung der alleinigen Veränderlichkeit von y genommen. Die Ausdrücke

$$\frac{du}{dx}h,\ \frac{du}{dy}k, \text{ oder } \frac{du}{dx}dx,\ \frac{du}{dy}dy,$$

welche die ersten Glieder von den Entwickelungen dieser Differenzen sind, sollen theilhafte Differentialen heißen, und $\frac{du}{dx}$, $\frac{du}{dy}$ immer die Differential-Coefficienten der ersten Ordnung von der vorgegebenen Function bleiben; es ist aber zu bemerken, daß eine Function von einer einzigen veränderlichen Größe in jeder Ordnung nur einen Differential-Coefficienten hat (§. 17.); dahingegen eine Function von zwei veränderlichen Größen zwei Differential-Coefficienten für die erste Ordnung, drei für die zweite, vier für die dritte, u. s. w. hat.

Auf folgende Weise lassen sich diese verschiedenen Coefficienten, indem man von den beiden ersten ausgeht, finden.

Man hat zuerst $du = \frac{du}{dx}dx + \frac{du}{dy}dy$;
nimmt man hierauf das Differential der Functionen $\frac{du}{dx}$ und $\frac{du}{dy}$, welche als Functionen von zwei veränderlichen Größen zu behandeln sind, so kommt

$$d\frac{du}{dx} = \frac{d^2u}{dx^2}dx + \frac{d^2u}{dydx}dy,$$

$$d\frac{du}{dy} = \frac{d^2u}{dxdy}dx + \frac{d^2u}{dy^2}dy;$$

und weil das zweite Differential nichts anders, als das Differential von dem ersten Differential ist, so hat man $d^2 u = \frac{d^2u}{d^2x}dx^2 + 2\frac{d^2u}{dxdy}dxdy + \frac{d^2u}{dy^2}dy^2$, indem man dx und dy als beständige Größen betrachtet, und berücksichtigt, daß die Differential-Coefficienten, deren Nenner nur die verschiedenen Anordnungen eines und desselben Productes aus dx und dy darstellen, identisch sind (§. 122).

Wenn man die Differential-Coefficienten, welche sich in dem vorhergehenden Resultate befinden, differentiirt, so kommt

$$d.\frac{d^2u}{dx^2} = \frac{d^3u}{dx^3}dx + \frac{d^3u}{dy\,dx^2}dy,$$

$$d.\frac{d^2u}{dx\,dy} = \frac{d^3u}{dx^2\,dy}dx + \frac{d^3u}{dy\,dx\,dy}dy,$$

$$d.\frac{d^2u}{dy^2} = \frac{d^3u}{dx\,dy^2}dx + \frac{d^3u}{dy^3}dy,$$

und folglich

$$d^3u = \frac{d^3u}{dx^3}dx^3 + \frac{3d^3u}{dx^2dy}dx^2dy + \frac{3d^3u}{dxdy^2}dxdy^2 + \frac{d^3u}{dy^3}dy^3.$$

Man wird diese Bildung leicht fortsetzen, und ohne Zweifel die Aehnlichkeit (Analogie) dieser Resultate mit den Potenzen des Binominus wahrnehmen.

Es ist zu bemerken, daß nach der vorhergehenden Bezeichnung die Reihe von §. 123. in die von §. 22. übergeht, wenn man dx für h und dy für k substituirt; dergestalt daß, wenn man $f(x+dx, y+dy)$ mit u' bezeichnet, man wiederum

$u' - u = \frac{du}{1} + \frac{d^2u}{1.2} + \frac{d^3u}{1.2.3} +$ etc. hat, eine eben so allgemeine Formel, als die des 123. §s, weil die Zuwachse dx und dy gleich willkührlich sind.

§. 126. Es ist leicht, diese Betrachtungen auf die Functionen einer jeden beliebigen Anzahl von veränderlichen Größen auszudehnen und sich zu überzeugen, daß, wenn man $u = f(t, x, y, z)$ hat, daraus $du = \frac{du}{dt}dt + \frac{du}{dx}dx + \frac{du}{dy}dy + \frac{du}{dz}dz$ hervorgehen wird, indem man durch $\frac{du}{dt}$, $\frac{du}{dx}$, $\frac{du}{dy}$, $\frac{du}{dz}$ die Differential-Coefficienten der Function u bezeichnet, so genommen, daß man darin t, oder x, oder y, oder z sich allein ändern läßt.

Diese von Fontaine herrührende Bezeichnungsart ist die einfachste und ausdruckvollste von allen denen, welche man vorgeschlagen hat, um dieselben An-

Andeutungen zu gewähren. Aus Besorgniß, man möchte den Differential-Coefficienten $\frac{du}{dx}$ z. B. mit dem Verhältnißnamen des gesammten Differentials du zu dem Differential dx verwechseln, welcher mit

$$\frac{\frac{du}{dt}dt + \frac{du}{dx}dx + \frac{du}{dy}dy + \frac{du}{dz}dz}{dx}$$

gleichgeltend ist, bezeichnet Euler diesen Verhältnißnamen mit $\frac{du}{dx}$, da er hingegen den Differential-Coefficienten durch $\left(\frac{du}{dx}\right)$ ausdrückt. Der Sinn des Vortrags macht diese Unterscheidung fast immer überflüssig. Ueberdies war Fontaine auf den Fall, wo sie durchaus nothwendig wurde, bedacht gewesen, indem er den Verhältnißnamen so: $\frac{1}{dx}du$ zu schreiben vorschlug; und da er wahrnahm, daß dieser Verhältnißname weit seltner als der Differential-Coefficient angewendet werde, so hatte er diesen letzten mit dem einfachsten Zeichen versehen, welches der Theorie aller Nomenclaturen angemessen, und dem, was Euler gethan hat, gerade entgegen ist.

In Betracht, daß man niemals den Verhältnißnamen der Differentialen zweier Größen anwendet, ohne vorauszusetzen, zum wenigsten auf eine eingewickelte (implicite) Weise, daß die eine, eine Function der andern ist, und daß der Ausdruck

$$\frac{\frac{du}{dt}dt + \frac{du}{dx}dx + \frac{du}{dy}dy + \frac{du}{dz}}{dx} \text{ oder } \frac{1}{dx}du$$

nur sofern einen Sinn hat, als man die veränderlichen Größen t, y und z als von x auf eine eingewickelte Weise abhängig ansieht, habe ich vorgeschlagen, diesen Ausdruck so zu schreiben: $\frac{du,}{dx}$, die

Function in zwei Parenthesen inschließend, um anzudeuten, daß man darin nicht nur die auf eine ausgewickelte Weise mit x behafteten Glieder, sondern auch alle Größen, welche von jener auf eine eingewickelte Weise abhangen könnten, sich ändern ließ. Diese Bezeichnung hat, wie die von Fontaine, den Vortheil, daß das einfachste Zeichen dem am häufigsten vorkommenden Falle gewidmet wird.

§. 157. Es sei $u = o$, eine x, y und z in sich begreifende Gleichung, und man betrachte x und y als die beiden unabhängigen veränderlichen Größen, so ist z eine Function von beiden; und wenn x irgend einen Zuwachs bekommt, indem y als beständig gesetzt wird, so erleidet z eine Aenderung, welche der von x untergeordnet ist. In dieser Voraussetzung ist die Gleichung $u = o$ als eine Gleichung zwischen zwei veränderlichen Größen x und z anzusehen; man hat daher (§. 38.)

$\frac{du}{dx} + \frac{du}{dz}\frac{dz}{dx} = o$; und daraus leitet man den Differential-Coefficienten von z in Beziehung auf die Veränderlichkeit von x her. Man muß sich hier noch der §. 120. gemachten Unterscheidung erinnern, daß in $\frac{dz}{dx}$, dz nur das theilhafte Differential von z ist, in Bezug auf die Veränderung von x allein genommen.

Es ist einleuchtend, daß, wenn man y sich hätte verändern lassen, man durch Differentiirung der vorgegebenen Gleichung, als ob sie blos die veränderlichen Größen y und z enthielte, $\frac{du}{dy} + \frac{du}{dz}\frac{dz}{dy} = o$ erhalten haben würde.

Multiplicirt man die erste der oben gefundenen Gleichungen mit dx, und die zweite mit dy, und addirt sie darauf, so kommt

$$\frac{du}{dx}dx + \frac{du}{dy}dy + \frac{du}{dz}\left(\frac{dz}{dx}dx + \frac{dz}{dy}dy\right) = o;$$

aber $\frac{dz}{dx}dx + \frac{dz}{dy}d$ ist nichts anders, als das gesammte Differential von z (§. 123.); man hat daher

$$\frac{du}{dx}dx + \frac{du}{dy}dy + \frac{du}{dz}dz = o,$$

d. h. man kann das erste Differential der Gleichung u = o, in Beziehung auf die drei veränderlichen Größen x, y und z genommen, gleich Null machen. Man muß nicht übersehen, daß dieses Differential als zweien Gleichungen gleichgeltend zu betrachten ist; denn substituirt man darin für dz seinen Werth $\frac{dz}{dx}dx + \frac{dz}{dy}dy$, so müssen, wegen der Unabhängigkeit der Zuwachse dx und dy, die Größen, welche einen jeden von ihnen multipliciren, jede für sich gleich Null sein.

§. 128. Man gelangt zu den Gleichungen, welche die Coefficienten der höhern Ordnungen geben, wenn man die Gleichungen

$$\frac{du}{dx} + \frac{du}{dz}\,\frac{dz}{dx} = o,$$

$$\frac{du}{dy} + \frac{du}{dz}\,\frac{dz}{dy} = o,$$

differentiirt. Ich stelle das erste durch $\frac{d(u)}{dx} = o$, und das zweite durch $\frac{d(u)}{dy} = o$ vor, der §. 126. angenommenen Bezeichnung gemäß; diese Gleichungen schließen ebenfalls die drei veränderlichen Größen x, y und z in sich, und können wie die vorgegebenen behandelt werden. Nimmt man zuerst nur auf die Veranderungen von x Rucksicht, so ändert sich nicht nur z, sondern der Coefficient der ersten Ordnung $\frac{dz}{dx}$ erzeugt zu gleicher Zeit den Differential-Coefficienten der zweiten Ordnung $\frac{d^2 z}{dx^2}$. Differentiirt man daher $\frac{d(u)}{dx}$ in Beziehung auf x, so erhält man, wie für die Gleichungen mit zwei veränderlichen Größen, $\frac{d^2(u)}{dx^2}$, oder $\frac{d^2 u}{dx^2} + 2\frac{d^2 u}{dxdz}\frac{dz}{dx} + \frac{d^2 u}{dz^2}\frac{dz^2}{dx^2} + \frac{du}{dz}\frac{d^2 z}{dx^2} = 0$.

Wird $\frac{d(u)}{dx}$ in Beziehung auf y und z, oder $\frac{d(u)}{dy}$ in Beziehung auf x und z differentiirt, mit der Bemerkung, daß $\frac{dz}{dx}$ in dem ersten Falle $\frac{d^2 z}{dydx}$, so wie $\frac{dz}{dy}$ in dem zweiten $\frac{d^2 z}{dxdy} = \frac{d^2 z}{dydx}$ giebt, so erhält man ein einziges Resultat, nämlich $\frac{d^2(u)}{dxdy}$, oder

$$\frac{d^2 u}{dxdy} + \frac{d^2 u}{dzdy}\frac{dz}{dx} + \frac{d^2 u}{dzdx}\frac{dz}{dy} + \frac{du}{dz}\frac{d^2 z}{dxdy} + \frac{d^2 u}{dz^2}\frac{dz}{dx}\frac{dz}{dy} = 0.$$

Endlich ergiebt sich aus der Gleichung $\frac{d(u)}{dy} = 0$, so differentiirt, daß man y und z allein als veränderlich betrachtet: $\frac{d^2(u)}{dy^2}$, oder

$$\frac{d^2 u}{dy^2} + 2\frac{d^2 u}{dydz}\frac{dz}{dy} + \frac{d^2 u}{dz^2}\frac{dz^2}{dy^2} + \frac{du}{dz}\frac{d^2 z}{dy^2} = 0.$$

Da aber z eine Function von x und y ist, so hat man u als eine Function dieser veränderlichen Größe zu betrachten; folglich erhält man (§. 125.)

$$d^2(u) = \frac{d^2(u)}{dx^2}dx^2 + \frac{2d^2(u)}{dxdy}dxdy + \frac{d^2(u)}{dy^2}dy^2 = 0;$$

und substituirt man nunmehr für $\frac{d^2(u)}{dx^2}$, $\frac{d^2(u)}{dxdy}$, $\frac{d^2(u)}{dy^2}$ die oben gefundenen Resultate, und setzt statt $\frac{dz}{dx}dx + \frac{dz}{dy}dy$ das vollständige erste Differential dz und statt $\frac{d^2z}{dx^2}dx^2 + \frac{2d^2z}{dxdy}dxdy + \frac{d^2z}{dy^2}dy^2$ das vollständige zweite Differential d^2z: so erhält man gerade dieselbe Endgleichung, welche man bekommen haben würde, wenn man

$$\frac{du}{dx}dx + \frac{du}{dy}dx + \frac{du}{dz}dz = 0$$

so differentiirt hätte, daß dx und dy als beständig und z als eine Function von x und y betrachtet worden.

§. 109. Es lassen sich diese Betrachtungen auf eine beliebige Ordnung der Differentiirung oder auf eine beliebige Anzahl von veränderlichen Größen ohne Schwierigkeit ausdehnen; denn alles führt sich darauf zurück, diejenigen der letztern zu bestimmen, welche unabhängig sind, was nur aus der Natur der Frage, die zu der gegebenen Gleichung oder den gegebenen Gleichungen geleitet hat, geschehen kann; und alsdann ist in Beziehung auf eine jede dieser veränderlichen Größen insbesondere zu differentiiren, wobei die untergeordneten veränderlichen Größen so behandelt werden, wie sie eingewickelter Weise Functionen der unabhängigen veränderlichen Größen sind.

Hätte man z. B. die zwei Gleichungen $u = 0$, $v = 0$ zwischen den fünf veränderlichen Größen s, t, x, y und z, so sieht man, daß drei dieser veränderlichen Größen unabhängig sind. Setzt man also, y und z seien die zwei untergeordneten veränderlichen Größen oder durch die vorgelegten Gleichungen gegebenen Functionen von s, t, x, so differentiire man nach einander u und v in Beziehung auf s, in Beziehung auf t, in Beziehung auf x; und man erhält

$$\frac{du}{ds} + \frac{du}{dy}\frac{dy}{ds} + \frac{du}{dz}\frac{dz}{ds} = 0,$$

$$\frac{du}{dt} + \frac{du}{dy}\frac{dy}{dt} + \frac{du}{dz}\frac{dz}{dt} = 0,$$

$$\frac{du}{dx} + \frac{du}{dy}\frac{dy}{dx} + \frac{du}{dz}\frac{dz}{dx} = 0.$$

Werden diese Gleichungen durch ds, dt, dx gegenseitig multiplicirt und zusammen addirt, dann dy statt

$$\frac{dy}{ds} ds + \frac{dy}{dt} dt + \frac{dy}{dx} dx,$$

und dz statt

$$\frac{dz}{dt} ds + \frac{dz}{dt} dt + \frac{dz}{dx} dx \text{ gesetzt,}$$

so kommt

$$\frac{du}{ds} ds + \frac{du}{dt} dt + \frac{du}{dx} dx + \frac{du}{dy} dy + \frac{du}{dz} dz = du = o.$$

Man zieht ein ähnliches Resultat aus der Gleichung $v = o$, und es folgt, daß, indem die Gleichungen $u = o$ und $v = o$ in Beziehung auf alle veränderliche Größen s, t, u, x, und z differentiirt, und darin statt d und dz die Ausdrücke dieser Differentialen, als zu Functionen von drei veränderlichen Größen (§. 126.) gehörig betrachtet, substituirt werden, man den Coefficienten des Differentials einer jeden unabhängigen veränderlichen Größe für sich gleich Null machen müsse.

Werden die Differential-Coefficienten selbst als neue Functionen der unabhangigen veränderlichen Größen betrachtet, so läßt sich die Untersuchung der fernerweitigen Differentialen ungehindert fortsetzen; daher werde ich, nach einigen Bemerkungen über die Elimination der beständigen Größen und der Functionen, dasjenige schließen, was die Bildung der Differential-Gleichungen betrifft.

§. 130. Da die Gleichung $u = o$ zwischen x, y und z zwei erste Differentialen $\frac{d(u)}{dx} = o$ und $\frac{d(u)}{dy} = o$ hat, so ist es einleuchtend, daß man zwei beständige Größen zwischen diesen drei Gleichungen eliminiren kann, und das Resultat wird die Beziehung der veränderlichen Größen x, y, z und der

Coefficienten $\frac{dz}{dx}$, $\frac{d}{dy}$, von den eliminirten Größen un h ngig, ausdrücken.

Wenn man mit den vorhergehenden Gleichungen die drei der zweiten Ordnung

$$\frac{d^2 (u)}{dx^2} = 0, \quad \frac{d^2 (u)}{dx\,dy} = 0, \quad \frac{d^2 (u)}{dy^2} = 0$$

verbindet, so erhält man sechs Gleichungen, zwischen welchen man fünf Größen eliminiren kann, u. s. f. a.

§. 131. Dies führt auf eine wichtige Bemerkung, nämlich man könne aus einer Gleichung mit drei oder einer größern Anzahl von veränderlichen Größen Functionen, deren Form durchaus unbekannt ist, eliminiren. Es sei z. B. die Gleichung $z = f(ax + by)$, in welcher der Kennbuchstabe f eine Function bezeichnet, deren Form in keiner Art bestimmt ist: so werde ich alsbald eine Gleichung zwischen $\frac{dz}{dx}$ und $\frac{dz}{dy}$ daraus ableiten, welche von dieser Function unabhängig ist, und sowohl dem $z = ax + by$, dem $z = \sqrt{ax + by}$, dem $z = \sin(ax + by)$, als auch im Allgemeinen allen Functionen der Größe $ax + by$, von welcher Form sie auch sein mögen, zukommt. Ich setze zu dem Ende $ax + by = t$, so wird die vorgegebene Gleichung $z = f(t)$, und folglich erhält man $dz = f'(t)\,dt$, indem man $\frac{df(t)}{dt}$ durch $f'(t)$ vorstellt; es ist aber

$$dz = \frac{dz}{dx}dx + \frac{dz}{dy}dy,$$

$$dt = \frac{dt}{dx}dx + \frac{dt}{dy}dy,$$

und hieraus

$$\frac{dz}{dx} = f'(t)\frac{dt}{dx}, \quad \frac{dz}{dy} = f'(t)\frac{dt}{dy}.$$

Setzt man daher für $\frac{dt}{dx}$ und $\frac{dt}{dy}$ ihre Werthe a

und b, eliminirt alsdann $f'(t)$, so kommt
$$b\frac{dz}{dx}-a\frac{dz}{dy}=0.$$

Diese Gleichung drückt ein Unterscheidungsmerkmal aus, vermittelst dessen man erkennen kann, ob eine vorgegebene Größe eine Function von $ax+by$ ist oder nicht; denn zufolge ihrer Bildung muß ihr allemal Genüge geschehen oder sie muß identisch werden, wenn man darin statt $\frac{dz}{dx}$ und $\frac{dz}{dy}$ die Werthe substituirt, welche aus der Differentiirung einer Function von $ax+by$ hervorgehen. Ich nehme an, man kenne den Ursprung des Polynoms
$a^2x^2+2abxy+b^2y^2$ nicht; setzt man dasselbe gleich z und differentiirt, so findet man
$$\frac{dz}{dx}=2a^2x+2aby,\quad \frac{dz}{dy}=2abx+2b^2y;$$
diese Werthe, in die Gleichung $b\frac{dz}{dx}-a\frac{dz}{dy}=0$ gesetzt, machen dieselbe identisch. Hiernach schließt man also, daß das durch z vorgestellte Polnnomium eine Function von $ax+by$ ist, was auch überdies einleuchtet, da
$$a^2x^2+2abxy+b^2y^2=(ax+by)^2 \text{ ist.}$$

Man sieht im Allgemeinen, daß, wenn $u=0$ eine Gleichung ist zwischen x, y, z und irgend einer unbestimmten und durch $f(t)$ vorgestellten Function, und in welcher man nur die Zusammensetzung von t in x, y und z kennt, man immer $f(t)$ und $f'(t)$ vermittelst der Gleichungen $u=0$, $\frac{d(u)}{dx}=0$, $\frac{d(u)}{dy}=0$ wird eliminiren können.

Geht man zur zweiten Ordnung über, wo die Anzahl der Gleichungen größer wird, so ist es in vielen Fällen möglich, zwei unbestimmte Functionen zu eliminiren; ich werde mich aber auf das Einzelne hierüber eben so wenig einlassen, als auf das, was die Gleichungen betrifft, welche mehr als drei veränderliche Größen in sich schließen.

§. 132. Ich werde hier nur sehr Weniges über die Art sagen, Functionen von zwei veränderlichen Größen in Reihen zu verwandeln, weil es am häufigsten vorkommt, daß man sie nur in Beziehung auf die eine der veränderlichen Größen, welche in ihnen enthalten sind, entwickelt, indem man der andern einen beständigen Werth beilegt, und da sie alsdann eben so als die Functionen einer einzigen veränderlichen Größe zu behandeln sind. Es wird indeß vielleicht nützlich sein, zu zeigen, daß die Formel des 121 §s zur Entwickelung der Functionen von zwei veränderlichen Größen sich eben so gebrauchen läßt, wie die Formel des 21 §s auf die Functionen, welche nur eine veränderliche Größe enthalten, Anwendung findet.

Wenn man $x = 0$ und $y = 0$ in der Formel des 121 §s, d. h. in u und in einem jeden seiner Differential-Coefficienten macht, so giebt sie die Entwickelung von $f(h, k)$, nach den Potenzen der Größen h und k geordnet; man kann aber x statt h und y statt k schreiben, und daraus ergiebt sich

$$f(x, y) = u + \frac{1}{1}\left(\frac{du}{dx}x + \frac{du}{dy}\right)$$
$$+ \frac{1}{1.2}\left(\frac{d^2u}{dx^2}x^2 + 2\frac{d^2u}{dxdy}xy + \frac{d^2u}{dy^2}y^2\right)$$
$$+ \text{etc.}$$

wobei zu beachten ist, daß man x und y sowohl in u als in den Ausdrücken, welche man für jeden der Differential-Coefficienten erhält, Null zu machen habe. Man könnte zur Entwickelung von $f(x, y)$ auch noch durch die Differentiirung gelangen, so wie es mit $f(x)$ in §. 19 geschehen ist; denn setzt man

$$u = A + Bx + Cy + Dx^2 + Exy + Fy^2 + \text{etc.},$$

wo die Buchstaben A, B, C, etc. von x und y unabhängige Größen bezeichnen, und differentiirt diese Gleichung in Beziehung auf x und y mehreremal nach einander, um die Ausdrücke der Differential-Coefficienten $\frac{du}{dx}$, $\frac{du}{dy}$, $\frac{d^2u}{dx^2}$, $\frac{d^2u}{dxdy}$, etc. zu bilden, so erhält man, x und y gleich Null gesetzt, nach den Differentiirungen

$$\frac{du}{dx} = B, \frac{du}{dy} = C,$$

$$\frac{d^2u}{dx^2} = 1.2D, \frac{d^2u}{dxdy} = 1.1E, \frac{d^2u}{dy^2} = 1.2F, \text{ etc.}$$

Was A betrifft, findet man dessen Werth, indem man den Werth der Function u sucht, wenn x und y Null sind.

Erforschung der Größten und Kleinsten der Functionen von zwei veränderlichen Größen.

§. 133. Wenn man in einer Function von zwei veränderlichen Größen eine von ihnen als beständig betrachtet, und der andern eine unendliche Menge von Werthen giebt, so werden einem jeden dieser Werthe ein oder mehrere Werthe der vorgegebenen Function entsprechen, unter denen sich einige finden können, welche Größte oder Kleinste sind, und sich dadurch bestimmen lassen, daß man den Differential-Coefficienten in Bezug auf die veränderliche Größe, welcher man die Veränderung der Function zuschreibt (§. 48.), gleich Null setzt.

Ist also u eine Function von x und y, und nimmt man y als beständig an, und macht $\frac{du}{dx} = 0$, so bekommt man die Werthe von x, welche größte und kleinste Werthe von u, unter allen denjenigen, die einem und demselben Werthe von y entsprechen, geben.

Das Resultat, welches man auf diese Weise erhält, ist noch unbestimmt, da es sich zufolge der Veränderungen, welche man der zweiten veränderlichen Größe y erleiden läßt, verändern kann, und giebt folglich nur relative Größte oder Kleinste, unter welchen nothwendig eine begrenzte Anzahl solcher vorhanden ist, welche größer oder kleiner als alle andern sind, und bestimmten Werthen von y entsprechen. Diese letztern, welche ganz bestimmt sind, sind absolute Größte oder Kleinste der vorgegebenen Function. Sie lassen sich leicht durch Wegschaffung von x aus der Function u vermittelst der Gleichung $\frac{du}{dx} = o$, wodurch u eine Function von y allein wird, entdecken; und bezeichnet man das Resultas durch v, so ist es alsdann, zur Bestimmung von y, der Beschaffenheit der Frage gemäß, hinreichend $\frac{dv}{dy} = o$ zu setzen.

Man kann zu einer mit $\frac{dv}{dy} = o$ gleichgeltenden Gleichung gelangen, ohne daß man x zu eliminiren braucht; zu dem Ende muß man bemerken, daß die durch die Bedingung des auf x bezogenen Größten oder Kleinsten verschaffte Gleichung $\frac{du}{dx} = o$ eine Beziehung zwischen den veränderlichen Größen x und y dergestalt feststellt, daß man die erste als eine Function der zweiten zu betrachten hat. Differentiirt man in dieser Voraussetzung, so erhalt man §. 126.)

$$\frac{d(u)}{dy} = \frac{du}{dx}\frac{dx}{dy} + \frac{du}{dy} = o,$$

welches Resultat sich auf $\frac{du}{dy} = 0$ zurückführt, da man durch die auf x sich beziehende Bedingung schon $\frac{du}{dx} = 0$ hat.

Man bestimmt daher die Werthe von x und von y, welche die absoluten Größten und Kleinsten der Function u geben, vermittelst der Gleichungen

$$\frac{du}{dx} = 0, \quad \frac{du}{dy} = 0.$$

Werden diese Betrachtungen auf Functionen von so viel veränderlichen Größen, als man will, ausgedehnt, so findet man, daß, um die absoluten Größten oder Kleinsten dieser Functionen zu erhalten, man die Differential-Coefficienten der ersten Ordnung, in Beziehung auf eine jede der veränderlichen Größen, wovon sie abhängen, genommen, jeden für sich gleich Null setzen müsse.

§. 134. Die unterscheidenden Kennzeichen der Größten und Kleinsten in den Functionen mehrerer veranderlichen Größen fließen aus ähnlichen Grundlehren, als in Rücksicht der Functionen einer einzigen veränderlichen gebraucht worden; doch ist die Anwendung verwickelter, weshalb ich mich auf das beschränken werde, was die Functionen zweier veränderlichen Größen betrifft.

Es sei u eine Function von x und y, und der Kürze wegen bezeichne ich durch

A, B, C, D, E, F, etc.

die Reihe der Functionen

$$u, \frac{du}{dx}, \frac{du}{dy}, \frac{d^2u}{dx^2}, \frac{d^2u}{dxdy}, \frac{d^2u}{dy^2},$$

so wird das Resultat der Substitution von $x + h$, $y + k$ in u (§. 121.)

$$A + Bh + Ck$$
$$+ \frac{1}{1 \cdot 2} \left(Dh^2 + 2Ehk + Fk^2 \right)$$
$$+ \text{etc.}$$

ein Ausdruck, dessen Werth kleiner sein muß, als A, im Fall des absoluten Größten, und größer im Fall des absoluten Kleinsten, welches auch die Zeichen der Buchstaben h, k, sein mögen, wofern diese nur kleine Aenderungen ausdrücken. Da aber die Glieder der ersten Ordnung B h, C k, welche man beträchtlicher als alle übrigen machen kann, indem man h und k von gehöriger Kleinheit nimmt, zu gleicher Zeit mit diesen Größen ihr Zeichen verändern, so zeigt eine, der in §. 48., ähnliche Schlußfolge, daß sie im Falle des Größten oder des Kleinsten Null sein müssen; man hat daher sofort

$$B = \frac{du}{dx} = 0, \quad C = \frac{du}{dy} = 0, \text{ etc.}$$

gleich wie es ans der in dem vorhergehenden §. angezeigten Regel hervorgeht.

Nachdem diese Bedingungen durch die hiernach bestimmten Werthe von x und y erfüllt worden sind, so müssen hiernach die Coefficienten D, E und F nicht zu gleicher Zeit verschwinden, und ferner muß das Zeichen der Größe der zweiten Ordnung, welche die zweite Zeile der obigen Entwickelung bildet, von den Beziehungen, welche man zwischen h und k und ihren Zeichen festsetzen kann, unabhängig sein.

Man weiß aus der Theorie der algebraischen Gleichungen, daß jeder Ausdruck von der Form ihrer ersten Hälfte, wenn die zweite Null ist, nicht vom Bejahten zum Verneinten übergehen kann, ohne in dem Zwischenraum Null zu werden, und daß sie, wenn sie blos unmögliche Wurzeln haben, das Zeichen nicht verändern, welchen Werth man auch der unbekannten Größe geben mag. Daraus folgt, daß, wenn man die Größe

$$Dh^2 + 2Ehk + Fk^2,$$

gleich Null gesetzt und als eine Gleichung in Beziehung auf die eine der unbestimmten Größten h oder k aufgelöst, nur unmögliche Wurzeln giebt, man daraus schließen könne, daß sie dasselbe Zeichen behalte, was auch diese unbestimmten Größen sein mögen. Nimmt man z. B. den Werth von h, so findet man

$$h = \frac{k(-E + \sqrt{-FD + E^2})}{D},$$

welches Resultat unmöglich wird, wenn die unter dem Wurzelzeichen begriffene Große verneint ist, d. h. wenn man $FD > E$ hat. Es ist wohl zu bemerken, daß diese für das Größte oder Kleinste nothwendige Bedingung voraussetzt, daß die Größen F, D immer dasselbe Zeichen haben. Alsdann kann die Große $Dh^2 + 2Ehk + Fk$ ihr Zeichen nicht verändern; und da sie sich auf Dh^2, wenn $k = 0$ ist, zurückfuhrt, so muß, damit sie bejaht sei, oder ein Kleinstes Statt habe, D bejaht sein; in dem entgegengesetzten Falle wird ein Größtes Statt haben.

§. 135. Um sich a posteriori zu überzeugen, daß, wenn die eben gefundenen Bedingungen erfüllt sind, die Gesammtheit der Glieder der zweiten Ordnung in der Reihe $A + Bh + Ck +$ etc. immer dasselbe Zeichen behalten wird, was auch h und k sein mögen, ist es hinreichend zu bemerken, daß die erste Hälfte der Gleichung vom zweiten Grade, deren Wurzeln $h = -\alpha \pm \sqrt{-\beta^2}$ sind, weil sie die Form $\overline{h + \alpha}^2 + \beta^2$ hat, die Summe zweier Quadrate ist, und folglich ihr Zeichen nicht verandern kann. Macht man $\alpha = \frac{Ek}{D}$, $\beta^2 = \frac{(FD - E^2)k^2}{D^2}$, so leitet der Ausdruck von h auf

$$\left(h + \frac{Ek}{D}\right)^2 + \frac{(FD - E^2)k^2}{D^2} = h^2 + \frac{2E}{D}hk + \frac{F}{D}k^2$$

$= \frac{1}{D}(Dh^2 + Ehk + Fk^2)$, und man sieht jetzt deutlich, daß die Größe

$$Dh^2 + 2Ehk + Fk^2$$

ihre Zeichen nicht verändern kann, so lange als $FD - E^2$ eine positive Größe ist, da das Quadrat von $h + \frac{Ek}{D}$ wesentlich bejaht ist, welches auch die Zeichen von h und k sein mögen.

Euler gab in seiner Differential-Rechnung nur die Nothwendigkeit an, D und F zu gleicher Zeit bejaht oder verneint zu haben. Lagrange zeigte zuerst, daß diese Bedingung nicht hinreichend wäre, und ihm verdankt man die eben auseinandergesetzte Theorie.

Wenn die Coefficienten von der zweiten Ordnung sich zu gleicher Zeit mit denen von der ersten vernichteten, so würde ein Größtes oder Kleinstes nur in sofern Statt finden, als die Coefficienten der dritten Ordnung auch verschwänden, und die Glieder der vierten Ordnung eine Größe bildeten, deren Zeichen durchaus nicht von h und k abhinge. Die Betrachtung der unmöglichen Factoren, welche diese Größe haben müßte, um der geforderten Bedingung Genüge zu leisten, würde zu Resultaten, ähnlich den vorhergehenden, führen. Uebrigens bemerke ich, daß, was auch nach der Substitution der sich auf das Größte oder Kleinste beziehenden Werthe von x und y in u und ihren Differential-Coefficienten geschieht, die durch die Annahme von $x \pm h$, $y \pm k$ erhaltenen Resultate alle kleiner oder alle größer als u sein müssen, und daß die verschiedenen Methoden, welche geeignet sind, zu erkennen zu geben, ob dieses Statt findet, es auch sein werden, um sich von dem Dasein des Größten oder Kleinsten zu versichern.

§. 136. Um ein Beispiel zu geben, habe ich folgende Aufgabe gewählt, welche der in §. 50 ähnlich ist: Die Größe a in drei Theile x, y, a — x — y zu theilen, so daß das Product $x^m y^n (a - x - y)^p$ ein Größtes sei.

Man hat alsdann

$$u = x^m y^n (a - x - y)^p$$

$$\frac{du}{dx} = x^{m-1} y^n (a-x-y)^{p-1} [ma - mx - my - px] = 0$$

$$\frac{du}{dy} = x^m y^{n-1} (a-x-y)^{p-1} [na - nx - ny - py] = 0;$$

die Factoren $ma - mx - my - px$ und $na - nx - ny - py$, jeder gleich Null, geben

$$x = \frac{ma}{m+n+p}, \quad y = \frac{na}{m+n+p}, \quad a-x-y = \frac{pa}{m+n+p}.$$

Um zu wissen, ob diese Werthe in der That zu einem Größten gehören, substituire man sie in die allgemeinen Ausdrücke von

$$\frac{d^2u}{dx^2}, \quad \frac{d^2u}{dxdy}, \quad \frac{d^2u}{dy^2};$$

macht man der Kürze wegen $m + n + p = q$, so findet man

$$D = -(m+p)\left(\frac{ma}{q}\right)^{m-1} \left(\frac{na}{q}\right)^n \left(\frac{pa}{q}\right)^{p-1}$$

$$E = -\frac{mna}{q} \left(\frac{ma}{q}\right)^{m-1} \left(\frac{na}{q}\right)^{n-1} \left(\frac{pa}{q}\right)^{p-1}$$

$$F = -(n+p) \left(\frac{ma}{q}\right)^m \left(\frac{na}{q}\right)^{n-1} \left(\frac{pa}{q}\right)^{p-1}.$$

Die Größen D und F sind negativ, und man wird sich ohne Mühe versichern, daß sie die Bedingung $DF - E^2 > 0$ erfullen, wenn die Exponenten m, n, p positiv sind; mithin hat man das verlangte Größte erhalten.

Allgemeine Begriffe von der Anwendung der Differential-Rechnung auf die Theorie der Curven von doppelter Krümmung und der krummen Oberflächen.

§. 137. Ich habe eine sehr umständliche Erörterung über diese Theorie im Lehrbegriff der Differential- und Integral-Rechnung gegeben. Man findet darin einen sehr ausgedehnten Auszug aus den Untersuchungen von Monge, zusammengestellt und verbunden mit denen, welche Euler und meherere andere Geometer über denselben Gegenstand angestellt haben. Hier werde ich mich auf die einfachsten Aufgaben über diesen Gegenstand beschränken.

Man weiß (Trig. Anhang.), daß zwei ursprüngliche Gleichungen zwischen drei veränderlichen Größen sich durch eine Curve von doppelter Krümmung darstellen, da hingegen eine einzige Gleichung zwischen drei veränderlichen Größen zu einer Oberfläche gehört. Wenn man die Differential-Rechnung auf Curven von doppelter Krümmung anwenden will, so kann man diese als die Grenzen von Polygonen betrachten, deren drei aufeinanderfolgende Seiten nicht in einer und derselben Ebene sein können. Die Verlängerung einer dieser Seiten giebt die Tangente, gleichwie in den ebenen Curven.

Man erhält leicht die Gleichungen der Tangente MT (Fig. 33.), wenn man beachtet, daß ihre Projectionen selbst Tangenten an den Projectionen der Curve XM sind; und da es hinreicht, zwei Projectionen dieser geraden Linie zu kennen, so wähle ich die, welche sich auf der Ebene der x und z befindet, und die, welche in der Ebene der y und z liegt. Bezeichnet man daher durch x', y' und z' die Coordinaten irgend eines Punctes der Tangente, indem die des Punctes Fig. 33.

M immer x, y und z sind, so ist die Gleichung der geraden Linie T″ M″, der Tangente für die Projection X″ M″,

$$z' - z = \frac{dz}{dx}(x' - x) \quad (§. 67.),$$

und die Gleichung von T‴ M‴, der Tangente für X‴ M‴, ist

$$z' - z = \frac{dz}{dy}(y' - y).$$

Wir wollen setzen, man habe aus den Gleichungen der Curven X″M″ und X‴ M‴ die Werthe von x und z in x gezogen, und elimire x nach der Substitution dieser Werthe in die Gleichungen der Tangente, so erhält man die Beziehung, welche zwischen den Coordinaten x′, y′ und z′ der Tangente T M, welches auch die Lage des Punctes M sein möge, vorhanden sein muß, und folglich die Gleichung der durch alle Tangenten der Curve XM gebildeten Oberfläche. Man erkennt daraus, ob diese Curve eben ist oder nicht; denn im ersten Falle wird die so eben genannte Oberfläche nothwendig eine Ebene, und im zweiten eine krumme Oberfläche sein.

§. 138. Zwei aufeinanderfolgende Tangenten TM und tm bestimmen die Ebene, welche durch zwei aufeinanderfolgende Seiten geht, und welche Schmiegungs-Ebene (Osculirungs-Ebene) heißt. Man kann ihre Gleichung finden, wenn man sie, als durch drei aufeinanderfolgende Puncte der vorgegebenen Curve gehend, betrachtet. Es sei demnach $Ax' + By' + Cz' + D = 0$ ihre Gleichung (Trig. Anhang), so muß zuvörderst $Ax + By + Cz + D = 0$ sein, da sie den Punct enthalten soll, dessen Coordinaten x, y und z sind; und damit die zwei folgenden Puncte sich auch darin befinden, so muß ferner das erste und zweite Differential ihrer Gleichung zu gleicher Zeit mit denen der Gleichungen der vorgegebenen Curve Statt haben.

Man könnte eins der Differentialen dx, dy oder dz für beständig annehmen (§. 118); es wird aber mehr Ebenmaß entstehen, indem man sie alle zu gleicher Zeit als veränderliche Größen behandelt; so ergiebt sich

$$Adx + Bdy + Cdz = 0, Ad^2x + Bd^2y + Cdz^2 = 0,$$

und hieraus fließt

$$\frac{A}{C} + \frac{dyd^2z - dzd^2y}{dxd^2y - dyd^2x}, \frac{B}{C} = \frac{dzd^2x - dxd^2z}{dxd^2y - dyd^2x};$$

ziehe man die Gleichung

$$Ax + By + Cz + D = 0$$

von $Ax' + By' + Cz' + D = 0$ ab, setzt hierauf für $\frac{A}{C}$ und $\frac{B}{C}$ ihre Werthe, und läßt die Nenner verschwinden, so findet man folgendes wegen seiner Form merkwürdiges Resultat:

$$(x'-x)(dyd^2z - dzd^2y) + (y'-y)(dzd^2x - dxd^2z) + (z'-z)(dxd^2y - dyd^2x) = 0.$$

Hierin für irgend zwei der drei Coordinaten x, y, z ihre aus den Gleichungen der vorgegebenen Curve gezogenen Werthe substituirt, so erhält man die Gleichung der Schmiegungsebene, als eine durch die noch übrige Coordinate besonders bestimmte.

§. 139. Das Differential des Bogens einer im Raume betrachteten Curve hat zu seinem Ausdrucke $\sqrt{dx^2 + dy^2 + dz^2}$; dies zeigt sich einleuchtend, wenn man die Entfernung der Puncte M und m nimmt, deren Coordinaten gegenseitig

x, y, z, $x + dx$, $y + dy$, und $z + dz$ sind.

§. 140. An eine im Raume betrachtete Curve eine Normale zu ziehen, ist eine unbestimmte Aufgabe; denn es ist eine unendliche Anzahl von geraden Linien vorhanden, welche, durch den Berührungspunct gehend, zu gleicher Zeit senkrecht auf der Tangente sind. Die Gesammtheit dieser geraden Linien bildet eine auf dieser Tangente senkrechte Ebene, welche Normal-Ebene heißt; ihre Gleichung ist (Trig. Anhang.)

$$(x'-x)\frac{dx}{dz}+(y-y')\frac{dy}{dz}+(z'-z)=0$$

oder $(x'-x)\,dx+(y'-y)\,dy+(z'-z)\,dz=0$.

§. 141. Es seien x, y und z die Coordinaten eines auf irgend einer krummen Oberfläche befindlichen Punctes M Fig. 34, so kann man die Ordinate $M'M=z$ als eine Function der beiden Abscissen $AP=x$ und $PM'=y$ betrachten. Wenn x, sich allein ändernd, $x+h$ wird, so erhält man für die Entwickelung der Ordinate $m'm$, in dem Schnitte QMm einer mit der Ebene der x und z parallelen und durch den gegebenen Punct gehenden Ebene genommen, die Reihe

Fig. 34.

$$z+\frac{dz}{dx}\frac{h}{1}+\frac{d^2z}{dx^2}\frac{h^2}{1.2}+\frac{d^3z}{dx^3}\frac{h^3}{1.2.3}+\text{etc.}$$

Verwandelt sich aber y in $y+k$, indem x beständig bleibt, so bekommt man die Ordinate $n'n$, in dem Schnitte Pmn genommen, den eine mit der Ebene x und z parallele und durch den vorgegebenen Punct gehende Ebene macht. Die Entwickelung dieser Ordinate ist

$$z+\frac{dz}{dy}\frac{k}{1}+\frac{d^2z}{dy^2}\frac{k^2}{1.2}+\frac{d^3z}{dy^3}\frac{k^3}{1.2.3}+\text{etc.}$$

Indem man x und y sich zu gleicher Zeit ändern läßt, so gelangt man von dem Puncte M zu irgend einem beliebigen Puncte N, und zwar auf zweifache Weise, nämlich so, daß man $y+k$ statt y in die obige erste Entwickelung substituirt, oder aber $x+h$ statt x in die zweite. Durch die eine dieser Operationen gelangt man von der Ordinate $m'm$ zu der Ordinate $N'N$ in dem Schnitte pmN; durch die andere kommt man von $n'n$ zu $N'N$ in dem Schnitte qnN. Es ist einleuchtend, daß diese zwei Schnitte sich in dem Puncte N treffen müssen, da sonst die vorgegebene Oberfläche nicht stetig sein würde. Es müssen daher die in den §§. 121 und 122 beigebrachten Resultate identisch sein. Die Gleichung $\frac{d^2z}{dxdy} = \frac{d^2z}{dydx}$, in welcher dieser Umstand liegt, ist daher nur der Ausdruck des Gesetzes der Stetigkeit.

Wenn in der Reihe

$$z + \frac{dz}{dx} h + \frac{dz}{dy} k$$
$$+ \frac{1}{2} \left(\frac{d^2z}{dx^2} h^2 + 2 \frac{d^2z}{dxdy} hk + \frac{d^2z}{dy^2} k^2 \right)$$
$$+ \text{etc.}$$

welche die Entwickelung des dem $x+h$ und $y+k$ entsprechenden Werthes von z darstellt, man die Größen h und k nicht mehr als von einander unabhängig betrachtet, und ein Verhältniß unter ihnen festsetzt, so bestimmt man die Richtung der Ebene, welche senkrecht auf die Ebene der x und y durch die beiden Puncte M und N geführt werden; denn es ist $\frac{k}{h} = \frac{N'm'}{M'm'} = \tang N'M'm'$.

Es folgt aus den vorhergehenden Betrachtungen und dem im §. 127. Gesagten, daß, wenn $u=0$ die Gleichung einer krummen Oberfläche vorstellt, die Differential-Gleichungen

$$\frac{du}{dx} + \frac{du}{dz}\frac{dz}{dx} = 0 \text{ und } \frac{du}{dy} + \frac{du}{dz}\frac{dz}{dy} = 0$$

gegenseitig zu den beiden Schnitten QMm und PMn gehören; die Coordinate y kommt in der ersten nur als eine willkührliche beständige Größe vor, welche die Lage der schneidenden Ebene bestimmt; und eben so verhält es sich mit der Coordinate x in der zweiten. Man darf nicht das dz in der einen dieser Gleichungen mit dem in der andern verwechseln. Diese beiden Differentialen sind nur theilhafte (partiale), wie es in §. 120. bemerkt worden; denn das vollständige Differential oder die Gesammtheit der Glieder der ersten Ordnung hat zum Ausdruck

$$dz = \frac{dz}{dx} dx + \frac{dz}{dy} dy = p dx + q dy,$$

wo der Kürze wegen $\frac{dz}{dx} = p$, $\frac{dz}{dy} = q$ gesetzt wird. Hat man blos $dz = p dx$, so ist das dz das Differential der Ordinate von dem mit der Ebene von x und z parallelen Schnitte. Gleicher Weise ist $dz = q dy$ das Differential der Ordinate des mit der Ebene von y und z parallelen Schnittes.

Wenn man $dy = \alpha dx$ nimmt, so gehört das vollständige Differential $dz = dx (p + \alpha q)$ zu der Ordinate des Durchschnittes, den die auf der Ebene der x und y senkrechte Ebene $M'MNN'$ macht, indem man $N'm' = \alpha \times M'm'$ annimmt. Dem ähnliches findet sich, wenn nach einander jede der veränderlichen Größen x und y zu Ordinaten genommen, und die beiden andern als die Abscissen betrachtet werden.

§. 142. Man gelangt zu der Gleichung der berührenden Ebene, wenn man sie durch die beiden geraden Linien MT und Mt gehen läßt, welche gegenseitig die Schnitte QMm und PMn in dem Puncte M berühren (Weitere Ausführung der Anfangsgründe der Geometrie). Da die Functionen $\frac{dz}{dx}$ und $\frac{dz}{dy}$ die Differential-Coefficienten der nach einander in einem jeden dieser Schnitte betrachteten Ordinate sind, und ferner die geraden Linien MT und Mt der Ebenen von x und z, und y und z parallel laufen, so ist leicht einzusehen, daß die Gleichungen von MT

$$z' - z = \frac{dz}{dx} (x' - x), \quad y' - y = 0$$

und die von Mt

$$z' - z = \frac{dz}{dy} (y' - y), \quad x' - x = 0 \text{ sind.}$$

Wenn man nunmehr die Gleichung der berührenden Ebene durch

$$z' - z = A(x' - x) + B(y' - y)$$

vorstellt, so ist einleuchtend, daß diese Gleichung mit den vorhergehenden übereinstimmen muß; und darum muß man, darin nach einander $y' - y = 0$ und $x' - x = 0$ gesetzt,

$$z' - z = \frac{dz}{dx}(x' - x) \text{ und } z' - z = \frac{dz}{dy}(y' - y)$$

finden; sie giebt aber durch diese Annahmen

$$z' - z = A(x' - x) \text{ und } z' - z = B(y' - y);$$

daraus folgert man also

$$A = \frac{dz}{dx} = p, \; B = \frac{dz}{dy} = q;$$

und folglich $z' - z = p(x' - x) + q(y' - y)$

Man könnte besorgen, daß die auf die eben gesehene Weise bestimmte Berührungsebene die vorgegebene Oberfläche nur an den beiden Schnitten, welche man betrachtet hat, berührte; aber indem man ihre Gleichung in Beziehung auf x und y allein differentiirt, so erhält man $dz' = p\,dx' + q\,dy'$, welches beweiset, daß, wenn man $dx = dx'$ und $dy = dy'$ nimmt, man $dz = dz'$ erhält, und daß folglich die Puncte der vorgegebenen Oberfläche, welche unmittelbar den Punct M umgeben, alle mit denen der berührenden Ebene zusammenfallen, so weit man nur auf die Größen der ersten Ordnung Rücksicht nimmt. Hieraus folgt, daß jede beliebige durch den Punct M geführte Ebene die vorgegebene Oberfläche in einer Curve schneide, welche zwei Puncte mit der Berührungsebene gemein hat, oder, was dasselbe sagt, zur Tangente den Durchschnitt dieser Ebene mit der schneidenden Ebene hat (§. 67.).

§. 143. Die Normale an einer Oberfläche, als auf der Berührungsebene senkrecht, hat zu Gleichungen (Trig. Anhang) $x' - x + p(z' - z) = 0$,

$$y' - y + q(z' - z) = 0.$$

Man gelangt ebenfalls zu diesen Gleichungen, wenn man bedenkt, daß die Normale die kürzeste Linie ist, welche man von irgend einem Puncte an diese Oberfläche ziehen kann; denn bezeichnen x', y', z' die Coordinaten dieses Punctes, so hat sein Abstand von dem Puncte der vorgegebenen Oberfläche, dessen Coordinaten x, y, z sind, zum Ausdrucke

$$\sqrt{(x'-x)^2+(y'-y)^2+(z'-z)^2},$$

und ist wegen der Abhängigkeit der z blos eine Function von x und von y, wenn man den Punct, wo die Normale die vorgegebene Oberfläche treffen soll, als unbekannt betrachtet. Differentiirt man in dieser Voraussetzung (§. 133.), um das Kleinste des Ausdruckes zu finden, so bekommt man

$$(x'-x)\,dx+(z'-z)\,dz=0$$
$$(y'-y)\,dy+(z'-z)\,dz=0,$$

welches Resultat dem vorhergehenden gleich wird, wenn man nach einander $p\,dx$ und $q\,dy$ für dz setzt.

§. 144. Es verdient bemerkt zu werden, daß, wenn man das Größte oder Kleinste einer Function von dem von x und y abhängigen z sucht, man feststellt, daß die Berührungsebene an der diese Gleichung vorstellenden Oberfläche mit der Ebene von x und y parallel sei, da man zu gleicher Zeit $\frac{dz}{dx}=0$, $\frac{dz}{dy}=0$ setzt, welcher Umstand dem, was man in den §§. 133 und 134 gesehen hat, ähnlich ist.

Handbuch
der
Differential- und Integral-Rechnung.

Zweiter Theil.

Von der Integral-Rechnung.

Von der Integrirung der rationalen Functionen von einer einzigen veränderlichen Größe.

§. 146. Die Integral-Rechnung ist das Umgekehrte von der Differential-Rechnung; sie hat zum Zwecke von den Differential-Coefficienten zu den Functionen, wovon diese abgeleitet sind, zurückzugehen. Die Darlegung der Grundlehren dieser Rechnung gewährt ähnliche Eintheilungen, wie sie die Differential-Rechnung darbietet. Es kann vorkommen, daß die Zusammensetzung der Differential-Coefficienten von der gesuchten Function unmittelbar durch die unabhängigen veränderlichen Größen gegeben ist, oder daß man blos eine Gleichung zwischen einigen dieser Coefficienten und einer oder mehreren der veränderlichen Größen hat. Der erste Fall als der einfachste ist füglich zuvörderst abzuhandeln.

Wenn der Differential-Coefficient der ersten Ordnung einer Function von x, in x gegeben ist, so hat man $\frac{dy}{dx} = X$ oder $dy = Xdx$; die gesuchte Function ist daher diejenige, deren Differential Xdx ist, und wird folgender Maßen angezeigt: $y = \int Xdx$, wo der Kennbuchstabe $\int$ das Umgekehrte von dem

Kennbuchstaben d ist*) Zur Auffindung dieser Function muß man die Regeln der Differentiirung umkehren; um aber mit Ordnung zu verfahren, werde ich mich nach einander mit den verschiedenen Formen beschäftigen, welche die vorgegebene Function X haben kann, und welche sich folgendermaßen in Klassen bringen lassen:

Rationale Functionen,

$$Ax^m + Bx^n + Cx^p + \ldots\ldots = U$$

$$\frac{Ax^m + Bx^n + Cx^p + \ldots\ldots}{A'x^{m'} + B'x^{n'} + C'x^{p'} + \ldots\ldots} = \frac{U}{V};$$

irrationale Functionen,

$$U.V^{\frac{m}{n}};$$

transcendente Functionen,

$$f(U, lU),\ f(U, \sin V),\ \text{etc.}$$

§. 146. Daraus, daß das Differential von $Ax^m + B$, $max^{m-1}dx$ sei, wird man schließen, das Integral von $ax^n dx$ sei $\frac{ax^{n+1}}{n+1} + B$; denn aus der Vergleichung von $ax^n dx$ mit $mAx^{m-1}dx$

---

*) Den Kennbuchstaben ∫ haben die ersten Schriftsteller über die Integral-Rechnung gebraucht, als Anfangsbuchstabe des Wortes Summe, weil zufolge Leibnitzens Vorstellung die Differentialen die unendlich kleinen Zuwachse der veränderlichen Größen darstellen, so daß jede beliebige veränderliche Größe die Summe der unendlichen Anzahl von Zuwachsen ist, welche sie von ihrem Ursprunge an bis zum Augenblicke, wo man sie betrachtet, erlangt hat; und deshalb haben sie der Function, welche wir die ursprüngliche (primitive) nennen, den Namen Integral gegeben, sofern sie das Resultat der Zusammenhäufung aller Differentialen ist. Sind diese Benennungen wohl verstanden, so kann man sich gleichgültig der einen oder der andern bedienen.

hat man $m - 1 = n$ und $mA = a$ oder $A = \frac{a}{m} = \frac{a}{n+1}$.
Aus diesem Beispiele ergiebt sich, daß, wenn $dy = ax^n dx$, $y = \frac{ax^{n+1}}{n+1} + B$ ist, d. h. um das einnamige Differential $ax^n dx$ zu integriren, muß man den Exponenten der veränderlichen Größe um eine Einheit vermehren, dann durch den neuen Exponenten und durch dx dividiren.

Die beständige Größe B ist willkührlich (§. 8). Man kann ihr eine mit dem ersten Gliede gleiche Form geben; denn bezeichnet b den Werth von x, welcher die Function y zu Null macht, so erhält man $\frac{ab^{n+1}}{n+1} + B = 0$, hieraus $B = -\frac{ab^{n+1}}{n+1}$, und folglich $y = \frac{a(x^{n+1} - b^{n+1})}{n+1}$, welches Resultat von dem vorhergehenden nur in der Form, welche man der beständigen Größe gegeben hat, verschieden ist.

§. 147. Ehe ich weiter gehe, wird es zweckmäßig sein, einen besondern Fall zu untersuchen, in welchem der oben gefundene Werth von y, $\frac{0}{0}$ wird, nämlich den, wo $n = -1$ ist; denn alsdann hat man

$$y = \frac{a(x^0 - b^0)}{0} = \frac{a(1-1)}{0} = \frac{0}{0}.$$

Um den wahren Werth dieser Function zu finden, muß man zu der Regel des 52. §s zurückkehren; und da man vermöge dieser Regel gesehen hat (Seite 66.), daß $\frac{a^x - b^x}{x}$ durch die Annahme von $x = 0$ sich auf $la - lb$ zurückführt, so erhält man in dem vorliegenden Beispiele durch gehörige Verwandlung der Buchstaben $y = a(lx - lb)$; aber wenn $n = 1$ ist, hat man $dy = ax^{-1} dx$; mithin giebt $dy = \frac{adx}{x}$,

$$y = a(lx - lb) \text{ oder } y = alx + B.$$

Man hätte dasselbe auch aus §. 27. folgern können, da man vermöge dieses §s $d\,l\,x = \frac{dx}{x}$ hat. Die Ausnahme, welche sich hier von der Regel des 146. §s. zeigt, rührt von der Unmöglichkeit her, die transcendente Größe lx durch eine endliche Anzahl von algebraischen Gliedern auszudrücken.

Alle Schwierigkeit der Integrirung der Functionen von einer einzigen veränderlichen Größe besteht nur noch in der Aufsuchung von Umformungen, die geeignet sind, die vorgegebenen Functionen auf ein oder mehrere Monomien zubringen, auf deren jedes sich die Regel des vorhergehenden §s anwenden läßt.

§. 148. Es leuchtet zuvörderst ein, daß

$$dy = ax^m dx + bx^n dx + cx^p dx \ldots\ldots,$$

$$y = \frac{ax^{m+1}}{m+1} + \frac{bx^{n+1}}{n+1} + \frac{cx^{p+1}}{p+1} \ldots. + B.$$

Ich füge nur eine willkührliche beständige Größe hinzu; denn es ist leicht sichtbar, daß, wenn man für jedes Monomium eine hinzufügte, sie alle zusammen einer einzigen, die ihrer Summe gleich wäre, gleich gelten würden. Allgemein, da man §. 10. gesehen hat, daß

$$d(u + v - w) = du + dv - dw$$

ist, so hat man daraus zu schließen, daß

$$\int(du + dv - dw) = \int du + \int dv - \int dw,$$

und daß

$$\int(Pdx + Qdx - Rdx) = \int Pdx + \int Qdx - \int Rdx.$$

Ich will hier sofort eine Folgerung aus dieser Regel bemerklich machen, die in der Folge sehr nützlich sein wird. Durch Integrirung jedes Gliedes des Differentials $d.uv = udv + vdu$ für sich (§. 11.), kommt $uv = \int vdu + \int udv$, welches eine Beziehung zwischen den ursprünglichen Functionen der Differentialen udv, vdu giebt, dergestalt, daß, ist die eine bekannt, es auch die andere ist; so hat man z. B. $\int u\,dv = uv - \int v\,du$. Das Differential

$$d.\frac{u}{v} = \frac{du}{v} - u\frac{dv}{v^2}\ (\S.\ 12.)$$

giebt eben so

$$\frac{u}{v} = \int\frac{du}{v} - \int u\frac{dv}{v^2},$$

und daraus folgt

$$\int u\frac{dv}{v^2} = -\frac{u}{v} + \int\frac{du}{v}.$$

Man hat zu bemerken, daß dieses Resultat nur eine Folge des vorhergehenden ist; denn substituirt man in den oben gefundenen Werth von $\int u\,dv$, $\frac{dv}{v^2}$ für dv, was so viel ist, als wenn v in $-\frac{1}{v}$ verwandelt wird, da

$$\frac{dv}{v^2} = v^{-2}dv = -d.v^{-1} = -d.\frac{1}{v}\ \text{ist},$$

so erhält man

$$\int u\frac{dv}{v^2} = -\frac{u}{v} + \int\frac{du}{v}.$$

Daraus, daß $d.au = adu$, folgt, daß $\int aX\,dx = a\int X\,dx$ ist, und daß man die beständige Größe a vor das Zeichen $\int$ heraussetzen kann.

§. 149. Wäre $dy = (ax+b)^m dx$ gegeben, so würde man die angezeigte Potenz entwickeln, und jedes Monomium, welches aus dieser Operation hervorging, integriren; es verdient aber bemerkt zu werden, daß man zu dem Resultate, ohne die Entwickelung auszuführen, gelangen kann. Es genügt, $ax+b=z$ zu setzen, welches $x=\frac{z-b}{a}$, $dx=\frac{dz}{a}$ giebt; durch Substitution in den Ausdruck von dy findet man $dy = \frac{z^m dz}{a}$, und folglich

$y = \frac{z^{m+1}}{a(m+1)} + B$. Setzt man für z seinen Werth, so erhält man also, wenn $dy = (ax+b)^m dx$ ist,

$$y = \frac{(ax+b)^{m+1}}{a(m+1)} + B.$$

Wenn $dy = (ax^n + b)^m x^{n-1} dx$ vorläge, so würde die Umformung ebenfalls noch gelingen; denn setzt man $ax^n + b = z$, so ergiebt sich daraus $nax^{n-1} dx = dz$, mithin $x^{n-1} dx = \frac{dz}{na}$, $dy = \frac{z^m dz}{na}$ und $y = \frac{z^{m+1}}{na(m+1)} + B$, und dies giebt, wenn $dy = (ax^n + b)^m x^{n-1} dx$ ist,

$$y = \frac{(ax^n + b)^{m+1}}{na(m+1)} + B.$$

§. 150. Ich gehe zu den gebrochenen Functionen über, und um mit dem einfachsten Falle anzufangen, nehme ich an, man habe $dy = \frac{Ax^m dx}{(ax+b)^n}$; wird $ax + b = z$ gesetzt, so findet man $x = \frac{z-b}{a}$, $dx = \frac{dz}{a}$ und folglich $dy = \frac{A(z-b)^m dz}{a^{m+1} z^n}$; entwikkelt man die Potenz $(z-b)^m$, multiplicirt das Resultat durch dz und dividirt hernach durch z^n, so bekommt man eine Reihe von Monomien zu integriren.

Wir wollen z. B. den Fall nehmen, wo $m = 3$ und $n = 2$ ist, so kommt

$$dy = \frac{A(z-b)^3 dz}{a^4 z^2} = \frac{A}{a^4} [zdz - 3bdz + 3b^2 z^{-1} dz - b^3 z^{-2} dz];$$

wird auf ein jedes dieser Monomien die allgemeine Regel angewendet, so ergiebt sich daraus

$$y = \frac{A}{a^4} \left[\frac{z^2}{2} - 3bz + 3b^2 lz + b^3 z^{-1}\right] + B.$$

Man

Man setze hierauf wieder für z seinen Werth, und man erhält endlich, wenn $dy = \frac{x^3 dx}{(ax+b)^2}$ ist,

$$y = \frac{A}{a^4}\left[\tfrac{1}{2}(ax+b)^2 - 3b(ax+b) + 3b^2 l(ax+b) + b^3(ax+b)^{-1}\right] + B$$

Die allgemeine Formel läßt sich ohne Mühe construiren; ja wäre

$$dy = \frac{Ax^n dx + Bx^p dx + Cx^q dx \ldots\ldots}{(ax+b)} \text{ vorgelegt,}$$

so hätte man, nachdem es folgender Gestalt geschrieben:

$$dy = \frac{Ax\ \ dx}{(ax+b)^m} + \frac{Bx\ \ dx}{(ax+b)} + \frac{Cx^q dx}{(ax+b)^m}\ldots,$$

mit jedem Gliede insbesondere auf dieselbe Art zu verfahren, wie ich es so eben mit dem ersten gemacht habe.

§. 151. Die gebrochenen und rationalen Differentialen sind im Allgemeinen von der Form

$$\frac{(Ax^m + Bx^n + Cx^p \ldots)\, dx}{A'x^{m'} + Bx^n + C'x^{p'} \ldots},$$

welches ich der Kürze wegen durch $\frac{U dx}{V}$ vorstelle.

Man muß zuförderst bemerken, daß der Exponent von x in dem Zähler kleiner genommen werden kann, als in dem Nenner; denn wenn dieses nicht wäre, so würde, wenn man U durch V dividirte, und Q den Quotienten dieser Division und R den Rest nennt, $\int \frac{U dx}{V} = \int Q dx + \int \frac{R dx}{V}$ herauskommen; allein da Q eine rationale und ganze Function ist, so ließe sich $\int Q dx$ durch die unmittelbare Anwendung der Regel des 146. §s erhalten, und es bliebe nur noch $\int \frac{R dx}{V}$ zu finden übrig, in welcher Formel die Function R in Beziehung auf x von einem niedrigern Grade als die Function V ist. Die allgemeinste Formel, welche der Bruch $\frac{U\,dx}{V}$ haben kann, ist daher

$$\frac{(A x^{n-1} + B x^{n-2} + C x^{n-3} \ldots + T)\,dx}{x^n + A' x^{n-1} + B' x^{n-2} + C' x^{n-3} \ldots + T'}.$$

Die allgemeine Methode, die durch rationale Brüche ausgedrückten Differentialen zu integriren, besteht darin, sie in andere mit einfachern Nennern zu zerlegen, welche man mit dem Namen Theilbrüche (Partial-Brüche) bezeichnet, und, wie folgt, erhält:

Den Nenner des vorgegebenen Bruchs gleich Null setzend, bildet man die Gleichung

$$x^n + A' x^{n-1} + B' x^{n-2} \ldots + T' = o,$$

und denkt man sich, man habe die verschiedenen Wurzeln dieser Gleichung bestimmt, so stellt man sie durch $-a$, $-a'$, $-a''$, $-a'''$, etc. vor, indem man annimmt, daß sie alle ungleich seien; hiermittelst wird die erste Seite der obigen Gleichung oder der Nenner des vorgegebenen Bruchs unter die Form eines Products von n Factoren

$x + a$, $x + a'$, $x + a''$, $x + a'''$, etc. gebracht.

Dies geschehen, betrachte man den vorgebenen Bruch als die Summe der Brüche

$$\frac{N\,dx}{x+a},\ \frac{N'\,dx}{x+a'},\ \frac{N''\,dx}{x+a''},\ \text{etc.},$$

welche zu Nennern die Factoren des Nenners des vorgegebenen Bruches und zu Zählern unbestimmte beständige Größen haben.

Ich nehme, um den Begriffen ein Bestimmtes unterzulegen, an, das zu integrirende Differential sei dieses

$$\frac{(A x^2 + B x + C)\,dx}{x^3 + A' x^2 + B' x + C'},$$

und man habe gefunden

$$x^3 + A'x^2 + B'x + C' = (x+a)\,(x+a')\,(x+a'').$$

Bringt man die Brüche

$$\frac{N\,dx}{x+a},\ \frac{N'dx}{x+a'},\ \frac{N''dx}{x+a''}$$

auf gleiche Benennung, und fügt sie zu einander, so kommt

$$\frac{N(x+a')(x+a'')+N'(x+a)(x+a'')+N''(x+a)(x+a')}{(x+a)(x+a')(x+a'')}\,dx;$$

der Nenner ist mit dem des vorgegebenen Bruches einerlei, und der Zähler nothwendig eine Function von einem niederern Grade als der Nenner, d. h. vom zweiten Grade. Durch die Entwickelung hat man nämlich

$$\Big((N+N'+N'')\,x^2 + [N(a'+a'')+N'(a+a'')$$
$$+N''(a+a')]\,x + Na'a''+N'aa''+N''aa'\Big)\,dx.$$

Diese Function, mit dem Zähler des vorgegebenen Bruchs verglichen, giebt die drei Gleichungen

$$N + N' + N'' = A,$$
$$N(a'+a'') + N'(a+a'') + N''(a+a') = B,$$
$$Na'a'' + N'aa'' + N''aa' = C,$$

welche nur vom ersten Grade in Hinsicht der unbestimmten Größen N, N' und N'' sind; und wenn sie aufgelös't worden, erhält man

$$\frac{(Ax^2+Bx+C)\,dx}{x^3+A'x^2+B'x+C'} = \frac{N\,dx}{x+a} + \frac{N'dx}{x+a'} + \frac{N''dx}{x+a''}.$$

Wird $x+a=z$ gesetzt, so sieht man, daß das Differential $\frac{N\,dx}{x+a}$ sich in $\frac{N\,dz}{z}$ umformt, und zum Integral $N\,l\,z$ oder $N\,l\,(x+a)$ hat. Eben so findet sich

$$\int\frac{N'dx}{x+a'} = N'l\,(x+a'),\ \int\frac{N''dx}{x+a''} = N''l\,(x+a'');$$

und man erhält folglich

$$\int \frac{(A x^2 + B x + C)\, dx}{x^3 + A x^2 + B x + C'}$$

$$= N\, l(x+a) + N'\, l(x+a') + N''\, l(x+a'') + \text{const.}$$

$$= l\,[(x+a)^N (x+a')^{N'} (x+a'')^{N''}] + \text{const.}$$

Dieses Verfahren, welches sich leicht auf die allgemeine im Anfange der Untersuchung angeführte Formel ausdehnen läßt, zeigt, daß die Integrirung der rationalen Brüche in dem Falle, wo ihr Nenner sich in reelle und ungleiche Factoren zerlegt, keine andere Schwierigkeit hat, als diese Zerlegung, welche auf der numerischen Auflösung der Gleichungen beruht.

§. 152. Das Vorhergehende nimmt an, alle Factoren des Nenners von dem vorgegebenen Bruche seien ungleich; denn in dem entgegengesetzten Falle kann die Zerlegung dieses Bruches in die angezeigte Form nicht mehr Statt haben. Dies sieht man unmittelbar an $\frac{Ax+B}{(x+a)^2}$, welches sich nicht durch $\frac{N}{x+a} + \frac{N'}{x+a}$ darstellen läßt, da diese beiden Brüche nur einen einzigen $\frac{N+N'}{x+a}$ bilden.

Wenn der Nenner $x^n + A' x^{n-1} + B x^{n-2} \ldots + T$ des vorgegebenen Bruches einen Factor $(x+a)^p$ ein schließt, so hat man für diesen Factor einen Theilbruch von der Form

$$\frac{(P x^{p-1} + Q x^{p-2} + R x^{p-3} \ldots + Y)\, dx}{(x+a)^p}$$

anzunehmen, von dem man die Coefficienten seines Nenners dadurch bestimmt, daß man ihn mit den andern Theilbrüchen auf gleiche Benennung bringt, und die Summe der Zähler mit dem Zähler des vorgegebenen Bruchs vergleicht (§. 151.)

Hierauf wird man nach der Regel des 150. §s

integriren; es ist aber leicht zu sehen, daß für den Bruch

$$\frac{(Px^{p-1} + Qx^{p-2} \ldots\ldots + Y)\,dx}{(x+a)^p}$$

sich der Ausdruck

$$\frac{N\,dx}{(x+a)^p} + \frac{N'\,dx}{(x+a)^{p-1}} + \frac{N\,dx}{(x+a)^{p-2}} \ldots + \frac{N'^{\cdots}dx}{x+a}$$

setzen läßt; denn bringt man alle Glieder des letztern auf gleiche Benennung, so wird der Zähler, den man erhält, dieselbe Form als der Zähler des ersten Bruches annehmen. Dies gesetzt, sei nun $x + a = z$, so kommt

$$\int \frac{N\,dx}{(x+a)^p} = \int \frac{N\,dz}{z^p} = \frac{N z^{-p+1}}{1-p} = \frac{N}{(1-p)(x+a)^{p-1}};$$

eben so findet man

$$\int \frac{N'\,dx}{(x+a)^{p-1}} = \frac{N'}{(2-p)(x+a)^{p-2}},$$

und so mit den übrigen. Alle diese Integralen, sind algebraisch bis auf das letzte $\frac{N'^{\cdots}dx}{x+a}$, welches einen Logarithmen befaßt.

§. 153. Wenn die Werthe von a, a', a'', etc. imaginär wären, so würden dadurch in die Zähler der Theilbrüche Ausdrücke von dieser Beschaffenheit eingeführt, die man freilich verschwinden lassen könnte, wodurch aber die Rechnung verwickelter würde, eine Schwierigkeit, welche man dadurch vermeidet, daß man den Nenner des vorgegebenen Bruches nur in reelle Factoren entweder vom ersten oder vom zweiten Grade zerlegt, was immer möglich ist (Weitere Ausführung der Anfangsgründe der Algebra §. 27). Die Factoren des zweiten Grades, welche imaginäre Wurzeln enthalten, können durch

$$x^2 + 2\alpha x + \alpha^2 + \beta^2$$

vorgestellt werden; und finden sich von ihnen mehrere,

welche gleich sind, so hat der Nenner des vorgegebenen Bruchs Factoren von der Form

$$(x^2 + 2\alpha x + \alpha^2 + \beta^2)^q.$$

Dem einfachen Factor $x^2 + 2\alpha x + \alpha^2 + \beta^2$ entspricht ein Theilbruch von der Form

$$\frac{(Kx + L)\,dx}{x^2 + 2\alpha x + \alpha^2 + \beta^2},$$

und den Factoren von der zweiten Art der Bruch

$$\frac{(Q'x^{2q-1} + R'x^{2q-2} \ldots + Y)\,dx}{(x^2 + 2\alpha x + \alpha^2 + \beta^2)^q};$$

um aber die Integrirung zu erleichtern, und nach der Aehnlichkeit mit den Formeln des vorhergehenden §s setzt man für diesen Bruch folgenden Ausdruck

$$\frac{(Kx + L)\,dx}{(x^2 + 2\alpha x + \alpha^2 + \beta^2)^q} + \frac{(K'x + L')\,dx}{(x^2 + 2\alpha x + \alpha^2 + \beta^2)^{q-1}}$$

$$\ldots\ldots\ldots\ldots + \frac{(K'''\cdots x + L''\cdots)\,dx}{x^2 + 2\alpha x + \alpha^2 + \beta^2}.$$

Die Coefficienten der Zähler werden sich eben so bestimmen lassen, wie es in den §§ 151, 152 angezeigt worden.

Um den Bruch

$$\frac{(Kx + L)\,dx}{x^2 + 2\alpha x + \alpha^2 + \beta^2}$$

zu integriren, bemerke man, daß

$$x^2 + 2\alpha x + \alpha^2 + \beta^2 = (x + \alpha)^2 + \beta^2 \text{ ist,}$$

und mache $x + \alpha = z$, so kommt

$$\frac{(Kx + L)\,dx}{(x + \alpha)^2 + \beta^2} = \frac{(Kz + L - K\alpha)\,dz}{z^2 + \beta^2} = \frac{(Kz + L_{,})\,dz}{z^2 + \beta^2},$$

$L - K\alpha = L_{,}$ genommen. Aber es ist

$$\frac{(Kz + L_{,})\,dz}{z^2 + \beta^2} = \frac{Kz\,dz}{z^2 + \beta^2} + \frac{L_{,}\,dz}{z^2 + \beta^2};$$

von dieser Gleichung ist der erste Theil ihrer zweiten Seite integrirbar; denn wird $z^2 + \beta^2 = u$ gesetzt, so hat man $z\,dz = \frac{du}{2}$, welches giebt

$$\int \frac{K z dz}{z^2+\beta^2} = \frac{K}{2}\int \frac{du}{u} = K \cdot \frac{1}{2} \, lu = K l \sqrt{z^2+\beta^2}.$$

Was den zweiten Theil anbetrifft, so setze man darin $z = \beta u$, wodurch er sich in

$$\frac{L dz}{z^2+\beta^2} = \frac{L}{\beta} \frac{du}{u^2+1}$$

verwandelt; man hat aber §. 35. gesehen, daß $\frac{du}{1+u^2}$ das Differential des Bogens ausdrückt, dessen Tangente $= u$ ist; mithin wird

$$\int \frac{L}{\beta} \frac{du}{u^2+1} = \frac{L}{\beta} \text{ arc } (\text{tang} = u) + \text{const.}$$

$$= \frac{L}{\beta} \text{ arc } (\text{tang} = \frac{z}{\beta}) + \text{const.};$$

vereinigt man diese beiden Resultate, so bekommt man

$$\int \frac{(Kz+L) dz}{z^2+\beta^2} = K l \sqrt{z^2+\beta^2} + \frac{L}{\beta} \text{ arc } (\text{tang} = \frac{z}{\beta})$$
$$+ \text{const.}$$

Es frommt zu bemerken, daß der Bogen, dessen Tangente $\frac{z}{\beta}$ ist, zum Sinus $\frac{z}{\sqrt{z^2+\beta^2}}$ zum Cosinus $\frac{\beta}{\sqrt{z^2+\beta^2}}$ hat; denn diese Betrachtung giebt ein Mittel an die Hand, das vorgegebene Integral unter mehreren Formen darzustellen, indem man den Bogen durch seinen Sinus oder durch seinen Cosinus andeutet.

Wird für z wieder sein Werth gesetzt, so findet man

$$\int \frac{(Kx+L) dx}{x^2+2\alpha x+\alpha^2+\beta^2} = \text{const.}$$
$$+ K l \sqrt{x^2+2\alpha x+\alpha^2+\beta^2} + \frac{L - K\alpha}{\beta} \text{arc } (\text{tang} = \frac{x+\alpha}{\beta})$$

Um das Differential $\frac{(Kx+L)dx}{(x^2+2\alpha x+\alpha^2+\beta^2)^q}$ zu integriren, setze man zuförderst $x+\alpha=z$ und $L-K\alpha=L$; hiernach hat man nur noch $\int\frac{(Kz+L)dz}{(z^2+\beta^2)^q}$ zu finden, welches sich so schreiben läßt: $K\int\frac{z\,dz}{(z^2+\beta^2)^q}+L\int\frac{dz}{(z^2+\beta^2)^q}$.

Der erste Theil kann unmittelbar integrirt werden; und dies wird offenbar, wenn man $z^2+\beta^2=u$ setzt, da man $z\,dz=\frac{du}{2}$ hat, woraus sich

$$K\int\frac{z\,dz}{(z^2+\beta^2)^q}=\frac{K}{2}\int\frac{du}{u^q}=\frac{Ku^{-q+1}}{2(1-q)}$$

ergiebt; und was den zweiten Theil betrifft, so macht man seine Integrirung von der Integrirung der Formel $\frac{dz}{(z^2+\beta^2)^{q-1}}$ abhängig, in welcher der Exponent des Nenners um eine Einheit geringer ist.

§. 154. Wenn man nämlich die Gleichung

$$\int\frac{dz}{(z^2+\beta^2)^q}=\frac{Gz}{(z^2+\beta^2)^{q-1}}+H\int\frac{dz}{(z^2+\beta^2)^{q-1}}$$

ansetzt, wo G und H zwei unbestimmte beständige Größen sind, die Differentialen jedes Gliedes nimmt, und alle Glieder des Resultats auf gleiche Benennung bringt: so kann man diesen Nenner, so wie den gemeinschaftlichen Factor dz weglassen; und es kommt

$$1=G(z^2+\beta^2)-2(q-1)Gz^2+H(z^2+\beta^2);$$

werden hiernächst die ähnlichen Glieder verglichen, so bilden sich zwei Gleichungen

$$1=G\beta^2+H\beta^2,\quad G-2(q-1)G+H=0,$$

welche geben

$$G=\frac{1}{(2q-2)\beta^2},\quad H=\frac{(2q-3)}{(2q-2)\beta^2};$$

man erhält folglich

$$\int \frac{dz}{(z^2+\beta^2)^q} = \left\{ \frac{1}{(2q-2)\beta^2} \cdot \frac{z}{(z^2+\beta^2)^{q-1}} + \frac{(2q-3)}{(2q-2)\beta^2} \int \frac{dz}{(z^2+\beta^2)^{q-1}} \right\} \ldots\ldots (a).$$

Diese Formel giebt das Mittel, die Potenz des Nenners des vorgegebenen Differentials bis auf den ersten Grad zu erniedrigen; denn setzt man $q-1$ an die Stelle von q, so findet man

$$\int \frac{dz}{(z^2+\beta^2)^{q-1}} = \frac{1}{(2q-4)\beta^2} \cdot \frac{z}{(z^2+\beta^2)^{q-2}} + \frac{(2q-5)}{(2q-4)\beta^2} \int \frac{dz}{(z^2+\beta^2)^{q-2}};$$

wird dieser Werth in dieselbe Gleichung (a) substituirt, so geht daraus hervor

$$\int \frac{dz}{(z^2+\beta^2)^q} = \left\{ \begin{array}{l} \frac{1}{(2q-2)\beta^2} \cdot \frac{z}{(z^2+\beta^2)^{q-1}} \\ + \frac{1.(2q-3)}{(2q-2)(2q-4)\beta^4} \cdot \frac{z}{(z^2+\beta^2)^{q-2}} \\ + \frac{(2q-3)(2q-5)}{(2q-2)(2q-4)\beta^4} \int \frac{dz}{(z^2+\beta^2)^{q-2}} \end{array} \right\} \ldots (b).$$

Man bekommt eben so den Werth von $\int \frac{dz}{(z^2+\beta^2)^{q-2}}$ durch Verwandlung von q in $q-2$; setzt man darauf wiederum diesen Werth in die Gleichung (b), so erhält man

$$\int \frac{dz}{(z^2+\beta^2)^q} = \left\{ \begin{array}{l} \frac{1}{(2q-2)\beta^2} \cdot \frac{z}{(z^2+\beta^2)^{q-1}} \\ + \frac{1.(2q-3)}{(2q-2)(2q-4)\beta^4} \cdot \frac{z}{(z^2+\beta^2)^{q-2}} \\ + \frac{1.(2q-3)(2q-5)}{(2q-2)(2q-4)(2q-6)\beta^6} \cdot \frac{z}{(z^2+\beta^2)^{q-3}} \\ + \frac{(2q-3)(2q-5)(2q-7)}{(2q-2)(2q-4)(2q-6)\beta^6} \int \frac{dz}{(z^2+\beta^2)^{q-3}} \end{array} \right\} \ldots (c).$$

Wenn man ferner aus der Gleichung (a) den Werth von $\int \frac{dz}{(z^2+\beta^2)^{q-3}}$ herleitete, so würde man einen neuen von $\int \frac{dz}{(z^2+\beta^2)^{q-4}}$ abhängigen Werth von $\int \frac{dz}{(z^2+\beta^2)^q}$ erhalten. Durch ein solches fortgesetztes Verfahren wird sich eine Reihe bilden, die über das Glied $\int \frac{dz}{z^2+\beta^2}$ nicht hinausgehen darf; denn das folgende mit $\int \frac{dz}{(z^2+\beta^2)^0}$ behaftete würde einen unendlichen Coefficienten erhalten. Hiervon kann man sich vergewissern, wenn man in den Gleichungen (b) und (c) nach einander $q = 2$ und $q = 3$ machte, und es ist leicht wahrzunehmen, woran dieser Umstand liegt; denn könnte man bis zu dem eben erwähnten Gliede gelangen, so würde man, weil $\int \frac{dz}{(z^2+\beta^2)^o} = \int dz$ ist, das Integral des vorgegebenen Bruches algebraisch erhalten.

Man sieht hier den Ursprung einer eben so fruchtbaren als zierlichen Integrirungs-Methode, derjenigen nämlich, wodurch man von einem Integral zu einem andern übergeht: sie wird in der Folge auf eine mehr allgemeine Art entwickelt werden.

Durch Nebeneinanderhaltung der Resultate der vorhergehenden §§. wird man ohne Zweifel bemerken, daß die unter der Form rationaler Brüche sich darstellenden Differentialen sich immer integriren lassen, entweder algebraisch, oder vermittelst der Logarithmen oder der Kreisbogen, und daß, um sie dazu vorzubereiten, es nur noch nöthig sei, sie in Brüche zu zerlegen, deren Nenner Binomien oder Trinomien sind. Ich habe bisher für dieses Verfahren nur die Methode der unbestimmten Coefficienten angezeigt, weil diese sich zuerst darbietet; hier aber mögen mehrere Verfahrungsarten folgen, welche weniger Rechnung erfordern.

§. 155. Ich nehme wiederum den Bruch $\frac{U}{V}$; und es sei $x + a$ einer der ungleichen Factoren des Nenners V, so daß man $V = (x + a) Q$ habe, Q aber nicht $x + a$ enthalte. Setzt man $\frac{U}{V} = \frac{A}{x + a} + \frac{P}{Q}$, wo P eine unbestimmte Function von x ist, in welcher jedoch diese Größe nicht als Divisor vorkommt, so erhält man $U = AQ + P(x + a)$, und hieraus $P = \frac{U - AQ}{x + a}$. Da P in Beziehung auf x eine ganze Function sein soll, so muß die Größe $U - AQ$, welche auch eine rationale und ganze Function von x ist, durch $x + a$ theilbar sein, oder, was dasselbe ist, sie muß verschwinden, wenn man statt x den Werth $-a$ setzt, welchen der gleich Null gesetzte Factor $x + a$ giebt; wird daher das, was nach dieser Substitution, welche nichts in dem Werthe der unbestimmten Größe A ändert, weil diese von x unabhängig ist, aus U und Q wird, mit u und q bezeichnet, so kommt $u - Aq = 0$, und folglich $A = \frac{u}{q}$.

Der Factor Q findet sich durch Division von V durch $x + a$; jedoch wird sein auf die Annahme von $x + a = 0$ bezogener Werth unmittelbar erhalten, indem man die Gleichung $V = (x + a) Q$ differentiirt; denn es kommt

$$\frac{dV}{dx} = Q + (x + a) \frac{dQ}{dx};$$

und wenn man in diesem Resultate $x + a = 0$ macht, hiernächst das, was alsdann aus $\frac{dV}{dx}$ wird, durch v vorstellt, so erhält man $v = q$ und hieraus $A = \frac{u}{v}$.

Der Ausdruck $A = \frac{u}{q}$ hat immer einen endlichen Werth; denn der Zähler und der Nenner vermögen nicht Null zu werden, da der gegebene Bruch auf seinen einfachsten Ausdruck gebracht ist, und folglich die Function U nicht den Factor x + a enthalten kann, welcher einen Theil vom Nenner ausmacht, und, sich nur einmal darin findend, auch nicht in Q vorkommt. Durch eine angemessene Anwendung dieser Schlußfolge auf die verschiedenen Fälle, welche sich darstellen können, wird man sich überzeugen, daß die Zerlegung was immer für eines rationalen Bruches in die oben angezeigten Formen immer möglich ist.

§. 156. Wir wollen nunmehr sehen, wie man die Zähler der den gleichen Factoren des ersten Grades entsprechenden Theilbrüche finden könne. In diesem Falle hat man $V = Q\,(x + a)^n$, und es ist anzunehmen

$$\frac{U}{V} = \frac{A}{(x+a)^n} + \frac{A_1}{(x+a)^{n-1}} + \frac{A_2}{(x+a)^{n-2}} \ldots + \frac{A_{n-1}}{x+a} + \frac{P}{Q};$$

auf gleiche Benennung gebracht, kommt

$$U = Q\,[A + A_1\,(x + a) + A_2\,(x + a)^2 \ldots + A_{n-1}(x+a)^{n-1}] + P(x+a)^n,$$

$$P = \frac{U - Q\,[A + A_1\,(x+a) + A_2\,(x+a)^2 \ldots + A_{n-1}(x+a)^{n-1}]}{(x+a)^n};$$

und da P eine ganze Function sein soll, so muß der Zähler seines Ausdruckes n mal nach einander durch x + a theilbar sein; dieser Zähler wird mithin verschwinden, wenn man darin — a statt x setzt. Man sieht zuvörderst, daß er in diesem Falle auf U — Q A zurückgebracht wird; damit aber U — Q A durch x + a theilbar sei, muß man mit Beibehaltung derselben Benennungen, als im vorhergehenden §, $u - qA = 0$ oder $A = \frac{u}{q}$ erhalten.

Dieser Werth verwandelt die Größe $U - QA$ in $U - \frac{u}{q} Q$, die sich durch $x + a$ dividiren läßt; und indem man zu gleicher Zeit diesen Factor in dem Nenner wegstreicht, und der Kürze wegen $U - \frac{u}{q} Q = U_1 (x + a)$ setzt, erhält man

$$P = \frac{U_1 - Q [A_1 + A_2 (x + a) \ldots . + A_{n-1} (x + a)^{n-2}]}{(x + a)^{n-1}}.$$

Um nunmehr A_1 zu bekommen, mache man $x + a = 0$, und bezeichne mit u_1, was aus U_1 durch die Substitution von $- a$ statt x wird, so erhält man $u_1 - q A_1 = 0$ oder $A_1 = \frac{u_1}{q}$.

Wird hierauf statt A_1 sein Werth in $U_1 - QA_1$ gesetzt, so entsteht die Größe $U_1 - \frac{u_1}{q} Q$, welche, da sie für $x + a = 0$ verschwindet, durch $x + a$ theilbar ist, und folglich läßt sich P auf

$$P = \frac{U_2 - Q [A_2 + A_3 (x + a) \ldots . + A_{n-1} (x + a)^{n-3}]}{(x + a)^{n-2}}$$

zurückbringen, wo U_2 den Quotienten der Division von $U_1 - \frac{u_1}{q} Q$ durch $x + a$ vorstellt. Dasselbe Verfahren und dieselbe Bezeichnung fortgesetzt, findet man ferner $u_2 - q A_2 = 0$, und hieraus $A_2 = \frac{u_2}{q}$, und so mit den übrigen.

Die Differential-Rechnung erleichtert sehr die vorhergehenden Operationen. Wenn man nämlich $n - 1$ mal nach einander die Gleichung

$$U = Q [A + A_1 (x + a) + A_2 (x + a)^2 \ldots \ldots + A_{n-1} (x + a)^{n-1}] + P (x + a)^n$$

differentiirt, und darauf in dieser Gleichung und in den daraus abgeleiteten $x + a = 0$ macht, so kommt

$$U = AQ$$
$$dU = AdQ + A_1 Qdx$$
$$d^2U = Ad^2Q + 2A_1 dQdx + 2A_2 Qdx^2$$
$$d^3U = Ad^3Q + 3A_1 d^2Qdx + 6A_2 dQdx^2 + 6A_3 Qdx^3$$
etc.

welche Gleichungen eine jede der unbekannten Größen A, A_1, A_2, etc. durch die ihr vorhergehenden bestimmen; wohl verstanden, daß man nach den Differentiirungen $-a$ statt x schreiben müsse.

Das einfachste Mittel, um den Werth von Q in diesem Falle zu erhalten, ist, V durch $(x+a)^n$ zu dividiren; indeß kann man dazu durch die Differentiirung gelangen, wie im vorhergehenden §; denn da man $V = Q(x+a)^n$ hat, so differentiire man n mal jede Seite dieser Gleichung, und mache darauf $x + a = 0$, so findet sich $d^n V = 1 . 2 \ldots n Q dx^n$ (§. 52.), und folglich $Q = \frac{d^n V}{1 . 2 \ldots n dx^n}$.

Man gelangt zu dem Ausdrucke der Differentialen von Q in der Voraussetzung von $x + a = 0$ dadurch, daß nach einander die der Ordnung $n + 1$, $n + 2$, etc. von der Gleichung $V = Q(x + a)^n$ genommen werden; denn es ist leicht sichtbar nach der Bemerkung des 52 §s, daß sich in diesem Falle $d^{n+1}V = d^{n+1}Q(x+a)^n$ z. B. auf $d^{n+1}V = 1 . 2 . 3 \ldots (n + 1) dQdx^n$ zurückführt. Hieraus folgt, man könne die unbestimmten Größen A_1, A_2, A_3, etc. mit Hülfe der Differentialen von dem Zähler U und dem Nenner V des vorgegebenen Bruches ausdrücken.

§. 157. Das Verfahren des 155 §s dient mit sehr geringer Abänderung gleichfalls den Zähler eines Theilbruches von der Form

$$\frac{Ax + B}{x^2 + 2\alpha x + \alpha^2 + \beta^2}$$ zu finden.

Es sei

$$\frac{U}{V} = \frac{Ax+B}{x^2+2\alpha x+\alpha^2+\beta^2} + \frac{P}{Q},$$

so findet man, die zweite Seite auf dieselbe Benennung, wie die erste, gebracht

$$U = Q(Ax+B) + P(x^2+2\alpha x+\alpha^2+\beta^2),$$

woraus man hernach

$$P = \frac{U-Q(Ax+B)}{x^2+2\alpha x+\alpha^2+\beta^2}$$ herleitet.

Da P in Beziehung auf x immer eine ganze Function sein soll, so muß die Größe $U-Q(Ax+B)$ durch $x^2+2\alpha x+\alpha^2+\beta^2$ theilbar sein; also in der Zahl ihrer Factoren die der letztern begreifen, und folglich unter denselben Umstanden verschwinden. Die Factoren von $x^2+2\alpha x+\alpha^2+\beta^2$ aber sind $x+\alpha+\beta\sqrt{-1}$, $x+\alpha-\beta\sqrt{-1}$; werden sie gleich Null gesetzt, so erhält man $x=-(\alpha+\beta\sqrt{-1})$, $x=-\alpha-\beta\sqrt{-1})$. Diese Werthe, nach einander in $U-Q(Ax+B)$ substituirt, müssen diese Größe verschwinden machen. Wird daher mit $u \pm u'\sqrt{-1}$ und mit $q \pm q'\sqrt{-1}$, was aus U und Q wird, bezeichnet, so erhält man nach dieser Umformung

$$u \pm u'\sqrt{-1} - (q \pm q'\sqrt{-1})[-A(\alpha \pm \beta\sqrt{-1}) + B] = 0.$$

Diese Gleichung ist zweifach wegen des Zeichens $\pm$, womit mehrere ihrer Glieder behaftet sind, und denen gleichgeltend, die man dadurch bilden wurde, daß man den reellen und den imaginären Theil jeden besonders gleich Null setzte; dieser Betrachtung gemäß erhält man

$$u + q\alpha A - q'\beta A - qB = 0,$$
$$u' + q\beta A + q'\alpha A - q'B = 0,$$

welche Gleichungen die Werthe von A und B geben.

Man kann q und q' fast eben so finden, wie man in dem 155 §. q gefunden hat. Nämlich man differentiire die Gleichung

$$Q(x^2+2\alpha x+\alpha^2+\beta^2) = V,$$

und setze hierauf

$$x^2 + 2\alpha x + \alpha^2 + \beta^2 = 0,$$

so kommt

$$Q(2xdx + 2\alpha dx) = dV, \text{ oder } Q = \frac{dV}{2xdx + 2\alpha dx};$$

hiernächst statt x seine beiden Werthe $-(\alpha \pm \beta\sqrt{-1})$ substituirt, das, was alsdann aus $\frac{dV}{dx}$ wird, durch $v \pm v'\sqrt{-1}$ vorgestellt, und $q \pm q'\sqrt{-1}$ für Q geschrieben, kommt

$$q \pm q'\sqrt{-1} = \frac{v + v'\sqrt{-1}}{\mp 2\beta\sqrt{-1}}.$$

Multiplicirt man die zwei Glieder des Bruches der zweiten Seite durch $\sqrt{-1}$, und setzt hernach die reellen und imaginären Theile jeder Seite gleich Null, so erhält man $q = -\frac{v'}{2\beta}$, $q' = \frac{v}{2\beta}$.

§. 158. Wenn der Factor $x^2 + 2\alpha x + \alpha^2 + \beta^2$, den ich der Kürze wegen durch R vorstellen will, sich mehreremal in dem Nenner V befande, und man

$V = Q(x^2 + 2\alpha x + \alpha^2 + \beta^2)^n = QR^n$ hätte, so würde man in diesem Falle (§. 155.)

$$\frac{U}{V} = \frac{Ax + B}{R^n} + \frac{A_1 x + B_1}{R^{n-1}} + \frac{A_2 x + B_2}{R^{n-2}} \ldots + \frac{P}{Q}$$

machen; auf gleiche Benennung gebracht, und den Werth von P daraus genommen, findet man

$$P = \frac{U - Q[Ax + B + (A_1 x + B_1)R + (A_2 x + B_2)R^2 + \ldots]}{R^n}.$$

Schließt man in diesem Falle, wie in dem vorhergehenden, so folgt, daß der Zähler dieses Ausdruckes durch die Substitution von $-\alpha + \beta\sqrt{-1}$, welche auch $R = 0$ macht, verschwinden müsse; und mit Beibehaltung derselben Benennungen, wie oben, erhält man nach dieser Operation

$$u \pm u'\sqrt{-1} - (q \pm q'\sqrt{-1})[-A(\alpha \pm \beta\sqrt{-1}) + B] = 0,$$

wel-

welches zur Bestimmung von A und B dieselben Gleichungen, als in dem vorhergehenden §., giebt. Nach Auffindung der Werthe dieser Größen substituire man sie in den Nenner von P; und da die Glieder $U - Q(Ax + B)$ durch R oder $x^2 + 2\alpha^2 x + \alpha^2 + \beta^2$ theilbar werden, so wird es auch der gesammte Ausdruck; nennt man daher U_1 den Quotienten von $U - Q(Ax + B)$ durch $x^2 + 2\alpha x + \alpha^2 + \beta^2$, so erhalt man

$$P = \frac{U_1 - Q[A_1 x + B_1 + (A^2 x + B_2) R + \dots]}{R^{n-1}}.$$

Indem man in diesen neuen Zähler wiederum für x die Werthe, welche die Gleichung $R = 0$ giebt, setzt, und das Resultat gleich Null nimmt, so wird A_1 und B_1, wie weiter oben A und B, bestimmt, und dies Verfahren läßt sich auf dieselbe Art fortsetzen, um zu den Werthen der Buchstaben A_2, B_2, A_3, B_3, etc. zu gelangen.

Dieser Fall entspricht dem in §. 156. behandelten vollkommen, und die Differential-Rechnung findet in derselben Art auf beide Anwendung vermittelst der Gleichung

$$U = Q[Ax + B + (A_1 x + B_1) R + (A_2 x + B_2) R^2 + \dots] + PR^n$$

und ihrer Differentialen, in welchen, bis zur Ordnung $n = -1$ mit eingeschlossen, das Glied PR^n verschwindet, wenn man $R = 0$ macht. Auf diese Weise bekommt man die Gleichungen

$$U = (Ax + B) Q$$

$$dU = (Ax + B) dQ + AQdx + (A_1 x + B_1) QdR,$$

etc.

deren jede zweifach wird, wenn man für x die Werthe gesetzt hat, deren es kraft der Gleichung $R = 0$ oder $x^2 + 2\alpha x + \alpha^2 + \beta^2 = 0$ fahig ist. Dadurch, daß man den reellen und den imaginären Theil jeden besonders gleich Null setzt, bekommt man eine zur Bestimmung von A, B, A_1, B_1, etc. hinreichende Anzahl von Gleichungen.

Man muß noch bemerken, daß man aus

$$V = Q\,(x^2 + 2\alpha x + \alpha^2 + \beta^2)^n,$$

unter der Voraussetzung von $x^2 + 2\alpha x + \alpha^2 + \beta^2 = 0$,

$$Q = \frac{d^n V}{d^n.\,(x^2 + 2\alpha x + \alpha^2 + \beta^2)}$$ herleitet. Bei derselben Annahme findet man dQ, d^2Q, etc., indem man die Differentialen der Ordnungen $n+1$, $n+2$, etc. von der Gleichung

$$V = Q\,(x^2 + 2\alpha x + \alpha^2 + \beta^2)^n$$

nimmt, und darauf die Glieder, welche diese Annahme Null macht, wegläßt.

§. 159. Ich will nunmehr einige Anwendungen des Vorhergehenden geben. Es sei der Bruch $\frac{dx}{x^8 + x^7 - x^4 - x^3}$; die Factoren seines Nenners sind leicht zu entdecken; denn er läßt sich unter die Form $x^3(x^5 + x^4 - x - 1) = x^3(x+1)(x^4 - 1)$ bringen. Der Factor $x^4 - 1$ zerlegt sich in $x^2 - 1$ und $x^2 + 1$, oder $x - 1$, $x + 1$ und $x^2 + 1$; man hat also $x^8 + x^7 - x^4 - x^3 = x^3(x-1)(x+1)^2(x^2+1)$: folglich ist der vorgegebene Bruch zerlegbar, wie folgt (§§. 151, 152, 153):

$$\frac{A dx}{x-1} + \frac{B dx}{(x+1)^2} + \frac{C dx}{x+1}$$
$$+ \frac{D dx}{x^3} + \frac{E dx}{x^2} + \frac{F dx}{x} + \frac{(Gx+H)\,dx}{1+x^2}.$$

Durch Zurückführung auf einerlei Nenner und Vergleichung des Resultats mit $\frac{dx}{x^8 + x^7 - x^4 - x^3}$ lassen sich die unbekannten Zähler bestimmen; ich werde aber hier von den eben angezeigten Verfahrungsarten Gebrauch machen.

Zu dem Ende betrachte ich die vier den Nenner des vorgegebenen Bruchs bildenden Factoren

$x - 1$, $(x+1)^2$, x^3 und $x^2 + 1$

jeden besonders; dem ersten entspricht ein Bruch von der Form $\frac{A}{x-1}$, dessen Nenner, gleich Null gesetzt, $x = 1$ giebt. Die Größen $U = 1$ und $\frac{dV}{dx} = \frac{d(x^8 + x^7 - x^4 - x^3)}{dx}$ werden 1 und 8; man hat daher (§. 155.) $A = \frac{1}{8}$, und für den ersten Theilbruch $\frac{1}{8} \cdot \frac{1}{x-1}$.

Dem Factor $(x+1)^2$ entsprechen zwei Theilbrüche von der Form $\frac{A}{(x+1)^2} + \frac{A_1}{x+1}$ (§. 156.); nachdem unmittelbar gefunden, daß

$$Q = \frac{x^8 + x^7 - x^4 - x^3}{(x+1)^2} = x^6 - x^5 + x^4 - x^3 \text{ ist,}$$

so setze ich $x + 1 = 0$, woraus $x = -1$, $q = 4$, und $\frac{u}{q} = \frac{1}{4}$ wird; mithin ist der zweite Theilbruch

$$\frac{1}{4} \cdot \frac{1}{(x+1)^2}.$$

In den Ausdruck U_1 des angeführten §s statt A seinen Werth $\frac{1}{4}$ gesetzt, erhalte ich

$$U_1 = \frac{U - AQ}{x+1} = \frac{4 - x^6 + x^5 - x^4 + x^3}{4(x+1)}$$

$$= \frac{-x^5 + 2x^4 - 3x^3 + 4x^2 - 4x + 4}{4},$$

und hieraus kommt $\frac{u_1}{p} = \frac{18}{16} = \frac{9}{8}$; man hat daher zum dritten Theilbruch $\frac{9}{8} \cdot \frac{1}{x+1}$.

Um hier die Differential-Rechnung anzuwenden, hätte man (§. 156.) die Gleichung

$1 = Q[A + A_1(x+1)] + P(x+1)^2$ zu bilden, die es hinreichend wäre einmal zu differentiiren; und würde hierauf $x = -1$ gesetzt, so käme $1 = AQ$

$$0 = A\,dQ + A_1 Q\,dx.$$

Da $Q = x^6 + x^5 - x^4 - x^3$ ist, so gäbe die erste dieser Gleichungen $A = \frac{1}{4}$, und die zweite $A_1 = \frac{9}{8}$.

Der Factor x^3 verschafft die drei Theilbrüche $\frac{A}{x^3} + \frac{A_1}{x^2} + \frac{A_2}{x}$, welche man vermittelst der Gleichung

$$1 = Q\,[A + A_1 x + A_2 x^2] + P x^3$$

und ihres ersten und zweiten Differentials bestimmt. Beachtet man, daß $Q = x^5 + x^4 - x - 1$ ist, und macht $x = 0$ in Q, dQ, und d^2Q, so findet sich

$$A = -1,\quad A_1 = 1,\quad A_2 = -1;$$

man hat daher $-\frac{1}{x^3} + \frac{1}{x^2} - \frac{1}{x}$.

Es bleibt nur noch der dem Factor $x^2 + 1$ entsprechende Theilbruch, dessen Form $\frac{Ax + B}{x^2 + 1}$ ist, zu finden übrig. Man könnte ihn so erschließen, daß man von dem vorgegebenen alle vorhergehenden abzöge; jedoch werde ich dazu geradehin durch die Formeln des 157 §s gelangen. Man hat zuvörderst $Q = x^6 + x^5 - x^4 - x^3$; hiernächst giebt der Factor $x^2 + 1$, gleich Null gesetzt, $x = \pm\sqrt{-1}$, $\alpha = 0$, $\beta = 1$, woraus $q \pm q'\sqrt{-1} = -2 \pm 2\sqrt{-1}$, $u = 1$ und $u' = 0$ folgt; die Gleichungen, welche A und B bestimmen, werden

$$1 + 2A + 2B = 0,\quad 2A - 2B = 0;$$

und man findet folglich $A = B = -\frac{1}{4}$.

So ist demnach der vorgegebene Bruch $\frac{dx}{x^5 + x^7 - x^4 - x^3}$ in folgende zerlegt:

$$\frac{1}{8}\,\frac{dx}{x - 1} + \frac{1}{4}\,\frac{dx}{(x+1)^2} + \frac{9}{8}\,\frac{dx}{x + 1}$$

$$-\frac{dx}{x^3} + \frac{dx}{x^2} - \frac{dx}{x} - \frac{1}{4}\,\frac{(x+1)\,dx}{x^2 + 1}.$$

Die Integrirung eines jeden derselben gewährt kein Schwierigkeit, und man bekommt zum Resultat

$$\left.\begin{array}{l}\frac{1}{8}\,l(x-1)-\frac{1}{4}\,\frac{1}{x+1}\\ +\frac{9}{8}\,l(x+1)+\frac{1}{2x^2}-\frac{1}{x}-lx\\ -\frac{1}{8}\,l(x^2+1)-\frac{1}{4}\,\mathrm{arc}(\mathrm{tang}=x)+\mathrm{const.}\end{array}\right\}$$

Aus der Vereinigung aller algebraischen Glieder entsteht der Bruch $\frac{2-2x-5x^2}{4x^2(1+x)}$, so wie alle logarithmischen Glieder zusammengenommen

$$\frac{1}{8}\,l(x-1)+\frac{1}{8}\,l(x+1)+l(x+1)-\frac{1}{8}\,l(x^2+1)-lx$$
$$=\frac{1}{8}\,l\left(\frac{x^2-1}{x^2+1}\right)+l\left(\frac{x+1}{x}\right)$$

geben; man erhält also

$$\int\frac{dx}{x^8+x^7-x^4-x^3}=\frac{2-2x-5x^2}{4x^2(1+x)}+\frac{1}{8}\,l\left(\frac{x^2-1}{x^2+1}\right)$$
$$+\,l\left(\frac{x+1}{x}\right)-\frac{1}{4}\,\mathrm{arc}\,(\mathrm{tang}=x)+\mathrm{const.}$$

Von der Integrirung der irrationalen Functionen.

§. 160. Die irrationalen Functionen sind allemal als integrirt zu betrachten, sobald man sie durch irgend eine Umformung rational gemacht hat, oder wenigstens, wenn man sie auf eine Folge von irrationalen Monomien zurückgeführt hat; denn alsdann lassen sich die vorhergehenden Regeln darauf unmittelbar anwenden.

Es sei z. B. $\frac{(1+\sqrt{x}-\sqrt[3]{x^2})\,dx}{1+\sqrt[3]{x}}$, so ist einleuchtend, daß durch die Annahme von $x = z^6$ sich alle angezeigten Wurzelausziehungen bewerkstelligen lassen, und man hat $\frac{6z^5 dz(1+z^3-z^4)}{1+z^2}$; wird durch $1+z^2$ dividirt, so kommt

$$-6\left[z^7 dz - z^6 dz - z^5 dz + z^4 dz - z^2 dz + dz - \frac{dz}{1+z^2}\right],$$

wovon das Integral

$$-6\left[\frac{z^8}{8} - \frac{z^7}{7} - \frac{z^6}{6} + \frac{z^5}{5} - \frac{z^3}{3} + z - \text{arc}(\text{tang} = z)\right] + \text{const.}$$

ist, und für z wieder den Werth $\sqrt[6]{x}$ gesetzt, erhält man

$$-\tfrac{6}{8}x\sqrt[6]{x^2} + \tfrac{6}{7}x\sqrt[6]{x} + x - \tfrac{6}{5}\sqrt[6]{x^5} + 2\sqrt{x} - 6\sqrt[6]{x}$$
$$+ 6\,\text{arc}(\text{tang} = \sqrt[6]{x}) + \text{const.}$$

§. 161. Die erste Gattung irrationaler Functionen, womit ich mich sofort beschäftigen werde, ist diejenige, welche nur die Wurzelgröße $\sqrt{A+Bx+Cx^2}$ befaßt, und welche nur die eine oder die andere von den Formen $Xdx\sqrt{A+Bx+Cx^2}$ und $\frac{Xdx}{\sqrt{A+Bx+Cx^2}}$ haben kann, wo X eine rationale Function von x ist. Man muß zuförderst bemerken, daß die eine dieser Formen in die andere übergeht; denn man kann die erste so schreiben, wie folgt:

$$Xdx\frac{\sqrt{A+Bx+Cx^2} \times \sqrt{A+Bx+Cx^2}}{\sqrt{A+Bx+Cx^2}}$$
$$= \frac{X(A+Bx+Cx^2)dx}{\sqrt{A+Bx+Cx^2}},$$

und der Zähler des Resultats ist alsdann eine rationale Function.

Ehe ich die Mittel anzeige, den Ausdruck $\sqrt{A+Bx+Cx^2}$ in Beziehung auf x rational zu machen, setze ich die Größe $A+Bx+Cx^2$ unter die Form $C\left(\frac{A}{C}+\frac{B}{C}x+x^2\right)$; nud der Kürze wegen $C=\gamma^2$, $\frac{A}{C}=\alpha$, $\frac{B}{C}=\beta$ gemacht, geht daraus $\sqrt{A+Bx+Cx^2}=\gamma\sqrt{\alpha+\beta x+x^2}$ hervor.

Dies gesetzt, nehme man $\sqrt{\alpha+\beta x+x^2}=x+z$, so kommt nach der Erhebung zum Quadrat $\alpha+\beta x=2xz+z^2$, welches $x=\frac{\alpha-z^2}{2z-\beta}$ giebt, woraus

$$\sqrt{A+Bx+Cx^2}=\gamma(x+z)=\gamma\left(\frac{\alpha-\beta z+z^2}{2z-\beta}\right),$$

$$dx=-\frac{2(\alpha-\beta z+z^2)\,dz}{(2z-\beta)^2}\text{ wird.}$$

Vermittelst dieser Werthe wird man das Differential $\frac{X\,dx}{\sqrt{A+Bx+Cx^2}}$ in ein anders von der Form $Z\,dz$ verwandeln, wo Z eine rationale, und, sofern C positiv, auch reelle Function von z ist; wenn aber C negativ wäre, so würde γ imaginär, und das umgeformte Differential könnte es gleichfalls werden.

In diesem Falle erhielte man $\sqrt{A+Bx+Cx^2}$; und machte man $C=\gamma^2$, $\frac{A}{C}=\alpha$, $\frac{B}{C}=\beta$, so käme $\gamma\sqrt{\alpha+\beta x-x^2}$. Die Größe $x^2-\beta x-\alpha$ läßt sich immer in reelle Factoren vom ersten Grade zerlegen; werden sie durch $x-a$ und $x-a'$ vorgestellt, so ist einleuchtend, daß

$\alpha+\beta x-x^2=-(x^2-\beta x-\alpha)=(x-a)(a'-x)$.

Macht man hierauf $\sqrt{(x-a)(a'-x)}=(x-a)z$, und erhebt die beiden Seiten dieser Gleichung zum Quadrat, so wird sie durch $x-a$ theilbar, und man erhält $a'-x=(x-a)z^2$, woraus sich

$$x=\frac{az^2+a'}{z^2+1},\ (x-a)z=\frac{(a'-a)z}{z^2+1},\ dx=\frac{2(a-a')z\,dz}{(z^2+1)^2}$$

ergiebt, welche Werthe das vorgegebene Differential abermals rational machen.

§. 162. Ich nehme zuförderst als Beispiel das Differential $\frac{dx}{\sqrt{A+Bx+Cx^2}}$; die erste der vorhergehenden Umformungen giebt $\frac{-2dz}{\gamma(2z-\beta)}$, dessen Integral $-\frac{1}{\gamma}l(2z-\beta)+\text{const.}$ ist. Setzt man wieder für z seinen Werth $-x+\sqrt{\alpha+\beta x+x^2}$, und für α, β und γ die durch sie vorgestellten Größen, so kommt

$$-\frac{1}{\sqrt{C}}l\left[\frac{2}{\sqrt{C}}\left(-\frac{B}{2\sqrt{C}}x\sqrt{C}+\sqrt{A+Bx+Cx^2}\right)\right]+\text{const.},$$

welchem Resultate man die Form

$$-\frac{1}{\sqrt{C}}l\left[-\frac{B}{2\sqrt{C}}-x\sqrt{C}+\sqrt{A+Bx+Cx^2}\right]-\frac{1}{\sqrt{C}}l\frac{2}{\sqrt{C}}+\text{const.}$$

geben kann. Indem man die beständigen Glieder vereinigt und beachtet, daß die Wurzelgröße $\sqrt{C}$ des Zeichens $\pm$ fähig ist, so erhält man

$$\int\frac{dx}{\sqrt{A+Bx+Cx^2}}=\frac{1}{\sqrt{C}}l\left[\frac{B}{2\sqrt{C}}+x\sqrt{C}+\sqrt{A+Bx+Cx^2}\right]+\text{const.}$$

§. 163. Es sei als zweites Beispiel $\frac{dx}{\sqrt{A+Bx-Cx^2}}$; durch den von der letzten Umformung des 161. §s. zu machenden Gebrauch erhält man $\frac{-2dz}{\gamma(z^2+1)}$, dessen Integral $-\frac{2}{\gamma}\text{arc}(\text{tang}=z)+\text{const.}$ ist. Substituirt man statt z seinen aus der Gleichung $a'-x=(x-a)z^2$ genommenen Werth $\frac{\sqrt{a'-x}}{\sqrt{x-a}}$, und setzt $\sqrt{C}$ für γ, so bekommt man

$$\int \frac{dx}{\sqrt{A + Bx - Cx^2}} = -\frac{2}{\sqrt{C}} \cdot \text{arc}\left(\text{tang} = \frac{\sqrt{a' - x}}{\sqrt{x - a}}\right) + \text{const.},$$

wo a und a′ die Wurzeln der Gleichung

$$x^2 - \frac{B}{C} x - \frac{A}{C} = 0 \text{ sind.}$$

Wenn man $A = C = 1$ und $B = 0$ nimmt, so wird das vorgegebene Differential in diesem besondern Falle $\frac{dx}{\sqrt{1 - x^2}}$, und die vorhergehende Formel giebt für sein Integral

$$-2 \cdot \text{arc}\left(\text{tang} = \frac{\sqrt{1 - x}}{\sqrt{1 + x}}\right) + \text{const.};$$

denn da a und a′ alsdann die Wurzeln von $x^2 - 1 = 0$ sind, so muß man $a = -1$ und $a' = 1$ nehmen, um nicht in das Unmögliche zu verfallen.

Ich werde zeigen, daß sich dieses Resultat auf den Bogen zurückbringen läßt, dessen Sinus $= x$ ist, und wovon man weiß, daß $\frac{dx}{\sqrt{1 - x^2}}$ das Differential desselben ausdrückt (§. 35.). Zu dem Ende erinnere man sich, daß Trig. §. 26.)

$$\text{tang } 2A = \frac{2 \text{ tang } A}{1 - \text{tang } A^2} \text{ ist, woraus folgt,}$$

daß das Doppelte des in der vorhergehenden Formel angezeigten Bogens, $\frac{\sqrt{1 - x^2}}{x}$ zur Tangente hat, und folglich die Ergänzung des Bogens ist, von dem $\frac{x}{\sqrt{1 - x^2}}$ die Tangente und x der Sinus wäre (Trig. §. 26.). Nennt man daher diesen letzten s, so erhält man

$$\int \frac{dx}{\sqrt{1 - x^2}} = s - \frac{\pi}{2} + \text{const.},$$

und begreift den Bogen $-\frac{\pi}{2}$ mit in der willkührlichen beständigen Größe, so kommt

$$\int\frac{dx}{\sqrt{1-x^2}} = s + \text{const.}$$

Ich will hier bemerken, daß man das Differential

$$\frac{dx}{\sqrt{A+Bx-Cx^2}} = \frac{dx}{\gamma\sqrt{\alpha+\beta x-x^2}}$$

unmittelbar auf das eines Kreisbogens zurückführen könne; denn indem man zuvörderst $x-\frac{\beta}{2}=z$ macht, erhält man $\frac{dz}{\gamma\sqrt{\alpha+\frac{1}{4}\beta^2-z^2}}$; setzt man hierauf $\alpha-\frac{1}{4}\beta^2=g^2$, und $z=gu$, so findet man $\frac{du}{\gamma\sqrt{1-u^2}}$, wovon das Integral

$$\frac{1}{\gamma}.\,\text{arc}\,(\sin=u) + \text{const. ist.}$$

§. 164. Die Integrirung der Formel $\frac{dx}{\sqrt{1-x^2}}$ läßt sich auch vermittelst der Logarithmen bewerkstelligen, und führt alsdann auf imaginäre Ausdrücke des Sinus und Cosinus, welche sehr merkwürdig sind.

Durch Vergleichung dieser Formel mit $\frac{dx}{\sqrt{A+Bx+Cx^2}}$ findet man $A=1$, $B=0$, $C=-1$; und das allgemeine Integral wird (§. 162.)

$\frac{1}{\sqrt{-1}}\,l\,(x\sqrt{-1}+\sqrt{1-x^2}) + \text{const.}$; stellt man durch z den Bogen vor, von dem $\frac{dx}{\sqrt{1-x^2}}$ das Differential ist, so erhält man demnach

$$z = \frac{1}{\sqrt{-1}}\,l\,(x\sqrt{-1}+\sqrt{1-x^2}) + \text{const.}$$

Will man aber, daß dieser Bogen zu gleicher Zeit

mit x Null sei, so muß man die beständige willkührliche Größe weglassen; denn für $x = 0$ wird die zweite Seite, wegen $l\,1 = 0$, auf diese beständige Größe zurückgebracht.

Dies vorausgesetzt, bemerke man, daß, wenn x der Sinus des Bogens z, $\sqrt{1-x^2}$ dessen Cosinus ist, so wird die obige Gleichung

$z\sqrt{-1} = l\,(\cos z + \sqrt{-1}\sin z)$; und wird z negativ angenommen, so erhält man, da $\sin(-z) = -\sin z$, $\cos(-z) = \cos z$, wiederum

$-z\sqrt{-1} = l\,(\cos z - \sqrt{-1}\sin z)$, welches Resultat sich mit dem vorhergehenden in der Gleichung

$\pm z\sqrt{-1} = l\,(\cos z \pm \sqrt{-1}\sin z)$ vereinigt.*)

Nimmt man auf jeder Seite statt der Logarithmen die Zahlen, zu welchen sie gehören, so kommt

$$e^{\pm z\sqrt{-1}} = \cos z \pm \sqrt{-1}\sin z,$$

welche Gleichung die beiden folgenden Ausdrücke verschafft

$$e^{z\sqrt{-1}} = \cos z + \sqrt{-1}\sin z,$$

$$e^{-z\sqrt{-1}} = \cos z - \sqrt{-1}\sin z.$$

Wenn man diese addirt, so geben sie

$$\cos z = \frac{e^{z\sqrt{-1}} + e^{-z\sqrt{-1}}}{2};$$

---

*) Der Ausdruck $dz = \frac{dx}{\sqrt{1-x^2}}$ verwandelt sich unmittelbar in ein logarithmisches Differential, wenn man seinen Zähler und Nenner durch den Factor $x\sqrt{-1} + \sqrt{1-x^2}$ multiplicirt. Durch diese Operation kommt

$$dz = \frac{\frac{x\,dx\sqrt{-1}}{\sqrt{1-x^2}} + dx}{x\sqrt{-1} + \sqrt{1-x^2}} = \frac{1}{\sqrt{-1}} \cdot \frac{dx\sqrt{-1} - \frac{x\,dx}{\sqrt{1-x^2}}}{x\sqrt{-1} + \sqrt{1-x^2}};$$

und man sieht alsdann wohl, daß der Zähler des zweiten Bruches das Differential seines Nenners ist, so daß man daraus, wie oben, $z\sqrt{-1} = l\,(x\sqrt{-1} + \sqrt{1-x^2})$ folgert.

und durch Abziehung der zweiten von der ersten, geht daraus $\sin z = \frac{e^{z\sqrt{-1}} - e^{-z\sqrt{-1}}}{2\sqrt{-1}}$ hervor.

Diese Ausdrücke sind im Grunde nur bloße algebraische Symbole, welche unter einer abgekürzten Form die Reihen des 36 §s vorstellen, wie man sich hiervon dadurch vergewissern kann, daß man für die Exponential-Größen $e^{z\sqrt{-1}}$, $e^{-z\sqrt{-1}}$ ihre nach der Reihe des 25 §s gebildeten Entwickelungen setzt; aber diese Symbole, ob man gleich für sie keinen Werth unter irgend einer endlichen Form angeben kann, gewähren nichts desto weniger bei der Rechnung die größte Leichtigkeit, und offenbaren alle Eigenschaften, welche die durch sie vorgestellten trigonometrischen Linien besitzen.

Dadurch, daß man nz statt z in die Gleichung $e^{\pm z\sqrt{-1}} = \cos z \pm \sqrt{-1}\sin z$ setzt, wird diese
$$e^{\pm nz\sqrt{-1}} = \cos nz \pm \sqrt{-1}\sin nz.$$
Man hat aber auch
$$e^{\pm nz\sqrt{-1}} = \left(e^{\pm z\sqrt{-1}}\right)^n = (\cos z \pm \sqrt{-1}\sin z)^n;$$
mithin $(\cos z \pm \sqrt{-1}\sin z)^n = \cos nz \pm \sqrt{-1}\sin nz$.
Diese letzte Gleichung führt auf sehr wichtige Folgerungen, welche ich nacheinander entwickeln werde, nach Maaßgabe des entstehenden Bedürfnisses derselben. Hier werde ich mich bei dem Gebrauche verweilen, welchen man von ihr zur Entdeckung der Factoren der Binomien von der Form $x^n \mp a^n$ machen kann, weil diese Untersuchung bei der Integrirung der rationalen Brüche $\frac{x^m dx}{x^n \mp a^n}$ nothwendig ist.

§. 165. Die Function $x^n \mp a^n$ formt sich in $a^n(y^n \mp 1)$ um, wenn man $x = ay$ macht; und um ihre Factoren zu erkennen, genügt es, die Gleichung $y^n \mp 1 = 0$ aufzulösen, welche auf $y^n = \pm 1$ zurückkömmt.

Der Ausdruck $y = \cos z + \sqrt{-1} \sin z$ thut dieser Gleichung Genüge durch eine sehr einfache Bestimmung des Bogens z; denn man hat
$y^n = (\cos z + \sqrt{-1} \sin z)^n = \cos nz + \sqrt{-1} \sin nz$; und da, wenn man mit π den Halbkreis und mit m irgend eine ganze Zahl bezeichnet, $\sin m\pi = 0$, $\cos m\pi = \pm 1$ wird, je nachdem m eine gerade oder ungerade Zahl ist: so hat man nur $nz = m\pi$ anzunehmen, um $y^n = \pm 1$ zu erhalten.

Zur bestimmteren Unterscheidung des Falles, wo m gerade ist, von demjenigen, wo es ungerade ist, schreibt man für den ersten $2m$ statt m, und für den zweiten $2m+1$, und macht $nz = 2m\pi$ und $nz = (2m+1)\pi$. Bei der ersten Annahme kommt

$$y = \cos \frac{2m\pi}{n} + \sqrt{-1} \sin \frac{2m\pi}{n}, \text{ und } y^n = +1,$$

und bei der zweiten

$$y = \cos \frac{(2m+1)\pi}{n} + \sqrt{-1} \sin \frac{(2m+1)\pi}{n}, \text{ und } y^n = -1.$$

Vermittelst der unbestimmten Zahl m verschafft ein jeder der Ausdrücke von y alle Werthe, deren diese Größe fähig ist; denn man kann nach einander $m = 0$, $m = 1$, $m = 2$, $m = 3$, etc. nehmen. Die erste Formel giebt

$$y = \cos 0 . \pi = 1$$

$$y = \cos \frac{2\pi}{n} + \sqrt{-1} \sin \frac{2\pi}{n}$$

$$y = \cos \frac{4\pi}{n} + \sqrt{-1} \sin \frac{4\pi}{n},$$

etc.

und es ist sichtbar, daß man immer verschiedene Resultate finden werde, bis man zu $m = n - 1$ gelangt; denn durch Voraussetzung von $n = m$ bekommt man $y = \cos 2\pi = 1$, und verfällt wieder auf den ersten der schon erhaltenen Werthe zurück; hiernächst $m = n + 1$ genommen, kommt

$$\cos \frac{(2n+2)\pi}{n} = \cos (2\pi + \frac{2\pi}{n}) = \cos \frac{2\pi}{n} \text{ (Tr. §. 22)}$$

$$\sin \frac{(2n+2)\pi}{n} = \sin (2\pi + \frac{2\pi}{n}) = \sin \frac{2\pi}{n},$$

welches auf den ersten Werth zurückführt, und so mit den übrigen.

Der zweite allgemeine, sich auf die Gleichung $y^n + 1 = 0$ beziehende Ausdruck giebt eben so nur verschiedene Werthe, von $m = 0$ bis $m = n - 1$ mit einbegriffen, weil, wenn man $m = n$ nimmt, sich

$$\cos \frac{(2n+1)\pi}{n} = \cos (2\pi + \frac{\pi}{n}) = \cos \frac{\pi}{n}$$

$$\sin \frac{(2n+1)\pi}{n} = \sin (2\pi + \frac{\pi}{n}) = \sin \frac{\pi}{n} \text{ ergiebt.}$$

§. 165. Durch dieses Verfahren findet man nicht nur die n Wurzeln der Gleichung $y^n \mp 1 = 0$ genau, sondern man erkennt auch bei einiger Aufmerksamkeit, daß diese Wurzeln sich paarweise ordnen lassen, indem man diejenigen, welche nur durch das Zeichen der Wurzelgröße $\sqrt{-1}$ verschieden sind, zusammenbringt. Nämlich, da

$\cos(2\pi - p) = \cos p$ und $\sin(2\pi - p) = -\sin p$ ist, so geht hieraus hervor, daß

$$y = \cos \frac{(n+q)\pi}{n} + \sqrt{-1} \sin \frac{(n+q)\pi}{n}$$

$$= \cos \frac{(n-q)\pi}{n} - \sqrt{-1} \sin \frac{(n-q)\pi}{n}.$$

Nun ist es aber leicht ersichtlich, daß die Zahlen $n + q$ und $n - q$ alle beide gerade oder ungrade zu gleicher Zeit sind; man kann also in den eben angeführten Ausdrucken von y sich auf die Vielfachen von π beschranken, welche $n\pi$ nicht übersteigen, wofern man nur die Wurzelgröße $\sqrt{-1}$ wechselsweise mit + und mit — nimmt, und jene werden demzufolge

$$y = \cos\frac{2m\pi}{n} \pm \sqrt{-1}\sin\frac{2m\pi}{n},$$

$$y = \cos\frac{(2m+1)\pi}{n} \pm \sqrt{-1}\sin\frac{(2m+1)\pi}{n}.$$

Wenn n gerade ist, so müssen die Werthe von m in dem ersten alle ganze Zahlen von 0 bis $\frac{n}{2}$ mit einbegriffen und nur bis zu $\frac{n-2}{2}$ in dem zweiten Ausdrucke sein; und wenn n ungerade ist, so sind beide bis zu $\frac{n-1}{2}$ fortzusetzen.

Die beiden in der Formel

$y = \cos\frac{2m\pi}{n} \pm \sqrt{-1}\sin\frac{2m\pi}{n}$ begriffenen Werthe geben zu Factoren des ersten Grades von der Größe $y^x - 1$ die zwei imaginären Ausdrücke

$$\left(y - \cos\frac{2m\pi}{n}\right) - \sqrt{-1}\sin\frac{2m\pi}{n},$$

$$\left(y - \cos\frac{2m\pi}{n}\right) + \sqrt{-1}\sin\frac{2m\pi}{n};$$

und indem man diese multiplicirt, bekommt man den Ausdruck

$$y^2 - 2y\cos\frac{2m\pi}{n} + 1,$$

welche alle reelle Factoren des zweiten Grades begreift.

Eben so findet man, daß die Factoren des zweiten Grades der Größe $y^n + 1$

$$y^2 - 2y\cos\frac{(2m+1)\pi}{n} + 1 \text{ sind.}$$

§. 169. Als Beispiel der Formel

$$y = \cos\frac{2m\pi}{n} \pm \sqrt{-1}\sin\frac{2m\pi}{n}$$

diene folgende Zusammenstellung der in der Function $y^6 - 1$ enthaltenen Factoren vom ersten Grade

$$y - 1$$

$$y - \left(\cos\frac{2\pi}{6} \pm \sqrt{-1}\ \sin\frac{2\pi}{6}\right)$$

$$y - \left(\cos\frac{4\pi}{6} \pm \sqrt{-1}\ \sin\frac{4\pi}{6}\right)$$

$$y + 1.$$

Die Formel

$$y^2 - 2y\cos\frac{2m\pi}{n} + 1$$

giebt die Factoren des zweiten Grades

$$y^2 - 2y + 1$$

$$y^2 - 2y\cos\frac{2\pi}{6} + 1$$

$$y^2 - 2y\cos\frac{4\pi}{6} + 1$$

$$y^2 + 2y + 1.$$

Der erste und der letzte von den Factoren des zweiten Grades sind die Quadrate der Factoren des ersten Grades $y - 1$ und $y + 1$, welche nur einmal in der vorgegebenen Formel vorkommen; man muß daher, wenn man die Factoren des zweiten Grades anwenden will, für den ersten und letzten blos

$(y - 1)\ (y + 1)$ oder $y^2 - 1$ setzen.

Man hat fur die Function $y^5 - 1$ die Factoren des ersten Grades

$$y - 1$$

$$y - \left(\cos\frac{2\pi}{5} \pm \sqrt{-1}\ \sin\frac{2\pi}{5}\right)$$

$$y - \left(\cos\frac{4\pi}{5} \pm \sqrt{-1}\ \sin\frac{4\pi}{5}\right).$$

Die Factoren des zweiten Grades sind

$$y^2 - 2y + 1$$

$$y^2 - 2y\cos\frac{2\pi}{5} + 1$$

$$y^2 - 2y\cos\frac{4\pi}{5} + 1;$$

man

man muß aber wiederum beachten, daß der erste Factor des zweiten Grades das Quadrat des Factors $y - 1$ ist, welcher nur einmal in der vorgegebenen Function vorkommt.

Vermöge der Formel

$$y = \cos\frac{(2m+1)\pi}{n} \pm \sqrt{-1}\,\sin\frac{(2m+1)\pi}{n}$$

sind die Factoren des ersten Grades von $y^5 + 1$:

$$y - \left(\cos\frac{\pi}{5} \pm \sqrt{-1}\,\sin\frac{\pi}{5}\right)$$

$$y - \left(\cos\frac{3\pi}{5} \pm \sqrt{-1}\,\sin\frac{3\pi}{5}\right)$$

$$y + 1;$$

und die Formel

$$y^2 - 2y\cos\frac{(2m+1)\pi}{n} + 1 \text{ führt auf}$$

$$y^2 - 2y\cos\frac{\pi}{5} + 1$$

$$y^2 - 2y\cos\frac{3\pi}{5} + 1$$

$$y^2 + 2y + 1.$$

Die Function $y^6 - 1$ hat zu Factoren des ersten Grades

$$y - \left(\cos\frac{\pi}{6} \pm \sqrt{-1}\,\sin\frac{\pi}{6}\right)$$

$$y - \left(\cos\frac{3\pi}{6} \pm \sqrt{-1}\,\sin\frac{3\pi}{6}\right) \text{ oder } y \pm \sqrt{-1}$$

$$y - \left(\cos\frac{5\pi}{6} \pm \sqrt{-1}\,\sin\frac{5\pi}{6}\right),$$

und zu Factoren des zweiten Grades

$$y^2 - 2y\cos\frac{\pi}{6} + 1$$

$$y^2 - 2y\cos\frac{3\pi}{6} + 1 \text{ oder } y^2 + 1$$

$$y^2 - 2y\cos\frac{5\pi}{6} + 1.$$

§. 168. Die Functionen von der Form $x^{2n} - 2px^n + q$ lassen sich, wie die nur zwei Glieder enthaltenden, behandeln. Indem man sie nach Art der Gleichungen vom zweiten Grade auflös't, zieht man daraus die Factoren

$$x^n - (p \pm \sqrt{p^2 - q}),$$

welche reell sind, so lange p^2, q übersteigt; und wird alsdann $\pm a^n = p \pm \sqrt{p^2 - q}$ gesetzt, so ergeben sich in Factoren zu zerlegende Functionen von der Form $x^n \pm a^n$.

Wenn man $p^2 < q$ hat, so mache man $p = \alpha^n$, $q = \beta^{2n}$, $x = \beta y$, und es kommt

$$\beta^{2n} y^{2n} - 2\alpha^n \beta^n y^n + \beta^{2n} = \beta^{2n} (y^{2n} - \frac{2\alpha^n}{\beta^n} y^n + 1);$$

da aber aus der Bedingung $p^2 < q$ oder $\alpha^{2n} < \beta^{2n}$ sich $\alpha^n < \beta^n$ ergiebt, so ist die Größe $\frac{\alpha^n}{\beta^n}$ ein Bruch, und läßt sich durch den Cosinus eines gegebenen Bogens δ vorstellen. Die vorgegebene Function geht daher in $\beta^{2n} (y^{2n} - 2y^n \cos\delta + 1)$ über, und es kommt nur noch darauf an, die Gleichung

$$y^{2n} - 2y^n \cos\delta + 1 = 0 \text{ aufzulösen.}$$

Man zieht daraus zuvörderst

$$y^n = \cos\delta \pm \sqrt{-1} \sin\delta;$$

hiernächst $y = \cos z \pm \sqrt{-1} \sin z$ genommen, kommt (§. 164.) $y^n = \cos nz \pm \sqrt{-1} \sin nz$, und durch Vergleichung mit dem andern Werthe von y^n bekommt man

$$\cos nz = \cos\delta, \quad \sin nz = \sin\delta.$$

Man genügt im Allgemeinen diesen Bestimmungen, indem man $nz = 2m\pi + \delta$ setzt, wo m irgend eine ganze Zahl ist, da $\cos(2m\pi + \delta) = \cos\delta$, $\sin(2m\pi + \delta) = \sin\delta$; man erhält demnach

$$z = \frac{2m\pi + \delta}{n}, \quad y = \cos\frac{2m\pi + \delta}{n} \pm \sqrt{-1} \sin\frac{2m\pi + \delta}{n};$$

und die Factoren des ersten Grades von der Function

$$y^{2n} - 2y^n \cos\delta + 1$$

sind folglich in der Formel

$$y - \left(\cos\frac{2m\pi+\delta}{n} \pm \sqrt{-1}\,\sin\frac{2m\pi+\delta}{n}\right) \text{ begriffen.}$$

Hätte man $x^{2n} + 2px^n + q = 0$, so würde man wiederum $\frac{\alpha^n}{\beta^n} = \cos\delta$ machen, aber

$y^{2n} - 2y^n \cos(\pi - \delta) + 1$ annehmen, weil $\cos(\pi - \delta) = -\cos\delta$ ist. Wäre dies geschehen, so käme

$$\cos nz = \cos(\pi - \delta),\ \sin nz = \sin(\pi - \delta);$$

und folglich

$$nz = 2m\pi + \pi - \delta = (2m+1)\pi - \delta\ *).$$

Von der Integrirung der binomischen Differentialen.

§. 169. Diese Differentialen werden durch die Formel

$$x^{m-1}\,dx\,(a + bx^n)^{\frac{p}{q}}$$

vorgestellt, deren Allgemeinheit man durch die Annahme, daß m und n ganze Zahlen sind, nicht vermindert.

Hätte man z. B. $x^{\frac{1}{3}}\,dx\,(a + bx^{\frac{1}{2}})^{\frac{p}{q}}$, so würde, $x = z^6$ gesetzt, daraus $6z^7\,dz\,(a + bz^3)^{\frac{p}{q}}$ hervorgehen. Man kann auch n als wesentlich positiv

---

*) Die Formeln der §§. 166, 167, 168. enthalten eingewickelt die Lehrsätze von Cotes und Moivre, und vertreten mit Vortheil diese Lehrsätze, welche jetzt nur noch ein Gegenstand der bloßen Wißbegierde sind; aus diesem Grunde habe ich geglaubt, sie hier nicht mit aufführen zu dürfen. Man findet sie in dem Lehrbegriff der Differential- und Integral-Rechnung.

betrachten, weil in dem Falle, wo man $x^{m-1}dx(a+bx^{-n})^{\frac{p}{q}}$ hätte, durch die Annahme von $x=\frac{1}{z}$ sich $-z^{-m-1}dz(a+bz^{n})^{\frac{p}{q}}$ ergeben würde.

Um zu untersuchen, in welchem Falle $x^{m-1}dx(a+bx^{n})^{\frac{p}{q}}$ rational werden kann, macht man $a+bx^{n}=z^{q}$, so daß $(a+bx^{n})^{\frac{p}{q}}=z^{p}$ wird; dann findet man

$$x^{n}=\frac{z^{q}-a}{b},\ x^{m}=\left(\frac{z^{q}-a}{b}\right)^{\frac{m}{n}},$$

$$x^{m-1}dx=\frac{q}{nb}\ z^{q-1}\left(\frac{z^{q}-a}{b}\right)^{\frac{m}{n}-1}dz;$$

und da das vorgegebene Differential hierdurch in

$$\frac{q}{nb}z^{p+q-1}dz\left(\frac{z^{q}-a}{b}\right)^{\frac{m}{n}-1}$$

übergeht, so sieht man alsdann, daß es allemal rational seyn wird, wenn $\frac{m}{n}$ eine ganze Zahl ist.

Der Ausdruck $x^{8}dx(a+bx^{3})^{\frac{p}{q}}$ genügt dieser Bedingung, da $m=9$, $n=3$, $\frac{m}{n}=3$ ist, und verwandelt sich in

$$\frac{q}{3b}\ z^{p+q-1}dz\left(\frac{z^{q}-a}{b}\right)^{2}.$$

Der Ausdruck $x^{m-1}dx(a+bx^{n})^{\frac{p}{q}}$ ist einer andern Form fähig, wenn man den Exponenten von x in der Parenthese negativ macht, oder die Größe $a+bx^{n}$ durch x^{n} dividirt; hiernach kommt

$$x^{m-1}\,dx\,(a+bx^n)^{\frac{p}{q}} = x^{m-1}\,dx\,[(ax^{-n}+b)x^n]^{\frac{p}{q}}$$
$$= x^{m-1}\,dx\,(ax^{-n}+b)^{\frac{p}{q}}\,x^{\frac{np}{q}}$$
$$= x^{m+\frac{np}{q}-1}\,dx\,(ax^{-n}+b)^{\frac{p}{q}},$$

und zufolge der vorhergehenden Rechnung kann der letzte dieser Ausdrücke rational gemacht werden, wenn $\dfrac{m+\frac{np}{q}}{n}$ eine ganze Zahl ist, oder, was auf dasselbe hinauskommt, wenn $\frac{m}{n}+\frac{p}{q}$ eine solche ist.

Das Differential $x^4\,dx\,(a+bx^3)^{\frac{1}{3}}$ gehört zu diesem Falle, weil alsdann

$$\frac{m}{n}=\frac{5}{3},\ \frac{p}{q}=\frac{1}{3},\ \frac{m}{n}+\frac{p}{q}=\frac{6}{3}=2.$$

Indem man auf das Differential

$$x^{m+\frac{np}{q}-1}\,dx\,(ax^{-n}+b)^{\frac{p}{q}}$$

die für die erste Form dieses Differentials angezeigte Substitution anwendet, mache man $ax^{-n}+b=z^q$, woraus $a+bx^n=x^n z^q$ folgt; und wenn man unmittelbar den Ausdruck $x^{m-1}\,dx\,(a+bx^n)^{\frac{p}{q}}$ vermittelst der vorhergehenden Gleichung umformt, so bekommt man offenbar dasselbe Resultat, als wenn man ihm zuvor die Form

$$x^{m+\frac{np}{q}-1}\,dx\,(ax^{-n}+b)^{\frac{p}{q}}$$ gegeben hätte.

Weil es nicht möglich ist, die Formel $\int x^{m-1}\,dx\,(a+bx^n)^{\frac{p}{q}}$ im Allgemeinen zu integriren, so ist der sich zuerst darbietende Gedanke, eine Zurückführung derselben auf die einfachsten Fälle, welche darin begriffen sein können, zu versuchen, wie man es §. 154. in Rücksicht von $\int\frac{dz}{(z^2+\beta^2)^q}$ geseben hat, welches sich auf $\int \frac{dz}{z^2 + \beta^2}$ zurückbringen läßt.

Man gelangt dazu durch die Bemerkung des 148 §s, kraft welcher man $\int u dv = uv - \int v du$ hat; denn wenn man die Größe $x^{m-1} dx (a + bx^n)^{\frac{p}{q}}$ in zwei Factoren zerlegt, wovon der eine sich integriren lassende durch dv und der andere durch u vorgestellt werde, so macht man die Integrirung der vorgegebenen Formel von der des $\int v du$ abhängig, welches in gewissen Fällen einfacher ist, als die vorgebene, wie sofort erhellen wird. Dieses sehr fruchtbare und sehr merkwürdige Verfahren heißt theilweise Integrirung (Integrirung zu Theilen).

Zu einiger Abkürzung der Resultate schreibe ich p statt $\frac{p}{q}$, daß man also p als eine beliebige gebrochne Zahl anzunehmen hat, so erhält man alsdann die Formel $x^{m-1} dx (a + bx^n)^p$.

Unter den verschiedenen Zerlegungsarten dieses Differentials in Factoren wähle ich diejenige, welche dahin geht, den Exponenten von x außerhalb der Parenthese zu verringern, und dadurch bewerkstelligt wird, daß man die vorgegebene Formel so schreibt:

$$\int x^{m-n} x^{n-1} dx (a + bx^n)^p.$$

Hiermittelst ist der Factor $x^{n-1} dx (a + bx^n)^p$ integrirbar, was auch p sein mag (§. 149.). Stellt man ihn durch dv vor, so hat man

$$v = \frac{(a + bx^n)^{p+1}}{(p+1)nb} \text{ und } u = x^{m-n},$$

woraus hervorgeht $\int x^{m-1} dx (a + bx^n)^p =$

$$\frac{x^{m-n}(a + bx^n)^{p+1}}{(p+1)nb} - \frac{m-n}{(p+1)nb} \times$$

$$\int x^{m-n-1} dx (a + bx^n)^{p+1};$$

nun aber ist $\int x^{m-n-1} dx (a + bx^n)^{p+1} =$
$\int x^{m-n-1} dx (a + bx^n)^p (a + bx^n) =$
$a \int x^{m-n-1} dx (a + bx^n)^p + b \int x^{m-1} dx (a + bx^n)^p$;
mithin diesen letzten Werth in die vorgegebene Gleichung gesetzt, und die mit dem Integral $\int x^{m-n-1} dx (a + bx^n)^p$ behafteten Glieder zusammengefaßt, kommt

$$\left(1 + \frac{m-n}{(p+1)n}\right) \int x^{m-1} dx (a + bx^n)^p = \frac{x^{m-n} (a + bx^n)^{p+1} - a(m-n) \int x^{m-n-1} dx (a + bx^n)^p}{(p+1)nb};$$

woraus man (A)....$\int x^{m-1} dx (a + bx^n)^p =$

$$\frac{x^{m-n} (a + bx^n)^{p+1} - a(m-n) \int x^{m-n-1} dx (a + bx^n)^p}{b(pn+m)}$$

herleitet.

Es erhellet leicht, daß, da man durch diese Formel die Integrirung von $\int x^{m-1} dx (a + bx^n)^p$ auf die von $\int x^{m-n-1} dx (a + bx^n)^p$ zurückbringen kann, sich auch diese letzte auf die von $\int x^{m-2n-1} dx (a + bx^n)^p$ zurückbringen lasse, dadurch, daß $m - n$ an die Stelle von m in die Gleichung (A) schreibt; dann durch fernere Verwandlung von m in $m - 2n$ in dieser Gleichung, macht sie $\int x^{m-2n-1} dx (a + bx^n)^p$ vermittelst $\int x^{m-3n-1} dx (a + bx^n)^p$ bekannt, und so fortan.

Im Allgemeinen, wenn r die Anzahl der bewerkstelligten Zurückführungen bezeichnet, gelangt man zu $\int x^{m-rn-1} dx (a + bx^n)^p$, und die letzte Formel ist

$$\int x^{m-(r-1)n-1} dx (a + bx^n)^p = \frac{x^{m-rn} (a + bx^n)^{p+1} - a(m-rn) \int x^{m-rn-1} dx (a + bx^n)^p}{b[pn + m - (r-1)n]}.$$

Es ist aus dieser letzten Formel einleuchtend, daß, wenn m ein Vielfaches von n ist, die Integri=

rung der Formel $\int x^{m-1}dx\,(a+bx^n)^p$ sich algebraisch bewerkstelligt, weil die nothwendig statt habende Vernichtung des Coefficienten $m-1n$ das letzte Integral $\int x^{m-rn}dx\,(a+bx^n)^p$ verschwinden macht. Dieses Resultat stimmt mit dem des 169 §s überein.

§. 171. Man kann auch eine Zurückführung erhalten, wodurch der Exponent der Parenthese um die Einheit vermindert wird; zu dem Ende genügt zu bemerken, daß

$$\int x^{m-1}dx(a+bx^n)^p = \int x^{m-1}dx(a+bx^n)^{p-1}(a+bx^n)$$
$$= a\int x^{m-1}dx\,(a+bx^n)^{p-1} + b\int x^{m+n-1}dx(a+bx^n)^{p-1},$$

und daß die Formel (A) durch Verwandlung von m in $m+n$, und von p in $p-1$ in derselben

$$\int x^{m+n-1}dx\,(a+bx^n)^{p-1} = \frac{x^m(a+bx^n)^p - am\int x^{m-1}dx(a+bx^n)^{p-1}}{b(pn+m)}$$ giebt.

Substituirt man diesen Werth in die vorhergehende Gleichung, so erhält man (B) .... $\int x^{m-1}dx(a+bx^n)^p =$

$$\frac{x^m(a+bx^n)^p + pna\int x^{m-1}dx\,(a+bx^n)^{p-1}}{(pn+m)}.$$

Mit der Formel (B) nimmt man aus der Zahl p alle Einheiten, welche sie enthalten mag, nach einander hinweg; und vermittelst dieser und der Formel (A) macht man das Integral $\int x^{m-1}dx(a+bx^n)^p$ von $\int x^{m-rn-1}dx(a+bx^n)^{p-s}$ abhängig, wo rn das größte in $m-1$ enthaltene Vielfache von n, und s die größte in p enthaltene ganze Zahl ist.

Das Integral $\int x^7 dx\,(a+bx^3)^{\frac{5}{2}}$ z. B. läßt sich folgeweise durch die Formel (A) auf

$$\int x^4 dx\,(a+bx^3)^{\frac{5}{2}},\ \int x\,dx\,(a+bx^3)^{\frac{5}{2}}$$

zurückbringen; und die Formel (B) macht

$\int x\,dx\,(a+bx^3)^{\frac{5}{2}}$ von $\int x\,dx\,(a+bx^3)^{\frac{3}{2}}$ und dieses von $\int x\,dx\,(a+bx^3)^{\frac{1}{2}}$ abhängig.

§. 172. Es ist einleuchtend, daß, wenn m und p negativ wären, die Formeln (A) und (B) den

Zweck, um dessentwillen sie construirt worden, nicht erfüllen, vielmehr die Exponenten von x außerhalb der Parenthese und den der Parenthese selbst alsdann erhöhen würden; durch ihre Umkehrung aber findet man solche, die sich auf die in Rede stehenden Fälle anwenden lassen.

Aus (A) leitet man her

$$\int x^{m-n-1}\,dx\,(a+bx^n)^p = \frac{x^{m-n}(a+bx^n)^{p+1} - b(m+np)\int x^{m-1}\,dx\,(a+bx^n)^p}{a(m-n)};$$

und m + n statt m gesetzt, kommt

$$(C) \ldots\ldots \int x^{m-1}\,dx\,(a+bx^n)^p = \frac{x^m(a+bx^n)^{p+1} - b(m+n+np)\int x^{m+n-1}\,dx\,(a+bx^n)^p}{am},$$

welche Formel die Exponenten außer der Parenthese vermindert, da $m+n-1$, $-m+n-1$ wird, wenn man $-m$ statt m gesetzt hat.

Zur Umkehrung der Formel (B), nimmt man

$$\int x^{m-1}\,dx\,(a+bx^n)^{p-1} = -\frac{x^m(a+bx^n)^p - (m+np)\int x^{m-1}\,dx\,(a+bx^n)^p}{pna};$$

dann schreibt man p + 1 statt p, und es kommt

$$(D) \ldots\ldots \int x^{m-1}\,dx\,(a+bx^n)^p = -\frac{x^m(a+bx^n)^{p+1} - (m+n+np)\int x^{m-1}\,dx\,(a+bx^n)^{p+1}}{(p+1)na}.$$

Diese Formel erreicht den vorgegebenen Zweck, da $p+1$ sich in $-p+1$ verwandelt, wenn p negativ ist.

Die Formeln (A), (B), (C), (D) versagen, wenn ihr Nenner verschwindet. Dies geschieht bei der Formel (A) z. B., wenn $m = -np$ ist; aber in allen Fällen dieser Art ist die vorgegebene Function integrirbar, entweder algebraisch oder durch Logarithmen.

§. 173. Es sei die Formel $\int \frac{x^{m-1}\,dx}{\sqrt{1-x^2}}$, wo m eine ganze positive Zahl ist; so findet man aus der Formel (A), darin $a = 1$, $b = -1$, $n = 2$, $p = -\frac{1}{2}$ gemacht,

$$\int \frac{x^{m-1}\,dx}{\sqrt{1-x^2}} = -\frac{x^{m-2}\sqrt{1-x^2}}{m-1} + \frac{m-2}{m-1} \times \int \frac{x^{m-3}\,dx}{\sqrt{1-x^2}};$$

schreibt man m statt $m - 1$, so kommt

$$\int \frac{x^m\,dx}{\sqrt{1-x^2}} = -\frac{x^{m-1}\sqrt{1-x^2}}{m} + \frac{m-1}{m} \times \int \frac{x^{m-2}\,dx}{\sqrt{1-x^2}}.$$

Indem man nach einander dem m verschiedene Werthe giebt, erhält man, mit den ungeraden Zahlen anfangend,

$$\int \frac{x\,dx}{\sqrt{1-x^2}} = -\sqrt{1-x^2} + \text{const.},$$

$$\int \frac{x^3\,dx}{\sqrt{1-x^2}} = -\tfrac{1}{3} x^2 \sqrt{1-x^2} + \tfrac{2}{3} \int \frac{x\,dx}{\sqrt{1-x^2}},$$

$$\int \frac{x^5\,dx}{\sqrt{1-x^2}} = -\tfrac{1}{5} x^4 \sqrt{1-x^2} + \tfrac{4}{5} \int \frac{x^3\,dx}{\sqrt{1-x^2}},$$

$$\int \frac{x^7\,dx}{\sqrt{1-x^2}} = -\tfrac{1}{7} x^6 \sqrt{1-x^2} + \tfrac{6}{7} \int \frac{x^5\,dx}{\sqrt{1-x^2}}$$

etc.

Hieraus ergiebt sich

$$\int \frac{x\,dx}{\sqrt{1-x^2}} = -\sqrt{1-x^2} + \text{const.},$$

$$\int \frac{x^3\,dx}{\sqrt{1-x^2}} = -\left(\tfrac{1}{3} x^2 + \frac{1.2}{1.3}\right) \sqrt{1-x^2} + \text{const.},$$

$$\int \frac{x^5\,dx}{\sqrt{1-x^2}} = -\left(\tfrac{1}{5}x^4 + \frac{1.4}{3.5}x^2 + \frac{1.2.4}{1.3.5}\right)\sqrt{1-x^2} + \text{const.},$$

$$\int \frac{x^7\,dx}{\sqrt{1-x^2}} = -\left(\tfrac{1}{7}x^6 + \frac{1.6}{5.7}x^4 + \frac{1.4.6}{3.5.7}x^2 + \frac{1.2.4.6}{1.3.5.7}\right) \times \sqrt{1-x^2} + \text{const.}$$

etc.

Das Gesetz dieser Werthe ist in die Augen fallend.

Geht man zu den geraden Werthen von m, und nimmt $m=2$, $m=4$, $m=6$, etc. an, so findet man

$$\int \frac{x^2\,dx}{\sqrt{1-x^2}} = -\tfrac{1}{2}x\sqrt{1-x^2} + \tfrac{1}{2}\int \frac{dx}{\sqrt{1-x^2}},$$

$$\int \frac{x^4\,dx}{\sqrt{1-x^2}} = -\tfrac{1}{4}x^3\sqrt{1-x^2} + \tfrac{3}{4}\int \frac{x^2\,dx}{\sqrt{1-x^2}},$$

$$\int \frac{x^6\,dx}{\sqrt{1-x^2}} = -\tfrac{1}{6}x^5\sqrt{1-x^2} + \tfrac{5}{6}\int \frac{x^4\,dx}{\sqrt{1-x^2}},$$

etc.

In diesem Falle hängen alle vorgegebenen Integralen von

$$\int \frac{dx}{\sqrt{1-x^2}} = \text{arc}\,(\sin = x) + \text{const.}\ (\S.\ 35.)\ \text{ab};$$

und stellt man durch A den angezeigten Bogen vor, so erhält man

$$\int \frac{dx}{\sqrt{1-x^2}} = A + \text{const.}$$

$$\int \frac{x^2\,dx}{\sqrt{1-x^2}} = -\tfrac{1}{2}x\sqrt{1-x^2} + \tfrac{1}{2}A + \text{const.}$$

$$\int \frac{x^4\,dx}{\sqrt{1-x^2}} = -\left(\tfrac{1}{4}x^3 + \frac{1.3}{2.4}x\right)\sqrt{1-x^2} + \frac{1.3}{2.4}A + \text{const.}$$

$$\int \frac{x^6 dx}{\sqrt{1-x^2}} = -\left(\tfrac{1}{6}x^5 + \frac{1.5}{4.6}x^3 + \frac{1.3.5}{2.4.6}x\right)\sqrt{1-x^2}$$
$$+ \frac{1.3.5}{2.4.6} A + \text{const.}$$

etc.

§. 174. Ich gehe nunmehr zur Untersuchung der Formeln, welche den Fällen, wo m negativ ist, entsprechen. Man hat alsdann aus der Formel (C) (§. 172.)

$$\int \frac{x^{-m-1} dx}{\sqrt{1-x^2}} = -\frac{x^{-m}\sqrt{1-x^2}}{m} + \frac{m-1}{m} \times$$
$$\int \frac{x^{-m+1} dx}{\sqrt{1-x^2}}.$$

Schreibt man $-m$ statt $-m-1$, so kommt

$$\int \frac{dx}{x^m\sqrt{1-x^2}} = -\frac{\sqrt{1-x^2}}{(m-1)x^{m-1}} + \frac{m-2}{m-1} \times$$
$$\int \frac{dx}{x^{m-2}\sqrt{1-x^2}}.$$

Man kann m nicht $= 1$ setzen, weil dieser Werth den Nenner Null macht; man muß daher das Integral von $\int \frac{dx}{x\sqrt{1-x^2}}$ geradezu suchen. Es wird sich leicht nach dem in §. 161. Gesagten finden lassen; man kann aber auch auf folgende Art dazu gelangen: man mache $1-x^2 = z^2$, so ergiebt sich

$$x = \sqrt{1-z^2},\ dx = \frac{-z dz}{\sqrt{1-z^2}},\ \text{und folglich}$$

$\frac{dx}{x\sqrt{1-x^2}} = \frac{-dz}{1-z^2}$, von welcher Gleichung die zweite Seite zum Integral hat

$$-\tfrac{1}{2}l(1+z) + \tfrac{1}{2}l(1-z) = -\tfrac{1}{2}l\left(\frac{1+z}{1-z}\right);$$

statt z wiederum seinen Werth gesetzt, erhält man

$$-\tfrac{1}{2}\,l\left(\frac{1+\sqrt{1-x^2}}{1-\sqrt{1-x^2}}\right);$$

hierin die zwei Glieder des unter dem Zeichen l begriffenen Bruches mit $1+\sqrt{1-x^2}$ multiplicirt, bekommt man

$$-\tfrac{1}{2}\,l\left[\frac{(1+\sqrt{1-x^2})^2}{x^2}\right]=-\tfrac{1}{2}\,l\left[\left(\frac{1+\sqrt{1-x^2}}{x}\right)^2\right]$$

$$=-l\left(\frac{1+\sqrt{1-x^2}}{x}\right);$$

man hat daher endlich

$$\int\frac{dx}{x\sqrt{1-x^2}}=-l\left(\frac{1+\sqrt{1-x^2}}{x}\right)+\text{const.}$$

Setzt man m=3, m=5, etc., so kommt

$$\int\frac{dx}{x^3\sqrt{1-x^2}}=-\frac{\sqrt{1-x^2}}{2x^2}+\tfrac{1}{2}\int\frac{dx}{x\sqrt{1-x^2}}$$

$$\int\frac{dx}{x^5\sqrt{1-x^2}}=-\frac{\sqrt{1-x^2}}{4x^4}+\tfrac{3}{4}\int\frac{dx}{x^3\sqrt{1-x^2}}$$

$$\int\frac{dx}{x^7\sqrt{1-x^2}}=-\frac{\sqrt{1-x^2}}{6x^6}+\tfrac{5}{6}\int\frac{dx}{x^5\sqrt{1-x^2}}$$

etc.

Macht man darauf m=2, m=4, m=6, etc., so findet man

$$\int\frac{dx}{x^2\sqrt{1-x^2}}=-\frac{\sqrt{1-x^2}}{x}+\text{const.}$$

$$\int\frac{dx}{x^4\sqrt{1-x^2}}=-\frac{\sqrt{1-x^2}}{3x^3}+\tfrac{2}{3}\int\frac{dx}{x^2\sqrt{1-x^2}}$$

$$\int\frac{dx}{x^6\sqrt{1-x^2}}=-\frac{\sqrt{1-x^2}}{5x^5}+\tfrac{4}{5}\int\frac{dx}{x^4\sqrt{1-x^2}}$$

etc.

Aus diesen beiden Reihen von Gleichungen lassen

sich, wie in dem vorhergehenden §., eine Classe durch Logarithmen integrirter Formeln, und eine andere Classe, welche algebraisch ist, ableiten.

Von der Integrirung durch Reihen.

§. 175. Das Integral $\int X\,dx$ läßt sich leicht erhalten, wenn man die Function X in eine Reihe entwickelt hat, weil man alsdann nur noch Monomien, auf welche sich die Regel des 1,6. §s unmittelbar anwendet, zu integriren hat. Nämlich es sei $X = Ax^m + Bx^{m+n} + Cx^{m+2n} + Dx^{m+3n} + \text{etc.}$; multiplicirt man beide Seiten dieser Gleichung mit dx, und integrirt jedes Glied der zweiten Seite besonders, so kommt

$$\int X\,dx = \frac{Ax^{m+1}}{m+1} + \frac{Bx^{m+n+1}}{m+n+1} + \frac{Cx^{m+2n+1}}{m+2n+1} + \text{etc.} + \text{const.}$$

Wenn man in der Entwickelung von x ein Glied von der Form $\frac{A}{x}$ antrifft, so entsteht daraus in dem Integral das Glied Alx (§. 147.).

§. 176. Die einfachste Function, welche sich auf eine Reihe bringen läßt, ist $\frac{1}{a+x}$, und aus ihr entsteht $\frac{1}{a} - \frac{x}{a^2} + \frac{x^2}{a^3} - \frac{x^3}{a^4} + \text{etc.}$, und hieraus

$$\int \frac{dx}{a+x} = \frac{x}{a} - \frac{x^2}{2a^2} + \frac{x^3}{3a^3} - \frac{x^4}{4a^4} + \text{etc.} + \text{const};$$

man weiß aber überdies, daß $\int \frac{dx}{a+x} = l\,(a+x)$; mithin erhält man

$$l(a+x) = \frac{x}{a} - \frac{x^2}{2a^2} + \frac{x^3}{3a^3} - \frac{x^4}{4a^4} + \text{etc.} + \text{const.}$$

Um zu finden, was die beständige Größe ausdrückt, darf man nur $x = 0$ setzen, so erhält man in dieser Annahme $la = \text{const.}$, und folglich

$$l(a+x) - la = l\left(1+\frac{x}{a}\right) = \frac{x}{a} - \frac{x^2}{2a^2} + \frac{x^3}{3a^3} - \frac{x^4}{4a^4} + \text{etc.},$$

ein mit dem des 29. §s übereinstimmendes Resultat.

Es sei das Differential $\frac{a\,dx}{a^2+x^2}$, welches unter die Form $\frac{\frac{dx}{a}}{1+\frac{x^2}{a^2}}$ gesetzt werden kann, und welches folglich zu dem Bogen, dessen Tangente $= \frac{x}{a}$ ist, gehört; so kommt durch Verwandlung von $\frac{a}{a^2+x^2}$ in eine Reihe

$$\frac{a}{a^2+x^2} = \frac{1}{a} - \frac{x^2}{a^3} + \frac{x^4}{a^5} - \frac{x^6}{a^7} + \text{etc.};$$

und jedes Glied insbesondere integrirt, erhält man

$$\int \frac{a\,dx}{a^2+x^2} = \text{arc}\left(\text{tang} = \frac{x}{a}\right) + \text{const.} =$$

$$\frac{x}{a} - \frac{x^3}{3a^3} + \frac{x^5}{5a^5} - \frac{x^7}{7a^7} + \text{etc.} + \text{const.}$$

Will man aus dieser Gleichung den Werth des kleinsten der Bogen, wovon die Tangente $\frac{x}{a}$ ist, ableiten, so muß man die beständige willkührliche Größe weglassen, da der gesuchte Bogen für $x = 0$ selbst Null ist, und man erhält

$$\text{arc}\left(\text{tang} = \frac{x}{a}\right) = \frac{x}{a} - \frac{x^3}{3a^3} + \frac{x^5}{5a^5} - \frac{x^7}{7a^7} + \text{etc.},$$

ein mit dem des 37. §s übereinstimmendes Resultat; hier aber ist das Gesetz in die Augen fallend.

Verfährt man eben so mit $\frac{x^m dx}{a^n + x^n}$, so findet man

$$\int \frac{x^m dx}{a^n + x^n} = \frac{x^{m+1}}{(m+1)a^n} - \frac{x^{m+n+1}}{(m+n+1)a^{2n}}$$

$$+ \frac{x^{m+2n+1}}{(m+2n+1)a^{3n}} - \text{etc.} + \text{const.}$$

§. 177. Da der Zweck der Integrirung durch Reihen dahin geht, sich Annäherungswerthe solcher Integralen zu verschaffen, welche man nicht in aller Strenge bekommen kann, so ist es wichtig, zur Ausdrückung eines und desselben Integrals mehrere Reihen zu haben, um dasjenige auszuwählen, welches durch den besondern Werth, den man sich dem x zu geben vorsetzt, convergirend gemacht wird. Die Reihen, welche nach den positiven Potenzen von x, deren Exponenten beständig wachsen, fortschreiten, oder die steigenden Reihen, convergiren im Allgemeinen nur in dem Falle, wo die veränderliche Größe x sehr klein bleibt; da hingegen diejenigen, welche mit negativen Potenzen von x fortschreiten, oder die fallenden Reihen es in dem Falle thun, wo diese veränderliche Größe sehr groß ist.

Um in dem obigen Beispiele zu einer Reihe dieser Art zu gelangen, müßte man die Ordnung der Glieder des Binomiums $a^n + x^n$ verwechseln, oder x in die Stelle von a in der Entwickelung von $\frac{1}{a^n + x^n}$ setzen, sodann würde

$$\frac{1}{x^n + a^n} = \frac{1}{x^n} - \frac{a^n}{x^{2n}} + \frac{a^{2n}}{x^{3n}} - \frac{a^{3n}}{x^{4n}} + \text{etc.}$$

erhalten, und es käme, nachdem man durch $x^m dx$ multiplicirt und integrirt hätte,

$$\int \frac{x^m dx}{x^n + a^n} = -\frac{1}{(n-m-1)x^{n-m-1}}$$
$$+ \frac{a^n}{(2n-m-1)x^{2n-m-1}} - \frac{a^{2n}}{(3n-m-1)x^{3n-m-1}}$$
$$+ \text{etc.} + \text{const.}$$

Diese Reihe würde versagen, wenn einer ihrer in der Form $in - m - 1$ begriffenen Nenner verschwände, welches geschehen würde, wenn $m + 1$ ein Vielfaches von n wäre; in diesem Falle würde das entwickelte Differential ein Glied von der Form $a^{(i-1)n} \frac{dx}{x}$ enthalten, dem das Integral $a^{(i-1)n} lx$ zukäme.

Wenn man in dem obigen Resultate $m = 0$, $n = 2$ und $a = 1$ macht, so wird es

$$\int \frac{dx}{1+x^2} = -\frac{1}{x} + \frac{1}{3x^3} - \frac{1}{5x^5} + \text{etc.} + \text{const.};$$

aber obgleich der Ausdruck $\frac{dx}{1+x^2}$ das Differential des Bogens von der Tangente x ist, so darf man daraus nicht schließen, daß die vorhergehende Reihe die Entwickelung dieses Bogens sei, da sie für $x = 0$ unendlich wird. Die Betrachtung der willkührlichen beständigen Größe hebt diese Schwierigkeit auf, wenn man darauf Bedacht nimmt, daß man, um den wahren Werth einer Reihe kennen zu lernen, immer von dem Falle ausgehen muß, wo sie convergent ist. Nun ist aber die Reihe

$$-\frac{1}{x} + \frac{1}{3x^3} - \frac{1}{5x^5} + \text{etc.}$$

es desto mehr, je größer x ist, und sie verschwindet, wenn x unendlich ist; mithin verwandelt sich die Gleichung

$$\text{arc}(\text{tang} = x) = -\frac{1}{x} + \frac{1}{3x^3} - \frac{1}{5x^5} + \text{etc.} + \text{const.}$$

bei dieser Grenze in einen Bogen von $1^Q = \frac{\pi}{2} = \text{const.}$; und diesen Werth der beständigen Größe substituirt, erhält man

$$\text{arc}\,(\text{tang} = x) = \frac{\pi}{2} - \frac{1}{x} + \frac{1}{3x^3} - \frac{1}{5x^5} + \text{etc.}$$

Man könnte auch den rationalen Bruch $\frac{U\,dx}{V}$ (§. 151.) integriren, indem man den Ausdruck $\frac{U}{V}$ in eine Reihe entwickelt; aber dieses Mittel würde nur auf sehr verwickelte und selten convergirende Resultate führen; überdies sind diese Rechnungen beinahe unnütz, da man dieses Differential auf Logarithmen und Kreisbogen zurückzuführen weiß, deren Werthe aus denen darüber vorhandenen Tafeln leicht zu entnehmen sind.

§. 178. Die Formel $\int x^{m-1}\,dx\,(a+b\,x^n)^{\frac{p}{q}}$ ist durch die Entwickelung der Größe $(a+b\,x^n)^{\frac{p}{q}}$ in eine Reihe leicht zu integriren, und es kommt zum Resultat

$$\int x^{m-1}\,dx\,(a+b\,x^n)^{\frac{p}{q}} = a^{\frac{p}{q}} \left\{ \frac{x^m}{m} + \frac{p\,b}{q\,a}\,\frac{x^{m+n}}{m+n} + \frac{p(p-q)\,b^2}{1.2\,q^2 a^2}\,\frac{x^{m+2n}}{m+2n} + \frac{p(p-q)(p-2q)\,b^3}{1.2.3\,q^3 a^3}\,\frac{x^{m+3n}}{m+3n} + \text{etc.} \right\} + \text{const.}$$

Wenn man eine in Beziehung auf x fallende Reihe haben wollte, so müßte man dem vorgegebenen Differential die Form

$$x^{m+\frac{np}{q}-1}\,dx\,(b+a\,x^{-n})^{\frac{p}{q}}$$

geben; und nachdem man $(b+a\,x^{-n})^{\frac{p}{q}}$ entwickelt, das Resultat durch $x^{m+\frac{pn}{q}-1}dx$ multiplicirt und integrirt hätte, würde man finden

$$\int x^{m-1}dx(a+bx^n)^{\frac{p}{q}} = b^{\frac{p}{q}}\left\{\frac{qx^{m+\frac{pn}{q}}}{mq+np} + \frac{pa}{qb}\,\frac{qx^{m+\frac{(p-q)n}{q}}}{mq+(p-q)n} + \frac{p(p-q)a^2}{1.2.q^2b^2}\,\frac{qx^{m+\frac{(p-2q)n}{q}}}{mq+(p-2q)n} + \text{etc.}\right\} + \text{const.}$$

So lange die Größen a und b alle beide positiv sind, oder q eine ungerade Zahl ist, kann man sich ohne Unterschied dieser oder der vorhergehenden Reihe bedienen; wenn aber q gerade ist, so wird die erste Formel durch den Factor $a^{\frac{p}{q}}$, wenn a^p negativ ist, imaginär, und dasselbe widerfährt der zweiten, wenn b^p negativ ist.

§. 179. Es sei $\frac{dx}{\sqrt{1-x^2}}$, welcher Ausdruck das Differential des Bogens ist, dessen Sinus $= x$, so erhält man

$$\frac{1}{\sqrt{1-x^2}} = 1 + \tfrac{1}{2}x^2 + \frac{1.3}{2.4}x^4 + \frac{1.3.5}{2.4.6}x^6 + \frac{1.3.5.7}{2.4.6.8}x^8 + \text{etc.}$$

und hieraus

$$\int\frac{dx}{\sqrt{1-x^2}} = x + \tfrac{1}{2}\frac{x^3}{3} + \frac{1.3}{2.4}\frac{x^5}{5} + \frac{1.3.5}{2.4.6}\frac{x^7}{7} + \text{etc.} + \text{const.}$$

Mit Weglassung der beständigen Größe vernichtet sich die Reihe, wenn $x=0$ ist; sie giebt folglich alsdann den Werth von dem kleinsten der Bogen, wovon der Sinus $= x$ ist, wie im 37. §.

Hier noch einige nach dem Vorhergehenden leicht zu erhaltende, aber kennenswerthe Resultate

1.) $\frac{dx}{\sqrt{x-x^2}} = \frac{dx}{\sqrt{x}\cdot\sqrt{1-x}}$; macht man $\sqrt{x}=u$, so hat man $\frac{2du}{\sqrt{1-u^2}}$; aber aus der vorhergehenden Reihe ergiebt sich

$$\int\frac{2du}{\sqrt{1-u^2}} = 2\left(u+\frac{1}{2}\frac{u^3}{3}+\frac{1.3}{2.4}\frac{x^5}{5}+\frac{1.3.5}{2.4.6}\frac{u^7}{7}+\text{etc.}\right)+\text{const.}$$

mithin

$$\int\frac{dx}{\sqrt{x-x^2}} = 2\left(1+\frac{1}{2}\frac{x}{3}+\frac{1.3}{2.4}\frac{x^2}{5}+\frac{1.3.5}{2.4.6}\frac{x^3}{7}+\text{etc.}\right)\sqrt{x}+\text{const.}$$

2.) $dx\sqrt{2ax-x^2} = (2a)^{\frac{1}{2}}\, x^{\frac{1}{2}}\, dx \left(1-\frac{x}{2a}\right)^{\frac{1}{2}}$;

nun aber ist

$$\left(1-\frac{x}{2a}\right)^{\frac{1}{2}} = 1-\frac{1}{2}\frac{x}{2a}-\frac{1.1}{2.4}\frac{x^2}{4a^2}-\frac{1.1.3}{2.4.6}\frac{x^3}{8a^3}-\text{etc.},$$

mithin

$$\int dx\sqrt{2ax-x^2} = \left(\frac{2}{3}x^{\frac{3}{2}}-\frac{1}{2}\frac{2x^{\frac{5}{2}}}{5.2a}-\frac{1.1}{2.4}\frac{2x^{\frac{7}{2}}}{7.4a^2}-\frac{1.1.3}{2.4.6}\frac{2x^{\frac{9}{2}}}{9.8a^3}-\text{etc.}\right)\sqrt{2a}+\text{const.}$$

oder

$$\int dx\sqrt{2ax-x^2} = \left(\frac{1}{3}-\frac{1}{2}\frac{x}{5.2a}-\frac{1.1}{2.4}\frac{x^2}{7.4a^2}-\frac{1.1.3}{2.4.6}\frac{x^3}{9.8a^3}-\text{etc.}\right)2x\sqrt{2ax}+\text{const.}$$

3.) $\int\frac{dx}{\sqrt{1+x^2}}$ giebt nach der Verwandlung von $\sqrt{1+x^2}$ in eine Reihe, und nach der Integrirung

$$\int \frac{dx}{\sqrt{1+x^2}} = x - \frac{1}{2}\frac{x^3}{3} + \frac{1.3}{2.4}\frac{x^5}{5} - \frac{1.3.5}{2.4.6}\frac{x^7}{7} + \text{etc.} + \text{const.}$$

$$4.) \int \frac{dx}{\sqrt{x^2-1}} = lx - \frac{1}{1.2x^2} - \frac{1.3}{2.4.4x^4} - \frac{1.3.5}{2.4.6.6x^6} - \text{etc.} + \text{const.}$$

Diese Reihe, welche die transcendente Größe lx einschließt, ist desto convergirender, je größer x ist. Mann kann eine andere ganz algebraische erhalten, und die um so convergirender ist, je weniger sich x von der Einheit unterscheidet. Zu dem Ende muß man $x = 1 + u$ machen, welches giebt

$$\int \frac{dx}{\sqrt{x^2-1}} = \int \frac{du}{\sqrt{2u+u^2}} = \frac{1}{\sqrt{2}} \int u^{-\frac{1}{2}} du \times \left(1 + \frac{u}{2}\right)^{-\frac{1}{2}};$$

wird $\left(1 + \frac{u}{2}\right)^{-\frac{1}{2}}$ entwickelt, jedes Glied durch $u^{-\frac{1}{2}} du$ multiplicirt und integrirt, so findet man

$$\int \frac{du}{\sqrt{2u+u^2}} = \frac{1}{\sqrt{2}} \left(2u^{\frac{1}{2}} - \frac{1}{2}\frac{2u^{\frac{3}{2}}}{3.2} + \frac{1.3}{2.4}\frac{2u^{\frac{5}{2}}}{5.4} - \frac{1.3.5}{2.4.6}\frac{2u^{\frac{7}{2}}}{7.8} + \text{etc.}\right) + \text{const.}$$

$$= \left(1 - \frac{1.u}{2.3.2} + \frac{1.3.u^2}{2.4.5.4} - \frac{1.3.5.u^3}{2.4.6.7.8} + \text{etc.}\right)\sqrt{2u} + \text{const.};$$

und da $u = x - 1$ ist, so sind die Glieder dieser Reihe desto kleiner, je unbeträchtlicher $x - 1$ ist.

§. 180. Der Zweck der Verwandlung der Differentialen in Reihen geht dahin, sie in eine Folge von Gliedern umzuformen, deren jedes für sich integrirbar, und hierzu ist nicht nothwendig, daß die Glieder Monomien sind.

Wenn man z. B.

$$\frac{dx\sqrt{1-e^2x^2}}{\sqrt{1-x^2}}$$

hat, und e eine sehr kleine Größe ist, so kann man $\sqrt{1-e^2x^2}$ in eine sehr convergirende Reihe entwickeln, weil in dem vorgegebenen Differential wegen der Wurzelgröße $\sqrt{1-x^2}$, x^2 immer < 1 ist; man findet

$$\sqrt{1-e^2x^2} = 1 - \tfrac{1}{2}e^2x^2 - \frac{1.1}{2.4}e^4x^4 - \frac{1.1.3}{2.4.6} \times e^6x^6 - \text{etc.}$$

und die zu integrirende Reihe wird

$$\int \frac{dx}{\sqrt{1-x^2}}\left(1 - \tfrac{1}{2}e^2x^2 - \frac{1.1}{2.4}e^4x^4 - \frac{1.1.3}{2.4.6} \times e^6x^6 - \text{etc.}\right),$$

wovon jedes Glied sich in der §. 173 und §. 174 behandelten Formel $\int \frac{x^m dx}{\sqrt{1-x^2}}$ begriffen findet. Aus der Substituirung der in §. 173 gegebenen Ausdrücke statt $\int \frac{dx}{\sqrt{1-x^2}}$, $\int \frac{x^2dx}{\sqrt{1-x^2}}$, $\int \frac{x^4dx}{\sqrt{1-x^2}}$, etc. ergiebt sich

$$\int \frac{dx\sqrt{1-e^2x^2}}{\sqrt{1-x^2}} = A$$

$$+ \tfrac{1}{2}e^2\left(\tfrac{1}{2}x\sqrt{1-x^2} - \tfrac{1}{2}A\right)$$

$$+ \frac{1.1}{2.4}e^4\left\{\left(\tfrac{1}{4}x^3 + \frac{1.3}{2.4}x\right)\sqrt{1-x^2} - \frac{1.3}{2.4}A\right\}$$

$$+ \frac{1.1.3}{2.4.6} e^6 \left\{ \left(\frac{1}{6} x^5 + \frac{1.5}{4.6} x^3 + \frac{1.3.5}{2.4.6} x \right) \right.$$
$$\left. \times \sqrt{1-x^2} - \frac{1.3.5}{2.4.6} A \right\}$$
$$+ \text{etc.} \ldots\ldots\ldots + \text{const.}$$

Das Differential

$$\frac{dx}{\sqrt{(1-x^2)(a+x)}} = \frac{dx}{\sqrt{1-x^2}} \cdot \frac{1}{\sqrt{a+x}}$$

ließe sich auf eine ähnliche Weise behandeln; man dürfte nur die Größe $\frac{1}{\sqrt{a+x}} = (a+x)^{-\frac{1}{2}}$ auf eine Reihe bringen.

Es verdient bemerkt zu werden, daß die Formel

$$\frac{du}{\sqrt{(2mu-u^2)(n-u)}},$$

welche in einigen Anwendungen auf die Mechanik vorkommt, dadurch auf

$$\frac{-1}{\sqrt{m}} \int \frac{dx}{\sqrt{(1-x^2)(a+x)}}$$

zurückgebracht wird, daß man $m - u = mx$ und $\frac{n-m}{m} = a$ macht.

Von der Integrirung der logarithmischen und Exponential-Größen.

§. 181. Es sei zuförderst die Formel .... $\int P dx (lx^n)$, wo P eine algebraische Function von x ist; wird auf diese die Zurückführung, welche die Formel $\int u dv = uv - \int v du$ giebt, angewendet, und der Kürze wegen $\int P dx = N$ gemacht, so kommt

$$\int P\,dx\,(lx)^n = N\,(lx)^n - n\int \frac{dx}{x}\,(lx)^{n-1}\,N.$$

Bezeichnet man $\int \frac{dx}{x} N$ mit M, und verwandelt in der vorhergehenden Formel N in M und n in n—1, so erhält man

$$\int \frac{dx}{x} N\,(lx)^{n-1} = M\,(lx)^{n-1} - (n-1)\int \frac{dx}{x}\,(lx)^{n-2}\,M.$$

Durch eine Folge von ähnlichen Zurückführungen bekommt man

$$\left.\begin{array}{l} \int P\,dx\,(lx)' = N\,(lx)^n - nM\,(lx)^{n-1} + n\,(n-1)\,L\,(lx)^{n-2} \\ \qquad - n\,(n-1)\,(n-2)\,K\,(lx)^{n-3} + \text{etc.} \end{array}\right\},$$

und folglich ist das gegebene Integral in dem Falle algebraisch, wo n eine ganze Zahl ist, und wo die Größen N, M, L, K, etc. alle algebraische Functionen sind. Dies werden die nachfolgenden Beispiele sogleich erläutern.

§. 182. Das Differential $x^m\,dx\,(lx)^n$ giebt

$$\int P\,dx = \int x^m\,dx = \frac{x^{m+1}}{m+1} = N,$$

und folglich

$$\int x^m\,dx\,(lx)^n = \frac{x^{m+1}\,(lx)^n}{m+1} - \frac{n}{m+1}\int x^m\,dx\,(lx)^{n-1}$$

Wenn man in dieser Gleichung nacheinander n in n—1, in n—2, etc. verwandelt, so findet man

$$\int x^m\,dx\,(lx)^{n-1} = \frac{x^{m+1}\,(lx)^{n-1}}{m+1} - \frac{n-1}{m+1}\int x^m\,dx\,(lx)^{n-2},$$

$$\int x^m\,dx\,(lx)^{n-2} = \frac{x^{\ \ +1}\,(lx)^{n-2}}{m+1} - \frac{n\cdot-2}{m+1}\int x^m\,dx\,(lx)^{n-3},$$

etc.

Setzt man diese Reductionen fort, steigt dann von der letzten zu der ersten wiederum auf, so construirt man folgende allgemeine Formel:

$$\int x^m dx\,(lx)^n = \frac{x^{m+1}}{m+1}$$

$$\left\{(lx)^n - \frac{n}{m+1}(lx)^{n-1} + \frac{n(n-1)}{(m+1)^2}(lx)^{n-2} - \frac{n(n-1)(n-2)}{(m+1)^3}(lx)^{n-3} + \text{etc.}\right\} + \text{const.}$$

Es ist sichtbar, daß diese Reihe allemal abbricht, wenn n eine ganze positive Zahl ist.

Nimmt man $n = 1$ und $n = 2$, so findet man

$$\int x^m dx\,(lx) = \frac{x^{m+1}}{m+1}\left\{(lx) - \frac{1}{m+1}\right\} + \text{const.}$$

$$\int x^m dx\,(lx)^2 = \frac{x^{m+1}}{m+x}\left\{(lx)^2 - \frac{2}{m+1}(lx) + \frac{1 \cdot 2}{(m+1)^2}\right\}.$$

Wenn $m = -1$ ist, so hat man

$$\int \frac{dx}{x}(lx)^n = \frac{1}{n+1}(lx)^{n+1} + \text{const.}$$

Ueberhaupt würde das Differential $\frac{dx}{x}U$, in welchem U eine algebraische Function von lx bezeichnete, dadurch, daß man $lx = u$ setzte, algebraisch werden.

Wenn n negativ oder gebrochen ist, so geht die Reihe ins Unendliche fort; macht man z. B. $n = -\frac{1}{2}$, so kommt

$$\int \frac{x^m dx}{\sqrt{lx}} = \frac{m+1}{x^{m+1}}\left\{\frac{1}{(lx)^{\frac{1}{2}}} + \frac{1}{2(m+1)(lx)^{\frac{3}{2}}} + \frac{1 \cdot 3}{4(m+1)^2(lx)^{\frac{5}{2}}} + \frac{1 \cdot 3 \cdot 5}{8(m+1)^3(lx)^{\frac{7}{2}}} + \text{etc.}\right\} + \text{const.}$$

§. 183. Statt sich der Formel des vorhergehenden §s zu bedienen, in welcher der Exponent von lx unaufhörlich zunimmt, wenn n negativ ist, kann man durch ein sogleich zu zeigendes Verfahren die Integrirung der Formel $\int P dx\,(lx)^{-n}$ auf eine andere von der Form $\int V dx (lx)^{-1}$, wenn n eine ganze Zahl, oder wenigstens von der Form $\int V dx (lx)^{-n+m}$, wo m die größte in n enthaltene ganze Zahl ist, zurückbringen.

Das Differential $P dx (lx)^{-n}$ kann unter die Form $Px . \frac{dx}{x} (lx)^{-n}$ gesetzt werden; da aber der Factor $\frac{dx}{x} (lx)^{-n}$ zum Integral $\frac{-1}{(n-1)(lx)^{n-1}}$ hat, so kommt

$$\int \frac{P dx}{(lx)^n} = - \frac{Px}{(n-1)(lx)^{n-1}} + \frac{1}{n-1} \times \int \frac{1}{(lx)^{n-1}} d(Px).$$

Macht man nach einander
$d(Px) = Q dx$, $d(Qx) = R dx$, $d(Rx) = S dx$, etc.; verwandelt dann n in $n-1$, $n-2$, etc., so erhält man durch Fortsetzung der obigen Reduction

$$\int \frac{P dx}{(lx)^n} = - \frac{Px}{(n-1)(lx)^{n-1}} - \frac{Qx}{(n-1)(n-2)(lx)^{n-2}} - \frac{Rx}{(n-1)(n-2)(n-3)(lx)^{n-3}} - \text{etc.};$$

indem man diese Reihe so weit fortführt, bis man auf ein Glied $+ \frac{1}{(n-1)(n-2)\ldots 1} \int \frac{V dx}{lx}$, wenn n eine ganze Zahl ist, oder auf ein Glied $+ \frac{1}{(n-1)(n-2)\ldots(n-m)} \int \frac{V dx}{(lx)^{n-m}}$ trifft, wo m die größte in n enthaltene Zahl ist.

§. 180. Wenn man $P = x^m$ nimmt, so erhält man

$$\int \frac{x^m dx}{(lx)^n} = - \frac{x^{m+1}}{(n-1)(lx)^{n-1}} + \frac{m+1}{n-1} \int \frac{x^m dx}{(lx)^{n-1}};$$

und wiederholt man diese Reduction, indem man n

in $n-1$, in $n-2$, etc. verwandelt, so bekommt man

$$\int \frac{x^m\,dx}{(lx)^n} = -\left\{\frac{x^{m+1}}{(n-1)(lx)^{n-1}} - \frac{(m+1)x^{m+1}}{(n-1)(n-2)(lx)^{n-2}} - \frac{(m+1)^2 x^{m+1}}{(n-1)(n-2)(n-3)(lx)^{n-3}} \ldots\ldots + \frac{(m+1)^{n-1}}{(n-1)(n-2)\ldots\ldots 1}\int \frac{x^m\,dx}{lx} \ldots\ldots\right\},$$

wobei angenommen wird, daß n eine ganze Zahl sei.

Die vorhergehende Formel führt, wenn $m = -1$ ist, auf

$$\int \frac{dx}{x(lx)^n} = -\frac{1}{(n-1)(lx)^{n-1}} + \text{const.}$$

Sie giebt nichts für $n = 1$; aber hätte man zu gleicher Zeit $m = -1$ und $n = 1$, so würde das alsdann entstehende Differential $\frac{dx}{x\,lx}$ zum Integral $(lx) +$ const erhalten, weil, wenn man $lx = u$ macht, es sich in $\frac{du}{u}$ umformen würde.

Das Integral $\int \frac{x^m\,dx}{lx}$, von welchem $\int \frac{x^m\,dx}{(lx)^n}$ abhängt, wenn n eine ganze Zahl ist, scheint eine transcendente Größe besonderer Art ausmachen zu müssen. Man bringt dasselbe dadurch auf eine einfachere Form, daß man $x^{m+1} = z$ macht; denn es kommt alsdann $x^m dx = \frac{dz}{m+1}$, $lx = \frac{lz}{m+1}$, und folglich $\int \frac{x^m\,dx}{lx} = \int \frac{dz}{lz}$.

Man findet weiter unten die Reihenentwickelung dieses letztern, welches auch mit Exponential-Functionen zusammenhängt; so daß, wenn man $lz = u$

setzt, sich $z = e^u$, $dz = e^u du$ und $\int \frac{dz}{lz}$ $= \int \frac{e^u du}{u}$ ergiebt, von welcher Formel die genaue Integrirung noch zu wünschen steht.

§. 185. Ich will mich nunmehr mit der Integrirung der Exponental-Functionen beschäftigen; zuvörderst bemerke ich, daß die Gleichung

$d.a^x = a^x dx la$ (§. 27.), $a^x dx = \frac{1}{la} d.a^x$ giebt, und sonach $\int a^x dx = \frac{a^x}{la} +$ const. Auch leitet man daraus $dx = \frac{d.a^x}{a^x la}$ her, vermittelst dessen das Differential $V dx$, $\frac{V d.a^x}{a^x la}$ wird, und sich in $\frac{V du}{u la}$ verwandelt, wenn man $a^x = u$ macht, so daß es in Beziehung auf u algebraisch wird, wenn V eine algebraische Function von a^x ist. So findet man $\frac{a^x dx}{\sqrt{1 + a^{nx}}} = \frac{du}{la \sqrt{1 + u^n}}$.

§. 186. Es sei das Differential $P a^x dx$; zerlegt man es in die zwei Factoren $a^x dx\ P$, so giebt der erste integrirt $\frac{1}{la} a^x$; und es geht folglich daraus $\int P a^x dx = \frac{1}{la} P a^x - \frac{1}{la} \int a^x dP$ hervor. Macht man

$dP = Q dx$, $dQ = R dx$, $dR = S dx$, etc.,

und setzt die vorhergehende Reduction fort, so findet man diese Reihe

$$\int P a^x dx = \frac{1}{la} P a^x - \frac{1}{(la)^2} Q a^x + \frac{1}{(la)^3} R a^x \ldots$$
$$\ldots \pm \frac{1}{(la)^n} \int V a^x dx,$$

wo das Zeichen + dem Falle entspricht, wo n ungerade ist, und das Zeichen − dem, wo n gerade ist.

Integrirte man zuförderst den Factor $P\,dx$ des vorgegebenen Differentials $\int P a^x dx$, und machte $\int P dx = N$, so würde man diese Reduction

$$\int P a^x dx = a^x N - (la) \int N a^x dx$$

erhalten; und setzte man dieselbe fort, nachdem man $\int N dx = M$, $\int M dx = L$, etc. angenommen, so käme

$$\int P a^x dx = a^x N - (la) a^x M + (la)^2 a^x L \ldots \pm (la)^n \int G a^x dx.$$

§. 187. Die Anwendung der ersten Formel des vorhergehenden §s wird allemal auf das genaue Integral führen, wenn P eine rationale und ganze Function ist, weil alsdann die Zahl der Größen $Q = \frac{dP}{dx}$, $R = \frac{dQ}{dx}$, $S = \frac{dR}{dx}$, etc. begrenzt sein wird; die letzte wird beständig (§. 18.), und folglich verwandelt sich $\int V a^x dx$ in $V \int a^x dx = V \frac{a^x}{la} + \text{const.}$

Es sei als Beispiel $P = x^n$, so wird die Gleichung

$$\int P a^x dx = \frac{1}{la} P a^x - \frac{1}{la} \int a^x dP$$

in diesem Falle

$$\int a^x x^n dx = \frac{a^x x^n}{la} - \frac{n}{la} \int a^x x^{n-1} dx;$$

man leitet daraus ab

$$\int a^x x^{n-1} dx = \frac{a^x x^{n-1}}{la} - \frac{n-1}{la} \int a^x x^{n-2} dx,$$

und so fortfahrend gelangt man, wenn n eine positive ganze Zahl ist, zu

$$\int a^x x^n dx =$$

$$\frac{a^x}{la}\left\{x^n - \frac{n}{la}x^{n-1} + \frac{n(n-1)}{(la)^2}x^{n-2} - \frac{n(n-1)(n-2)}{(la)^3}x^{n-3}\right.$$

$$\left. \ldots\ldots\ldots\ldots \pm \frac{n(n-1)\ldots 1}{(la)^n}\right\} + \text{const.}$$

§. 188. Die zweite Formel des 186. §s paßt nur auf den Fall, wo die Größen $N = \int P dx$, $M = \int N dx$, $L = \int M dx$, etc. sich algebraisch erhalten lassen; allein sie wird mit Erfolg auf das obige Beispiel angewendet, wenn n eine negative ganze Zahl ist. Man hat alsdann

$$P = \frac{1}{x^n},\ N = \int P dx = -\frac{1}{(n-1)x^{n-1}}$$

$$\int \frac{a^x dx}{x^n} = -\frac{a^x}{(n-1)x^{n-1}} + \frac{la}{n-1}\int \frac{a^x dx}{x^{n+1}},$$

und hieraus

$$\int \frac{a^x dx}{x^n} = -\frac{a^x}{(n-1)x^{n-1}} - \frac{a^x\, la}{(n-1)(n-2)x^{n-2}}$$

$$-\frac{a^x (la)^2}{(n-1)(n-2)(n-3)x^{n-3}} \ldots - \frac{a^x (la)^{n-1}}{(n-1)(n-2)\ldots 1 x}$$

$$+ \frac{l(a)^{n-1}}{(n-1)n-2)\ldots 1}\int \frac{a^x dx}{x} + \text{const.}$$

Man vermag die Zurückführung nicht weiter als bis zu $\int \frac{a^x dx}{x}$ zu treiben; denn die Gleichung

$$\int \frac{a^x dx}{x^n} = -\frac{a^x}{(n-1)x^{n-1}} + \frac{la}{n-1}\int \frac{a^x dx}{x^{n-1}}$$

giebt, wann $n = 1$ ist, nichts.

Man geräth auch in diesem Beispiele wieder auf die transcendente Größe $\int \frac{a^x dx}{x}$, wovon schon §. 184. gesprochen worden; und ließe sich sein Ausdruck erhalten, so würde man zu gleicher Zeit das Integral $\int a^x x^n dx$ für alle Fälle, wo n eine ganze Zahl ist, bekommen.

§. 189. Wenn n eine gebrochene Zahl ist, so brechen die beiden eben gebrauchten Reihen nicht ab. Hätte man z. B. $n = -\frac{1}{2}$, so würde sich durch die erste

$$\int \frac{a^x dx}{\sqrt{x}} = \frac{a^x}{la\sqrt{x}} \left\{ 1 + \frac{1}{2xla} + \frac{1.3}{4x^2(la)^2} + \frac{1.3.5}{8x^3(la)^3} + \text{etc.} \right\} + \text{const.}$$

und durch die zweite

$$\int \frac{a^x dx}{\sqrt{x}} = 2a^x\sqrt{x} \left\{ \frac{1}{1} - \frac{2xla}{1.3} + \frac{4x^2(la)^2}{1.3.5} - \frac{8x^3(la)^3}{1.3.5.7} + \text{etc.} \right\} + \text{const.}$$

finden.

Es ist zu beachten, daß in dem Falle, wo die vorgegebene Formel $\int a^x x^{n+\frac{p}{q}} dx$, und n eine ganze Zahl sein würde, sich jene auf $\int a^x x^{\frac{p}{q}} dx$ bringen ließe, und zwar vermittelst der ersten Reihe, wenn n positiv, und vermittelst der zweiten, wenn n negativ wäre.

§. 190. Setzt man in die Function $\int P a^x dx$ statt a^x seine Entwickelung (§. 27.), so erhält man

$$\int P a^x dx = \int P dx + \frac{la}{1}\int P x dx + \frac{(la)^2}{1.2}\int P x^2 dx + \frac{(la)^3}{1.2.3}\int P x^3 dx + \frac{(la)^4}{1.2.3.4}\int P x^4 dx + \text{etc.},$$

welches eine neue Entwickelung von $\int P a^x dx$ liefert, so oft als man die Functionen

$\int P dx$, $\int P x dx$, ..., $\int P x^n dx$, etc.

bekommen kann.

Ist $P = x^n$, so kommt

$$\int a^x x^n dx = \frac{x^{n+1}}{n+1} + \frac{x^{n+2} la}{1(n+2)} + \frac{x^{n+3}(la)^2}{1.2(n+3)}$$
$$+ \frac{x^{n+4}(la)^3}{1.2.3(n+4)} + \text{etc.} + \text{const.},$$

und in dieser Reihe hat man lx statt $\frac{x^{n+i}}{n+i}$ zu setzen, wenn n eine negative ganze Zahl, gleich $-i$, ist.

Die Anwendung dieses Mittels auf das Integral $\int \frac{a^x dx}{x}$ giebt die Entwickelung

$$\int \frac{a^x dx}{x} = lx + \frac{x la}{1.1} + \frac{x^2 (la)^2}{1.2.2} + \frac{x^3 (la)^3}{1.2.3.3}$$
$$+ \frac{x^4 (la)^4}{1.2.3.4.4} + \text{etc.} + \text{const.},$$

welche durch die Annahme von $a^x = z$, woraus $x = \frac{lz}{la}$ und $lx = llz - lla$ hervorgeht, in

$$\int \frac{dz}{lz} = llz + \frac{lz}{1} + \frac{1}{2}\frac{(lz)^2}{1.2} + \frac{1}{3}\frac{(lz)^3}{1.2.3}$$
$$+ \frac{1}{4}\frac{(lz)^4}{1.2.3.4} + \text{etc.} + \text{const.}$$

umgeformt wird.

§. 191. Es giebt noch ein anderes Mittel, eine Exponential-Function, eine solche z. B. als $\frac{e^x x dx}{(1+x)^2}$ zu integriren; dies besteht darin, daß man dieselbe auf das Differential der Function $e^x P$, welche $e^x (dP + P dx)$ ist, und in welcher P eine algebraische Function von x vorstellt, zurück zu bringen sucht. Hauptsächlich sind es Scharfsinn und Fertigkeit in der Rechnung, welche bei diesem Verfahren leiten können. In dem vorgegebenen sehr ein-

einfachen Beispiele darf man nur $1 + x = z$ machen, so hat man alsdann

$$\frac{e^x\, x\, dx}{(1+x)^2} = \frac{e^{z-1}(z-1)\,dz}{z^2} = \frac{1}{e}\left\{e^z\left(\frac{1}{z}dz - \frac{dz}{z^2}\right)\right\};$$

und mit einiger Aufmerksamkeit sieht man schon, daß, da $-\frac{dz}{z^2}$ das Differential von $\frac{1}{z}$ ist, man $P = \frac{1}{z}$ zu nehmen habe, woraus das Integral $\frac{e^z}{ez}$ + const. hervorgeht. Wieder statt z seinen Werth gesetzt, findet man

$$\int \frac{e^x\, x\, dx}{(1+x)^2} = \frac{ex}{1+x} + \text{const.}$$

Von der Integrirung der Kreisfunctionen.

§. 192. Es sei die Formel $\int X dx \operatorname{arc}(\sin = x)$; integrirt man zuförderst den Factor $X dx$, und bemerkt, daß $d.\operatorname{arc}(\sin = x) = \frac{dx}{\sqrt{1-x^2}}$ ist, so erhält man, $\int X dx = V$ gesetzt,

$$\int X dx \operatorname{arc.}(\sin = x) = V.\operatorname{arc}(\sin = x) - \int \frac{V dx}{\sqrt{1-x^2}}.$$

Die Integrirung der vorgegebenen Formel wird demnach auf die einer algebraischen Function gebracht sein, wenn V algebraisch ist.

Nimmt man als Beispiel $\int x^n dx.\operatorname{arc}(\sin - x)$, so findet man $V = \frac{x^{n+1}}{n+1}$, und $\int x^n dx \operatorname{arc}(\sin = x) =$

$$\frac{x^{n+1}}{n+1} . \text{arc} (\sin = x) - \frac{1}{n+1} \int \frac{x^{n+1} dx}{\sqrt{1-x^2}}.$$

Die Formel $\int \frac{x^{n+1} dx}{\sqrt{1-x^2}}$ ist in den §§. 173 und 174 behandelt worden.

§. 193. Da $d . \text{arc} (\cos = x) = - \frac{dx}{\sqrt{1-x^2}}$,

$$d . \text{arc} (\text{tang} = x) = \frac{dx}{1+x^2},$$

so erhält man, indem man auf dieselbe Weise, wie oben, verfährt,

$$\int X dx . \text{arc} (\cos = x) = V . \text{arc} (\cos = x) + \int \frac{V dx}{\sqrt{1-x^2}}$$

$$\int X dx . \text{arc} (\text{tang} = x) = V . \text{arc} (\text{tang} = x) - \int \frac{V dx}{1+x^2};$$

und die Integrirung dieser Formeln wird, so oft als V algebraisch ist, nur von der Integrirung einer algebraischen Function abhängen.

§. 194. Wenn z einen Bogen vorstellt, dessen Sinus oder Cosinus oder Tangente, u. s. w. als Function von x ausgedrückt sind, d. h. wenn man $dz = X_1 dx$ hat, wo X_1 eine gegebene Function von x ist, so wird man $\int X z^n dx$ durch ein dem der vorhergehenden §§. ähnliches Verfahren bekommen. Es sei $\int X dx = V$, so erhält man

$$\int z^n X dx = V z^n - n \int V z^{n-1} dz;$$

wird für dz sein Werth gesetzt, so findet man

$$\int z^n X dx = V z^n - n \int z^{n-1} V X_1 dx.$$

Indem man diesen Gang verfolgt, verringert man je mehr und mehr den Exponenten von z, und man gelangt endlich dahin, diesen Bogen, wenn n eine ganze positive Zahl ist, verschwinden zu machen.

Der einfachste Fall ist der, wo $X = 1$, und z der Bogen ist, dessen Sinus $= x$; man findet alsdann nach einander

$$X1 = \frac{1}{\sqrt{1-x^2}},\ V = x,\ \int z^n dx = xz^n - n\int z^{n-1} \frac{x\,dx}{\sqrt{1-x^2}},$$

$$V = \int \frac{x\,dx}{\sqrt{1-x^2}} = -\sqrt{1-x^2},$$

$$\int z^{n-1} dx = -z^{n-1}\sqrt{1-x^2} + (n-1)\int z^{n-2} dx;$$

und diese Werthe geben

$$\int z^n dx = z^n x + n z^{n-1}\sqrt{1-x^2} - n(n-1) z^{n-2} x$$
$$- n(n-1)(n-2) z^{n-3}\sqrt{1-x^2} + \text{etc.}$$

eine Reihe, welche aufhört, wenn n eine ganze positive Zahl ist.

Hätte man $X dx = dz$, oder $X = X1$, so würde sich das Integral $\int X z^n dx$ in

$$\int z^n dz = \frac{z^{n+1}}{n+1} + \text{const.}$$ verwandeln; und

substituirte man für z^n irgend eine algebraische Function von z, so ginge das Integral, in Beziehung auf z betrachtet, wieder in irgend eine der vorher behandelten Formeln über.

§. 195. Um zu etwas allgemeinen Functionen der Größen z, sin z, cos z, etc. fortzuschreiten, hat man sich zuvor zu erinnern, daß man vermöge der §§. 32, 33 habe

$$d.\sin nz = ndz \cos nz, \text{ woraus } \int dz \cos nz = \frac{1}{n}\sin nz + \text{const.}$$

$$d.\cos nz = -ndz \sin nz,\ ,, \quad \int dz \sin nz = \frac{1}{n}\cos nz + \text{const.}$$

$$d.\text{tang}\, nz = \frac{ndz}{(\cos nz)^2},\ ,, \quad \int \frac{dz}{(\cos nz)^2} = \frac{1}{n}\text{tang}\, nz + \text{const.}$$

$$d.\cot nz = -\frac{ndz}{(\sin nz)^2},\ ,, \quad \int \frac{dz}{(\sin nz)^2} = -\frac{1}{n}\cot nz + \text{const.}$$

$$d.\sec nz = \frac{ndz \sin nz}{(\cos nz)^2},\ ,, \quad \int \frac{dz \sin nz}{(\cos nz)^2} = \frac{1}{n}\sec nz + \text{const.}$$

$$= \frac{1}{n \cos nz} + \text{const.}$$

$$d.\,\mathrm{cosec}\,nz = -\frac{ndz\cos nz}{(\sin nz)^2},\ \text{w.} \int \frac{dz\cos nz}{(\sin nz)^2} = -\frac{1}{n}\mathrm{cosec}\,nz + \mathrm{const}$$

$$= -\frac{1}{n\sin nz} + \mathrm{const.}$$

§. 196. Aus diesen Integrirungen geht die Integrirung folgender Ausdrücke

$$dz\,(A + B\sin z + C\sin 2z + D\sin 3z + \mathrm{etc.})$$

$$dz\,(A + B\cos z + C\cos 2z + D\cos 3z + \mathrm{etc.})$$

hervor, welche geben

$$Az - B\cos z - \tfrac{1}{2}C\cos 2z - \tfrac{1}{3}D\cos 3z - \mathrm{etc.} + \mathrm{const.}$$

$$Az + B\sin z + \tfrac{1}{2}C\sin 2z + \tfrac{1}{3}D\sin 3z + \mathrm{etc} + \mathrm{const.}$$

§. 197. Es ist sehr wichtig zu bemerken, daß man auf Glieder von der Form

$$A\sin mz,\ \text{oder}\ A\cos mz$$

jede rationale Function von $\sin z$ und von $\cos z$ zurückbringen könne. Diese Operation, welche die Integrirung eines Differentials von selbiger Form auf das im vorhergehenden §. Gesagte zurückführt, erleichtert auch noch die Zahlenrechnung der sich ergebenden Formeln, weil es viele Fälle giebt, wo der Gebrauch der Sinus und Cosinus der Vielfachen eines Bogens bequemer ist, als der der Potenzen dieser Linien.

Die Formeln (Trig. §. 26.)

$$\sin a\cos b = \tfrac{1}{2}\sin(a+b) + \tfrac{1}{2}\sin(a-b)$$

$$\cos a\sin b = \tfrac{1}{2}\sin(a+b) - \tfrac{1}{2}\sin(a-b)$$

$$\sin a\sin b = -\tfrac{1}{2}\cos(a+b) + \tfrac{1}{2}\cos(a-b)$$

$$\cos a\cos b = \tfrac{1}{2}\cos(a+b) + \tfrac{1}{2}\cos(a-b)$$

sind die Elemente der eben angezeigten Umformung; denn nimmt man $b = a$ in den beiden letzten Formeln, so geben sie

$$\sin a^2 = -\tfrac{1}{2}\cos 2a + \tfrac{1}{2}$$

$$\cos a^2 = \tfrac{1}{2}\cos 2a + \tfrac{1}{2},$$

insofern man darauf Acht hat, daß $\cos(a-b) = \cos 0 = 1$ ist. Hiernächst, da

$$\sin a^3 = \sin a^2.\sin a,\quad \cos a^3 = \cos a^2.\cos a$$

ist, so kommt

$$\sin a^3 = (-\tfrac{1}{2}\cos 2a + \tfrac{1}{2})\sin a$$
$$= -\tfrac{1}{2}\cos 2a \sin a + \tfrac{1}{2}\sin a$$
$$\cos a^3 = (\tfrac{1}{2}\cos 2a + \tfrac{1}{2})\cos a$$
$$= \tfrac{1}{2}\cos 2a \cos a + \tfrac{1}{2}\cos a.$$

Diese beiden Resultate schließen die Producte

$\cos 2a \sin a$ und $\cos 2a \cos a$

ein, welche sich durch Sinus der Vielfachen von a mittelst der ersten und letzten der weiter oben angeführten Formeln, indem man darin $b = 2a$ macht, ausdrücken lassen.

Diese Rechnung ist zu leicht, um mich dabei aufzuhalten, und es ist einleuchtend, daß man auf die gezeigte Art, nach und nach fortschreitend, sich

von $\sin a^3$ zu $\sin a^4$, zu $\sin a^5$, etc.
von $\cos a^3$ zu $\cos a^4$, zu $\cos a^5$, etc.

erheben wird.

§. 198. Statt diese besondern Formeln zu construiren, will ich aus den Gleichungen (§. 164.)

$$(\cos x + \sqrt{-1}\sin x)^n = \cos nx + \sqrt{-1}\sin nx,$$
$$(\cos x - \sqrt{-1}\sin x)^n = \cos nx - \sqrt{-1}\sin nx$$

allgemeine herleiten. Indem man diese beiden Gleichungen addirt, und $\cos nx$ frei macht, findet man

$$\cos nx = \frac{(\cos x + \sqrt{-1}\sin x)^n + (\cos x - \sqrt{-1}\sin x)^n}{2};$$

dann durch Abziehung der zweiten von der ersten, und durch Freimachung von $\sin nx$, bekommt man

$$\sin nx = \frac{(\cos x + \sqrt{-1}\sin x)^n - (\cos x - \sqrt{-1}\sin x)^n}{2\sqrt{-1}}.$$

Diese, obgleich mit imaginären Größen behafteten Ausdrücke sind nichts desto weniger reell, weil diese Zeichen alle durch die Entwickelung der angezeigten Potenzen verschwinden. Man hat nämlich

$$(\cos x + \sqrt{-1}\sin x)^n = \cos x^n + \frac{n}{1}\sqrt{-1}\cos x^{n-1}\sin x$$
$$- \frac{n(n-1)}{1.2}\cos x^{n-2}\sin x^2 - \text{etc.}$$

$$(\cos x - \sqrt{-1}\sin x)^n = \cos x^n - \frac{n}{1}\sqrt{-1}\cos x^{n-1}\sin x$$
$$- \frac{n(n-1)}{1.2}\cos x^{n-2}\sin x^2 + \text{etc.};$$

und substituirt man diese Reihen in die obigen Werthe, so kommt man zu

$$\cos nx = \cos x^n - \frac{n(n-1)}{1.2}\cos x^{n-2}\sin x^2$$
$$+ \frac{n(n-1)(n-2)(n-3)}{1.2.3.4}\cos x^{n-4}\sin x^4 - \text{etc.}$$

$$\sin nx = \frac{n}{1}\cos x^{n-1}\sin x - \frac{n(n-1)(n-2)}{1.2.3}\cos x^{n-3}\sin x^3$$
$$+ \frac{n(n-1)(n-2)(n-3)(n-4)}{1.2.3.4.5}\cos x^{n-5}\sin x^5 - \text{etc.}$$

§. 199. Vermöge der obigen Formeln entwikkelt man die Sinus und die Cosinus der vielfachen Bogen nach den Potenzen des Sinus und des Cosinus des einfachen Bogens; auf folgende Weise aber läßt sich die umgekehrte Aufgabe auflösen, d. h. diejenige, wo es darauf ankommt, die Potenzen des Sinus und des Cosinus des einfachen Bogens durch die Sinus und die Cosinus ihrer Vielfachen auszudrücken.

Es sei

$$\cos x + \sqrt{-1}\sin x = u$$
$$\cos x - \sqrt{-1}\sin x = v,$$

so erhält man

$$\cos x = \tfrac{1}{2}(u+v), \quad \sin x = \frac{1}{\sqrt{-1}}(u-v);$$

und hieraus fließt zuförderst

$$\cos x^n = \frac{1}{2^n}(u+v)^n.$$

Durch Entwickelung der auf der zweiten Seite dieser Gleichung angezeigten Potenz kommt

$$\cos x^n = \frac{1}{2^n}\left\{u^n + \frac{n}{1}u^{n-1}v + \frac{n(n-1)}{1.2}u^{n-2}v^2 + \frac{n(n-1)(n-2)}{1.2.3}u^{n-3}v^3 + \text{etc.}\right\};$$

in dem Ausdrucke $(u+v)^n$ aber kann man v in u verwandeln, und umgekehrt, welches giebt

$$\cos x^n = \frac{1}{2^n}\left\{v^n + \frac{n}{1}v^{n-1}u + \frac{n(n-1)}{1.2}v^{n-2}u^2 + \frac{n(n-1)(n-2)}{1.2.3}v^{n-3}u^3 + \text{etc.}\right\};$$

und durch Addition dieser beiden Resultate, erhält man

$$2\cos x^n = \frac{1}{2^n}\left\{u^n + v^n + \frac{n}{1}(u^{n-1}v + v^{n-1}u) + \frac{n(n-1)}{1.2}(u^{n-2}v^2 + v^{n-2}u^2) + \frac{n(n-1)(n-2)}{1.2.3}(u^{n-3}v^3 + v^{n-3}u^3) + \text{etc.}\right\}.$$

Man kann dieser Gleichung folgende Form geben:

$$2^{n+1}\cos x^n = \left\{u^n + v^n + \frac{n}{1}uv(u^{n-2} + v^{n-2}) + \frac{n(n-1)}{1.2}u^2v^2(u^{n-4} + v^{n-4}) + \frac{n(n-1)(n-2)}{1.2.3}u^3v^3 \times (u^{n-6} + v^{n-6}) + \text{etc.}\right\};$$

aber die Gleichung

$$\cos nx = \tfrac{1}{2}(\cos x + \sqrt{-1}\sin x)^n + \tfrac{1}{2}(\cos x - \sqrt{-1}\sin x)^n = \tfrac{1}{2}u^n + \tfrac{1}{2}v^n,$$

welche Statt findet, was auch nur n sein mag (§. 198.), führt auf

$$u^n + v^n = 2\cos nx,$$

und im Allgemeinen auf

$$u^{n-m} + v^{n-m} = 2\cos(n-m)x;$$

ferner ist leicht ersichtlich, daß $uv = 1$ ist: man erhält demnach

$$2^{m+1} \cos x^n =$$

$$\left\{2 \cos nx + \frac{2n}{1} \cos (n-2) x + \frac{2n(n-1)}{1.2} \cos (n-4) x \right.$$

$$\left. + \frac{2n(n-1)(n-2)}{1.2.3} \cos (n-6) x + \text{etc.}\right\},$$

oder auch, indem man alles durch 2 dividirt,

$$2^n \cos x^n = \left\{\cos nx + \frac{n}{1} \cos (n-2) x + \frac{n(n-1)}{1.2} \cos (n-4) x \right.$$

$$\left. + \frac{n(n-1)(n-2)}{1.2.3} \cos (n-6) x + \text{etc.}\right\},$$

eine stets anwendbare Formel, was immer auch n sein mag.

Indem man diese Formel, wie die Newtonische des Binomiums fortsetzt, kommt man, wenn n eine ganze Zahl ist, zu Cosinus von negativen Bogen, welche genau dieselben sind, als die der entsprechenden positiven Bogen; man schreibe daher $\cos (m-n) x$ statt $\cos (n-m) x$, und in diesem Falle läßt sich, wie man sogleich sehen wird, die Formel abkürzen.

In der Entwickelung von $(u+v)^n$ haben die von den äußersten gleich weit abstehenden Glieder, wenn n eine ganze Zahl ist, den nämlichen Coefficienten; eben dergleichen findet Statt in dem Ausdrucke

$$\cos nx + \frac{n}{1} \cos (n-2) x + \frac{n(n-1)}{1.2} \cos (n-4) x$$

$$+ \frac{n(n-1)(n-2)}{1.2.3} \cos (n-6) x + \text{etc.}$$

und außerdem sind die Cosinus, bei gleichem Abstande von den äußersten dieser Formel, gleich. Nämlich so wie das erste Glied $\cos nx$ ist, so ist das letzte mit $\cos (n-2n) x$ oder mit $\cos - nx$, welches $= \cos nx$ ist, behaftet; dem mit $\cos(n - 2m)x$ behafteten Gliede, welches m derselben vor sich hat, entspricht ein mit $\cos(-n + 2m)x$ behaftetes Glied welches m derselben nach sich hat; und da $\cos(-n + 2m)x = \cos -(n - 2m)x = \cos(n - 2m)x$ ist, so kann man die mit den Cosinus negativer Bogen behafteten Glieder auslassen, indem man das Doppelte von einem jeden der nur positive enthaltenden nimmt.

Man kann daher, wenn man bei dem Gliede stehen bleibt, wo die Bogen negativ werden, schreiben . . . . $2^n \cos x^n =$

$$\left\{2 \cos nx + \frac{2n}{1} \cos(n-2)x + \frac{2n(n-1)}{1.2} \cos(n-4)x + \text{etc.}\right\}.$$

Man muß jedoch beachten, daß in dem Falle, wo n eine gerade Zahl ist, die Formel ein mittleres, von dem einen oder dem andern äußersten gleich entferntes, und durch

$$\frac{n(n-1)\ldots(n-\frac{n}{2}+1)}{1.2\ldots\ldots\frac{n}{2}} \cos(n-n)x$$

vorgestelltes Glied hat. Wegen $\cos 0 = 1$ reducirt es sich auf $\dfrac{n(n-1)\ldots\left(\frac{n}{2}+1\right)}{1.2\ldots\ldots\frac{n}{2}}$; und weil es allein ist, so darf es nicht, wie die andern, durch 2 multiplicirt werden, es sei denn, daß man davon vorgängig die Hälfte nehme und

$$\frac{1}{2} \cdot \frac{n(n-1)\ldots\frac{n}{2}+1}{1.2\ldots\ldots\frac{n}{2}}$$

schreibe.

Nach diesen Bemerkungen erhält man endlich

$$2^{n-1}\cos x^n = \left\{ \begin{array}{l} \cos nx + \frac{n}{1}\cos(n-2)x + \frac{n(n-1)}{1.2}\cos(n-4)x \\ + \frac{n(n-1)(n-2)}{1.2.3}\cos(n-6)x + \text{etc.} \end{array} \right\},$$

indem man darauf sieht, mit dieser Formel inne zu halten, wenn man auf einen negativen Bogen trifft, und nur die Hälfte des Coefficienten von dem Cosinus des Bogens Null, welchen man findet, wenn n gerade ist, zu nehmen. Mit dieser Beachtung wird es leicht sein, die Werthe der hier beigefügten Tafel zu bilden:

$$\begin{array}{l}
\cos x = \cos x \\
2\cos x^3 = \cos 2x + 1 \\
4\cos x^3 = \cos 3x + 3\cos x \\
8\cos x^4 = \cos 4x + 4\cos 2x + 3 \\
16\cos x^5 = \cos 5x + 5\cos 3x + 10\cos x \\
32\cos x^5 = \cos 6x + 6\cos 4x + 15\cos 2x + 10 \\
64\cos x^7 = \cos 7x + 7\cos 5x + 21\cos 3x + 35\cos x \\
\text{etc.}
\end{array}$$

§. 200. Um $\sin x^n$ zu bestimmen, mache man von der Gleichung

$$\sin x = \frac{1}{2\sqrt{-1}}(u-v)$$

Gebrauch, und man wird

$$\sin x^n = \frac{1}{(2\sqrt{-1})^n}(u-v)^n$$

oder

$$\sin x^n = \frac{1}{(2\sqrt{-1})^n}\left\{ \begin{array}{l} u^n - \frac{n}{1}u^{n-1}v + \frac{n(n-1)}{1.2}u^{n-2}v^2 \\ - \frac{n(n-1)(n-2)}{1.2.3}u^{n-3}v^3 + \text{etc.} \end{array} \right\}$$

finden.

1) Es sei n eine gerade Zahl oder ein Bruch mit geradem Nenner; in diesem Falle ist $(u-v)^n = (v-u)^n$ und folglich erhält man wiederum

$$\sin x^n = \frac{1}{(2\sqrt{-1})^n}(v-u)^n.$$

Durch Entwickelung der zweiten Seite dieser Gleichung, um sie zu der ersten zu addiren, kommt

$$2\sin x^n = \frac{1}{(2\sqrt{-1})^n}\Big\{u^n + v^n - \frac{n}{1}(u^{n-1}v + v^{n-1}u) + \frac{n(n-1)}{1.2}(u^{n-2}v^2 + v^{n-2}u^2) - \frac{n(n-1)(n-2)}{1.2.3}(u^{n-3}v^3 + v^{n-3}u^3) + \text{etc.}\Big\},$$

oder aber

$$2\sin x^n = \frac{1}{(2\sqrt{-1})^n}\Big\{u + v^n - \frac{n}{1}uv(u^{n-2} + v^{n-2}) + \frac{n(n-1)}{1.2}u^2v^2(u^{n-4} + v^{n-4}) - \frac{n(n-1)(n-2)}{1.2.3}u^3v^3(u^{n-6} + v^{n-6} + \text{etc.}\Big\},$$

welches Resultat bis auf die Zeichen dasselbe ist, als das des vorhergehenden §s; man kann daher sofort schreiben

$$(2\sqrt{-1})^n \sin x^n = \cos nx - \frac{n}{1}\cos(n-2)x + \frac{n(n-1)}{1.2}\cos(n-4)x - \frac{n(n-1)(n-2)}{1.2.3}\cos(n-6)x + \text{etc.}$$

Das Unmögliche verschwindet, weil n eine gerade Zahl ist, und man hat $(2\sqrt{-1})^n = \pm 2^n$, wo das obere Zeichen Statt findet, wenn n doppelt gerade, d. h. ein Vielfaches von 4 ist, und das untere Zeichen, wenn es blos durch 2 theilbar ist.

Es lassen sich über die zweite Seite dieser Gleichung die nämlichen Schlüsse machen, als in dem vorhergehenden §.; und weil n eine ganze Zahl ist, daraus die Folgerung ziehen, daß man sich auf die nur positive Bogen enthaltenden Glieder, wofern man nur von einem jeden das Doppelte nimmt, beschränken könne. Ferner, da n gerade ist, so giebt es ein vom Cosinus freies Glied, welches nicht zu verdoppeln ist. Wird also alles durch 2 dividirt, so erhält man

$$\pm 2^{n-1} \sin x^n = \left\{ \cos nx - \frac{n}{1} \cos(n-2)x + \frac{n(n-1)}{1.2} \cos(n-4)x - \frac{n(n-1)(n-2)}{1.2.3} \cos(n-6)x + \text{etc.} \right\},$$

wobei dahin zu sehen, daß man, wenn ein Bogen Null gefunden worden, inne halte, und nur die Hälfte des Coefficienten dieses Gliedes nehme.

2) Wenn n eine ungerade Zahl ist, so kommt alsdann

$$(v-u)^n = -(u-v)^n,$$

folglich

$$\sin x^n = \frac{1}{(2\sqrt{-1})^n}(u-v)^n = -\frac{1}{(2\sqrt{-1})^n}(v-u)^n,$$

und die Entwickelung des zweiten Ausdruckes ist

$$\sin x^n = \frac{1}{(2\sqrt{-1})^n} \left\{ -v^n + \frac{n}{1} v^{n-1} u - \frac{n(n-1)}{1.2} v^{n-2} u^2 + \frac{n(n-1)(n-2)}{1.2.3} v^{n-3} u^3 - \text{etc.} \right\}.$$

Durch Hinzufügung derselben zu der Entwickelung des ersten, und nach den nöthigen Reductionen, findet man

$$2 \sin x^n = \frac{1}{(2\sqrt{-1})^n} \left\{ u^n - v^n - \frac{n}{1} uv(u^{n-2} - v^{n-2}) + \frac{n(n-1)}{1.2} u^2 v^2 (u^{n-4} - v^{n-4}) - \frac{n(n-1)(n-2)}{1.2.3} u^3 v^3 (u^{n-6} - v^{n-6}) + \text{etc.} \right\}.$$

Aber vermöge §. 198. ist

$$\sin nx = \frac{1}{2\sqrt{-1}}\Big\{(\cos x + \sqrt{-1}\,\sin x)^n$$

$$-(\cos x - \sqrt{-1}\,\sin x)^n\Big\} = \frac{1}{2\sqrt{-1}}(u^n - v^n),$$

wie auch n beschaffen sein mag; was das Product uv betrifft, so ist es immer der Einheit gleich; mithin erhält man im Allgemeinen

$$u^{n-m} - v^{n-m} = 2\sqrt{-1}\,\sin(n-m)x,$$

und folglich

$$2\sin x^n = \frac{1}{(2\sqrt{-1})^{n-1}}\left\{\begin{aligned}&\sin nx - \frac{n}{1}\sin(n-2)x\\ &+ \frac{n(n-1)}{1.2}\sin(n-4)x\\ &- \frac{n(n-1)(n-2)}{1.2.3}\sin(n-6)x + \text{etc.}\end{aligned}\right\}.$$

Das Imaginäre behaftet diese Formel eben so wenig, als die vorhergehenden; denn für n als eine ungerade Zahl ist $(2\sqrt{-1})^{n-1} = \pm 2^{n-1}$, wo das obere Zeichen Statt findet, wenn $n-1$ ein Vielfaches von 4 ist; das untere aber, wenn $n-1$ blos ein Vielfaches von 2 ist.

Man kann sich auch hier noch auf die mit Sinus positiver Bogen behafteten Glieder beschränken, wenn man von einem jeden das Doppelte nimmt; denn es ist gleich Anfangs aus denselben Gründen als vorher einleuchtend, daß die von den äußersten gleich weit abstehenden Glieder denselben Coefficienten haben, und daß das eine mit einem positiven Bogen und das andere mit einem negativen behaftet ist. Zwar haben, da die Zahl der Glieder der Formel gerade ist, und diese abwechselnd positiv und negativ sind, die entsprechenden Glieder entgegengesetzte Zeichen; aber es ist auch der Sinus des negativen Bogens selbst negativ. Diese Verschiedenheit im

Zeichen findet sich demnach aufgehoben, und die besagten Glieder vereinigen sich in ein einziges.

Zufolge dieser Betrachtungen und durch Theilung mit 2 kommt

$$\pm 2^{n-1} \sin x^n = \Big\{ \sin nx - \frac{n}{1} \sin (n-2)x$$

$$+ \frac{n(n-1)}{1.2} \sin (n-4)x - \frac{n(n-1)(n-2)}{1.2.3} \sin (n-6)x + \text{etc.} \Big\}$$

Man leitet aus den beiden Formeln des gegenwärtigen §s die in folgender Tafel enthaltenden Werthe ab:

$$\sin x = \sin x$$

$$2 \sin x^2 = -\cos 2x + 1$$

$$4 \sin x^3 = -\sin 3x + 3 \sin x$$

$$8 \sin x^4 = \cos 4x - 4 \cos 2x + 3$$

$$16 \sin x^5 = \sin 5x - 5 \sin 3x + 10 \sin x$$

$$32 \sin x^5 = -\cos 6x + 6 \cos 4x - 15 \cos 2x + 10$$

$$64 \sin x^7 = -\sin 7x + 7 \sin 5x - 21 \sin 3x + 35 \sin x$$

etc.

Dies für die Fälle, wo n eine ganze Zahl ist; wäre es eine gebrochene, so müßte man zu der ersten Formel des vorhergehenden §s seine Zuflucht nehmen. Man hätte darin $x = 1^Q - z$ zu setzen, so daß $\cos x = \sin z$ wäre; und folglich der Ausdruck vom $\cos x^n$ durch die Cosinus der Vielfachen von x den Ausdruck von $\sin z^n$ durch die Cosinus der Vielfachen von $1^Q - z$ oder von dem Complemente des Bogens z gäbe.

§. 201. Es sei das Differential $\int dx \cos x^4$ zu integriren, so zieht man alsbald aus den Formeln des 199 §s

$$\cos x^4 = \tfrac{1}{8} \cos 4x + \tfrac{1}{2} \cos 2x + \tfrac{3}{8},$$

und erhält

$$\int dx \cos x^4 = \tfrac{1}{8} \int \cos 4x + \tfrac{1}{2} \int dx \cos 2x + \tfrac{3}{8} \int dx$$

$$= \tfrac{1}{32} \sin 4x + \tfrac{1}{4} \sin 2x + \frac{3x}{8} + \text{const.}$$

Dieses Beispiel zeigt genugsam, wie man mit allen denen, die sich darbieten können, zu verfahren habe.

§. 202. Die Formeln

$$\sin x = \frac{e^{x\sqrt{-1}} - e^{-x\sqrt{-1}}}{2\sqrt{-1}}$$

$$\cos x = \frac{e^{x\sqrt{-1}} + e^{-x\sqrt{-1}}}{2},$$

welche die Functionen vom Sinus und Cosinus in Exponential-Functionen verwandeln, führen die Integrirung der erstern auf die Integrirung der letztern zurück.

Man kann auch das Differential $dx \sin x^m \cos x^n$ in ein anderes verwandeln, welches in den binomischen Differentialen enthalten ist. Hierzu ist es hinreichend, $\sin x = z$ zu machen, woraus

$$\cos x = \sqrt{1-z^2},\ dx = \frac{dz}{\sqrt{1-z^2}}$$

(§. 35.) entsteht; und darauf erhält man

$$\int dx \sin x^m \cos x^n = \int z^m dz (1-z^2)^{\frac{n-1}{2}}.$$

Durch Anwendung der Reductionen der §§. 170 — 172 auf den letzten Ausdruck läßt sich derselbe, wenn m eine ungerade Zahl ist, integriren, oder, wenn m gerade ist, von

$$\int dz (1-z^2)^{\frac{n-1}{2}}$$

abhängig machen; dieser letzte Ausdruck aber kann auf $\int \frac{dz}{\sqrt{1-z^2}}$ oder auf einen Kreisbogen zurückgebracht werden, wenn n eine ganze Zahl ist. In allen andern Fällen wird man das Integral der vorgegebenen Formel auf das des einfachsten analogen Differentials zurückführen.

Es ist sichtbar, daß man auf eben diese Weise die, die andern trigonometrischen Linien enthaltenden Differentialen umformen kann.

§. 203. Die Formeln (A), (B), (C) und (D) der §§. 170, 171, 172 könnten in Beziehung auf das Differential $dz \sin z^m \cos z^n$ leicht umgeformt werden; man gelangt aber unmittelbar zu den nämlichen Resultaten, indem man dieses Differential in Factoren zerlegt.

Wenn man es zuförderst unter die Form $dz \sin z \cos z^n \sin z^{m-1}$ setzt, wo sich der erste Factor $dz \sin z \cos z^n$ wegen $dz \sin z = - d. \cos z$ integriren läßt, so findet man

$$\int dz \sin z^m \cos z^n = \int dz \sin z \cos z^n \sin z^{m-1} =$$

$$-\frac{1}{n+1} \cos z^{n+1} \sin z^{m-1} + \frac{m-1}{n+1} \int dz \cos z^{n+2} \sin z^{m-2};$$

und weil

$$\cos z^{n+2} = \cos z^n . \cos z^2 = \cos z^n (1 - \sin z^2)$$

ist, so bekommt man

$$\int dz \cos z^{n+2} \sin z^{m-2} = \int dz \cos z^n \sin z^{m-2} - \int dz \cos z^n \sin z^m.$$

Dies in die erste Gleichung substituirt, und den Werth von $\int dz \sin z^m \cos z^n$ genommen, ergiebt sich daraus (A)

$$\int dz \sin z^m \cos z^n = - \frac{\sin z^{m-1} \cos z^{n+1}}{m+n}$$

$$+ \frac{m-1}{m+n} \int dz \sin z^{m-2} \cos z^n.$$

Man hat auch

$$\int dz \sin z^m \cos z^n = \int dz \cos z \sin z^m . \cos z^{n-1} =$$

$$\frac{1}{m+1} \sin z^{m+1} \cos z^{n-1} + \frac{n-1}{m+1} \int dz \sin z^{m+2} \cos z^{n-2};$$

ferner

$$\sin z^{m+2} = \sin z^m . \sin z^2 = \sin z^m (1 - \cos z^2),$$

und folglich

$$\int dz \sin z^{m+2} \cos z^{n-2} = \int dz \sin z^m \cos z^{n-2} - \int dz \sin z^m \cos z^n.$$

Dieser

Dieser Werth, in den von $\int dz \sin z^m \cos z^n$ gesetzt, führt auf eine Gleichung, aus welcher man (B)

$$\int dz \sin z^m \cos z^n = \frac{\sin z^{m+1} \cos z^{n-1}}{m+n} + \frac{n-1}{m+n} \int dz \sin z^m \cos z^{n-2}$$

herleitet.

Indem man folgeweise m in $m-2$, $m-4$, etc. in der ersten Formel, n in $n-2$, $n-4$, etc. in der zweiten verwandelt, und sie abwechselnd anwendet, gelangt man dahin, aus den Exponenten m und n unter dem Zeichen $\int$ das größte möglicher Weise darin enthaltene Vielfache von 2 hinwegzunehmen, was, wenn der eine der Exponenten m oder n ungerade ist, auf die algebraische Integrirung der Formel $dz \sin z^m \cos z^n$ führt, und wodurch man, wenn m und n gerade sind, auf das Differential $dz \sin z^0 \cos z^0$ geräth, dessen Integral den Bogen z einschließt.

Wenn man z. B. diese Formeln auf $\int dz \sin z^4 \cos z^2$ anwendet, so giebt die erste

$$\int dz \sin z^4 \cos z^2 = -\frac{\sin z^3 \cos z^3}{6} + \frac{3}{6} \int dz \sin z^2 \cos z^2,$$

dann findet man durch die zweite

$$\int dz \sin z^2 \cos z^2 = \frac{\sin z^3 \cos z}{4} + \frac{1}{4} \int dz \sin z^2 \cos z^2;$$

hierauf zu der ersten zurückgehend, bekommt man, darin $m=2$ und $n=0$ gesetzt,

$$\int dz \sin z^2 = -\frac{\sin z \cos z}{2} + \frac{1}{2} \int dz = -\frac{\sin z \cos z}{2} + \frac{z}{2};$$

steigt man endlich von diesem Werthe zu dem des vorgegebenen Differentials wiederum auf, so kommt

$$\int dz \sin z^4 \cos z^2 = -\frac{1}{6} \sin z^3 \cos z^3 + \frac{3.1}{6.4} \sin z^3 \cos z - \frac{3.1.1}{6.4.2} \sin z \cos z + \frac{3.1.1}{6.4.2} z + \text{const.}$$

Das Differential $\int dz \sin z^4 \cos z^3$, auf dieselbe Art behandelt, würde folgeweise auf

$$\int dz \sin z^4 \cos z^3 = -\frac{\sin z^3 \cos z^4}{7} + \frac{3}{7} \int dz \sin z^2 \cos z^3$$

$$\int dz \sin z^2 \cos z^3 = \frac{\sin z^3 \cos z^2}{5} + \frac{2}{5} \int dz \sin z^2 \cos z$$

$$\int dz \sin z^2 \cos z = -\frac{\sin z \cos z^2}{3} + \frac{1}{3} \int dz \cos z$$

führen; und da $\int dz \cos z = -\sin z$ ist, so läßt sich daraus schließen

$$\int dz \sin z^4 \cos z^3 = -\frac{1}{7} \sin z^3 \cos z^4 + \frac{3 \cdot 1}{7 \cdot 5} \sin z^3 \cos z^2$$

$$- \frac{3 \cdot 2 \cdot 1}{7 \cdot 5 \cdot 3} \sin z \cos z^2 - \frac{3 \cdot 2 \cdot 1}{7 \cdot 5 \cdot 3} \sin z + \text{const.}$$

§. 204. Dieses letzte Beispiel, wie alle diejenigen, wo der eine der Exponenten m und n ungerade ist, wird sogleich auf ganze algebraische Functionen zurückgebracht, wenn man beachtet, daß

$$\int dz \sin z^{2p+1} \cos z^q = \int dz \sin z . \cos z^q (\sin z^2)^p$$

$$\int dz \sin z^p \cos z^{2q+1} = \int dz \cos z . \sin z^p (\cos z^2)^q,$$

daß

$$(\sin z^2)^p = (1 - \cos z^2)^p, \quad (\cos z^2)^q = (1 - \sin z^2)^q,$$

und daß

$$dz \sin z = - d . \cos z, \quad dz \cos z = d . \sin z.$$

Hierdurch kommt man zu

$$-\int u^q du (1 - u^2)^p, \quad \int u^p du (1 - u^2)^q,$$

indem man $\cos z = u$, oder $\sin z = u$ macht; und diese Integralen lassen sich durch Entwickelung der ganzen Potenzen von $1 - u^2$ erhalten.

§. 205. Wenn $n = 0$ ist, so wird die Formel (A)

$$\int dz \sin z^m = -\frac{\sin z^{m-1} \cos z}{m} + \frac{m-1}{m} \int dz \sin z^{m-2},$$

und führt auf $\int dz \sin z$, oder auf $\int dz$, je nachdem m ungerade oder gerade ist.

Die Formel (B), wenn man darin $m = o$ macht, verwandelt sich in

$$\int dz \cos z^n = \frac{\sin z \cos z^{n-1}}{n} + \frac{n-1}{n} \int dz \cos z^{n-2},$$

und leitet auf $\int dz \cos z$, oder auf $\int dz$, je nachdem n ungerade oder gerade ist.

§. 206. Die Reductionen des 203 §s können bei den beiden Differentialen

$$\frac{dz \sin z^m}{\cos z^n}, \quad \frac{dz \cos z^n}{\sin z^m}$$

angewendet werden; indeß bemerke ich, daß es hinreichend ist, sich mit dem einen von ihnen zu beschäftigen; denn wenn man $z = 1^Q - y$ macht, so erhält man $dz = -dy$, $\sin z = \cos y$, $\cos z = \sin y$; und die Substitution dieser Werthe in das erste läßt dasselbe eben die Form, wie das zweite, annehmen, und umgekehrt.

Durch Verwandlung von $+n$ in $-n$ in der Formel (A) des erwähnten §s kommt

$$\int \frac{dz \sin z^m}{\cos z^n} = -\frac{1}{m-n} \frac{\sin z^{m-1}}{\cos z^{n-1}} + \frac{m-1}{m-n} \times \int \frac{dz \sin z^{m-2}}{\cos z^n}.$$

Man sieht, daß diese Reduction auf $\int \frac{dz \sin z}{\cos z^n}$, oder auf $\int \frac{dz}{\cos z^n}$ führt, je nachdem m ungerade oder gerade ist.

Die erste dieser Formeln kommt auf $-\int \frac{du}{u^n}$ zurück, wenn man $\cos z = u$ macht, und wird leicht integrirt; die zweite läßt sich durch die sogleich zu erwähnende Reduction behandeln.

Macht man in der Formel (B) des 203 §s n negativ, so findet man

$$\int \frac{dz \sin z^m}{\cos z^n} = \frac{1}{m-n} \frac{\sin z^{m+1}}{\cos z^{n+1}} - \frac{(n+1)}{m-n} \int \frac{dz \sin z^m}{\cos z^{n+2}},$$

woraus man

$$\int \frac{dz \sin z^m}{\text{sos}\, z^{n+2}} = \frac{1}{n+1} \frac{\sin z^{m+1}}{\cos z^{n+1}} - \frac{m-n}{n+1} \int \frac{dz \sin z^m}{\cos z^n}$$

zieht; und hier n in n — 2 verwandelt, so ergiebt sich daraus

$$\int \frac{dz \sin z^m}{\cos z^n} = \frac{1}{n-1} \frac{\sin z^{m+1}}{\cos z^{n-1}} - \frac{m-n+2}{n-1} \int \frac{dz \sin z^m}{\cos z^{n-2}}.$$

Diese, den Fall, wo $m = 0$ ist, begreifende Formel findet auf das Integral $\int \frac{dz}{\cos z^n}$ Anwendung; und im Allgemeinen führt sie auf

$$\int \frac{dz \sin z^m}{\cos z}, \text{ oder auf } \int dz \sin z^m,$$

je nachdem n ungerade oder gerade ist.

Von diesen Integralen ist das zweite in dem §. 205 behandelt worden; und das erste läßt sich vermittelst der Formel (A) des 203 §s, wo man $n = -1$ macht, auf

$$\int \frac{dz \sin z}{\cos z}, \text{ oder auf } \int \frac{dz}{\cos z}$$

zurückführen, je nachdem m ungerade oder gerade ist. Es wird daher angemessen sein, diese Integralen für sich allein zu betrachten; dies werde ich jedoch weiterhin thun.

Man bemerke auch, daß die erste der Reductionen dieses §s für $m = n$, und die zweite für $n = 1$ versagen, und daß diese letzte, wann $m = n^{-2}$ ist, auf der Stelle das Integral giebt.

§. 207. Es sei $\int \frac{dz}{\sin z^m \cos z^n}$, so findet man durch gleichzeitige Verwandlung oon $+m$ in $-m$ und von $+n$ in $-n$ in den Reductionen des 203 §s

$$\int \frac{dz}{\sin z^{m} \cos z^{n}} = \frac{1}{m+n} \frac{1}{\sin z^{m+1} \cos z^{n-1}} + \frac{m+1}{m+n} \times \int \frac{dz}{\sin z^{m+2} \cos z^{n}}$$

$$\int \frac{dz}{\sin z^{m} \cos z^{n}} = -\frac{1}{m+n} \frac{1}{\sin z^{m-1} \cos z^{n+1}} + \frac{n+1}{m+n} \times \int \frac{dz}{\sin z^{m} \cos z^{n+2}},$$

und hieraus geht hervor

$$\int \frac{dz}{\sin z^{m+2} \cos z^{n}} = -\frac{1}{m+1} \frac{1}{\sin z^{m+1} \cos z^{n-1}} + \frac{m+n}{m+1} \times \int \frac{dz}{\sin z^{m} \cos z^{n}}$$

$$\int \frac{dz}{\sin z^{m} \cos z^{n+2}} = \frac{1}{n+1} \frac{1}{\sin z^{m-1} \cos z^{n+1}} + \frac{m+n}{n+1} \times \int \frac{dz}{\sin z^{m} \cos z^{n}}.$$

Verwandelt man m in m — 2 in der ersten dieser Gleichungen, und n in n — 2 in der zweiten, so erhält man zwei neue Formeln (C) und (D),

$$\int \frac{dz}{\sin z^{m} \cos z^{n}} = -\frac{1}{m-1} \frac{1}{\sin z^{m-1} \cos z^{n-1}} + \frac{m+n-2}{m-1} \int \frac{dz}{\sin z^{m-2} \cos z^{n}}$$

$$\int \frac{dz}{\sin z^{m} \cos z^{n}} = \frac{1}{n-1} \frac{1}{\sin z^{m-1} \cos z^{n-1}} + \frac{m+n-2}{n-1} \times \int \frac{dz}{\sin z^{m} \cos z^{n-2}}.$$

Diese beiden Formeln können abwechselnd gebraucht werden, wie es mit denen des 203 §s in dem Beispiele $\int dz \sin z^{4} \cos z^{2}$ geschehen ist, so daß sie nacheinander den Exponenten von sin z, dann den von cos z vermindern; und durch Fortsetzung der Reductionen, so weit es möglich ist, gelangt man zu dem einen der drei hier unten stehenden Integralen:

$$\int \frac{dz}{\sin z}, \int \frac{dz}{\cos z}, \int \frac{dz}{\sin z \cos z}$$

§. 208. Ich will mich demzufolge in diesem §en mit der Integrirung folgender vier Differentialen beschäftigen:

$$\frac{dz}{\sin z}, \frac{dz}{\cos z}, \frac{dz \cos z}{\sin z}, \frac{dz \sin z}{\cos z}.$$

Das erste wird nacheinander

$$\frac{dz}{\sin z} = \frac{dz \sin z}{\sin z^2} = \frac{dz \sin z}{1 - \cos z^2} = \frac{-dx}{1 - x^2},$$

indem man $\cos z = x$ macht; sein Integral ist daher

$$\int \frac{dz}{\sin z} = -\tfrac{1}{2} l \frac{1+x}{1-x} = -\tfrac{1}{2} l \frac{1+\cos z}{1-\cos z} = l \frac{\sqrt{1-\cos z}}{\sqrt{1+\cos z}} + \text{const.}$$

Für das zweite hat man

$$\frac{dz}{\cos z} = \frac{dz \cos z}{\cos z^2} = \frac{dz \cos z}{1 - \sin z^2} = \frac{dx}{1 - x^2},$$

indem man $\sin z = x$ macht; und folglich

$$\int \frac{dz}{\cos z} = \tfrac{1}{2} l \left(\frac{1+x}{1-x}\right) = \tfrac{1}{2} l \frac{1+\sin z}{1-\sin z} = l \frac{\sqrt{1+\sin z}}{\sqrt{1-\sin z}} + \text{const.}$$

Das dritte und vierte sind augenscheinlich logarithmische Differentialen, dergestalt daß man hat

$$\int \frac{dz \cos z}{\sin z} = l \sin z + \text{const.} = \int \frac{dz}{\text{tang}\, z} = \int dz \cot z$$

$$\int \frac{dz \sin z}{\cos z} = -l \cos z + \text{const.} = \int dz\, \text{tang}\, z = \int \frac{dz}{\cot z}.$$

Durch Hinzufügung dieser beiden letzten Formeln zu einander findet man

$$\int \frac{dz}{\sin z \cos z} = l \frac{\sin z}{\cos z} + \text{const.} = l\, \text{tang}\, z + \text{const.}$$

Man kann den Integralen

$$\int \frac{dz}{\sin z} = l\,\frac{\sqrt{1-\cos z}}{\sqrt{1+\cos z}} + \text{const.}$$

und

$$\int \frac{dz}{\cos z} = l\,\frac{\sqrt{1+\sin z}}{\sqrt{1-\sin z}} + \text{const.}$$

eine einfachere Form geben. Man weiß, daß

$$\tang \tfrac{1}{2}(A+B) \,.\, \tang \tfrac{1}{2}(A-B) = \frac{\cos B - \cos A}{\cos B + \cos A},$$

$$\frac{\tang \frac{1}{2}(A+B)}{\tang \frac{1}{2}(A-B)} = \frac{\sin A + \sin B}{\sin A - \sin B}$$ (Trig. §. 26).

Dies gesetzt, nehme man $\cos B = 1$, $\cos A = \cos z$, wodurch man $B = 0$, $A = z$ erhält; so wird die erste Formel

$$(\tang \tfrac{1}{2} z)^2 = \frac{1-\cos z}{1+\cos z},$$

und giebt folglich

$$\int \frac{dz}{\sin z} = l.\tang \tfrac{1}{2} z + \text{const.}$$

Macht man hierauf in der zweiten Formel $\sin A = 1$ und $\sin B = \sin z$, so kommt $A = 1Q$ und $B = z$, und hieraus

$$\frac{1+\sin z}{1-\sin z} = \frac{\tang(0,5Q + \frac{1}{2}z)}{\tang(0,5Q - \frac{1}{2}z)};$$

aber

$$\tang(0,5Q - \tfrac{1}{2}z) = \cot(0,5Q + \tfrac{1}{2}z) = \frac{1}{\tang(0,5Q + \frac{1}{2}z)};$$

daher

$$\frac{1+\sin z}{1-\sin z} = [\tang(0,5Q + \tfrac{1}{2}z)]^2;$$

mithin

$$\int \frac{dz}{\cos z} = l.\tang(0,5Q + \tfrac{1}{2}z) + \text{const.}$$

Bei einem sorgfältigen Betrachten der Verknüpfung der verschiedenen im Vorhergehenden gebildeten Formeln wird man leicht wahrnehmen, daß sich das Integral von $dz \sin z^m \cos z^n$ allemal erhalten läßt, wenn m und n ganze Zahlen entweder positive oder negative sind; so verhält es sich aber nicht, wenn diese Exponenten Brüche sind. Man muß zu den Reihen seine Zuflucht nehmen, außer in einer kleinen Anzahl von Fällen, wo die Integrirung sich von selbst darstellt.

Allgemeine Methode, die Annäherungswerthe der Integralen zu erhalten.

§. 209. Die Entwickelung der Integralen in Reihen führt zu einer Annäherung nur in dem Falle, wo die Reihen, welche man erhält, convergent sind, was nicht immer der Fall ist. Deshalb haben die Analytiker Hülfsmittel gesucht, wodurch sie zu Annäherungswerthen der Integralen gelangen konnten, wie auch immer die vorgegebenen Differential-Functionen beschaffen sein mögen. Der Taylorsche Lehrsatz führt auf eine sehr einfache Weise zu den von Euler zu diesem Zwecke vorgerichteten Formeln; um aber dahin zu gelangen, werde ich zuvor mit einigen Beziehungen in Bezug auf die verschiedenen Gesichtspuncte, unter welchen die Analytiker die Integralen ansehen, bekannt machen.

Die Nothwendigkeit, eine willkührliche beständige Größe einem Integrale beifügen zu müssen, um ihm die ganze Allgemeinheit, die dasselbe gestattet, zu geben, macht ersichtlich, daß diese Functionen zweifach unbestimmt sind, da man ihren Werth, wenn man für die veränderliche Größe, wovon sie abhängen, einen festsetzt, nicht anzugeben vermag, sondern auch noch ihre beständige Größe, welche aller möglichen Werthe fähig ist, bestimmen muß. Man bestimmt gewöhnlich diese beständige dadurch, daß man das Integral der Bedingung des Verschwindens für einen gegebenen Werth von x unterwirft. Man hat hievon schon mehrere Beispiele gesehen (§§. 164, 176, 177), und es kommt dabei im Allgemeinen auf Folgendes hinaus:

Wenn $\int X dx = P + C$ ist, wo P eine veränderliche aus dem Verfahren der Integrirung unmittelbar abgeleitete Function, C die willkührliche beständige Große bezeichnet, und wenn das Integral für einen Werth $x = a$, welcher P in A verwandelt, verschwinden soll, so setzt man die Gleichung $A + C = 0$, aus welcher man

$$C = -A \text{ und } \int X dx = P - A$$

zieht.

Unter dieser Form ist das Integral $\int X dx$ nur noch der Unterschied zwischen dem Werthe, welchen die Function P für $x = a$ annimmt, und zwischen dem, welchen sie für jeden andern Werth derselben veränderlichen Größe erlangt. Wenn z. B. $x = b$, P in B verwandelt, so kommt

$$\int X dx = B - A.$$

Es ist hier bemerkenswerth, daß dieses Resultat sich unmittelbar erhalten läßt, ohne daß es nöthig sei, die beständige Größe zu bestimmen; und zwar blos dadurch, daß man den Unterschied der Resultate nimmt, welche sich aus den Substitutionen der Werthe $x = a$ und $x = b$ ergeben, die den Ausdruck $P + C$ gegenseitig in $A + C$ und in $B + C$ verwandeln.

Der Werth $x = a$, für welchen das Integral verschwindet, ist dessen Ursprung; und man sagt alsdann, das Integral solle für $x = a$ anfangen. Von dem zu $x = b$ gehörigen Werthe, bei welchem man inne hält, sagt man dem zufolge, das Integral sei für $x = b$ vollständig.

Die beiden Werthe $x = a$ und $x = b$ werden gemeinschaftlich mit dem Namen Grenzen des Integrals bezeichnet.

Jedes Integral, welches man aussagt, ohne seinen Ursprung festzusetzen oder ohne seine Grenzen anzuzeigen, heißt unbestimmtes Integral, und muß, um vollständig zu sein, eine willkührliche beständige Größe in sich schließen.

Wenn man diese Grenzen angiebt, so ist das Integral ein bestimmtes. Sind dieselben $x = a$ und $x = b$ z. B., so sagt man alsdann, das Integral $\int X dx$ müsse von $x = a$ an bis zu $x = b$ genommen werden; und dies wird dadurch bewerkstelligt, daß man das, was aus dem veränderlichen Ausdrucke des Integrals für $x = a$, dann für $x = b$ werde, folgeweise berechnet, und das erste Resultat vom zweiten abzieht. In diesem Falle ist es unnütz, zur Seite des Integrals die willkührliche beständige Größe zu schreiben, da sie durch die Abziehung verschwinden würde.

Es ist wichtig, sich mit diesen Ausdrücken vertraut zu machen, welche oft wiederkehren, und welche die sogleich auseinander zu setzenden Betrachtungen noch bedeutsamer machen werden.

§. 210. Dies festgestellt, kann die Taylorsche Reihe, welche, wenn x, $x + h$ wird,

$$y + \frac{dy}{dx}\frac{h}{1} + \frac{d^2y}{dx^2}\frac{h^2}{1.2} + \frac{d^3y}{dx^3}\frac{h^3}{1.2.3} + \text{etc.}$$

giebt, nicht den Werth bestimmen, welchen unter diesen Umständen eine Function bekommt, wovon man nur die Differential-Coefficienten, selbst auch von der ersten Ordnung an, kennt, da der ursprüngliche Werth y unbestimmt bleibt, und folglich die willführliche beständige Größe vorstellt; allein der Unterschied zwischen diesem und dem $x+h$ entsprechenden Werthe, als nur von der Reihe

$$\frac{dy}{dx}\frac{h}{1}+\frac{d^2y}{dx^2}\frac{h^2}{1.2}+\frac{d^3y}{dx^3}\frac{h^3}{1.2.3}+\text{etc.}$$

abhängend, ist gänzlich bekannt.

Wird $\int X dx = y$ gesetzt, so erhält man

$$\frac{dy}{dx}=X,\ \frac{d^2y}{dx^2}=\frac{dX}{dx},\ \frac{d^3y}{dx^3}=\frac{d^2X}{dx^2},\ \text{etc.};$$

die Differential-Coefficienten sind alle von der gegebenen Function x abzuleiten, und es ergiebt sich

$$X\frac{h}{1}+\frac{dX}{dx}\frac{h^2}{1.2}+\frac{d^2X}{dx^2}\frac{h^3}{1.2.3}+\text{etc.}$$

Um aus dieser Formel den Werth von $\int X dx$ von $x=a$ an bis zu $x=b$ zu ziehen, darf man nur $h=b-a$ annehmen, und a an die Stelle von x setzen, sowohl in der Function X, als auch in ihren Differential-Coefficienten, welche sodann durch A, A', A'', etc. vorgestellt werden mögen: so findet man zwischen den Grenzen $x=a$, $x=b$,

$$\int X dx = A\frac{(b-a)}{1}+A'\frac{(b-a)^2}{1.2}+A''\frac{(b-a)^3}{1.2.3}+\text{etc.}$$

Die vorhergehende Reihe ist im Allgemeinen desto mehr convergirend, je kleiner der Zwischenraum $b=a$ ist; wenn dieser aber einen zu beträchtlichen Werth hat, so theilt man ihn in eine genugsam große Anzahl von Theilen, um hinlänglich kleine Zwischenräume zu bilden, und berechnet den Werth des zu jedem der Zwischenräume gehörigen Integrals besonders. Ich nehme an, zur Vereinfachung der Formeln, daß der Unterschied $b-a$ in n Theile, jeden gleich α, getheilt sei, und daß die Größen A, A', A'', etc. sich gegenseitig in A_1, A'_1, A''_1, etc. A_2, A'_2, A''_2, etc. verwandeln, wenn man darin $a+\alpha$, $a+2\alpha$, etc. statt a setzt, so erhält man alsbald zwischen a und $a+\alpha$,

$$\frac{A\alpha}{1} + \frac{A'\alpha^2}{1.2} + \frac{A''\alpha^3}{1.2.3} + \text{etc.}$$

zwischen $a + \alpha$ und $a + 2\alpha$,

$$\frac{A_1\alpha}{1} + \frac{A'_1\alpha^2}{1.2} + \frac{A''_1\alpha^3}{1.2.3} + \text{etc.}$$

zwischen $a + 2\alpha$ und $a + 3\alpha$,

$$\frac{A_2\alpha}{1} + \frac{A'_2\alpha^2}{1.2} + \frac{A''_2\alpha^3}{1.2.3} + \text{etc.}$$

Die Summe aller dieser Reihen, deren Anzahl n ist, wird den gesammten Werth von $\int X dx$ zwischen den Grenzen $x = a$, $x = b$ ausmachen, welche folglich . . . . (1)

$$\int X dx = \left\{ \begin{array}{l} \frac{\alpha}{1} (A + A_1 + A_2 \ldots\ldots + A_{n-1}) \\ + \frac{\alpha^2}{1.2} (A' + A'_1 + A'_2 \ldots + A'_{n-1}) \\ + \frac{\alpha^3}{1.2.3} (A'' + A''_1 + A'_2 \ldots + A''_{n-1}) \\ + \text{etc.} \end{array} \right.$$

sein wird.

§. 211. Wenn man α hinlänglich klein nähme, um sich auf seine erste Potenz beschränken zu können, so würde das obige Resultat auf

$$\int X dx = A\alpha + A_1\alpha + A_2\alpha \ldots + A_{n-1}\alpha$$

gebracht werden, von welcher Reihe die verschiedenen Glieder nichts anders sind, als die aufeinanderfolgenden Werthe der Größe $X dx$, wenn man darin a, $a + \alpha$, $a + 2\alpha$, etc. an die Stelle von x substituirt, und $dx = \alpha$ nimmt. Eben aus diesem Gesichtspuncte denkt man sich das Integral $\int X dx$ als die Summe einer unendlichen Anzahl von Elementen, die den aufeinanderfolgenden Werthen, welche das Differential durch die verschiedenen, der veränderlichen Größe x widerfahrenden Veränderungen bekommt, gleich sind (M. s. die Anmerkung auf der 188 S. dieses Buchs).

Es ist noch zu bemerken, daß die Summe dieser Reihe, wie groß auch die Anzahl ihrer Glieder sein mag, sofern diese nur dasselbe Zeichen haben, kleiner ist, als $n\alpha A_m$, wenn A_m die größte der Größen $A, A_1, A_2, \ldots A_{n-1}$ bezeichnet, und daß das Gegentheil Statt findet, wenn A_m die kleinste bezeichnet. Hieraus schließt man, daß, wenn die Function X zwischen den Grenzen $x = a$, $x = b$ ihr Zeichen nicht verändert, und M und m ihr größter und ihr kleinster Werth in diesem Zwischenraume ist, das Integral $\int X dx$, zwischen diesen Grenzen genommen, $< M(b-a)$ und $> m(b-a)$ sein wird.

§. 212. Der Unterschied zwischen den beiden sich auf $x = a$ und $x = b$ beziehenden Werthen von y läßt sich, indem man von dem letztern ausgeht, vermittelst der Formel

$$y_{,} = y - \frac{dy}{dx}\frac{h}{1} + \frac{d^2y}{dx^2}\frac{h^2}{1.2} - \frac{d^3y}{dx^3}\frac{h^3}{1.2.3} + \text{etc.}$$

erhalten, in welcher y dem $x-h$ entspricht, welches

$$y - y_{,} = \frac{dy}{dx}\frac{h}{1} - \frac{d^2y}{dx^2}\frac{h^2}{1.2} + \frac{d^3y}{dx^3}\frac{h^3}{1.2.3} - \text{etc.}$$

giebt.

Um diese letzte Formel auf $\int X dx$ anzuwenden, muß man in X und in seinen Differential-Coefficienten x in b verwandeln; und vorausgesetzt, daß daraus die Größen B, B', B'', etc. hervorgehen, wird man zwischen den Grenzen $x = a$, $x = b$,

$$\int X dx = \frac{B(b-a)}{1} - \frac{B'(b-a)^2}{1.2} + \frac{B''(b-a)^3}{1.2.3} - \text{etc.}$$

finden.

Theilt man den Ueberschuß $b-a$ in n Theile, jeden gleich α, so bekommt man durch die obige Formel, zwischen den Grenzen $a+\alpha$ und a,

$$\frac{A_1\alpha}{1} - \frac{A'_1\alpha^2}{1.2} + \frac{A'_1\alpha^3}{1.2.3} - \text{etc.}$$

zwischen $a+2\alpha$ und $a+\alpha$,

$$\frac{A_2\alpha}{1}-\frac{A'_2\alpha^2}{1.2}+\frac{A''_2\alpha^3}{1.2.3}-\text{etc.}$$

zwischen $a+3\alpha$ und $a+2\alpha$,

$$\frac{A_3\alpha}{1}-\frac{A'_3\alpha^2}{1.2}+\frac{A''_3\alpha^3}{1.2.3}-\text{etc.}$$

etc.

Die Summe dieser Reihen gleichfalls n an der Zahl, giebt zwischen den Grenzen $x=b$, $x=a$, . . (II.)

$$\int X dx = \begin{cases} \frac{\alpha}{1}(A_1+A_2+A_3 \ldots\ldots +A_n) \\ -\frac{\alpha^2}{1.2}(A_1+A'_2+A'_3 \ldots\ldots +A'_n) \\ +\frac{\alpha^3}{1.2.3}(A''_1+A''_2+A''_3 \ldots +A''_n) \\ -\text{etc.} \end{cases}$$

§. 213. Durch Zurückführung dieser letzten Reihe auf die mit der ersten Potenz von α behafteten Glieder würde man blos

$$\int X dx = A_1\alpha + A_2\alpha + A_3\alpha \ldots\ldots + A_n\alpha$$

erhalten, einen Ausdruck, bei welchem ein Irrthum im + (zuviel) wäre, wenn bei dem Ausdrucke des vorhergehenden §s im — (zu wenig) gefehlt wäre, und umgekehrt, wofern jedoch die Größen A, A_1, A_2, etc. alle dieselben Zeichen haben, und eine durchaus wachsende oder durchaus abnehmende Reihe ausmachen.

Man kann eben dasselbe von den Reihen (I) und (II) darthun; allein ich werde mich hier dabei nicht aufhalten. Ich beschränke mich darauf, zu erwähnen, daß man dieser Bemerkung zufolge, um mehrerer Genauigkeit willen, die Hälfte von der Summe dieser letztern nimmt, und so hat man zwischen den Grenzen $x=a$, $x=b$ die Formel (III)

$$\int X dx = \begin{cases} \frac{\alpha}{1}\left[A_1 + A_2 + A_3 \ldots + A_{n-1} + \frac{1}{2}(A + A_n)\right] \\ + \frac{\alpha^2}{1.2} \cdot \frac{1}{2}(A' - A'_n) \\ + \frac{\alpha^3}{1.2.3}\left[A''_1 + A''_2 + A''_3 \ldots + A''_{n-1} + \frac{1}{2}(A'' + A''_n)\right] \\ + \frac{\alpha^3}{1.2.3.4} \cdot \frac{1}{2}(A''' - A'''_n) \\ + \text{etc.} \end{cases}$$

§. 214. Die Betrachtung der Curven führt gleichfalls auf eine sehr einfache Art zu den in den vorhergehenden §§. aufgestellten Hauptfolgerungen.

$\int X dx$ drückt den Flächeninhalt des Abschnitts einer Curve aus, deren Ordinate X ist (§. 76); stellt nun BCZ Fig. 35. diese Curve vor, und ist der Anfang der Abscissen in A, und X = PM, so ist der Ausdruck Xdx eben sowohl das Differential der Abschnitte BMP, DEMP, als des Abschnitts ACMP, welcher an dem Abscissen-Anfang beginnt; mithin ist die Ordinate, welche den Abschnitt auf dieser Seite begrenzt, durchaus unbestimmt. Die Ordinate MP, welche die andere Grenze bildet, ist es ebenfalls, so lange man für die Abscisse AP keinen Werth angiebt; wenn man aber die Abscissen der ersten und der letzten Ordinate festgesetzt hat, so ist der Abschnitt gänzlich bestimmt. Fig. 35.

Wenn die veränderliche Function P des Integrals $\int X dx = P + C$ bei dem Puncte B von selbst verschwindet, so drückt diese Function die Flächen BCA, BED, BMP unmittelbar aus; will man sodann die Abschnitte von der Ordinate AC ab ausgehen lassen, so muß man von diesen Flächen den Raum BCA abziehen. Dieser Raum stellt die beständige Größe vor, diese so bestimmt, daß die Größe P + C beim Puncte A verschwindet; allein betrachtet man die beiden Grenzen eines Abschnitts auf einmal, so ist es unnütz, sich mit der beständigen Grösse zu beschäftigen; denn man mag nun die Flächen, von dem Puncte B oder von dem Puncte A an, auf der Abscissen-Axe rechnen, so wird der Abschnitt DEMP z. B. durch den Unterschied der Abschnitte BMP, BED sowohl, als der Abschnitte ACMP und ACED erhalten.

Fig. 35. §. 215. Die Betrachtung der 35. Fig. zeigt, daß die Fläche des Abschnitts irgend einer Curve immer zwischen der Summe einer Reihe von einbeschriebenen Rechtecken PR, P'R', P''R'', etc. und der Summe einer Reihe von umbeschriebenen Rechtecken P'S, P''S', P'''S'', etc. begriffen ist, wo die ersten auf der kleinsten Ordinate eines jeden der krummlinigen Trapezien, PM', P'M'', P''M''', etc. und die zweiten auf der größten Ordinate construirt worden sind. Es ist sichtbar, daß, wenn man

$$AP = a,\ PP' = P'P'' = P''P''', \text{ etc.} = \alpha$$

nimmt, man

$$PM = A, P'M' = A_1, P''M'' = A_2, P'''M''' = A_3, \text{ etc.}$$

erhält, so daß die Summe der einbeschriebenen Rechtecke

$$A\alpha + A_1\alpha + A_2\alpha + \text{etc.} \qquad (1)$$

und die Summe der umbeschriebenen

$$A_1\alpha + A_2\alpha + A_3\alpha + \text{etc.} \qquad (2)$$

sein wird.

Man sieht leicht ein, daß der Unterschied der einbeschriebenen Rechtecke von den umbeschriebenen Rechtecken dem Rechtecke MRQN gleich ist, welches der Summe der Rechtecke MM', M'M'', M''M''', etc. gleichgeltend ist, und daß folglich dieser Unterschied durch Aneinandernäherung der Ordinaten so klein gemacht werden kann, als man will.

Fig. 35. In der 35. Fig., wo die Ordinaten beständig wachsend fortgehen, werden die einbeschriebenen Rechtecke auf der ersten Ordinate eines jeden krummlinigen Trapeziums, und die umbeschriebenen Rechtecke auf der letzten gebildet; wenn sie aber durch ein

Größtes

Größtes gingen, wie in der 36. Fig., so wäre es nur Fig. 36.
mit dem ersten Theile CM″ vor diesem Größten, wie vorhin, bewandt, und das Gegentheil fände in dem nachfolgenden Theile M″Z Statt; alsdann würde die anfangs kleinere Reihe 1) größer als der krummlinige Raum, und die anfangs größere Reihe (2) kleiner als dieser Raum werden.

§. 216. Man wird sich dem wahren Werthe des Abschnittes der vorgegebenen Curve dadurch mehr nähern, daß man statt der ein- und umbeschriebenen Rechtecke die Summe der durch die Sehnen der Bogen MM′, M′M″, M″M‴, etc. begrenzten Trapezien nimmt.

Da diese Trapezien dieselbe Höhe PP′ haben, und jede Ordinate, die erste ausgenommen, zweien Trapezien gemein ist, so wird ihre Summe genau der Reihe

$$\alpha\left[A_1 + A_2 + A_3 \quad + A_{n-1} + \tfrac{1}{2}(A + A_n)\right]$$

gleich sein, welche das Mittel zwischen den Reihen (1) und (2) hält.

Endlich ist es aus Fig. 37. einleuchtend, daß Fig. 37.
der krummlinige Flächenraum PMNQ < als das Rechteck QE und > als das Rechteck PF ist, das eine auf der größten und das andere auf der kleinsten der zwischen den Grenzen AP und AQ dieses Abschnitts begriffnen Ordinaten construirt.

§. 217. Die Anwendung der Formel III) des 215 §s kann einige Schwierigkeiten gewähren. Sie kann nicht gebraucht werden, wenn die Function X unendlich wird; und in den Umgebungen der Werthe der diesen Umstand veranlassenden Abscisse reicht es zur Ausgleichung der Wirkung des raschen Wachsthums nicht hin, den Zwischenraum α zu verringern, oder die Ordinaten zu verengen; man muß auch noch zu schicklichen Umformungen seine Zuflucht nehmen.

Es sei z. B. $X = \frac{1}{\sqrt{1-x}}$, so ist einleuchtend, daß, wenn x sich der Einheit nähert, eine sehr kleine Aenderung in dem Werthe dieser veränderlichen Größe eine sehr große Aenderung in dem Werthe von X hervorbringt; verlangte man daher das Integral $\int \frac{dx}{\sqrt{1-x}}$ von $x=0$ an bis $x=1-\delta$, wo δ eine kleine Größe ist, so müßte man gegen die letztere Grenze zu, die dem x gegebenen Zwischenwerthe sehr vervielfachen.

Dasselbe Integral läßt sich nicht unmittelbar bis zu $x=1$ berechnen; denn alsdann wird X unendlich, doch ohne daß es der Werth von $\int X dx$ würde, weil

$$\int \frac{dx}{\sqrt{1-x}} = -2\sqrt{1-x} + \text{const.}$$

ist. Diese Schwierigkeit rührt daher, daß bei der Integrirung der Factor $(1-x)^{\frac{1}{2}}$ aus dem Nenner in den Zähler übergeht; und sie findet überhaupt Statt, wenn X von der Form $\frac{V}{(a-x)^{\frac{p}{q}}}$ ist, und man $p<q$ hat. Um dieselbe zu heben, mache man $a-x=z^q$; dies giebt $x=a-z^q$, $dx=-qz^{q-1}dz$ und $Xdx=-qVz^{q-p-1}dz$, welche Größe nicht mehr für $x=a$ oder für $z=0$ unendlich wird, wofern die Function V unter diesem Umstande endlich bleibt; man berechnet also alsdann das Integral $\int Vz^{q-p-1}dz$ von $z=0$ bis zu $z=\delta$, wo δ eine nur kleine Größe ist; so erhält man demnach den Theil des Werthes von $\int \frac{Vdx}{(a-x)^{\frac{p}{q}}}$, welcher dem zwischen $x=a$ und $x=a-\delta$ begriffenen Zwischenraume entspricht.

Man kann auch noch das Integral $\int \frac{Vdx}{(a-x)^{\frac{p}{q}}}$ von $x=a$ bis zu $x=a-\delta$ dadurch erhalten, daß man blos $x = a - z$ macht, weil die Kleinheit der zwischen den sehr engen Grenzen o und δ eingeschlossenen, veränderlichen Größe z, den Differential-Coefficienten sehr zu vereinfachen, gestattet. Hätte man z. B. $\int^a \frac{x^2 dx}{\sqrt{a^4 - x^4}}$, so würde das nach der angezeigten Umformung zu integrirende Differential

$$\frac{-(a-z)^2 dz}{\sqrt{4a^3z - 6a^2z^2 + 4az^3 - z^4}} = \frac{-(a^2 - 2az + z^2) dz}{\sqrt{z} \cdot \sqrt{4a^3 - 6a^2z + 4az^2 - z^3}}$$

sein.

Verwandelte man den Bruch

$$\frac{a^2 - 2az + z^2}{\sqrt{4a^3 - 6a^2z + 4az^2 - z^3}}$$

in eine nach den Potenzen von z geordnete Reihe, indem man bei dem Quadrate dieser veränderlichen Größe stehen bliebe, so würde man endlich

$$-\int \frac{dz\sqrt{a}}{2\sqrt{z}}\left(1 - \frac{5z}{4a} - \frac{5z^2}{32a^2}\right)$$

$$= -\tfrac{1}{2}\sqrt{az}\left(2 - \frac{5}{6}\frac{z}{a} - \frac{1}{10}\frac{z^2}{a^2}\right)$$

erhalten. Dieses Resultat, welches für $z = o$ verschwindet, giebt durch die Substitution von δ statt z den Werth des gesuchten Integrals von $x = a$ bis $x = a - \delta$. Der Rest dieses Integrals kann vermittelst der Reihe des 213 §s berechnet werden.

Ueberhaupt machen Umformungen, welche allein die Geübtheit in der Analysis an die Hand geben kann, diese Reihe in einer sehr großen Anzahl von Fällen anwendbar, welche sich anfangs der aufgestellten Methode zu entziehen scheinen.

§. 218. Da das Integral $\int \frac{e^{-\frac{1}{x}} dx}{x}$ sich durch die Reduction von $e^{-\frac{1}{x}}$ in eine Reihe nur auf den Fall erhalten läßt, wo x sehr groß wäre, so will ich jetzt zeigen, wie Euler den Werth desselben von $x = 0$ bis $x = 1$ vermittelst der Formel III des 213 §s berechnet hat.

Man kann zuförderst

$$\int \frac{e^{-\frac{1}{x}} dx}{x} \text{ in } \int x \frac{e^{-\frac{1}{x}} dx}{x^2} = e^{-\frac{1}{x}} x - \int e^{-\frac{1}{x}} dx$$

verwandeln; der Theil $e^{-\frac{1}{x}} x$ verschwindet für $x = 0$, und eben so verhält es sich mit dem zweiten Theile $\int e^{-\frac{1}{x}} dx$, wie man sofort sehen wird. Man hat für dieses Integral

$$X = e^{-\frac{1}{x}}, \quad \frac{dX}{dx} = e^{-\frac{2}{x}} \frac{1}{x^2}, \quad \frac{d^2X}{dx^2} = e^{-\frac{1}{x}} \left(\frac{1}{x^4} - \frac{2}{x^3}\right)$$

$$\frac{d^3X}{dx^3} = e^{-\frac{1}{x}} \left(\frac{1}{x^6} - \frac{6}{x^5} + \frac{6}{x^4}\right), \text{ etc.}$$

Macht man $x = 0$, so verschwinden diese Ausdrücke (§. 58), und folglich werden die Größen A, A', A'', etc. Null; setzt man hierauf α, 2α, 3α, etc. an die Stelle von x, so bekommt man die Werthe von A_1, A'_1, etc. A_2, A'_2, etc., und von o bis $x = n\alpha$ erhält man

$$\int e^{-\frac{1}{x}} dx =$$

$$\frac{\alpha}{1} \left[e^{-\frac{1}{\alpha}} + e^{-\frac{1}{2\alpha}} \ldots + e^{-\frac{1}{(n-1)\alpha}} \right] + \frac{1}{2} \frac{\alpha e^{-\frac{1}{n\alpha}}}{1}$$

$$- \frac{1}{2} \frac{\alpha^2 e^{-\frac{1}{n\alpha}}}{1 \cdot 2} \frac{1}{n^2 \alpha^2}$$

$$+\frac{\alpha^3}{1.2.3}\left[e^{-\frac{1}{\alpha}}\left(\frac{1}{\alpha^4}-\frac{2}{\alpha^3}\right)+e^{-\frac{1}{2\alpha}}\left(\frac{1}{16\alpha^4}-\frac{2}{8\alpha^3}\right)+\ldots\right.$$

$$\left.+e^{-\frac{1}{(n-1)\alpha}}\left(\frac{1}{(n-1)^4\alpha^4}-\frac{2}{(n-1)^3\alpha^3}\right)\right]$$

$$+\frac{1}{2}\,\frac{\alpha^2 e^{-\frac{1}{n\alpha}}}{1.2.3}\left(\frac{1}{n^4\alpha^4}-\frac{2}{n^3\alpha^3}\right)$$

$$-\frac{1}{2}\,\frac{\alpha^4 e^{-\frac{1}{n\alpha}}}{1.2.3.4}\left(\frac{1}{n^6\alpha^6}-\frac{6}{n^5\alpha^5}+\frac{6}{n^4\alpha^4}\right)$$

$+$ etc.

Wenn man bei der Grenze $x = 1$ stehen bleiben will, so muß man $\alpha = \frac{1}{n}$ machen, und alsdann kommt

$$\int e^{-\frac{1}{x}}dx =$$

$$\frac{1}{n}\left[e^{-\frac{n}{1}}+e^{-\frac{n}{2}}+e^{-\frac{n}{3}}\ldots+e^{-\frac{n}{n-1}}\right]+\frac{1}{2ne}-\frac{1}{4n^2e}$$

$$+\sigma\left[\frac{(n-2)}{1}e^{-\frac{n}{1}}+\frac{(n-4)}{16}e^{-\frac{n}{2}}+\frac{(n-6)}{81}e^{-\frac{n}{3}}\ldots\right.$$

$$\left.+\frac{n-2n+2}{(n-1)^4}e^{-\frac{n}{n-1}}\right]$$

$$-\frac{1}{12n^3e}-\frac{1}{48n^4e}+\text{etc.}$$

Beschränkt man sich auf die hingeschriebenen Glieder, und macht $n = 10$, so findet man nach Euler den Werth von $\int e^{-\frac{1}{x}}dx$ bis auf ein Milliontel der Einheit, und erhält ihn mit einer noch zwanzig mal größeren Genauigkeit, wenn man $n = 20$ annimmt.

Die in diesem und dem vorhergehenden § enthaltenen Erörterungen reichen hin, um zu zeigen, wie mit Hülfe der Umformungen und durch die Berechnung des Werthes eines Integrals in mehreren Theilen man dahin gelangt, sich denselben zu nähern, wenn die dasselbe ausdrückenden Reihen nur für einen begrenzten Zwischenraum convergirend sind.

§. 219. Die Reihe des Taylorschen Lehrsatzes giebt auch zwei allgemeine Entwickelungen des Integrals $\int X dx$. Indem man mit C den Werth dieses Integrals, wann $x = 0$ ist, bezeichnet, und durch A, A', A'', etc. das vorstellt, was aus den Größen $X, \frac{dX}{dx}, \frac{d^2X}{dx^2}$, etc. wird, so erhält man

$$\int X dx = C + A\frac{x}{1} + A'\frac{x^2}{1.2} + A''\frac{x^3}{1.2.3} + \text{etc.},$$

in welcher Reihe C die Stelle der willkührlichen beständigen Größe vertritt.

Um, von dem allgemeinen Werthe von $\int X dx$ ausgehend, welcher durch y vorgestellt werde, zu dem für $x = 0$ gehörigen, den C bezeichne, zu gelangen, ist einleuchtend, daß man in der Formel des 21 §s $h = -x$ zu nehmen habe, welches

$$C = y - \frac{dy}{dx}\frac{x}{1} + \frac{d^2y}{dx^2}\frac{x^2}{1.2} - \frac{d^3y}{dx^3}\frac{x^3}{1.2.3} + \text{etc.}$$

geben wird; in diese Gleichung statt $y, \frac{dy}{dx}, \frac{d^2y}{dx^2}$, etc. ihre Werthe gesetzt, und den von $\int X dx$ genommen, erhält man

$$\int X dx = C + X\frac{x}{1} - \frac{dX}{dx}\frac{x^2}{1.2} + \frac{d^2X}{dx^2}\frac{x^3}{1.2.3} - \text{etc.};$$

die Größe C ist auch hier wieder die willkührliche beständige Größe.

Die Integrirung führt gleichfalls auf diese Entwicklung. Wenn man nämlich das Differential $X dx$ in die beiden Factoren X und dx zerlegt, und den zweiten integrirt, so erhält man $\int X dx = Xx - \int x dX$;

aber

$$\int x\, dX = \int \frac{dX}{dx} . x\, dx = \tfrac{1}{2} x^2 \frac{dX}{dx} - \tfrac{1}{2} \int x^2 \frac{d^2X}{dx},$$

$$\int x^2 \frac{d^2X}{dx} = \int \frac{d^2X}{dx^2} . x^2 dx = \tfrac{1}{3} x^3 \frac{d^2X}{dx^2} - \tfrac{1}{3} \int x^3 \frac{d^3X}{dx^2},$$

$$\int x^3 \frac{d^3X}{dx^2} = \int \frac{d^3X}{dx^3} . x^3 dx = \tfrac{1}{4} x^4 \frac{d^3X}{dx^3} - \tfrac{1}{4} \int x^4 \frac{d^4X}{dx^3},$$

etc.

mithin folgeweise für $\int x\, dX$, $\int x^2 \frac{d^2X}{dx}$ etc. ihre Werthe gesetzt, ergiebt sich

$$\int X dx = X \frac{x}{1} - \frac{dX}{dx} \frac{x^2}{1.2} + \frac{d^2X}{dx^2} \frac{x^3}{1.2.3} = \text{etc.};$$

und damit der Ausdruck des Integrals vollständig sei, hat man eine willkührliche beständige Größe dieser Entwickelung beizufügen, welche dadurch der vorhergehenden gleich wird. Diese Reihe wurde zuerst von Johann Bernoulli gegeben, und führt von ihm ihren Namen, wie die des 21 §s den ihrigen von Taylor; die eine ist in Hinsicht der Integral-Rechnung, was die andere in Beziehung der Differential-Rechnung ist.

§. 220. Bisher habe ich nur den Differential-Coefficienten der ersten Ordnung betrachtet; wenn man aber nur den Differential-Coefficienten der zweiten Ordnung kännte, so bedürfte es alsdann zweier aufeinanderfolgenden Integrirungen, um zu der ursprünglichen Function, von der derselbe seinen Ursprung hat, wieder aufzusteigen. Es sei X der Differential-Coefficient der zweiten Ordnung von der Function y, so hat man $\frac{d^2y}{dx^2} X dx$; und beide Seiten mit dx multiplicirt, kommt $\frac{d^2y}{dx} = X dx$; nun aber ist $\frac{d^2y}{dx}$ das Differential von $\frac{dy}{dx}$, so genommen, daß dx als be-

ständig betrachtet wird; also erhält man $\frac{dy}{dx} = \int X dx$. Wenn P die ursprüngliche Function von x, gleich $\int X dx$, und C die willkührliche beständige Größe vorstellt, so kommt $\frac{dy}{dx} = P + C$; hierauf beide Seiten mit dx multiplicirt, findet man $dy = Pdx + Cdx$; und durch Integrirung bekommt man
$y = \int P dx + Cx + C'$, wo C' eine zweite willkührliche beständige Größe ist. Setzt man wieder $\int X dx$ statt P, so ergiebt sich $y = \int dx \int X dx + Cx + C'$, welcher Ausdruck zwei aufeinanderfolgende Operationen anzeigt.

Man kann diesen Ausdruck vermittelst der theilweisen Integrirung auf zwei einfache Integralen zurückbringen; denn setzt man wieder P statt $\int X dx$, so erhält man

$$\int P dx = Px - \int x dP = x \int X dx - \int X x dx,$$

und folglich $y = x \int X dx - \int X x dx + Cx + C'$.

Ich gehe nunmehr zu den Differentialen der dritten Ordnung über. Es sei X der sich auf diese Ordnung beziehende Differential-Coefficient der Function y, so hat man $\frac{d^3 y}{dx^3} = X$, und hieraus $\frac{d^3 y}{dx^2} = X dx$; aber $\frac{d^3 y}{dx^2} = d.\frac{d^2 y}{dx^2}$; mithin $\frac{d^2 y}{dx^2} = \int X dx + C$, welches $\frac{d^2 y}{dx} = dx \int X dx + C dx$ giebt. Durch abermalige Integrirung kommt $\frac{dy}{dx} = \int dx \int X dx + Cx + C'$, oder nach dem Vorhergehenden

$$\frac{dy}{dx} = x \int X dx - \int X x dx + Cx + C'.$$

Hieraus folgt sodann

$$dy = x dx \int X dx - dx \int X x dx + C x dx + C' dx;$$

und wird integrirt, so hat man

$$y = \int x dx \int X dx - \int dx \int X x dx + \tfrac{1}{2} C x^2 + C' x + C'',$$

wo C'' die durch diese letzte Integrirung eingeführte beständige Größe ist. Es ist leicht ersichtlich, daß

$$\int x\,dx \int X\,dx = \tfrac{1}{2}x^2 \int X\,dx - {}^1 \int X x^2\,dx$$

$$\int dx \int X x\,dx = x \int X x\,dx - \int X x^2\,dx$$

ist; substituirt man demnach diese Werthe, und reducirt die ähnlichen Werthe untereinander, so findet man

$$y = {}_2 (x^2 \int X x\,dx - 2x \int X x\,dx + \int X x^2\,dx) + \tfrac{1}{2}(Cx^2 + 2C'x + C'').$$

Auf folgende Weise zeigt man die aufeinanderfolgenden Integralen an: wenn X den Differential-Coefficienten der zweiten Ordnung bezeichnet, so hat man $d^2y = X\,dx^2$; und indem man das Integral auf jeder Seite nimmt, findet man $dy = \int X\,dx^2$; dann noch einmal integrirt, kommt

$$y = \int\int X\,dx^2 = \int^2 X\,dx^2.$$

Man hat eben so, wenn X den Differential-Coefficienten der dritten Ordnung bezeichnet,

$$d^2y = \int X dx^3,\ dy = \int\int X dx^3,\ y = \int\int\int X dx^3 = \int^3 X dx^3,$$

und so fort an für die höhern Ordnungen.

Da jede Differentiirung nur die erste Potenz von dx einführt, so kann man blos diese Potenz unter den verschiedenen Zeichen $\int$ lassen, welches folgende Beziehungen verschafft

$$\int X\,dx^2 = dx \int X\,dx,\quad \int\int X\,dx^2 = \int dx \int X\,dx$$

$$\int X\,dx^3 = dx^2 \int X\,dx,\quad \int\int X\,dx^3 = \int dx^2 \int X\,dx = dx \int dx \int X\,dx$$

$$\int\int\int X\,dx^3 = \int dx \int dx \int X\,dx, \text{ etc.}$$

wo man zu bemerken hat, daß jedes Zeichen alle ihm folgenden umfaßt.

Dies fest gestellt, wird man mit Außerachtlassung der willkührlichen beständigen Größen und durch theilweise Integrirung, wie oben,

$$\int X\,dx = \int X\,dx$$

$$\int^2 X\,dx^2 = \frac{1}{1}\,[x \int X\,dx - \int X x\,dx]$$

$$\int^3 X\,dx^3 = \frac{1}{1.2}\,[x^2 \int X\,dx - 2x \int X x\,dx + \int X x^2\,dx]$$

$$\int^4 X dx^4 = \frac{1}{1.2.3}[x^3\int X dx - 3x^2\int X x dx + 3x\int X x^2 dx - \int x^3 X dx].$$

etc.

finden. Die Zahlen-Coefficienten dieser Ausdrücke sind dieselben, wie bei den Potenzen des Binomiums $a-b$; und indeß der Exponent von x außerhalb des Zeichens $\int$ um eine Einheit in jedem Gliede nach der Rechten zu abnimmt, wächst dessen Exponent unter diesem Zeichen um dieselbe Größe.

Die in dieser Formel ausgelassenen willkührlichen beständigen Größen werden dadurch wieder hergestellt werden, daß man $\int X dx + C$ für $\int X dx$, $\int X x dx + C'$ für $\int X x dx$, $\int X x^2 dx + C''$ für $\int X x^2 dx$, und so bei den übrigen schreibt; denn die mit verschiedenen Potenzen von x behafteten beständigen Größen C, C', C'', etc. lassen sich nicht mit einander zusammenziehen.

§. 221. Die bisher behandelten Differentialen sind so genommen worden, daß dx als eine beständige Größe betrachtet wurde, weil dies die einzigen sind, welche nur einen Differential-Coefficienten einschließen. Denn, wenn man zu gleicher Zeit dx sich ändern läßt, so hat man (§. 116.) $d^2y = q dx^2 + p d^2x$; gäbe man sich daher das Differential $U dx^2 + V d^2x$ auf, so müßte man, damit es Bedeutung hätte, $V = p$ und $U = q$ haben, woraus sich $U = \frac{dV}{dx}$ ergiebt; und wäre diese Bedingung erfüllt, so hätte man nur noch $\int V dx$ zu integriren. Es ist leicht, diese Bemerkung auf die Differentialen jeder beliebigen Ordnung auszudehnen.

Anwendung der Integral-Rechnung auf die Quadratur und Rectification der Curven, auf die Quadratur der krummen Oberflächen und auf die Berechnung der von ihnen eingeschlossenen körperlichen Räume.

Von der Quadratur der Curven.

§. 222. Die allgemeine Aufgabe der Quadratur der Curven läßt sich auf die Integrirung des Differentials Xdx zurückbringen, indem man X die Function von x nennt, welche die Ordinate y der vorgegebenen Curve ausdrückt §. 76.. Das Vorhergehende enthält die Auseinandersetzung der hauptsächlichsten, bis jetzt gefundenen analytischen Methoden, um diese Integrirung zu bewerkstelligen, entweder in aller Strenge oder näherungsweise; hier kommt es nur an auf Anwendung dieser Methoden auf die bekanntesten Curven.

Diejenigen, deren Gleichung die einfachste ist, sind die durch die Gleichung $y^n = p x^m$ vorgestellten Parabeln der verschiedenen Ordnungen. Hieraus ergiebt sich $y = p^{\frac{1}{n}} x^{\frac{m}{n}}$, und folglich

$$\int X dx = \int p^{\frac{1}{n}} x^{\frac{m}{n}} dx = \frac{n p^{\frac{1}{n}} x^{\frac{m+n}{n}}}{m+n} + \text{const.}$$

Alle diese Curven sind, wie man sieht, quadrirbar, d. h. man hat den endlichen und algebraischen Ausdruck der Oberfiäche des zwischen ihrem Bogen, der Abscissen-Axe und der Ordinate begriffenen Abschnittes. Es ist leicht, mit dem Ausdrucke dieses Abschnittes den Ausdruck jedes andern zwischen einem Stücke der Curve und der geraden Linien enthaltenen Raums zu berechnen, wo die letztern mit den Abscissen und den Ordinaten Vielecke bilden, deren Messung die Elementar-Geometrie giebt. Man wird hiervon weiter unten Beispiele sehen (§. 229, 23..).

Die vorliegenden Curven gehen durch den Anfang der Abscissen, weil man zu gleicher Zeit $x = 0$ und $y = 0$ hat; will man ihren Flächenraum ausdrücken, von diesem Puncte ausgehend, so muß man die willkührliche beständige Größe weglassen, weil der Ausdruck $\frac{up^{\frac{1}{n}}}{m+n} x^{\frac{m+n}{n}}$ sich von selbst vernichtet, wenn man darin $x = 0$

Fig. 33. macht. Um hierauf den Flächenraum BCMP (Fig. 33.) zu erhalten, welcher zwischen den zu den Abscissen $AB = a$ und $AP = x$ gehörigen Ordinaten BC und PM begriffen ist, reicht es hin, von $\frac{np^{\frac{1}{n}}}{m+n} x^{\frac{m+n}{n}}$, welches den Flächenraum ACMP ausdrückt, die Größe $\frac{np^{\frac{1}{n}}}{m+n} a^{\frac{m+n}{n}}$, gleich dem Flächenraum ACB, abzuziehen; und man erhält sonach

$$BCMP = \frac{np^{\frac{1}{n}}}{m+n} \left\{ x^{\frac{m+n}{n}} - a^{\frac{m+n}{n}} \right\}.$$

Wenn der Exponent n gerade ist, so ist der Ausdruck $\frac{np^{\frac{1}{n}}}{m+n} x^{\frac{m+n}{n}}$ des doppelten Zeichens $\pm$ fähig; und da alsdann dieselben Abscissen AP zu zwei Curven-Zweigen ACM und Acm gehören, so hat man zwei Abschnitte ACMP und AcmP; der, welcher die positiven Ordinaten enthält, hat einen positiven, und der andere einen negativen Werth.

Wenn die Exponenten m und n beide ungerade sind, so hat die Größe $x^{\frac{m+n}{n}}$ nur ein einziges Zeichen und bleibt immer positiv, was auch das Zeichen von x sei; man sieht aber leicht ein, daß in diesem Falle der eine der beiden Zweige der vorgegebenen Curve zu gleicher Zeit negative Abscissen und negative Ordinaten hat. Hieraus folgt also, daß die zu negativen Abscissen und Ordinaten gehörigen Flächenräume als positiv zu betrachten sind.

Ist n allein ungerade, so wird alsdann die Größe $x^{\frac{m+n}{n}}$ zu gleicher Zeit mit x negativ; aber in diesem Falle sind die beiden Zweige der vorgegebenen Curve auf eben derselben Seite der Abscissenlinie, und die Ordinaten bleiben immer positiv.

Aus der Zusammenstellung dieser Bemerkungen läßt sich schließen, daß **der Flächenraum einer Curve positiv ist, wenn die Abscisse und die Ordinate dasselbe Zeichen haben, und negativ, wenn das Gegentheil Statt findet.**

Alle parabolischen Abschnitte haben ein beständiges Verhältniß zu dem Rechtecke ADMP, welches auf der Abscisse und der Ordinate gebildet worden ist; denn der Ausdruck

$$\frac{n}{m+n} p^{\frac{1}{n}} x^{\frac{m+n}{n}} = \frac{n}{m+n} x . p^{\frac{1}{n}} x^{\frac{m}{n}}$$

ist vermöge der Gleichung $y = p^{\frac{1}{n}} x^{\frac{m}{n}}$ mit $\frac{n}{m+n} xy$ gleichgeltend.

Wenn $n = m$ ist, so wird die Parabel, da man $y = p^{\frac{1}{n}} x$ hat, eine gerade Linie; der Abschnitt

ACMP verwandelt sich in das Dreieck AMP, dessen Werth vermöge der obigen Formel, wie nach der Elementar-Geometrie, gleich $\frac{1}{2}xy$ ist.

Macht man $n = 2$ und $m = 1$, so kommt man auf den Fall der gemeinen Parabel, und man findet $\frac{2}{3}xy$ für den Inhalt des Abschnittes ACMP.

§. 223. Ich gehe zur Aufsuchung des Inhalts von dem Abschnitte der durch die Gleichung $x^m y^n = p$ vorgestellten Curven. Diese Gleichung entsteht aus $y^n = p x^m$ dadurch, daß man darin $+m$ in $-m$ verwandelt, und giebt $y = p^{\frac{1}{n}} x^{-\frac{m}{n}}$ und

$$\int X dx = \frac{n p^{\frac{1}{n}}}{n-m} x^{\frac{n-m}{n}} + \text{const.}$$

Die vorgegebenen Curven sind die auf ihre Asymptoten bezogenen Hyperbeln der verschiedenen Ordnungen, und bestehen aus mehreren solchen Zweigen als UMV (Fig. 39.), beschrieben in den Winkeln, welche von jenen geraden Linien gebildet werden. Die Abschnitte, von dem Anfange der Abscissen an gerechnet, schließen den unbestimmten Raum ein, welcher sich zwischen dem Curven-Theile CV und der Asymptote AY befindet. Der Flächeninhalt dieses Raums ist unendlich oder endlich, je nachdem m größer oder kleiner als n ist. Denn, um den Raum BCMP, von der Abscisse $AB = a$ an bis zu der Abscisse $AP = b$ genommen, zu erhalten, muß man (§. 209.) in dem Ausdrucke $\frac{n p^{\frac{1}{n}}}{n-m} x^{\frac{n-m}{n}}$ nach einander $x = a$ und $x = b$ machen, und das erste Resultat von dem zweiten abziehen; demnach erhält man $BCMP = \frac{n p^{\frac{1}{n}}}{n-m}\left(b^{\frac{n-m}{n}} - a^{\frac{n-m}{n}}\right)$.

Wird nun $a = o$ gesetzt, so fällt der Punct B auf den Punct A, und der Raum BCMP verwandelt sich in YAPM; es ist aber die Größe $a^{\frac{n-m}{n}}$ unendlich oder Null, je nachdem man $m >$ oder $< n$ hat; also wird im ersten Falle

$$YAPM = \frac{np^{\frac{1}{n}}}{n-m}\left(\frac{1}{o} - b^{\frac{n-m}{n}}\right)$$

und im zweiten

$$YAPM = \frac{np^{\frac{1}{n}}}{n-m}\left(b^{\frac{n-m}{n}} - o\right) = \frac{np^{\frac{1}{n}}}{n-m}\, b^{\frac{n-m}{n}}.$$

Läßt man a von einer bestimmten Größe, und macht b unendlich, so erhält man alsdann den unbegrenzten Raum XBCU, welcher, für m kleiner als n, unendlich, und, wenn n von m übertroffen wird, $\frac{np^{\frac{1}{n}}}{m-1}\, a^{\frac{n-m}{n}}$ ist. Hieraus geht hervor, daß, wenn m und n ungleich sind, von den zwei asymptotischen Räumen der eine unendlich, der andere endlich ist.

Der Grund dieses Unterschiedes findet sich in der mehreren oder minderen Schnelligkeit, mit welcher die Curve sich ihrer Asymptote nähert; und da $y = \frac{p^{\frac{1}{n}}}{x^{\frac{m}{n}}}$ und $x = \frac{p^{\frac{1}{n}}}{y^{\frac{n}{m}}}$ ist, so sieht man leicht ein, daß, für $m > n$, y viel schneller als x abnimmt, folglich die Curve sich viel rascher der mit den Abscissen parallelen als der mit den Ordinaten parallelen Asymptote nähert; und umgekehrt.

y statt $p^{\frac{1}{n}} x^{-\frac{m}{n}}$ in den Ausdruck

$$\frac{np^{\frac{1}{n}}}{n-m} x^{\frac{n-m}{n}} = \frac{n}{n-m} x . p^{\frac{1}{n}} x^{-\frac{m}{n}}$$

gesetzt, wird dieser $\frac{n}{n-m} xy$, und der Inhalt des Flächenraums YAPMV ist $\frac{nxy}{n-m} + \text{const.}$ Es dürfte scheinen, daß das Glied $\frac{nxy}{n-m}$ für $x = 0$ verschwinden müsse; aber das Vorhergehende thut die Nothwendigkeit dar, bevor nicht für y sein Werth in x gesetzt worden, in jener Hinsicht nichts auszusagen.

§. 224. Wenn $n = m$ ist, so hat man $xy = p^{\frac{1}{n}}$ oder $xy = p$, indem man $p^{\frac{1}{n}}$ mit p vertauscht, was gleichgültig ist. Die für diesen Fall gehörige Curve ist die gemeine, und, wenn der Coordinatenwinkel ein rechter ist, gleichseitige Hyperbel. Der allgemeine, im vorhergehenden §. gefundene Ausdruck des Flächenraums stellt sich alsdann unter einer unendlichen Form dar, was auch x sein mag; und da das Differential dieses Ausdruckes $\frac{pdx}{x}$ ist, so hat es zum Integral $plx + \text{const.}$ Die asymptotischen Räume sind beide unendlich; denn lx wird es durch die Annahme sowohl von einem $x = 0$ als von einem unendlichen x.

Fig. 40. Es sei $p = a^2$, und UMV (Fig. 40.) einer der Zweige der gleichseitigen Hyperbel, deren Potenz gleich a^2 ist, AC ihre Axe. Wird von dem Scheitel C die senkrechte Linie BC gefallt, so hat man $AB = a$; und da der Flächenraum

BCMP

$BCMP = a^2 l.AP - a^2 l.AB = a^2 l.\frac{AP}{AB}$ ist, so kommt, AB für die Einheit genommen, wegen $l.1 = 0$, $BCMP = l.AP$. Man erhält eben so $l.AP' = BCM'P'$, $l.AP'' = BCM''P''$ etc., woraus folgt, daß, wenn die Abscissen AP, AP′, AP″, etc. in Progressionen nach Quotienten (geometrischen) sind, die entsprechenden Flächenräume BCMP, BCM′P′, BCM″P″, etc. in Progressionen nach Unterschieden (arithmetischen) sein werden.

§. 225. Die so eben betrachtete Hyperbel hat als gleichseitige nur Nepersche Logarithmen gegeben; aber durch Aenderung des Winkels der Asymptoten, und AB immer $= 1$ genommen, kann man eine unendliche Menge von andern Logarithmen-Systemen erhalten. Es sei UMV (Fig. 41.) eine beliebige Hyberbel; zieht man die Ordinaten PM der Asymptote AY parallel, so läßt sich durch Schlüsse, denen des 76 §s ähnlich, darthun, daß das Parallelogramm PMRP′ das Differential von BCMP ist. Zieht man nun P′Q auf PM senkrecht, so findet man Fig. 41.

$P'Q = PP'.\sin P'PQ = PP' \sin XAY$; und mit ω den Winkel der Asymtoten bezeichnet, erhält man $P'Q = dx \sin\omega$, folglich $PMRP' = y\,dx \sin\omega$.

Wenn man für y seinen Werth $\frac{1}{x}$ setzt, so ergiebt sich $\frac{dx}{x} \sin\omega$ für das Differential des Flächenraums BCMP; und folglich $BCMP = lx = l.AP$, indem man $\sin\omega$ für den Modul nimmt (§. 27.).

Da der Modul der gemeinen Logarithmen 0,4342945 (§. 29.) ist, so hat man $\sin\omega = 0,4342945$, woraus folgt, daß die Asymptoten der Hyperbel, deren Flächenraum die gemeinen Logarithmen geben, unter sich einen Winkel $0,28801^{Q}$ machen.

§. 226. Macht man $AC = a$, $AP = x$ und $PN = y$ (Fig. 42.), so ist die Gleichung des Kreises Fig. 42.

ANE, $y^2 = 2ax - x^2$; und das Differential seines Abschnittes ANP hat zum Ausdrucke $dx\sqrt{2ax - x^2}$, welches sich, wenn man $x = a - u$ macht, in $-du(a^2 - u^2)^{\frac{1}{2}}$ umformt, und dann vermöge der Formel (B) des 171 §s auf $du(a^2 - u^2)^{-\frac{1}{2}}$ oder $\frac{du}{\sqrt{a^2 - u^2}}$ bringen läßt, wovon das Integral, für u wieder seinen Werth gesetzt,

$$-\tfrac{1}{2}(a - x)\sqrt{2ax - x^2} + \tfrac{1}{2}a^2 . \text{arc}\left(\cos = \frac{a - x}{a}\right)$$

ist, welches Resultat durch die Annahme von $x = 0$ verschwindet

Es läßt sich leicht in dem Theile

$$\tfrac{1}{2}(a - x)\sqrt{2ax - x^2}$$

der Ausdruck der Fläche des Dreiecks PCN erkennen, und folglich einsehen, daß

$$\tfrac{1}{2}a^2 . \text{arc}\left(\cos = \frac{a - x}{a}\right) \text{ oder } \tfrac{1}{2}\,AC . \text{arc } AN$$

der Inhalt des Ausschnitts ACN ist.

Setzt man $x = 2a$ in den Ausdruck von APN, so wird dieser $\frac{1}{2}a^2 . \text{arc}(\cos = -1) = \frac{1}{2}a^2\pi$, mit π den halben Umfang des Kreises, dessen Halbmesser $= 1$ ist, bezeichnet, und er gehört alsdann zum Halbkreise, so daß man für den ganzen Kreis $a^2\pi = \frac{1}{2}a . 2a\pi$ erhält, gleichwie man es in den Anfangsgründen der Geometrie darthut.

Die in §. 179. gefundene Entwickelung von $\int dx\sqrt{2ax - x^2}$ giebt Annäherungswerthe des Flächenraums APN.

§. 227. Die Ordinate der Ellipse ist $\frac{b}{a}\sqrt{2ax - x^2}$ mithin der elliptische Abschnitt AMP gleich $\frac{b}{a}\int dx\sqrt{2ax - x^2}$; und da dieser zu gleicher Zeit mit dem Kreisabschnitte ANP Null ist, so erhält man

ANP : AMP :: a : b; denn es ist leicht aus §. 209. zu folgern, daß, wenn zwei Differentialen in einem beständigen Verhältnisse sind, dieses Verhältniß auch das der Integralen ist, wenn diese Integralen zu gleicher Zeit Null werden.

Nach dem Vorhergehenden verhält sich der Flächeninhalt des auf der großen Axe einer Ellipse, als Halbmesser genommnen, beschriebenen Kreises, wie die große Axe zur kleinen, also ist diese Curve dem Kreise gleichgeltend, welcher auf einem Halbmesser beschrieben worden, der zwischen den Hälften dieser Axen die mittlere Proportionallinie ist. Denn nach dem obigen Verhältnisse ist der Flächeninhalt der Ellipse $\pi a^2 \times \frac{b}{a}$ oder πab, und diese letzte Größe stellt offenbar den Flächeninhalt des Kreises vor, dessen Halbmesser $\sqrt{ab}$ wäre.

§. 228. Die auf ihre Queraxe bezogene Hyperbel hat zur Gleichung

$$y^2 = \frac{b^2}{a^2}(2ax + x^2),$$

und hieraus folgt

$$AQR = \frac{b}{a}\int dx \sqrt{2ax + x^2}.$$

Dieses Integral läßt sich durch Logarithmen (§. 161.) erhalten oder in eine Reihe entwickeln; aber anstatt mich bei der Berechnung dieser Resultate aufzuhalten, will ich mich mit den elliptischen und hyperbolischen Ausschnitten beschäftigen, deren Differential-Ausdrücke oft vorkommen.

§. 229. Es sei ABab (Fig. 42) eine Ellipse, deren halbe große Axe AC = a und halbe kleine Axe BC = b ist; macht man CP = x, so kommt Fig. 42.

$$PM = y = \frac{b}{a}\sqrt{a^2 - x^2}.$$

Es ist einleuchtend, daß der Ausschnitt

$$ACM = CMP + AMP$$

und

$$d.ACM = d.CMP + d.AMP,$$

$$CMP = \tfrac{1}{2} CP \times PM = \tfrac{1}{2} \frac{bx}{a} \sqrt{a^2 - x^2},$$

$$d.CMP = \tfrac{1}{2} \frac{b}{a} \left(dx \sqrt{a^2 - x^2} - \frac{x^2 dx}{\sqrt{a^2 - x^2}} \right),$$

$$d.AMP = - \frac{b}{a} dx \sqrt{a^2 - x^2}$$

ist. Das letzte dieser Differentialen hat das Zeichen —, weil der Flächenraum AMP abnimmt, wenn x zunimmt; mithin geben dieselben

$$d.ACM = - \tfrac{1}{2} \frac{b}{a} \frac{a^2 dx}{\sqrt{a^2 - x^2}}$$

Macht man $\frac{b}{a} = 1$, so verwandelt sich der elliptische Ausschnitt ACM in den Ausschnitt ACN, der zu dem auf der großen Axe als Durchmesser beschriebenen Kreise AEae gehört; man erhält demnach

$$d.ACN = - \tfrac{1}{2} \frac{a^2 dx}{\sqrt{a^2 - x^2}} = \tfrac{1}{2} a \times - \frac{a dx}{\sqrt{a^2 - x^2}};$$

aber $- \frac{a dx}{\sqrt{a^2 - x^2}}$ ist das Differential des Bogens AN; also ergiebt sich hieraus, wie aus der Elementar=Geometrie

$$ACN = \tfrac{1}{2} a \times AN = \tfrac{1}{2} AC \times AN;$$

und da die Ausschnitte ACN und ACM ihren gemeinschaftlichen Anfang in dem Puncte A haben, so folgert man daraus (§. 228), daß der elliptische Ausschnitt

$$ACM = \frac{b}{a} ACN = \tfrac{1}{2} BC \times AN$$

ist.

§. 230. In der auf denselben Axen als die Ellipse ABab beschriebenen Hyperbel XAx, die zur Gleichung

$$y = \frac{b}{a} \sqrt{x^2 - a^2}$$

hat, ist der Ausschnitt ACR = CQR — AQR, welches

$$d.ACR = d.CQR - d.AQR$$

giebt; und da

$$CQR = \frac{1}{2} CQ \times QR = \frac{1}{2} \frac{bx}{a} \sqrt{x^2 - a^2},$$

$$d.AQR = \frac{b}{a} dx \sqrt{x^2 - a^2}$$

ist, so erhält man

$$d.ACR = \frac{1}{2} \frac{b}{a} \frac{a^2 dx}{\sqrt{x^2 - a^2}},$$

woraus erhellt, daß das Differential des hyperbolischen Ausschnitts bis auf die Zeichen dasselbe ist, als das des elliptischen Ausschnittes.

§. 231. Der hyperbolische Ausschnitt ACM (Fig. 41.) ist gleich dem asymptotischen Raume BCMP; denn es ist Fig. 41.

$$ACM = BCMP + ABC - AMP$$

und

$$ABC = \frac{AB \times BC \times \sin B}{2} = \frac{AP \times PM \times \sin B}{2} = AMP.$$

§. 232. Das Vorhergehende ist hinreichend, um zu zeigen, wie die Integral-Rechnung sich auf die Quadratur der Curven anwenden läßt; indeß kann ich diesen Gegenstand nicht verlassen, ohne einige der wichtigen Resultate zu geben, zu welchen die Geometer in Bezug auf die transcendenten Curven gelangt sind.

In der logarithmischen Linie, deren Gleichung $y = lx$ ist, hat man $\int y dx = \int dx lx = xlx - x + \text{const.}$ (§. 182). Der veränderliche Theil dieses Ausdruckes wird für $x = 0$ selbst Null; denn macht man $x = \frac{1}{m}$, so erhält jener die Form $-\frac{lm}{m} - \frac{1}{m}$, unter welcher er Null ist, wenn m unendlich wird (§. 58). Es ist daher hiernach unnütz, ihm eine willkührliche beständige Größe beizufügen, wenn man die Abschnitte, von dem Puncte A (Fig. 43.) ausgegangen, haben will. Fig. 43.

Macht man darin $x = AE = 1$, so giebt er den Ausdruck des asymptotischen Raums $cAEx$, welcher endlich und gleich -1 ist.

Nimmt man die Ordinaten an die Stelle der Abscissen, so erhält man $\int x\,dy = \int dx = x$ für den auf die Ordinaten-Axe AC gestützten Raum $cOMx$, dessen Ausdruck algebraisch, und dem ich keine beständige Größe beigefügt habe, weil derselbe zugleich mit x verschwindet. Der Raum $cAEx$, welcher zu $x = AE = 1$ gehört, hat, von dem Zeichen abgesehen, nach dieser Formel denselben Inhalt, als nach der vorhergehenden.

Ich habe den Modul gleich der Einheit vorausgesetzt; würde er mit M bezeichnet, so erhielte man

$$\int dx\,lx = x\,lx - \int M\,dx = x\,lx - Mx$$

und $\int x\,dy = Mx$

§. 233. Da die Gleichung der Cycloide

$$dx = \frac{y\,dy}{\sqrt{2ay - y^2}} \quad (§.\ 102.)$$

ist, so kommt

$$\int y\,dx = \int \frac{y^2\,dy}{\sqrt{2ay - y^2}};$$

dieser Ausdruck würde durch Kreisbogen leicht zu integriren sein; man kommt aber zu einem einfachern Resultate, wenn man $2a - y = z$ macht, welches

$$dy = -dz,\ dx = -\frac{(2a - z)\,dz}{\sqrt{2az - z^2}}$$

giebt. Da nämlich z die auf der Linie CK genom-
Fig. 44. mene Ordinate QM Fig. 44.) vorstellt, so erhält das Differential des Flächenraums $ACQM$ zum Ausdrucke

$$z\,dx = -\frac{(2az - z^2)\,dz}{\sqrt{2az - z^2}} = -dz\sqrt{2az - z^2};$$

mithin ist

$$ACQM = -\int dz\,\sqrt{2az - z^2} + \text{const.}$$

In C, wo $z = 2a$, ist das Integral $\int dz \sqrt{2az - z^2}$ der Fläche des halben Erzeugungskreises gmq gleich, und es verschwindet im Puncte K, wo $z = o$ ist; folglich ist der Raum ACK dem Halbmesser gmqg gleich. Für einen beliebigen Punct Q giebt $\int dz \sqrt{2az - z^2}$ den Flächeninhalt des zu $gn = QM$ gehörigen Abschnittes gmn, und man erhält

$$ACQM = gmqg - gmn,$$
$$KMQ = ACK - ACQM = gmn.$$

Das Rechteck AK, welches zu seiner Höhe $IK = gq$ und zu seiner Grundlinie $AI = gmq$ hat, ist das Vierfache des Halbkreises gmqg; und von diesem Rechtecke den Raum $ACK = gmqg$ abgezogen, bleibt $AMKi = 3 \cdot gmqg$. Hieraus folgt, daß der zwischen dem Zweige der Cycloide und ihrer Axe begriffene Raum AKLA das Dreifache des Erzeugungskreises ist.

§. 234. Es bleibt mir noch von den Spirallinien zu reden übrig; zuvörderst werde ich mich mit den durch die Gleichung $u = at^n$ vorgestellten beschäftigen (§. 104), wo t dem Bogen ON (Fig. 45.) gleich und $u = AM$ ist. Da dies Polar-Coordinaten sind, so ist das Differential des Flächenraums Fig 45.
$\frac{u^2 dt}{2}$ (§. 111.); für u seinen Werth gesetzt und integrirt, kommt $\frac{a^2 t^{2n+1}}{4n+2} + \text{const.}$; die beständige Größe ist aber wegzulassen, wenn man die Flächenräume, von der Linie AO ausgehend, auf welcher $t = o$ ist, berechnet, und folglich wird die Oberfläche $ACM = \frac{a^2 t^{2n+1}}{4n+2}$. Nach einer Umdrehung des Radius-Vectors erhält man den Raum $ACMB = \frac{a^2 \cdot (2\pi)^{2n+1}}{4n+2}$, wo π der halbe Umfang des Kreises ON ist; sodann kommt der beschreibende

Halbmesser wieder in die Richtung AN zurück, und bestimmt den Raum

$$ACMBC'M' = a^2 \frac{(2\pi + ON)^{2n+1}}{4n+2}, \text{ und so fortan.}$$

In der Archimedischen Spirallinie (§. 104.) ist $a = \frac{1}{2\pi}$, $n = 1$ und $ACM = \frac{t^3}{24\pi^2}$, welches Resultat, wenn man darin $t = 2\pi$ macht, ACMB $= \frac{\pi}{3}$ giebt.

In der hyperbolischen Spirallinie, wo $n = -1$ ist, findet man

$$ACM = -\frac{a^2}{2t} + \text{const.}$$

Der Flächenraum dieser Curve, welche um den Punct A eine unendliche Menge von Umläufen macht, ist für $t = 0$ unendlich. Man wird sich daher hier, wie bei den Hyperbeln, verhalten, und es wird der, zwischen den beiden zu $t = b$ und $t = c$ gehörigen Radien-Vectoren begriffene Flächenraum

$$\frac{a^2}{2}\left(\frac{1}{b} - \frac{1}{c}\right).$$

In der logarithmischen Spirallinie ist endlich (§. 114) $t = lu$, $dt = \frac{du}{u}$; und das Differential $\frac{u^2 dt}{2}$, welches $\frac{u\,du}{2}$ wird, giebt $ACM = \frac{u^2}{4}$. Der Flächenraum ist für $u = 0$ selbst Null, alsdann aber ist t unendlich; denn die vorgegebene Curve macht, wie die vorhergehende, eine unendliche Menge von Umläufen um den Pol A.

§. 235. Das Differential des Bogens einer, auf unter sich senkrechte Coordinaten bezogene Curve wird durch $\sqrt{dx^2 + dy^2}$ (§. 75) ausgedrückt; hierin statt dy^2 seinen aus der Differential-Gleichung der vorgegebenen Curve gezogenen Werth gesetzt, bekommt dasselbe die Form Xdx, und sein Integral giebt die Länge des Bogens dieser Curve. Nach der Länge des Bogens einer Curve fragen heißt ihre Rectification fordern, weil die Auflösung dieser Aufgabe, wenn sie sich genau erhalten läßt, in den Stand setzt, eine gerade Linie, welche dem besagten Bogen gleich ist, anzugeben.

§. 236. Ich nehme zum ersten Beispiele wiederum die durch die Gleichung $y = px^n$ vorgestellten Parabeln von verschiedenen Graden, wo n irgend eine ganze oder gebrochene Zahl ist; so kommt

$$dy = npx^{n-1}dx,\ \sqrt{dx^2 + dy^2} = dx\sqrt{1 + n^2p^2x^{2n-2}};$$

der parabolische Bogen wird demnach durch

$$\int (1 + n^2p^2x^{2n-2})^{\frac{1}{2}}dx$$

ausgedrückt werden. Dieses Integral läßt sich unter einer endlichen und algebraischen Form erhalten, wenn der Exponent $2n - 2$ der Einheit gleich ist, oder sich eine genaue Anzahl mal darin enthalten findet (§. 169.

Es sei zuvörderst $2n - 2 = 1$, so ergiebt sich daraus $n = \frac{3}{2}$, und

$$\int (1 + n^2p^2x^{2n-2})^{\frac{1}{2}}dx = \frac{8}{27p^2}(1 + \tfrac{9}{4}p^2x)^{\frac{3}{2}} + \text{const.}$$

Die vorgegebene Curve wird daher durch die Gleichung $y = px^{\frac{3}{2}}$ oder $y^2 = p^2x^3$ gegeben, und ist folglich mit der Parabel der dritten Ordnung, welche die Entwickelte (Evolute) der gemeinen Parabel ist (§. 99.), einerlei. Wenn man die Bogen, von dem Puncte ausgehend, wo $x = 0$ ist, berechnet, so erhält man

$$\frac{8}{27p^2}\left[(1 + \tfrac{9}{4}p^2x)^{\frac{3}{2}} - 1\right].$$

Macht man nacheinander $2n - 2 = \frac{1}{2}, = \frac{1}{3}$, etc., so kommt $n = \frac{5}{4}, \frac{7}{6}$, etc., welches zeigt, daß die durch die Gleichungen $y^4 = p^4 x^5$, $y^6 = p^5 x^7$, etc. vorgestellten Parabeln rectificirbar sind; in Hinsicht der andern kann man ihre Bogen nur näherungsweise erhalten.

Für die gemeine Parabel, in welcher $n = 2$ ist, hat man $\int dx (1 + 4p^2 x^2)^{\frac{1}{2}}$. Durch die Formel (B) des 171 §s findet man

$$\int dx (1 + 4p^2 x^2)^{\frac{1}{2}} = \tfrac{1}{2} x (1 + 4p^2 x^2)^{\frac{1}{2}} + \tfrac{1}{2} \int \frac{dx}{\sqrt{1 + 4p^2 x^2}};$$

und da

$$\int \frac{dx}{\sqrt{1 + 4p^2 x^2}} = \frac{1}{2p} (l\, 2px + \sqrt{1 + 4p^2 x^2}) + \text{const.}$$

ist (§. 102.), so ergiebt sich

$$\int dx (1 + 4p^2 x^2)^{\frac{1}{2}} = \tfrac{1}{2} x (1 + 4p^2 x^2)^{\frac{1}{2}} + \frac{1}{2p} \times$$
$$l\,(2px + \sqrt{1 + 4p^2 x^2}) + \text{const.}$$

Dies ist der Werth eines beliebigen Bogens der gemeinen Parabel; man kann die beständige Größe darin weglassen, wenn man das Integral mit $x = 0$ anfangen läßt.

Der Bogen der durch die Gleichung $y = px^{-n}$ gegebenen Hyperbeln hat zum Ausdrucke

$$\int x^{-n-1} dx (x^{2n+2} + n^2 p^2)^{\frac{1}{2}},$$

und läßt sich nur näherungsweise erhalten.

§. 237. Das Differential des Kreisbogens ist $\frac{a\,dx}{\sqrt{a^2 - x^2}}$, wenn man von der Gleichung $y^2 = a^2 - x^2$ (§. 75) ausgeht, und $\frac{a\,dx}{\sqrt{2ax - x^2}}$, sofern man die Gleichung $y^2 = 2ax - x^2$ gebraucht; unter diesen beiden Formen läßt sich das Integral desselben näherungsweise erhalten, so wie ich davon schon mehrere Entwickelungen gegeben habe (§. 179.).

§. 238. Ich gehe zur Ellipse über, und nehme zur Gleichung dieser Curve $y^2 = \frac{b^2}{a^2}(a^2 - x^2)$, so ist das Differential ihres Bogens $\frac{dx\sqrt{a^4 - (a^2 - b^2)x^2}}{a\sqrt{a^2 - x^2}}$; und mehrerer Einfachheit wegen die große Axe $a = 1$ und das Quadrat der Excentricität $a^2 - b^2 = 1 - b^2 = e^2$ gesetzt, wird der Bogen $\int \frac{dx\sqrt{1 - e^2 x^2}}{\sqrt{1 - x^2}}$. Schon im §. 180 habe ich eine Reihe angeführt, welche den Näherungswerth dieses Integrals giebt, wenn e sehr klein ist, und welche den wenig abgeplatteten Ellipsen zukommt.

Nimmt man in dieser Reihe $x = 1$ an, und setze $\frac{\pi}{2}$ an die Stelle des Bogens A, welcher alsdann 1^{Q} ist, so kommt

$$\frac{1}{2}\pi\left(1 - \frac{1}{2}e^2 - \frac{1.1.1.3}{2.2.4.4}e^4 - \frac{1.1.1.3.3.5}{2.2.4.4.6.6}e^6 - \text{etc.}\right),$$

eine sehr convergirende Entwickelung, wenn e ein kleiner Bruch ist.

§. 239. Das Differential des elliptischen Bogens läßt sich auf eine sehr einfache Art ausdrücken vermittelst des Bogens, welcher jenem in dem auf der großen Axe als Durchmesser beschriebenen Kreise entspricht. Es sei $EN = \varphi$ Fig. 42., so erhält man Fig. 42.

$$CP = x = \sin\varphi, \frac{dx}{\sqrt{1 - x^2}} = d\varphi,$$

und folglich

$$d.BM = d\varphi\sqrt{1 - e^2 \sin\varphi^2}.$$

§. 240. Da die Gleichung der Hyperbel

$$y^2 = \frac{b^2}{a^2}(x^2 - a^2)$$

ist, so hat man $\frac{dx\sqrt{(a^2 + b^2)x^2 - a^4}}{a\sqrt{x^2 - a^2}}$ für das Diffferential ihres Bogens; macht man $a = 1$, $a^2 + b^2 = 1 + b^2 = e^2$, so findet sich dieser Bogen durch $\int \frac{dx \sqrt{e^2 x^2 - 1}}{\sqrt{x^2 - 1}}$ ausgedrückt, und kann in dem Falle, wo e der Einheit sehr nahe ist, durch ein dem in §. 180 ähnliches Verfahren in eine Reihe entwickelt werden.

§. 241. Es bleibt nur noch von den transcendenten Curven zu reden übrig. Da die Gleichung der Cycloide

$$\frac{dx}{dy} = \frac{y}{\sqrt{2ay - y^2}} \text{ (§. 102.)}$$

ist, so leitet man daraus

$$\sqrt{dx^2 + dy^2} = \frac{dy \sqrt{2a}}{\sqrt{2a - y}}$$

ab, von welchem Differential das Integral

$$= -2\sqrt{2a(2a - y)} + \text{const.}$$

ist. Es ist aber einleuchtend, daß $\sqrt{2a(2a - y)}$ der
Fig. 44. Ausdruck der Sehne mg Fig. 44. des Erzeugungskreises ist; und da der veränderliche Theil des Integrals im Puncte K, wo $y = 2a$ ist, verschwindet, so folgt, daß derselbe den Bogen MK ausdrückt; man hat daher $MK = 2mg$, $AK = 2qg$, und folglich $AM = AK - MK = 2(gq - mg)$. Diese Resultate stimmen mit dem des 103 §s überein.

§. 242. Um ein Beispiel von dem Gebrauche der Formel $\sqrt{u^2 dt^2 + du^2}$ zu geben, welche das Differential des Bogens einer auf Polar-Coordinaten bezogenen Curve ausdrückt (§. 110), so nehme ich die Spirallinie, deren Gleichung $u = at^n$ ist, und erhalte das Differential

$$dt \sqrt{a^2 t^{2n} + n^2 a^2 t^{2n-2}} = at^{n-1} dt (t^2 + n^2)^{\frac{1}{2}}$$

zu integriren.

Wenn $n = 1$ ist, so hat man blos $adt(t^2 + 1)^{\frac{1}{2}}$, ein Differential von derselben Form, als das des

Bogens von der gemeinen Parabel (§. 236); woraus folgt, daß sich auf die Rectification dieser Curve die Rectification der Archimedischen Spirallinie zurückbringen läßt.

In der logarithmischen Spirallinie hat man $t = lu$, welches $\sqrt{u^2 dt^2 + du^2} = du\sqrt{2}$ giebt. Der Bogen dieser Curve hat daher zum Ausdrucke $u\sqrt{2} + \text{const.}$ oder blos $u\sqrt{2}$, wofern man von dem Anfange der Vectoren-Halbmesser ausgeht; und man sieht ein, daß, wiewohl sich zwischen diesem Anfange und irgend einem Puncte der Curve eine unendliche Menge von Windungen befindet, diese dennoch nur eine endliche der Diagonale des auf dem Radius-Vector gebildeten Quadrats gleiche Länge ausmachen.

Von der Cubatur der durch krumme Flächen begrenzten Körper, und der Quadratur dieser Flächen; von der Rectification der Curven von doppelter Krümmung.

§. 243. Die krummen Flächen, welche die Geometer zuerst betrachtet haben, sind die Flächen aus Umdrehung, weil die Differentialen ihrer Flächenräume und der von ihnen umschlossenen körperlichen Räume einen einfacheren Ausdruck haben, als ihre entsprechenden bei den krummen Oberflächen im Allgemeinen.

Es sei u der Rauminhalt des durch den Abschnitt AMP (Fig. 46.) einer beliebigen Curve AZ erzeugten Körpers, indem diese sich um Fig. 46.

die in ihrer Ebene genommene Axe AB dreht, so ist einleuchtend, daß dieser von dem durch die Ordinate MP beschriebenen Kreisfläche begrenzte Rauminhalt eine Function der Abscisse AP = x ist. Nimmt man eine andere Abscisse AP′, und zieht eine zweite Ordinate M′P′, und mit PP′ parallel die geraden Linien MR und SM′, so sieht man, daß der Rauminhalt u um den durch das krummlinige Trapezium PMM′P′ beim Umdrehen um PP′ beschriebenen wächst, und daß dieser letzte Körper, begriffen zwischen den durch die Rechtecke MP′ und M′P′ erzeugten Cylindern, um soviel weniger von beiden verschieden ist, je näher einander die Puncte M und M′ gebracht worden, so daß die Grenze der Verhältnißnamen dieser drei Körper die Einheit ist. Man kann daher, wenn es auf Grenzen ankommt, den durch MP′ beschriebenen Cylinder für den durch PMM′P′ erzeugten Körper annehmen. Da dieser Cylinder den durch den Halbmesser PM = y beschriebenen Kreis zur Grundfläche hat, so ist sein Cubikinhalt $\pi y^2 \times PP'$, wenn man π den Verhältnißnamen des Kreisumfangs zum Durchmesser nennt; und man findet durch die Schlüsse des 76 §s, daß $\frac{du}{dx} = \pi y^2$ ist, woraus $u = \pi \int y^2 dx$ wird. Hat man also die Gleichung der Curve AMZ, so substituire man für y seinen Werth in x, und die Integrirung führt zur Kenntniß des Kubikinhalts irgend eines beliebigen Abschnitts von dem durch diese Curve erzeugten Körper.

§. 244. Um das Differential von dem Flächeninhalte desselben Körpers zu finden, hat man zu erwägen, daß sein Zuwachs oder der durch den Bogen MOM′, welcher sich unaufhörlich seiner Sehne MM′ nähert, beschriebene Flächenraum mit dem Flächenraume des durch diese Sehne beschriebenen abgekürzten geraden Kegels eins zu werden trachtet, so daß man beim Uebergehen zu den Grenzen den einen für den andern nehmen kann. Der Flächenraum des durch MM′ beschriebenen abgekürzten geraden Kegels hat zum Ausdrucke

$$\tfrac{1}{2}\,MM'\,(2\pi MP + 2\pi M'P')$$
$$= \pi MM'\,(MP + M'P');$$

und durch Vergleichung desselben mit dem Zuwachse der Abscisse PP′ bekommt man

$$\pi \frac{MM'}{PP'}\,(MP + M'P');$$

geht man nun zu den Grenzen über, so geht M′P mit MP oder y in eins zusammen, und $\frac{MM'}{PP'}$ wird $= \sqrt{1 + \frac{dy^2}{dx^2}}$ (§. 75.); mithin der Differential-Coefficient des durch den Bogen AM beschriebenen Flächenraums, gleich

$$2\pi y \sqrt{1 + \frac{dy^2}{dx^2}},$$

und folglich $2\pi y \sqrt{dx^2 + dy^2}$ das Differential dieses Flächenraums.

Man gelangt auf der Stelle zu diesem Ausdrucke, so wie zu dem des vorhergehenden §s dadurch, daß man die Curve AMZ als ein Vieleck betrachtet; denn alsdann ist das Element des körperlichen Raums der durch das Rechteck MP′ beschriebene Cylinder, das des Flächenraums der durch die Seite MM′ beschriebene abgekürzte Kegel.

§. 215. Ich werde mich bei den Anwendungen, welche an und für sich keine Schwierigkeit haben, wenig verweilen. Nimmt man die Gleichung für die Ellipse $y^2 = \frac{b^2}{a^2}(2ax - x^2)$, so findet sich, daß der Cubikinhalt des Körpers, welchen sie durch Umdrehung um ihre große Axe erzeugt, oder des länglichen Ellipsoids gleich $\frac{4\pi a b^2}{3}$ ist, weil ein

Abschnitt dieses Körpers

$$\int \frac{\pi b^2}{a^2}(2ax - x^2)\,dx = \frac{\pi b^2}{a^2}\left(ax^2 - \frac{x^3}{3}\right) + \text{const.}$$

zum Ausdruck hat §. 243.).

Wenn $a = b$ ist, so wird der vorgegebene Körper eine Kugel, und der Ausdruck seines körperlichen Raums ist $\frac{4\pi a^3}{3}$, so wie man es durch die Elementar-Geometrie findet.

Wenn die Ellipse auf ihren Mittelpunct bezogen wäre, oder man die Gleichung $y^2 = \frac{b^2}{a^2}(a^2 - x^2)$ gebrauchte, so würde man dasselbe Resultat erhalten, in sofern man beachtet, daß, um den ganzen Körper zusammen zu fassen, man das Integral von $x = a$ bis $x = -a$ zu nehmen habe. Der Cubikinhalt des Abschnittes wäre alsdann

$$\int \frac{\pi b^2}{a^2}(a^2 - x^2)\,dx = \frac{\pi b^2}{3a^2}(3a^2 x - x^3) + \text{const.},$$

und man erhielte

$$\int \frac{2\pi b\,dx\sqrt{a^4 - (a^2 - b^2)x^2}}{a^2}$$

zum Ausdrucke seines Flächenraums. Dieses Integral läßt sich leicht auf den Flächeninhalt des Kreisabschnitts bringen, wovon die Abscisse x und der Halbmesser $\frac{a^2}{\sqrt{a^2 - b^2}}$ ist; setzt man $a = b$, so führt es sich auf

$$\int 2\pi a\,dx = 2\pi a x + \text{const.}$$

zurück, und giebt, von $x = a$ bis $x = -a$ genommen, $4\pi a^2$ für den Inhalt der gesammten Kugelfläche.

§. 246. Ich betrachte nunmehr die krummen Oberflächen im Allgemeinen, indem sie auf drei unter sich senkrechte Ebenen vermittelst der drei Coordinaten

dinaten $AP = x$, $PM' = y$, $M'M = z$ (Fig. 47.) Fig. 47.
bezogen werden.

Der körperliche Abschnitt APGMM'Q über der in der Ebene der x, y liegenden Grundfläche AM'PQ, und begrenzt durch die beiden mit den Ebenen der y, z und der x, z gegenseitig parallelen Ebenen PM'MG, QM'MH, und durch die vorgegebene krumme Oberfläche, ist nothwendig eine Function der beiden unabhangigen veränderlchen Größen x und y; er kann sich folgeweise nach der Richtung einer jeden von ihnen ausdehnen, oder sich in Beziehung auf alle beide zugleich ändern. Wenn man nämlich annimmt, daß, indem y beständig bleibt, x sich in $AP + Pp$ verwandele, so wächst dieser Abschnitt um das Stück PGMM'm'mpg, und um das Stück QHMM'n'ngh, wenn man y allein sich um Qq ändern läßt; endlich, wenn x und y zugleich $AP + Pp$, $AQ + Qq$ werden, so erhält derselbe Abschnitt alsdann zu Grenzen die Ebenen pN'Ng, qN'Nh, und wird von seinem ursprünglichen Zustande um die beiden schon erwähnten Stücke und um das Prisma Mm'N'n'nMmN unterschieden sein, welches letztere nichts anders ist, als der Zuwachs des ersten Stücks, wenn man darin y allein sich ändern läßt, oder des zweiten, sofern in diesem x allein als sich ändernd gesetzt wird.

Der Kürze wegen bezeichne ich durch Pm, Qn und M'N gegenseitig die eben genannten Stücke und das Prisma; hierauf stelle ich durch u die Function von x und y vor, welche den Cubikinhalt des Abschnitts APGMM'Q ausdrückt. Dies festgesetzt, so ist der auf die veränderliche Größe x bezogene Differential-Coefficient $\frac{du}{dx}$, welcher die Grenze des Verhältnißnamens des Zuwachses der Function zu dem dieser veränderlichen Größe giebt, gleich der Grenze des Verhältnißnamens des Stücks Pm zu dem Zuwachse Pp der Abscisse. Läßt man darauf y allein oder AQ sich ändern, welches Pm in Pm + M'N verwandelt, so wächst der Verhältnißname $\frac{Pm}{Pp}$ um die Größe $\frac{M'N}{Pp}$; und der Verhältnißname dieser letztern mit dem Zuwachse Qq von y hat offenbar zur Grenze $\frac{d\frac{du}{dx}}{dy}$ oder $\frac{d^2u}{dx\,dy}$. Man wird daher diesen Differential-Coefficienten kennen, wenn man dahin gelangt ist, die Grenze von $\frac{M'N}{\overline{Pp} \times \overline{Qq}}$ als Function der veränderlichen Größen x und y zu bestimmen. Nun nähert sich aber das Prisma M'N unaufhörlich dem auf der Grundfläche M'm'N'n' und der Ordinate MM' gebildeten Parallelepipedum, und kann demselben so nahe kommen, als man nur immer will; also das eine für das andere genommen, weil es hier auf Grenzen ankommt, oder $\overline{M'm'} \times \overline{M'n'} \times \overline{M'M}$ für das Prisma M'N gesetzt, so führt sich der Verhältnißname $\frac{M'N}{Pp \times \overline{Qq}}$, da M'm' = Pp, M'n' = Qq ist, auf M'M = z zurück. Hieraus ergiebt sich, daß $\frac{d^2u}{dx\,dy} = z$ ist, und daß man, um den Abschnitt APGMM'Q zu bekommen, durch Integrirung von dem Differential-Coefficienten $\frac{d^2u}{dx\,dy}$ zu der Function u wieder aufsteigen muß.

§. 247. Obschon der Differential-Coefficient $\frac{d^2u}{dx\,dy}$ auf zwei veränderliche Größen sich bezieht, so kann man dennoch zu der Function, wovon er abgeleitet ist, durch die für die Integrirung der Functionen von einer einzigen veränderlichen Größe gegebenen

Methoden gelangen, weil jede dieser veränderlichen Größen, eine nach der andern als beständig betrachtet wird. Nämlich wegen $\frac{d^2 u}{dx dy} = \frac{d\frac{du}{dx}}{dy}$ erhält man $\frac{d\frac{du}{dx}}{dy} dy = z dy$; und das Integral von jedem Gliede dergestalt genommen, daß man nur y allein als veränderlich betrachtet, so kommt $\frac{du}{dx} = \int z dy$, woraus man

$$\frac{du}{dx} dx = dx \int z dy$$

ableitet. Wird von neuem integrirt, aber blos in Beziehung auf x, so findet man $u = \int dx \int z dy$.

Betrachtet man diese Untersuchung nur von der rein analytischen Seite, so ist einleuchtend, daß die beständige Größe, welche man zur Vervollständigung des ersten Integrals beizufugen hat; x auf eine beliebige Weise in sich schließen kann, daß ferner die nach der zweiten Integrirung hinzuzusetzende als eine beliebige Function von y zu betrachten ist, und zwar deswegen, weil jede Function von x allein, blos in Bezug auf z differentiirt, als eine beständige Größe verschwinden muß, und es sich eben so mit jeder Function von y verhält, wenn man nur in Hinsicht auf x differentiirt.

Die Ordnung der Integrirungen ist gleichgültig (§. 122.). Hätte man sich zuerst mit der veränderlichen Größe x beschäftigt, so würde man

$\frac{du^2}{dx dy} = \frac{d\frac{du}{dy}}{dx}$ erhalten, und hieraus folgenweise

$\frac{du}{dy} = \int z dx$, $u = \int dy \int z dx$ hergeleitet haben. Dieses und das vorhergehende Resultat lassen sich, wie folgt, schreiben

$$u = \int\int z\,dy\,dx \text{ und } u = \int\int z\,dx\,dy,$$

wo man die beiden Differentialen unter das letzte Zeichen $\int$ treten läßt, was erlaubt ist, wenn man beachtet, daß jedes Zeichen nur auf die eine der veränderlichen Größen insbesondere Bezug hat.

Um das Vorhergehende zu erläutern und zu bestätigen, sei $z = \frac{1}{x^2+y^2}$, so kommt

$$u = \int\int \frac{dx\,dy}{x^2+y^2} = \int dx \int \frac{dy}{x^2+y^2} = \int dy \int \frac{dx}{x^2+y^2}.$$

Die erste Integralen-Folge giebt

$$\int \frac{dy}{x^2+y^2} = \frac{1}{x} \text{ arc}\left(\text{tang} = \frac{y}{x}\right) + X',$$

in welchem Resultate X' eine willkührliche zur Vervollständigung des Integrals beigefügte Function von x vorstellt; von neuem in Beziehung auf x integrirt, und $\int X\,dx = X$ gesetzt, findet man

$$\int dx \int \frac{dx}{x^2+y^2} = \int dx \left[\frac{1}{x} \text{ arc}\left(\text{tang} = \frac{y}{x}\right) + X'\right]$$

$$= \int \frac{dx}{x} \text{ arc}\left(\text{tang} = \frac{y}{x}\right) + X.$$

Das Integral $\int \frac{dx}{x} \text{ arc}\left(\text{tang} = \frac{y}{x}\right)$ läßt sich durch eine Reihe erhalten, wenn man statt $\text{arc}\left(\text{tang} = \frac{y}{x}\right)$ seine Entwickelung $\frac{y}{x} - \frac{y^3}{3x^3} + \frac{y^5}{5x^5} - \text{etc.}$ (§. 176.) setzt; und da man nach dieser Integrirung eine willkührliche Function von y hinzufügen muß, so erhält man, die letztere durch Y bezeichnet, endlich

$$\int\int \frac{dx\,dy}{x^2+y^2} = X + Y - \frac{y}{x} + \frac{y^3}{9x^3} - \frac{y^5}{25x^5} + \frac{y^7}{49x^7} - \text{etc.}$$

Durch ein Verfahren in umgekehrter Ordnung nach der zweiten Integralen-Folge findet man

$$\int \frac{dx}{x^2 + y^2} = \frac{1}{y} \text{ arc } \left(\text{tang} = \frac{x}{y} \right) + Y',$$

$$\int dy \int \frac{dx}{x^2 + y^2} = \int dy \left[\frac{1}{y} \text{ arc} \left(\text{tang} = \frac{x}{y} \right) + Y' \right]$$

$$= \int \frac{dy}{y} \text{ arc } \left(\text{tang} = \frac{x}{y} \right) + Y;$$

beachtet man aber, daß

$$\text{arc } \left(\text{tang} = \frac{x}{y} \right) = \frac{\pi}{2} - \text{arc } \left(\text{tang} = \frac{y}{x} \right)$$

ist, so erhält man nach der letzten Integrirung und Addition einer willkührlichen Function von x

$$\iint \frac{dx\,dy}{x^2 + y^2} = \frac{\pi}{2} \, ly - \int \frac{dy}{y} \text{ arc } \left(\text{tang} = \frac{y}{x} \right) + Y + X;$$

und da man das Glied $\frac{\pi}{2}\,ly$ in der willkührlichen Function Y mit begreifen kann, so wird dieses sich hierdurch in

$$\iint \frac{dx\,dy}{x^2 + y^2} = X + Y - \int \frac{dy}{y} \text{ arc } \left(\text{tang} = \frac{y}{x} \right)$$

verwandelnde Resultat daſſelbe, als das vorhergehende, wie man ſich davon überzeugen kann, wenn man für arc $\left(\text{tang} = \frac{y}{x} \right)$ ſeine Entwickelung ſetzt.

§. 248. Wenn man $\iint z\,dx\,dy$ als den Ausdruck für den Cubikinhalt eines Körpers betrachtet, ſo muß man auf die Grenzen ſein Augenmerk haben, zwiſchen welchen jedes Integral zu nehmen iſt, und welche von der Natur der den vorgegebenen Körper nach den Seiten zu begrenzenden Oberflächen abhängen.

Der einfachſte Fall iſt derjenige, wo der Körper von vier Ebenen, je zwei den Coordinaten-Ebenen CAD, BAD parallel, geſchloſſen wird. Setzt man, daß die ersten den Abscissen $x = a$, $x = a'$, und die zweiten den Abscissen $y = b$, $y = b'$ entsprechen, so nehme man das Integral $\int z\,dx$ von $x = a$ bis $x = a'$, indem man darin überdies y als beständig betrachtet; und nennt man das erhaltene Resultat P, so bleibt noch das Integral $\int P\,dy$ von $y = b$ bis $y = b'$ zu nehmen übrig.

Wenn der vorgegebene Körper nach den Seiten zu durch krumme Flächen begrenzt wird, so sind die äußersten Werthe von der einen der veränderlichen Größen mit den äußersten Werthen der andern verbunden, wie es aus folgendem Beispiele sogleich erhellen wird, wo es darauf ankommt, den Cubikinhalt einer Kugel zu finden, deren Mittelpunct in A, und deren Halbmesser gleich r ist.

Man hat $x^2 + y^2 + z^2 = r^2$, und folglich

$$\iint z\,dx\,dy = \iint dx\,dy\sqrt{r^2 - x^2 - y^2};$$

zuförderst findet man, y beständig genommen (§§. 161 und 173),

$$\int z\,dx = \int dx\sqrt{r^2 - x^2 - y^2} = \tfrac{1}{2}x\sqrt{r^2 - x^2 - y^2} + \tfrac{1}{2}(r^2 - y^2)\,\mathrm{arc}\left(\sin = \frac{x}{\sqrt{r^2 - y^2}}\right).$$

Hier wird der äußerste Werth von x vorgestellt durch QF, eine Ordinate des Kreises BFEC, nach welchem die Kugel die Ebene BAC trifft; und wenn der gesuchte körperliche Raum von der entgegengesetzten Seite durch die Ebene CAD begrenzt sein soll, so ist einleuchtend, daß das obige Integral von $x = o$ bis $x = QF$ genommen werden muß. Aber QF ist mit AQ verbunden; denn, $z = o$ gemacht, findet man $x^2 + y^2 = r^2$ für die Gleichung des Kreises BFEC, woraus folgt, daß $QF = \sqrt{r^2 - \overline{AQ}^2}$ ist; und folglich sind die äußersten Werthe von x für irgend einen Werth von y, $x = o$ und $x = \sqrt{r^2 - y^2}$.

Das weiter oben erhaltene Resultat führt sich auf $\frac{\pi}{4}(r^2 - y^2)$ zurück, weil $\mathrm{arc}\,(\sin = 1) = \frac{\pi}{2}$, und das Integral $\int dy \int z\,dx$ wird

$$\frac{\pi}{4}\int dy\,(r^2 - y^2) = \frac{\pi}{4}\left(r^2 y - \frac{y^3}{3}\right).$$

Dieses letztere ist zu nehmen von dem größten Werthe von y an, welcher in dem vorliegenden Falle $AC = r$ ist, bis zu den kleinsten, welchen ich, den Körper von dieser Seite durch die Ebene BAD geschlossen, Null setze. Der Cubikinhalt des Abschnitts ABCD, welcher der achte Theil der Kugel ist, wird daher $\frac{\pi r^3}{6}$; und folglich der Kubikinhalt der ganzen Kugel $\frac{4\pi r^3}{3}$.

Es ist hier bemerkenswerth, daß man den Kubikinhalt der ganzen, oberhalb der Ebene BAC befindlichen Halbkugel unmitttelbar dadurch erhalten kann, daß man das erste Integral von $x = +\sqrt{r^2 - y^2}$ bis zu $x = -\sqrt{r^2 - y^2}$ nimmt; denn in diesem Falle endigen sich die äußersten Werthe von x auf beiden Seiten an dem Umfange des Kreises AFEC, dessen Durchmesser AC ist, und man hat den vollständigen Werth von $\int z\,dx = \frac{\pi}{2}(r^2 - y^2)$. Nimmt man darauf

$$\int dy \int z\,dx = \frac{\pi}{2}\left(r^2 y - \frac{y^3}{3}\right)$$

von $y = r$ bis $y = -r$, d. h. von dem Endpuncte C des Durchmessers des Kreises BFEC bis zu dem andern Endpuncte, welcher hinter die Ebene BAD fällt, so findet man $\frac{2\pi r^3}{3}$, und durch Verdoppelung hat man, wie oben, $\frac{4\pi r^3}{3}$ für die ganze Kugel.

§. 249. Sofern man die Differentialen als die unendlich kleinen Zuwachse der veränderlichen Größen oder der Functionen, wovon sie abstammen, betrachtet, so ist einleuchtend, daß der vollständige

Werth von $dy\int zdx$ der Ausdruck der Scheibe FHQphf ist, begriffen zwischen den beiden mit der Ebene ABD der x und z parallelen Ebenen; da aber $\int zdx$ der Flächeninhalt von dem Schnitte FHQ ist, so folgt, daß die unendlich dünne Scheibe FHQqhf dem $\overline{FHQ} \times \overline{Qq}$, d. h. dem Flächeninhalte der Curve, welcher ihr zur Grundfläche dient, multiplicirt durch die Dicke Qq, als gleich betrachtet werden kann. Man sieht endlich, daß $\int dy\int zdx$ die Summe von allen ähnlichen in dem gesuchten körperlichen Raume enthaltenen Scheiben ausdrückt.

§. 50. Im Allgemeinen, wenn man das Stück des vorgegebenen Körpers zu bestimmen hat, welches nach den Seiten zu durch den senkrecht auf der
Fig. 48. Ebene ABC (Fig. 48.) über der gegebenen Curve E′N′G′ errichteten Cylinder begrenzt wird, so rechne man das Integral $\int zdx$ von $x = AP$ bis $x = Ap$, damit der Ausdruck $dy\int zdx$ der Ausdruck der Scheibe MM′NN′nn′m′m werde. Die Linien AP und Ap, gegenseitig gleich QM′ und QN′, werden als Function von $AQ = y$ durch die Gleichung der Curve E′N′G′, wovon sie die Abscissen sind, gegeben sein; stellt man sie durch $F(y)$ und $f(y)$ vor, so muß man $\int zdx$ von $x = F(y)$ bis $x = f(y)$ nehmen, welches, wie man sieht, neue Functionen von y, welche z nicht in sich begriff, einführen wird, und die Schwierigkeit der zweiten Integrirung vermehren oder vermindern kann. Um hernach bei dieser den gesammten Werth des gesuchten Raumes, oder die Summe der Scheiben, deren allgemeinen Ausdruck man schon hat, zu bekommen, so muß man $\int dy\int zdx$ von $y = AF$ bis $y = AH$ nehmen, welche Werthe den Grenzen E′ und G′ der Curve E′N′G′ in der Richtung der y (§. 80.) entsprechen.

Es könnte vorkommen, daß der Umfang E′N′G′, statt eine stetige Curve zu sein, die Zusammenfügung aus mehreren Stücken von verschiedenen Curven wäre; die Anwendung der vorhergehenden Grundsätze auf diesen Fall ist aber zu leicht, als daß es nöthig sein sollte, sich dabei aufzuhalten.

§. 251. Man gelangt zu dem allgemeinen Ausdrucke des Differentials von dem Inhalte einer krummen Fläche dadurch, daß man sich diese Fläche durch Ebenen, parallel mit der einen der coordinirten Ebenen, in Zonen, wie EGge (Fig. 47.), getheilt denkt, und sich vorstellt, daß jede dieser Zonen durch Ebenen, parallel mit einer andern coordinirten Ebene, in viereckige Stücke MmNn zerschnitten sei. Aus der Ansicht der Figur erhellt, daß der Flächenraum DGMH, welchen ich durch s vorstellen will, um das krummlinige Vierseit GMgm wächst, wenn x um Pp zunimmt, und daß dieses Vierseit um MmNn wächst, wenn y hernach eine Zunahme Qq erhält. Ein dem des 246 §s ähnlicher Schluß wird zeigen, daß die Grenze des Verhältnißnamens $\frac{MmNn}{Pp \times Qq}$ den Differential-Coefficienten $\frac{d^2 s}{dx\,dy}$ gleich ist. Fig. 47.

Um zu dieser Grenze zu gelangen, bedenke man zuvörderst, daß die vier, den Ebenen der x, z und der y, z je zwei parallelen Ebenen

m′M und N′n, n′M und N′m,

welche das krummlinige Vierseit MmNn bestimmen, auch auf der Berührungsebene durch den Punct M (Fig. 49.) ein Parallelogram MXYZ bestimmen, in welchem alle aus dem Puncte M gezogenen Linien an den verschiedenen Schnitten, die in dem krummlinigen Vierseit von Ebenen, durch die Ordinate MM′ gelegt, gemacht werden, Tangenten wären, und mit dem Bogen dieser Schnitte einen der Einheit sich unaufhörlich nähernden Verhältnißnamen hätten (§. 74.); man kann daher in der gesuchten Grenze für das krummlinige Vierseit MmNn das Fig. 49.

Parallelogram MXYZ substituiren, welches der Wurzel aus der Summe der Quadrate seiner Projectionen auf jeder der coordinirten Ebenen gleich ist *); diese durch unter sich parallele Linien gebildeten Projectionen sind nun nothwendig Parallelogramme. Die auf der Ebene der x, y sich befindende ist das durch dxdy ausgedrückte Rechteck M m'N'n'. Zieht man YY'' und ZZ'' parallel mit M'n' und m'N', so bildet sich auf der Ebene der x, z die Projection MXZ''Y'', gleich MY'' × M'm'; und da

$$MY'' = n'Y - M'M = \frac{dz}{dy} dy,$$

so erhält man

$$MXZ''Y'' = \frac{dz}{dy} dxdy.$$

Man wird auf eine ähnliche Weise finden, daß die Projection auf der Ebene der y, z ist $\frac{dz}{dx} dxdy$; man erhält daher

$$MXZY = dxdy\sqrt{1 + \frac{dz^2}{dx^2} + \frac{dz^2}{dy^2}} = dxdy\sqrt{1+p^2+q^2},$$

indem man $\frac{dz}{dx} = p$, $\frac{dz}{dy} = q$ macht; und es kommt

$$\frac{MXYZ}{Pp \times Qq} = \frac{d^2s}{dxdy} = \sqrt{1+p^2+q^2}.$$

Dieses zeigt, daß der Flächeninhalt, wie der Cubikinhalt, durch einen Differential-Coefficienten der zweiten Ordnung gegeben wird, und daß man beide durch dieselbe Art von Integrirung bekommt; dergestalt daß $dy\int dx\sqrt{1+p^2+q^2}$ den Flächeninhalt der Zone FHhf (Fig. 47) vorstellt, und daß man

$$s = \int dy \int dx\sqrt{1+p^2+q^2} = \iint dxdy\sqrt{1+p^2+q^2}$$

hat.

---

*) Dieser Satz ist §. 61. der weitern Auseinandersetzung der Elemente der Geometrie bewiesen.

§. 252. Die Anwendung der Analysis auf die Mechanik führt oft auf Integralen von der Form $\int\int\int V dx dy dz$, welche man dreifache Integralen nennt, nach der Aehnlichkeit mit denen von der Form $\int\int V dx dy$, welche mit dem Namen doppelte Integralen bezeichnet werden. In den erstern kann die Function V die drei veränderlichen Größen x, y, z, als von einander unabhängig betrachtet, in sich schließen, so daß jedes Integrirungs-Zeichen nur auf eine von ihnen, besonders genommen, geht. Man sieht leicht ein, daß diese Integralen aus der Bestimmung einer von drei veränderlichen Größen x, y, z abhängigen Function hervorgehen, wovon man nur den Differential-Coefficienten $\frac{d^3 u}{dx dy dz}$, durch die Gleichung $\frac{d^3 u}{dx dy dz} = V$ gegeben, kennt; denn man leitet daraus ab, indem man, wie in §. 247, verfährt, 1) x und y als beständige Größen betrachtet,

$$\frac{d^3 u}{dx dy dz} dz = d.\frac{d^2 u}{dx dy} = V dz, \frac{d^2 u}{dx dy} = \int V dz + T'',$$

wo T″ eine willkührliche Function von x und y ist; 2) x und z als beständige Größen betrachtet,

$$\frac{d^2 u}{dx dy} dy = d.\frac{du}{dx} = dy \int V dz + T'' dy, \frac{du}{dx} = \int dy \int V dz + T' + S',$$

wo T′ die aus $\int T'' dy$ entspringende willkührliche Function von x und y, und S′ eine willkührliche Function von x und z bezeichnet; endlich 3) y und z als beständige Größen betrachtet,

$$\frac{du}{dx} dx = du = dx \int dy \int V dz + T' dx + S' dx$$

$$= \int dx \int dy \int V dz + T + S + R,$$

wo T und S willkührliche aus $\int T' dx$ und aus $\int S' dx$ entspringende Functionen, und R eine willkührliche Function von y und z bezeichnet; das vollständige Integral schließt daher drei willkührliche

Functionen in sich, nämlich eine von x und y, eine von x und z, und eine von y und z. Durch Vereinigung der Differentialen unter das letzte Integrirungs-Zeichen wird $\int dz \int dy \int V dx$, $\int\int\int V dx dy dz$, und hat unter dieser letzten Form dieselbe Bedeutung als unter der vorhergehenden.

Dieses Beispiel reicht hin zu zeigen, wie man von dem Differential-Coefficienten irgend einer Ordnung von einer Function mehrerer veränderlichen Größen zu dieser Function selbst zurückkomme. Die hier eingeführten willkührlichen Functionen haben nur, wie in §. 247, auf den Fall Bezug, wo die Integralen zwischen Grenzen genommen werden, für welche die veränderlichen Größen x, y und z von einander unabhängig sind; allein es ereignet sich am öftersten, daß das auf z sich beziehende Integral von $z = F(x, y)$ bis zu $z = f(x, y)$ genommen werden soll, wo F und f gegebene Functionen sind, das auf y sich beziehende Integral von $y = F_{.}(x)$ bis zu $y = f_{1}(x)$, und endlich das auf x sich beziehende Integral von $x = a$ bis $x = a'$ genommen werden soll.

Von der Integrirung der Differential-Gleichungen mit zwei veränderlichen Größen.

Von der Absonderung der veränderlichen Größen in den Differential-Gleichungen der ersten Ordnung.

§. 253. In dem Vorhergehenden habe ich vorausgesetzt, daß die Differential-Coefficienten unmittelbar vermöge der veränderlichen Größe, wovon ihre ursprüngliche Function abhängt, ausgedrückt wären; allein am öftersten hat man nur eine Differential-Gleichung, welche diese verschiedenen Größen in sich einschließt. Für die erste Ordnung hat die Differential-Gleichung, wenn sie in Hinsicht auf dx und dy vom ersten Grade ist, nothwendig die Form $Mdx + Ndy = o$, und sie drückt, so wie man es § 58. gezeigt hat, eine Beziehung aus zwischen der veränderlichen Größe x, der Function y und ihrem Differential-Coefficienten $\frac{dy}{dx}$.

Das Mittel, welches sich zuerst den Analytikern darbot, um die ursprüngliche Gleichung zu entdecken, wovon jene ihren Ursprung nimmt, war, daß man suchte, die veränderlichen Größen von einander zu sondern, d. h. die Gleichung $Mdx + Ndy = o$ auf die Form $Xdx + Ydy = o$ zurückzubringen, wo X eine Function allein von x, und Y eine Function allein von y ist. Ist man nämlich hierzu gelangt, so integriren sich die Glieder Xdx und Ydy durch die im Vorherigen gelehrten Methoden; und man hat $\int Xdx + \int Ydy = C$, wo C eine willkührliche beständige Größe bezeichnet.

§. 254. Um ein Beispiel von dem Falle zu geben, wo die Differential-Gleichung sich unmittelbar unter der obigen Form darstellt, sei $x^m dx + y^n dy = o$, so findet man auf der Stelle $\frac{x^{m+1}}{m+1} + \frac{x^{n+1}}{n+1} = C$.

Wenn die vorgegebene Gleichung $ydx - xdy = o$ wäre, so ließe sich die Sonderung leicht bewerkstelligen; denn man sieht, daß, durch Dividirung mit xy, man $\frac{dx}{x} - \frac{dy}{y} = o$ finden würde; hiervon das Integral eines jeden Gliedes besonders genommen, erhielte man $lx - ly = C$ oder $l\frac{x}{y} = C$; und weil man die willkührliche beständige Größe als einen Logarithmen betrachten kann, so ließe sich hieraus $l\frac{x}{y} = lc$

folgern. Ginge man zu den Zahlen über, so käme $\frac{x}{y} = c$ oder $x = cy$.

Nach diesem Beispiele erkennt man ohne Mühe, daß die Sonderung der veränderlichen Größen sich auf dieselbe Weise in den Gleichungen $Y dx - X dy = 0$, $XY_1 dx - YX_1 dy = 0$ bewerkstelligen lasse; denn die erste giebt

$$\frac{dx}{X} - \frac{dy}{Y} = 0,$$

und die zweite

$$\frac{X dx}{X_1} - \frac{Y dy}{Y_1} = 0.$$

Im allgemeinen, wenn man den Werth von $\frac{dy}{dx}$ in der vorgegebenen Gleichung nimmt, und $\frac{dy}{dx} = XY$ findet, so ist es leicht hieraus

$$X dx - \frac{dy}{Y} = 0,$$

und folglich

$$\int X dx - \int \frac{dy}{Y} = C$$

herzuleiten.

§. 255. Es giebt noch einen sehr ausgedehnten Fall, wo man die veränderlichen Größen leicht von einander sondert, nämlich wenn M und N gleichartige Functionen von x und y sind. Man gründet sich hierbei darauf, daß, wenn in einer algebraischen Function von den Größen x, y, z, etc., wo die Summe der Exponenten eines jeden dieser Buchstaben für alle Glieder dieselbe und gleich m ist, Px für y, Qx für z substituirt wird, das Resultat durch x^m theilbar werde. Denn ist irgend ein beliebiges Glied dieser Function von der Form $Ax^n y^p z^q$ etc., so wird dasselbe durch die angezeigte Substitution $AP^p Q^q \ldots x^{n+p+q+\text{etc.}}$; aber vermöge der Voraussetzung hat man in allen Gliedern $n+p+q+\text{etc.} \ldots = m$; mithin ist x^m ein gemeinschaftlicher Factor. Hieraus folgt, daß, wenn die vorgegebene Function gleich Null gesetzt oder auch ein Bruch wäre, welcher zum Zähler und Nenner zwei gleichartige Polynomien vom selben Grade hätte, die Größe x aus dem Resultate gänzlich verschwinden würde.

Nach dem Vorhergehenden ist es zur Sonderung der veränderlichen Größen in der Gleichung $Mdx + Ndy = 0$ hinreichend, $y = xz$ zu setzen; denn die Functionen M und N nehmen die Form Zx^m, $Z_1 x^m$ an, wo Z und Z nur die neue veränderliche Größe z in sich schließen; und da $dy = zdx + xdz$ ist, so kommt, mit x^m dividirt, $Zdx + Z_1(zdx + xdz) = 0$, aus welchem Resultate, unter die Form

$$\frac{dx}{x} + \frac{Z_1 dz}{Z + zZ_1} = 0$$

gesetzt, sich

$$\int \frac{dx}{x} + \int \frac{Z_1 dz}{Z + zZ_1} = C$$

herleitet.

Ich wende zuvörderst diese Umformung auf die Gleichung

$$xdx + ydy = nydx$$

an, welche durch die Hinüberbringung aller Glieder auf eine Seite der Gleichung

$$(x - ny)\,dx + ydy = 0$$

wird, und erhalte

$Z = 1 - nz$, $Z_1 = z$ und $\int \frac{dx}{x} + \int \frac{zdz}{1 - nz + z^2} = C$

oder $lx + \int \frac{zdz}{1 - nz + z^2} = C$. Das Integral $\int \frac{zdz}{1 - nz + z^2}$

läßt sich vereinfachen, wenn man beachtet, daß

$$\frac{z\,dz}{1-nz+z^2}=\frac{1}{2}\,\frac{2z\,dz-n\,dz}{1-nz+z^2}+\frac{1}{2}\,\frac{n\,dz}{1-nz+z^2};$$

denn es kommt alsdann

$$lx+\frac{1}{2}\,l(1-nz+z^2)+\frac{1}{2}\int\frac{n\,dz}{1-nz+z^2}=C.$$

Das noch übrige zu erhaltende Integral wird für $\frac{n}{2}>1$ von Logarithmen, für $\frac{n}{2}<1$ von Kreisbogen abhängen, und für $\frac{n}{2}=1$ algebraisch sein. Ich will nur das auf diesen letzten Fall sich beziehende Resultat beibringen. $\int\frac{n\,dz}{1-nz+z^2}$ wird alsdann

$$\int\frac{2\,dz}{(1-z)^2}=\frac{2}{1-z},\ l(1-nz+z^2)=l(1-z)^2;$$

und man hat folglich

$$lx+l(1-z)+\frac{1}{1-z}=C,\ \text{oder}\ l(x-y)+\frac{x}{x-y}=C,$$

indem man für z wieder seinen Werth $z=\frac{y}{x}$ setzt.

Das Glied $\frac{x}{x-y}$ läßt sich in einem Logarithmen verwandeln, wenn man betrachtet, daß vermöge der Erklärung der Neperschen Logarithmen irgend eine beliebige Größe u der Logarithmen der Zahl e^u ist; und zufolge dieser Bemerkung schreibt man die vorhergehende Gleichung unter die Form

$$l(x-y)+l\,e^{\frac{x}{x-y}}=lc,$$

woraus man folgeweise

$$l.\,(x-y)\,e^{\frac{x}{x-y}}=lc,\ \text{und}\ (x-y)\,e^{\frac{x}{x-y}}=c.$$

Es

Es ist hier bemerkenswerth diese Art und Weise, wie man von den Logarithmen zu den Zahlen übergeht, weil dieselbe oft angewendet wird.

Es sei ferner noch die Gleichung

$$x\,dy - y\,dx = dx\sqrt{x^2+y^2}$$

zu integriren. Macht man $y = xz$, und dividirt alle ihre Glieder, nachdem diese auf einer Seite der Gleichung vereinigt worden, durch x, so findet man

$$dx\sqrt{1+z^2} - x\,dz = 0,$$

welches

$$\frac{dx}{x} - \frac{dz}{\sqrt{1+z^2}} = 0$$

giebt. Man bekommt hernach durch Integrirung eines jeden Gliedes insbesondere

$$lx - l(z+\sqrt{1+z^2}) = lc, \text{ oder } \frac{x}{z+\sqrt{1+z^2}} = c;$$

und für z wieder seinen Werth $\frac{y}{x}$ gesetzt, kommt

$$\frac{x^2}{y+\sqrt{x^2+y^2}} = c, \text{ oder } -y+\sqrt{x^2+y^2} = c,$$

indem man die zwei Glieder der ersten Seite mit $y - \sqrt{x^2+y^2}$ multiplicirt. Läßt man das Wurzelzeichen verschwinden, so erhält man endlich

$$x^2 = c^2 + 2cy.$$

§. 256. Die Gleichung

$$(a+mx+ny)\,dx + (b+px+qy)\,dy = 0$$

kann leicht gleichartig gemacht werden. Substituirt man $t+\alpha$ an die Stelle von x und $u+\beta$ an die Stelle von y, so hat man $dx = dt$, $dy = du$ und

$$(a+m\alpha+mt+n\beta+nu)\,dt + (b+p\alpha+pt+q\beta+qu)\,du = 0;$$

die beständigen Glieder läßt man verschwinden, indem man die Gleichungen $a+m\alpha+n\beta = 0$, $b+p\alpha+q\beta = 0$ setzt, vermittelst welcher man die Größen α und β bestimmt, und es bleibt alsdann die in Hinsicht der neuen veränderlichen Größen u und t gleichartige Differential-Gleichung

$$(mt+nu)\,dt + (pt+qu)\,du = 0.$$

Die vorhergehende Umformung ist dieselbe, deren man sich zur Veränderung des Anfangspunctes der Coordinaten auf einer Ebene bedient (Trig. §. 116.); sie giebt kein Resultat, wenn $mq - np = 0$ ist, in welchem Falle die Werthe von α und β unendlich werden; aber alsdann hat man $q = \frac{np}{m}$, und folglich

$$px + qy = \frac{p}{m}(mx + ny),$$

wornach die vorgegebene Gleichung sich in

$$a\,dx + b\,dy + (mx + ny)\left(dx + \frac{p}{m}dy\right) = 0$$

verwandelt, und es ist, um hierin die veränderlichen Größen von einander zu sondern, hinreichend, $mx + ny = z$ zu machen.

Substituirt man diesen Werth, so wie den daraus hervorgehenden von dy, und macht dx frei, so findet man

$$dx + \frac{(bm + pz)dz}{amn - bm^2 + (mn - pm)z} = 0;$$

das Integral dieser Gleichung schließt Logarithmen in sich, den Fall von $mn - pm = 0$ ausgenommen, wo es

$$x + \frac{2bmz + pz^2}{2(amn - bm^2)} = C$$

ist.

Die in diesem letzten Falle gebrauchte Umformung hat die vorgegebene Gleichung in eine andere verwandelt, die nur noch eine der veränderlichen Größen enthält; und man sieht leicht, daß, welches auch die Gleichung sei, bei welcher man dieses bewirkt hat, man ihr die Form $dx + Z\,dz = 0$ geben könne, wo Z eine Function allein von z ist, und daß sich hieraus $x + \int Z\,dz = C$ ziehen lasse.

§. 25. Die Sonderung der veränderlichen Größen geschieht auf eine sehr einfache Weise bei der

Gleichung $dy + Pydx = Qdx$, in welcher P und Q beliebige Functionen von x bezeichnen. Substituirt man in dieselbe Xz und $zdX + Xdz$ statt y und dy, so wird sie

$$zdX + Xdz + PXzdx = Qdx.$$

Da die Größe X als eine unbestimmte Function von x betrachtet wird, so ist es erlaubt, darüber so zu bestimmen, daß sich die vorhergehende Gleichung in zwei andere zerlege, worin die veränderlichen Größen sich von einander sondern lassen; man sieht nun aber leicht ein, daß diese Bedingung wird erfüllt werden, wenn man $Xdz + PXzdx = o$ macht, welches $zdX = Qdx$ giebt. Durch Dividirung der ersten dieser Gleichungen durch X, wird sie auf $dz + Pzdx = o$ zurückgebracht; hieraus zieht man $\frac{dz}{z} + Pdx = o$, $lz + \int Pdx = o$, und indem man zu den Zahlen übergeht, $z = e^{-\int Pdx}$. Man läßt hier die willkührliche beständige Größe außer Acht, weil es hinreicht, am Ende der Operation eine beizufugen. Hierauf den Werth von dX aus der zweiten Gleichung genommen, nachdem darin der so eben gefundene von z substituirt worden, erhält man

$$dX = e^{\int Pdx} Qdx, \; X = \int e^{\int Pdx} Qdx + C,$$

und folglich

$$y = e^{-\int Pdx} \left(\int e^{\int Pdx} Qdx + C\right).$$

Die Gleichung $dy + Pydx = Qdx$ ist merkwürdig, weil die veränderliche Größe y und ihr Differential sich nur vom ersten Grade darin findet, und man nennt sie dieses Umstandes wegen eine linearische Gleichung der ersten Ordnung, welche Benennung ich in Gleichung vom ersten

Grade und von der ersten Ordnung verändern zu müssen geglaubt habe *).

§. 253. Die ersten Analytiker, welche sich mit der Integral-Rechnung beschäftigt haben, theilen die Differential-Gleichungen nach der Anzahl ihrer Glieder ab. In denjenigen, welche deren nur zwei haben, und folglich von der Form

$\beta u^g z^h dz = \alpha u^e z^f du$ sind, sondern sich die veränderlichen Größen auf der Stelle von einander, da man daraus $\beta z^{h-f} dz = \alpha u^{e-g} du$ zieht; aber so verhält es sich nicht mit den dreigliedrigen, in der Formel

$$\gamma u^i z^k dz + \beta u^g z^h du = \alpha u^e z^f du$$

begriffenen Gleichungen.

Man kann jener eine einfachere Form geben, dadurch daß man alle ihre Glieder durch $\gamma u^i z^f$ dividirt, so wird sie

$$z^{k-f} dz + \frac{\beta}{\gamma} u^{g-i} z^{h-f} du = \frac{\alpha}{\gamma} u^{e-i} du$$

hierauf

$$z^{k-f} dz = \frac{dy}{k-f+1},\ u^{g-i} du = \frac{dx}{g-i+1}$$

genommen, erhält man

$$z^{k-f+1} = y,\ u^{g-i+1} = x,$$

und

$$dy + \frac{(k-f+1)\beta}{(g-i+1)\gamma} y^{\frac{h-f}{k-f+1}} dx = \frac{(k-f+1)\alpha}{(g-i+1)\gamma} x^{\frac{e+g}{g-i+1}} dx.$$

---

*) Das Wort linearisch ist uneigentlich; es bezieht sich auf die Geometrie; und bei der Anwendung derselben auf die Gleichungen, hat man die gerade Linie vor Augen gehabt, in deren Gleichung die Ordinate und Abscisse sich nur vom ersten Grade finden; man kann daher Gleichungen, wie $dy + Pydx = Qdx$, nicht als linearisch betrachten, da sie am öftersten zu transcendenten Curven gehören.

Macht man zur Abkürzung

$$\frac{(k-f+1)\beta}{(g-i+1)\gamma}=b,\ \frac{(k-f+1)\alpha}{(g-i+1)\gamma}=a,$$

$$\frac{h-f}{k-f+1}=n,\ \frac{e-g}{g-i+1}=m,$$

so geht daraus die Gleichung

$$dy+by^n dx=ax^m dx$$ hervor.

§. 259. Der einfachste Fall nach dem, welcher zu der Gleichung vom ersten Grade wieder zurückkommt, ist der, wo $n=2$ ist. Man geräth alsdann auf die Gleichung $dy+by^2px=ax^m dx$, welche zuerst von Riccati, einem italienischen Geometer, behandelt, von ihm den Namen behalten hat.

Die veränderlichen Größen sondern sich unmittelbar in dieser Gleichung, wenn $m=0$ ist; sie wird $dy+by^2dx=adx$, und giebt

$$dx=\frac{dy}{a-by^2}=\frac{1}{2\sqrt{a}}\left[\frac{dy}{\sqrt{a}+y\sqrt{b}}+\frac{dy}{\sqrt{a}-y\sqrt{b}}\right].$$

Man findet durch Integrirung

$$x=\frac{1}{2\sqrt{ab}}l\left(\frac{\sqrt{a}+y\sqrt{b}}{\sqrt{a}-y\sqrt{b}}\right)+C.$$

Um zu versuchen, dieselbe Gleichung gleichartig zu machen, setze man $y=z^k$; so verwandelt sie sich in

$$kz^{k-1}dz+bz^{2k}dx=ax^m dx,$$

und nimmt die verlangte Form an, wenn $k-1=2k=m$ ist, welches $k=-1$ giebt, und voraussetzt, daß man $m=-2$ habe; es kommt alsdann

$$-\frac{dz}{z^2}+\frac{bdx}{z^2}=\frac{adx}{x^2}.$$

§. 260. Ich werde mich nicht bei der Integrirung dieser letzten Gleichung aufhalten, sondern zu einer allgemeinen Umformung übergehen, zu der nämlich, welche aus $y=Ax^p+x^q z$ hervorgeht.

Man findet in dieser Annahme

$$dy = (pAx^{p-1} + qx^{q-1}z)dx + x^q dz$$

$$y^2 dx = (A^2 x^{2p} + 2Ax^{p+q}z + x^{2q}z^2)dx,$$

und folglich

$$x^q dz + (qx^{q-1} + 2bAx^{p+q} + bx^{2q}z)zdx$$
$$+ (pAx^{p-1} + bA^2x^{2p})dx = ax^m dx.$$

Diese Gleichung führt sich selbst auf drei Glieder zuruck, wenn man die folgenden $p - 1 = 2p$, $pA + bA^2 = 0$, $q - 1 = p + q$, $q + 2bA = 0$ hat. Die erste und dritte kommen dahin überein, daß sie $p = -1$ geben; aus der zweiten und dritten zieht man $A = \frac{1}{b}$, $q = -2$, welche Werthe auf

$$y = \frac{1}{bx} + \frac{z}{x^2},$$

$$x^{-2}dz + bx^{-4}z^2 dx = ax^m dx,$$

$$\text{oder } dz + bz^2\frac{dx}{x^2} = ax^{m+2}dx$$

führen. Durch dieses Mittel wird die vorgegebene Gleichung zur Gleichartigkeit gebracht, wenn $m = -2$; und es zeigt ferner, daß man die veränderlichen Größen, wenn $m = -4$, von einander sondern kann, da man in diesem Falle

$$dz + (bz^2 - a)\frac{dx}{x^2} = 0, \text{ oder } \frac{dz}{bz^2 - a} + \frac{dx}{x^2} = 0$$

erhält.

Wenn man in der Gleichung

$$dz + bz^2\frac{dx}{x^2} = ax^{m+2}dx, \quad z = \frac{1}{y'}$$

macht, so kommt

$$-dy' + b\frac{dx}{x^2} = ay'^2x^{m+2}dx, \text{ oder } dy' + ay'^2x^{m+2}dx = b\frac{dx}{x^2};$$

hierauf $x^{m+2}dx = \frac{dx'}{m+3}$ gesetzt, so findet man

$$x^{m+3} = x', \quad dx = \frac{1}{m+3} x'^{-\frac{m+2}{m+3}} dx',$$

$$dy' + \frac{a}{m+3} y'^2 dx' = \frac{b}{m+3} x'^{-\frac{m+4}{m+3}} dx';$$

dann zur Abkürzung

$$\frac{a}{m+3} = b', \quad \frac{b}{m+3} = a' \text{ und } -\frac{m+4}{m+3} = m'$$

gemacht, so kommt man auf die Gleichung

$$dy' + b'y'^2 dx' = a'x'^{m'} dx',$$

eine der vorgegebenen ähnliche, und folglich derselben Umformungen empfängliche. Die Sonderung der veränderlichen Größen y' und x' wird daher möglich sein, wenn, nach der Substitution von $y' = \frac{1}{b'x'} + \frac{z'}{z'^2}$, $m' = -4$ ist.

Hat diese Bedingung nicht Statt, so würde man wiederum in der umgeformten von z',

$$z' = \frac{1}{y''}, \quad x'^{m'+3} = x''$$

$$\frac{a'}{m'+3} = b'', \quad \frac{b'}{m'+3} = a'', \quad -\frac{m'+4}{m'+3} = m''$$

machen; die Aehnlichkeit dieser Ausdrücke mit den vorhergehenden führt nothwendig auf die Gleichung

$$dy'' + b''y'^2 dx'' = a''x^{m'} dx'',$$

eine der vorgegebenen wiederum ähnliche, und der Sonderung der veränderlichen Größen empfängliche, wenn $m'' = -4$ ist.

Auf diese Weise fortfahrend gelangt man zu einer sonderungsfähigen Gleichung, wenn in der Reihe der Exponenten

$$m, \quad m' = -\frac{m+4}{m+3}, \quad m'' = -\frac{m'+4}{m'+3},$$

$$m''' = -\frac{m+4}{m+3}, \text{ etc.}$$

sich einer gleich -4 findet. Nimmt man folgeweise an, daß es m, m', m'', m''', etc. sei, so bekommt man für m die Zahlen $-4, -\frac{8}{3}, -\frac{12}{5}, -\frac{16}{7}$, u. s. w., begriffen in der Formel

$$m = -\frac{4i}{2i-1},$$

wo i irgend eine ganze positive Zahl ist.

Diese Fälle enthalten noch nicht alle diejenigen, welche man aus den vorhergehenden Umformungen abzuleiten weiß. Um davon eine neue Reihe zu finden, genügt es, damit anzufangen, daß man in der vorgegebenen Gleichung $y = \frac{1}{y'}$ macht, welches

$$dy' + ay'^2 x^r dx = b dx$$

giebt; und

$$x^{m+1} = x', \quad \frac{a}{m+1} = b', \quad \frac{b}{m+1} = a', \quad -\frac{m}{m+1} = m'$$

gesetzt, geht daraus

$$dy' + b'y'^2 dx' = a'x'^{m'} dx'$$

hervor. Diese neue Gleichung ist, wie der vorgegebenen ähnlich, so auch derselben Operationen empfanglich; d. h. machte man darin

$$y' = \frac{1}{bx'} + \frac{z'}{x'^2},$$

und führe fort, wie es auf der vorhergehenden Seite angezeigt worden, so würde man zu einer sonderungsfähigen umgeformten Gleichung gelangen, wenn die Zahl m' irgend eine von denen wäre, welche die Formel $-\frac{4i}{2i-1}$ in sich begreift, und folglich wenn man

$$-\frac{m}{m+1} = -\frac{4i}{2i-1}$$

hätte. Hieraus zieht man

$$m = -\frac{4i}{2i+1};$$

und giebt man dem i die Werthe 1, 2, 3, u. s. w., so kommt die Reihe der Zahlen

$$-\frac{4}{3}, -\frac{8}{5}, -\frac{12}{7}, -\frac{16}{9}, \text{ u. s. w.}$$

Es folgt also aus allem Vorhergehenden, daß die Riccatische Gleichung sonderungsfähig ist, wenn der Exponent $m = -2$ ist, und sofern er in der Formel $\frac{-4i}{2i+1}$ sich vorfindet.

Man könnte die Beispiele noch mehr vervielfältigen; allein diese besondern Gleichungen, am öftersten von einer seltsamen Form, kommen in den Anwendungen niemals vor, und gewähren kein Interesse. Ich gehe daher zu einer andern von Euler herrührenden Methode über.

Aufsuchung eines schicklichen Factors, um eine Differential-Gleichung von der ersten Ordnung integrirbar zu machen.

§. 261. Man muß sich erinnern, daß eine Differential-Gleichung nicht immer das unmittelbare Erzeugniß der Differentiirung einer Function von zwei veränderlichen Größen ist, sondern daß sie im Allgemeinen aus der Eliminirung einer willkührlichen beständigen Größe zwischen der ursprünglichen Gleichung, woraus sie ihren Ursprung nimmt, und dem unmittelbaren Differential dieser Gleichung entspringt (§. 43.).

Die Eliminirung läßt sich auf der Stelle bewerkstelligen, wenn die ursprüngliche Gleichung unter der Form $u=c$ ist, wo u irgend eine beliebige Function von x und von y bezeichnet; denn durch Differentiiren hat man $du=0$. Wenn die Function du keinen Factor hat, durch welchen sie hat dividirt werden können, so wird sie stets die Form eines vollständigen Differentials mit zwei veränderlichen Größen behalten, und die Gleichung $\frac{d^2u}{dxdy}=\frac{d^2u}{dydx}$ (§. 122.) liefert das Mittel, diese Form zu erkennen; denn wenn man $du=Mdx+Ndy$ hat, so ergiebt sich daraus

$$\frac{du}{dx}=M,\ \frac{du}{dy}=N,\ \frac{d^2u}{dxdy}=\frac{dM}{dy}=\frac{dN}{dx},$$

und folglich $\frac{dM}{dy}=\frac{dN}{dx}$.

Jede Function $Mdx+Ndy$ also, um ein vollständiges Differential zu sein, muß die obige Gleichung identisch machen; und ist diese Bedingung erfüllt, so läßt sich leicht zu ihrem Integral wiederum aufsteigen, weil man alsdann $M=\frac{du}{dx}$, $N=\frac{du}{dy}$ erhalten, und daraus den Werth der theilhaften Differentialen ableiten wird.

Indem man z. B. den des sich auf x beziehenden Differentials nimmt, so kommt $\frac{du}{dx}dx=Mdx$, und folglich $u=\int Mdx+Y$. Man fügt in diesem Falle, wie in dem des 247 §s, eine willkührliche Function von y bei, da die Integrirung nur in Beziehung auf die eine der veränderlichen Größen Statt gehabt hat; hier aber bestimmt sich diese Function, weil die Function u der Gleichung $N=\frac{du}{dy}$ Genüge leisten soll.

Die Gleichung $u = \int M dx + Y$ giebt

$$\frac{du}{dy} = \frac{d\int M dx}{dy} + \frac{dY}{dy};$$

wird $\int M dx$ durch v vorgestellt, so erhält man

$$\frac{du}{dy} = \frac{dv}{dy} + \frac{dY}{dy} = N,$$

woraus man

$$\frac{dY}{dy} = N - \frac{dv}{dy},$$

und durch Integrirung

$$Y = \int \left(N - \frac{dv}{dy} \right) dy$$

herleitet; daher findet man alsdann

$$u = \int M dx + \int \left(N - \frac{dv}{dy} \right) dy;$$

solches ist das Integral der vorgegebenen Function.

Dieses Resultat zeigt, daß die Function $N - \frac{dv}{dy}$ nur die einzige veränderliche Größe y enthalten darf, sonst würden $M dx$ und $N dy$ nicht wirklich, wie man es vorausgesetzt hat, die theilhaften Differentialen einer und derselben Function u sein; und entwickelt man dasselbe, so führt es zu der im Vorherigen durch eine umgekehrte Betrachtung gefundenen Bedingungsgleichung $\frac{dM}{dy} = \frac{dN}{dx}$.

Es ist einleuchtend, daß man, um $\frac{dv}{dy} = \frac{d\int M dx}{dy}$ zu bekommen, $y + dy$ für y in die Function $\int M dx$ substituiren müsse, welche alsdann wird

$$\int \left(M + \frac{dM}{dy} dy + \text{etc.} \right) dx = \int M dx + \int \frac{dM}{dy} dx dy + \text{etc.} = \int M dx + dy \int \frac{dM}{dy} dx + \text{etc.},$$

weil das Zeichen $\int$ nur auf die veränderliche Größe x Bezug hat; man erhält daher

$$\frac{d\int M\,dx}{dy} = \int \frac{dM}{dy}\,dx;$$

diesen Werth von $\frac{dv}{dy}$ in $Y = \int\left(N - \frac{dv}{dy}\right)dy$

substituirt, so kommt

$$Y = \int\left(N - \int\frac{dM}{dy}\,dx\right)dy.$$

Die Differentialen zuvörderst in Beziehung auf y nehmend, findet man

$$\frac{dY}{dy} = N - \int\frac{dM}{dy}\,dx;$$

und hierauf durch Differentiiren in Beziehung auf x, erhält man endlich

$$\frac{dN}{dx} - \frac{dM}{dy} = 0 \text{ *)}$$

§. 262. Die Function $\frac{y\,dx - x\,dy}{x^2 + y^2}$, folgender Gestalt geschrieben:

---

*) Die Gleichung $\frac{d\int M\,dx}{dy} = \int\frac{dM}{dy}\,dx$ enthält den von Leibnitz zum Differentiiren unter dem Zeichen $\int$ gegebenen Lehrsatz. Er nannte dieses Verfahren differentiatio de curva in curvam (Differentiirung von Curve zu Curve), weil, in der sich zur Auflösung vorgelegten Frage, er von einer Curve zu einer andern derselben Art überging, dadurch daß er eine beständige Größe sich ändern ließ.

Der Leibnitzische Lehrsatz kann unmittelbar aus der Gleichung $\frac{d^2u}{dx\,dy} = \frac{d^2u}{dy\,dx}$ abgeleitet werden, da, wenn, man $u = \int M\,dx$ macht, man

$$\frac{du}{dx} = M, \quad \frac{d^2u}{dx\,dy} = \frac{dM}{dy}$$

erhält; und durch Integrirung in Beziehung auf x

$$\int\frac{d^2u}{dx\,dy}\,dx = \int\frac{d^2u}{dy\,dx}\,dx = \frac{du}{dy} = \int\frac{dM}{dy}\,dx \text{ findet.}$$

$$du = \frac{y}{x^2+y^2}dx - \frac{x}{x^2+y^2}dy,$$

giebt folgeweise

$$M = \frac{y}{x^2+y^2},\ N = -\frac{x}{x^2+y^2}$$

$$\frac{dM}{dy} = \frac{x^2-y^2}{(x^2+y^2)^2} = \frac{dN}{dx}$$

$$\int M dx = \int \frac{y dx}{x^2+y^2} = \int \frac{\frac{dx}{y}}{1+\frac{x^2}{y^2}}$$

$$= \text{arc}\left(\text{tang} = \frac{x}{y}\right),$$

woraus $u = \text{arc}\left(\text{tang} = \frac{x}{y}\right) + Y.$

Differentirt man und läßt alles sich ändern, so findet man

$$du = \frac{y dx - x dy}{x^2+y^2} + dY;$$

aus Vergleichung mit der vorgegebenen Function erhält man

$$dY = 0,\ \text{woraus}\ Y = \text{const.},$$

und folglich

$$\int \frac{y dx - x dy}{x^2+y^2} = \text{arc}\left(\text{tang} = \frac{x}{y}\right) + \text{const.}\ {}^{*)}$$

Es sei noch die Gleichung

$$\frac{dx}{x} + \frac{y^2 dx}{x^3} - \frac{y dy}{x^2} + \frac{(y dx - x dy)\sqrt{x^2+y^2}}{x^3} + \frac{dy}{2y} = 0.$$

Aus Vergleichung mit der Formel

$M dx + N dy = 0$ hat man

*) Ich habe mich bei dieser Integrirung verweilt, weil sie einem sehr zierlichen von Laplace in seiner Mechanik des Himmels gegebenen Beweise des Satzes von der Zusammensetzung der Kräfte zur Grundlage dient.

$$M = \frac{x^2 + y^2 + y\sqrt{x^2 + y^2}}{x^3},\ N = \frac{-y - \sqrt{x^2 + y^2}}{x^2} + \frac{1}{2y},$$

und man findet

$$\frac{dM}{dy} = \frac{2y + \sqrt{x^2 + y^2}}{x^3} + \frac{y^2}{x^3\sqrt{x^2 + y^2}}$$

$$\frac{dN}{dx} = \frac{2y + 2\sqrt{x^2 + y^2}}{x^3} - \frac{x}{x^2\sqrt{x^2 + y^2}};$$

diese Werthe, unter sich gleich gesetzt und reducirt, geben

$$\frac{dM}{dy} = \frac{dN}{dx} = \frac{2y}{x^3} + \frac{x^2 + 2y^2}{x^3\sqrt{x^2 + y^2}},$$

und folglich läßt sich die vorgegebene Gleichung unmittelbar integriren. Man erhält zuförderst

$$\int M\,dx = lx - \frac{y^2}{2x^2} + y\int \frac{dx}{x^3}\sqrt{x^2 + y^2};$$

aber

$$\int \frac{y\,dx}{x^3}\sqrt{x^2 + y^2} = -\frac{y\sqrt{x^2 + y^2}}{2x^2}$$
$$+ \frac{1}{2}l\frac{(-y + \sqrt{x^2 + y^2})}{x};$$

mithin $\int M\,dx = lx - \frac{y^2}{2x^2} - \frac{y\sqrt{x^2 + y^2}}{2x^2}$
$$+ \frac{1}{2}l\frac{(-y + \sqrt{x^2 + y^2})}{x} = v.$$

Hierauf findet man

$$N - \frac{dv}{dy} = -\frac{\sqrt{x^2 + y^2}}{2x^2} + \frac{y^2}{2x^2\sqrt{x^2 + y^2}}$$
$$+ \frac{1}{2\sqrt{x^2 + y^2}} + \frac{1}{2y} = \frac{1}{2y},$$

und endlich $Y = \frac{1}{2}ly$, woraus

$$u = lx - \frac{y^2}{2x^2} - \frac{y\sqrt{x^2 + y^2}}{2x^2}$$

$$+\frac{1}{2}l\left(\frac{-y^2+y\sqrt{x^2+y^2}}{x}\right)=c$$

hervorgeht.

Die Form dieses Beispiels war zu verwickelt, um darin nach dem bloßen Ansehen ein vollständiges Differential erkennen zu können; und in allen dergleichen Fällen muß man damit anfangen, daß man sich vergewissert, ob die vorgegebene Gleichung der Integrirbarkeits-Bedingung genügt oder nicht.

§. 63. Wenn die ursprüngliche Gleichung nicht unter der Form $u=c$ ist, oder das Differential $du=0$ Factoren in sich schließt, welche verschwinden, so laßt sich die Gleichung von der ersten Ordnung, welche daraus hervorgeht, nicht mehr unmittelbar integriren. Hätte man z. B. $u=y-cx=0$, so fände sich $du=dy-cdx=0$; und durch Eliminirung von c käme $xdy-ydx=0$, welche Gleichung der Integrirbarkeits-Bedingung nicht Genüge thut, da sie

$$M=-y,\ N=x,\ \frac{dM}{dy}=-1,\ \frac{dN}{dx}=1$$

giebt. Sondert man aber die beständige Größe c ab, so erhält man $\frac{y}{x}=c$, und durch Differentiirung $\frac{xdy-ydx}{x^2}=0$; unter dieser Form ist

$$M=-\frac{y}{x^2},\ N=\frac{1}{x},\ \frac{dM}{dy}=-\frac{1}{x^2}=\frac{dN}{dx};$$

man sieht demnach, daß die Integrirbarkeit der Gleichung $xdy-ydx=0$ mit der Wiederherstellung des Factors $\frac{1}{x^2}$ zusammenhängt, welcher nach der Differentiirung und der Eliminirung der willkührlichen beständigen Größe verschwunden ist.

Im Allgemeinen kann jede Differential-Gleichung, in welcher dx und dy nicht über den ersten

Grad hinausgehen, nur aus der Eliminirung der beständigen Größe c in einer Gleichung von der Form $P + cQ = 0$ hervorgehen, wo P und Q beliebige Functionen von x und y bezeichnen. Man findet durch diese Eliminirung $QdP - PdQ = 0$, da man hingegen durch die Differentiirung der Gleichung $\frac{P}{Q} = -c$, $\frac{QdP - PdQ}{Q^2} = 0$ bekommen haben würde. Die erste Verfahrungsart läßt daher den Factor $\frac{1}{Q^2}$ verschwinden; und mit ihm gehen auch alle Factoren hinweg, welche den beiden Größen QdP und PdQ gemein sein mögen.

Aus dem Vorhergehenden folgt, daß, wenn die Gleichung

$$Mdx + Ndy = 0$$

der Integrirbarkeits Bedingung nicht Genüge thut, dies daher rühre, daß die Differentiirung und Eliminirung der in der ursprünglichen Gleichung enthaltenen willkührlichen beständigen Größe einen Factor habe verschwinden lassen, der, wenn er bekannt und wiederhergestellt wäre, die erste Seite der vorgegebenen Gleichung zu einem vollständigen Differential mit zwei veränderlichen Größen machen würde. Es sei z dieser Factor, so erhält man demnach $zMdx + zNdy = du$, wo u eine ursprüngliche Function von x und y ist; und folglich

$$\frac{d.zM}{dy} = \frac{d.zN}{dx}.$$

Diese letzte Gleichung entwickelt, findet man

$$M\frac{dz}{dy} + z\frac{dM}{dy} = N\frac{dz}{dx} + z\frac{dN}{dx},$$

oder

$$M\frac{dz}{dy} - N\frac{dz}{dx} + \left(\frac{dM}{dy} - \frac{dN}{dx}\right)z = 0 \ldots (A).$$

Könn-

Könnte man im Allgemeinen aus dieser Gleichung einen Werth von z herleiten, so würde die Integrirung von was immer für Differential=Gleichungen der ersten Ordnung sich nach dem Verfahren des 261 §s bewerkstelligen lassen; allein die Gleichung (A) ist fast immer schwieriger zu behandeln, als die vorgegebene, da die in ihr enthaltene Function z von zwei veränderlichen Größen abhängt, und zwei Differential=Coefficienten hat, und folglich sie selbst zu der Art von Gleichungen gehört, deren Bildung §. 131. ist angezeigt worden. Ich vermag für jetzt nicht ihre Auflösung zu unternehmen, welche, wie man in der Folge sehen wird, eben dahin zurückführt, von wo man ausgegangen ist; ich will aber mit einigen von den Eigenschaften des Factors z bekannt machen.

§. 264. Es ist immer leicht, den Factor z zu finden, wenn man die ursprüngliche, der vorgegebenen Differential=Gleichung entsprechende Gleichung kennt, und sie unter die Form $u = c$ setzen kann, wo c die willkührliche beständige Größe ist. Durch Differentiiren findet man

$$du = \frac{du}{dx}dx + \frac{du}{dy}dy = 0,$$

und aus der Vergleichung mit $zMdx + zNdy = du$ kommt

$$z = \frac{\frac{du}{dx}dx + \frac{du}{dy}dy}{Mdx + Ndy};$$

der Quotient ist von den Differentialen dx und dy unabhängig. Man erhält den Factor z auch noch dadurch, daß man die aus den Gleichungen

$$\frac{du}{dx}dx + \frac{du}{dy}dy = 0, \quad Mdx + Ndy = 0$$

gezogenen Werthe von $\frac{dy}{dx}$ einander gleich setzt, welches $\frac{\frac{du}{dx}}{\frac{du}{dy}} = \frac{M}{N}$ giebt, und folglich zeigt, daß, wenn M und N keinen gemeinschaftlichen Factor haben, z der größte gemeinschaftliche Divisor der Differential-Coefficienten

$$\frac{du}{dx} \text{ und } \frac{du}{dy}$$

sein werde.

Kennt man einen Werth von z, so leitet man daraus eine unendliche Menge anderer ab, indem man erwägt, daß, wenn man die beiden Seiten der Gleichung $zMdx + zNdy = du$ durch irgend eine beliebige Function von u, welche ich mit $\varphi(u)$ bezeichnen will, multiplicirt, die beiden Seiten des Resultats

$$z\varphi(u)Mdx + z\varphi(u)Ndy = \varphi(u)du$$

auch vollständige Differentialen sein werden; ist also z ein schicklicher Factor, um die Gleichung $Mdx + Ndy = 0$ integrirbar zu machen, so wird das Product $z\varphi(u)$ dieselbe Eigenschaft besitzen.

§. 265. Es giebt Fälle, wo der Factor z nur eine der veränderlichen Größen x oder y enthalten darf, und alsdann ist es leicht, seinen Ausdruck vermittelst der Gleichung (A) zu erhalten. Nämlich in dieser Gleichung $\frac{dz}{dy} = 0$ angenommen, so wird sie

$$-N\frac{dz}{dx} + z\left(\frac{dM}{dy} - \frac{dN}{dx}\right) = 0,$$

und man zieht hieraus

$$\frac{dz}{z} = \frac{1}{N}\left(\frac{dM}{dy} - \frac{dN}{dx}\right)dx,$$

welche Gleichung Statt haben wird, wenn sich die Größe

$$\frac{1}{N}\left(\frac{dM}{dy}-\frac{dN}{dx}\right)$$

auf eine Function von x zurückführt. Diese Function durch X vorgestellt und integrirt, findet man

$$lz=\int X dx,\ \text{oder}\ z=e^{\int X dx}.$$

Diese Formel läßt sich auf die Gleichung

$$dy+Pydx=Qdx$$

anwenden; es kommt

$$M=Py-Q,\ N=1,\ \frac{1}{N}\left(\frac{dM}{dy}-\frac{dN}{dx}\right)=P,$$

und folglich $z=e^{\int P dx}$. Hierauf die Gleichung $dy+Pydx-Qdx=0$ durch $e^{\int Pdx}$ multiplicirt, findet man $e^{\int Pdx}dy+(Py-Q)e^{\int Pdx}dx=0$; durch Integrirung des Gliedes $e^{\int Pdx}dy$ in Beziehung auf y, bekommt man $u=ye^{\int Pdx}+X$, wo X eine Function von x ist, durch die Gleichung

$$\frac{d.ye^{\int Pdx}}{dx}+\frac{dX}{dx}=(Py-Q)e^{\int Pdx}$$

bestimmt, aus welcher man zieht

$$\frac{dX}{dx}=-e^{\int Pdx}Q,\ X=-\int e^{\int Pdx}Qdx,$$

und folglich

$$ye^{\int Pdx}-\int e^{\int Pdx}Qdx=C,$$

oder, wie §. 257.,

$$y=e^{-\int Pdx}\left(\int e^{\int Pdx}Qdx+C\right).$$

Ich werde mich nicht bei dem Falle verweilen, wo der Factor z nur die veränderliche Größe y in sich schließen soll; man sieht leicht, daß sein Ausdruck alsdann $z=e^{\int Ydy}$ sein würde,

$$Y=\frac{1}{M}\left(\frac{dN}{dx}-\frac{dM}{dy}\right)$$

gemacht, und daß dieser Fall nur insofern Statt haben werde, als Y von x durchaus unabhängig ist.

§. 266. Es sind zwischen einer gleichartigen Function und ihren Differential-Coefficienten besondere Beziehungen vorhanden, welche die Integrirung sehr erleichtern.

Wenn V eine gleichartige Function von x, y, etc. bezeichnet, und man darin tx, ty, etc. statt x, y, etc. substituirt, so wird sie nothwendig die Form $t^m V$ annehmen, wo m die Summe der Exponenten der veränderlichen Größen in jedem Gliede ist (§. 255.). Setzt man hierauf, t werde t + g, so erhält man $(t+g)^m V$ statt V, oder, t = 1 gemacht, $(1+g)^m V$. In derselben Voraussetzung verwandeln sich x, y, etc. gegenseitig in

$$x + gx,\ y + gy,\ \text{etc.}$$

und gx für h, gy für k in die Formel des 121 §s gesetzt, gelangt man zu dieser Gleichung

$$\left.\begin{array}{l} V + \frac{dV}{dx} gx + \frac{dV}{dy} gy + \text{etc.} \\ + \frac{1}{2}\left\{\frac{d^2V}{dx^2} g^2x^2 + 2\frac{d^2V}{dxdy} g^2xy + \frac{d^2V}{dy^2} g^2y^2 + \text{etc.}\right\} \\ + \text{etc.} \end{array}\right\} = (1+g)^m V$$

Aus der Entwickelung der zweiten Seite, und der Vergleichung der mit derselben Potenz der unbestimmten Größe g behafteten Glieder unter einander erhält man

$$\left.\begin{array}{l} \frac{dV}{dx} x + \frac{dV}{dy} y + \text{etc.} = mV \\ \frac{d^2V}{dx^2} x^2 + 2\frac{d^2V}{dxdy} xy + \frac{d^2V}{dy^2} y^2 = m(m-1)V \\ \text{etc.} \end{array}\right\}$$

§. 267. Vermittelst dieser Beziehungen stellt sich der Factor z in den gleichartigen Differential-Gleichungen, so zu sagen, von selbst dar. Wenn

$Mdx+Ndy=0$ eine Gleichung dieser Gattung und die Summe der Exponenten von x und y in M und in N gleich m ist, so geht unter der Voraussetzung, daß z auch eine gleichartige Function vom Grade n sei, und indem man $zMdx+zNdy=du$ macht, aus dem im vorhergehenden §. erwiesenen Lehrsatze hervor, daß

$$zMx+zNy=(m+n+1)u,$$

da der Grad der Function u nothwendig um die Einheit höher sein wird, als jener der Functionen zM und zN. Wird die erste Gleichung durch die zweite dividirt, so kommt

$$\frac{Mdx+Ndy}{Mx+Ny}=\frac{1}{m+n+1}\cdot\frac{du}{u};$$

und wie die zweite Seite dieses Resultates ein vollständiges Differential ist, so muß auch die erste Seite gleichfalls ein solches sein, woraus folgt, daß $\frac{1}{Mx+Ny}$ einer von den zum Integrirbarmachen der Gleichung $Mdx+Ndy=0$ schicklichen Factoren sein wird.

Von den Gleichungen der ersten Ordnung, in welchen die Differentialen über den ersten Grad hinausgehen.

§. 268. Aus der Erzeugung der Differential-Gleichungen, wovon ich mehrere Beispiele §. 43. gegeben habe, sieht man, daß sich auch solche darstellen können, in denen die Differentialen über den ersten Grad hinausgehen. Die allgemeine Formel dieser Gleichungen ist

$$dy^n + Pdy^{n-1}dx + Qdy^{n-2}dx^2 \ldots + Tdydx^{n-1} + Udx^n = 0;$$

dividirt man dieselbe durch die höchste Potenz von dx, so wird sie

$$\left(\frac{dy}{dx}\right)^n + P\left(\frac{dy}{dx}\right)^{n-1} + Q\left(\frac{dy}{dx}\right)^{n-2} \ldots + T\frac{dy}{dx} + U = 0;$$

diese in Beziehung auf die Differential-Coefficienten $\frac{dy}{dx}$ aufgelöset, und mit p, p', p'', etc. ihre Wurzeln bezeichnet, so erhält man

$$\frac{dy}{dx} - p = 0, \quad \frac{dy}{dx} - p' = 0, \quad \frac{dy}{dx} - p'' = 0, \text{ etc.},$$

welche Resultate sich alle nach den vorhergehenden Methoden werden behandeln lassen, da die Differentialen sich darin nur auf dem ersten Grade finden. Das Integral eines jeden unter ihnen wird ebenfalls das Integral der vorgegebenen Gleichung sein, welcher auch noch die Werthe, aus der von dem Producte aller dieser Integralen gebildeten Gleichung gezogen, Genüge thun werden.

Da nämlich die vorgegebene Gleichung mit

$$\left(\frac{dy}{dx} - p\right)\left(\frac{dy}{dx} - p'\right)\left(\frac{dy}{dx} - p''\right) \ldots = 0$$

gleichgeltend ist, so wird sie sich durch alle Gleichungen bewähren, welche einen dieser Factoren zu Null machen. Ferner, wenn man betrachtet, daß eine ursprüngliche Gleichung von der Form

$$MNP \ldots = 0$$

nur vermöge der aufeinanderfolgenden Vernichtung eines jeden ihrer Factoren Statt habe, so wird man daraus schließen, daß das unmittelbare Differential ihrer ersten Seite, nämlich

$$dM.NP \ldots + dN.MP \ldots + \text{etc.} = 0$$

sich immer auf ein einziges Glied zurückbringt; denn wenn man z. B. $M = 0$ nimmt, so bleibt nur noch $dM.NP \ldots = 0$ oder blos $dM = 0$ übrig; mithin wird sich vermöge der Gleichung $MNP\ldots=0$ die Differential-Gleichung, welcher die Gleichung $M=0$ Genüge thun würde, bewähren.

Die zwei folgenden, obschon sehr einfachen Beispiele werden alle Schwierigkeiten erläutern, welche der obige Vortrag in sich schließen könnte.

1) Es sei $dy^2-a^2dx^2=0$; diese Gleichung zerlegt sich in $dy+adx=0$, $dy-adx=0$, wovon die Integralen $y+ax=c$, $y-ax=c'$ sind; und man sieht leicht, daß ein jedes dieser Resultate der vorgegebenen Gleichung Genüge leistet. Die Gleichung $(y+ax-c)(y-ax-c')=0$ thut dies ebenfalls; denn sie giebt

$$(y+ax-c)(dy-adx)+(y-ax-c').(dy+adx)=0;$$

woraus

$$dy=\frac{[(y+ax-c)-(y-ax-c')]adx}{2y-(c+c')};$$

und folgeweise statt y seine Werthe $c-ax$, $c'+ax$, findet man

$$dy=-adx,\ dy=+adx.$$

Das Integral $(y+ax-c)(y-ax+c')=0$, als zwei willkührliche und unreducirbare, beständige Größen einschließend, scheint allgemeiner als die Integralen der andern Gleichungen von der ersten Ordnung, welche nur eine beständige Größe gestatten; allein man hat wohl in Betrachtung zu ziehen, daß jeder seiner Factoren isolirt betrachtet werden müsse, und daß man keine andern Linien daraus herleite, als die aus einem Integrale mit einer einzigen beständigen Größe, deren diese Gleichung fähig ist, hervorgehen. Dieses letzte Integral läßt sich dadurch erhalten, daß man $dy=mdx$ macht in der Differential-Gleichung $dy^2-a^2dx^2=0$, welche sich in $m-a^2=0$ verwandelt, wodurch die Größe m bestimmt wird, deren Werth man hernach in das Integral von $dy=mdx$, welches $y=mx+c$ ist, substituiren müßte. Hieraus folgt, daß das Integral der vorgegebenen Gleichung das Resultat der Eliminirung von m zwischen den Gleichungen

$$y = mx + c,\ m^2 - a^2 = 0$$

ist; und wenn man diese Operation vollführt, so kommt

$$\left(\frac{y-c}{x}\right)^2 - a^2 = 0.$$

Diese ursprüngliche Gleichung, weil sie vom zweiten Grade ist, giebt für jeden besondern Werth der beständigen Größe zwei gerade, nach verschiedenen Richtungen, in Beziehung auf die Axe der x, geneigten Linien; dies ist auch alles, was das andere Integral $(y + ax - c)(y - ax - c') = 0$ verschafft, ausgenommen, daß jeder Factor nur die nach derselben Richtung geneigten Linien vorstellt, da aber, indem man dem c und c', jedem für sich, alle möglichen Werthe giebt, diese Größen nothwendig durch dieselben Grade von Größe hindurchgehen werden, so verfallt man durch die Zusammennehmung der denselben Werthen der beständigen Größen c und c' entsprechenden geraden Linien wiederum auf die Auflösungen, welche in dem auf die einzige beständige Größe c beschränkten Integral $\left(\frac{y-c}{x}\right)^2 - a^2 = 0$ begriffen sind.

Ich bemerke, daß jede Gleichung, welche nur dy, dx und beständige Größen enthält, sich dadurch integriren läßt, daß man, wie oben, $dy = m\,dx$ macht.

2) Ich betrachte noch die Gleichung $dy^2 - axdx^2 = 0$; man zieht daraus $dy + dx\sqrt{ax} = 0$, $dy - dx\sqrt{ax} = 0$, und durch Integrirung erhält man

$$y + \frac{2}{3}a^{\frac{1}{2}}x^{\frac{3}{2}} - c = 0,\ y - \frac{2}{3}a^{\frac{1}{2}}x^{\frac{3}{2}} - c' = 0.$$

Diese Gleichungen, so wie ihr Product, können jede für sich als Integralen der vorgegebenen Gleichung betrachtet werden; dieser Fall unterscheidet sich aber darin von dem vorhergehenden, daß die Wurzelgrößen, welche in den beiden erhaltenen Integralen enthalten sind, unter sich in einer Verbindung stehen, welche verstattet, sie alle beide in einer und derselben Gleichung mit einer einzigen beständigen Größe zusammenzufassen. Läßt man nämlich die Wurzelgröße in der Gleichung

$$y + \frac{2}{3}\sqrt{ax^3} - c = 0$$

verschwinden, so bekommt man $(y - c)^2 = \frac{4}{9} ax^3$.

Dieses Resultat ist noch das Integral der vorgegebenen Gleichung, auf welches es unmittelbar durch die Eliminirung von c führt. Es gehört zu einer Gattung von Parabeln, von denen eine jede der irrationalen Gleichungen nur einen Zweig vorstellt; und das Product dieser Gleichungen entspricht nur einer Gruppe von zu verschiedenen Curven gehörigen Zweigen, die aber, je zwei und zwei für dieselben Werthe der beständigen Größen gesammelt, nichts weiter als das rationale Integral geben würden.

§. 269. Obgleich das Vorhergehende die Integrirung der Gleichungen, wo die Differentialen den ersten Grad übersteigen, nur von der Auflösung der algebraischen Gleichungen abhängig macht, so hier doch noch einige Fälle, in welchen diese Integrirung sich leichter mit Hülfe analytischer, den Umständen angepaßter Kunstgriffe verrichtet, wodurch man wenigstens zum Theil die Schwierigkeiten umgeht, welche bei der Auflösung der vorgegebenen Differential-Gleichung in Beziehung auf $\frac{dy}{dx}$ entstehen.

Wenn diese Gleichung nur die eine der beiden veränderlichen Größen x z. B. enthält, so zieht man daraus unmittelbar $\frac{dy}{dx} = X$, woraus $y = \int X dx$; allein wenn es leichter ist, sie in Beziehung auf x, als in Beziehung auf den Coefficienten $\frac{dy}{dx}$, welcher zur Abkürzung durch p vorgestellt werde, aufzulösen, und man $x = P$ hat, wo P irgend eine Function von p bezeichnet, so bemerke man, daß die Gleichung $\frac{dy}{dx} = p$ oder $dy = p dx$, $y = px - \int x dp$ giebt; für x seinen Werth P gesetzt, kommt $y = Pp - \int P dp$; mithin wird das verlangte Integral das Resultat sein aus der Eliminirung von p zwischen den beiden Gleichungen

$$x = P, y = Pp - \int P dp.$$

Es sei z. B. $x dx + a dy = b\sqrt{dx^2 + dy^2}$, oder $x + ap = b\sqrt{1 + p^2}$, p statt $\frac{dy}{dx}$ geschrieben. Diese letztere Gleichung giebt unmittelbar

$$x = -ap + b\sqrt{1+p^2}, P = -ap + b\sqrt{1+p^2},$$

und folglich

$$y = bp\sqrt{1+p^2} - \frac{1}{2}ap^2 - b\int dp\sqrt{1+p^2}.$$

§. 270. Ich werde noch den Fall behandeln, wo die beiden veränderlichen Größen zu gleicher Zeit in der vorgegebenen Gleichung vorkommen; jedoch vorausgesetzt, daß die eine von ihnen, y z. B., darin nur bis zum ersten Grade steigt. Man bekommt alsdann y gleich einer Function von x und p, so daß

$$dy = R dx + S dp$$

und folglich

$$p dx = R dx + S dp \text{ oder } (R - p) dx + S dp = 0$$

ist. Gelangte man zur Integrirung dieser letztern Gleichung, so würde man zwischen p, x und einer willkührlichen beständigen Größe eine Beziehung erhalten, vermittelst welcher, p aus der vorgegebenen Gleichung fortschaffend, man eine ursprüngliche Gleichung bekäme, welche, eine willkührliche beständige Größe einschießend, das gesuchte Integral sein würde.

Hier nun eine sehr ausgedehnte und sehr merkwürdige, in dem allgemeinen Falle begriffene Formel, deren Integrirung sich leicht ausführt.

Kann die vorgegebene Gleichung unter die Form $y = px + P$ gesetzt werden, und schließt P nur den Coefficienten p in sich, so erhält man $dy = pdx + \left(x + \frac{dP}{dp}\right)dp$; und da $dy = pdx$ ist, so bleibt die Gleichung $\left(x + \frac{dP}{dp}\right)dp = 0$ übrig, welche sich in zwei Factoren $x + \frac{dP}{dp} = 0$, $dp = 0$ zerlegt. Wird p zwischen der erstern und der vorgegebenen Gleichung eliminirt, so erhält man eine ursprüngliche Gleichung, die der vorgegebenen Genüge thut, die aber, indem sie keine willkührliche beständige Größe enthält, nur eine besondere sein wird. Der zweite Factor läßt sich integriren und giebt $p = c$, oder $dy = cdx$ und $y = cx + c'$. Die beständigen Größen c und c' sind nicht alle beide willkührlich; denn in der vorgegebenen Gleichung $p = c$ gemacht, so hat man $y = cx + C$, wo C das ist, was aus P unter dem Umstande wird, und hieraus zieht man $c' = C$; mithin ist das Integral der vorgegebenen Gleichung $y = cx + C$, und ergiebt sich durch Verwandlung von p in c.

Es sei als Beispiel die Gleichung

$$ydx - xdy = n\sqrt{dx^2 + dy^2}.$$

Sie läßt sich zuvörderst unter die Form

$$y = px + n\sqrt{1 + p^2}$$

setzen; durch ihre Differentiirung findet man

$$dy = pdx + xdp + \frac{npdp}{\sqrt{1 + p^2}},$$

und wegen $dy = pdx$ bleibt

$$x\,dp + \frac{np\,dp}{\sqrt{1+p^2}} = 0$$

übrig. Diese Gleichung zerlegt sich in zwei Factoren

$$x + \frac{np}{\sqrt{1+p^2}} = 0, \text{ und } dp = 0;$$

der zweite führt auf $p = c$, und das verlangte Integral ist

$$y = cx + n\sqrt{1+c^2}.$$

Der erste Factor giebt

$$p = \pm \frac{x}{\sqrt{n^2 - x^2}}, \sqrt{1+p^2} = -\frac{np}{x} = \mp \frac{n}{\sqrt{n^2-x^2}};$$

und dies in die vorgegebene Gleichung substituirt, hat man $y^2 + x^2 = n^2$, welche Gleichung keine willkührliche beständige Größe in sich schließt, auch nicht in dem Integral

$$y = cx + n\sqrt{1+c^2}$$

begriffen, und nichts destoweniger so beschaffen ist, daß die Werthe von y und dy, welche sich daraus ableiten, der vorgegebenen Differential-Gleichung Genüge leisten, wovon sie folglich eine besondere Auflösung gewährt. Ich werde in der Folge auf diese Gattung von Auflösungen zurückkommen.

Von der Integrirung der Differential-Gleichungen der zweiten und höheren Ordnungen.

§. 271. Die Schwierigkeit des Integrirens der Gleichungen wird desto größer, von einer je höhern Ordnung diese Gleichungen sind; und es gelingt nicht leicht damit, als nur in Bezug auf eine kleine Anzahl sehr beschränkter Gleichungen. Man hat schon §. 220. gesehen, wie man die Gleichungen von der Form $\frac{d^n y}{dx^n} = X$, mit X eine Function von x bezeichnet, behandeln muß; deshalb werde ich sofort zu denen übergehen, die nur zwei Differential-Coefficienten einschließen.

In der zweiten Ordnung enthalten diese Gleichungen nur $\frac{dy}{dx}$ und $\frac{d^2 y}{dx^2}$; und wenn man in ihnen zur Abkürzung $\frac{dy}{dx} = p$ macht, welches $\frac{d^2 y}{dx^2} = \frac{dp}{dx}$ giebt, so führen sie auf $\frac{dp}{dx} = P$, wo P eine Function von p ist. Hieraus zieht man $dx = \frac{dp}{P}$, und folglich $x = \int \frac{dp}{P}$; für dx seinen Werth in die Gleichung $dy = pdx$ gesetzt, findet man auch $y = \int \frac{pdp}{P}$; und es kommt nur noch darauf an, p zwischen den Gleichungen $x = C + \int \frac{dp}{P}$ und $y = C' + \int \frac{pdp}{P}$ zu eliminiren, um das Integral in x und y zu erhalten. Dieses wird vollständig sein; denn es wird zwei willkührliche beständige Größen in sich schließen; und aus §. 44. folgt eben, daß das Integral jeder Gleichung von der zweiten Ordnung nur eine dergleichen Anzahl von jenen enthalten kann. Die Eliminirung von p wird nur dann geschehen können, wenn man die angezeigten Integrirungen bewerkstelligt hat; allein durch die Quadraturen läßt sich die gesuchte Curve construiren.

Es sei z. B. die Gleichung $\frac{(dx^2 + dy^2)^{\frac{3}{2}}}{dx d^2 y} = a$. Indem man pdx für dy, und $dpdx$ für $d^2 y$ setzt, verwandelt man diese Gleichung in

$\frac{(1+p^2)^{\frac{3}{2}}dx}{dp}=a$, und zieht daraus

$$dx=\frac{adp}{(1+p^2)^{\frac{3}{2}}},\ dy=pdx=\frac{apdp}{(1+p^2)^{\frac{3}{2}}}.$$

Die Integrirung giebt

$$x=C+\frac{ap}{\sqrt{1+p^2}},\ y=C'-\frac{a}{\sqrt{1+p^2}};$$

wird p eliminirt, so kommt $(x-C)^2+(y-C')^2=a^2$.

Die vorgegebene Differential-Gleichung ist nichts anders, als der allgemeine Ausdruck des Krümmungs-Halbmessers, einer beständigen Größe a gleich gesetzt (§. 99); und, wie es sich erwarten ließ, das Integral ist die Gleichung des diese beständige Größe zum Halbmesser habenden Kreises.

§. 272. Es gehört hieher die Bemerkung, daß die Gleichungen $x=C+\int^{,}\frac{dp}{P}$ und $y=C'+\int\frac{pdp}{P}$, jede insbesondere, der Differential-Gleichung $\frac{dp}{dx}=P$ Genüge thun, und daß sie, die zweiten Gleichungsseiten als integrirt angenommen, nur von der ersten Ordnung sein würden; daher giebt es in diesem Falle zwei Gleichungen von dieser Ordnung, welche der vorgegebenen Gleichung von der zweiten Ordnung Genüge thun, und welche folglich ihre Integralen sind, dahingegen eine Gleichung von der ersten Ordnung nur ein einziges Integral hat. Der Grund dieser Verschiedenheit ist leicht wahrzunehmen.

Es sei $U=0$, eine ursprüngliche Gleichung zwischen x, y und zwei beständigen Größen C und C′; differentiirt man diese Gleichung zweimal nach einander, so kann man zwischen $U=0$, $dU=0$, $d\ U=0$ die zwei beständigen Größen eliminiren, und so zu einer Gleichung der zweiten Ordnung gelangen, die von ihnen unabhängig ist; aber die Verbindung der Gleichungen $U=0$ und $dU=0$ führt auf zwei verschiedene Gleichungen der ersten Ordnung; die eine entspringt aus der Eliminirung von C', und die andere aus der Eliminirung von C. Ich bezeichne sie mit $V=0$, $V'=0$; so ist einleuchtend, daß man zu der Gleichung der zweiten Ordnung gelangt, dadurch daß man C zwischen $V=0$ und $dV=0$, oder auch C' zwischen $V=0$ und $dV'=0$ eliminirt; jede der Gleichungen $V=0$, $V'=0$ ist demnach das Integral von der Gleichung der zweiten Ordnung. Man nennt sie Erst-Integralen, um sie von der ursprünglichen Gleichung $U=0$ zu unterscheiden, welche das Zweit-Integral ist.

Es ist leicht einzusehen, daß sich die Gleichung $U=0$ aus den zwei Gleichungen $V=0$ und $V'=0$ ableiten läßt, indem man zwischen ihnen den Differential-Coefficienten $\frac{dy}{dx}=0$ eliminirt, und daß man folglich das Zweit-Integral oder die ursprüngliche Gleichung einer Gleichung der zweiten Ordnung erhält, wenn man seine beiden Erst-Integralen kennt, und daraus $\frac{dy}{dx}$ wegschaffen kann.

Diese Bemerkungen erstrecken sich auf die Gleichungen von allen Ordnungen. Für die dritte Ordnung z. B. soll die ursprüngliche Gleichung drei willkürliche beständige Größen enthalten (§. 44); und man gelangt zu der Differential-Gleichung dieser Ordnung, indem man diese beständigen Größen zwischen den Gleichungen $U=0$, $dU=0$, $d^2U=0$, $d^3U=0$ eliminirt; wenn man aber nur zwei beständige Größen hinwegschafft, so erhält man drei Differential-Gleichungen von der zweiten Ordnung, da man nach der Reihe jede der drei beständigen Größen beibehalten kann. Die Gleichungen, welche man so erhält, sind Erst-Integralen der Differential-Gleichung von der dritten Ordnung, welche nothwendig entspringt aus der Eliminirung der beständigen Größe, welche sie einschließen. Die Zweit-Integralen sind hier die Gleichungen der ersten Ordnung, welche die Eliminirung einer jeden der beständigen Größen zwischen den Gleichungen $U=0$ und $dU=0$ giebt, und die ursprüngliche Gleichung $U=0$ ist das Dritt-Integral. Ohne diese Betrachtungen weiter zu treiben, darf man hierauf schließen, daß eine Differential-Gleichung von der Ordnung n eine Zahl n von Erst-Integralen habe; und wie diese Integralen von der Ordnung $n-1$ sind, so fassen sie nur die $n-1$ Coefficienten

$$\frac{dy}{dx},\ \frac{d^2y}{dx^2},\ \ldots\ldots\ \frac{d^{n-1}y}{dx^{n-1}}$$

in sich; kann man diese also eliminiren, so erhält man das n^t-Integral, oder die ursprüngliche Gleichung, welche der vorgegebenen Differential-Gleichung entspricht.

§. 273. Man bringt im Allgemeinen auf die Integrirung der Functionen von einer einzigen veränderlichen Größe die Gleichungen irgend einer beliebigen Ordnung zurück, in denen ein Differential-Coefficient durch denjenigen der unmittelbar niedern Ordnung ausgedrückt ist. Hätte man nämlich $\frac{d^3y}{dx^3}$ z. B. als Function von $\frac{d^2y}{dx^2}$, so würde man $\frac{d^2y}{dx^2}=q$ setzen, woraus $\frac{d^3y}{dx^3}=\frac{dq}{dx}$ hervorginge; und folglich würde sich die vorgegebene Gleichung in $\frac{dq}{dx}=Q$ verwandeln, wo Q eine gegebene Function von q vorstellt. Aus dieser letzten Gleichung schlösse man

$$dx=\frac{dq}{Q},\ x=\int\frac{dq}{Q}+C;$$

zöge

zöge dann aus $\frac{d^2y}{dx^2}=q$ folgeweise

$$\frac{dy}{dx}=\int q\,dx=\int\frac{q\,dq}{Q}+C',$$

$$y=\int dx\int q\,dx=\int\frac{dq}{Q}\left(\int\frac{q\,dq}{Q}+C'\right)+C'';$$

so wäre demnach das verlangte Integral das Resultat der Eliminirung von q zwischen den beiden Gleichungen

$$x=\int\frac{dq}{Q}+C,\ y=\int\frac{dq}{Q}\left(\int\frac{q\,dq}{Q}+C'\right)+C''$$

und es gäbe drei willkührliche beständige Größen in dem Resultate. Dies Verfahren würde man leicht auf irgend eine beliebige Ordnung ausdehnen.

§. 274. Ich werde mich in diesem §. mit der Gleichung $\frac{d^2y}{dx^2}=Y$ beschäftigen, wo Y irgend eine Function von y bezeichnet. Macht man $dy=p\,dx$, so kann man daraus $dx=\frac{dy}{p}$ ziehen, welches $\frac{d^2y}{dx^2}=\frac{dp}{dx}=\frac{p\,dp}{dy}$ giebt; in die vorgegebene Gleichung substituirt, ergiebt sich daraus $p\,dp=Y\,dy$; und durch Integrirung findet man $p^2=2\int Y\,dy+C$, woraus folgt

$$p=\frac{dy}{dx}=\sqrt{C+2\int Y\,dy}\ \text{und}\ x=\int\frac{dy}{\sqrt{C+2\int Y\,dy}}+C'.$$

Es ist beobachtungswerth, daß die obige Integrirung sich dadurch bewerkstelligen läßt, daß man die vorgegebene Gleichung mit dy multiplicirt; denn alsdann kommt $\frac{dy}{dx}\cdot\frac{d^2y}{dx}=Y\,dy$; und da $\frac{d^2y}{dx}=d.\frac{dy}{dx}$, so hat man

$$\frac{1}{2}\frac{dy^2}{dx^2}=\int Y\,dy+C,\ \text{oder}\ \frac{dy}{dx}=\sqrt{2C+2\int Y\,dy}.$$

Wendet man dies Verfahren auf die Gleichung

$$d^2 y \sqrt{ay} = dx^2$$

an, so erhält man

$$\frac{d^2 y}{dx^2} = \frac{1}{\sqrt{ay}}, \quad \frac{dy}{dx} \cdot \frac{d^2 y}{dx} = \frac{dy}{\sqrt{ay}},$$

und, integrirt

$$\frac{1}{2} \frac{dy^2}{dx^2} = \frac{2}{a} \sqrt{ay} + C.$$

Wird C in $\frac{2C}{\sqrt{a}}$ verwandelt, so zieht man daraus

$$\frac{dy^2}{dx^2} = \frac{4}{\sqrt{a}} (\sqrt{y} + c), \quad \frac{2dx}{\sqrt[4]{a}} = \frac{dy}{\sqrt{c + \sqrt{y}}};$$

hierauf $c + \sqrt{y} = z$ gemacht, so kommt

$$\frac{dx}{\sqrt[4]{a}} = \frac{(z - c) dz}{\sqrt{z}} = (z^{\frac{1}{2}} - cz^{-\frac{1}{2}}) dz,$$

und endlich

$$\frac{x}{\sqrt[4]{a}} = \tfrac{2}{3} z^{\frac{3}{2}} - 2cz^{\frac{1}{2}} + c' = \tfrac{2}{3}(\sqrt{y} - 2c)\sqrt{c + \sqrt{y}} + c.$$

§. 275 Die im vorhergehenden §. befolgte Methode bringt im Allgemeinen auf die Integrirung der Functionen einer einzigen veränderlichen Größe die Gleichungen irgend einer beliebigen Ordnung, in denen ein Differential-Coefficient durch denjenigen der um zwei Einheiten niedern Ordnung gegeben ist. Hätte man z. B. $\frac{d^4 y}{dx^4}$ als Function von $\frac{d^2 y}{dx^2}$, so würde man $\frac{d^2 y}{dx^2}$ durch q vorstellen, woraus folgte

$$\frac{d^3 y}{dx^3} = \frac{dq}{dx}, \quad \frac{d^4 y}{dx^4} = \frac{d^2 q}{dx^2};$$

und die vorgegebene Gleichung wäre in

$$\frac{d^2 q}{dx^2} = Q$$

umgeformt, wo Q eine gegebene Function von q bezeichnet. Alsdann die beiden Gleichungsseiten durch dq multiplicirt, käme

$$\frac{dq}{dx} \cdot \frac{d^2 q}{dx} = Q\,dq;$$

woraus man, wie im vorhergehenden §, zöge

$$\frac{1}{2}\frac{dq^2}{dx^2} = \int Q\,dq + C,\quad \frac{dq}{dx} = \sqrt{2\int Q\,dq + C},$$

$$dx = \frac{dq}{\sqrt{2\int Q\,dq + C}},\quad x = \int \frac{dq}{\sqrt{2\int Q\,dq + C}};$$

aber aus $\frac{d^2 y}{dx^2} = q$ schließt man folgeweise

$$\frac{dy}{dx} = \int q\,dx = \int \frac{q\,dq}{\sqrt{2\int Q\,dq + C}} + C'',$$

$$y = \int dx \int q\,dx = \int \frac{dq}{\sqrt{2\int Q\,dq + C}} \left(\int \frac{q\,dq}{\sqrt{2\int Q\,dq + C}} + C'' \right) + C''',$$

folglich wäre das Integral das Resultat der Eliminirung von q zwischen den beiden Gleichungen

$$x = \int \frac{dq}{\sqrt{2\int Q\,dq + C}} + C',$$

$$y = \int \frac{dq}{\sqrt{2\int Q\,dq + C}} \left(\int \frac{q\,dq}{\sqrt{2\int Q\,dq + C}} + C'' \right) + C''',$$

mit vier willkührlichen beständigen Größen. Eben so würde man die ähnlichen Gleichungen in den höhern Ordnungen behandeln.

§. 276. Man hat in der Integral-Rechnung (§. 115.) gesehen, daß über die erste Ordnung hinaus die Form der Differential-Gleichungen sich änderte, je nachdem man x oder y oder selbst eine Function dieser Größen als unabhängige veränderliche Größe annahm, und daß dies darauf zurückkam, daß man folgeweise dx oder dy oder eine gegebene Function dieser Differentialen und ihrer veränderlichen Größen als beständig betrachtete; es ist daher nothwendig, wenn man sich eine Gleichung, welche den ersten Grad übersteigt, zu integriren vorsetzt, zu wissen, in welcher von diesen Voraussetzungen sie berechnet worden ist. Die vorhergehenden

Beispiele entsprachen alle der Voraussetzung, daß y einer Function von x gleich, und folglich dx beständig sei; es ist aber leicht, unter den auf andern Voraussetzungen sich beziehenden Gleichungen diejenigen zu erkennen, welche dahin gezogen werden können.

Es ist zuvörderst einleuchtend, daß, mit Q irgend eine Function von $\frac{dx}{dy}$ bezeichnet, jede Gleichung von der Form $\frac{d^2x}{dy^2} = Q$, und in welcher dy als beständig betrachtet wird, sich eben so behandeln läßt, wie die des 271. §s, indem man $\frac{dx}{dy} = q$ und $\frac{d^2x}{dy^2} = \frac{dq}{dy}$ macht. Man kann sie auch noch unmittelbar auf die Form $\frac{d^2y}{dx^2} = P$ zurückbringen, indem man durch das Verfahren des 116. §s zur Voraussetzung von dx als beständig übergeht, welches durch die Substitution von $-\frac{dx\,d^2y}{dy^3}$ an die Stelle von $\frac{d^2x}{dy^2}$ geschehen wird.

Wäre die vorgegebene Gleichung in der Voraussetzung von $\sqrt{dx^2 + dy^2}$ als beständig genommen worden, und schlösse sie nur dx, dy, d^2y, oder dy, dx, d^2x in sich, so würde sie ebenfalls noch in den Fall des 271. §s wieder eingehen, nachdem man sie in eine andere umgeformt hätte, in welcher dx beständig wäre.

§. 277. Ich gehe nunmehr zu den Gleichungen über, welche die beiden Differential-Coefficienten $\frac{dy}{dx}$, $\frac{d^2y}{dx^2}$, und die unabhängige veränderliche Größe x enthalten. Es ist einleuchtend, daß diese Gleichungen sich auf der Stelle durch die Substitution von pdx und dpdx statt dy und d^2y zur ersten Ordnung zurückbringen lassen. Kann man die umgeformte integriren, und gelangt man dahin, daraus den Ausdruck von p in x zu ziehen, so bekommt man y durch die Gleichung $y = \int p\,dx$; und gäbe diese umgeformte x in p, so würde man von der Formel

$$y = px - \int x\,dp \quad (\S.\ 269.)$$

Gebrauch machen.

Ich werde mich nicht dabei aufhalten, die verschiedenen integrirbaren Fälle, welche bei den vorgegebenen Gleichungen vorkommen, näher zu erörtern; sie lassen sich leicht durch die Anwendung der verschiedenen für das Integriren der Gleichungen von der ersten Ordnung im Vorherigen gelehrten Verfahrungsarten entdecken.

Wären die vorgegebenen Gleichungen zwischen $\frac{dy}{dx}$, $\frac{d^2y}{dx^2}$ und y, so würde man sie auf den vorhergehenden Fall dadurch zurückbringen, daß man dy statt dx als beständig nähme, oder auch dx vermittelst seines aus der Gleichung $dy = p\,dx$ gezogenen Werthes $\frac{py}{p}$ fortschaffte; und man wird sonach

$$\frac{d^2y}{dx^2} = \frac{dp}{dx} = \frac{p\,dp}{dy}$$

erhalten; die umgeformte Gleichung enthielte alsdann nur p, dp und dy. Ließe sie sich integriren, und gäbe p in y, so fände man x durch die Formel $x = \int \frac{dy}{p}$, und durch die Formel $x = \frac{y}{p} + \int \frac{y\,dp}{p^2}$, wenn man y in p hätte.

Es sei z. B. die Differential-Gleichung

$$\frac{(dx^2 + dy^2)^{\frac{3}{2}}}{dx\,d^2y} = X,$$

wo X eine gegebene Function von x allein bezeichnet; diese Gleichung formt sich um in

$$\frac{(1 + p^2)^{\frac{3}{2}}\,dx}{dp} = X,$$

oder

$$\frac{dx}{X} = \frac{dp}{(1+p^2)^{\frac{3}{2}}}.$$

Durch Integrirung kömmt

$$\int \frac{dx}{X} + C = \frac{p}{\sqrt{1+p^2}}$$

und $\int \frac{dx}{X} + C$ durch V vorgestellt ergiebt sich daraus

$$p = \frac{V}{\sqrt{1-V^2}},\ y = \int p\,dx + C' = \int \frac{V\,dx}{\sqrt{1-V^2}} + C'.$$

Es ist nicht schwer zu bemerken, daß die Verfahrungsarten dieses und des vorhergehenden §s jede Gleichung von irgend einer beliebigen Ordnung, worin nur eine der veränderlichen Größen und die Differential-Coefficienten der einen oder der andern vorkommen, auf eine niedere Ordnung zurückbringen würden.

§. 278. Es sind in der zweiten Ordnung noch andere Gleichungsformen vorhanden, wovon man die ursprünglichen Gleichungen, oder wenigstens die Zurückführung auf die erste Ordnung erhalten kann; allein es sind zu besondere Fälle, um hier eine Stelle zu finden. Etwas überaus Merkwürdiges in dieser und den folgenden Ordnungen sind die Eigenschaften der Gleichungen des ersten Grades, nämlich der nach der Gleichung des 257. §s gebildeten, deren Hauptzug es ist, die gesuchte Function und ihre Differentialen nur auf dem ersten Grade zu enthalten. Die Form dieser Gleichungen ist in der zweiten Ordnung

$$d^2y + P\,dy\,dx + Q\,y\,dx^2 = R\,dx^2,$$

in der dritten

$$d^3y + P\,d^2y\,dx + Q\,dy\,dx^2 + R\,y\,dx^3 = S\,dx^3,$$

und im Allgemeinen

$$d^ny + P\,d^{n-1}y\,dx + Q\,d^{n-2}y\,dx^2 \ldots + U\,y\,dx^n = V\,dx^n,$$

wo die Buchstaben P, Q, ... U und V gegebene Functionen von x bezeichnen.

Die Gleichung des ersten Grades und der zweiten Ordnung

$$d^2y + Pdydx + Qydx^2 = Rdx^2$$

läßt sich auf die Gleichung

$$d^2z + Pdzdx + Qzdx^2 = 0$$

bringen, durch dieselbe Umformung, welche §. 257. dazu gedient hat

$$dy + Pydx + Qdx \text{ von } dz + Pzdx = 0$$

abhängig zu machen. Nämlich die Annahme von $y = Xz$ giebt

$$dy = Xdz + zdX,$$

$$d^2y = Xd^2z + 2dXdz + zd^2X,$$

and verwandelt die vorgegebene Gleichung in

$$X(d^2z + Pdzdx + Qzdx^2)$$
$$+ 2dXdz + PzdXdx + zd^2X = Rdx^2.$$

Macht man

$$d^2z + Pdzdx + Qzdx^2 = 0,$$

und gelangt dahin, aus dieser Gleichung den Werth von z in x zu ziehen, so erhält man zur Bestimmung der Function X die Gleichung

$$2dXdz + PzdXdx + zd^2X = Rdx^2,$$

welche in Beziehung auf die veränderlichen Größen x und X zu denen des 277. §s gehört; und sie verwandelt sich, $dX = X'dx$ gesetzt, in

$$2X'dz + PzX'dx + zdX = Rdx,$$

oder

$$dX + \left(P + \frac{2dz}{zdx}\right) X'dx = \frac{Rdx}{z}.$$

Diese Gleichung, nur vom ersten Grade und der ersten Ordnung in Beziehung auf X, führt (§. 257.) auf

$$X' = e^{-\int\left(Pdx + \frac{2dz}{z}\right)} \left[\int e^{\int\left(Pdx + \frac{2dz}{z}\right)} \frac{Rdx}{z} + C\right],$$

welches Resultat

$$X' = \frac{e^{-\int Pdx}}{z^2}\left(\int e^{\int Pdx} Rzdx + C\right)$$

wird, vermöge der Bemerkung, daß

$$e^{-\int\frac{2dz}{z}} = \frac{1}{x^4},\quad e^{\int\frac{2dz}{z}} = z^2 \text{ ist;}$$

sodann erhält man

$$X' = \int X\,dx + C,\quad y = z\int X'\,dx + C'z.$$

§. 279. Man hat wohl zu bemerken, daß es nicht nothwendig ist, das vollständige Integral der Gleichung

$$d^2z + Pdzdx + Qzdx^2 = 0$$

zu haben, sondern nur einen besondern Werth von z, welcher ihr Genüge thut; denn die willkührlichen beständigen Größen sind eingewickelter Weise in dem Ausdrucke von y mitbegriffen.

Die vorhergehende Rechnung zeigt noch außerdem, daß sich aus diesem Werthe von z auch das vollständige Integral der Gleichung in z ableiten lasse; denn macht man R = 0, so wird die Gleichung in y der letztern ähnlich; man erhält

$$X' = \frac{Ce^{-\int Pdx}}{z^2},\quad X = \int X'dx + C';$$

und es wird

$$y = z\int X\,dx + C'z$$

das vollständige Integral von der Gleichung

$$d^2y + Pdydx + Qydx^2 = 0$$

sein, wo z alsdann ein besonderer Werth von y ist.

§. 280. Die Gleichung

$$d^2z + Pdzdx + Qzdx^2 = 0$$

wird auf die erste Ordnung gebracht, dadurch, daß man $z = e^{\int tdx}$ macht, mit t eine neue veränderliche Größe bezeichnet; denn man hat hiermittelst

$$dz = e^{\int tdx}\,tdx,\quad d^2z = e^{\int tdx}(t^2dx^2 + dtdx);$$

die Function $e^{\int tdx}$ wird ein gemeinschaftlicher Factor der vorgegebenen Gleichung, welche sich auf

$$t^2dx^2 + dtdx + Ptdx^2 + Qdx^2 = 0$$

oder auf $dt + (t^2 + Pt + Q)dx = 0$*) zurückführt.

*) Es ist bemerkenswerth, daß die oben bewerkstelligte Umformung im Allgemeinen auf die erste Ordnung

Wenn die Coefficienten P und Q beständig sind, wo ich sie mit A und B bezeichne, so wird die Gleichung

$$dt + (t^2 + Pt + Q)dx = o,$$

$$dt + (t^2 + At + B)dx = o,$$

und findet sich gesondert, indem ihr die Form

$$\frac{dt}{(t^2 + At + B)} + dx = o$$

gegeben wird; da man aber nur nöthig hat, derselben Genüge zu thun, so wird man leicht inne, daß, wenn man $t = m$ macht, wo m eine beständige Größe ist, man $dt = o$, und

$$m^2 + Am + B = o$$

erhalte. Diese letzte Gleichung giebt im Allgemeinen zwei Werthe für m; stellt man sie durch m und m′ vor, so erhält man auch für $e^{\int tdx}$ zwei Werthe, nämlich:

$$e^{\int m'dx} = e^{m'x}, \quad e^{\int m''dx} = e^{m''x};$$

mithin erhält man zu gleicher Zeit zwei besondere Werthe von z, nämlich:

$$z = e^{mx} \text{ und } z = e^{m'x}.$$

Man könnte, wie es weiter oben angezeigt worden, mit dem einen dieser Werthe den vollständigen Werth von z finden; allein in den Gleichungen der zweiten Ordnung von der Form dieser letztern bekommt man auf der Stelle den vollständigen Werth der Function, wenn man von ihr zwei besondere Werthe z′ und z″ hat, indem man

$$z = Cz' + C'z''$$

nimmt, wo C und C′ zwei willkührliche beständige Größen bezeichnen; denn wenn man diesen Werth und seine Differentialen substituirt, und die durch einerlei beständige Größe multiplicirten Glieder zusammennimmt; so findet man

---

jede Gleichung der zweiten zurückführt, die in Beziehung auf die Größen z, dz, d^2z, als unterschiedene veränderliche Größen betrachtet, gleichartig ist.

$$C(d^2 z' + P dz' dx + Q z' dx^2)$$
$$+ C'(d^2 z'' + P dz'' dx + Q z'' dx^2),$$

welches Resultat sich, unabhängig von den beständigen Größen C und C', vernichtet, da die Größen, welche diese beständigen Größen multipliciren, zu gleicher Zeit mit der ersten Seite der vorgegebenen Gleichung verschwinden.

§. 281. Wenn die Werthe von m imaginär, folglich von der Form

$$m' = \alpha + \beta\sqrt{-1}, \quad m'' = \alpha - \beta\sqrt{-1}$$

sind, so hat man

$$z = C e^{\alpha x + \beta x\sqrt{-1}} + C' e^{\alpha x - \beta x\sqrt{-1}}$$
$$= e^{\alpha x}\left(C e^{\beta x\sqrt{-1}} + C' e^{-\beta x\sqrt{-1}}\right);$$

dieses Resultat macht man dadurch reell, daß man die imaginären Exponentialgrößen vermittelst der Sinus und der Cosinus ausdrückt. Es kommt (§. 164.)

$$e^{\beta x\sqrt{-1}} = \cos\beta x + \sqrt{-1}\sin\beta x,$$
$$e^{-\beta x\sqrt{-1}} = \cos\beta x - \sqrt{-1}\sin\beta x,$$
$$z = e^{\alpha x}\left[(C + C')\cos\beta x + (C - C')\sqrt{-1}\sin\beta x\right];$$

und

$$C + C' = c, \quad (C - C')\sqrt{-1} = c'$$

gemacht, hat man

$$z = e^{\alpha x}(c\cos\beta x + c'\sin\beta x);$$

oder auch

$$z = p e^{\alpha x}\sin(\beta x + q),$$

indem man

$$c = p\sin q, \quad c' = p\cos q$$

nimmt.

Wenn die Wurzeln m' und m'' gleich sind, so wird der auf

$$C e^{m'x} + C' e^{m'x} = (C + C') e^{m'x}$$

zurückgeführte Werth von x unvollständig; man müßte in diesem Falle zur Erlangung des vollständigen Integrals sich des besondern Werthes $z = e^{m'x}$, nach dem Verfahren des 279. §s, bedienen; man gelangt dazu aber leichter durch Betrachtungen, ähnlich denen des 56. §s, indem man annimmt, daß m'' sich von m' um eine sehr kleine Größe unterscheide.

Es sei im Allgemeinen $m'' = m' + k$, so ergiebt sich daraus

$$z = C e^{m'x} + C' e^{m'x + kx} = e^{m'x}(C + C' e^{kx});$$

wird e^{kx} nach den Potenzen von k entwickelt, so hat man

$$z = e^{m'x}\left(C + C' + C'kx + C'\frac{k^2x^2}{2} + \text{etc.}\right)$$

$$= e^{m'x}\left(c + c'x + c'\frac{kx^2}{2} + \text{etc.}\right),$$

$C + C' = c$, $C'k = c'$ gesetzt.

Dieser letzte Ausdruck, welcher der vorgegebenen Gleichung fur alle Werthe von k Genüge thut, trifft auch noch zu, wenn $k = o$ oder $m'' = m'$ ist, und reducirt sich alsdann auf

$$z = e^{m'x}(c + c'x).$$

§. 282. Es sei nunmehr die allgemeinere Gleichung

$$d^2y + A\,dy\,dx + B\,y\,dx^2 = R\,dx^2.$$

Man hat für die Gleichung

$$d^2y + P\,dy\,dx + Q\,y\,dx^2 = R\,dx^2,$$

nach den Formeln des 278. §s,

$$y = z\int X'dx + C'z$$

$$= C'z + z\int \frac{e^{-\int P dx}}{z^2} dx \left(\int e^{\int P dx} Rz\,dx + C\right);$$

dieser zwei willkührliche beständige Größen einschließende Ausdruck ist vollständig, so daß es nur noch darauf ankommt, einen besondern Werth von z darin zu substituiren. Die vorgegebene Gleichung hängt ab von

$$d^2z + A\,dz\,dx + B\,z\,dx^2 = o;$$

und da die Coefficienten A und B beständig sind, so genügt man dieser letztern, indem man $z = e^{mx}$,

$$m^2 + Am + B = o$$

annimmt; man erhält demnach, wegen $P = A$,

$$y = C'e^{mx} + e^{mx}\int e^{-(A+2m)x}dx\left(\int e^{(A+m)x}R\,dx + C\right)$$

$$= C'e^{mx} - \frac{Ce^{-(A+m)x}}{A+2m} + e^{mx}\int e^{-(A+2m)x}dx\int e^{(A+m)x}R\,dx.$$

Durch theilweises Integriren findet man, daß

$$\int e^{-(A+2m)x}dx\int e^{(A+m)x}R\,dx$$

$$= \frac{-e^{-(A+2m)x}\int e^{(A+m)x}R\,dx + \int e^{-mx}R\,dx}{A+2m}\;^{*)};$$

substituirt man diesen Werth in den Ausdruck von y, und setzt nach den Reductionen n an die Stelle von $-(A+m)$, so kommt

$$y = C'e^{mx} - \frac{Ce^{nx}}{m-n}$$

$$+ \frac{e^{mx}\int e^{-mx}R\,dx - e^{nx}\int e^{-nx}R\,dx}{m-n};$$

oder, die Form der willkührlichen beständigen Größen verwandelt,

$$y = ce^{mx} + c'e^{nx} + \frac{e^{mx}\int e^{-mx}R\,dx - e^{nx}\int e^{-nx}R\,dx}{m-n};$$

Man sieht leicht ein, die Größe n sei die zweite Wurzel der Gleichung $m^2 + Am + B = 0$, da nach der Annahme $m + n = -A$ ist.

Wenn diese Wurzeln imaginär sind, so formt man den Ausdruck von y vermittelst der Sinus und Cosinus um, wie im 281. §, oder auch dadurch, daß man in dem allgemeinen Ausdrucke von y die besondern Werthe

$$z = e^{\alpha x}\cos\beta x, \text{ oder } z = e^{\alpha x}\sin\beta x$$

annimmt, welche aus dem zweiten vollständigen Ausdrucke von z in den erwähnten §en, wenn man $c = 0$ oder $c' = 0$ macht, hervorgehen, und durch theilweise Integrirung findet man

---

*) Die hier zu integrirende Formel kommt auf $\int dU\int V dx = U\int V dx - \int UV dx$ (§. 221.) zurück.

$$y = e^{\alpha x}[p\cos\beta x + q\sin\beta x]$$
$$+ \frac{e^{\alpha x}[\sin\beta x\int e^{-\alpha x}Rdx\cos\beta x - \cos\beta x\int e^{-\alpha x}Rdx\sin\beta x]}{\beta}.$$

In dem Falle, wo man $m = n$ hat, wird der weiter oben für y gefundene Ausdruck unvollständig, wie in dem schon erwähnten Ǝen, und der zweite Theil dieses Ausdruckes stellt sich alsdann unter der Form $\frac{0}{0}$ dar; man umgeht aber diese Schwierigkeit, durch die Bemerkung, daß A gleich $-2m$ wird, und daß in dieser Voraussetzung die Gleichung
$$y = C'e^{mx} + e^{mx}\int e^{-(A+2m)x}dx\left(\int e^{(A+m)x}Rdx + C\right)$$
sich auf
$$y = C'e^{mx} + e^{mx}\int dx\left(\int e^{-mx}Rdx + C\right)$$
zurückführt; durch Inregrirung findet man
$$y = C'e^{mx} + e^{mx}\left(Cx + x\int e^{-mx}Rdx - \int e^{-mx}Rxdx\right),$$
oder
$$y = e^{mx}(Cx + C') + e^{mx}\left(x\int e^{-mx}Rdx - \int e^{-mx}Rxdx\right).$$

In den Anwendungen der Analysis auf die Naturlehre des Himmels trifft man häufig auf die Gleichung
$$\frac{d^2y}{dx^2} + a^2y = R,$$
für welche
$$m = a\sqrt{-1}, \text{ oder } \alpha = 0 \text{ und } \beta = a$$
ist; ihr Integral wird demnach
$$y = p\cos ax + q\sin ax$$
$$+ \frac{\sin ax\int Rdx\cos ax - \cos ax\int Rdx\sin ax}{a}.$$

Die Function R hat gewöhnlich die Form
$$A + B\cos\beta x + C\cos\gamma x + \text{etc.},$$
wo A, B, C, etc. beständige Coeffici entensind, β, γ, etc. aber ganze Zahlen bezeichnen; und die angezeigten Integrirungen bewerkstelligen sich durch das Verfahren des 196. §s.

§. 283. Die Integrirung der Gleichung
$$d^2z + Pdzdx + Qzdx^2 = 0$$

läßt sich selten bewerkstelligen, wenn die Coefficienten P und Q veränderlich sind; dies gelingt z. B., wenn

$$P = \frac{A}{a+bx}, \quad Q = \frac{B}{(a+bx)^2}$$

ist.

Man hat (§. 280.)

$$dt + \left(t^2 + \frac{At}{a+bx} + \frac{B}{(a+bx)^2}\right) dx = 0;$$

wird

$$(a+bx)t = m$$

gemacht, so kommt

$$(a+bx)dm + [m^2 + (A-b)m + B]dx = 0.$$

Man thut auch dieser Gleichung wiederum Genüge, indem man

$$dm = 0, \text{ und } m^2 + (A-b)m + B = 0$$

nimmt, woraus man zwei Werthe von t zieht, nämlich

$$t = \frac{m'}{a+bx}, \quad t = \frac{m''}{a+bx};$$

da aber

$$z = e^{\int t dx} = e^{\int \frac{m dx}{a+bx}} = (a+bx)^{\frac{m}{b}},$$

so erhält man

$$z = C(a+bx)^{\frac{m'}{b}} + C'(a+bx)^{\frac{m''}{b}}.$$

§. 284. Die allgemeine Gleichung

$$d^n y + P d^{n-1} y dx + Q d^{n-2} y dx^2 \ldots + U y dx^n = V dx^n$$

besitzt Eigenschaften, denen ähnlich, welche ich so eben an der Gleichung des ersten Grades und der zweiten Ordnung auseinandergesetzt habe.

1) Wenn das Glied $V dx^n$ darin fehlt, oder dieselbe von der Form

$$d^n z + P d^{n-1} z dx + Q d^{n-2} z dx^2 \ldots + U z dx^n = 0$$

ist, so reicht es hin, eine Anzahl n von besondern Werthen von z zu kennen, um auf der Stelle den allgemeinen Ausdruck dieser Function zu bekommen, so daß, wenn $z_1, z_2, z_3, \ldots z_n$ diese Werthe bezeichnen, man

$$z = C_1 z_1 + C_2 z_2 + C_3 z_3 \ldots + C_n z_n$$

erhält, wo $C_1, C_2, \ldots C_n$ willkührliche beständige Größen sind.

Dieser Satz ist leicht zuerweisen; denn es ist einleuchtend, daß, da eine jede der Gleichungen

$$C_1(d^n z_1 + Pd^{n-1} z_1 dx + Qd^{n-2} z\ dx^2 \ldots + Uz_1 dx^n) = 0$$

$$C_2(d^n z_2 + Pd^{n-1} z_2 dx + Qd^{n-2} z_2 dx^2 \ldots + Uz_2 dx^n) = 0$$

. . . .

$$C_n(d^n z_n + Pd^{n-1} z_n dx + Qd^{n-2} z_n dx^2 \ldots + Uz_n dx^n) = 0$$

nach der Voraussetzung identisch ist, ihre Summe eine identische Gleichung giebt, welche genau diejenige ist, die man dadurch bekommen würde, daß man in die vorgegebene Gleichung an die Stelle von z und seinen Differentialen die Werthe setzte, welche aus dem allgemeinen Ausdrucke von z hervorgehen.

2) Man kann die Integrirung der Gleichung

$$d^n y + P d^{n-1} y dx + Q d^{n-2} y dx^2 \ldots + U y dx^n = V dx^n$$

von der Integrirung der Gleichung

$$d^n z + P d^{n-1} z dx + Q d^{n-2} z dx^2 \ldots + U z dx^n = 0$$

abhängig machen. Dies erweist sich dadurch, daß man annimmt, der Werth von y sei von derselben Form als der von z; aber die Größen $C_1, C_2, C_3, \ldots$, statt daß sie, wie oben, beständig sind, seien Functionen von x.

Um die Begriffe festzuhalten, nehme ich die vorgegebene Gleichung von der dritten Ordnung, so kommt $y = C_1 z_1 + C_2 z_2 + C_3 z_3$, in welchem Ausdrucke man C_1, C_2 und C_3 in der Art bestimmen muß, daß derselbe

$$d^3 y + P d^2 y dx + Q dy dx^2 + U y dx^3 = V dx^3$$

ein Genüge thut. Bildet man folgeweise die Werthe von dy, $d^2 y$ und $d^3 y$, indem man C_1, C_2, C_3 als veränderliche Größen behandelt, so findet man zuvörderst

$$dy = C_1 dz_1 + C_2 dz_2 + C_3 dz_3 + z_1 dC_1 + z_2 dC_2 + z_3 dC_3;$$

da man aber drei Größen zu bestimmen hat, und die vorgelegte Frage nur eine Bedingung darbietet, so kann man zwei andere nach Gefallen wählen, und demzufolge

$$z_1 dC_1 + z_2 dC_2 + z_3 dC_3 = 0$$

machen, welches

$$dy = C_1 dz_1 + C_2 dz_2 + C_3 dz_3$$

giebt. Durch Differentiirung dieses Werthes kommt

$$d^2y = C_1 d^2z_1 + C_2 d^2z_2 + C_3 d^2z_3 + dz_1 dC_1 + dz_2 dC_2 + dz_3 dC_3;$$

wiederum

$$dz_1 dC_1 + dz_2 dC_2 + dz_3 dC_3 = 0$$

gesetzt, so bleibt

$$d^2y = C_1 d^2z_1 + C_2 d^2z_2 + C_3 d^2z_3,$$

woraus man

$$d^3y = C_1 d^3z_1 + C_2 d^3z_2 + C_3 d^3z_3 + d^2z_1 dC_1 + d^2z_2 dC_2 + d^2z_3 dC_3$$

zieht. Durch die Substitution der Werthe von y, dy, d^2y und d^3y wird die vorgegebene Gleichung

$$\left.\begin{array}{l} C_1(d^3z_1 + Pd^2z_1dx + Qdz_1dx^2 + Uz_1dx^3) \\ + C_2(d^3z_2 + Pd^2z_2dx + Qdz_2dx^2 + Uz_2dx^3) \\ + C_3(d^3z_3 + Pd^2z_3dx + Qdz_3dx^2 + Uz_3dx^3) \\ + d^2z_1dC_1 + d^2z_2dC_2 + d^2z_3dC_3 \end{array}\right\} = Vdx^3,$$

und reducirt sich auf

$$d^2z_1 dC_1 + d^2z_2 dC_2 + d^2z_3 dC_3 = Vdx^3,$$

da die Functionen z_1, z_2 und z_3 der Gleichung

$$d^3z + Pd^2zdx + Qdzdx^2 + Uzdx^3 = 0$$

eine Genüge thun; es ergeben sich demnach zwischen den Differentialen dC_1, dC_2 und dC_3 die drei Gleichungen

$$\left.\begin{array}{l} z_1 dC_1 + z_2 dC_2 + z_3 dC_3 = 0 \\ dz_1 dC_1 + dz_2 dC_2 + dz_3 dC_3 = 0 \\ d^2z_1 dC_1 + d^2z_2 dC_2 + d^2z_3 dC_3 = Vdx^3 \end{array}\right\},$$

woraus man die Werthe von jedem dieser Differentialen, durch x und dx ausgedrückt, zieht, wenn die

Werthe

Werthe von z_1, z_2, z_3, etc. bekannt sind. Man leitet hieraus durch Eliminirung Resultate ab von der Form

$$dC_1 = X_1\,dx,\ dC_2 = X_2\,dx,\ dC_3 = X_3\,dx,$$

wornach

$$C_1 = \int X_1\,dx + c_1,\ C_2 = \int X_2\,dx + c_2,\ C_3 = \int X_3\,dx + c_3;$$

und folglich

$$y = z_1(\int X_1\,dx + c_1) + z_2(\int X_2\,dx + c_2) + z_3(\int X_3\,dx + c_3)$$

das vollständige Integral der vorgegebenen Gleichung sein wird.

Kennte man nur zwei besondere Werthe von z, so ließe sich die vorgegebene Gleichung der zweiten Ordnung integriren. Man hätte nämlich alsdann

$$y = C_1 z_1 + C_2 z_2,\ dy = C_1\,dz_1 + C_2\,dz_2,$$

indem man

$$z_1\,dC_1 + z_2\,dC_2 = 0$$

macht; allein da man nur über eine einzige der Größen C_1 und C_2 bestimmen könnte, so müßte man die vollständige Entwickelung von d^2y anwenden, welche

$$d^2y = C_1 d^2z_1 + C_2 d^2z_2 + dz_1\,dC_1 + dz_2\,dC_2$$

wäre, welches

$$d^3y = C_1 d^3z_1 + C_2 d^3z_2 + 2d^2z_1\,dC_1 + 2d^2z_2\,dC_2 + dz_1\,d^2C_1 + dz_2\,d^2C_2$$

geben würde. In die vorgegebene Gleichung substituirt, und auf eben die Weise, wie oben reducirt, würde man

$$\left.\begin{array}{l} dz_1 d^2C_1 + dz_2 d^2C_2 + 2d^2z_1\,dC_1 + 2d^2z_2\,dC_2 \\ + P\,dz_1\,dC_1\,dx + P\,dz_2\,dC_2\,dx \end{array}\right\} = V\,dx^3$$

bekommen, aus welcher Gleichung man dC_2 und d^2C_2 dadurch fortschafft, daß man ihre Werthe aus der Gleichung $z_1\,dC_1 + z_2\,dC_2 = 0$ und aus dem Differential derselben zieht; die entspringende, nur d^2C_1, dC_1 und Functionen von x enthaltende Gleichung läßt sich auf die erste Ordnung zurückbringen (§. 277.). Endlich, wenn man nur einen einzigen Werth von z hat, so geräth man auf eine Hülfsgleichung von der dritten Ordnung, zurückführbar auf die zweite

Ordnung; hievon überzeugt man sich leicht dadurch, daß man in die vorgegebene Gleichung

$$C_1 z_1, C_1 dz_1 + z_1 dC_1, C_1 d^2 z_1 + 2dz_1 dC_1 + z_1 d^2 C_1,$$
$$C_1 d^3 z_1 + 3 d^2 z_1 dC_1 + 3 dz_1 d^2 C_1 + z_1 d^3 C_1,$$

statt

$$y, dy, d^2 y \text{ und } d^3 y$$

setzt; die durch diese Substitutionen hervorgebrachte Gleichung wird sich auf

$$\left.\begin{array}{l} z_1 d^3 C_1 + 3 dz_1 d^2 C_1 + 3 d^2 z_1 dC_1 \\ \quad + P z_1 d^2 C_1 dx + 2 P dz_1 dC_1 dx \\ \quad\quad + Q z_1 dC_1 dx^2 \end{array}\right\} = V dx^3$$

zurückführen lassen.

Nimmt man $V = 0$ an, so wird die Gleichung in y eben die, welche z geben soll, und folglich zeigen die vorhergehenden Rechnungen, wie man mit zwei oder blos einem besondern Werthe dieser Function zu ihrem allgemeinen Ausdrucke gelangen könne.

Da die im Obigen auf die Gleichung des ersten Grades und der dritten Ordnung angewendete Methode für die Gleichungen desselben Grades in allen Ordnungen zutrifft, so folgert man aus dem Vorhergehenden, daß, wenn man eine Anzahl n besonderer Werthe von z hat, man daraus unmittelbar den allgemeinen Ausdruck dieser Function ableiten werde; und man wird zu demselben Ausdrucke in dem Falle, wo man nur $n-1$ besondere Werthe kennte, dadurch gelangen, daß man eine Gleichung des ersten Grades und der ersten Ordnung integrirt. Diesen Satz verdankt man Lagrange, so wie deu Beweis, welchen ich so eben davon gegeben habe.

§. 285. Die Gleichung

$$d^n z + P d^{n-1} z dx + Q d^{n-2} z dx^2 \ldots + U z dx^n = 0$$

kann nicht in allen Fällen integrirt werden; man thut ihr aber dadurch, daß man $z = e^{mx}$ macht, ein Genüge, wenn die Coefficienten $P, Q, \ldots U$ beständig sind, weil sie bei dieser Voraussetzung nach der Substitution der Werthe von z, dz, d^2z, ... d^nz, welche

$$e^{mx},\ e^{mx}m\,dx,\ e^{mx}m^2\,dx^2, \ldots\ldots e^{mx}m^n\,dx^n$$

sind, durch $e^{mx}dx^n$ theilbar wird; sodann findet sich

$$m^n + Pm^{n-1} + Qm^{n-2} \ldots\ldots + U = 0.$$

Bezeichnet man mit m_1, m_2, ... m_n die n Wurzeln dieser Gleichung, so erhält man

$$z_1 = e^{m_1x},\ z_2 = e^{m_2x}, \ldots z_n = e^{m_nx},$$

und folglich

$$z = C_1 e^{m_1x} + C_2 e^{m_2x} + C_3 e^{m_3x} \ldots\ldots + C_n e^{m_nx}.$$

Dies ist der allgemeine Ausdruck von z, wenn die Wurzeln m_1, m_2, . . . alle ungleich und reell sind.

Befinden sich unter diesen Wurzeln imaginäre, so kann man, da sie immer paarweise von der Form

$$\alpha + \beta\sqrt{-1},\ \alpha - \beta\sqrt{-1}$$

vorhanden sind, die $\sqrt{-1}$ dadurch verschwinden lassen, daß man die Exponentialgrößen vermittelst der Formeln des 164. §s in Sinus und Cosinus verwandelt; und sind m_1 und m_2 zwei imaginäre Wurzeln von demselben Paare, so werden die Glieder

$C_1 e^{m_1x} + C_2 e^{m_2x}$, welche sich aus jenen für den vollständigen Werth von z ergeben, (§. 81.)

$$C_1 e^{(\alpha+\beta\sqrt{-1})x} + C_2 e^{(\alpha-\beta\sqrt{-1})x}$$

$$= e^{\alpha x}[(C_1 + C_2)\cos\beta x + (C_1 - C_2)\sqrt{-1}\sin\beta x]$$

$$= e^{\alpha x}(c_1 \cos\beta x + c_2 \sin\beta x) = p e^{\alpha x}\sin(\beta x + q).$$

Wenn einige von den Wurzeln m_1, m_2, etc. unter sich gleich werden, so verliert der vollständige Werth von z an seine Allgemeinheit, weil alsdann mehrere der beständigen Größen C_1, C_2, C_3, etc. sich in eine einzige zusammenziehen, so wie man es für die zweite Ordnung gesehen hat (§. 81.). Es sei zuvörderst $m_1 = m_2$, so geben die beiden Glieder $C_1 e^{m_1x} + C_2 e^{m_2x}$ nur ein Glied, nämlich $(C_1 + C_2)e^{m_1x}$; und der Ausdruck von z wird nur noch eine Anzahl n—1 von willkührlichen beständigen Größen in sich schließen; wird aber $m_2 = m_1 + k$ angenommen, so findet man

$$C_1 e^{m_1 x} + C_2 e^{m_2 x} = e^{m_1 x}(C_1 + C_2 e^{kx})$$

$$= e^{m_1 x}\left[C_1 + C_2\left(1 + \frac{kx}{1} + \frac{k^2 x^2}{1.2} + \text{etc.}\right)\right],$$

welches, durch Verwandlung von $C_1 + C_2$ in c_1, und $C_2 k$ in c_2,

$$e^{m_1 x}\left(c_1 + c_2 x + c_2 \frac{kx^2}{2} + \text{etc.}\right)$$

und, $k = o$ gemacht,

$$e^{m_1 x}(c_1 + c_2 x)$$

wird. Diese Größe in die Stelle von $C_1 e^{m_1 x} + C_2 e^{m_2 x}$ substituirt, bekommt der Werth von z die Allgemeinheit wieder, welche derselbe haben muß, um das vollständige Integral der vorgegebenen Gleichung zu sein; man erhält demnach

$$z = e^{m_1 x}(c_1 + c_2 x) + C_3 e^{m_3 x} + \text{etc.}$$

Um zu dem Falle, wo $m_1 = m_2 = m_3$ ist, zu kommen, so mache man in dem vorhergehenden Resultate $m_3 = m_1 + k'$, und es wird

$$z = e^{m_1 x}(c_1 + c_2 x + C_3 e^{k'x}) + \text{etc.}$$

Durch Entwickelung von $e^{k'x}$ findet man

$$z = e^{m_1 x}\left(c_1 + C_3 + (c_2 + C_3 k')x + C_3 \frac{k'^2 x^2}{2}\right.$$

$$\left. + C_3 \frac{k'^3 x^3}{2.3} + \text{etc.}\right) + \text{etc.};$$

werden die beständigen Größen

$$c_1 + C_3,\ c_2 + C_3 k' \text{ und } C_3 \frac{k'^2}{2} \text{ in } c_1,\ c_2 \text{ und } c_3$$

verwandelt, so ergiebt sich

$$z = e^{m_1 x}\left(c_1 + c_2 x + c_3 x^2 + c_3 \frac{k'x^3}{3} + \text{etc.}\right) + \text{etc.}$$

und für $k = o$,

$$z = e^{m_1 x}(c_1 + c_2 x + c_3 x^2) + \text{etc.}$$

Man wird auf eben die Weise finden, daß, für

$$m_1 = m_2 = m_3 = m_4,$$

der allgemeine Ausdruck von z

$$z = e^{m_1 x}(c_1 + c_2 x + c_3 x^2 + c_4 x^3) + \text{etc.}$$

ist, und so fort an.

§. 286. Hat man eine Anzahl m von Differential-Gleichungen des ersten Grades, eine Anzahl m + 1 veränderlicher Größen enthaltend, so ist eine einzige dieser veränderlichen Größen unabhängig, und die m anderer sind Functionen derselben. Wenn diese letztern und ihre Differential-Coefficienten sich nicht über die erste Potenz in den vorgegebenen Gleichungen erheben, welche alsdann vom ersten Grade sind, so kann man durch die in §. 119. angezeigte Methode zu einer Differential-Gleichung des ersten Grades gelangen zwischen der einen der zu bestimmenden Functionen und zwischen der veränderlichen Größe, welche man als unabhängig betrachtet; es lassen sich aber bisweilen die Rechnungen des Eliminirens dadurch vermeiden, daß man die vorgegebenen Gleichungen verbunden integrirt.

D'Alembert ist der erste, welcher sich mit der unmittelbaren Integrirung mehrerer Differential-Gleichungen beschäftigt hat, und die Methode, welche er bei dieser Gelegenheit ersann, ist zu sinnreich, um sie mit Stillschweigen zu übergehen.

Es seien, 1) die Gleichungen

$$du + (A u + B x) dt = T dt,$$
$$dx + (A' u + B' x) dt = T' dt,$$

wo man die veränderlichen Größen u und x als Functionen der unabhängigen veränderlichen Größe t betrachtet; multiplicirt man die zweite durch einen Factor ϑ, eine Function von t, und setzt sie darauf zu der ersten hinzu, so kommt

$$du + \vartheta dx + [(A + A'\vartheta) u + (B + B'\vartheta) x] dt = (T + T'\vartheta) dt,$$

welches Resultat in die Gleichung des ersten Grades

und der ersten Ordnung mit nur zwei veränderlichen Größen übergienge, wenn man

$$du + \vartheta dx = d\left(u + \frac{B + B'\vartheta}{A + A'\vartheta}x\right)$$

hätte, weil,

$$u + \frac{B + B'\vartheta}{A + A'\vartheta}x = z$$

gemacht, man

$$dz + (A + A'\vartheta)z\,dt = (T + T'\vartheta)dt$$

finden würde.

Damit die geforderte Bedingung erfüllt werde, muß im Allgemeinen

$$\vartheta = \frac{B + B'\vartheta}{A + A'\vartheta},\quad d.\frac{B + B'\vartheta}{A + A'\vartheta} = 0$$

sein; wird ϑ aus der zweiten Gleichung fortgeschafft, so leitet man daraus eine Beziehung ab zwischen den Coefficienten A, B, A', B'.

Wenn diese Coefficienten beständig sind, so geschieht jener unmittelbar dadurch ein Genüge, daß man ϑ als beständig annimmt; und dieser Factor wird durch die erste Gleichung bestimmt werden, welche nur bis zum zweiten Grade steigt. Bezeichnet man mit ϑ_1 und ϑ_2 die Werthe von ϑ, welche gleichfalls die von $\frac{B + B'\vartheta}{A + A'\vartheta}$ sein werden; ferner mit a_1 und a_2 die von $A + A'\vartheta$, und endlich mit T_1 und T_2 die von $T + T'\vartheta$, so findet man (§. 257.) diese zwei ursprünglichen Gleichungen

$$u + \vartheta_1 x = e^{-a_1 t}\left(\int e^{a_1 t} T_1 dt + \gamma_1\right),$$

$$u + \vartheta_2 x = e^{-a_2 t}\left(\int e^{a_2 t} T_2 dt + \gamma_2\right),$$

aus welchen man die allgemeinen Ausdrücke von u und x zieht, und wo γ_1 und γ_2 willkührliche beständige Größen sind.

Die vorgegebenen Gleichungen scheinen anfangs nicht so allgemein, als sie sein könnten, weil alle Differentialen nicht zugleich in jeder vorkommen;

allein wenn man folgende Gleichungen

$$Mdu + Ndx + (Pu + Qx)dt = Rdt,$$
$$M'du + N'dx + (P'u + Q'x)dt = R'dt$$

hätte, so würde man sie auf die ersteren leicht dadurch zurückbringen, daß man wechselsweise dx und du eliminirte; man könnte auch das Verfahren unmittelbar darauf anwenden; allein die Rechnung ist einfacher bei der erstern Form, welche sich überdies am häufigsten in den Anwendungen antrifft. Ich bemerke endlich, daß man sich noch eine unbestimmte Größe mehr hätte verschaffen können, dadurch daß man die erste der vorgegebenen Gleichungen eben sowohl als die zweite durch einen Factor multiplicirte; allein dies ist für den Fall, wo die Coefficienten der ersten Gleichungsseite beständig sind, den einzigen, womit sich zu beschäftigen hieher gehört, unnütz.

2) Es seien die Gleichungen

$$du + (Au + Bx + Cy)dt = Tdt,$$
$$dx + (A'u + B'x + C'y)dt = T'dt,$$
$$dy + (A''u + B''x + C''y)dt = T''dt,$$

in welchen die Coefficienten der ersten Gleichungsseite beständige Größen bezeichnen, so multiplicire man die zweite mit ϑ, die dritte mit ϑ', und setze diese hierauf zu der ersten hinzu, welches ein Resultat giebt, das sich leicht unter die Form

$$du + \vartheta dx + \vartheta' dy + (A + A'\vartheta + A''\vartheta')\left(u + \frac{B + B'\vartheta + B''\vartheta'}{A + A'\vartheta + A''\vartheta'}x + \frac{C + C'\vartheta + C''\vartheta'}{A + A'\vartheta + A''\vartheta'}y\right)dt$$
$$= (T + T'\vartheta + T''\vartheta')dt$$

bringen läßt. Damit sich dasselbe in eine Gleichung des ersten Grades und der ersten Ordnung mit zwei veränderlichen Größen verwandeln könne, wird

$$\vartheta = \frac{B + B'\vartheta + B''\vartheta'}{A + A'\vartheta + A''\vartheta'}, \quad \vartheta' = \frac{C + C'\vartheta + C''\vartheta'}{A + A'\vartheta + A''\vartheta'}$$

sein müssen. Diese letztern Gleichungen, welche ϑ und ϑ' bestimmen, leiten durch die Eliminirung auf eine Endgleichung in ϑ oder in ϑ', wo die unbekannte Größe nach den gehörigen Zusammenziehungen nur auf den dritten Grad steigt.

Jede der Wurzeln von dieser letztern insbesondere betrachtend, bekommt man drei ursprüngliche Gleichungen von der Form

$$u+\vartheta_1 x+\vartheta'_1 y=e^{-a_1 t}(\int e^{a_1 t} T_1 dt+\gamma_1)$$
$$u+\vartheta_2 x+\vartheta'_2 y=e^{-a_2 t}(\int e^{a_2 t} T_2 dt+\gamma_2)$$
$$u+\vartheta_3 x+\vartheta'_3 y=e^{-a_3 t}(\int e^{a_3 t} T_3 dt+\gamma_3).$$

§. 287. D'Alembert wendet dieses Verfahren auf die Gleichungen des ersten Grades von irgend einer beliebigen Ordnung an, welches man ohne Mühe auf was immer für eine Zahl von Gleichungen des ersten Grades und der ersten Ordnung ausdehnt; und zu dem Ende bringt er die ersten auf die zweiten zurück. Z. B. für zwei Gleichungen von der Form

$$d^2u+(Adu+Bdx)dt+(Cu+Dx)dt^2=Tdt^2,$$
$$d^2x+(A'du+B'dx)dt+(C'u+D'x)dt^2=T'dt^2$$

macht er $du=pdt$, $dx=qdt$; und hat folglich zwischen den fünf veränderlichen Größen p, q, t, u und x die vier Gleichungen der ersten Ordnung

$$dp+(Ap+Bq+Cu+Dx)dt=Tdt,$$
$$dq+(A'p+B'q+C'u+D'x)dt=T'dt,$$
$$du-pdt=0,$$
$$dx-qdt=0,$$

welche er alsdann nach der Methode des vorhergehenden §s behandelt.

Dieser analytische Kunstgriff läßt sich gleicher Weise auf die Gleichungen des ersten Grades von allen Ordnungen anwenden, welches auch ihre Anzahl sein mag.

Methoden, die Differential-Gleichungen der ersten und zweiten Ordnung durch Näherung aufzulösen.

§. 288. Nachdem die für das Integriren einer Differential-Gleichung bekannten Mittel erschöpft worden, muß man suchen, dieselben durch Näherung aufzulösen, d. h. aus ihr den Werth von y in x vermittelst einer Reihe zu ziehen. Der sich hierbei zuerst darstellende Gedanke ist, für y eine nach Potenzen von x geordnete Reihe mit unbestimmten Coefficienten anzunehmen; allein es bedarf sehr oft besonderer Kunstgriffe, um die Exponenten zu bestimmen, sofern sie nicht der Fortschreitung der ganzen Zahlen folgen. Wenn die Form dieser Reihe bekannt ist, so gelangt man zur Auffindung ihrer Coefficienten, indem man dieselbe, so wie ihr Differential, statt y und dy in die vorgegebene Gleichung substituirt.

Hätte man z. B. die Gleichung

$$dy + y\,dx = m\,x^n\,dx,$$

so würde man

$$y = A x^{\alpha} + B x^{\alpha+1} + C x^{\alpha+2} + \text{etc.}$$

annehmen, diesen Werth, so wie den daraus entspringenden von dy in $dy + y\,dx = m\,x^n\,dx$ setzen, mit der Berücksichtigung, die Glieder auf die Weise zusammenzustellen, daß man eine hinreichende Anzahl von Gleichungen, um die Exponenten und Coefficienten zu bestimmen, bilden könne, ohne in Widersprüche zu verfallen, und so

$$\left.\begin{array}{l} \alpha A x^{\alpha-1} + (\alpha+1) B x^{\alpha} + (\alpha+2) C x^{\alpha+1} + (\alpha+3) D x^{\alpha+2} + \text{etc.} \\ - m x^n + \quad A x^{\alpha} + \quad B x^{\alpha+1} + \quad C x^{\alpha+2} + \text{etc.} \end{array}\right\} = 0$$

erhalten, welche Gleichung dadurch identisch würde, daß man $n = \alpha - 1$ oder $\alpha = n + 1$, und

$$A=\frac{m}{\alpha},\ B=\frac{-m}{\alpha(\alpha+1)},\ C=\frac{m}{\alpha(\alpha+1)(\alpha+2)},$$
$$D=\frac{-m}{\alpha(\alpha+1)(\alpha+2)(\alpha+3)},\ \text{etc.}$$

macht, und man fände

$$y=m\left(\frac{x^{n+1}}{n+1}-\frac{x^{n+2}}{(n+1)(n+2)}+\frac{x^{n+3}}{(n+1)(n+2)(n+3)}-\text{etc.}\right).$$

Dieser Werth von y ist unvollständig, da er keine willkührliche beständige Größe in sich schließt, und es würde sich eben so mit allen Fällen verhalten, wo die beständige Größe von der veränderlichen Größe x in der Entwickelung des Integrals nicht isolirt werden kann; hier zunächst, wie man einen bekommen könne, der die ganze Allgemeinheit hat, welche bei einem Integrale zulässig ist.

§. 289. Es sei $f(x, y, c)=0$ das Integral irgend einer Differential-Gleichung, so müßte man, um seine beständige Größe c zu bestimmen, den Werth von y kennen, welcher einem gewissen Werthe von x entspricht; nämlich z. B., daß $y=b$, wenn $x=a$; vermittelst dieser Bedingung hätte man $f(a, b, c)=0$, woraus man den Werth von c in a und in b ziehen würde. Es ist einleuchtend, derselbe Zweck würde erreicht, wenn man den aus der Differential-Gleichung abgeleiteten Ausdruck von y dergestalt einrichtet, daß, indem man darin $x=a$ macht, daraus $y=b$ hervorgehe; dies aber läßt sich nun dadurch bewerkstelligen, daß man $x=a+t$, $y=b+u$ setzt, und zur Darstellung von u eine Reihe annimmt, deren Glieder für $t=0$ alle verschwinden.

Die Gleichung $dy=y\,dx+mx^n\,dx$ wird durch diese Umformung $du+(b+u)dt=m(a+t)^n dt$; und

$$u=At^{\alpha}+Bt^{\alpha+1}+Ct^{\alpha+2}+\text{etc.}$$

gemacht, findet man

$$\left.\begin{array}{l} \alpha A t^{\alpha-1} + (\alpha+1) B t^{\alpha} + (\alpha+2) C t^{\alpha+1} + \text{etc.} \\ + b \quad + \quad A t^{\alpha} + \quad B t^{\alpha+1} + \text{etc.} \\ - m a^n - m \frac{n}{1} a^{n-1} t - m \frac{n(n-1)}{1 \cdot 2} a^{n-2} t^2 - \text{etc} \end{array}\right\} = 0;$$

in dieser Gleichung hat man $\alpha - 1 = 0$ oder $\alpha = 1$ anzunehmen, und es kommt

$$A = m a^n - b, \quad B = \frac{m n a^{n-1} - m a^n + b}{2},$$

$$C = \frac{m n (n-1) a^{n-2} - m n a^{n-1} + m a^n - b}{2 \cdot 3}, \text{ etc.}$$

§. 290. Die Taylorsche Reihe läßt sich unmittelbar auf dieselbe Untersuchung anwenden. Indem man b als eine Function von a betrachtet, so wird diese Größe

$$b + \frac{db}{da}\frac{t}{1} + \frac{d^2 b}{da^2}\frac{t^2}{1 \cdot 2} + \frac{d^3 b}{da^3}\frac{t^3}{1 \cdot 2 \cdot 3} + \text{etc.},$$

wenn sich a in $a + t$ verwandelt; und man erhält folglich

$$y = b + u = b + \frac{db}{da}\frac{t}{1} + \frac{d^2 b}{da^2}\frac{t^2}{1.2} + \frac{d^3 b}{da^3}\frac{t^3}{1.2.3} + \text{etc.}$$

Da aber a und b zwei zusammengehörige Werthe von x und y sind, so muß zwischen ihnen und dem Coefficienten $\frac{db}{da}$ dieselbe Beziehung vorhanden sein, als zwischen x, y und $\frac{dy}{dx}$; man findet demnach den Werth von $\frac{db}{da}$ dadurch, daß man a und b an die Stelle von x und y in die vorgegebene Gleichung setzt; und die aufeinander folgenden Differentialen dieses Resultats werden die Werthe von $\frac{d^2 b}{da^2}$, $\frac{d^3 b}{da^3}$, etc. durch eine, der des 42. §s durchaus ähnliche Rechnung geben.

Diese Reihe wird im Allgemeinen convergirend sein, wenn t sehr klein ist; und um sich zu den

Werthen von x, beträchtlicher als $a+t$, zu erheben, muß man $a+t=a_1$, $b+u=b_1$ machen, und diese Größen in die vorgegebene Differential-Gleichung substituiren, und daraus die Coefficienten $\frac{db_1}{da_1}$, $\frac{d^2b_1}{da_1^2}$, etc. zu folgern, vermittelst welcher man einen neuen, zu a_1+t gehörigen und durch eine der vorhergehenden ähnliche Reihe ausgedrückten Werth von y bilden wird. Von dieser letztern Reihe mache man so lange Gebrauch, als dieselbe convergirend ist, und bilde daraus hernach eine andere, wie es so eben gesagt worden ist.

Dieses Verfahren hört auf anwendbar zu sein, wenn einer der Differential-Coefficienten unendlich wird; allein dies geschieht nur, weil die Function y für $x=a$ wirklich unendlich ist, oder weil alsdann die Reihe, welche diese Function ausdrückt, Bruch-Potenzen von x in sich schließen muß. Der erste Fall würde z. B. für die Gleichung $dy=\frac{dx}{x-a}$ Statt haben, deren Integral $y=cl(x-a)$ ist; man hat alsdann den ersten, von a verschiedenen Werth von x zu nehmen. In dem zweiten Falle hat man die Exponenten der Reihe zu bestimmen, welche y darstellen soll; und wenn man dieselben kennt, kann man sich ebenfalls der Taylorschen Reihe bedienen. Ginge z. B. die Reihe nach den Potenzen von $x^{\frac{m}{n}}$ fort, so mache man $x^{\frac{m}{n}}=z$; forme demzufolge die vorgegebene Differential-Gleichung um, und entwickele sodann nach den Potenzen von z; übrigens hat man bemerken müssen, daß das erste Mittel (§. 289.) dieser Schwierigkeit enthoben ist.

§. 291. Eben dieselben Verfahrungsarten sind es auch noch, welche man auf die Gleichungen der zweiten und höhern Ordnungen anwendet. Die allgemeinste ist diejenige, bei welcher man für y eine

Reihe annimmt, deren Exponenten sowohl als die Coefficienten unbestimmt sind; das folgende Beispiel wird einen Begriff von der Art geben, wie man beider Werth bekommt.

Es sei die Gleichung

$$d^2y + ax^n y dx^2 = 0;$$

setzt man

$$y = Ax^\alpha + Bx^{\alpha+\delta} + Cx^{\alpha+2\delta} + \text{etc.},$$

und ist die Folge der Exponenten wachsend, oder δ positiv, so kann man sich bei einem sehr klein angenommenen x vorstellen, daß sich y auf sein erstes Glied reducire, weil die folgenden zu klein sind, als daß sie mit dem ersten vergleichbar wären. Bei dieser Voraussetzung kann man sich darauf beschränken,

$$y = Ax^\alpha,\ d^2y = \alpha(\alpha - 1)Ax^{\alpha-2}dx^2$$

zu nehmen; und die vorgegebene Gleichung wird

$$\alpha(\alpha - 1)Ax^{\alpha-2} + aAx^{\alpha+n} = 0.$$

Es wird nicht möglich sein, α so zu bestimmen, daß die beiden Exponenten $\alpha - 2$ und $\alpha + n$ gleich werden, ausgenommen in dem besondern Falle, wo $n = -2$ ist; allein da der Exponent von x in dem zweiten Gliede beträchtlicher ist, als in dem ersten, so kann man das eine dieser Glieder gegen das andere aus der Acht lassen, und die Gleichung wird sich durch Näherung auf zweierlei Art bewährt finden, nämlich, indem man $\alpha = 0$ und $\alpha = 1$ nimmt, weil beide Voraussetzungen das Glied $\alpha(\alpha - 1)Ax^{\alpha-2}$, welches das größte der Gleichung ist, verschwinden lassen; A bleibt daher unbestimmt, und man hat zwei Reihen, eine mit A, eine andere mit Ax anfangende.

Nimmt man nach einander

$$y = A + Bx^\delta + Cx^{2\delta} + \text{etc.}$$

$$y = Ax + Bx^{1+\delta} + Cx^{1+2\delta} + \text{etc.},$$

und substituirt diese Werthe, so wie die entsprechenden Werthe von d^2y, so wird man erkennen, indem man die Glieder ordnet, δ müsse gleich $n + 2$ sein;

und in jedem Falle die Coefficienten A, B, C, etc. bestimmend, gelangt man zu diesen beiden Reihen:

$$A - \frac{aAx^{n+2}}{(n+1)(n+2)} + \frac{a^2Ax^{2n+4}}{(n+1)(n+2)(2n+3)(2n+4)}$$
$$- \frac{a^3Ax^{3n+6}}{(n+1)(n+2)(2n+3)(2n+4)(3n+5)(3n+6)} + \text{etc.}$$

$$Ax - \frac{aAx^{n+3}}{(n+2)(n+3)} + \frac{a^2Ax^{2n+5}}{(n+2)(n+3)(2n+4)(2n+5)}$$
$$- \frac{a^3Ax^{3n+7}}{(n+2)(n+3)(2n+4)(2n+5)(3n+6)(3n+7)} + \text{etc.}$$

Die weiter oben angeführten Entwickelungen sind nur besondere, da sie blos die willkuhrliche beständige Größe A enthalten; allein schreibt man in der ersten A_1 an die Stelle von A, und nimmt hierauf ihre Summe, so erhält man wegen der besondern Form des vorgegebenen Beispiels (§. 279.) einen allgemeinen Ausdruck von y.

Alles, was im 290. §en über die Gleichungen der ersten Ordnung gesagt worden, läßt sich auf die der zweiten Ordnung anwenden, mit diesem einzigen Unterschiede, daß das zweite Glied der in diesem §en angeführten Reihen als willkührlich zu betrachten ist, da die vorgegebene Gleichung nur den Coefficienten $\frac{d^2y}{dx^2}$ und die, welche ihm folgen, giebt. Um den Ausdruck von y völlig zu bestimmen, muß man daher kennen, was diese Function und ihr erster Differential-Coefficient werden, wenn x einen besondern Werth a bekommt, oder doch dafür zwei besondere, zweien gegebenen Werthen von x entsprechende Werthe von y haben; allein dieses letztere Verfahren ist im Allgemeinen nur auf das durch eine endliche Anzahl von Gliedern ausgedrückte zweite Integral anwendbar.

§. 292. Die durch die Taylorsche Reihe gelieferten annähernden Verfahrungsarten, welche sich auf alle Ordnungen erstrecken, zeigen, daß die Differential-Gleichungen mit zwei veränderlichen Größen immer möglich sind, d. h. man könne immer entweder streng genaue oder Annäherungswerthe von der Function, welche jene bestimmen, angeben. Dasselbe läßt sich auch durch geometrische Betrachtungen darthun. Nämlich, wenn es eine Gleichung der ersten Ordnung betrifft, so zieht man daraus den Werth des Coefficienten $\frac{dy}{dx}$, welcher die trigonometrische Tangente des Winkels ausdrückt, den die Tangente der auf diese Gleichung sich beziehenden Curve mit der Linie der Abscissen macht; man nehme daher den zu den Coordinaten $AP = a$, $PM = b$ gehörigen Punct M (Fig. 50.), und ziehe die Linie MT an der mit AB parallelen MQ unter dem Winkel $M'MQ$, gleich demjenigen, dessen Tangente $\frac{db}{da}$ ist, so wird diese gerade Linie die gesuchte Curve in dem Puncte M berühren. Betrachtet man die Curve und ihre Tangente als zusammenfallend in der Nähe des Berührungspunctes, so wird die gerade Linie TM für einen dem P unendlich nahen Punct P' die Ordinate $P'M'$ bestimmen, mit welcher man aus der vorgegebenen Differential-Gleichung die Tangente des am Puncte M' durch die auf TM folgende Tangente $T'M'$ gebildeten Winkels $M''M'Q'$ berechnet. Die Fortsetzung dieses Verfahrens wird ein Polygon geben, welches in dem Maaße, als man die Anzahl der Seiten desselben vermehrt, sich um so viel weniger von der Curve, zu welcher die vorgegebene Gleichung gehört, unterscheidet. Aus dieser Construction geht auch hervor, daß eine Differential-Gleichung der ersten Ordnung eine unendliche Menge von Curven vorstellt, da man den ersten Punct M, wo man will, nehmen kann. Fig. 50.

Bei den Gleichungen der zweiten Ordnung, welche nur den Coefficienten $\frac{d^2y}{dx^2}$ geben, setzt man für die Tangenten die Schmiegungs-Parabeln. Hat man einen ersten Punct, dessen Abscisse und Ordinate $x=a$, $y=b$ seien, willkührlich angenommen, so bilde man die Gleichung

$$y-b=A(x-a)+B(x-a)^2,$$

welche zu einer durch diesen Punct gehenden Parabel gehört. Diese zweimal nach einander differentiirt, und dann $x=a$ gemacht, so zieht man daraus

$$\frac{dy}{dx}=A, \quad \frac{d^2y}{dx^2}=2B;$$

der Coefficient A bleibt willkührlich; allein B wird dadurch bestimmt, daß man in die vorgegebene Gleichung a, b und A statt x, y, $\frac{dy}{dx}$ setzt; man construirt demnach zuerst eine Parabel MN (Fig. 53.), welche durch den Punct M gehe, und deren Tangente an diesem Puncte mit der Abscisse einen Winkel bilde, deren trigonometrische Tangente gegeben sei. Man berechnet den Werth von der Ordinate P'M' dieser Curve und von $\frac{dy}{dx}$, beide zu einem, auf der Abscissen-Axe sehr nahe am Puncte P genommenen Puncte P' gehörig; sodann diese Werthe in die vorgegebene Differential-Gleichung gesetzt, leitet man daraus einen neuen Werth von $\frac{d^2y}{dx^2}$ her. Indem man diesen durch B_1 vorstellt, und die zu P'M' und $\frac{dy}{dx}$ gehörigen b_1 und A setzt, bildet man die Gleichung

Fig. 53.

$$y-b_1=A_1(x-a_1)+B_1(x-a_1)^2$$

der zweiten Schmiegungs-Parabel M'N', mit welcher man eine dritte M N'' bestimmt u. s. fort an.

Man würde dieses Verfahren leicht abändern, um dabei statt der Schmiegungs-Parabel den Schmiegungskreis zu gebrauchen, oder um es auf alle Ordnungen auszudehnen.

Von

Von den besondern Auflösungen der Differential=Gleichungen der ersten Ordnung.

§. 293. Im 270. §. hat sich für eine Differential-Gleichung eine besondere Auflösung dargestellt, welche nicht aus dem vollständigen Integral abgeleitet war, und man ist im 283. §. nur zu einem Werthe von y ohne eine willkührliche beständige Größe gelangt; diese beiden Umstände lassen folgende Fragen entstehen: woher kommen die besondern Auflösungen? und wie läßt sich unterscheiden, ob eine ursprüngliche Gleichung, welche einer vorgegebenen Differential=Gleichung Genüge thut, aus ihrem Integral abgeleitet ist oder nicht? hiermit werde ich mich sofort beschäftigen.

Die Beziehung, welche zwischen einer Differential-Gleichung und ihrem Integrale obwaltet, ist eine solche, daß dieses letztere einer unendlichen Anzahl von ursprünglichen Gleichungen gleich gilt, die man dadurch, daß man der willkührlichen beständigen Größe folgeweise alle nur möglichen Werthe gäbe, erhalten würde, und deren jede der Differential=Gleichung Genüge thut. (§. 43). Man bezeichnet diese verschiedenen ursprünglichen Gleichungen mit dem Namen besondere Integralen, weil dies besondere Falle des vollständigen Integrals sind. Die besondern Auflösungen, deren Zahl immer begrenzt ist, sind ursprüngliche, von den besondern Integralen wesentlich verschiedene Gleichungen. Diese Auflösungen sind von zweierlei Art; die von der einen sind nichts anders als Factoren der vorgegebenen Differential=Gleichung, in denen dx und dy nicht vorkommen, welche folglich, gleich Null gesetzt, ursprüngliche Gleichungen geben, und zwischen x und y Beziehungen feststellen, welche die vorgegebene Gleichung identisch machen. Durch Aufsuchung der gemeinschaftlichen Divisoren der Functionen M und N wird man die Auflösungen dieser Gattung, deren die Gleichung

$$Mdx + Ndy = 0$$

fähig ist, finden.

Die zweite Gattung besonderer Auflösungen, wovon die Gleichung $ydx - xdy = n\sqrt{dx^2 + dy^2}$ (§. 270.) ein Beispiel geliefert hat, ist innig mit der Differential-Gleichung, wovon sie abstammt, verknüpft, obgleich sie in keinen von den Fällen des vollständigen Integrals übergehen kann, so wie man dies leicht aus der Vergleichung der Gleichungen

$$y = cx + n\sqrt{1 + c^2} \text{ und } x^2 + y^2 = n^2$$

ersieht.

Folgendes ist die Theorie, welche Lagrange im Jahr 1774 von diesen letztern, vor ihm als ein Paradox in der Integral-Rechnung bildend, betrachteten Auflösungen gegeben hat *).

§. 294. Die besondern Auflösungen, ohne schlechthin in dem vollständigen Integral begriffen zu sein, können dennoch daraus abgeleitet werden, indem man die willkührliche beständige Größe nicht

*) Er nannte sie besondere Integralen, und gab den Namen besondere Auflösungen den verschiedenen Fällen des vollständigen Integrals. Laplace, welcher sich mit demselben Gegenstande vor Lagrange mit Erfolg beschäftigt hat, braucht diese Benennungen in einem umgekehrten Sinne, und ich bin ihm gefolgt. Es schien mir, daß die ursprünglichen Gleichungen, welche die Differential-Gleichungen auflösen, ohne in ihrem vollständigen Integrale begriffen zu sein, da sie nicht durch die Verfahrungsarten der Integrirung erhalten werden, auch nicht einen Namen führen sollten, der an diese Verfahrungsarten erinnert.

mehr als unveränderlich betrachtet. Nämlich es sei $U=0$, eine ursprüngliche, die veränderlichen Größen x, y und eine beständige Größe c enthaltende Gleichung, so ist die entsprechende Differential-Gleichung, welche ich mit $V=0$ bezeichne, das Resultat der Eliminirung dieser beständigen Größe zwischen den Gleichungen $U=0$, $\frac{dU}{dx}dx+\frac{dU}{dy}dy=0$ (§. 43.); nimmt man aber an, c sei irgend eine Function von x, so giebt man der Gleichung $U=0$ eine solche Ausdehnung, daß sie eine beliebige Gleichung mit zwei veränderlichen Größen, und folglich auch alle besondern Auflösungen der Gleichung $V=0$ wird vorstellen können. Dies vorausgesetzt, bringe man die Gleichung .... $\frac{dU}{dx}dx+\frac{dU}{dy}dy=0$ unter die Form $dy=pdx$, so wird man bemerken, daß, da die Gleichung $V=0$ aus der Eliminirung von c zwischen $U=0$ und $dy=pdx$ entspringt, sie dieselbe bleiben müsse, welchen Werth man auch immer c geben mag, und daß man folglich c veränderlich setzen könne, wofern nur das Gesetz seiner Veränderung so beschaffen wäre, daß man jederzeit $dy=pdx$ hätte; nun ergiebt sich zwar, indem man sowohl c wie auch x als veränderlich betrachtet, im Allgemeinen $dy=pdx+qdc$, wo p und q Functionen von x und c sind; man erhält aber dennoch blos $dy=pdx$, wenn $q=0$ ist; bestimmt man also c durch diese letztere Gleichung und substituirt in $U=0$ den so gefundenen Werth, so thut das Resultat der Differential-Gleichung $V=0$ auch noch Genüge.

Im Vorhergehenden ist y als eine Function von x und c betrachtet worden; wird hinwiederum x als eine Function von y und von c betrachtet, die Gleichung $\frac{dU}{dx}dx+\frac{dU}{dy}dy=0$ unter die Form

$dx = mdy$ gebracht, und wie oben geschlossen, so findet man, daß, wenn der Werth von dx, so genommen, daß man c sich ändern läßt, $dx = mdy + ndc$ ist, die aus der Eliminirung von e zwischen $n = o$ und $U = o$ hervorgehende Gleichung der Differential-Gleichung $V = o$ ebenfalls ein Genüge thut.

Die ursprünglichen Gleichungen, welche sich durch die beiden so eben auseinandergesetzten Verfahrungsarten ergeben, sind nothwendig entweder besondere Auflösungen der Gleichung $V = o$, wenn sie so beschaffen ist, daß sie dergleichen hat, oder besondere Fälle ihres vollständigen Integrals.

Man kann diese beiden Verfahrungsarten dadurch in eine einzige zusammenfassen, daß man die Nenner in der Gleichung

$$\frac{dU}{dx}dx + \frac{dU}{dy}dy + \frac{dU}{dc}dc = o,$$

dem in Beziehung auf x, y und c genommenen Differentiale von $U = o$, verschwinden läßt. Dieselbe erhält sodann die Form

$$Mdx + Ndy + Pdc = o;$$

hieraus zieht man

$$dy = -\frac{M}{N}dx - \frac{P}{N}dc, \quad dx = -\frac{N}{M}dy - \frac{P}{M}dc;$$

und wenn die ganzen Functionen M, N algebraisch sind, oder, obzwar transcendent, doch nicht durch irgend einen Werth von c unendlich werden können, so verschwindet der Coefficient von dc nur durch die Annahme von $P = o$, welche sonach alle besondern Auflösungen von $V = o$ geben wird.

Wenn die Gleichung $P = o$ nur c und beständige Größen in sich schließt, so giebt sie c als beständig, und führt folglich nur auf ein besonderes Integral. Findet sich c nur vom ersten Grade in U, so kommt es in P nicht hinein, welches alsdann nur die veränderlichen Größen x und y enthält; in diesem Falle thut aber die Gleichung $P = o$ selbst der $V=0$ ein Genüge; denn ist $U=0$ von der Form $Q+cP=0$, so wird $V=0$ nun $PdQ-QdP=0$. Um sich alsdann zu vergewissern, ob $P=0$ eine besondere Auflösung oder blos ein besonderes Integral ist, so eliminire man eine der veränderlichen Größen x oder y zwischen $U=0$ und $P=0$. Die hervorgehende Gleichung wird in dem ersten Falle c als veränderlich, und in dem zweiten c als beständig geben. Fände sich $c=\frac{0}{0}$, so müßte man daraus schließen, die Gleichung $P=0$ sei ein von der beständigen Größe c unabhängiger und folglich ein der Differential = Gleichung $V=0$ fremder Factor von $U=0$.

§. 295. Ich werde nunmehr diese Theorie auf die Gleichung $ydx-xdy=n\sqrt{dx^2+dy^2}$, die zum vollständigen Integral $y-cx=n\sqrt{1+c^2}$ hat (§. 270.), anwenden. Indem man c sich zu gleicher Zeit mit x und y ändern läßt, und alle Glieder auf denselben Nenner bringt, erhält man
$cdx\sqrt{1+c^2}-dy\sqrt{1+c^2}+(x\sqrt{1+c^2}+nc)dc=0$;
dann den Coefficienten von dc gleich Null gesetzt, kommt $x\sqrt{1+c^2}+nc=0$; und hieraus zieht man $c=\frac{x}{\sqrt{n^2-x^2}}$. Dieser Werth verwandelt die Gleichung $y-cx=n\sqrt{1+c^2}$ in $x^2+y^2=n^2$, und giebt die im angeführten §. erhaltene, besondere Auflösung.

Alle Gleichungen von der Form $y=px+P$ (§. 270), in welcher sich die vorhergehende begriffen findet, haben auch eine ähnliche besondere Auflösung. Ihr vollständiges Integral, durch $y=cx+C$ vorgestellt, wo C aus c eben so zusammengesetzt ist, wie P aus p, giebt

$$cdx-dy+\left(x+\frac{dC}{dc}\right)dc=0,$$

und aus $x+\frac{dC}{dc}=0$ gesetzt, zieht man den Werth

von c, wovon die besondere Auflösung abhängt. Diese besondere Auflösung hat sich gezeigt, als man die Gleichung $y = px + P$ integrirte; denn durch Differentiirung derselben ist man zu einer aus zwei Factoren $x + \frac{dP}{dp} = 0$ und $dp = 0$ zusammengesetzten Gleichung gelangt, und das Resultat der Eliminirung von p zwischen $y = px + P$ und $x + \frac{dP}{dp} = 0$ würde dasselbe, als das der Eliminirung von c zwischen $y = cx + C$ und $x + \frac{dC}{dc} = 0$.

Die Gleichungen $y = px + P$ sind zuvörderst von Clairaut bemerkt worden, sowohl wegen der Eigenheit, welche sie haben, sich nach einer neuen Differentiirung leicht integriren zu lassen, als in Beziehung auf die besondere Auflösung, welche diese Differentiirung auf der Stelle offenbart.

Es sei ferner noch die Gleichung

$$x\,dx + y\,dy = dy\sqrt{x^2 + y^2 - a^2},$$

deren Integral

$$\sqrt{x^2 + y^2 - a^2} = y + c,$$

oder, indem man die Wurzelgröße verschwinden läßt,

$$x^2 - 2cy - c^2 - a^2 = 0$$

ist. Man findet

$$x\,dx - c\,dy - (y + c)\,dc = 0,$$

woraus

$$y + c = 0,$$

und folglich

$$\sqrt{x^2 + y^2 - a^2} = 0$$

hervorgeht. Die besondere Auflösung ist daher in diesem Beispiele

$$x^2 + y^2 - a^2 = 0.$$

§. 296. Eine Eigenheit der besondern Auflösungen, welche sich leicht an diesem letztern Beispiele darstellt, und allgemein ist, besteht darin, daß die

Differential-Gleichung dergestalt vorgerichtet werden kann, daß die besondere Auflösung ein Factor von ihr wird. Wenn man nämlich

$$\sqrt{x^2-y^2-a^2}=u$$

setzt, so erhält man

$$xdx+ydy=udu,$$

und die vorgegebene Gleichung wird

$$udu-udy=o.$$

Nähme man $u=x^2+y^2-a^2$, so bliebe die Wurzelgroße vor Augen in der umgeformten Gleichung, welche

$$du-2dy\sqrt{u}=o$$

würde; durch die Differentiirung der letztern käme man zu

$$d^2u-2d^2y\sqrt{u}-\frac{dydu}{\sqrt{u}}=o,$$

und durch das Verschwindenlassen des Divisors ginge daraus

$$d^2u\sqrt{u}-2ud^2y-dydu=o$$

hervor, welche Gleichung sich durch die Annahme von $u=o$ auch noch bewähren würde. Da diese Umformungen so weit, als man will, fortgesetzt werden können, so folgt, daß es Arten gebe, alle Differentialen der vorgegebenen Gleichung so vorzubereiten, daß die besondere Auflösung ihnen auch Genüge leiste, was sonst nicht Statt haben würde; denn hat man, indem man die beständige Größe c sich ändern läßt, und $\frac{dy}{dc}=o$ setzt, für die Auflösung, wie für das vollständige Integral, $dy=pdx$, so wird der Werth von d^2y durch die besondere Auflösung

$$\frac{dp}{dx}dx+\frac{dp}{dc}\frac{dc}{dx},$$

wogegen er für das vollständige Integral blos $\frac{dp}{dx}$ ist;

euch nicht demselben Factor thun diesen beide Werthe im Allgemeinen ein Genüge; man sieht selbst, daß die Gleichung

$$d^2u\sqrt{u} - 2ud^2y - dydu = 0$$

durch die besondere Auflösung, unabhängig von den Differentialen der zweiten Ordnung, wurde bewährt werden.

Die Entwickelung und die Erweise der so eben angezeigten Umstände würden mich zu weit führen; man findet sie in einer Denkschrift, worin Hr. Poisson mehrere Schwierigkeiten, welche in der Lehre von den besondern Auflösungen der verschiedenen Gattungen von Differential-Gleichungen noch zurückgeblieben waren, mit Erfolg aufgeklärt hat. (Man sehe das Tagebuch der Polytechnischen Schule, 13tes Heft.)

§. 297. Um nach den Vorhergehenden zu erkennen, ob eine ursprüngliche Gleichung, welche keine willkührliche beständige Größe enthält, und welche einer gegebenen Differential-Gleichung Genüge leistet, ein besonderes Integral oder blos eine besondere Auflösung derselben sei, muß man das vollständige Integral derselben haben; dieser Umstand, welcher nicht immer Statt hat, führt natürlich auf folgende Aufgabe:

Aus einem gegebenen Werthe $y = X$, welcher einer Differential-Gleichung Genüge thut, zu bestimmen, ob derselbe in dem vollständigen Integral begriffen sei oder nicht, und sofern es möglich ist, aus jenem dieses abzuleiten.

Angenommen, man habe aus diesem letztern $y = V$ gezogen, so wird die Function V nothwendig aus der veränderlichen Größe x und der willkührlichen beständigen Größe C so zusammengesetzt sein, daß sie sich durch eine schickliche Bestimmung von C in X verwandelt. Bezeichnet man durch C' diesen

Werth von C, und erwägt, daß die Annahme von $C = C'$, $V = X$ giebt, oder daß der Unterschied $V - X$ für $C - C' = 0$ verschwindet, so wird man hieraus folgern, daß, wenigstens durch seine Entwickelung, der Ausdruck von $V - X$ unter die Form

$$V - X = V'(C - C')^{\mu} + V''(C - C')^{\nu} + \text{etc.}$$

müsse gebracht werden können, wo die Exponenten μ, ν, etc. alle positiv, und die Größen V', V'', etc, von $C - C'$ unabhängig sind. Man kann $(C - C')^{\mu} = h$ nehmen; die Große h wird eben so wohl als die Größe C willkührlich bleiben; und indem man auch $\frac{\nu}{\mu}$ in μ verwandelt, so kommt

$$V - X = V'h + V''h^{\mu} + \text{etc.}$$

und hieraus

$$V = X + V'h + V''h^{\mu} + \text{etc.},$$

welchen Ausdruck man als die Entwickelung des vollständigen Werthes von y wird betrachten können.

Dies gesetzt und durch $dy = pdx$ die in Beziehung auf dy aufgelösete, vorgegebene Differential-Gleichung vorgestellt, so muß diese neue Gleichung, welcher nach der Voraussetzung die Gleichung $y = X$ Genüge thut, unabhangig von h durch den vollständigen Werth von y bewährt werden. Indem man diese zuvörderst mit $X + k$ bezeichnet, hat man zu ihrer Substituirung in $dy = pdx$ zu suchen, was aus p wird, wenn man darin y in $X + k$ verwandelt. Es sei $P + P'k^{m} + P''k^{n} + \text{etc.}$ die Entwickelung dieses Werthes von p, so werden die Exponenten m, n, etc., welche ich nach der Folge ihrer Große geordnet voraussetze, nothwendig positiv sein; denn p wird für $k = 0$ nicht unendlich, da die Gleichung $y = X$, welche dy nicht unendlich giebt, die Gleichung $dy = pdx$ identisch macht, dergestalt daß $dX = Pdx$ ist.

Wenn man $y = X + k$ macht, so hat man zum Resultat

$$dX + dk = (P + P'k^m + P''k^n + \text{etc.})dx,$$

welches sich durch die Gleichung $dX = Pdx$ auf

$$dk = (P'k^m + P''k^n + \text{etc.})dx$$

zurückführt; und es kommt, für k die Entwickelung

$$V'h + V''h'' + \text{etc.}$$

gesetzt,

$$hdV' + h''dV'' + \text{etc.} = \left\{\begin{array}{l} P'h^m dx(V' + V''h''^{-1} + \text{etc.})^m \\ + P''h^n dx(V' + V''h''^{-1} + \text{etc.})^n \\ + \text{etc.} \end{array}\right\} (A),$$

nach welcher Gleichung man V', V'', etc unabhängig von h bestimmen muß. Indem man zuvörderst nur dasjenige Glied nimmt, wo diese Größe den kleinsten Exponenten hat, bildet man die Gleichung

$$hdV' = P'V'^m h^m dx,$$

welche für jedes beliebige h nur Statt finden kann, wenn $m = 1$ ist; in diesem Falle verschwindet h und es kommt

$$dV' = P'V'dx, \quad V' = e^{\int P' dx}.$$

Wenn $m > 1$ ist, so kann man das erste Glied $P'V'^m h^m dx$ der zweiten Seite mit dem Gliede hdV' der ersten nicht mehr vergleichen; allein man läßt dieses letztere dadurch verschwinden, daß man $dV' = 0$ setzt, welches $V' = \text{const.}$ oder einfacher $V' = 1$ giebt; dann nimmt man $\mu = m$ an, und hat $dV'' = P'dx$, woraus $V'' = \int P'dx$ sich ergiebt; und auf diese Art fortgehend, findet man die andern Glieder der Reihe.

Wenn $m < 1$ ist, so ist es nicht mehr möglich, der Gleichung (A) in irgend einer Art Genüge zu thun, da man das Glied $P'h^m dx$ weder mit dem Gliede hdV' noch mit irgend einem der ihm folgenden, deren Exponenten sämmtlich die Einheit übersteigen, zu vergleichen vermag; die Gleichung $y = X$, als welche dann keine willkührliche beständige Größe zulassen kann, ist nicht ein besonderes Integral, sondern eine besondere Auflösung.

§. 298. Dies giebt ein Verfahren an die Hand, um die besondern Auflösungen der Differential-Gleichungen von der ersten Ordnung, ohne deren vollständiges Integral zu kennen, unmittelbar zu entdecken. Nämlich die Entwickelung von p, wenn man darin y in $y + k$ verwandelt, würde im Allgemeinen nach dem Taylorschen Lehrsatze

$$p + \frac{dp}{dy} k + \frac{d^2 p}{dy^2} k^2 + \text{etc.};$$

und sofern sie die Form

$$P + P k^m + \text{etc.}$$

annimmt, wo $m < 1$ ist, so wird der Differential-Coefficient $\frac{dp}{dy}$ unendlich (§. 55.); mithin muß die Differentiirung, durch welche man von p zu diesem Coefficienten übergeht, einen Divisor herbeiführen, der verschwindet. Es geht hieraus hervor, daß, wenn man $\frac{dp}{dy}$ durch $\frac{K}{L}$ vorstellt, jede besondere Auflösung $L = 0$ geben, und folglich ein Factor von L sein werde, und umgekehrt; jeder Factor von L, welcher es nicht auch zu gleicher Zeit von K ist, und welcher, gleich Null gesetzt, das vorgegebene Differential bewährt, wird eine besondere Auflösung derselben sein.

Man vermeidet die Auflösung der vorgegebenen Differential-Gleichung in Beziehung auf dy, indem man bemerkt, daß, wenn $Z = 0$ diese Gleichung bezeichnet, so daß Z eine Function von x, y und p ist, und man dann $p\,dx$ statt dy schreibt, man

$$\frac{dZ}{dx} dx + \frac{dZ}{dy} dy + \frac{dZ}{dp} dp = 0,$$

und hieraus

$$\frac{dp}{dy} = - \frac{\frac{dZ}{dy}}{\frac{dZ}{dp}}$$

erhält, und daß, wenn man die Gleichung Z so vorbereitet, daß sie weder Brüche noch Wurzelgrößen enthalte, es zureicht, um $\frac{dp}{dy}$ unendlich zu machen, daß man einen Factor von $\frac{dZ}{dp}$ gleich Null setzt.

Man würde so nur diejenigen besondern Auflösungen, in welchen sowohl y als x vorkommt, erhalten; man würde aber auch zu denen gelangen, welche blos x in sich schließen, und von der Form x = const. sind, indem man in der vorgegebenen Function x als eine Function von y betrachtet.

§. 299. Ich werde nun durch diese Methode zuvörderst die besondern Auflösungen der Gleichung

$$x\,dx + y\,dy = dy\sqrt{x^2 + y^2 - a^2}$$

des 295. §s aufsuchen. Diese Gleichung wird, nach dem Verschwinden der Wurzelgröße,

$$x^2 dx^2 + 2xy\,dx\,dy + (a^2 - x^2)dy^2 = o,$$

oder

$$x^2 + 2xyp + (a^2 - x^2)p^2 = o,$$

und die Differentiirung giebt

$$\frac{dZ}{dp} = 2xy + 2p(a^2 - x^2);$$

die gesuchte besondere Auflösung muß daher eine solche seyn, daß sie mit Hülfe des Werthes, welchen ihr Differential für p liefert, zu gleicher Zeit die zwei Gleichungen

$$x^2 + 2xyp + (a^2 - x^2)p^2 = o,$$
$$xy + (a^2 - x^2)p = o$$

bewährt. Es folgt hieraus, daß sie ohne Beihülfe ihres Differentials die aus der Eliminirung von p zwischen den beiden vorstehenden sich ergebende Gleichung bewahren wird. Dies gesetzt, führt die Gleichung

$$xy + (a^2 - x^2)p = o,$$

mit p multiplicirt und von der vorgegebenen abgezogen, auf

$$x^2 + xyp = o,$$

woraus

$$p = -\frac{x}{y};$$

und diesen Werth von p in die erstere substituirt, findet man die Gleichung

$$x^2 + y^2 - a^2 = 0,$$

von welcher man weiß, daß sie eine besondere Auflösung der vorgegebenen ist.

Die allgemeinere Gleichung $y = px + P$, auf dieselbe Weise behandelt, führt auf $\frac{dZ}{dp} = x + \frac{dP}{dp}$; der Gleichung

$$x + \frac{dP}{dp} = 0$$

müssen also die besondern Auflösungen Genüge thun; und diese werden aus der Eliminirung von p zwischen der letztern und der vorgegebenen Differential-Gleichung hervorgehen.

Um endlich ein Beispiel der besondern Auflösungen von der Form $y = \text{const.}$ zu geben, nehme ich die Gleichung

$$\frac{dy}{dx} = b(y-a)^m,$$

aus welcher man unmittelbar

$$\frac{dp}{dy} = mb(y-a)^{m-1}$$

zieht. Dieser Ausdruck kann nur dann unendlich werden, wenn der Exponent $m - 1$ negativ ist, und man zu gleicher Zeit $y = a$ hat, welcher Werth der vorgegebenen Gleichung nur ein Genüge thut, wofern m positiv ist; es muß hiernach also der Exponent ein positiver Bruch sein. In diesem Falle ist $y = a$ eine besondere Auflösung, dahingegen das vollständige Integral

$$\frac{(y-a)^{1-m}}{1-m} - bx = \text{const.}$$

ist.

§. 300. Im Allgemeinen sind unter den algebraischen Functionen nur die Wurzelgrößen, welche durch die Differentiirung einen Nenner erlangen, und welche folglich, wenn p einen endlichen Werth hat, $\frac{dp}{dy} = \frac{1}{0}$ geben können; in den Wurzelgrößen also muß man die besondern Auflösungen suchen, indem man die mit jenen behafteten Functionen gleich Null setzt, und sich vergewissert, daß die entspringenden Gleichungen der vorgegebenen Genüge thun. Durch dieses Verfahren giebt die Gleichung

$$xdx + ydy = dy\sqrt{x^2 + y^2 - a^2}$$

unmittelbar

$$x^2 + y^2 - a^2 = 0;$$

und die Gleichung

$$ydx - xdy = n\sqrt{dx^2 + dy^2},$$

aus welches man

$$\frac{dy}{dx} = \frac{-xy}{n^2 - x^2} \pm \frac{n\sqrt{x^2 + y^2 - n^2}}{n^2 - x^2}$$

zieht, führt auf $x^2 + y^2 - n^2 = 0$, wie man es schon auf mehrerlei Weise gefunden hat.

Auflösung einiger geometrischer, von den Differential-Gleichungen abhängender Aufgaben.

§. 301. Das Setzen der geometrischen, von den Differential-Gleichungen abhangenden Aufgaben in eine Gleichung, nur auf den Eigenschaften der Tangenten, der Normalen, der Krümmungshalbmesser beruhend, gewährt nicht mehr Schwierigkeiten, als die andern analytischen Uebertragungen, wenn man die Ausdrücke der zu betrachtenden Linien kennt; auch werde ich davon nur einige Beispiele geben.

Ich bemerke zuvörderst, daß die Integrirung der Differential-Gleichungen der ersten Ordnung auch umgekehrte Methode der Tangenten heißt, weil jede Differential-Gleichung von dieser Ordnung, den Ausdruck von $\frac{dy}{dx}$ in x und in y gebend, das Verhalten, welches in der durch sie dargestellten Curve zwischen den Coordinaten und der Subtangente, oder der Tangente oder der Normale, u. s. f. vorhanden ist, kennen lehrt. Wenn man nämlich aus der vorgegebenen Gleichung $\frac{dy}{dx} = p$ zieht, so hat die Subtangente zu ihrem Ausdrucke $\frac{y}{p}$, die Tangente $\frac{y\sqrt{1+p^2}}{p}$, u. s. f. (§. 65.). Es wurde die Differential-Rechnung entdeckt, um Tangenten an den Curven zu ziehen, d. h. um die gerade (directe) Aufgabe der Tangenten aufzulösen; mit der Integral-Rechnung beschäftigte man sich nachmals, um zu den ursprünglichen Gleichungen der Curven durch die Eigenschaften ihrer Tangenten zu gelangen; allein die Fortschritte und die zahlreichen Anwendungen dieser Rechnung machten, daß man die Benennung der umgekehrten Methode der Tangenten aufgab, welche nur auf einer einzigen Art ihres Gebrauches paßte.

In den ersten Zeiten suchte man durch Flächenräume oder selbst durch die Bogen einiger bekannten Curven die Ordinate der verlangten Curve zu bestimmen; nachher hat man diese Constructionen bei Seite gelassen, weil sie jederzeit, wie zierlich sie auch in der Theorie sein mochten, weniger bequem und zumal weniger genau in der Ausübung waren, als die Annäherungsformeln, welche ihren Platz eingenommen haben.

Eine Differential-Gleichung kann im Allgemeinen nur construirt werden, wenn man ihre veränderlichen Größen gesondert hat, weil alsdann der Ausdruck der einen derselben nur noch von der Quadratur einer Curve abhängt, deren ursprüngliche Gleichung bekannt ist.

§. 302. Ich nehme als Beispiel die Construction der Curven, in welchen die Subtangente einer gegebenen Function der Abscisse x gleich ist, so wird die Differential-Gleichung dieser Curve $\frac{y\,dx}{dy} = X$, wo Y die gegebene Function bezeichnet. In dieser Gleichung, die nur zwei Glieder hat, sondern sich die veränderlichen Größen auf der Stelle, und es kommt $\frac{dy}{y} = \frac{dx}{X}$. Alsdann die beiden Seiten durch eine beständige Größe m multiplicirt, hat man $\frac{m\,dy}{y} = \frac{m\,dx}{X}$; und durch L.y den in dem Systeme, dessen Modul m ist, genommenen Logarithmen von y bezeichnet, so giebt die Integrirung

$$Ly = \int \frac{m\,dx}{X} = \frac{1}{m} \int \frac{m^2\,dx}{X}.$$

Construirt man zuvörderst eine solche Curve DN
Fig. 51. (Fig. 51.), daß die der Abscisse AP entsprechende Ordinate $PN = \frac{m^2}{X}$ sei, so giebt der Flächenraum ADNP den Werth von $\int \frac{m^2\,dx}{X}$. Man bringe diesen Flächenraum auf ein Rechteck FQ, dessen eine Seite m sei, so drückt die andere Seite AQ, $\frac{1}{m} \int \frac{m^2\,dx}{X}$ aus; hierauf die logarithmische Linie ER beschrieben, deren Ordinaten senkrecht auf der Axe AC sind, und durch den Punct Q die senkrechte Linie RQ errichtet, so erhält man $L.RQ = AQ$ (§. 101.) oder $L.RQ = \frac{1}{m} \int \frac{m^2\,dx}{X}$; RQ ist

da-

daher die Ordinate P M der gesuchten Curve gleich *).

Man muß wohl bemerken, daß diese Construktion nicht fordert, daß man den analytischen Ausdruck der Function X habe. Man könnte an seiner Stelle die Ordinate irgend einer auf die Axe AB bezogenen Curve nehmen, und mit dieser Ordinate und der willkührlichen Linie m die durch die obigen Formeln angezeigten verzeichnenden Operationen bewerkstelligen. Man sieht auch, daß die Linie m nur eingeführt worden ist, um diese Formeln gleichartig zu machen, und kann gleich der Einheit angenommen werden.

§. 303. Ich will nun noch die Auflösung einer in den ersten Zeiten, wo man sich mit der Integral-Rechnung beschäftigt hat, berühmten Aufgabe beibringen, der Aufgabe der Trajectorien. Sie hat zum Gegenstande, die Curve zu bestimmen, welche alle diejenigen einer gegebenen Gattung unter einem gegebenen Winkel schneidet. Man versteht hier unter Curven einer gegebenen Gattung die verschiedenen besondern Curven, welche man erhält, indem man folgeweise der einen der beständigen Größen einer ursprünglichen Gleichung alle möglichen Werthe beilegt. Wenn man z. B. den Parameter einer Parabel sich ändern läßt, so entspringt daraus eine Reihe von Parabeln, auf dieselbe Axe bezogen und mit einerlei Scheitel, wovon die äußersten einer Seits die Axe, und anderer Seits die Linie sein werden, welche auf letzterer senk-

*) Ich habe mich nicht dabei verweilt, die verschiedenen Mittel zur Beschreibung der logarithmischen Linie, die alle nur Annäherungen geben, umständlich auseinanderzusetzen, weil es einfacher ist, sie durch Puncte vermittelst der Logarithmen-Tafeln zu construiren. Man könnte auch die asymptotischen Räume der Hyperbel anwenden (§. 225).

recht ist, und durch den Scheitel geht; die Curve, welche diese sämmtlich unter einem gegebenen Winkel schneidet, ist ihre Trajectorie *).

Fig. 52. Es seien $DN_{,,}$, DN, $D'N$, etc. (Fig. 52.) die geschnittenen Curven und MZ die schneidende Curve oder die gesuchte Trajectorie; wenn man durch irgend einen ihrer Puncte M eine Tangente Mt an ihr führt, und auch die der durch diesen Punct gehenden geschnittenen Curve zieht, so soll der Winkel TMt nach der Angabe der Frage dem gegebenen Winkel gleich sein. Ich bezeichne mit x', y' die Coordinaten der geschnittenen Curven, mit x, y die der schneidenden Curve, und mit a die trigonometrische Tangente des beständigen Winkels TMt, welcher dem Unterschiede der Winkel MTP, MtP, deren gegenseitige Tangenten zu ihrem Ausdrucke $\frac{dy'}{dx'}$ und $\frac{dy}{dx}$ haben, gleich ist, so führt die Beziehung

$$\operatorname{tang} TMt = \operatorname{tang} (MtP - MTP)$$

sodann auf

$$a = \frac{\frac{dy}{dx} - \frac{dy'}{dx'}}{1 + \frac{dy}{dx}\frac{dy'}{dx'}} \quad \text{(Trig. §. 26).}$$

Ich nehme hier an, man kenne die ursprüngliche Gleichung der geschnittenen Curven; zieht man hieraus durch die Differentiirung $dy' = p\,dx$, so wird die obige Gleichung

$$a\left(1 + p\frac{dy}{dx}\right) + p - \frac{dy}{dx} = 0 \ldots\ldots\ldots (A).$$

*) Man giebt auch in der Mechanik den Namen Trajectorie der Curve, welche ein von was immer für Kräften getriebener Körper beschreibt; es kann aber in einem ausschließlich der Analysis und Geometrie gewidmeten Werke von dieser Art von Trajectorien nicht die Rede sein.

Man muß überall x und y statt x' und y' schreiben, weil in dem Puncte M die geschnittene Curve und die schneidende dieselben Coordinaten haben. Ist dies geschehen, und eliminirt man zwischen der Gleichung (A) und der ursprünglichen Gleichung der geschnittenen Curven die beständige Größe, deren verschiedene Werthe eine jede dieser Curven zu einer besondern machen, so erhält man ein Resultat, welches alle ihre aufeinanderfolgenden Durchschnitte mit der Trajectorie umfaßt, und folglich davon die Gleichung ist.

Es seien z. B. die Parabeln, welche einerlei Axe und einerlei Scheitel haben, und deren Gleichung $y'^n = \alpha x'^m$ ist, so kommt $p = \frac{m \alpha x'^{m-1}}{n y'^{n-1}}$. Man kann aus diesem Ausdrucke vermittelst der vorgegebenen Gleichung den Parameter α, welcher jede Parabel eines und desselben Grades zur besondern macht, unmittelbar hinwegschaffen; das Resultat, nachdem x' und y' in x und y verwandelt worden, in die Gleichung (A) gesetzt, und hierauf durch $x^{m-1} y^{n-1}$ dividirt: so findet man

$$a(nx dx + my dy) + my dx - nx dy = 0.$$

Diese Gleichung läßt sich als gleichartig nach dem Verfahren des 255. §s behandeln. Wenn man $m = n = 1$ hat, so wird sie durch Dividirung mit $x^2 + y^2$ integrirbar, da

$$\frac{x dx + y dy}{x^2 + y^2} = d . l \sqrt{x^2 + y^2}$$

und

$$\frac{y dx - x dy}{x^2 + y^2} = d . \text{arc}\left(\text{tang} = \frac{x}{y}\right)$$

(§. 262.) ist; demnach hat man

$$a l \sqrt{x^2 + y^2} + \text{arc}\left(\text{tang} = \frac{x}{y}\right) = C,$$

oder

$$a\,l\frac{\sqrt{x^2+y^2}}{c}=\text{arc}\left(\text{tang}=\frac{y}{x}\right)$$

durch Verwandlung der willkührlichen beständigen Größe. Macht man

$$\sqrt{x^2+y^2}=u,\ \text{arc}\left(\text{tang}=\frac{y}{x}\right)=t,$$

so kommt man auf die Gleichung der logarithmischen Spirallinien, welche die Eigenschaft haben, ihren Radius-Vector unter einem beständigen Winkel zu schneiden (§. 114.); und wirklich sind in dem vorliegenden Falle die geschnittenen Curven nichts anders, als die sämmtlichen, durch den Anfang der Coordinaten gezogenen geraden Linien, deren Gleichung $y'=\alpha x'$ ist.

Wollte man, daß der Winkel TMt ein rechter wäre, so müßte man a unendlich annehmen, und folglich nur die hiermit multiplicirten Glieder in Rechnung ziehen; die obige Gleichung würde sich auf $nxdx+mydy=0$ zurückfuhren, deren Integral $nx^2+my^2=c$ zeigt, daß die Curve, welche die vorgegebenen Parabeln alle unter rechten Winkeln schneidet, eine Ellipse ist, die über einerlei mit diesen Curven beschriebene Axe den gemeinschaftlichen Scheitel derselben zu ihrem Mittelpuncte hat. Diejenigen Trajectorien, für welche der Winkel TMt ein rechter ist, heißen rechtwinklige Trajectorien; ihre allgemeine Gleichung ist

$$1+p\frac{dy}{dx}=0,$$

und wird dadurch erhalten, daß man a in der Gleichung (A) unendlich macht.

§. 304. Die folgende Aufgabe wird zeigen, wie die geometrischen Betrachtungen auf die in §. 294. auseinandergesetzte Theorie von den besondern Auflösungen führen. Eine Curve von der Beschaffenheit zu finden, daß alle von einem gegebenen Puncte auf die Tangenten dieser Curve gefällten senkrechten Linien gleich seien. Um zu der Differential-Gleichung zu gelangen, muß man sich erinnern, daß x und y die Coordinaten einer Curve, und x' und y' die ihrer Tangente genannt, die Gleichung dieser geraden Linie $y' - y = \frac{dy}{dx}(x' - x)$ ist (§. 67). Wird zum Anfange der Coordinaten der bekannte Punct genommen, von welchen aus die senkrechten Linien alle gefällt werden sollen, so hat eine jede von ihnen $y' = -\frac{dx}{dy}x'$ zur Gleichung (Trig. §. 86.), und ihre Länge wird durch $\sqrt{x'^2 + y'^2}$ ausgedrückt. Indem man für x' und y' die Coordinaten des Punctes setzt, wo sie die ihr entsprechende Tangente trifft, und deren Werthe sich aus den beiden obigen Gleichungen ergeben (Trig. §. 87.), so erhält man vermöge dieser Gleichungen

$$x' = \frac{(x\,dy - y\,dx)\,dy}{dx^2 + dy^2},$$

$$y' = -\frac{(x\,dy - y\,dx)\,dx}{dx^2 + dy^2},$$

und

$$\sqrt{x'^2 + y'^2} = \frac{x\,dy - y\,dx}{\sqrt{dx^2 + dy^2}} = n;$$

daher wird die Differential-Gleichung der gesuchten Curve

$$x\,dy - y\,dx = n\sqrt{dx^2 + dy^2}.$$

Dies gesetzt, so sieht man leicht ein, daß der Kreis, dessen Halbmesser = n, und dessen Mittelpunct der Anfang der Coordinaten ist, der Frage Genüge thut. Dieser Kreis, welcher zur Gleichung $y^2 + x^2 = n^2$ hat, ist genau die §. 270. gefundene Auflösung; allein jede gerade, in Beziehung auf den Anfang der Coordinaten so gelegene Linie, daß ihr kleinster Abstand von diesem Puncte gleich n ist, lös't gleicher Weise die vorgelegte Aufgabe; und wie es eine unendliche Menge von geraden Linien giebt, welche diese Bedingung erfüllen können, so liegt in der sie alle umfassenden Gleichung das vollständige Integral der oben gefundenen Differential-Gleichung, welches nämlich

$$y - cx = n\sqrt{1 + c^2}$$

ist (§. 70).

Ein bemerkenswerther und sogleich in die Augen fallender Umstand ist, daß alle so eben erwähnten geraden Linien nothwendig von dem Kreise, welcher die besondere Auflösung vorstellt, berührt werden, da er die auf jede von ihnen gefällte senkrechte Linie zum Halbmesser hat.

Dasselbe Verhalten findet Statt zwischen den verschiedenen, durch das vollständige Integral einer Differential-Gleichung von der ersten Ordnung vorgestellten Curven, und der aus einer besondern Auflösung dieser Gleichung entspringenden; die letztere berührt alle andern. Die Differential-Gleichung nämlich bestimmt nur die Richtung der Tangente, und jede Curve, welche in einem beliebigen Puncte dieselbe Tangente hat, als eine der aus dem vollständigen Integral abgeleiteten Curven, wird ihr nothwendig Genüge thun; dies geschieht nun aber bei der Curve, welche jene alle berührt.

Es folgt hieraus, daß die Abgewickelte einer Curve nichts anders ist, als die besondere Auflösung der Differential-Gleichung, welche alle Normalen der Abwickelnden *) vorstellt (§. 95.), und daß im Allgemeinen die durch die besondern Auflösungen gegebenen Curven aus den aufeinanderfolgenden Durchschnitten der Curven entspringen, die den verschiede-

*) In der Urschrift steht Abgewickelte (Evolute). B.

nen Werthen, welche die willkührliche beständige Größe in dem vollständigen Integrale haben kann, entsprechen.

Die in §. 291. aufgestellte Verbindung zwischen den vollständigen Integralen und den besondern Auflösungen läßt sich auch aus geometrischen Betrachtungen ableiten; denn jeder Punct des Kreises in dem vorhergehenden Beispiele kann als der Durchschnitt zweier aufeinanderfolgenden Tangenten betrachtet werden, d. h. als der Durchschnitt zweier geraden, durch zwei aufeinanderfolgenden und der beständigen Größe c gegebenen Werthe sich ergebenden Linien; die Abscisse und die Ordinate dieses Durchschnitts hängen von den Werthen von c ab, welches folglich seinerseits eine Function dieser Größen oder von x und y ist. Es leuchtet ein, daß, um die Gleichung einer Linie zu bilden, die auf diejenigen folgt, welche durch die Gleichung

$$y - cx = n\sqrt{1 + c^2}$$

vorgestellt wird, man diese letztere so differentiiren müsse, daß man c sich ändern läßt; und da man nur den Durchschnitt dieser zwei Linien sucht, einen Punct, wo ihre Coordinaten gemeinschaftlich sind, so muß man x und y als beständig betrachten. Der gesuchte Durchschnittspunct wird demnach durch die beiden Gleichungen

$$y - cx = n\sqrt{1 + c^2}$$

$$-x = \frac{nc}{\sqrt{1 + c^2}}$$

bestimmt werden, wenn man dem c einen besondern Werth beilegt; allein wenn man c eliminirt, so wird das keinen Durchschnittspunct einzeln mehr bezeichnende Resultat alle Puncte, die aus dem Zusammentreffen der geraden durch alle Werthe von c sich ergebenden und je zwei und zwei nach einander verbundenen Linien entspringen, d. h. den Kreis umfassen, welcher die besondere Auflösung ist, und sich auch wieder aus der Aenderung, die der willkührlichen beständigen Größe des vollständigen Integrals gegeben wird, ableitet. Dieselben Bemerkungen bewahren sich bei den Abgewickelten, wenn man diese Curven als durch die Durchschnitte der nach einander folgenden Normalen der Abwickelnden erzeugt betrachtet.

Von der Integrirung der Functionen mit zwei oder einer größern Anzahl veränderlicher Größen.

Untersuchung einer Function mit mehreren veränderlichen Größen, wenn alle ihre Differential-Coefficienten von derselben Ordnung ausgewickelt oder eingewickelt gegeben sind.

§. 305. Die Functionen, welche von zwei oder einer größern Anzahl veränderlicher Größen abhängen, unterscheiden sich von denen mit einer einzigen darin, daß sie für jede Ordnung mehrere Differential-Coefficienten haben. Wenn z z. B. eine Function von zwei veränderlichen Größen ist, so erhält es für die erste Ordnung zwei Differential-Coefficienten, nämlich $\frac{dz}{dx}$, $\frac{dz}{dy}$, den einen so genommen, daß man x allein, und den andern so, daß man y allein sich ändern läßt. In der zweiten Ordnung steigt die Anzahl der Differential-Coefficienten auf drei, und wächst so folgeweise von Ordnung zu Ordnung (§. 124). Bei dem Wiederaufsteigen von den Differential-Coefficienten einer Function mit zwei oder einer größern Anzahl veränderlicher Größen zu dieser Function stellen sich mehrere Fälle dar: 1) kann man alle ihre Differential-Coefficienten von derselben Ordnung, durch die unabhängigen veränderlichen Größen ausgedrückt, haben; 2) kann die Function selbst mit den unabhängigen veränderlichen Größen in den Ausdrücken der Differential-Coefficienten vorkommen; 3) endlich kann man ein Verhalten zwischen diesen Coefficienten, der Function, wovon sie abgeleitet sind, und den unabhängigen veränderlichen Größen haben. Ich beschäftige mich zuvörderst mit den beiden ersten Fällen, welche die einfachsten sind.

§. 306. Wenn die Differential-Coefficienten der ersten Ordnung einer Function mit zwei veränderlichen Größen bekannt sind, so leitet man daraus ihr erstes Differential her, und umgekehrt; wenn $\frac{dz}{dx}=p$, $\frac{dz}{dy}=q$ ist, so erhält man $dz=pdx+qdy$. Um z zu erhalten, wird man das Differential $pdx+qdy$ durch das §. 261. auf das Differential $Mdx+Ndy$ angewendete Verfahren integriren müssen, was nicht thunlich ist, wofern nicht die gegebenen Functionen p und q der Bedingungsgleichung $\frac{dp}{dy}=\frac{dq}{dx}$ Genüge leisten. Wenn dieser Umstand nicht Statt findet, so läßt sich daraus schließen, daß der Ausdruck $pdx+qdy$ nicht das Differential von irgend einer Function mit zwei veränderlichen Größen, und durchaus ohne Bedeutung ist, so lange man darin zugleich die beiden veränderlicher Größen x und y als unabhängig betrachtet.

§. 307. Ich werde mich noch mit den Functionen dreier veränderlichen Größen beschäftigen.

Es sei $dz=ndu+pdx+qdy$, d. h.

$$\frac{dz}{du}=n,\ \frac{dz}{dx}=p,\ \frac{dz}{dy}=q,$$

wo n, p und q Functionen von u, x, y sind. Es ergeben sich zwischen diesen Functionen ähnliche Beziehungen, als man weiter oben für das Differential $dz = p\,dx + q\,dy$ bemerklich gemacht hat. Wenn man nämlich folgeweise dy, dx und du Null setzt, d. h. wenn man wechselsweise v, x und u als beständig betrachtet, so muß das vorgegebene Differential drei vollständige Differentialen zwischen zwei veränderlichen Größen darstellen, nämlich: $dz = n\,du + p\,dx$, $dz = n\,du + q\,dy$, $dz = p\,dx + q\,dy$, aus denen nothwendig

$$\frac{dn}{dx} = \frac{dp}{du}, \quad \frac{dn}{dy} = \frac{dq}{du}, \quad \frac{dp}{dy} = \frac{dq}{dx}$$

hervorgeht.

Die Integrirung wird sodann bewerkstelligt, indem man zuvörderst nur auf eine der veränderlichen Größen allein Rücksicht nimmt, als wenn die beiden andern beständig wären. Es sei $\int n\,du = U + V$, wo V eine Function bezeichnet, in welcher u nicht vorkommt. Wenn n zu gleicher Zeit u, x und y enthält, so bekommt man durch Differentiiren

$$dz = \frac{dU}{du}du + \frac{dU}{dx}dx + \frac{dU}{dy}dy + \frac{dV}{dx}dx + \frac{dV}{dy}dy,$$

oder

$$dz = n\,du + \left(\frac{dU}{dx} + \frac{dV}{dx}\right)dx + \left(\frac{dU}{dy} + \frac{dV}{dy}\right)dy,$$

da $\frac{dU}{du}du = n\,du$ ist; und damit dieser Werth von dz mit dem vorgegebenen identisch sei, so müssen die Gleichungen

$$p = \frac{dU}{dx} + \frac{dV}{dx},$$

$$q = \frac{dU}{dy} + \frac{dV}{dy}$$

jede für sich Statt haben; aus ihnen zieht man

$$\frac{dV}{dx} = p - \frac{dU}{dx},$$

$$\frac{dV}{dy} = q - \frac{dU}{dy};$$

nun sind aber $\frac{dU}{dx}$ und $\frac{dU}{dy}$ bekannte Functionen; also erhält man V durch das Integriren des Differentials

$$\left(p - \frac{dU}{dx}\right) dx + \left(q - \frac{dU}{dy}\right) dy$$

in Beziehung auf beide veränderliche Größen x und y vermittelst des Verfahrens des 261. §s, welches Verfahren voraussetzt, daß der Bedingungsgleichung

$$\frac{dp}{dy} - \frac{d^2U}{dx\,dy} = \frac{dq}{dx} - \frac{d^2U}{dy\,dx}$$

ein Genüge geschehen sei. Diese Gleichung führt sich auf $\frac{dp}{dy} = \frac{dq}{dx}$ zurück, wegen $\frac{d^2U}{dx\,dy} = \frac{d^2U}{dy\,dx}$ (§. 122.); ferner hat man zu beachten, daß, da V nicht u enthalten darf, man

$$\frac{d^2V}{dx\,du} = 0, \quad \frac{d^2V}{dy\,du} = 0$$

erhalten müsse, welches

$$\frac{dp}{du} = \frac{d^2U}{dx\,du}, \quad \frac{dq}{du} = \frac{d^2U}{dy\,du};$$

und folglich

$$\frac{dp}{du} = \frac{dn}{dx}, \quad \frac{dq}{du} = \frac{dn}{dy}$$

giebt, weil

$$\frac{d^2U}{dx\,du} = \frac{d.\frac{dU}{du}}{dx}, \quad \frac{d^2U}{dy\,du} = \frac{d.\frac{dU}{du}}{dy} \text{ und } \frac{dU}{du} = n.$$

die Gleichungen

$$\frac{dn}{dx} = \frac{dp}{du}, \quad \frac{dn}{dy} = \frac{dq}{du}, \quad \frac{dp}{dy} = \frac{dq}{dx},$$

durch die Integrirung sich wiederfindend, drücken sonach die einzigen Bedingungen aus, denen Genüge geschehen muß, damit der Ausdruck $dz = n\,du + p\,dx + q\,dy$ das Differential einer Function von drei veränderlichen Größen u, x und y sei.

Ich verfolge diesen Gegenstand nicht weiter; das Vorhergehende reicht hin, um zu zeigen, wie man mit einem Differential der ersten Ordnung, das eine beliebige Anzahl von unabhängigen veränderlichen Größen in sich schließt, zu Werke gehen müsse; und es ist leicht, daraus das Verfahren abzuleiten, welches für die Differentialen der höhern Ordnungen sich eignete, in welchen man d^2u, d^2x, d^2y, etc. als neue veränderliche Größen zu betrachten hat.

§. 303. Ich gehe zu dem Falle über, wo die gesuchte Function in dem Ausdrucke ihrer Differential-Coefficienten vorkommt, welche auf diese Art alle eingewickelt gegeben sind. Ich nehme erstlich an, die gesuchte Function z hänge nur von zwei veränderlichen Größen x und y ab, so hat man wiederum $\frac{dz}{dx}=p$, $\frac{dz}{dy}=q$, wo p und q zu gleicher Zeit x, y und z enthalten; und hieraus leitet man die Differential-Gleichung $dz=pdx+qdy$ ab, auf welche man die Gleichung

$$Pdx+Qdy+Rdz=0$$

zurückbringt, indem man

$$-\frac{P}{R}=p,\ -\frac{Q}{R}=q$$

macht.

Damit p und q die Differential-Coefficienten einer Function mit zwei veränderlichen Größen seien, muß immer $\frac{d(p)}{dy}=\frac{d(q)}{dx}$ sein. Ich habe hier die Bezeichnung des 126. §s angewendet, um anzudeuten, daß man in p und in q zu gleicher Zeit mit x und y die Function z, welche diese veränderlichen Größen eingewickelt enthält, sich ändern lassen müsse; indem man so verfährt, und p und q statt $\frac{dz}{dx}$ und $\frac{dz}{dy}$ setzt, findet man

$$\frac{dp}{dy} + q\frac{dp}{dz} = \frac{dq}{dx} + p\frac{dq}{dz},$$

oder

$$\frac{dp}{dy} - \frac{dq}{dx} + q\frac{dp}{dz} - p\frac{dq}{dz} = 0 \ldots . (A).$$

Substituirt man $-\frac{P}{R}$, $-\frac{Q}{R}$ an die Stelle von p und q, so kommt nach den Zusammenziehungen

$$P\frac{dR}{dy} - R\frac{dP}{dy} + R\frac{dQ}{dx} - Q\frac{dR}{dx} + Q\frac{dP}{dz} - P\frac{dQ}{dz} = 0 \ldots (B),$$

welche Gleichung das Verhalten ausdrückt, welches zwischen P, Q und R vorhanden sein muß, damit in der Differential-Gleichung,

$$Pdx + Qdy + Rdz = 0,$$

z als eine Function zweier veränderlicher Größen x und y betrachtet werden könne, und das Integral dieser Gleichung folglich durch eine einzige ursprüngliche Gleichung zwischen den drei veränderlichen Größen x, y und z ausgedrückt werde. Hieraus folgt, daß eine aufs Gerathewohl angenommene Differential-Gleichung mit drei veränderlichen Größen nicht immer durch eine Function zweier unabhängiger veränderlicher Größen bewährt werden könne.

Lange Zeit hindurch nannte man absurde Gleichungen, und betrachtete als bedeutungslos diejenigen, welche nicht der Gleichung (B) Genüge thaten; allein Monge hat gezeigt, daß alle Differential-Gleichungen mit drei veränderlichen Größen eine wirkliche Bedeutung hätten, und daß, während diejenigen, deren Integral durch eine einzige Gleichung zwischen drei veränderlichen Größen ausgedrückt wäre, zu krummen Oberflächen gehörten, jede der andern eine unendliche Menge, eine gemeinschaftliche Eigenschaft besitzender Curven von doppelter Krümmung vorstellte. Ich beschäftige mich für jetzt nur mit den erstern; in der Folge aber werde ich auf die letztern wieder zurückkommen.

§. 309. Wenn die Gleichung (B) durch die Substitution der Werthe von P, Q und R identisch wird, so geht daraus nicht immer hervor, daß die Gleichung

$$Pdx + Qdy + Rdz = o$$

ein genaues Differential sei; allein wenigstens kann man dieselbe durch Multiplizirung mit einem Factor zu einem solchen machen. Nämlich es sei μ dieser Factor und

$$\mu Pdx + \mu Qdy + \mu Rdz$$

ein genaues Differential, so erhält man (§. 307.)

$$\frac{d.\mu R}{dy} = \frac{d.\mu Q}{dz}, \quad \frac{d.\mu R}{dx} = \frac{d.\mu P}{dz}, \quad \frac{d.\mu Q}{dx} = \frac{d.\mu P}{dy}.$$

Diese Gleichungen werden nach der Entwickelung

$$\left.\begin{aligned} \mu\left(\frac{dR}{dy} - \frac{dQ}{dz}\right) + R\frac{d\mu}{dy} - Q\frac{d\mu}{dz} = o \\ \mu\left(\frac{dR}{dx} - \frac{dP}{dz}\right) + R\frac{d\mu}{dx} - P\frac{d\mu}{dz} = o \\ \mu\left(\frac{dQ}{dx} - \frac{dP}{dy}\right) + Q\frac{d\mu}{dx} - P\frac{d\mu}{dy} = o \end{aligned}\right\} (C);$$

man eliminirt μ, indem man die erste durch P, die zweite durch $-Q$, die dritte durch R multiplicirt, und die Producte addirt; ihre Summe ist durch μ theilbar, und giebt

$$P\frac{dR}{dy} - P\frac{dQ}{dz} - Q\frac{dR}{dx} + Q\frac{dP}{dz} + R\frac{dQ}{dx} - R\frac{dP}{dy} = o,$$

welche Gleichung mit (B) einerlei ist; und geschieht ihr Genüge, so hängt die Bestimmung von μ nur ab von zwei beliebigen der drei Gleichungen (C).

§. 310. Wenn die Differentialen dx, dy und dz über den ersten Grad in der vorgegebenen Gleichung hinaussteigen, so kann diese nach dem Vorhergehenden nur integrirt werden, wenn sie einer neuen Bedingung, mit welcher ich sogleich bekannt machen werde, Genüge leistet. Es sei als Beispiel die Gleichung

$$Pdx^2 + Qdy^2 + Rdz^2 + 2Sdxdy + 2Tdxdz + 2Vdydz = 0;$$

diese kann nicht aus der Differentiirung einer ursprünglichen Gleichung zwischen den veränderlichen Größen x, y und z hervorgehen, wofern sie nicht auf die Form

$$P'dx + Q'dy + R'dz = 0$$

zurückgebracht werden kann. Nämlich, welches auch das Integral sei, so kann man daraus immer durch die Differentiirung $dz = pdx + qdy$ herleiten, wo p und q irgend gewisse Functionen von x, y und z bezeichnen; es müssen daher, indem man die vorgegebene Gleichung in Beziehung auf dz auflös't, die Differentialen dx und dy alle beide aus dem Wurzelzeichen hinausgehen; dies geschieht nun aber nicht immer; denn man hat

$$dz = \frac{1}{R}\left[-Tdx - Vdy \pm \sqrt{(T^2 - PR)dx^2 + 2(TV - RS)dxdy + (V^2 - QR)dy^2}\right];$$

und wenn die Größe, welche unter dem Wurzelzeichen steht, nicht ein vollkommenes Quadrat ist, oder wenigstens, wenn man nicht

$$(TV - RS)^2 = (T^2 - PR)(V^2 - QR)$$

hat, so bleiben die Differentialen dx und dy unter diesem Wurzelzeichen gebunden. Im Allgemeinen, welches auch der Grad der vorgegebenen Gleichung in Beziehung auf dz, dx, dy sei, so muß dieselbe, nach den Potenzen von dz geordnet, sich in Factoren von der Form

$$dz - pdx - qdy = 0$$

zerlegen lassen.

Integrirung der theilhaften (partialen) Differential-Gleichungen von der ersten Ordnung.

§. 311. Ich gehe sofort zu dem dritten Falle der Untersuchung der Functionen mit zwei oder einer größern Anzahl von veränderlichen Größen über. In diesem Falle hat man zur Bestimmung der unbekannten Function nur einige ihrer Differential-Coefficienten von einer gewissen Ordnung oder eine einzige Gleichung zwischen ihnen. Er macht das aus, was man die Integral-Rechnung mit theilhaften Differenzen nennt, und was man, nach den Bemerkungen des 124. §s, Integral-Rechnung der theilhaften Differentialen nennen sollte; denn durch die Differential-Coefficienten, isolirt betrachtet, kennt man nur die theilhaften Differentialen, und nicht die Differenzen, welche der Gegenstand einer besondern Rechnung sind, die man in der Abhandlung von den Reihen findet, welche dieses Werk beschließt. Der Coefficient $\frac{d^{m+n} z}{dx^m dy^n}$, mit $dx^m dy^n$ multiplicirt, wird $\frac{d^{m+n} z}{dx^m dy^n} dx^m dy^n$, und drückt alsdann das m^{te} Differential, in Beziehung auf x, von dem n^{ten} Differential von z, in Beziehung auf y, aus, und gegenseitig.

§. 312. Die einfachste der theilhaften Differential-Gleichungen ist diejenige, welche nur den einen der Coefficienten der ersten Ordnung, und die unabhangigen veranderlichen Größen in sich schließt. Es sei z. B. $\frac{dz}{dx} = R$, wo R kein z enthält; durch Multiplicirung mit dx bekommt man $\frac{dz}{dx} dx = R dx$, oder $dz = R dx$, und in Beziehung auf x allein integrirt, kommt

kommt

$$z = \int R\,dx + C.$$

In diesem Resultate zeigt C nicht eine bloße willkührliche beständige Größe an, sondern eine durchaus unbestimmte Function von allen übrigen veränderlichen Größen, welche die Function z enthalten kann, außer x. Wenn z. B. z zu gleicher Zeit von x und y abhinge, so würde man $z = \int R\,dx + \varphi(y)$ erhalten, indem man mit φ eine willkührliche Function bezeichnet, welche auf irgend eine Art aus der veränderlichen Größe y, vermischt mit beständigen Größen, zusammengesetzt ist. Wenn z eine Function von drei veränderlichen Größen u, x und y ist, so hat man alsdann $z = \int R\,dx + \varphi(u, y)$, und $\varphi(u, y)$ stellt eine willkührliche Function vor, in welcher die veränderlichen Größen u und y auf irgend eine Art verbunden sein können, entweder unter sich oder mit beständigen Größen. Im Allgemeinen ist für eine beliebige Anzahl unabhängiger veränderlicher Größen s, t, u, x, y, etc. von $\frac{dz}{dx} = R$ das Integral

$$z = \int R\,dx + \varphi(s, t, u, y, \text{etc.}),$$

weil es einleuchtend ist, daß, da die Function $\varphi(s, t, u, y, \text{etc.})$, welches sie auch sei, sich nicht ändert, wenn x sich ändert, man immer $\frac{dz}{dx} = R$ hat.

Nach der eben gemachten Annahme kommt z nicht in R vor; fände es sich darin, so müßte man nach einigen der vorhergehenden Methoden, indem man nur x und z allein als veränderliche Größen betrachtete, die Gleichung

$$\frac{dz}{dx}\,dx - R\,dx = 0 \text{ oder } dz - R\,dx = 0$$

integriren; und ihr Integral mit V = const. bezeichnet, so hätte man

$$V = \varphi(s, t, u, y, \text{etc.})$$

zur ursprünglichen Gleichung, von welcher die Function z abhängt. Wenn man nämlich diese Gleichung differentiirt, indem man nur x und z sich andern läßt, so wird das Resultat von der Form

$$P\,dz + Q\,dx = 0,$$

und so beschaffen sein, daß $-\frac{Q}{P} = R$, welches $\frac{dz}{dx} = R$ giebt.

§. 315. Die Gleichung $Pp + Qq = R$, in welcher P, Q, R zugleich x, y und z enthalten, ist die allgemeinste, welche man möglicher Weise zwischen den Coefficienten der ersten Ordnung p und q haben kann, wenn diese nicht über den ersten Grad hinausgehen. Nimmt man den Werth von p in dieser Gleichung, um ihn in

$$dz = p\,dx + q\,dy$$

zu substituiren, so findet man

$$P\,dz - R\,dx = q(P\,dy - Q\,dx),$$

wo der Coefficient q immer unbestimmt bleibt. Es stellen sich hier zwei Fälle dar: 1) die Zusammensetzung von P, Q und R kann so beschaffen sein, daß die Function $P\,dz - R\,dx$ nur die veränderlichen Größen z und x, deren Differentialen sie enthält, in sich schließt, indeß die Function $P\,dy - Q\,dx$ nur x, y in sich faßt; 2) die eine oder die andere dieser Functionen, oder selbst alle beide können die drei veränderlichen Größen x, y und z in sich schließen.

In dem ersten Falle ist ein Factor μ vorhanden, welcher $P\,dy - Q\,dx$ zu einem vollständigen Differential macht, und ein Factor μ', welcher eben dasselbe bei $P\,dz - R\,dx$ bewirkt; werden diese Differentialen mit M und N bezeichnet, so erhält man

$$P\,dy - Q\,dx = \frac{1}{\mu}\,dM, \quad P\,dz - R\,dx = \frac{1}{\mu'}\,dN,$$

und die obige Gleichung wird $dN = \frac{q\mu'}{\mu}\,dM$. Diese kann nicht integrirbar sein, wofern nicht $\frac{q\mu'}{\mu}$ irgend eine Function von M ist; demnach $\frac{q\mu}{\mu} = \varphi'(M)$ gesetzt, so hat man $dN = \varphi(M)\,dM$, und es kommt durch Integrirung $N = \varphi(M)$, in welchem Resultate φ immer eine willkührliche Function bezeichnet.

Um ein Beispiel von diesem Falle zu geben, nehme ich die Gleichung $px + qy = nz$; hieraus zieht man

$$P = x,\ Q = y,\ R = nz,$$
$$Pdy - Qdx = xdy - ydx,$$
$$Pdz - Rdx = xdz - nzdx;$$

und durch die Integrirung der Gleichungen

$$xdy - ydx = 0,\ xdz - nzdx = 0$$

findet man, daß die Factoren μ und μ' gegenseitig $\frac{1}{x^2}$, $\frac{1}{x^{n+1}}$, und folglich $M = \frac{y}{x}$, $N = \frac{z}{x^n}$ sind; mithin ergiebt sich $\frac{z}{x^n} = \varphi\left(\frac{y}{x}\right)$, oder $z = x^n \varphi\left(\frac{y}{x}\right)$, d. h. z ist eine in x und y gleichartige Function vom Grade n. Wirklich ist die Gleichung $px + qy = nz$ nichts anders, als der in §. 266. gegebene Lehrsatz von den gleichartigen Functionen, von dem das Vorhergehende auch noch einen Beweis fur den Fall mit zwei veränderlichen Größen liefert.

§. 314. Wenn die veranderlichen Größen x, y und z ohne Unterschied in den Functionen $Pdy - Qdx$, $Pdz - Rdx$ vermischt sind, so ist es nicht mehr möglich, dieselben, jede insbesondere, vermittelst der Factoren integrirbar zu machen, und zwar weil man nicht die Gleichungen

$$Pdy - Qdx = 0,\ Pdz - Rdx = 0$$

isolirt zu integriren vermag; denn man hat wohl zu bemerken, daß weder z in der ersten noch x in der zweiten beständig angenommen werden können. Lagrange hat zuerst gezeigt, daß nichts desto weniger, wenn man diese Gleichungen in Verbindung integrirte, und daraus zwei ursprüngliche Gleichungen, jede eine willkührliche beständige Größe in sich schließend, ableitete, so daß man $M=a$, $N=b$ hätte, wo M und N in x, y und z gegebene Functionen sind, das Integral der vorgegebenen Gleichung $Pp+Qq=R$, $N=\varphi(M)$ sein würde, mit φ immer eine willkührliche Function bezeichnet. Dieser wichtige Satz erscheint ziemlich einfach auf folgende Art erwiesen.

Da die Gleichungen $M=a$, $N=b$ nach der Annahme aus den Gleichungen $Pdy-Qdx=0$, $Pdz-Rdx=0$ abgeleitet worden, so müssen ihre Differentialen zu gleicher Zeit mit diesen letztern Statt haben, d. h., wenn man in die Gleichungen

$$\frac{dM}{dx}dx+\frac{dM}{dy}dy+\frac{dM}{dz}dz=0,$$
$$\frac{dN}{dx}dx+\frac{dN}{dy}dy+\frac{dN}{dz}dz=0$$

die Werthe von dy und dz, aus $Pdy-Qdx=0$, $Pdz-Rdx=0$ gezogen, setzt, so muß man zu identisch Null seienden Resultaten gelangen. Diese Resultate sind:

$$\frac{dM}{dx}P+\frac{dM}{dy}Q+\frac{dM}{dz}R=0,$$
$$\frac{dN}{dx}P+\frac{dN}{dy}Q+\frac{dN}{dz}R=0;$$

hieraus zieht man

$$\frac{dM}{dx}=-\frac{dM}{dy}\frac{Q}{P}-\frac{dM}{dz}\frac{R}{P},$$
$$\frac{dN}{dx}=-\frac{dN}{dy}\frac{Q}{P}-\frac{dN}{dz}\frac{R}{P};$$

aber die Gleichung $N=\varphi(M)$ giebt $dN=\varphi'(M)dM$, oder durch Entwickelung

$$\frac{dN}{dx}dx+\frac{dN}{dy}dy+\frac{dN}{dz}dz=\varphi'(M)\left[\frac{dM}{dx}dx\right.$$
$$\left.+\frac{dM}{dy}dy+\frac{dM}{dz}dz\right];$$

in diese Gleichung die vorhergehenden Werthe von $\frac{dM}{dx}$, $\frac{dN}{dx}$ substituirt, findet man

$$\frac{dN}{dy}(P\,dy-Q\,dx)+\frac{dN}{dz}(P\,dz-R\,dx)$$
$$=\varphi'(M)\left[\frac{dM}{dy}(P\,dy-Q\,dx)+\frac{dM}{dz}(P\,dz-R\,dx)\right],$$

und hieraus leitet man ab

$$P\,dz-R\,dx=-\frac{\frac{dN}{dy}-\varphi(M)\frac{dM}{dy}}{\frac{dN}{dz}-\varphi(M)\frac{dM}{dz}}(P\,dy-Q\,dx).$$

Indem man zur Abkürzung durch ω die Größe vorstellt, welche $P\,dy-Q\,dx$ multiplicirt, und welche, da sie, $\varphi'(M)$ enthält, unbestimmt ist, so wird die obige Gleichung

$$P\,dz-R\,dx=-\omega(P\,dy-Q\,dx);$$

hieraus zieht man (§. 308.)

$$p=\frac{dz}{dx}=\frac{R+\omega Q}{P},\quad q=\frac{dz}{dy}=-\omega,$$

welche Werthe der vorgegebenen Gleichung Genüge thun, unabhängig von ω und folglich von $\varphi(M)$.

Wenn man $M=a$ *) macht, so führt sich das Integral $N=\varphi(M)$ auf $N=b$ zurück, welches zeigt, daß $N=b$ ein besonderes Integral der vorgegebenen Gleichung ist. Eben so verhält es sich mit $N=b$ **); denn aus $N=\varphi(M)$ zieht man $M=\varphi_1(N)$, wo φ_1 eine umgekehrte Function von φ ist, und folglich

---

*) Die Urschrift hat $\varphi(M)=a$, und **) $M=a$.
B.

eine willkührliche, welche man gleich a annehmen kann.

§. 315. Man erleichtert sich in einer großen Anzahl von Fällen die Integrirung der theilhaften Differential-Gleichungen der ersten Ordnung mit drei veränderlichen Größen dadurch sehr, daß man dieselben durch die Einführung einer unbestimmten Größe in zwei andere theilt, wie man es sogleich in dem folgenden Beyspiele sehen wird:

Es sei die Gleichung $f(p, x) = F(q, y)$; macht man $f(p, x) = \omega$, so erhält man zu gleicher Zeit $F(q, y) = \omega$, und aus diesen beiden Gleichungen leitet man ab

$$p = f_{\prime}(\omega, x), \quad q = F_{\prime}(\omega, y),$$

wo $f_{\prime}$ und $F_{\prime}$ umgekehrte Functionen von den mit f und F bezeichneten sind. Die Gleichung $dz = p\,dx + q\,dy$ wird

$$dz = dx\,f_{\prime}(\omega, x) + dy\,F_{\prime}(\omega, y);$$

wenn man aber die Integralen

$$\int dx\,f_{\prime}(\omega, x), \int dy\,F_{\prime}(\omega, y),$$

so genommen, daß man nur auf die veränderlichen Größen x und y Rücksicht nimmt, durch P und Q vorstellt, so kommt, da diese letztern Größen auch Functionen von ω sind,

$$dx\,f_{\prime}(\omega, x) = \frac{dP}{dx}dx = dP - \frac{dP}{d\omega}d\omega,$$

$$dy\,F_{\prime}(\omega, y) = \frac{dQ}{dy}dy = dQ - \frac{dQ}{d\omega}d\omega,$$

und folglich

$$dz = dP + dQ - \left(\frac{dP}{d\omega} + \frac{dQ}{d\omega}\right)d\omega.$$

Diese letzte Gleichung kann nur durch die Annahme von

$$\frac{dP}{d\omega} + \frac{dQ}{d\omega} = \varphi(\omega)$$

ein vollständiges Integral werden, aus welcher

$$\int\left(\frac{dP}{d\omega}+\frac{dQ}{d\omega}\right)d\omega=\varphi'(\omega)$$

folgt; man hat demnach

$$z+\varphi(\omega)=P+Q,\ \varphi'(\omega)=\frac{dP}{d\omega}+\frac{dQ}{d\omega},$$

zwischen welchen Gleichungen man ω eliminiren muß, wenn die willkührliche Function $\varphi(\omega)$ bestimmt worden.

Es ist oft zureichend, in die Gleichung

$$dz=pdx+qdy$$

den unmittelbar aus der vorgegebenen Gleichung gezogenen Werth von p oder q zu substituiren, und hernach das Resultat theilweise zu integriren. Wenn man z. B. $p=f(q)$ hat, so kommt

$$dz+dxf(q)+qdy;$$

und man findet

$$z=xf(q)+qy-\int(xf'(q)+y)dq;$$

da nun die angezeigte Integrirung nur dadurch bewerkstelligt werden kann, daß man $xf'(q)+y=\varphi'(q)$ nimmt, so geht daraus hervor

$$z+\varphi(q)=xf(q)+qy,\ \varphi'(q)=xf'(q)+y.$$

Von der Integrirung der theilhaften Differential-Gleichungen von höhern Ordnungen als der ersten.

§. 316. Wenn man zur zweiten Ordnung übergeht, so sind der Differential-Coefficienten von dieser Ordnung an der Anzahl drei fur eine Function mit zwei veränderlichen Größen, und eine theilhafte Differential-Gleichung von derselben Ordnung kann im Allgemeinen ein Verhalten ausdrücken zwischen den unabhängigen veränderlichen Größen, der gesuchten Function und deren Differential-Coefficienten von der zweiten Ordnung sowohl als von der ersten.

Die Aehnlichkeit zeigt, daß die allgemeine Gleichung von irgend einer Ordnung und von irgend einer Anzahl veranderlicher Größen die unabhangigen veränderlichen Größen, die gesuchte Function und deren Differential-Coefficienten von der ersten Ordnung an bis mit auf die Ordnung, wozu sie gehört, in sich schließen müsse. Bevor ich mich mit diesem allgemeinen Falle beschäftige, will ich deren einige anführen, welche sich auf niedere Ordnungen, als die, wozu sie gehören, bringen lassen.

1) Jede Gleichung mit drei veränderlichen Größen, welche von der Form

$$f\left\{x, y, \frac{d^n z}{d y^n}, \frac{d^{n+1} z}{d x d y^n}, \frac{d^{n+2} z}{d x^2 d y^n}, \ldots \frac{d^{n+m} z}{d x^m d y^n}\right\} = 0$$

ist, obzwar von der Ordnung $m+n$, läßt sich auf der Stelle zu einer Gleichung von der Ordnung m dadurch zurückbringen, daß man $\frac{d^n z}{d y^n} = v$ macht, weil sie sich in

$$f\left\{x, y, v, \frac{d v}{d x}, \frac{d^2 v}{d x^2}, \ldots \frac{d^m v}{d x^m}\right\} = 0$$

verwandelt. Man hat sodann y in derselben als beständig anzunehmen, da alle sich in ihr befindende Differential-Coefficienten von v auf x Bezug haben; und sie kann folglich so behandelt werden, als wenn sie nur zwischen den zwei veränderlichen Größen x und v wäre; allein es ist einleuchtend, daß, um dem Ausdrucke von v die ganze Allgemeinheit zu geben, deren er fähig, es nothwendig sei, für die m willkührlichen beständigen Größen, welche sie in sich schließen muß, eben so viele willkührliche Functionen der anfangs als beständig angenommenen, veränderlichen Größe y zu setzen. Ist v erhalten, so geht man zu z zurück vermittelst der Gleichung $\frac{d^n z}{d y^n} = v$, in welcher man nunmehr x als beständig zu betrachten hat, und welche, da sie dadurch eine Gleichung der Ordnung n zwischen blos zwei veränderlichen Größen wird, eben so, wie die Gleichungen dieser Gattung behandelt werden kann, jedoch mit der Beachtung, die durch diese neue Integrirung eingeführten, n willkührlichen beständigen Größen in willkührliche Functionen von x zu verwandeln.

2) Die Gleichungen von der Form

$$f\left(x, y, z, \frac{dz}{dx}, \frac{d^2 z}{dx^2}, \ldots\ldots \frac{d^n z}{dx^n}\right) = 0,$$

$$f\left(x, y, z, \frac{dz}{dy}, \frac{d^2 z}{dy^2}, \ldots\ldots \frac{d^n z}{dy^n}\right) = 0$$

können immer unmittelbar so behandelt werden, als wenn nur zwei veränderliche Größen darin vorkämen, nämlich x und z in der ersten, y und z in der zweiten; und nach der Integrirung sind für die beständigen Größen in der einen Functionen von y, und in der andern Functionen von x zu substituiren.

Die Gleichungen der zweiten Ordnung

$$\frac{d^2 z}{dx\, dy} + P\frac{dz}{dx} = Q, \quad \frac{d^2 z}{dx\, dy} + P\frac{dz}{dy} = Q,$$

in denen P und Q nur x und y enthalten, lassen sich unter die erste Form bringen. Indem man $\frac{dz}{dx} = v$ macht, so wird die erste $\frac{dv}{dy} + Pv = Q$, eine Gleichung des ersten Grades und der ersten Ordnung in Beziehung auf die veränderlichen Größen v und y, und deren Integral

$$v = e^{-\int P dy}\left(\int e^{\int P dy} Q\, dy + C\right)$$

(§. 257.) ist. Setzt man für v seinen Werth $\frac{dz}{dx}$, und verwandelt C in $\varphi(x)$, so erhält man

$$\frac{dz}{dx}=e^{-\int P\,dy}\left(\int e^{\int P\,dy}Q\,dy+\varphi(x)\right);$$

dieses Mal in Beziehung auf z und auf x allein integrirt, findet man

$$z=\int dx\,e^{-\int P\,dy}\left(\int e^{\int P\,dy}Q\,dy+\varphi(x)\right)+\psi(y);$$

eben so die zweite Gleichung behandelnd, wird man zu

$$z=\int dy\,e^{-\int P\,dx}\left(\int e^{\int P\,dx}Q\,dx+\varphi(y)\right)+\psi(x).$$

Wenn man $P=0$ hat, kürzen sich die obigen Resultate auf

$$z=\int dx\int Q\,dy+\int dx\,\varphi(x)+\psi(y)$$

ab, in dem einen Fälle, und in dem andern auf

$$z=\int dy\int Q\,dx+\int dy\,\varphi(y)+\psi(x);$$

da aber die Function φ willkührlich ist, so darf man schlechthin

$$z=\int dx\int Q\,dy+\varphi(x)+\psi(y),$$
$$z=\int dy\int Q\,dx+\varphi(y)+\psi(x)$$

schreiben. Ich bemerke noch, daß diese letztern Fälle nur von der Integrirung der Functionen mit einer einzigen veränderlichen Größe abhängen, und unter diesem Gesichtspuncte §. 247. behandelt worden sind.

Man hat Beispiele von der zweiten allgemeinen Form in den beiden Gleichungen

$$\frac{d^2z}{dx^2}+P\frac{dz}{dx}=Q,\quad \frac{d^2z}{dy^2}+P\frac{dz}{dy}=Q,$$

wenn man annimmt, daß P und Q, x, y und z in sich schließen. Die erste ist als eine Gleichung der zweiten Ordnung zwischen den veränderlichen Größen x und z zu behandeln; die von ihrer Integrirung herrührenden willkührlichen beständigen Größen werden Functionen von y seyn. Auf eben die Weise wird man mit der zweiten in Beziehung auf die veränderlichen Größen y und z verfahren, und die willkührlichen beständigen Größen in Functionen von x verwandeln. Um nur den einfachsten Fall zu geben, kürze ich die vorgegebene Gleichung ab in

$$\frac{d^2 z}{dx^2} = Q, \frac{d^2 z}{dy^2} = Q,$$

und nehme an, Q enthalte nur x und y, so geben die Formeln des 220§s unmittelbar

$$z = \int dx \int Q dx + Cx + C', z = \int dy \int Q dy + Cy + C',$$

woraus man

$$z = \int dx \int Q dx + x\varphi(y) + \psi(y), z = \int dy \int Q dy + y\varphi(x) + \psi(x)$$

folgert.

§. 317. Indem ich übergehe zu den Gleichungen der zweiten Ordnung mit drei veränderlichen Größen, welche alle Differential-Coefficienten dieser Ordnung, aber blos vom ersten Grade in sich schließen, werde ich zur Vereinfachung der Rechnungen von folgenden Benennungen Gebrauch machen:

$$dz = pdx + qdy$$
$$dp = rdx + sdy$$
$$dq = sdx + tdy \text{ *)}$$
$$d^2 z = dpdx + dqdy = rdx^2 + 2sdxdy + tdy^2.$$

Die theilhafte Differential-Gleichung von dieser Ordnung und mit drei veränderlichen Größen, in dem allgemeinen Falle betrachtet, kann nur den Ausdruck des einen der Coefficienten r, s, t als Function der beiden andern und der Größen p, q, x, y, z geben, was nicht zureicht, um die Differentialen dp und dq zu bestimmen. Man kann auch vermittelst dieser Differentialen aus der vorgegebenen Gleichung von den drei Coefficienten r, s, t zwei eliminiren, und das Resultat wird die Beziehung, welche diese Gleichung zwischen

*) Der Coefficient von dx in dq ist derselbe, als der von dy in dp wegen der Bedingung $\frac{dp}{dy} = \frac{dq}{dx}$ welcher das Differential dz Genüge thun muß.

dp und dq voraussetzt; dies ist das Verfahren, welches Monge befolgt hat.

Ich werde es auf die Gleichung

$$Rr+Ss+Tt=V$$

anwenden, wo ich annehme, daß die Größen R, S, T und V auf eine beliebige Art x, y, z, p und q in sich schließen. Indem man hierin die aus den Gleichungen

$$dp=rdx+sdy, dq=sdx+tdy$$

gezogenen Werthe von r und t substituirt, welche

$$r=\frac{dp-sdy}{dx}, \quad t=\frac{dq-sdx}{dy}$$

sind, so findet man

$$Rdpdy+Tdqdx-Vdxdy=s(Rdy^2-Sdxdy+Tdx^2),$$

von welcher Gleichung es scheint, daß man ihre beiden Seiten wegen des unbestimmten Differential-Coefficienten s, welcher die zweite Seite multiplicirt, getrennt integriren müßte; allein hier, wie in §. 314, ist es zureichend, daß man zu zwei ursprünglichen Gleichungen $M=a$, $N=b$ gelange, welche zu gleicher Zeit den Gleichungen

$$Rdpdy+Tdqdx-Vdxdy=0$$
$$Rdy^2-Sdxdy+Tdx^2=0$$

Genüge thun; das Integral der vorgegebenen Gleichung wird auch noch $N=\varphi(M)$ sein.

Um dies zu beweisen, so forme ich zuvörderst die vorhergehenden Gleichungen in andere um, wo die Differentialen nur auf den ersten Grad steigen, und zu dem Ende mache ich $dy=mdx$. Die zweite dieser Gleichungen wird nach der Substituirung

$$Rm^2-Sm+T=0\ldots(A)$$

und bestimmt die Größe m; sodann für dy seinen Werth in

$$Rdpdy+Tdqdx-Vdxdy=0$$

gesetzt, erhält man für jeden der Werthe, deren m fähig ist, ein System von Gleichungen von der Form

$$\left.\begin{aligned} dy - m\,dx &= 0 \\ Rm\,dp + T\,dq - Vm\,dx &= 0 \end{aligned}\right\} (1.),$$

mit dem man die Gleichung

$$dz = p\,dx + q\,dy$$

verbinden muß, die die Beziehung, welche die Coefficienten p und q mit der Function z haben, ausdrückt.

Dies gesetzt, so werden, wenn die Gleichungen $M = a$, $N = b$ den Gleichungen (1.) Genüge thun, und man in den Differentialen

$$\frac{dM}{dx}dx + \frac{dM}{dy}dy + \frac{dM}{dz}dz + \frac{dM}{dp}dp + \frac{dM}{dq}dq = 0,$$

$$\frac{dN}{dx}dx + \frac{dN}{dy}dy + \frac{dN}{dz}dz + \frac{dN}{dp}dp + \frac{dN}{dq}dq = 0,$$

statt dz seinen aus $dz = p\,dx + q\,dy$ gezogenen Werth, und statt dy und dq diejenigen, welche die Gleichung (1) geben, setzt, die hervorgehenden Gleichungen

$$\left(\frac{dM}{dx} + m\frac{dM}{dy} + (p + qm)\frac{dM}{dz} + \frac{Vm}{T}\frac{dM}{dq}\right)dx + \left(\frac{dM}{dp} - \frac{Rm}{T}\frac{dM}{dq}\right)dp = 0,$$

$$\left(\frac{dN}{dx} + m\frac{dN}{dy} + (p + qm)\frac{dN}{dz} + \frac{Vm}{T}\frac{dN}{dq}\right)dx + \left(\frac{dN}{dp} - \frac{Rm}{T}\frac{dN}{dq}\right)dp = 0$$

identisch sein, und mithin sich in folgende zertheilen müssen:

$$\frac{dM}{dx} + m\frac{dM}{dy} + (p + qm)\frac{dM}{dz} + \frac{Vm}{T}\frac{dM}{dq} = 0,$$

$$\frac{dM}{dp} - \frac{Rm}{T}\frac{dM}{dq} = 0,$$

$$\frac{dN}{dx} + m\frac{dN}{dy} + (p + qm)\frac{dN}{dz} + \frac{Vm}{T}\frac{dN}{dq} = 0,$$

$$\frac{dN}{dp} - \frac{Rm}{T}\frac{dN}{dq} = 0.$$

Die Gleichung $N=\varphi(M)$ giebt, differentiirt,

$$dN=\varphi'(M)\,dM,$$

$$\frac{dN}{dx}dx+\frac{dN}{dy}dy+\frac{dN}{dz}dz+\frac{dN}{dp}dp+\frac{dN}{dq}dq=$$
$$\varphi'(M)\left(\frac{dM}{dx}dx+\frac{dM}{dy}dy+\frac{dM}{dz}dz+\frac{dM}{dp}dp+\frac{dM}{dq}dq\right);$$

substituirt man in diese letztere die aus den vier vorhergehenden gezogenen Werthe von

$$\frac{dM}{dx},\ \frac{dM}{dp},\ \frac{dN}{dx},\ \frac{dN}{dp},$$

und verwandelt dz in $p\,dx+q\,dy$, so bekommt man

$$\left(\frac{dN}{dy}+q\frac{dN}{dz}\right)(dy-m\,dx)+\frac{1}{T}\frac{dN}{dq}(Rm\,dp+T\,dq-Vm\,dx)=$$
$$\varphi'(M)\left\{\left(\frac{dM}{dy}+q\frac{dM}{dz}\right)(dy-m\,dx)+\frac{1}{T}\frac{dM}{dq}(Rm\,dp+T\,dq-Vm\,dx)\right\},$$

welches auf

$$Rm\,dp+T\,dq-Vm\,dx=\omega(dy-m\,dx)$$

zurück kommt, indem man

$$\omega=-\frac{\frac{dN}{dy}+q\frac{dN}{dz}-\varphi'(M)\left(\frac{dM}{dy}+q\frac{dM}{dz}\right)}{\frac{1}{T}\left(\frac{dN}{dq}-\varphi'(M)\frac{dM}{dq}\right)}$$

macht. Setzt man wieder $r\,dx+s\,dy$ und $s\,dx+t\,dy$ für dp und dq, und macht das gleich Null, was ein jedes der unabhangigen Differentialen dx und dy multiplicirt, so bekommt man

$$Rmr+Ts-Vm=-\omega m,\ Rms+Tt=\omega;$$

indem man dann aus diesen Gleichungen die Werthe der Differential-Coefficienten r und t zieht, um sie in die vorgegebene Gleichung zu substituiren, so wird diese nach den Reductionen

$$s(Rm^2 - Sm + T) = 0;$$

und vermöge der Gleichung (A) geschieht ihr ein Genüge, unabhängig von den Größen ω und s.

§. 318. Der eben bewiesene Lehrsatz, so wie die ihm ähnlichen in den höhern Ordnungen, hat nicht dieselbe Allgemeinheit, als der des 314 §s; denn man hat wohl zu bemerken, daß die Gleichungen (1.) zugleich die fünf veränderlichen Größen x, y, z, p und q in sich schließen können, und daß, selbst durch ihre Verbindung mit der Gleichung $dz = pdx + qdy$, man durch die Eliminirung nur zu einer daraus hervorgehenden, drei veränderliche Größen enthaltenden zu gelangen vermöge, welche folglich aus einer einzigen ursprünglichen Gleichung nur unter gewissen Bedingungen (§. 308.) abgeleitet sein könnte. Man würde sich jedoch irren, wenn man hieraus schlösse, daß, sofern die so eben erwähnten Bedingungen nicht erfüllt sind, die vorgegebene theilhafte Differential-Gleichung nicht selbst von einer einzigen ursprünglichen Gleichung abgeleitet sein könne.

§. 319. Es sei z. B. die Gleichung

$$Ar + Bs + Ct = V,$$

in welcher A, B und C beständig sind, und V eine Function von x und y ist. Die Gleichung (A) wird für diesen Fall $Am^2 - Bm + C = 0$; ihre Wurzeln, welche ich mit m' und m'' bezeichne, sind beständig, und liefern zwei Systeme von Gleichungen (1.), welche durch die Integrirung geben

$$\left.\begin{array}{r} y - m'x = a \\ Am'p + Cq - m'\int V dx = b \end{array}\right\},$$

$$\left.\begin{array}{r} y - m''x = a' \\ Am''p + Cq - m''\int V dx = b' \end{array}\right\},$$

und wo das Integral $\int V\,dx$ nur von einer einzigen veränderlichen Größe abhängt, weil man y aus V vermittelst seines in der ersten Gleichung jedes Systems genommeuen Werthes wegschaffen kann; man erhält demnach zu gleicher Zeit diese beiden Erst-Integralen der vorgegebenen Gleichung

$$Am'p + Cq - m'\int V\,dx = \varphi(y - m'x),$$
$$Am''p + Cq - m''\int V\,dx = \psi(y - m''x);$$

und durch Integrirung irgend einer dieser Gleichungen kommt man zu dem Zweit-Integrale.

Nimmt man die erste z. B., so giebt dieselbe

$$p = -\frac{C}{Am'}q + \frac{1}{A}\int V\,dx + \varphi(y - m'x);$$

man kann zur Vereinfachung m'' statt $\frac{C}{Am'}$ setzen, da vermöge der Gleichung (A), $m'm'' = \frac{C}{A}$ ist; und durch Substituirung in $dz = p\,dx + q\,dy$, findet man

$$dz - \frac{dx}{A}\int V\,dx - dx\,\varphi(y - m'x) = q\,(dy - m''dx);$$

die zu integrirenden Gleichungen (§. 314.) sind daher

$$dy - m''dx = 0, dz - \frac{dx}{A}\int V\,dx - dx\,\varphi(y - m'x) = 0.$$

Aus der einen zieht man $y - m''x = a'$, welches die andere in

$$dz - \frac{dx}{A}\int V\,dx - dx\,\varphi\,[a' + (m'' - m')\,x] = 0$$

verwandelt, deren Integral

$$z - \frac{1}{A}\int dx\int V\,dx - \frac{1}{m'' - m'}\,\varphi\,[a' + (m'' - m')\,x] = b'$$

ist, und

$$z - \frac{1}{A}\int dx\int V\,dx - \Phi(y - m'x) = b'$$

wird, wenn man für a' wieder seinen Werth setzt, und dabei erwägt, daß φ eine willkührliche Function

ist,

ist, deren Differential-Coefficienten auch willkührlich sind, und in welcher man eine solche beständige Größe, als man will, begreifen kann. Man muß auch bemerken, daß, um $\int dx \int V dx$ zu bekommen, man zum erstenmal in Beziehung auf x zu integriren habe, indem man statt y seinen aus der Gleichung $y - m'x = a$ gezogenen Werth substituirt, wie es weiter oben gesagt worden; wenn man aber zu dem Resultate gelangt ist, so wird statt a wieder sein Werth $y - m'x$ gesetzt; und bevor man die zweite Integrirung verrichtet, verwandele man y in $a' + m''x$, so wie es die zuletzt gefundene Gleichung $y - m''x = a'$ erfordert. Im Allgemeinen, wenn man mehrere dieser auf einander folgenden Integrirungen zu bewerkstelligen hat, so kann man bei ihrer Vereinfachung stets nur die Gleichungen gebrauchen, welche zu gleicher Zeit Statt finden sollen. Mit diesen Beachtungen ist von der vorgegebenen Gleichung, $Ar + Bs + Ct = V$, das Zweit-Integral

$$z - \frac{1}{A}\int dx \int V dx = \varphi(y - m'x) + \psi(y - m''x).$$

Hätte man $A = 1$, $B = 0$, $C = -c^2$ und $V = 0$, welches die vorgegebene Gleichung in

$$r - c^2 t = 0, \text{ oder } \frac{d^2 z}{dx^2} = c^2 \frac{d^2 z}{dy^2} \; *)$$

verwandelt, so würde das Integral

$$z = \varphi(y - cx) + \psi(y + cx).$$

§. 320. Die willkührlichen Functionen, welche in den Integralen der theilhaften Differential-Gleichungen vorkommen, bestimmen sich durch die Voraussetzung, daß die Function z besondere Formen annimmt, wenn man Beziehungen zwischen den

---

*) Dies ist die Gleichung für schwingende Seiten.

veränderlichen Größen y und x angiebt. Hier zwei Beispiele von dieser Bestimmung:

1) Hat man $1 = M\varphi V)$, wo M und V in x, y und z gegebene Functionen bezeichnen, und will die durch den Kennbuchstaben φ vorgestellte Function so bestimmen, daß, indem man $F\ x, y, z) = 0$ setzt, man zu gleicher Zeit $f(x, y, z = 0$ habe, mit den Kennbuchstaben F und f bekannte Functionen bezeichnet: so mache man $V = t$, und verbinde die drei Gleichungen

$$V = t,\ F(x, y, z) = 0,\ f(x, y, z) = 0,$$

um daraus Werthe von x, y und z in t zu ziehen; diese Werthe in M substituirt, welches eine Function von t wird, die ich mit T bezeichne, so erhält man

$$1 = T\varphi(t),\ \text{oder}\ \varphi(t) = \frac{1}{T},$$

und die Function φ ist folglich bestimmt, wenn man in diese letzte Gleichung für t und T wieder ihren Werth in x, y und z setzt.

2) Es sei $1 = M\varphi(V) + N\psi(V)$; da es zwei Functionen zu bestimmen giebt, so muß es zwei Bedingungen geben: man hat vorauszusetzen,

$$F(x, y, z) = 0 \text{ gebe } f(x, y, z) = 0,$$
$$F'(x, y, z) = 0 \text{ gebe } f'(x, y, z) = 0.$$

Immer $V = t$ gemacht, und aus den drei Gleichungen

$$V = t, F(x, y, z) = 0, f(x, y, z) = 0$$

die Werthe von x, y, z in t gezogen, so wird man die Größen M, N in Functionen von t verwandeln. Es seien T und ϑ diese Functionen, so erhält man

$$1 = T\varphi(t) + \vartheta\psi(t) \ldots . (1);$$

sodann durch Verbindung der Gleichungen

$$V = t, F'(x, y, z) = 0, f'(x, y, z) = 0,$$

um die Werthe von x, y, z und t zu bekommen, wird man durch diese Werthe die Größen M und

N in Functionen von t verwandeln, welche ich mit T′ und ϑ' bezeichne, und es kommt

$$1 = T'\varphi(t) + \vartheta'\psi(t) \ldots\ldots (2).$$

Vermittelst der Gleichungen (1) und (2) werden sich die Functionen φ und ψ in t bestimmen lassen; und dann setze man an die Stelle von t wieder dessen Werth V *).

Von den gesammten Differential-Gleichungen, welche den Bedingungen der Integrirbarkeit nicht Genüge thun.

§. 321. Ich habe im §. 308. gezeigt, daß eine Differential-Gleichung der ersten Ordnung mit drei veränderlichen Größen von der Form

$$Pdx + Qdy + Rdz = 0$$

nur insofern durch eine Function von zwei veränderlichen Größen Genüge geschehen konnte, als die Gleichung

$$P\frac{dR}{dy} - R\frac{dP}{dy} + R\frac{dQ}{dx} - Q\frac{dR}{dx} + Q\frac{dP}{dz} - P\frac{dQ}{dz} = 0$$

durch sich selbst identisch wäre; allein durch Festsezzung irgend einer Abhängigkeit zwischen x, y, z wird man die vorgegebene Gleichung in eine andere verwandeln, welche nur noch zwei dieser veränderlichen

*) Die Bestimmung der willkührlichen Functionen kommt darauf zurück, durch gegebene Curven die durch die vorgegebenen Gleichungen vorgestellten Oberflächen hindurch gehen zu lassen, und diese Curven können stetig oder unstetig seyn, so wie die Functionen selbst.

Größen enthält, und folglich die eine derselben als Function der andern bestimmt.

Wenn man z. B. die Gleichung

$$\frac{dz}{z-c} = \frac{x\,dx + y\,dy}{x(x-a) + y(y-b)}$$

hätte, welche nicht die oben ausgesagte Bedingung erfüllen kann, so lange a und b nicht Null sind, und man darin $y = \varphi(x)$ machte, mit φ irgend eine Function bezeichnet, so würde sie sich in

$$\frac{dz}{z-c} = \frac{[x + \varphi(x)\varphi'(x)]\,dx}{x(x-a) + \varphi(x)[\varphi(x) - b]}$$

verwandeln, und eben so viele verschiedene Beziehungen zwischen z und x geben, als man der Function φ besondere Formen beilegte. Nimmt man z. B. $\varphi(x) = x$, so erhält man

$$\frac{dz}{z-c} = \frac{2x\,dx}{x(x-a) + x(x-b)} = \frac{2\,dx}{2x-a-b},$$

woraus man $z - c = C(2x - a - b)$ herleitet, indem C eine willkuhrliche beständige Größe ist; und der vorgegebenen Gleichung geschieht ein Genüge durch das System der Gleichungen

$$\left.\begin{array}{c} y = x \\ z - c = C(2x - a - b) \end{array}\right\}.$$

Newton hatte schon in seiner Abhandlung von den Fluxionen *) diese Art, die mehr als zwei veränderliche Größen enthaltenden Differential-Gleichungen aufzulösen, angezeigt; sie hat aber den Uebelstand, daß sie fur jedes Resultat, welches man bekommen will, eine Integrirung erfordert, und Monge hat im Jahr 1784 bemerkt, daß man, durch die Einführung einer willkührlichen Function, zu einem allgemeinen Systeme von Gleichungen gelangen könnte,

*) Newtoni opuscula, Band I. Seite 83. Ausgabe von 1744.

welches eine unendliche Menge besonderer Systeme gäbe, alle der vorgegebenen Gleichung Genüge thuend.

§. 372. Das Verfahren, welches man zu befolgen hat, um die Gleichung

$$Pdx + Qdy + Rdz = 0$$

durch eine einzige ursprüngliche Gleichung zu integriren, so fern die Sache möglich ist, führt auch auf die allgemeinste Auflösung, welche man für diese Gleichung in dem entgegengesetzten Falle bekommen kann. Integrirt man nämlich dieselbe zuvörderst, indem man eine der veränderlichen Größen, welche sie in sich schließt, z. B. als beständig betrachtet; stellt durch $U = C$ die ursprüngliche Gleichung vor, welche $Pdx + Qdy = 0$ entspricht, differentiirt diese ursprüngliche Gleichung, indem man x, y, z und C sämmtlich sich ändern läßt, und vergleicht das Resultat mit der vorgegebenen Gleichung: so kommt man zu der Gleichung

$$\frac{dC}{dz} = \frac{dU}{dz} - \mu R,$$

wo μ der Factor ist, welcher $Pdx + Qdy$ zu einem vollständigen Differentiale macht. Zwar wird sich die zweite Gleichungsseite nicht mehr, wie dies in dem Falle geschieht, wo die Bedingung der Integrirbarkeit erfüllt ist, auf eine Function von z allein zurückführen, und wird C nicht geben können, wie es diese Bedingung erfordert; es ist aber einleuchtend, daß, indem man stets annimmt, C sei eine Function von z, der vorgegebenen Gleichung durch die ursprüngliche Gleichung $U = C$ Genüge geschehen werde, wenn man zu gleicher Zeit

$$\frac{dC}{dz} = \frac{dU}{dz} - \mu R$$

hat; demnach $C = \varphi(z)$ gemacht, so wird das System der Gleichungen

$$\left.\begin{array}{r} U = \varphi(z) \\ \dfrac{dU}{dz} - \mu R = \varphi'(z) \end{array}\right\},$$

welches auch die Form der Function φ sei, der vorgegebenen Gleichung Genüge thun, und auf unendlicherlei Weise besondere Systeme dadurch geben können, daß man φ willkührlich nimmt.

Dieses angewendet auf die Gleichung

$$\frac{dz}{z-c} = \frac{x\,dx + y\,dy}{x(x-a) + y(y-b)},$$

welche ich in dem vorhergehenden §. als Beispiel genommen habe, erhält man

$$P\,dx + Q\,dy = \frac{x\,dx + y\,dy}{x(x-a) + y(y-b)},\ R = -\frac{1}{z-c};$$

und

$$\mu = x(x-a) + y(y-b)$$

gemacht, findet man $U = x^2 + y^2$; folglich bekommt man die Gleichungen

$$\left.\begin{array}{l} x^2 + y^2 = \varphi(z) \\ \dfrac{x(x-a) + y(y-b)}{z-c} = \varphi'(z) \end{array}\right\}.$$

Von der Methode der Variationen.

Untersuchung der Variation einer beliebigen Function.

§. 323. Alle im Vorherigen dargestellten Anwendungen der Differential-Rechnung setzen voraus, daß die Abhängigkeit der veränderlichen Größen im Verlaufe der Forschung beständig dieselbe bleibe; es giebt aber verschiedene Gattungen von Aufgaben, für welche man sich vorstellen muß, daß diese Abhängigkeit sich wandle. Davon hier ein Beispiel: wenn V eine, x, y und die Differential-Coefficienten von y enthaltende Function bezeichnet, so ist das Integral $\int V\,dx$, zwischen denselben Werthen von x, einer unendlichen Menge von Werthen empfänglich, welche von der zwischen x und y festgesetzten Beziehung abhängen; so daß man fragen kann, welche unter allen möglichen Beziehungen diejenige sei, welche macht, daß das Integral $\int V dx$ zwischen den gegebenen Grenzen den größten oder den kleinsten Werth annehme. Da das Integral $\int V dx$, sofern man die Beziehung von y zu x nicht besonders bestimmt, das Maaß einer allen Curven gemeinsamen Eigenschaft ausdrückt, so frägt man alsdann, für welche Curve diese Eigenschaft ein Größtes oder ein Kleinstes sei. Es ist ersichtlich, daß, wenn CE (Fig. 54.) diese Curve vorstellt, für jede andere $\gamma\varepsilon$ das Integral $\int V dx$ in dem ersten Falle einen kleinern und in dem zweiten einen größern Werth haben müsse. Um dieser Bedingung ein Genüge zu thun, ist das zuerst zu suchende der Unterschied, den irgend eine Wandlung in der Beziehung von y zu x oder in der Natur der diese Beziehung vorstellenden Curve auf das Integral $\int V dx$ hervorbringt. Diese Wandlung drückt sich dadurch aus, daß man y, unabhängig von x, sich ändern läßt; denn wenn man zwei Curven CE und $\gamma\varepsilon$ betrachtet, so entspricht dieselbe Abscisse zweien Ordinaten PM und $P\mu$, und ihr Unterschied $M\mu$ muß von den Unterschieden M'R und $\mu'\varrho$, welche zwischen zwei nach einander folgenden und an derselben Curve genommenen Coordinaten Statt haben, als verschieden vorgestellt werden. Fig. 54

Lagrange, dessen erste Untersuchungen die Variations-Rechnung hervorgebracht haben, hat von ihr auch auf die Mechanik eine Anwendung von der höchsten Wichtigkeit gemacht, deren Zweck man leicht begreifen wird, wenn man erwägt, daß man die Coordinaten der verschiedenen Puncte eines sich bewegenden Körpers, entweder um in demselben Augenblicke zwei Puncte dieses Körpers, oder um zwei nach einander folgenden Lagen eines und desselben Punctes zu vergleichen, betrachten kann. In dem einen dieser Fälle ist zwischen den Coordinaten nur diejenige Abhangigkeit, welche aus den Oberflächen, die den Körper begrenzen, hervorgeht; in dem andern verwandeln sich die Coordinaten nach den Bedingungen der festgesetzten Bewegung, und mit einer neuen veranderlichen Größe, welche das Maaß der Zeit ist; dies sind sonach wiederum zwei Arten, dieselben Größen sich ändern zu lassen, welche durch unterschiedene Zeichen zu vermerken zweckmäßig ist. Diejenige dieser Arten, welche auf die andere folgt, macht die Variations-Rechnung aus, deren verschiedenen Gebrauch man nur dadurch umfassen kann, wenn man sie so betrachtet, als habe sie zum Zwecke, unter einem neuen Gesichtspuncte Größen zu differentiiren, welche schon unter einem andern differentiirt worden sind. Man stellt sodann in der zweiten Differentiirungs-Weise die der Natur der Fragen, welche man sich aufzulösen vornimmt, gemäße Annahme fest. (Man sehe die analytische Mechanik, Th. I. Absch. 4. §. 10. und Th. II. Absch. 2. §. 6.).

§. 324. Durch den Kennbuchstaben δ bezeichnet Lagrange die neue Differentiirung, und dieser Gebrauch ist angenommen worden. Um nicht aus den Grenzen meines Vorwurfs hinauszugehen, so beschränke ich mich auf das Entwickeln der Grundsätze von der Anwendung der Variations-Rechnung auf geometrische Fragen.

Bei diesen Fragen wird der Kennbuchstabe d für den Uebergang von einem Puncte zu einem andern auf derselben Curve gebraucht, und der Kennbuchstabe δ auf die Curven-Verwandlung angewendet; wie demnach $M'R$ durch dy vorgestellt wird, so ist $M\mu$ nun δy; und es folgt hieraus, daß

$$P'M' = y + dy,\ P\mu = y + \delta y.$$

Beim Uebergehen vom Puncte M' zum Puncte μ' würde man, nach dem Vorhergehenden,

$$P'\mu' = y + dy + \delta(y + dy)$$
$$= y + dy + \delta y + \delta dy$$

finden; da aber der Punct μ' ein dem Puncte μ auf der Curve $y\varepsilon$ nachfolgender ist, so hätte man auch

$$P'\mu' = y + \delta y + d(y + \delta y)$$
$$= y + \delta y + dy + d\delta y;$$

und die Vergleichung dieser beiden Ausdrücke derselben Zeile giebt diese merkwürdige Folgerung

$$\delta dy = d\delta y.$$

Eben dasselbe läßt sich auch ohne die Betrachtung der Curven darthun, indem $\varphi(x)$ den ursprünglichen Zustand von y, und eine andere Function $\psi(x)$ das Resultat der Variation (Wandlung vorstellt *). Alsdann wird $\delta y = \psi(x) - \varphi(x)$

*) Um den Functionen φ und ψ einen gemeinsamen Ursprung zu geben, betrachtete Euler, welcher es sich angelegen seyn ließ, die Variations-Rechnung aufzunehmen und zu erlautern, den ursprünglichen Werth von y oder $\varphi(x)$ als von einer andern Function abgeleitet, enthaltend neben der veränderlichen Größe x eine neue veränderliche Große t, und sich verwandelnd in $\varphi(x)$, wenn $t = o$. (Nov. Comm. Acad. Petrop. T. XVI. pag. 35). Hiermittelst wird $y + dy$ nun $y + \frac{dy}{dt}dt$, und $\frac{dy}{dt}$, in der Voraussetzung von $t = o$ genommen, stellt, so lange man die Zusammensetzung von y in t nicht besonders bestimmt, eine willkührliche Function von x vor. Der allgemeine Werth von y würde durch die Reihe

$$y + \frac{dy}{dt}\,\frac{t}{1} + \frac{d^2y}{dt^2}\,\frac{t^2}{1\cdot2} + \text{etc.}$$

ausgedrückt werden, die veränderliche t in y und dessen Differential-Coefficienten gleich Null angenommen; und indem man die Differential-Coefficienten dieser Reihe in Beziehung auf x nimmt, würde man alle diejenigen Größen bilden, welche man zu substituiren hat, um den variirten Zustand des Integrals $\int V dx$, eine gewisse Function von x, und folglich eine Function von y sein wegen der ursprünglichen Verknüpfung dieser veränderlichen Größen; bezeichnet daher π diese letztere Function, so erhält man

$$\delta y = \pi(y).$$

Nach diesem Gesetze, und zur Abkürzung $y + dy = y'$ gemacht, erhält man desgleichen

$$\delta y' = \pi(y');$$

woraus man folgert

$$\delta y' - \delta y = \pi(y') - \pi(y) = d.\pi(y) = d\delta y;$$

da aber

$$dy = y' - y$$

ist, so kommt, die Variationen genommen,

$$\delta dy = \delta y' - \delta y = \pi(y') - \pi(y),$$

welches wiederum

$$\delta dy = d\delta y$$

giebt.

Es folgt hieraus, daß $\delta d^2 y = d\delta dy = d^2\delta y$ ist; und so fortfahrend, bekommt man diesen Grund-Lehrsatz

$$\delta d^n y = d^n \delta y,$$

vermöge dessen man den Kennbuchstaben δ hinter den Kennbuchstaben d versetzen kann.

Um der Rechnung mehr Gleichmaaß zu geben, so wie auch um auf die Grenzen der Integralen sich beziehende Umstände, wovon man weiterhin einige Beispiele sehen wird, zu umfassen, läßt man x sowohl als y variiren; aber der obige Lehrsatz hört deshalb nicht auf, Statt zu haben, weil unter dem beständigen, obgleich willkührlichen Gesetze der Variation δx eine Function von x ist, woraus sich

---

nach den Potenzen von t geordnet, zu bekommen. Dies ist die Form, unter welcher Lagrange in der neuen Ausgabe seiner Vorlesungen über die Functions-Rechnung (*Leçons sur le calcul des Fonctions*, die Variations-Rechnung darstellt, in Betreff welcher er in viele sehr angelegene Erörterungen eingeht.

$\delta x'$ ergiebt, indem man darin x in x' verwandelt; daraus geht $\delta dx = d\delta x$ und gleicher Weise $\delta dV = d\delta V$ hervor für jede von x abhängige Function V.

§. 325. Es ist ein ähnlicher Lehrsatz in Beziehung auf das Zeichen $\int$ vorhanden. Nämlich, wenn man $\int U$ durch U_1 vorstellt, so kommt

$$dU_1 = U, \text{ dann } \delta dU_1 = \delta U;$$

den Kennbuchstaben δ hinter den Kennbuchstaben d versetzend, und hernach zu den Integralen übergehend, findet man folgeweise

$$d\delta U_1 = \delta U, \ \delta U_1 = \int \delta U;$$

und dann für U_1 wieder seinen Werth gesetzt, erhält man endlich

$$\delta \int U = \int \delta U.$$

§. 326. Dies festgestellt, sieht man, um die Variation irgend einer x, y und ihre Differentialen beliebiger Ordnungen enthaltenden Function U zu bekommen, müsse man annehmen, daß x und y sich gegenseitig in $x + \delta x$, $y + \delta y$ verwandeln, und δx und δy als willkührliche Functionen, die eine von x, die andere von y, betrachten. Indem man sich auf die Glieder beschränkt, worin die Variationen nicht den Grad übersteigen, so kommt die Operation darauf zurück, die Function U nach dem gewöhnlichen Verfahren sowohl in Beziehung auf x und y, als in Beziehung auf ihre Differentialen, diese als unterschiedene veränderliche Größen betrachtet, zu differentiiren, aber so, daß man mit dem Kennbuchstaben δ die letzte Differentiation vermerkt. Es ist nämlich sichtbar, daß unter dieser Voraussetzung die Differentialen von

$$x, \ y, \ dx, \ dy, \text{ etc.}$$

sind

$$\delta x, \ \delta y, \ \delta dx, \ \delta dy, \text{ etc.}$$

Wenn daher das gewöhnliche Differential von U

$$dU = M dx + N d^2 x + P d^3 x + Q d^4 x + \text{etc.}$$
$$+ m dy + n d^2 y + p d^3 y + q d^4 y + \text{etc.}$$

ist, so ist es zureichend, darin das letzte d in δ zu verwandeln, und es kommt

$$\delta U = M\delta x + N\delta dx + P\delta d^2 x + Q\delta d^3 x + \text{etc.}$$
$$+ m\delta y + n\delta dy + p\delta d^2 y + q\delta d^3 y + \text{etc.}$$

Ist die Function U unter der Form $V dx$, wo V alsdann nur

$$x, y, \frac{dy}{dx} = p, \frac{dp}{dx} = q, \text{ etc.}$$

enthält, so hat man

$$dV = Mdx + Ndy + Pdp + Qdq + Rdr + \text{etc.}$$

und die Variation ist

$$\delta V = M\delta x + N\delta y + P\delta p + Q\delta q + R\delta r + \text{etc.},$$

mit dem Bemerken, daß die Größen p, q, r, etc. darin als zwei unabhängige veränderliche Größen x und y enthaltend zu betrachten sind (vorherg. §. ; und daß man folglich ihre Variation unter zwei verschiedenen Voraussetzungen nehmen kann, nämlich: so daß man nur eine dieser Größen, oder so daß man sie alle beide variiren läßt. Ich werde hier nach diesem letztern Gesichtspuncte zu Werke gehen, weil, wie schon gesagt, es allgemeiner ist, und man überdies die Resultate, welche dem erstern zukommen, daraus herleitet, indem man die sich auf diejenige der veränderlichen Größen, welche man als beständig behandeln will, beziehenden Glieder wegläßt. Durch den Kennbuchstaben δ die Brüche

$$\left.\begin{array}{l} p = \frac{dy}{dx} \\ q = \frac{dp}{dx} \\ r = \frac{dq}{dx} \\ \text{etc.} \end{array}\right\} \text{differentiirt, findet man}$$

$$\left\{\begin{array}{l} \delta p = \frac{dx\,\delta dy - dy\,\delta dx}{dx^2} = \frac{d\delta y - p\,d\delta x}{dx} \\ \delta q = \frac{dx\,\delta dp - dp\,\delta dx}{dx^2} = \frac{d\delta p - q\,d\delta x}{dx} \\ \delta r = \frac{dx\,\delta dq - dq\,\delta dx}{dx^2} = \frac{d\delta q - r\,d\delta x}{dx} \\ \text{etc.} \end{array}\right.$$

und mit Hülfe dieser Formeln bekommt man die Variation eines beliebigen Ausdruckes, x, y und ihre Differentialen, von was immer für einer Ordnung, in sich schließend.

§. 327. Wofern es eine Integral-Formel $\int U$ betrifft, in welcher U, wie oben, eine Function von x, y und ihren Differentialen ist, so hat man $\delta \int U = \int \delta U$ (§. 325.), und aus dem vorhergehenden §.

$$\int \delta U = \int (M \delta x + N \delta dx + P \delta d^2 x + Q \delta d^3 x + \text{etc.}) + \int (m \delta y + n \delta dy + p \delta d^2 y + q \delta d^3 y + \text{etc.})$$

Dieser Ausdruck ist nicht auf die einfachste Form gebracht, welche er haben kann; man muß es so einrichten, daß unter dem Zeichen $\int$ kein Glied bleibe, das zugleich die Kennbuchstaben d und δ, den einen auf den andern angewendet, enthielte; und hierzu gelangt man dadurch, daß man zuvörderst den Kennbuchstaben δ hinter den Kennbuchstaben d versetzt, und hiernach theilweise integrirt, wie man es hier unten sieht,

$$\int M \delta x = \int M \delta x$$

$$\int N \delta dx = \int N d \delta x = N \delta x - \int dN \delta x$$

$$\int P \delta d^2 x = \int P d^2 \delta x = P d \delta x - \int dP d \delta x = P d \delta x - dP \delta x + \int d^2 P \delta x$$

$$\int Q \delta d^3 x = \int Q d^3 \delta x = Q d^2 \delta x - \int dQ d^2 \delta x = Q d^2 \delta x - dQ d \delta x + \int d^2 Q d \delta x = Q d^2 \delta x - dQ d \delta x + d^2 Q \delta x - \int d^3 Q \delta x$$

etc. etc.

Man erhält desgleichen

$$\int m \delta y = \int m \delta y$$

$$\int n \delta dy = \int n d \delta y = n \delta y - \int dn \delta y$$

$$\int p \delta d^2 y = \int p d^2 \delta y = p d \delta y - dp \delta y + \int d^2 p \delta y$$

$$\int q \delta d^3 y = \int q d^3 \delta y = q d^2 \delta y - dq d \delta y + d^2 q \delta y - \int d^3 q \delta y$$

etc.

und durch Substituirung kommt

$$\int \delta U = (N - dP + d^2 Q - \text{etc.}) \delta x + (P - dQ + \text{etc.}) d \delta x + (Q - \text{etc.}) d^2 \delta x + \text{etc.}$$

$$+(n-dp+d^2q-\text{etc.})\delta y+(p-dq+\text{etc.})d\delta y$$
$$+(q-\text{etc.})d^2\delta y+\text{etc.}$$
$$+\int(M-dN+d^2P-d^3Q+\text{etc.})\delta x$$
$$+\int(m-dn+d^2p-d^3q+\text{etc})\delta y.$$

Dieses Resultat ist aus zwei ähnlichen Theilen, einem durch die Variation von x, und einem andern durch die von y hervorgebrachten, zusammengesetzt; und man sieht leicht ein, daß man dasselbe auf eine Function von einer beliebigen Anzahl veränderlicher Größen ausdehnen würde, indem man, für eine jede, demselben dergleichen Glieder, als die veränderliche x oder die veränderliche y geliefert hat, beifügte.

§. 328. Wofern der Ausdruck $\int U$ unter die Form $\int V dx$ gesetzt ist, d. h. in V nur die veränderlichen Größen x, y und die Differential-Coefficienten von y vorkommen, so scheint die Rechnung für die Entwickelung der Variation ein wenig verwickelter; allein sie leitet zu ziemlich merkwürdigen Folgerungen. Man hat zuvörderst zu beachten, daß

$$\delta\int V dx=\int\delta(V dx)=\int V d\delta x+\int dx\delta V,$$
$$\int V d\delta x=V\delta x-\int dV\delta x,$$

und folglich

$$\delta\int V dx=V\delta x+\int(dx\delta V-dV\delta x)$$

ist.

Die Größe $dx\delta V-dV\delta x$ bildet sich, für δV und dV die in §. 326. beigebrachten Werthe geschrieben; und es kommt

$$dx\delta V-dV\delta x=N(dx\delta y-dy\delta x)+P(dx\delta p-dp\delta x)$$
$$+Q(dx\delta q-dq\delta x)+\text{etc.},$$

dann $p dx$ für dy in das, was N multiplicirt, und den Werth von δp (§. 326.) in das, was P multiplicirt, setzend, findet man

$$dx\delta y-dy\delta x=dx(\delta y-p\delta x)$$
$$dx\delta p-dp\delta x=d\delta y-pd\delta x-dp\delta x=d(\delta y-p\delta x),$$

woraus folgt

$$dx\delta p - dp\delta x = d\left(\frac{dx\delta y - dy\delta x}{dx}\right).$$

Verwandelt man y in p und p in q, so bekommt man eben so

$$dx\delta q - dq\delta x = d\left(\frac{dx\delta p - dp\delta x}{dx}\right),$$

und so fort an; mithin $\delta y - p\delta x = \omega$ gemacht, ergiebt sich hieraus

$$dx\delta y - dy\delta x = \omega dx,\ dx\delta p - dp\delta x = d\omega,$$

$$dx\delta q - dq\delta x = d\frac{d\omega}{dx},\ \text{etc.}$$

und folglich

$$\int(dx\delta V - dV\delta x) = \int N\omega dx + \int P d\omega + \int Q d\frac{d\omega}{dx} + \text{etc.}$$

Indem man auf der zweiten Seite dieser Gleichung ein jedes der Glieder, wo es an der Größe ω angezeigte Differentiirungen giebt, theilweise integrirt, erhält man

$$\int P d\omega = P\omega - \int\frac{dP}{dx}.\omega dx,$$

$$\int Q d\frac{d\omega}{dx} = Q\frac{d\omega}{dx} - \int\frac{dQ}{dx}d\omega$$

$$= Q\frac{d\omega}{dx} - \frac{dQ}{dx}\omega + \int\frac{1}{dx}d\frac{dQ}{dx}.\omega dx,$$

etc.

Mit diesen Ausdrücken bekommt man

$$\delta\int V dx = V\delta x + \left(P - \frac{dQ}{dx} + \text{etc.}\right)\omega$$
$$+ (Q - \text{etc.})\frac{d\omega}{dx}$$
$$+ \text{etc.}$$
$$+ \int\left(N - \frac{dP}{dx} + \frac{1}{dx}d\frac{dQ}{dx} - \text{etc.}\right)\omega dx.$$

Man würde dieses Resultat ohne Mühe auf eine größere Anzahl, von x abhängiger, veränderlicher Größen erstrecken, indem man für eine jede dergleichen Glieder beifügte, als man, nur y betrachtet, gefunden hat; was aber angelegentliche Beachtung verdient, ist, daß, wenn man für ω wieder seinen Werth $\delta y - p\delta x$ setzt, sich der mit dem Zeichen $\int$ behaftete Theil alsdann so schreiben läßt:

$$\int\left(N - \frac{dP}{dx} + \frac{1}{dx} d\frac{dQ}{dx} - \text{etc.}\right) dx\delta y$$

$$-\int\left(N - \frac{dP}{dx} + \frac{1}{dx} d\frac{dQ}{dx} - \text{etc.}\right) p\,dx\delta x,$$

und man sieht, daß in diesem Falle der Coefficient von δy und der von δx eine Beziehung haben, welche man im vorhergehenden §. nicht gewahr wird; so daß, wenn man den einen dieser Coefficienten gleich Null machte, auch der andere verschwinden würde.

§. 329. Eine Bemerkung, nicht weniger der Aufmerksamkeit werth, ist, daß, wenn in der Entwickelung von $\delta\int U$ (§. 327.) man

$$M - dN + d^2P - d^3Q + \text{etc.} = 0$$
$$m - dn + d^2p - d^3q + \text{etc.} = 0$$

hätte, die Variation $\int\delta U$ gänzlich von dem Zeichen $\int$ befreit sein würde; aber diese Gleichungen sind gerade diejenigen, welche Statt haben müssen, damit die Function U durch sich selbst integrirbar sei; dies erweiset sich a priori, indem man auf die Untersuchung dieser Bedingungen die Methode der Variationen selbst anwendet.

Nämlich, es sei U das Differential einer Function U_1, so hat man $U = dU_1$, und folglich

$$\delta U = \delta dU_1 = d\delta U_1,$$

woraus folgt, daß, wenn U ein vollständiges Differential

rential ist, δU ebenfalls ein solches sein müsse; und folglich muß, wofern man aus dem Zeichen $\int$ an dem Ausdrucke von $\int \delta U$ alle Glieder, welche integrirt werden können, heraustreten läßt, die Gesammtheit aller derjenigen, welche zurückbleiben, durch sich selbst Null sein, ohne daß man nöthig habe, irgend eine Beziehung zwischen x, y, δx und δy anzunehmen.

Die Entwickelung von $\delta \int V dx$, nur die einzige Bedingung

$$N - \frac{dP}{dx} + \frac{1}{dx} d \frac{dQ}{dx} - \text{etc.} = 0$$

liefernd, zeigt, daß diejenige Bedingung, welche sich auf die veränderliche Größe x bezieht, unnütz wird, wenn die Function U auf die Form $V dx$ gebracht ist, wo V nur x, y und Differential-Coefficienten von y enthält.

§. 330. Diese Bemerkungen beschränken sich nicht auf den Ausdruck von $\int U$; sie erstrecken sich gleichfalls auf die von $\int\int U$, $\int\int\int U$, etc., welches auch die Anzahl der Integrirungszeichen sei; und indem man die Variation dieser letztern Formeln sucht, wie man es in Hinsicht auf $\int U$ gethan hat, so findet man die Bedingungs-Gleichungen, welche Statt haben müssen, damit die Größe U das vollständige Differential einer Function U_1 von einer unmittelbar niedern Ordnung, einer Function U_2 von einer um zwei Einheiten niedern Ordnung, u. s. w sei, und so der Reihe nach. Es sei

$$\left.\begin{array}{l} \delta U = M\delta x + N d\delta x + P d^2\delta x + Q d^3\delta x + \text{etc.} \\ \quad + m\delta y + n d\delta y + p d^2\delta y + q d^3\delta y + \text{etc.} \end{array}\right\},$$

so erhält man aus dem Vorhergehenden

$$\begin{aligned} \delta\int U = & (N - dP + d^2Q - \text{etc.})\delta x + (P - dQ + \text{etc.}) d\delta x \\ & + (Q - \text{etc.}) d^2\delta x + \text{etc.} \\ & + (n - dp + d^2q - \text{etc.})\delta y + (p - dq + \text{etc.}) d\delta y \\ & + (q - \text{etc.}) d^2\delta y + \text{etc.} \\ & + \int (M - dN + d^2P - d^3Q + \text{etc.})\delta x \\ & + \int (m - dn + d^2p - d^3q + \text{etc.})\delta y; \end{aligned}$$

aber $\delta\int U = \delta U_1$, und wegen $U_1 = dU_2$ kommt

$$\delta U_2 = \delta\int U_1 = \int\delta U_1 = \int\delta\int U;$$

mithin bekommt man δU_2, indem man von neuem $\delta\int U$ integrirt, und unter dem ersten Integrirungs-Zeichen alles, was zu integriren möglich ist, heraustreten läßt. Solchergestalt wird man finden

$$\begin{aligned}\delta U_2 = &\int(N - dP + d^2Q - \text{etc.})\delta x + \int(P - dQ + \text{etc.})d\delta x\\ &+ \int(Q - \text{etc.})d^2\delta x + \text{etc.}\\ &+ \int(n - dp + d^2q - \text{etc.})\delta y + \int(p - dq + \text{etc.})d\delta y\\ &+ \int(q - \text{etc.})d^2\delta y + \text{etc.}\\ &+ \int\int(M - dN + d^2P - d^3Q + \text{etc.})\delta x\\ &+ \int\int(m - dn + d^2p - d^3q + \text{etc.})\delta y;\end{aligned}$$

und die Glieder, welche Differentialen von δx oder δy enthalten, theilweise integrirt, erhält man

$$\begin{aligned}\delta U_2 = &(P - 2dQ + 3d^2R - \text{etc.})\delta x + (Q - 2dR + \text{etc.})d\delta x\\ &+ (R - \text{etc.})d^2\delta x + \text{etc.}\\ &+ (p - 2dq + 3dr - \text{etc.})\delta y + (q - 2dr + \text{etc.})d\delta y\\ &+ (r - \text{etc.})d^2\delta y + \text{etc.}\\ &+ \int(N - 2dP + 3d^2Q - 4d^3R + \text{etc.})\delta x\\ &+ \int(n - 2dp + 3d^2q - 4d^3r + \text{etc.})\delta y\\ &+ \int\int(M - dN + d^2P - d^3Q + d^4R - \text{etc.})\delta x\\ &+ \int\int(m - dn + d^2p - d^3q + d^4r - \text{etc.})\delta y.\end{aligned}$$

Solches ist die verlangte Variation, welche von den beiden Zeichen $\int$ nur befreit ist, wenn die Gleichungen

$$N - 2dP + 3d^2Q - 4d^3R + \text{etc.} = 0$$
$$n - 2dp + 3d^2q - 4d^3r + \text{etc.} = 0$$
$$M - dN + d^2P - d^3Q + d^4R - \text{etc.} = 0$$
$$m - dn + d^2p - d^3q + d^4r - \text{etc.} = 0$$

identisch sind; alsdann giebt δU_2, ein einziges Mal in Beziehung auf die Variationen integrirt, U_2 oder das Zweit-Integral der vorgegebenen Gleichung.

Es sei als Beispiel

$$U = xd^2y + 2dxdy + yd^2x,$$

so hat man

$$\begin{aligned}\delta U = &d^2y\delta x + 2dyd\delta x + yd^2\delta x\\ &+ d^2x\delta y + 2dxd\delta y + xd^2\delta y,\end{aligned}$$

$$M = d^2y,\ N = 2dy,\ P = y,$$
$$m = d^2x,\ n = 2dx,\ p = x;$$

und die obigen Bedingungsgleichungen werden

$$2dy - 2dy = 0$$
$$2dx - 2dx = 0$$
$$d^2y - 2d^2y + d^2y = 0$$
$$d^2x - 2d^2x + d^2x = 0;$$

mithin ist die vorgegebene Function unmittelbar integrirungsfähig. Der von dem Zeichen $\int$ befreite Theil $y\delta x + x\delta y$ giebt in Beziehung auf die Variationen integrirt $U_2 = xy$.

Der Gang der vorhergehenden Rechnungen zeigt, daß die Erst-Integrirung einer Differential-Function von m veränderlichen Größen m Bedingungen erfordert, wenn diese veränderlichen Größen als unabhängig betrachtet werden, und daß für eine Anzahl n von auf einander folgenden Integrirungen es mn Bedingungsgleichungen geben würde. Es würde darin blos $m - 1$ für die Erst-Integrirung, und $n(m-1)$ für alle zusammen geben, wenn die vorgegebene Function unter der Form $\int^n V dx^n$ wäre, wo V nur Differential-Coefficienten enthielte.

Von den Größten und Kleinsten der unbestimmten Integral-Formeln.

Man kann solche Ausdrücke, wie $\int y dx$, $\int\sqrt{dx^2 + dy^2}$, wofern man für die Function y keine Form angiebt, unbestimmte Integralen nennen; um aber eines Größten und Kleinsten empfänglich zu werden, müssen diese Integralen begränzt sein (§. 209.), da sie, wenn y in x bestimmt ist, nur zwischen gegebenen Begränzungen einen feststehenden Werth erhalten.

Die in Hinsicht der Functionen, deren Form gegeben ist, in §. 134. auseinandergesetzten Principien lassen sich mit Hülfe der Variations-Rechnung auch auf unbestimmte Integralen anwenden. Nämlich nach dem in §. 121. geschilderten Gange kann das Resultat der Substituirung von

$$x + \delta x,\ y + \delta y,\ dx + \delta dx,\ dy + \delta dy, \text{etc.}$$

an die Stelle der Größen x, y, dx, dy, etc. in irgend einer Function u dieser Größen, nach den Potenzen der Variationen

$$\delta x,\ \delta y,\ \delta dx,\ \delta dy,\ \text{etc.}$$

geordnet werden; und δu wird alle Glieder dieser Entwickelung enthalten, in welchen die Variationen nur bis zum ersten Grade steigen. Diese, ihr Zeichen zu gleicher Zeit mit den Variationen wechselnden Glieder müssen nach der oben erwähnten Lehre bei dem Größten und Kleinsten, was auch immer die Variationen δx und δy sein mögen, sich vernichten; mithin muß $\delta u = 0$ sein. Wofern $u = \int U$ ist, so kommt $\delta u = \int \delta U$ (§. 325.); für das Größte und das Kleinste von $\int U$ hat man daher $\int \delta U = 0$, mit der Beachtung, daß zwischen den für $\int U$ angegebenen Grenzen $\int \delta U$ verschwinden soll.

Es geht auch aus derselben Lehre hervor, daß die Bedingung $\delta u = 0$ nicht nothwendig das Dasein des Größten oder Kleinsten nach sich zieht, weil außerdem die Glieder, wo sich die Variationen bis zum zweiten Grade erheben würden, immer dasselbe Zeichen behalten müssen; die Erörterung dieser letztern Bedingungen ist zu verwickelt und zu zart, um hier Platz zu finden.

§. 332. Die Entwickelung von $\int \delta U$ ist aus zwei sehr unterschiedenen Theilen (§. 327.) zusammengesetzt, da der eine von dem Zeichen $\int$ befreit ist, und der andere demselben unterworfen bleibt; man kann den ersten durch

$$\alpha \delta x + \beta \delta y + \alpha_1 d \delta x + \beta_1 d \delta y + \text{etc.}$$

und den zweiten durch

$$\int [\chi \delta x + \psi \delta v]$$

vorstellen. Diese Theile können nicht unter sich verglichen werden, weil der letztere nicht integrirbar ist, so lange δx und δy die Unabhängigkeit behalten, welche die Natur der Aufgabe erfordert; und in diesem Zustande kann man ihn nur dadurch verschwinden lassen, daß man getrennt die Gleichungen

$$\chi = o, \ \psi = o$$

setzt, deren Anzahl allgemein der Anzahl der unabhängigen Variationen gleich ist; wofern aber nur zwei veränderliche Größen sind; und U die Form $V dx$ annehmen kann, so zeigt die Entwickelung der Variation von $\int V dx$ in §. 328., daß $\chi = - \psi p$ und folglich $\chi dx + \psi dy = o$ ist, eine überdies insbesondere an jedem Beispiele leicht zu bewährende Bedingung. Es fließt hieraus, daß die Gleichungen $\chi = o$ und $\psi = o$ in einander übergehen, und daß es zwischen y und x nur eine einzige Beziehung giebt; welche man gleichfalls dadurch bekommen haben würde, daß man $\delta x = o$ gesetzt, d. h. x sich nicht hätte verändern lassen; diese Voraussetzung aber würde, wie man sogleich sehen wird, die Eigenschaften des, von dem Zeichen $\int$ befreiten Theiles in der Variation sehr in die Enge ziehen.

Aus dem Vorhergehenden folgt, daß die in §. 329. als solche angezeigten Gleichungen, welche den Ausdruck der, die Formeln $\int U$ und $\int V dx$ integrirbar machenden Bedingungen geben, und welche alsdann identisch sind, wofern sie dies zu sein aufhören, die Beziehungen von y zu x bestimmen, durch welche die vorgegebenen Integralen ein Größtes oder ein Kleinstes werden. Man erkennt leicht, daß diese Gleichungen sich bis zu der Ordnung erheben können, deren Exponent doppelt so groß ist als der des höchsten, entweder in U oder in V enthaltenen Differentials.

§. 373. Durch das Verschwinden des mit dem Zeichen $\int$ behafteten Theils kommt

$$\int \delta U = \alpha \delta x + \beta \delta y + \alpha_1 d\delta x + \beta_1 d\delta y + \text{etc.}$$

und zur Abkürzung $\int \delta U = \Phi$ gemacht, erhält man den vollständigen Werth dieses Integrals, indem man den Unterschied derjenigen Werthe nimmt, welche die Größe Φ an jeder der beiden Grenzen (§. 209.) bekommt, so daß, wenn Φ' diesen Werth für die erste Grenze und Φ'' für die letzte vorstellt, man $\int \delta U = \Phi'' - \Phi'$ hat, woraus für das Größte und Kleinste des Integrals $\int U$ auch noch die Bedingung $\Phi'' - \Phi' = 0$ hervorgeht; allein man muß wohl bemerken, daß diese Gleichung nur noch Größen enthält, welche sich auf die Grenzen des Integrals $\int U$ beziehen, und daß alsdann die Variationen $\delta x, \delta y, \delta dx, \delta dy$, etc. entweder Null oder blos durch gegebene Beziehungen unter sich verknüpft sein können, je nachdem diese Grenzen fest oder veränderlich sind. Die geometrische Anwendung dieser verschiedenen Umstände wird dieselben hinlänglich erläutern.

Der erste findet Statt, wofern die Curve, welche das vorgegebene Integral zu einem Größten oder Kleinsten macht, genommen werden soll, unter allen den unterworfenen Curven, daß sie durch zwei Puncte gehen, deren Coordinaten bestimmt sind, so wie alles, was sich darauf bezieht, und wofern das Integral bei einem dieser Puncte anfangen und bei dem andern endigen soll. Bezeichnen x' und y' die Coordinaten des ersten, x'' und y'' die des zweiten, so werden diese Größen, zu allen den Curven gehörend, welche man bei der in Rede stehenden Frage betrachten kann, keine Variation erleiden; wenn man daher x und y in x' und y', dann in x'' und y'' verwandelt, so muß man

$$\delta x' = o, \delta y' = o, \delta x'' = o, \delta y'' = o$$

machen. Alsdann verschwinden die mit diesen Variationen behafteten Glieder von selbst aus der Gleichung $\Phi'' - \Phi' = o$, die folglich bewährt sein wird, wenn sie nur diese Glieder enthält; und die aus der Gleichung $\chi = o$ abgeleitete Curve löset die Aufgabe vollständig, wofern man sie nur dem Hindurchgehen durch die beiden gegebenen Puncte unterwirft, welches im Allgemeinen durch die Bestimmung der in dem Integrale der angeführten Gleichung, die alsdann von dem zweiten Grade ist, begriffenen willkührlichen beständigen Größen sich bewerkstelligen lassen wird.

Wenn die Gleichung $\Phi'' - \Phi' = o$ überdies die mit $\delta dx'$, $\delta dy'$, $\delta dx''$, $\delta dy''$ behafteten Glieder enthält, und es sollten außer der vorhergehenden Bedingung die Tangenten der gesuchten Curve an den Grenzen des Integrals eine gegebene Neigung haben, so würden diese Glieder auch von selbst verschwinden, weil, wegen der keine Veränderung an den Grenzen erleidenden Differentialen dx und dy, die Variationen $\delta dx'$, $\delta dy'$, $\delta dx''$, $\delta dy''$ Null wären, und die Producte, worin sie vorkommen, verschwinden ließen; allein um die gesuchte Curve, in Beziehung auf die Tangenten ihrer äußersten Puncte, dieser Bedingung zu unterwerfen, müßte ihre Gleichung zwei willkührliche beständige Größen mehr als in dem vorher untersuchten Falle enthalten, und folglich die Differential-Gleichung $\chi = o$ von der vierten Ordnung sein. Dies sei genug, um zu zeigen, wie die Gleichung $\Phi'' - \Phi' = o$ sich bewähren müsse, wenn die Coordinaten der Grenzen und ihre Differential-Coefficienten feste Werthe haben: ich gebe zu den Fällen über, wo die Grenzen als veränderlich betrachtet werden müssen.

§. 334. Man kann verlangen, daß die mit dem Größten oder dem Kleinsten der vorgegebenen Eigenschaft begabte Curve nicht unter allen den Curven, welche durch zwei gegebene Puncte gehen, genommen werde, sondern unter allen denen, welche
Fig. 55. zwischen zwei gegebenen Curven AA′, BB′ (Fig. 55.) gezogen wären, ohne die Puncte, wo diese letzteren von der gesuchten geschnitten werden, zu bestimmen. Es ist ersichtlich, daß alsdann beim Uebergehen von der Curve AB zu einer andern A′B′ die äußersten Enden A und B sich bewegen; die Abscissen, welche dem Anfange und dem Ende des Integrals entsprechen, nachdem dieses varirt hat, sind nicht mehr diejenigen, welche seinem ursprünglichen Zustande zukommen, und die Ordinaten, welche sich darauf beziehen, haben sich zufolge des durch die Curven AA′ und BB′ festgestellten Gesetzes verwandelt. Bei diesem Umstande müssen die Variationen der Ordinaten und die ihrer Abscissen dieselben Beziehungen haben, als die zu den Curven AA′, BB′ gehörigen Differentialen nämlich durch die Gleichungen dieser Curven, welche gegeben sind, ausgedrückte Beziehungen: es ist daher nothwendig, diese in die Gleichung $\Phi'' - \Phi' = 0$ einzuführen; und um dieselben hernach zu bewähren, hat man die Coefficienten der Variationen, welche unabhängig bleiben, jeden für sich gleich Null zu setzen.

Da in dem Maaße, als die Function $\int U$ Differentialen einer höhern Ordnung enthält, die Anzahl der Glieder in der Gleichung $\Phi'' - \Phi' = 0$ zunimmt, so kann man den Grenzen neue Bedingungen hinzufügen; z. B. annehmen, daß die Curve AB unter allen denen genommen werden solle, wel=

che die beiden Curven AA' und BB' zugleich berühren. Durch diese letztere Bedingung müssen nicht allein die Coordinaten x und y, an den Grenzen des Integrals, die durch die Gleichungen dieser Curven ausgedrückten Beziehungen haben, sondern es muß sich eben so mit ihren Differentialen verhalten; also sind die Variationen $\delta dx'$, $\delta dy'$, $\delta dx''$, $\delta dy''$ nicht mehr unabhängig, und müssen mit den zu den vorgegebenen Curven gehörigen Zweit-Differentialen zusammenfallen. Man wird durch diese Beziehungen einige der Variationen $\delta dx'$, $\delta dy'$, $\delta dx''$, $\delta dy''$ aus der Gleichung $\Phi' - \Phi' = o$ eliminiren können; und hernach dieselbe dadurch bewähren, daß man die Coefficienten der zurückbleibenden Variationen, welche völlig willkührlich sind, jeden für sich gleich Null setzt.

Da die Gleichungen, welche man sich hiermittelst verschafft, Beziehungen zwischen den Coordinaten der äußersten Puncte der vorgegebenen Curve feststellen, so wird es dabei nothwendig auf die durch die Integrirung der Gleichung $\chi = o$ eingeführten beständigen Größen ankommen, und sie werden diese zu bestimmen dienen.

§. 335. Die Anwendungen werden das Vorhergehende erläutern; allein man muß schon hier bemerken, daß, da es Umstände giebt, wo man auf die Variationen der Grenzen der Integralen Rücksicht zu nehmen hat, wenn die Coordinaten x', y', x'', y'', dieser Grenzen in dem Ausdrucke von U vorkämen, es nothwendig seyn würde, dieselben eben sowohl als x und y darin variiren zu lassen, und folglich δU um die Glieder

$$A'\delta x' + B'\delta y' + A''\delta x'' + B''\delta y''$$
$$+ A'_{1} d\delta x' + B'_{1} d\delta y' + A''_{1} d\delta x'' + B''_{1} d\delta y'' + \text{etc.}$$

zu vermehren; und da die Variationen $\delta x'$, $\delta y'$, $\delta x''$,

$\delta y''$ von den unbestimmten Coordinaten x nnd y unabhängig sind, so würden sie aus dem Zeichen $\int$ heraustreten, dahingegen die Functionen A', A'', etc., A'_1, A''_1, etc. demselben unterworfen blieben; man müßte daher in den ersten Theil der Variation δU die Glieder

$$\delta x' \int A' + \delta y' \int B' + \delta x'' \int A'' + \delta y'' \int B''$$
$$+ d\delta x' \int A'_1 + d\delta y' \int B'_1 + d\delta x'' \int A''_1 + d\delta y'' \int B''_1$$
$$+ \text{etc.}$$

einführen, indem man Sorge trägt, diese Integralen zwischen eben denselben Grenzen als das vorgegebene zu nehmen.

Man sieht nicht sogleich, was die vorhergehenden Glieder werden würden, wenn die eine der Grenzen zu gleicher Zeit der Anfang der Coordinaten wäre. Man vermeidet diese Schwierigkeit dadurch, daß man gleich Anfangs

$$x = X - x', \quad y = Y - y'$$

macht, und sich vorstellt, daß der Anfang der Coordinaten X, Y fest sei, die Größen x' und y' aber veränderlich seien; es kommt alsdann

$$\delta x = \delta X - \delta x', \quad \delta y = \delta Y - \delta y'.$$

Was die Differentialen dx, dy, etc. betrifft, so hängen sie nicht von den Größen x' und y' ab, und bekommen folglich keine Variation; daher wird der Ausdruck von δU blos

$$M(\delta X - \delta x') + N\delta dX + \text{etc.}$$
$$+ m(\delta Y - \delta y') + n\delta dY + \text{etc.}$$

Es ist erlaubt, x', y' hernach gleich Null zu machen, wofern man nur die Variationen $\delta x'$, $\delta y'$ bestehen läßt, welche als die erste Werthstufe dieser Größen betrachtet werden können; alsdann werden X und Y wieder x und y, und die Aenderung des Ausdrukkes von $\int \delta U$ kürzt sich auf die Glieder $-\delta x' \int M$ $-\delta y' \int m$ ab, wovon man die Integralen in den ursprünglichen Grenzen nehmen muß.

§. 336. Es sei vorgegeben, y in x zu bestimmen, damit das Integral $\int\sqrt{dx^2+dy^2}$, zwischen zwei gegebenen Grenzen genommen, ein Kleinstes sei, welches dahin geht, die kürzeste Linie zu finden, welche man zwischen zwei Puncten auf einer Ebene ziehen kann. Man hat

$$\delta U = \delta\sqrt{dx^2+dy^2} = \frac{dx\,\delta dx + dy\,\delta dy}{\sqrt{dx^2+dy^2}},$$

und

$$\int\delta U = \int\frac{dx}{ds}\,d\delta x + \int\frac{dy}{ds}\,d\delta y,$$

indem man $\sqrt{dx^2+dy^2} = ds$ macht, und den Kennbuchstaben δ versetzt. Hierauf theilweise integrirt, findet man

$$\int\delta U = \frac{dx}{ds}\delta x + \frac{dy}{ds}\delta y - \int\left(d\frac{dx}{ds}\delta x + d\frac{dy}{ds}\delta y\right);$$

und der mit dem Zeichen $\int$ behaftete Theil giebt (§. 332.)

$$d\frac{dx}{ds} = 0,\ \text{woraus}\ \frac{dx}{ds} = C,\ \frac{dy}{dx} = C',\ y = C'x + C''.$$

Dieses Resultat, so wie man es erwarten mußte, bezeichnet die gerade Linie; und die beständigen Größen, welche es in sich schließt, dienen, die Bedingungen in Bezug auf die Puncte, zwischen welchen dieselbe gezogen werden soll, zu erfüllen.

Der Theil, welcher von dem Zeichen $\int$ befreit ist, oder Φ (§. 333.) als nur die Variationen der Coordinaten der äußersten Puncte enthaltend, verschwindet, wenn diese fest sind; und die beständigen Größen C′ und C″ bestimmen alsdann sich dadurch, daß man die vorgegebene gerade Linie dem Hindurchgehen durch diese Puncte unterwirft. Wenn sie nicht fest sind, sondern sich blos auf gegebenen Curven befinden sollen, so müssen sowohl die Größen x′ und

y', x'' und y'', welche unbekannt sind, als auch ihre Variationen der Gleichung $\varphi'' - \varphi' = o$, welche

$$\frac{dx''}{ds''}\delta x'' + \frac{dy''}{ds''}\delta y'' - \frac{dx'}{ds'}\delta x' - \frac{dy'}{ds'}\delta y' = o$$

wird, und den Gleichungen der gegebenen Curven, deren Differentialen ich durch

$$dy = m\,dx,\ dy = n\,dx$$

vorstelle, ein Genüge thun; man erhält demnach (§. 334.)

$$\delta y' = m'\delta x',\ \delta y'' = n''\delta x'',$$

$$\left(\frac{dx''}{ds''} + n''\frac{dy''}{ds''}\right)\delta x'' - \left(\frac{dx}{ds'} + m\frac{dy'}{ds'}\right)\delta x = o.$$

Wegen der Unabhängigkeit der Variationen $\delta x''$ und $\delta x'$ zerfallt diese Gleichung in folgende

$$dx'' + n''dy'' = o,\ \text{oder}\ \frac{dy''}{dx''} = -\frac{1}{n''},$$

$$dx' + m'dy' = o,\ \text{oder}\ \frac{dy'}{dx'} = -\frac{1}{m'},$$

welche ausdrücken, daß die vorgegebene gerade Linie jede der gegebenen Curven nnter rechten Winkeln treffen müsse.

Aus der Gleichung $y = C'x + C''$ hat man $dy = C'dx$ für alle Puncte der geraden Linie, und die vorhergehenden Gleichungen werden dem zufolge

$$1 + C'n'' = o,\ 1 + C'm' = o;$$

aber die beständige Größe C' hängt von den Coordinaten der äußersten Puncte ab, da die Gleichung der durch diese Puncte gezogenen geraden Linie, als welche

$$y - y' = \frac{y' - y}{x' - x''}(x - x')$$

ist,

$$C' = \frac{y' - y''}{x' - x''}$$

giebt; und diesen Werth von C' substituirt, ergeben sich die Gleichungen

$$x' - x'' + n''(y' - y'') = 0, \quad x' - x'' + m'(y' - y'') = 0,$$

deren Verbindung mit denen der gegebenen Curven die Puncte, wodurch die kürzeste Entfernung dieser Curven geht, bestimmt; und die Auflösung der vorgegebenen Aufgabe vervollständigt.

Man würde zu denselben Gleichungen dadurch gelangen, daß man gleich Anfangs voraussetzt, die äußersten Puncte seien fest, ein Umstand, unter welchem man zwischen y und x die Gleichung

$$y - y' = \frac{y' - y''}{x' - x''}(x - x')$$

hat. Nämlich durch diese Beziehung wird das Integral $\int\sqrt{dx^2 + dy^2}$ zwischen den Abscissen x' und x''

$$(x' - x'')\sqrt{1 + \left(\frac{y' - y''}{x' - x''}\right)^2} = \sqrt{(x' - x'')^2 + (y' - y'')^2};$$

und die alleinige Anwendung der Differential-Rechnung reicht hin, um das Kleinste dieses Ausdruckes zu bestimmen, indem man auf die Abhängigkeit, welche zwischen x' und y', x'' und y'' die Gleichungen der gegebenen Curven feststellen, Rücksicht nimmt.

So konnte man, ohne Beihülfe der Gleichung $\varphi'' - \varphi' = 0$, welche Bernouilli's und Euler's Methoden nicht gaben, von den der vorhergehenden ähnlichen Aufgaben allemal die Auflösung vollenden, wenn man das vorgegebene Integral zu bekommen wußte; aber betrachtend, daß dieses Integral eine eingewickelte Function der Größen ist, welche sich auf ihre Grenzen beziehen, hat Hr. Poisson vermittelst der Differentiirung unter dem Zeichen $\int$ (Anmerkung S. 348.) die Bedingungen des absoluten Größten des vorgegebenen Integrals in Beziehung auf diese Größen unmittelbar gesucht, und ist zu der Gleichung $\varphi'' - \varphi' = 0$ gelangt, so wie sie aus der Methode der Variationen hervorgeht.

§. 337. Die Aufgabe des vorhergehenden §s, in den Raum übergetragen, führt auf die Bestimmung

von z und y, als Functionen von x, in dem Ausdrucke
$\int\sqrt{dx^2+dy^2+dz^2}$. Setzt man $\sqrt{dx^2+dy^2+dz^2}=ds$, so kommt

$$\int\delta\sqrt{dx^2+dy^2+dz^2}=\int\frac{dx}{ds}d\delta x+\int\frac{dy}{ds}d\delta y+\int\frac{dz}{ds}d\delta z=$$

$$\frac{dx}{ds}\delta x+\frac{dy}{ds}\delta y+\frac{dz}{ds}\delta z-\int\left(d\frac{dx}{ds}\delta x+d\frac{dy}{ds}\delta y+d\frac{dz}{ds}\delta z\right).$$

Der mit dem Zeichen $\int$ behaftete Theil liefert die drei Gleichungen

$$d\frac{dx}{ds}=0,\ d\frac{dy}{ds}=0,\ d\frac{dz}{ds}=0,$$

deren sämmtliche Verbindungen zu 2 und 2 darin übereinstimmen, daß sie

$$\frac{dz}{dx}=\text{const.},\ \frac{dz}{dy}=\text{const.}$$

geben, so wie sie auch zeigen, daß die gesuchte Linie eine gerade ist.

Wenn diese gerade Linie zwischen einem festen Puncte und einer krummen Oberfläche, deren Differential-Gleichung

$$dz=p\,dx+q\,dy$$

sei, gezogen werden soll, so muß bei der letztern Grenze $\delta z''=p\delta x''+q\delta y''$ sein. Die erstere, da sie fest ist, macht $\Phi'=0$, und der Werth von $\delta z''$ verwandelt $\Phi''=0$ in

$$(dx''+p''dz'')\delta x''+(dy''+q''dz'')\delta y''=0;$$

die Coefficienten der unabhängigen Variationen gleich Null gesetzt, kommt

$$dx''+p''dz''=0,\ dy''+q''dz''=0,$$

woraus man sieht nach §. 143., daß die gesuchte gerade Linie auf der gegebenen Oberfläche senkrecht ist.

Wenn die gesuchte kürzeste Linie gänzlich auf einer gegebenen krummen Oberfläche sein soll, so müssen die Variationen δx, δy, δz unter dem Zeichen $\int$ der Differential-Gleichung dieser Oberfläche, welche ich durch $dz = p\,dx + q\,dy$ vorstelle, Genüge thun; man mache daher in $\int \delta U$,

$$\delta z = p\,\delta x + q\,\delta y,$$

so wird dasselbe durch diese Substitution

$$\left(\frac{dx}{ds} + p\frac{dz}{ds}\right)\delta x + \left(\frac{dy}{ds} + q\frac{dz}{ds}\right)\delta y$$

$$-\int\left[\left(d\frac{dx}{ds} + p\,d\frac{dz}{ds}\right)\delta x + \left(d\frac{dy}{ds} + q\,d\frac{dz}{ds}\right)\delta y\right].$$

Aus dem mit dem Zeichen $\int$ behafteten Theile ziehe man die Gleichungen

$$d\frac{dx}{ds} + p\,d\frac{dz}{ds} = 0,\; d\frac{dy}{ds} + q\,d\frac{dz}{ds} = 0,$$

deren eine, in Verbindung mit der von der gegebenen Oberfläche, allein zureicht, um die Natur der kürzesten Linie, welche man auf dieser Oberfläche zwischen zweien ihrer Puncte ziehen kann, zu bestimmen.

Unter der Voraussetzung, daß diese Linie zwischen einem festen Puncte und einer auf derselben Oberfläche genommenen Curve gezogen werden solle, erhält man zuvörderst $\varphi' = 0$; und mit $dy = n\,dx$ die Differential-Gleichung des Entwurfs der gegebenen Curve auf der Ebene der x, y bezeichnet, kommt $\delta y'' = n''\delta x''$; indem sich sodann die Gleichung $\varphi'' = 0$ in

$$dx'' + p''dz'' + (dy'' + q''dz'')n'' = 0$$

verwandelt, drückt sie aus, daß die beiden besagten Curven sich unter rechten Winkeln schneiden.

§. 338. Ich gehe noch zur Aufsuchung der so beschaffenen Beziehung von x zu y, daß dadurch der Ausdruck $\int \frac{\sqrt{dx^2+dy^2}}{\sqrt{2(y-Y)}}$, in welchem ich Y als eine Function der zu den Grenzen gehörigen Coordinaten x' und y', x'' und y'' betrachte, zu einem Kleinsten gemacht werde *).

Um die Frage in ihrer ganzen Allgemeinheit aufzulösen, muß man Y sowohl als y variiren lassen (§. 335.). Es sei

$$\sqrt{2(y-Y)}=u,\ \sqrt{dx^2+dy^2}=ds,$$

so kommt

$$\delta u=\frac{\delta y-\delta Y}{u},\ \delta s=\frac{dx}{ds}d\delta x+\frac{dy}{ds}d\delta y,$$

und

$$\int\delta\frac{ds}{u}=-\int\frac{ds}{u^3}(\delta y-\delta Y)+\int\frac{dx}{uds}d\delta x+\int\frac{dy}{uds}d\delta y$$

$$=\delta Y\int\frac{ds}{u^3}+\frac{dx}{uds}\delta x+\frac{dy}{uds}\delta y$$

$$-\int\left[d\frac{dx}{uds}\delta x+\left(\frac{ds}{u^3}+d\frac{dy}{uds}\right)\delta y\right].$$

Man ziehe aus den mit dem Zeichen $\int$ behafteten Gliedern die Gleichungen

$$d\frac{dx}{uds}=0,\ \frac{ds}{u^3}+d\frac{dy}{uds}=0;$$

die erste, welche die einfachste ist, giebt

$$\frac{dx}{uds}=C,\ \text{woraus}\ \frac{dx}{\sqrt{dx^2+dy^2}}=C\sqrt{2(y-Y)}.$$

Die

---

*) Diese Aufgabe ist die von der Brachystochrone, einer Curve, längs welcher ein Körper in der möglich kürzesten Zeit von einem Puncte zu einem andern herabfällt.

Dieses Resultat zeigt eine Cycloide an (§. 102.); denn wenn man $y - Y = z$ macht, so wird man

$$dx = \frac{dz\sqrt{2C^2}\sqrt{z}}{\sqrt{1 - 2C^2 z}} = \frac{z\,dz}{\sqrt{\frac{1}{2C^2}z - z^2}}$$

ableiten.

Wofern $\delta Y = 0$ ist, giebt die Größe φ für die Grenzen die Gleichungen

$$dx''\delta x'' + dy''\delta y'' = 0,\quad dx'\delta x' + dy'\delta y' = 0,$$

aus welchen man, wie in §. 33., erkennen wird, daß, wenn die gesuchte Curve zwischen zwei andern gezogen ist, sie dieselbe unter rechten Winkeln treffen müsse.

Wenn δY nicht Null ist, so muß man den Werth von $\int \frac{ds}{u^3}$ zwischen den Grenzen des vorgegebenen Integrals berechnen; die durch den Coefficienten von δy unter dem Zeichen $\int$ gelieferte Gleichung

$$\frac{ds}{u^3} + d\frac{dy}{u\,ds} = 0$$

giebt aber

$$\int \frac{ds}{u^3} = -\frac{dy}{u\,ds} = +\text{const};$$

und mit dem Beachten, daß δY, als von den veränderlichen unbestimmten Größen x und y nicht abhängend, sich von einer Grenze zur andern nicht ändern darf, wird die Gleichung $\varphi'' - \varphi' = 0$,

$$\left.\begin{array}{l} -\frac{dy''}{u''ds''}\delta Y + \frac{dx''}{u''ds''}\delta x'' + \frac{dy''}{u''ds''}\delta y'' \\ +\frac{dy'}{u'ds'}\delta Y - \frac{dx'}{u'ds'}\delta x' - \frac{dy'}{u'ds'}\delta y' \end{array}\right\} = 0.$$

Nimmt man blos $Y = y'$, woraus $\delta Y = \delta y'$ folgt, so hat man, indem man zusammenzieht und die Variationen in Bezug auf jede Grenze absondert,

$$\frac{dx''}{u''ds''}\delta x'' + \frac{dy''}{u'ds''}\delta y'' = 0, \frac{dx'}{u'ds'}\delta x' + \frac{dy''}{u''ds''}\delta y' = 0;$$

macht man hierauf ferner, wie in §. 336.,

$$\delta y'' = n''\delta x'', \ \delta y' = m'\delta x',$$

und erinnert sich, daß $\frac{dx}{uds} = C$ ist, so bekommen die obigen Gleichungen die Form

$$C + \frac{dy''}{u'ds'}n'' = 0, C + \frac{dy'}{u'ds'}m' = 0,$$

nach welcher $n'' = m'$ ist. Dieses Resultat zeigt, daß in den Puncten, wo die gesuchte Curve die gegebenen Curven trifft, diese parallele Tangenten haben müssen. Außerdem zeigt die auf die letztere Grenze sich beziehende Gleichung, welche auf

$$dx''\delta x'' + dy''\delta y'' = 0$$

zurückkommt, auch noch, daß die gesuchte Curve unter rechten Winkeln die zweite gegebene Curve schneiden müsse.

§. 339. Die vorhergehenden Aufgaben beziehen sich auf absolute Größte oder Kleinste; aber die Frage, unter allen Beziehungen, welche die veränderlichen Größen x, y zwischen sich haben können, und welche dem unbestimmten Integral $\int U_1$, von $x = x'$ bis $x = x''$ genommen, einen und denselben Werth geben, diejenige zu finden, welche die Formel $\int U$ unter eben denselben Umständen zu einem Größten oder Kleinsten macht, gehört zu den relativen Größten oder Kleinsten. Sie wird aufgelös't, indem man die Variation der Function $\int U + a\int U_1$ gleich Null setzt, wo a ein unbestimmter beständiger

Coefficient ist. Es ist hier nicht der Ort, diese Regel umständlich zu erweisen; man begreift überdies, daß, wenn die obige Function ein Größtes oder Kleinstes ist, und man $\int U_1 = A$ macht, das Integral $\int U$ allezeit den größten oder den kleinsten der Werthe, welche es bei dieser Voraussetzung annehmen könnte, haben wird. Der unbestimmte Coefficient a dient dazu, die Bedingung $\int U_1 = A$ zu erfüllen.

Wenn man z. B. nach der Curve fragte, welche unter einem gegebenen Umfange (Perimeter) den größten oder kleinsten Raum einschließt, so hätte man

$$\int U + a \int U_1 = \int [y\,dx + a\sqrt{dx^2 + dy^2}];$$

der mit dem Zeichen $\int$ behaftete Theil der Variationen wäre, $\sqrt{dx^2 + dy^2} = ds$ gemacht,

$$-\int \left[\left(dy + a\,d\frac{dx}{ds} \right) \delta x - \left(dx - a\,d\frac{dy}{ds} \right) \delta y \right],$$

und würde zur Bestimmung der gesuchten Curve die Gleichung

$$dx - a\,d\frac{dy}{ds} = 0$$

geben, deren Integral, welches

$$x - a\frac{dy}{ds} = C, \text{ oder } dy = \frac{(x - C)\,dx}{\sqrt{a^2 - (x - C)^2}}$$

ist, offenbar einen Kreis, dessen Halbmesser a ist, bezeichnet.

Dieser Halbmesser wird nach dem für den Umfang $\int\sqrt{dx^2 + dy^2}$ angegebenen Werthe bestimmt; die beständige Größe C und diejenige, welche die Integrirung, die zu bewerkstelligen übrig bleibt, einführen würde, können dazu dienen, den Kreis durch feste und gegebene Grenzen gehen zu lassen. Er ist begabt mit dem Größten des Flächeninhaltes, wenn er seine Höhlung gegen die Are der Abscissen wendet, und mit dem Kleinsten, wenn das Gegentheil Statt findet. Dies ist der einfachste Fall der isoperimetrischen Aufgabe, so genannt, weil man dabei anfangs nur Curven von demselben Umfange betrachtete.

Anhang
zum
Handbuche
der
Differential- und Integral-Rechnung.

Von den Differenzen und den Reihen.

Von der geraden (directen) Differenzen-Rechnung.

§. 540. In der Differential-Rechnung läßt man die Functionen nur darum sich ändern, um die Form der Glieder ihrer Entwickelung oder die Grenzen von den Verhältnißnamen ihrer Zuwachse zu denen der veränderlichen Größen, wovon sie abhängen, zu betrachten; aber ohne irgend Rücksicht auf die Werthe dieser Zuwachse zu nehmen. In der Differenzen-Rechnung, im Gegentheil, ist der Zweck, die Zuwachse selbst zu bestimmen, indem man sie nicht nur aus dem analytischen Ausdrucke der Functionen, sondern auch aus ihren Zahlen- oder besondern Werthen ableitet, wofern der analytische Ausdruck fehlt. Ich werde zuvörderst mit den Zeichen bekannt machen, welche man anwendet, um diese Zuwachse von den Differentialen zu unterscheiden.

§. 341. Wann die Function u, entweder vermöge der Aenderungen, welche sie durch sich selbst erleidet, oder durch die Wirkung derer, welche Größen widerfahren, wovon sie abhängt, eine Reihe unterschiedener Werthe empfängt, welche ich durch u_1, u_2, u_3, ... vorstelle, so setzt man

$$\left.\begin{array}{lll} u_1 - u & = \Delta u \\ u_2 - u_1 & = \Delta u_1 \\ u_3 - u_2 & = \Delta u_2 \\ \ldots\ldots\ldots & \\ u_n - u_{n-1} & = \Delta u_{n-1} \end{array}\right\} \ldots\ldots\ldots\ldots (1.),$$

indem man sich des Kennbuchstabens Δ bedient, um den Unterschied zu bezeichnen, welcher zwischen den zwei nach einander folgenden Zuständen einer und derselben Größe vorhanden ist *). Wofern diese Größe sich um gleiche Stufen ändert, so sind die Unterschiede Δu, Δu_1, Δu_2, etc. alle gleich; dies geschieht zwischen den Gliedern der Progression durch Unterschiede (oder arithmetischen).

Wann dieser Umstand nicht Statt findet, so macht man nach Aehnlichkeit

$$\left.\begin{array}{lll} \Delta u_1 - \Delta u & = \Delta . \Delta u & = \Delta^2 u \\ \Delta u_2 - \Delta u_1 & = \Delta . \Delta u_1 & = \Delta^2 u_1 \\ \ldots\ldots\ldots\ldots & & \\ \Delta u_n - \Delta u_{n-1} & = \Delta . \Delta u_{n-1} & = \Delta^2 u_{n-1} \\ \text{etc.} & & \end{array}\right\} \ldots (2).$$

Die Größen $\Delta^2 u$, $\Delta^2 u_1$, etc., als die Unterschiede von den Unterschieden Δu, Δu_1, etc., heißen **zweite Unterschiede**, um sie von den andern zu unterscheiden, welche **erste Unterschiede** heißen.

Wenn die zweiten Unterschiede nicht alle gleich sind, d. h. nicht **beständig** sind, so kann man zu den **dritten Unterschieden** übergehen, welche so ausgedrückt werden:

---

*) Die untern schon im Laufe dieses Werks gebrauchten Ziffern bemerken eigends im Folgenden den Rang, welchen die unterschiedenen Werthe einer und derselben Function einnehmen und heißen **Anzeiger**.

$$\left.\begin{array}{l} \Delta^2 u_1 - \Delta^2 u \quad = \Delta . \Delta^2 u = \Delta^3 u \\ \Delta^2 u_2 - \Delta^2 u_1 \quad = \Delta . \Delta^2 u_1 = \Delta^3 u_1 \\ \ldots\ldots\ldots\ldots\ldots\ldots \\ \Delta^2 u_n - \Delta^2 u_{n-1} = \Delta . \Delta^2 \Delta_{n-1} = \Delta^3 u_{n-1} \end{array}\right\} \ldots . (3).$$

etc.

Auf diese Weise fortfahrend, zieht man aus den Werthen u, u_1, u_2, ... u_n eine Reihe von Unterschieden, wovon die Anzahl der Ordnungen höchstens der um eine Einheit verminderten dieser Werthe gleich ist.

Es seien als Beispiele die Zahlen 3, 7, 23, 57, so zieht man daraus folgende Tafel:

	1str. Untersch	2tr. Untersch.	3tr Untersch.
3			
	4		
7		12	
	16		6
23		18	
	34		
57			

wovon die erste Spalte die vorgegebenen Zahlen, die zweite ihre Unterschiede, die dritte die Unterschiede dieser letztern, oder die zweiten Unterschiede, die vierte die Unterschiede der zweiten Unterschiede oder die dritten Unterschiede enthalt; dergestalt daß, wenn man mit u die erste der vorgegebenen Zahlen bezeichnet, die erste Zahl der zweiten Spalte Δu ist, die der dritten $\Delta\ u$, die der vierten endlich $\Delta^3 u$; und folglich hat man in diesem Beispiele

$$u = 3,\ \Delta u = 4,\ \Delta^2 u = 12,\ \Delta^3 u = 6.$$

Man würde auf dieselbe Art alle Unterschiede einer beliebigen Folge von Zahlen finden, indem man beachtet, daß, wenn zwei nach einander folgende Unterschiede von derselben Ordnung gleich sind, der Unterschied der folgenden Ordnung Null ist, und daß, wenn man, um ihn zu bekommen, die Ordnung der Subtractionen verwechseln muß, man ihm das Zeichen — zu geben habe. Hier ein Beispiel, wo diese Umstände vereinigt sind:

	1r. Untersch.	2r. Untersch.	3r. Untersch.	4r. Untersch.	5r. Untersch.
1					
	3				
4		—5			
	—2		8		
2		3		—6	
	1		2		0
3		5		—6	
	6		—4		
9		1			
	7				
16					

man hat daher hier $u=1$, $\Delta u=3$, $\Delta^2 u=-5$, $\Delta^3 u=8$, $\Delta^4 u=-6$, $\Delta^5 u=0$.

§. 342. Es giebt zwischen den Größen u, u_1, u_2, u_3, etc. und ihren auf einander folgenden Unterschieden der verschiedenen Ordnungen solche Beziehungen, daß man daraus Ausdrücke von u, u_1, u_2, u_3, etc. ableiten kann, welche nur von der uranfänglichen Größe u und ihren Unterschieden abhängen.

Man zieht zuvörderst aus den Gleichungen (1), (2), (3),

$$\begin{aligned}
u_1 &= u + \Delta u \\
u_2 &= u_1 + \Delta u_1 \\
u_3 &= u_2 + \Delta u_2 \\
&\ldots\ldots\ldots \\
u_n &= u_{n-1} + \Delta u_{n-1}
\end{aligned}
\quad\Bigg|\quad
\begin{aligned}
\Delta u_1 &= \Delta u + \Delta^2 u \\
\Delta u_2 &= \Delta u_1 + \Delta^2 u_1 \\
&\ldots\ldots\ldots \\
\Delta u_{n-1} &= \Delta u_{n-2} + \Delta^2 u_{n-2}
\end{aligned}
\quad\Bigg|\quad
\begin{aligned}
\Delta^2 u_1 &= \Delta^2 u + \Delta^3 u \\
&\ldots\ldots\ldots \\
\Delta^2 u_{n-2} &= \Delta^2 u_{n-3} + \Delta^3 u_{n-3};
\end{aligned}$$

dann die nöthigen Substitutionen gemacht, bekommt man

$$u_1 = u + \Delta u$$
$$u_2 = u + 2\Delta u + \Delta^2 u$$
$$u_3 = u + 3\Delta u + 3\Delta^2 u + \Delta^3 u$$
. . . .

woraus man wegen Aehnlichkeit schließt

$$u_n = u + \frac{n}{1}\Delta u + \frac{n(n-1)}{1.2.}\Delta^2 u + \frac{n(n-1)(n-2)}{1.2.3.}\Delta^3 u + \text{etc.},$$

da die Zahlen-Coefficienten der vorhergehenden Ausdrücke dieselben sind, als die der Potenzen des Binomiums; man könnte überdies leicht auf eine allgemeine Weise diesen Schluß erhärten.

§. 543. Man kann gleichfalls den Unterschied irgend einer Ordnung, $\Delta^n u$, vermittelst der nach einander folgenden Werthen u, u_1, u_2, ... etc. ausdrücken; man zieht zuvörderst aus den Gleichungen (1), (2), (3),

$$\Delta u = u_1 - u$$
$$\Delta^2 u = u_2 - 2u_1 + u$$
$$\Delta^3 u = u_3 - 3u_2 + 3u_1 - u$$
. . . .

und die Aehnlichkeit weiset hin auf den allgemeinen Ausdruck

$$\Delta^n u = u_n - \frac{n}{1}u_{n-1} + \frac{n(n-1)}{1.2}u_{n-2} - \frac{n(n-1)(n-2)}{1.2.3}u_{n-3} + \text{etc.}$$

Ich werde mich nicht bei Anwendung dieser Formeln auf die weiter oben gegebenen Zahlen-Beispiele verweilen; ich mache blos bemerklich, daß man die Gleichungen

$$u_n = (1 + \Delta u)^n, \quad \Delta^n u = (u - 1)^n$$

schreiben könne, wofern man sich nur daran erinnert, in der Entwickelung der ersten die Exponenten der Potenzen von Δu in Exponenten des Kennbuchstabens Δ, und in der Entwickelung der zweiten die Exponenten von u in Anzeiger zu verwandeln.

§. 344. Wofern eine Function gegeben ist, so ist nichts leichter, als ihre auf einander folgenden Unterschiede zu erhalten; ich nehme als Beispiel die Function x^m. Macht man $u = x^m$, und nimmt an, x wachse um die Größe h, so erhält man $u_1 = (x + h)^m$, und folglich

$$\Delta u = (x+h)^m - x^m = m x^{m-1} h + \frac{m(m-1)}{1 \cdot 2} x^{m-2} h^2 + \frac{m(m-1)(m-2)}{1 \cdot 2 \cdot 3} x^{m-3} h^3 + \text{etc.}$$

Um zu den fernerweitigen Unterschieden $\Delta^2 u$, $\Delta^3 u$, etc. überzugehen, muß man x sich von neuem ändern lassen, welches zwei Voraussetzungen darstellt; die eine besteht darin, daß man annimmt, die Größe x bekomme immer gleiche Zuwachse, und die andere, diese Zuwachse seien selbst veränderlich; ich werde mich hier nur mit der ersten beschäftigen. Indem man $x + h$ statt x in Δu substituirt, erhält man

$$\Delta u_1 = m h (x + h)^{m-1} + \frac{m(m-1)}{1 \cdot 2} h^2 (x + h)^{m-2} + \text{etc.}$$

Es ist sichtbar, daß, wenn man den Ausdruck von Δu_1 entwickelt, und davon den von Δu abzieht, das in Beziehung auf die Potenzen von h geordnete Resultat von der Form

$$\Delta^2 u = m(m-1) x^{m-2} h^2 + M_3 x^{m-3} h^3 + M_4 x^{m-4} h^4 + \text{etc.}$$

sein wird, wo M_3, M_4, etc. von dem Exponenten m abhängende Coefficienten bezeichnen.

Durch eine neue Substitution von $x + h$ in diese letzte Gleichung würde man zu $\Delta^2 u_1$ gelangen, und mit der Beachtung, daß $\Delta^3 u = \Delta^2 u_1 - \Delta^2 u$ ist,

$$\Delta^3 u = m(m-1)(m-2)x^{m-3}h^3 + M_4 x^{m-4}h^4 + \text{etc.}$$

bekommen.

Das Gesetz der ersten Glieder von einer jeden dieser Entwickelungen ist einleuchtend, und man sieht, daß der Ausdruck von $\Delta^n u$ mit

$$m(m-1)(m-2)\ldots(m-n+1)x^{m-n}h^n$$

anfangen müsse. Man sieht auch, daß, wenn der Exponent m ganz und positiv ist, die Anzahl der Glieder der Entwickelung von $\Delta^n u$, nach den Potenzen von x geordnet, um die Einheit abnimmt, wenn n um diese Größe wächst, und daß, wenn $n = m$ ist,

$$\Delta^m u = m(m-1)(m-2)\ldots\ldots h^m$$

kommt.

Da dieser Unterschied beständig ist, so folgt, daß die der höhern Ordnungen Null sind.

Man gelangt zu dem allgemeinen Gliede von $\Delta^n u$ dadurch leicht, daß man den Ausdruck dieses Unterschiedes vermittelst der Werthe von u_1, u_2, u_3, etc. bildet, ohne durch die von Δu, $\Delta^2 u$, $\Delta^3 u$, etc. zu gehen. Es ist einleuchtend, daß in der gegenwärtigen Voraussetzung die Werthe

$$u_1,\ u_2,\ u_3,\ \ldots\ldots\ldots\ u_n$$

mit

$$x+h,\ x+2h,\ x+3h,\ \ldots\ldots\ x+nh$$

zusammen gehören, und man hat folglich

$$u_1 = (x+h)^m,\ u_2 = (x+2h)^m, \ldots\ u_n = (x+nh)^m;$$

hieraus zieht man

$$\Delta^n u = [x+nh]^m - \frac{n}{1}[x+(n-1)h]^m + \frac{n(n-1)}{1.2}[x+(n-2)h]^m - \frac{n(n-1)(n-2)}{1.2.3}[x+(n-3)h]^m + \text{etc.}$$

Wenn man mit i den Exponenten von h in dem

allgemeinen Gliede der Entwickelung der obigen Gleichung bezeichnet, so wird der Ausdruck dieses Gliedes

$$\frac{m(m-1)(m-2)\ \ldots\ldots(m-i+1)}{1.2.3\ \ldots\ldots\ldots i} x^{m-i} h^i \times$$

$$\left\{n^i - \frac{n}{1}(n-1)^i + \frac{n(n-1)}{1.2}(n-2)^i - \text{etc.}\right\};$$

allein da man so eben gesehen hat, daß die Entwickelung von $\Delta^n u$ keine Potenzen von h enthalten könnte, deren Exponent kleiner als n wäre, so folgt, daß die aus $n+1$ Gliedern zusammengesetzte Function

$$n^i - \frac{n}{1}(n-1)^i + \frac{n(n-1)}{1.2}(n-2)^i - \text{etc.}$$

Null ist, so lange als $i < n$ ist. Von einer andern Seite ergiebt sich, daß, da der Coefficient

$$\frac{m(m-1)(m-2)\ .\ \ .\ (m-i+1)}{1.2.3\ \ \ \ldots i},$$

wenn $i = m + 1$ ist, verschwindet, die höchste Potenz von h in der Entwickelung von $\Delta^n u$ nur h^m sein kann.

Zufolge der Eigenschaft des Monomiums x^m hat jede rationale und ganze Function von x immer beständige Unterschiede, dies sind diejenigen, deren Ordnung durch die Exponenten der höchsten in der vorgegebenen Function vorhandenen Potenz von x bemerkt ist. Nämlich, da diese Function von der Form

$$Ax^\alpha + Bx^\beta + Cx^\gamma + \text{etc.}$$

ist, so hat man nothwendig

$$\Delta^n(Ax^\alpha + Bx^\beta + Cx^\gamma + \text{etc.}) =$$
$$A\Delta^n . x^\alpha + B\Delta^n . x^\beta + C\Delta^n . x^\gamma + \text{etc.}\ ^*);$$

---

*) Man muß $\Delta^n . x^\alpha$ nicht mit $\Delta^n x^\alpha$ verwechseln; denn der erste dieser Ausdrücke ist der Unterschied von der Ordnung n der Function x^α, wogegen $\Delta^n x^\alpha = (\Delta^n x)^\alpha$ ist.

und wenn α den höchsten Exponenten von x bezeichnet, so kommt für den Fall, wo n= ist,

$$\Delta^\alpha . x^\alpha = 1 . 2 \ldots . \alpha h^\alpha, \Delta^\alpha . x^\beta = 0, \Delta^\alpha . x^\gamma = 0, \text{etc.}$$

so daß

$$\Delta^\alpha (A x^\alpha + B x^\beta + C x^\gamma + \text{etc.}) = 1 . 2 . 3 \ldots\ldots \alpha A h^\alpha.$$

Es ist nicht nöthig zu erinnern, daß jedesmal, wenn man den Unterschied zweier Functionen nimmt, diese Operation eine beständige Größe verschwinden lassen kann; denn die vorhergehenden Rechnungen unterscheiden sich von denen des 7 §s nur darin, daß man zu gleicher Zeit alle Glieder der Entwickelung des Unterschiedes betrachtet, statt sich auf dies erste, wie für die Differential-Rechnung, zu beschränken.

Vermittelst des Vorhergehenden würde man ohne Schwierigkeit die Unterschiede einer aus beliebigen Potenzen von x zusammengesetzten Function entwickeln; allein vor einer weitern Fortsetzung ist es gemäß zu zeigen, wie dieselben Entwickelungen, und im Allgemeinen die der Unterschiede beliebiger Functionen vermittelst der Differential-Rechnung erhalten werden können.

§. 345. Die Differential-Rechnung und die Differenzen-Rechnung, obwohl sehr unterschieden, wie man es in der Folge sehen wird, haben nichts desto weniger unter sich große Beziehungen und können auf einander angewendet werden. Wofern man die erste unter dem Gesichtspuncte, worin sie Leibnitz dargestellt hat, aus der Theorie der Grenzen betrachtet, so wird sie ein besonderer Fall der zweiten; man hat dies im Anfange dieses Werkes bemerken müssen, und zur fernern Bestätigung will ich die Taylorsche Reihe aus der Gleichung

$$u^n = u + \frac{n}{1}\Delta u + \frac{n(n-1)}{1.2}\Delta^2 u + \frac{n(n-1)(n-2)}{1.2.3}\Delta^3 u + \text{etc.}$$

ableiten.

Indem man dieser Gleichung die Form

$$u_n = u + \frac{n\alpha}{1}\frac{\Delta u}{\alpha} + \frac{n(n-1)\alpha^2}{1\ 2}\frac{\Delta^2 u}{\alpha^2}$$
$$+ \frac{n(n-1)(n-2)\alpha^3}{1.2.3}\frac{\Delta^3 u}{\alpha^3} + \text{etc.}$$

giebt, und annimmt, daß α der Zuwachs sei, den x erhält, wo die Function u, $u+\Delta u$ wird, so ist der Werth u_n derjenige, welchen u bekommt, wann x sich in $x+n\alpha$ verwandelt. Hierauf $n\alpha = h$ gesetzt, hat man $\alpha = \frac{h}{n}$, woraus man sieht, daß α in dem Maaße abnimmt, als n zunimmt, und mit dem Beachten, daß

$$n(n-1)\alpha^2 = n^2\alpha^2\left(1-\frac{1}{n}\right)$$

$$n(n-1)(n-2)\alpha^3 = n^3\alpha^3\left(1-\frac{1}{n}\right)\left(1-\frac{2}{n}\right)$$

ist, findet man, daß diese Ausdrücke, in Bezug auf die Zunahme von n,

$$n^2\alpha^2,\ n^3\alpha^3,\ \text{etc.}$$

zu Grenzen haben, indeß die Verhältnißnamen

$$\frac{\Delta u}{\alpha},\ \frac{\Delta^2 u}{\alpha^2},\ \frac{\Delta^3 u}{\alpha^3},\ \text{etc.}$$

bei eben dem Umstande, wo α abnimmt,

$$\frac{du}{dx},\ \frac{d^2u}{dx^2},\ \frac{d^3u}{dx^3},\ \text{etc.}$$

zu Grenzen haben; man erhält demnach

$$u + \frac{du}{dx}h + \frac{d^2u}{dx^2}\frac{h^2}{1\ 2} + \frac{d^3u}{dx^3}\frac{h^3}{1.2.3} + \text{etc.}$$

für die Entwickelung der Function u, wenn x zu $x+h$ geworden ist. Ungefähr auf diese Weise ist Taylor zu dem obigen Lehrsatze, welcher seinen Namen führt, gekommen.

Wofern man einmal zu dem Taylorschen Lehrsatze gelangt ist, so bietet die analytische Theorie der Differential-Rechnung keine Schwierigkeit weiter dar; somit reicht das Vorhergehende hin, um zu zeigen, wie aus der Differenzen-Rechnung jene hervorgeht *).

*) Diese Art, die Differential-Rechnung darzustellen kann ihre Vortheile haben, sie scheint mir aber weniger einfach, als diejenige, wovon ich im Anfange dieses Lehrbuches Gebrauch gemacht habe; übrigens habe ich Ursache zu glauben, daß jeder gute Kopf, welcher die verschiedenen Gesichtspuncte, unter welchen man diese Rechnung darstellt, einander näher gerückt hat, erkennen wird, daß es im Grunde dieselben Ideen sind, und, daß, ihnen die nothwendigen Entwickelungen gegeben, man immer zu gleich einleuchtenden Folgerungen gelangt. Ich gebe hauptsächlich zu bemerken, daß, aus welcher Quelle man auch immer die Differential-Rechnung herleitet, ihre Bezeichnungsart nicht vertauscht werden darf, u. daß diese alle Vortheile vereinigt, welche man bei algebraischen Zeichen verlangen kann. Ich glaube nicht, daß diejenigen, welche den Ursprung dieser Bezeichnungsart im 5ten §. wohl gefaßt haben, ihre Aehnlichkeit mit den Grundsätzen, welche Lagrange in seiner Theorie der analytischen Functionen anwendet, in Zweifel ziehen können; sie ist selbst mehr als jede andere geeignet, die Erinnerung an dieselben zurückzurufen. Welches auch die vorgängigen Begriffe sein mögen, so wird immer der Differential-Coefficient oder die Erst-Function (nach Lagrange) die Function sein, welche die erste Potenz des Zuwachses in der Entwickelung des Unterschiedes der ursprünglichen Function multipliciret; indem man das erste Glied allein nimmt, erhält man eine verstümmelte Differenz oder ein Differential, und dies, ohne das Mindeste über ihre absolute Größe auszusprechen, ohne in irgend einer Art die Idee des unendlich kleinen zurückzurufen. Die Aenderung in der Grundansicht vermag mithin nicht zu einer Aenderung in der Bezeichnung zuführen, wenn, wie man sich leicht davon überzeugt, die alte Bezeichnungsart vor denjenigen, welche man an ihre Stelle setzen wollte, ausgezeichnete Vorzüge hat. Man muß zuvörderst beachten, daß dieselbe von

§. 346. Mit Hülfe des Taylorschen Lehrsatzes läßt sich die Entwickelung der Unterschiede von irgend einer beliebigen Ordnung für eine beliebige Function

---

den Einschlüssen, welche Euler anwandte, frei zu machen ist. In der That sind $\frac{dz}{dx}$ und $\frac{dz}{dy}$ eben so klar, als $\left(\frac{dz}{dx}\right)$, $\left(\frac{dz}{dy}\right)$; denn der Sinn der Frage giebt allezeit an, ob die veränderlichen Größen x und y unabhängig sind oder nicht, und verhindert eine Verwechselung des Ausdruckes $\frac{dz}{dx}$ mit $\frac{\frac{dz}{dx}dx + \frac{dz}{dy}dy}{dx}$, welcher letztere nur insofern Bedeutung hat, als man (wenigstens eingewickelter Weise) y als eine Function von x betrachtet. Man sehe überdies den 126. §.

Die in der Theorie der Functionen gebrauchten Bezeichnungen scheinen mir nicht dieselben Vorzüge darzubieten. Die bloßen Accente können nur dienen, wenn es Functionen einer oder mehrerer veränderlichen Größen betrifft, indem man die obern Accente der Aenderung der einen und die untern Accente denen der andern zueignet. Um hierüber hinaus zu gehen, schreibt der hoch berühmte Verfasser dieses Werkes die Größe oder die Größen, welche er als veränderlich betrachtet, zwischen Einschlüsse, und bezeichnet mit

$$f'(x),\ f'(y),\ f'(z),$$
$$f''(x),\ f''(y),\ f''(z),\ f''(x,y),\ f''(x,z),\ f''(y,z),$$

die Differential-Coefficienten der ersten u. zweiten Ordnung für die Function f(x, y, z) (Theorie der Functionen §. 163.). Er hat seitdem seine Bezeichnungsart abgeändert in der Lehre, welche er von der Auflösung der Zahlen-Gleichungen herausgegeben hat, wo er dieselben Coefficienten, wie folgt, vorstellt:

$$\left(\frac{Z'}{x'}\right),\ \left(\frac{Z'}{y'}\right),\ \left(\frac{Z'}{z'}\right),$$

$$\left(\frac{Z''}{x'^2}\right),\ \left(\frac{Z''}{y'^2}\right),\ \left(\frac{Z''}{z'^2}\right),\ \left(\frac{Z''}{z'y'}\right),\ \left(\frac{Z''}{x'z'}\right),\ \left(\frac{Z''}{y'x'}\right),$$

ohne Schwierigkeit erhalten; man hat erstlich

$$\Delta u = \frac{du}{dx}\frac{h}{1} + \frac{d^2u}{dx^2}\frac{h^2}{1.2} + \frac{d^3u}{dx^3}\frac{h^3}{1.2.3} + \text{etc.}$$

und da Δu_1 das ist, was aus Δu wird, wenn x sich

---

unter Z die vorgegebene ursprüngliche Function verstanden.

Indem ich mit dem ganzen Europa die an den Namen und die Arbeiten von Lagrange geknüpfte Achtung theile, so werde ich es jedoch wagen, nicht der Meinung dieses so gerecht gefeierten Mannes über die Bewegungsgründe zu sein, welche ihn zur Einführung dieser neuen Art, die Resultate der Differential-Rechnung zu schreiben, veranlaßt zu haben scheinen; denn ich glaube in dem Vorhergehenden dargethan zu haben, daß die alte nicht an sich selbst den Uebelstand hat, unausgesetzt die Idee des unendlich kleinen zurückzurufen; und ich werde fragen, ob die Menge der sehr geengten Einschlüsse, welche aus den Zeichen, die er vorschlägt, entspränge, die Formeln nicht eben so lang und eben so beladen machen würde, als die Anwendung des Kennbuchstabens d. Ich werde selbst gestehen, daß seine zweite Bezeichnungsart, als welche keine Nenner mit sich führt, die im Drucke eine doppelte Zeile erfordern, mir Vorzug zu verdienen scheint vor seiner letztern, ähnlich der Eulerschen und Waringschen, wovon sie sich nur durch die Accente unterscheidet, welche die Stelle der d, deren sich der erstere mit allen aus der Leibnitzischen Schule hervorgegangenen Geometern bediente, und der Puncte einnehmen, wovon der zweite Gebrauch gemacht hat, so wie alle englischen Geometer. Hier ein Beispiel einer jeden dieser Bezeichnungsarten

$$\left(\frac{d^3 Z}{dx^2 dy}\right), \left(\frac{Z}{x^2 y}\right), \left(\frac{Z'}{x'^2 y}\right).$$

Ich werde bemerken, daß die letztern den Analytiker oft der Fähigkeit berauben würde, ähnliche Größen durch denselben, aber verschieden accentuirten Buchstaben vorzustellen, welches ein schwerer Uebelstand wäre

Es ist, denke ich, ein von jederman zugestandener Grundsatz, daß man die einmal angenommenen Zeiin x + h verwandelt, so folgt

$$\Delta u = \Delta u + \frac{d\Delta u}{dx}\frac{h}{1} + \frac{d^2\Delta u}{dx^2}\frac{h^2}{1.2} + \frac{d^3\Delta u}{dx^3}\frac{h^3}{1.2.3} + \text{etc.}$$

und hieraus:

$$\Delta^2 u = \frac{d\Delta u}{dx}\frac{h}{1} + \frac{d^2\Delta u}{dx^2}\frac{h^2}{1.2} + \frac{d^3\Delta u}{dx^3}\frac{h^3}{1.2.3} + \text{etc.};$$

---

chen nur dann vertauschen müsse, wenn sie mit den Begriffen, welche sie vorstellen sollen in offenbarem Widerspruche stehen, oder wenn man sie abkürzen kann, oder endlich, wenn man durch ihre Abänderung sie geschickt macht, neue Verhältnisse zu entwickeln, welche man ohne dies nicht wahrgenommen haben würde. Die Zeichen der Differential=Rechnung sind in keinem dieser Fälle: alles das, womit Lagrange die Analysis in seiner Theorie der Functionen und in seiner Abhandlung von der Auflösung der Zahlen=Gleichungen bereichert hat, kann mit eben soviel Einfachheit als Zierlichkeit durch die gebräuchlichen Schriftzeichen ausgedrückt werden, wie man dies in dem Lehrbegriffe der Differential= und Integral=Rechnung sehen kann, für welchen ich mehrere wichtige, den so eben angeführten vortreflichen Schriften einverleibte Bemerkungen mit Eifer benutzt habe. Ja noch mehr, ich habe die Ueberzeugung, daß die Functionen=Rechnung nichts zu erreichen vermag, was der große Geometer, der ihr Erfinder ist, nicht aus der Differential=Rechnung herleiten könnte. Es läßt sich übrigens nicht streiten, daß der Uebergang von der Algebra zur Differential=Rechnung, diese letztere dargestellt, wie es Lagrange in den Denkschriften der Academie zu Berlin für das Jahr 1772 gethan hat, oder wie ich es nach ihm in dem ersten Bande meines Lehrbegriffs gethan habe, und selbst vermittelst der Grenzen, wie in diesem Handbuche, nicht eben so einfach sei, als der Uebergang von der Algebra zur Functionen=Rechnung. Endlich glaube ich, daß man vor dem Aufnehmen neuer Zeichen an das verwirrende Hinderniß denken müsse, welches diejenigen, welche die Mathematik studiren, darin finden würden, daß sie unaufhörlich ähnliche, aber durch verschiedene Schriftzeichen dargestellte For=

eben so findet man

$$\Delta^3 u = \frac{d\Delta^2 u}{dx}\frac{h}{1} + \frac{d^2\Delta^2 u}{dx^2}\frac{h^2}{1.2} + \text{etc.}$$

$$\Delta^4 u = \frac{d\Delta^3 u}{dx}\frac{h}{1} + \text{etc.}$$

etc.

Indem man die oben angezeigten auf einander folgenden Entwickelungen bewerkstelligt, kommt

$$\Delta^2 u = \frac{d^2 u}{dx^2}\frac{h^2}{1} + \frac{d^3 u}{dx^3}\frac{h^3}{2} + \frac{d^4 u}{dx^4}\frac{h^4}{2.3} + \text{etc.}$$
$$+ \frac{d^3 u}{dx^3}\frac{h^3}{2} + \frac{d^4 u}{dx^4}\frac{h^4}{2\ 2} + \text{etc.}$$
$$+ \frac{d^4 u}{dx^4}\frac{h^4}{2.3} + \text{etc.}$$

Es würde leicht das Gesetz zu finden sein, welchem die Glieder dieses Ausdruckes folgen; man gelangt aber dazu auf eine allgemeinere Weise vermittelst der Aehnlichkeit, welche zwischen der Differentiirung der Größen und ihrer Erhebung zu Potenzen vorhanden ist, von welcher Aehnlichkeit der 125. §. die ersten Spuren enthält.

§. 347. Man hat (§. 24.) gesehen, daß

$$e^x = 1 + \frac{x}{1} + \frac{x^2}{1.2} + \frac{x^3}{1.2.3} + \text{etc.},$$

und es folgt aus dieser Formel, daß

---

meln und Operationen auf einander zu übertragen hätten; und die Besorgniß, diese neue Quelle von Schwierigkeiten eröffnen zu sehen, ist es, die mich bewogen hat, in Erörterungen einzugehen, deren Länge durch den Einfluß gerechtfertigt sein wird, welchen auszuüben, es dem berühmten Manne nicht fehlen kann, der in dieser Hinsicht eine Umwälzung zu entwerfen scheint.

$$e^{\frac{du}{dx}h} = 1 + \frac{du}{dx}\frac{h}{1} + \frac{du^2}{dx^2}\frac{h^2}{1.2} + \frac{du^3}{dx^3}\frac{h^3}{1.2.3} + \text{etc.}$$

$$e^{\frac{du}{dx}h} - 1 = \frac{du}{dx}\frac{h}{1} + \frac{du^2}{dx^2}\frac{h^2}{1.2} + \frac{du^3}{dx^3}\frac{h^3}{1.2.3} + \text{etc.}$$

Wenn man nunmehr die Exponenten der Potenzen von du zu dem Kennbuchstaben d versetzt, so wird die zweite Seite der vorhergehenden Gleichung

$$\frac{du}{dx}\frac{h}{1} + \frac{d^2u}{dx^2}\frac{h^2}{1.2} + \frac{d^3u}{dx^3}\frac{h^3}{1.2.3} + \text{etc.}$$

und ist einerlei mit Δu; man erhält daher

$$\Delta u = e^{\frac{du}{dx}h} - 1,$$

wofern man nur in der Entwickelung der zweiten Gleichungsseite an den Kennbuchstaben d die Exponenten der Potenzen von du überträgt.

Zufolge dieses Resultates hat Lagrange zuerst bemerkt, daß man im Allgemeinen

$$\Delta^n u = \left(e^{\frac{du}{dx}h} - 1\right)^n$$

hätte, indem man allezeit beobachtete, an den Kennbuchstaben d die Exponenten der Potenzen von du zu übertragen; und zwar hat Laplace diesen Satz folgender Gestalt bewiesen:

Es ist aus dem im vorhergehenden §. Gesagten einleuchtend, daß, welches auch der Ausdruck von $\Delta^n u$ sei, man

$$\Delta^n u = \frac{d^n u}{dx^n}h^n + A'\frac{d^{n+1}u}{dx^{n+1}}h^{n+1} + A''\frac{d^{n+2}u}{dx^{n+2}}h^{n+2} + \text{etc.}$$

haben müsse, wo A', A'', etc. Coefficienten bezeichnen, welche nur von n abhängen. Da diese Gleichung für alle Formen, welche die Function u annehmen kann, bestehen muß, so wird sie nothwendig für den Fall zutreffen, wo $u = e^x$ ist; aber alsdann ist

$$\frac{du}{dx} = \frac{d^2u}{dx^2} = \frac{d^3u}{dx^3} = \text{etc.} = e^x$$

$$\Delta u = e^{x+h} - e^x = e^x(e^h - 1),\ \Delta^2 u = (e^h - 1) \times (e^{x+h} - e^x) = e^x(e^h - 1)^2,$$

$$\Delta^3 u = e^x(e^h - 1)^3 \ldots\ldots\ \Delta^n u = e^x(e^h - 1)^n.$$

Diesen Werth von $\Delta^n u$ in die erste Seite der weiter oben aufgestellten Gleichung, und die von $\frac{du}{dx}$, $\frac{d^2u}{dx^2}$, etc. in die zweite Seite substituirt, kommt

$$(e^h - 1)^n = h^n + A' h^{n+1} + A'' h^{n+2} + \text{etc.},$$

woraus folgt, daß die Coefficienten A', A'', etc. dieselben sein müssen, als die der Entwickelung von $(e^h - 1)^n$, da der Zuwachs h unbestimmt bleiben soll. Es kann überdies keine Schwierigkeit in Hinsicht der Differenzial-Coefficienten von u vorhanden sein, welche sich alle aus den Potenzen von du durch die für die Exponenten angezeigte Vertauschung ableiten lassen.

Dieselbe Beziehung zwischen den Potenzen und den Differenzen findet sich wieder in den Functionen von einer beliebigen Anzahl veränderlicher Größen, und läßt sich auf eine ähnliche Weise darthun.

§. 348. Aus $\Delta u = e^{\frac{du}{dx}h} - 1$ zieht man $e^{\frac{du}{dx}h} = 1 + \Delta u$; und wenn man auf beiden Seiten die Logarithmen nimmt, so kommt

$$\frac{du}{dx} h = l(1 + \Delta u).$$

Lagrange hat wiederum erkannt, daß diese Gleichung wahr sein werde, wenn man in der Entwickelung von $l(1 + \Delta u)$ an den Kennbuchstaben Δ die Exponenten der Potenzen von Δu übertrüge; vermittelst des würde man

$$\frac{du}{dx}h = \Delta u - \tfrac{1}{2}\Delta^2 u + \tfrac{1}{3}\Delta^3 u - \tfrac{1}{4}\Delta^4 u + \text{etc. (§. 28.)}$$

erhalten.

Statt mich dabei aufzuhalten, diesen besondern Fall zu beweisen, will ich darthun, daß im Allgemeinen

$$\frac{d^n u}{dx^n}h^n = [l(1 + \Delta u)]^n$$

ist, indem man Δu^2, Δu^3, etc. in $\Delta^2 u$, $\Delta^3 u$, etc. verwandelt. Es ist augenscheinlich, daß die Frage darauf zurückkommt, die Differential-Coefficienten $\frac{du}{dx}$, $\frac{d^2u}{dx^2}$, ... etc. als Functionen der auf einander folgenden Differenzen von u zu bestimmen, und daß man hierzu Gleichungen hat von der Form

$$\Delta^n u = \frac{d^n u}{dx^n}h^n + A'\frac{d^{n+1}u}{dx^{n+1}}h^{n+1} + A''\frac{d^{n+2}u}{dx^{n+2}}h^{n+2} + \text{etc.}$$

$$\Delta^{n+1} u = \frac{d^{n+1}u}{dx^{n+1}}h^{n+1} + A'_1\frac{d^{n+2}u}{dx^{n+2}}h^{n+2} + \text{etc.}$$

$$\Delta^{n+2} u = \frac{d^{n+2}u}{dx^{n+2}}h^{n+2} + \text{etc.}$$

in welchen die Differential-Coefficienten nur auf den ersten Grad steigen; man kann daher setzen

$$\frac{d^n u}{dx^n}h^n = \Delta^n u + B'\Delta^{n+1}u + B''\Delta^{n+2}u + B'''\Delta^{n+3}u + \text{etc.}$$

Den Werth der unbekannten Coefficienten B′, B″, B‴, etc. würde man durch die auf einander folgende Eliminirung von

$$\frac{d^{n+1}u}{dx^{n+1}}h^{n+1},\ \frac{d^{n+2}u}{dx^{n+2}}h^{n+2},\ \text{etc.}$$

leicht bekommen; da aber die voraussetzungsweise angenommene Gleichung Statt finden soll, was auch u sein mag, so wird sie auch noch bestehen, wenn man darin $u = e^x$ macht, welches giebt

$$\frac{d^i u}{dx^i} = e^x \text{ und } \Delta^i u = e^x (e^h - 1)^i,$$

welchen Werth auch immer die ganze Zahl i haben mag; und man findet folglich

$$h^n = (e^h - 1)^n + B'(e^h - 1)^{n+1} + B''(e^h - 1)^{n+2} + \text{etc.}$$

Um die Identität der beiden Seiten dieser Gleichung zur Augenscheinlichkeit zu bringen, reicht es hin zu bemerken, daß

$$h^n = \left\{ l(1 + e^h - 1) \right\}^n$$

ist, weil die nach den Potenzen von $e^h - 1$ geordnete Entwickelung von $l(1 + e^h - 1)$, welche

$$e^h - 1 - \tfrac{1}{2}(e^h - 1)^2 + \tfrac{1}{3}(e^h - 1)^3 - \tfrac{1}{4}(e^h - 1)^4 + \text{etc.}$$

ist, zur nten Potenz erhoben, mit der Reihe

$$(e^h - 1)^n + B(e^h - 1)^{n+1} + B'(e^h - 1)^{n+2} + \text{etc.}$$

vergleichbar wird, deren Zahlen-Coefficienten B', B'', etc. folglich bestimmt sein werden. Wenn man Δu an die Stelle von $e^h - 1$ und $\frac{d^n u}{dx^n} h^n$ an die Stelle von h^n schreibt, so erhält man die im im Vorigen aufgestellte Gleichung

$$\frac{d^n u}{dx^n} h^n = \left\{ l(1 + \Delta u) \right\}^n$$

Macht man der Kürze wegen $e^h - 1 = \alpha$, und entwickelt

$$\left(\alpha - \frac{1}{2}\alpha^2 + \frac{1}{3}\alpha^3 - \frac{1}{4}\alpha^4 + \text{etc.} \right)$$

nach den Potenzen von α, vermöge der Methode des 45. §s, so erhält man die Werthe von B', B'', etc.

Anwendung der Differenzen-Rechnung auf die Interpolirung der Reihen.

§. 349. Eine der vorzüglichsten Anwendungen der Differenzen-Rechnung hat die Interpolirung der Reihen zum Gegenstande, welche Operation darin besteht, zwischen die Glieder einer Reihe neue demselben Gesetze als die ersten unterworfene Glieder einzuschieben. Zu dem Ende betrachtet man die verschiedenen Glieder dieser Reihe als besondere Werthe, welche die Function, die das allgemeine Glied ausdrückt, erhält, wenn man der veränderlichen Größe, wovon dieses Glied abhängt, und welche selbst abhängt von dem Range, den dasselbe in der vorgegebenen Reihe einnimmt, gleichfalls besondere Werthe zueignet. Wenn der Ausdruck dieses Gliedes gegeben ist, so zieht man daraus so viele Werthe, als man will; allein so verhält es sich hiermit nicht, wofern man blos eine gewisse Anzahl von ersten Gliedern der Reihe kennt, welches der gewöhnliche Fall ist, auf den man die Interpolirung anwendet.

Man müßte alsdann den analytischen Ausdruck einer Function aus dem einer begrenzten Anzahl von Zahlenwerthen herleiten, welches nicht geschehen kann, wenn die Form der Function unbekannt ist; denn man hat zu bemerken, daß diese Aufgabe darauf zurückkommt, die Gleichung einer Curve zu bilden, die durch Puncte geht, wovon die Werthe der unabhängigen veränderlichen Größe die Abscissen, und diejenigen der Function die Ordinaten vorstellen, und daß, in welcher Anzahl auch diese Puncte vorhanden sein mögen, sie die Curve nicht zu einer besondern machen können, wenn diese nicht der Gattung nach gegeben ist. Da man aber eine Reihe nur in sehr eingeengten Räumen zu interpoliren sucht, so denkt man sich, der Ausdruck ihres allgemeinen Gliedes sei nach den steigenden Potenzen ihrer veränderlichen Größe entwickelt, und es sei erlaubt, sich auf eine kleine Anzahl der ersten Potenzen dieser veränderlichen Größe zu beschränken; hiermittelst findet sich die Form der Function, welche alsdann rational ist, bestimmt.

Weiß man also, daß den Werthen

$$x, x_1, x_2, x_3, \text{etc.}$$

irgend einer veränderlichen Größe die Werthe

$$u, u_1, u_2, u_3, \text{etc.}$$

von einer Function dieser veränderlichen Größen entsprechen, so nimmt man an, man habe für jeden andern Werth x',

$$u' = \alpha + \beta x' + \gamma x'^2 + \delta x'^3 + \text{etc.}$$

und bestimmt die Coefficienten α, β, γ, etc. durch die Bedingung, daß u' folgeweise u, u_1, u_2, etc. werde, wofern man x' in x, x_1, x_2, etc. verwandelt.

Diese Bestimmung stellt zwei Fälle dar; der erste, in welchem die Werthe x, x_1, x_2, x_3, etc. gleichunterschieden sind, löset sich unmittelbar auf durch den Ausdruck von u_n des 342. §s.

Wenn man nämlich die Reihe

$$u' = \alpha + \beta x' + \gamma x'^2 + \text{etc.}$$

bei einem ihrer Glieder, welches ich mit $\mu x'^m$ bezeichne, abbricht, und die Werthe von x', in der Fortschreitung x, $x+h$, $x+2h$, etc. nimmt, so hat die Function u, in der Ordnung m, beständige Differenzen, und folglich entspricht dem Werthe $x+nh$ der veränderlichen Größe x',

$$u_n = u + \frac{n}{1}\Delta u + \frac{n(n-1)}{1.2}\Delta^2 u + \text{etc.}$$
$$+ \frac{n(n-1)\ldots(n-m+1)}{1.2\ldots m}\Delta^m u.$$

In dieser Formel sind die Größen

u, Δu, $\Delta^2 u$, etc. (§. 341.)

Zahlen; macht man in ihr $x+nh=x'$, woraus $n=\frac{x'-x}{h}$ folgt, so formt sie sich um in eine rationale und ganze Function von x', von demselben Grade, als der Ausdruck von u'; und da sie sich in u, u_1, u_2, etc. verwandelt, wofern man in ihr 0, 1, 2, u. s. w. für n setzt, so bekommt sie dieselben Werthe, wenn x' zu x, $x+h$, $x+2h$, etc. wird; daher ist sie die verlangte Function.

Man kann dieselbe vereinfachen, indem man $x'=x+h'$ macht, welches giebt

$$n=\frac{h'}{h},\ \text{und}\ u_n=u'=$$

$$u+\frac{h'}{h}\Delta u+\frac{h'(h'-h)}{h.2h}\Delta^2 u+\frac{h'(h'-h)(h'-2h)}{h.2h.3h}\Delta^3 u + \text{etc.}$$

Endlich, wenn man $u'-u$ durch $\Delta' u$ vorstellt, so kommt

$$\Delta' u=\frac{h'}{h}\Delta u+\frac{h'(h'-h)}{h.2h}\Delta^2 u+\frac{h'(h'-h)(h'-2h)}{h.2h.3h}\Delta^3 u + \text{etc.}$$

§. 350. Die so eben dargestellte Formel läßt sich auch aus dem Taylorschen Lehrsatze ableiten vermittelst des 347. §s, welcher die Differential-Coefficienten vermöge der Differenzen kennen lehrt. Nämlich die Gleichung

$$\frac{d^i u}{dx^i}h^i=\Delta^i u+A'\Delta^{i+1}u+A''\Delta^{i+2}u+A'''\Delta^{i+3}u+\text{etc.}$$

giebt

$$\frac{d^i u}{dx^i}=\frac{1}{h^i}(\Delta^i u+A'\Delta^{i+1}u+A''\Delta^{i+2}u+\text{etc}).$$

Zöge man aus dieser Gleichung folgeweise die Werthe von $\frac{du}{dx}$, $\frac{d^2u}{dx^2}$, $\frac{d^3u}{dx^3}$, etc., um sie in die Reihe

$$u + \frac{du}{dx}\frac{h'}{1} + \frac{d^2u}{dx^2}\frac{h'^2}{1.2} + \frac{d^3u}{dx^3}\frac{h'^3}{1.2.3} + \text{etc.},$$

welche ausdrückt, was u wird, wenn x, x+h gestrichelt wird, zu substituiren, so würde man ein Resultat von der Form

$$u + \frac{h'}{h}\Delta u + \left(B'\frac{h'}{h} + B''\frac{h'^2}{h^2}\right)\Delta^2 u$$
$$+ \left(B'_1\frac{h'}{h} + B''_1\frac{h'^2}{h^2} + B'''_1\frac{h'^3}{h^3}\right)\Delta^3 u + \text{etc.}$$

erhalten, wo B', B'', B'_1, B''_1, B'''_1, etc. eben so wie A', A'', etc. von h unabhängige Zahlen-Coefficienten sind; und es käme, mit $\Delta' u$ den Zuwachs bezeichnet, den die Function u in dem Uebergange von x zu $x + h'$ bekommt,

$$1 + \Delta' u = 1 + \frac{h'}{h}\Delta u + \left(B'\frac{1h'}{h} + B''\frac{h'^2}{h^2}\right)\Delta^2 u + \text{etc.}$$

Diese Gleichung, welche, was auch u sei, Statt haben muß, wird auch noch in dem Falle bestehen, wo $u = e^x$ ist, und sich alsdann in

$$e^{h'} = 1 + \frac{h'}{h}(e^h - 1) + \left(B'\frac{h^1}{h} + B''\frac{h'^2}{h^2}\right)(e^h - 1)^2$$
$$+ \text{etc.}$$

verwandeln, von welcher Gleichung man, durch die Entwickelung, die erste Seite auf dieselbe Form als die zweite zurückbringt, indem man beachtet, daß

$$e^{h'} = \left[1 + (e^h - 1)\right]^{\frac{h'}{h}}$$

ist; und da man dadurch, daß man in der zweiten wieder Δu, $\Delta^2 u$, etc. an die Stelle der Größen $e^h - 1$, $(e^h - 1)^2$, etc. setzt, auf die Entwickelung von $1 + \Delta' u$ zurückfällt, so muß man daraus folgern, daß

$$1 + \Delta' u = (1 + \Delta u)^{\frac{h'}{h}}$$

ist, wofern man nur sich daran erinnert, an den Kennbuchstaben Δ in der zweiten Gleichungsseite die Exponenten der Potenzen von Δu zu übertragen.

Dieses eben so einfache als zierliche Resultat ist von Lagrange als eine Folgerung aus der Aehnlichkeit, welche die Differenzen mit den Potenzen haben, dargestellt worden. Es folgt nämlich aus der Gleichung $e^{\frac{du}{dx}h} = 1 + \Delta u$ (§. 348.), daß $e^{\frac{du}{dx}h'} = (1 + \Delta u)^{\frac{h'}{h}}$ ist, welches auf der Stelle $1 + \Delta' u = (1 + \Delta u)^{\frac{h'}{h}}$ giebt, da $e^{\frac{du}{dx}h'} = 1 + \Delta' u$ ist.

Die zweite Seite dieser letztern Gleichung, so wie es vorgeschrieben worden, entwickelt, findet man, wie im vorhergehenden §.,

$$\Delta' u = \frac{h'}{h} \Delta u + \frac{h'(h' - h)}{h.2h} \Delta^2 u$$
$$+ \frac{h'(h' - h)(h' - 2h)}{h.2h.3h} \Delta^3 u + \text{etc.}$$

§. 351. Ich gehe nunmehr zu den Anwendungen über. Wenn men mit u' bezeichnet, was u wird, wenn x sich in $x + h'$ verwandelt, so erhält man $u' = u + \Delta' u$; und es ist sichtbar, daß, um aus dem Ausdrucke von $\Delta' u$ Vortheil zu ziehen, derselbe abbrechen oder wenigstens eine convergirende Reihe bilden müsse. Der erste Fall findet allemal Statt, wenn die Reihe der Unterschiede Δu, $\Delta^2 u$, $\Delta^3 u$, etc. selbst abbricht, d. h. wenn man zu einer Ordnung gelangt, deren Unterschiede beständig sind, wodurch die der folgenden Null werden.

Es sei zuvörderst die Reihe

2, 7, 19, 39, 67, u. s. w.

den Anzeigern

$$0,\ 1,\ 2,\ 3,\ 4,\ \text{u. s. w.}$$

entsprechend, so hat man für diesen Fall

$$u=3,\ x=0,\ h=1,\ \Delta u=4,\ \Delta^2 u=8,\ \Delta^3 u=0;$$

der Ausdruck von $\Delta' u$ kürzt sich auf seine beiden ersten Glieder ab, und man bekommt vermittelst seiner

$$\Delta' u = 4h' + 4h'(h'-1) = 4h'^2;$$

mithin für den Anzeiger h' kommt $u' = 3 + 4h'^2$. Zum Beispiel $h' = \frac{5}{2}$ genommen, würde man finden, daß das diesem Anzeiger entsprechende Glied 28 ist.

Es sei ferner die Reihe

$$1,\ 4,\ 2,\ 3,\ 9,\ 16,\ \text{u. s. w.},$$

die Anzeiger, wie gewöhnlich genommen, nämlich:

$$0,\ 1,\ 2,\ 3,\ 4,\ 5,\ \text{u. s. w.},$$

und die Differenzen gebildet, findet man

$$h=1, u=1, \Delta u=3, \Delta^2 u=-5, \Delta^3 u=8, \Delta^4 u = -6, \Delta^5 u=0,$$

woraus man

$$u' = 1 + 3\frac{h'}{1} - 5\frac{h'(h'-1)}{1.2} + 8\frac{h(h'-1)(h'-2)}{1.2.3} - 6\frac{h'(h'-1)(h'-2)(h'-3)}{1.2\ 3.4}$$

herleitet; diesen Ausdruck zusammengezogen, und in Beziehung auf die Potenzen von h' geordnet, erhält man

$$u' = \frac{12 + 116h' - 111h'^2 + 34h'^3 - 3h'^4}{12}.$$

Es ist wichtig zu bemerken, daß der Ausdruck von u' in diesem und dem vorhergehenden Beispiele, als strenge und allen Werthen von h' zukommend, das allgemeine Glied der vorgegebenen Reihe darbietet, da derselbe alle ihre besondern Glieder giebt, indem man darin folgeweise $h'=0$, $h'=1$, $h'=2$, etc. macht; und ob ich gleich nur die ersten Glieder dieser Reihe aufgeführt habe, so kann man dieselbe doch nach dem in diesen Gliedern beobachteten Gesetze, so weit als man will, fortsetzen. Es wird sich damit immer eben so verhalten, wenn die vorgegebene Reihe beständige Unterschiede hat, weil sie alsdann nur aus den auf einander folgenden Werthen einer algebraischen, rationalen und ganzen Function entspringen kann.

Die Fälle, auf welche man am häufigsten die Formel

$$\Delta' u = \frac{h'}{h}\Delta u + \frac{h'(h'-h)}{h \,.\, 2h}\Delta^2 u + \frac{h'(h'-h)(h'-2h)}{h \,.\, 2h \,.\, 3h}\Delta^3 u + \text{etc.}$$

anwendet, sind diejenigen, in welchen die Unterschiede Δu, $\Delta^2 u$, $\Delta^3 u$, etc. abnehmend fortgehen, weil dieselbe alsdann convergirend ist. Davon hier ein aus den logarithmischen Tafeln gezogenes Beispiel. Ich nehme an, man wolle den gemeinen Logarithmen von 3,141592653б erhalten vermittelst einer die Logarithmen von 1 bis 1000 auf zehn Decimal-Bruchstellen enthaltenden Tafel: so betrachte man alsdann die in der Tafel enthaltenen Logarithmen als besondere Werthe der Function u, die Zahlen aber als die Anzeiger, denen diese Werthe entsprechen, und bilde folgende Tafel:

$u = 0{,}4969296481$				
	13809057			
$u_1 = 0{,}4983105538$		−43769		
	13765288		+277	
$u_2 = 0{,}4996870826$		−43492		−3
	13721796		+274	
$u_3 = 0{,}5010592622$		−43218		
	13678578			
$u_4 = 0{,}5024271200$				

wovon die erste Spalte die Logarithmen von

3,14, 3,15, 3,16, 3,17, 3,18,

die zweite ihre ersten Unterschiede, die dritte ihre zweiten Unterschiede, die vierte ihre dritten Unterschiede, und die fünfte ihre vierten Unterschiede in sich faßt, welche letztere sich auf drei Einheiten der letzten Ordnung abkürzen. Man erhält hiermittelst

$\Delta\ u = +0{,}0013809057$, $\Delta^2 u = -0{,}000004 3769$,
$\Delta^3 u = +0{,}0000000277$, $\Delta^4 u = -0{,}0000000003$;
und da $h = 0{,}01$, $h' = 0{,}0015926536$ ist, so bekommt man

$$\frac{h'}{h} = 0{,}15926536,\ \frac{h'-h}{2h} = \frac{h'}{2h} - \frac{1}{2} = -0{,}42036732$$

$$\frac{h'-2h}{3h} = \frac{h'}{3h} - \frac{2}{3} = -0{,}61357821,$$

$$\frac{h'-3h}{4h} = \frac{h'}{4h} - \frac{3}{4} = -0{,}71018366;$$

mit diesen Werthen ist es sehr leicht, die Formel

$$u' = u + \frac{h'}{h}\Delta u + \frac{h'(h'-h)}{h.2h}\Delta^2 u + \frac{h'(h'-h)(h'-2h)}{h.2h.3h}\Delta^3 u + \frac{h'(h'-h)(h'-2h)(h'-3h)}{h.2h.3h.4h}\Delta^4 u$$

in Zahlen zu setzen, wo sie $u' = 0{,}4971498726$ giebt.

Es sind leichtere Mittel vorhanden, um die Logarithmen der durch viele Ziffern ausgedrückten Zahlen zu erhalten; aber das vorhergehende ist sehr geeignet, als Beispiel für die Methode der Interpolirung zu dienen. Man muß schon jetzt einsehen, daß diese Methode sich auf viele andere Fälle erstreckt; sie ist vornämlich von einem sehr großen Gebrauche in den astronomischen Berechnungen.

§. 352. Wenn die Werthe x, x_1, x_2, x_3, etc. nicht gleichunterschieden sind, so gebraucht man unmittelbar die Formel

$$u' = \alpha + \beta x' + \gamma x'^2 + \delta x'^3 + \text{etc.}$$

in welcher die Substituirung der besondern Werthe x, x_1, x_2, x_3, etc. die Gleichungen

$$u = \alpha + \beta x + \gamma x^2 + \delta x^3 + \text{etc.}$$

$$u_1 = \alpha + \beta x_1 + \gamma x_1^2 + \delta x_1^3 + \text{etc.}$$

$$u_2 = \alpha + \beta x_2 + \gamma x_2^2 + \delta x_2^3 + \text{etc.}$$

$$u_3 = \alpha + \beta x_3 + \gamma x_3^2 + \delta x_3^3 + \text{etc.}$$

etc.

liefert, deren Anzahl mit der Anzahl der unbestimmten Coefficienten α, β, γ, etc. gleich sein muß; und auf folgende Weise bekommt man den Ausdruck dieser Coefficienten:

Indem man folgeweise die erste Gleichung von der zweiten, diese von der dritten, u. s. w. abzieht, gelangt man zu Resultaten, welche gegenseitig durch $x_1 - x$, $x_2 - x_1$, $x_3 - x_2$, etc. theilbar sind, und woraus man herleitet

$$\frac{u_1 - u}{x_1 - x} = \beta + \gamma(x_1 + x) + \delta(x_1^2 + x_1 x + x^2) + \text{etc.}$$

$$\frac{u_2 - u_1}{x_2 - x_1} = \beta + \gamma(x_2 + x_1) + \delta(x_2^2 + x_2 x_1 + x_1^2) + \text{etc.}$$

$$\frac{u_3 - u_2}{x_3 - x_2} = \beta + \gamma(x_3 + x_2) + \delta(x_3^2 + x_3 x_2 + x_2^2) + \text{etc.}$$

etc.

Setzt man der Kürze wegen

$$\frac{u_1 - u}{x_1 - x} = U, \quad \frac{u_2 - u_1}{x_2 - x_1} = U_1, \quad \frac{u_3 - u_2}{x_3 - x_2} = U_2, \text{ etc.,}$$

so erhält man die Gleichungen

$$U = \beta + \gamma(x_1 + x) + \delta(x_1^2 + x_1 x + x^2) + \text{etc.}$$

$$U_1 = \beta + \gamma(x_2 + x_1) + \delta(x_2^2 + x_2 x_1 + x_1^2) + \text{etc.}$$

$$U_2 = \beta + \gamma(x_3 + x_2) + \delta(x_3^2 + x_3 x_2 + x_2^2) + \text{etc.}$$

etc.;

und wiederum U von U_1, U_1 von U_2, und so fort an abgezogen, und mit U', U'_1, etc. die Größen

$$\frac{U_1 - U}{x_2 - x}, \quad \frac{U_2 - U_1}{x_3 - x_1}, \text{ etc.}$$

bezeichnet, findet man

$$U' = \gamma + \delta(x_2 + x_1 + x) + \text{etc.}$$

$$U'_1 = \gamma + \delta(x_3 + x_2 + x_1) + \text{etc.,}$$

und hieraus zieht man

$$U'_1 - U' = \delta(x_3 - x) + \text{etc.}$$

Macht man nunmehr

$$\frac{U'_1 - U'}{x_3 - x} = U'',$$

so erhält man $U'' = \delta + \text{etc.}$; und wenn man, um die Begriffe festzuhalten, in dem Ausdrucke von u nur vier Glieder annimmt, so wird die Operation bei der obigen Gleichung beendet sein; nimmt man den Werth, welchen diese für δ giebt, und steigt zu denen von γ, β, α vermittelst der Ausdrücke U', U und u wieder auf, so kommt

$$\delta = U''$$
$$\gamma = U' - U''(x_2 + x_1 + x)$$
$$\beta = U - U'(x_1 + x) + U''(x_2 x_1 + x_2 x + x_1 x)$$
$$\alpha = u - Ux + U'x_1 x - U'' x_2 x_1 x.$$

Diese Werthe in den Ausdruck von u' substituirt, erhält man

$$u' = u + U(x' - x) + U'[x'^2 - (x_1 + x)x' + x_1 x] + U''[x'^3 - (x_2 + x_1 + x)x'^2 + (x_2 x_1 + x_2 x + x_1 x)x' - x_2 x_1 x].$$

Man sieht leicht, daß die Coefficienten von U, U' und U'' in einfache Factoren zerlegbar sind, und daß man u' unter folgende Form bringen kann:

$$u' = u + U(x' - x) + U'(x' - x)(x' - x_1) + U''(x' - x)(x' - x_1)(x' - x_2).$$

Nach dieser Methode fortfahrend würde man eine der vorhergehenden ähnliche Formel bekommen; und welches auch die Anzahl der Werthe x, x_1, x_2, ... der Abscisse x' sein möchte, so bekäme man im Allgemeinen

$$u' = u + U(x' - x) + U'(x' - x)(x' - x_1) + U''(x' - x) \times (x' - x_1)(x' - x_2) + U'''(x' - x)(x' - x_1)(x' - x_2)(x' - x_3) + \text{etc.},$$

wo gesetzt worden

$$\frac{u_1-u}{x_1-x}=U,\ \frac{u_2-u_1}{x_2-x_1}=U_1,\ \frac{u_3-u_2}{x_3-x_2}=U_2,\ \frac{u_4-u_3}{x_4-x_3}=U_3,\text{ etc.}$$

$$\frac{U_1-U}{x_2-x}=U',\ \frac{U_2-U_1}{x_3-x_1}=U'_1,\ \frac{U_3-U_2}{x_4-x_2}=U'_2,\text{ etc.}$$

$$\frac{U'_1-U'}{x_3-x}=U'',\ \frac{U'_2-U'_1}{x_4-x_1}=U''_1,\text{ etc.}$$

$$\frac{U''_1-U''}{x_4-x}=U''',\text{ etc.}$$

etc.

Wenn die Werthe x, x_1, x_2, x_3, etc. gleichunterschieden sind, so hat man

$$x_1-x=x_2-x_1=x_3-x_2,\text{ etc.}$$

und hieraus folgt offenbar

$$x_1=x+h,\ x_2=x+2h,\ x_3=x+3h,\text{ etc.}$$

$$U=\frac{\Delta u}{h},\ U_1=\frac{\Delta u_1}{h},\ U_2=\frac{\Delta u_2}{h},\ U_3=\frac{\Delta u_3}{h},\text{ etc.}$$

$$U'=\frac{\Delta^2 u}{1.2h^2},\ U'_1=\frac{\Delta^2 u_1}{1.2h^2},\ U'_2=\frac{\Delta^2 u_2}{1.2h^2},\text{ etc.}$$

$$U''=\frac{\Delta^3 u}{1.2.3h^3},\ U''_1=\frac{\Delta^3 u}{1.2.3h^3},\text{ etc.}$$

$$U'''=\frac{\Delta^4 u}{1.2.3.4h^4},\text{ etc.}$$

etc.;

macht man $x'=x+h'$, so ergiebt sich hieraus

$$x'-x=h',\ x'-x_1=h'-h,\ x'-x_2=h'-2h,$$
$$x'-x_3=h'-3h,\text{ etc,}$$

und man sieht also, daß der vorhergehende Ausdruck von u', welcher alsdann

$$u'=u+\frac{h'}{h}\Delta u+\frac{h'(h'-h)}{h.2h}\Delta^2 u+\frac{h'(h'-h)(h'-2h)}{h.2h.3h}\Delta^3 u+\text{etc.}$$

wird, in den auf ganz verschiedenem Wege erhaltenen des 349. §s. übergeht.

§. 353. Lagrange hat den Ausdruck von u' unter einer neuen Form dargestellt, indem er bemerkte, daß, da die Gleichungen

$$u = \alpha + \beta x + \gamma x^2 + \delta x^3 + \text{etc.}$$

$$u_1 = \alpha + \beta x_1 + \gamma x_1^2 + \delta x_1^3 + \text{etc.}$$

$$u_2 = \alpha + \beta x_2 + \gamma x_2^2 + \delta x_2^3 + \text{etc.}$$

etc.

blos vom ersten Grade sind, in Beziehung auf eine jede der Größen α, β, γ, etc. u, u_1, u_2, etc., und da u' in x' dergestalt ausgedrückt sein soll, daß, hierin folgeweise $x' = x$, $x' = x_1$, $x' = x_2$, etc. gesetzt, $u' = u$, $u' = u_1$, $u' = u_2$ komme, man

$$U' = Xu + X_1 u_1 + X_2 u_2 + \text{etc.}$$

schreiben könne, wofern nur X, X_1, X_2, etc. solche Functionen sind, daß man durch die Annahme von $x' = x$ zu gleicher Zeit

$$X = 1, \; X_1 = 0, \; X_2 = 0, \; \text{etc.}$$

daß man durch die von $x' = x_1$,

$$X = 0, \; X_1 = 1, \; X_2 = 0, \; \text{etc.}$$

daß man durch die von $x' = x_2$

$$X = 0, \; X_1 = 0, \; X_2 = 1, \; \text{etc.}$$

habe und so fort an, welche Bedingungen erfüllt sein werden, wenn man nimmt

$$X = \frac{(x' - x_1)(x' - x_2)(x' - x_3)\ldots}{(x - x_1)(x - x_2)(x - x_3)\ldots}$$

$$X_1 = \frac{(x' - x)(x' - x_2)(x' - x_3)\ldots}{(x_1 - x)(x_1 - x_2)(x_1 - x_3)\ldots}$$

$$X_2 = \frac{(x' - x)(x' - x_1)(x' - x_3)\ldots}{(x_2 - x)(x_2 - x_1)(x_2 - x_3)\ldots}$$

etc.

Das Gesetz, welches man bei der Bildung dieser Größen zu beobachten hat, kann unmöglich einfacher sein; ihr Zähler enthält, so wie ihr Nenner, eben so viel Factoren, als Größen x, x_1, x_2, etc. da sind weniger eins; und wenn man darin die oben angezeigten Voraussetzungen macht, so wird man sich nicht allein überzeugen, daß sie der vorgegebenen Frage Genüge leisten, sondern auch überdies einsehen, wie es möglich gewesen ist, voraus zu erkennen, daß sie derselben Genüge leisten würden; man erhält demnach diese neue Interpolirungs-Formel

$$\left.\begin{aligned} u = {} & \frac{(x - x_1)(x - x_2)(x - x_3)\ldots}{(x - x_1)(x - x_2)(x - x_3)\ldots} u \\ & + \frac{(x - x)(x - x_2)(x - x_3)\ldots}{(x_1 - x)(x_1 - x_2)(x_1 - x_3)\ldots} u_1 \\ & + \frac{(x - x)(x - x_1)(x - x_3)\ldots}{(x_2 - x)(x_2 - x_1)(x_2 - x_3)\ldots} u_2 + \text{etc.} \end{aligned}\right\}$$

eine in der Ausübung sehr bequeme, weil man jedes Glied derselben vermittelst der Logarithmen berechnen kann. Es würde nicht schwer sein, sie auf die des vorhergehenden §s und selbst auf die des 349 §s zurückzubringen; deshalb werde ich mich dabei nicht aufhalten.

§. 354. Obgleich es im Allgemeinen der Zweck der Interpolirung ist, Mittelwerthe zwischen beobachteten Größen zu bestimmen, ohne das Gesetz zu kennen, welches diese Größen mit ihren Anzeigern oder mit der veränderlichen Größe, wovon sie abhängen, verknüpft, so gebraucht man dieselbe indeß auch, wofern dieses Gesetz bekannt und analytisch ausgedrückt ist, aber die, zur Werthbestimmung der daraus entspringenden Formeln in Zahlen nöthigen Rechnungen sehr verwickelt sind. Man begnügt sich alsdann, durch diese Formeln von Abstand zu Abstand strenge Resultate zu bestimmen, zwischen welchen man hernach die Mittelwerthe interpolirt, welche die Reihe, die man zu bilden sich vorsetzt, vervollständigen sollen. In diesem Falle nimmt man nicht die auf einander folgenden Unterschiede der berechneten Werthe, sondern man leitet diese Unterschiede aus dem analytischen Ausdrucke der vorgegebenen Function ab, und treibt ihre Reihe so weit, bis sich dieselben genugsam klein ergeben, daß man sie aus der Acht lassen könne. Man berechnet vermittelst ihrer die auf einander folgenden Werthe der Function in dem zwischen jenen zuvor bestimmten Werthen begriffenen Zwischenraume. Obgleich die Bildung dieser Werthe leicht aus den in §. 342. erhaltenen Beziehungen abzuleiten ist, so führe ich deßungeachtet hier mehrerer Klarheit wegen die Tafel davon auf, wobei die dritten Unterschiede, welche ich beständig annehme, mit in Rechnung gebracht, welches giebt

$u_1 = u + \Delta u$		
$u_2 = u_1 + \Delta u_1$	$\Delta u_1 = \Delta u + \Delta^2 u$	
$u_3 = u_2 + \Delta u_2$	$\Delta u_2 = \Delta u_1 + \Delta^2 u_1$	$\Delta^2 u_1 = \Delta^2 u + \Delta^3 u$
$u_4 = u_3 + \Delta u_3$	$\Delta u_3 = \Delta u_2 + \Delta^2 u_2$	$\Delta^2 u_2 = \Delta^2 u_1 + \Delta^3 u$
etc.	etc.	etc.

Man sieht aus dieser Tafel, daß man zuvörderst zu jeder Zeile die in der hintersten Spalte rechts befindlichen Unterschiede zu berechnen hat. Um z. B. u_4 zu erhalten, bildet man $\Delta^2 u_2$, indem man zu dem Werthe von $\Delta^2 u_1$ den als beständig betrachteten von $\Delta^3 u$ addirt; hierauf $\Delta^2 u_2$ mit dem als schon bekannt angenommenen Δu_2 zusammenaddirt, gelangt man zu Δu_3, welches man mit u_3 vereinigen muß, um u_4 zu erhalten.

Um diesen Gebrauch der Differenzen-Rechnung zu erläutern, will ich die logarithmischen Functionen betrachten, welche diejenigen sind, deren Tafeln die häufigsten Dienste leisten.

§. 355. Es sei $u = lx$, so erhält man durch die Formel des 29. §s.

$$\Delta u = M\left\{\frac{h}{x} - \frac{1}{2}\frac{h^2}{x^2} + \frac{1}{3}\frac{h^3}{x^3} - \text{etc.}\right\}$$

$$\Delta^2 u = -M\left\{\frac{h^2}{x^2} - \frac{2h^3}{x^3} + \text{etc.}\right\}$$

$$\Delta^3 u = M\left\{\frac{2h^3}{x^3} - \text{etc.}\right\}$$

etc.

Man treibt diese Reihen, nach der Größe der Zahl x, so weit, bis der letzte Unterschied klein genug ist, um ohne merklichen Irthum aus der Acht gelassen werden zu können. Hätte man z. B. x = 10000 und h = 1, so fände man für die gemeinen Logarithmen

$$\Delta u = 0,00004\ 34272\ 76863$$
$$\Delta^2 u = -0,00000\ 00043\ 42077$$
$$\Delta^3 u = 0,00000\ 00000\ 00867;$$

und es ist einleuchtend, daß, wenn man die letzten Resultate nur blos mit zehn Ziffern haben wollte, man, ohne merklichen Irthum zu befürchten, $\Delta^4 u$ aus der Acht lassen oder $\Delta^3 u$ als beständig betrachten könnte.

Dies vorausgesetzt, so giebt, da das Zeichen von $\Delta^2 u$ dem von $\Delta^3 u$ entgegengesetzt ist, der Unterschied ihrer Werthe den von $\Delta^2 u$; und man bildet jeden der auf einander folgenden zweiten Unterschiede $\Delta^2 u_1$, $\Delta^2 u_2$, $\Delta^2 u_3$, etc., indem man von dem vorhergehenden den Werth von Δu abzieht. Eben so wird Δu_1 erhalten, indem man den Werth von $\Delta^2 u$ aus dem von Δu wegnimmt; und ein jeder der auf einander folgenden ersten Unterschiede Δu_1, Δu_2, Δu_3 bildet sich dadurch, daß man von dem vorhergehenden den Werth des zweiten Unterschiedes, welcher sich auf jenen bezieht, wegnimmt. Endlich addirt man zum Logarithmen von 10000, welcher 4,00000 00000 00000 ist, Δu hinzu, um den Logarithmen von 10001 zu bekommen, zu diesem Δu_1, um den von 10002 zu erhalten, zu diesem Δu_2, um den von 10003 zu erhalten, u. s. w. Man kann so durch bloße Subtrahirungen und Addirungen die Logarithmen von allen nach 10000 folgenden ganzen Zahlen bilden, so lange die Summe der Unterschiede, welche man bei jeder Operation aus der Acht läßt, nicht beträchtlich genug ist, um auf die letzte Decimal-Bruchstelle, auf welche man die Genauigkeit der Tafel beschränken will, Einfluß zu haben; und dies erkennt man vermittelst einiger auf entfernte Zwischenräume streng berechneter Logarithmen; denn wenn man durch die Reihe der auf einander folgenden Addirungen zu diesen Logarithmen gelangt, so muß die Methode der Differenzen sie eben so geben, als sie zum voraus geradehin hergeleitet worden sind, wenigstens in den zehn ersten Ziffern, wenn man nämlich bei dieser Anzahl stehen bleiben will. Man würde durch das Vorhergehende bis zu 10100 gehen, ohne einen Irthum in der zehnten Decimal-Bruchstelle zu finden; ist man zu diesem Ziele gelangt, so würde man von neuem die Unterschiede Δu, $\Delta^2 u$, $\Delta^3 u$ geradezu berechnen, und sich dieser letzten Resultate eben wie der ersten bedienen, um die Logarithmen der ganzen Zahlen, die auf 10100 folgen, zu bekommen.

Von der verkehrten Differenzen-Rechnung in Beziehung auf die ausgewickten Functionen einer einzigen veränderlichen Größe.

§. 356. Die verkehrte Differenzen-Rechnung ist in Hinsicht der geraden Differenzen-Rechnung, was die Integral-Rechnung in Bezug auf die Differential-Rechnung ist; sie hat zum Gegenstande von den Differenzen zu den ursprünglichen Functionen wieder aufzusteigen. Ich werde mich zuvörderst mit dem Falle beschäftigen, wo die Differenzen durch die unabhängige veränderliche Größe ausgewickelt gegeben sind, d. h. wo man zur Bestimmung der Function u eine Gleichung von dieser Form $\Delta^n u = f(x, h)$ hat, unter h die Differenz der unabhängigen veränderlichen Größe x verstanden.

Es sei erstlich $n=1$ oder $\Delta u = f(x, h)$. Diese Gleichung giebt nur die Aenderung zu erkennen, welche die Function u erleidet, wenn aus x, $x+h$ wird, und bestimmt den absoluten Werth dieser Function nicht; allein nimmt man an, daß wenn $x=a$ ist, man $u=b$ habe, so wird es leicht sein, von diesen gegebenen Stücken ausgehend, alle Werthe von u zu bilden; denn den Anzeigern

$$a, \quad a+h, \quad a+2h, \quad a+3h, \text{ etc.}$$

entsprechen diese Werthe von u:

$$b, \; b+f(a,h), \; b+f(a,h)+f(a+h,h),$$
$$b+f(a,h)+f(a+h,h)+f(a+2h,h), \text{ etc.}$$

Die Einführung der willkührlichen Größe b hat hier, wie in der Integral-Rechnung, Statt, um die beständige Größe zu ersetzen, welche die Differentiirung verschwinden läßt (§. 344.); man sieht aber, daß die Bedeutung der Gleichung $\Delta u = f(x, h)$ in dem gegenwärtigen Falle auf dem für den Zuwachs h angegebenen Werthe beruht, und daß man aus dieser Gleichung nur eine Reihe unstetiger Werthe zieht, die nach einem gegebenen Gesetze auf einander folgen.

Hätte man $\Delta^2 u = f(x,h)$, so würde man aus dieser Gleichung nur dadurch Vortheil ziehen können, daß man sich einen ersten Werth von u mit dem ihm entsprechenden von Δu oder zwei nach einander folgende Werthe von u giebt. Setzte man nämlich, wenn $x=a$ ist, $u=b$ und $\Delta u = c$, so würde man vermöge der Tafel des 354 §s. für die Anzeiger

$$a, \; a+h, \; a+2h, \; a+3h, \text{ etc.}$$

diese Reihe von Werthen erhalten:

$$b, b+c, b+2c+f(a,h), b+3c+2f(a,h)$$
$$+f(a+h,h), \text{ etc.}$$

Da die Differenzen der Gleichung $\Delta^2 u = f(x,h)$ folgeweise $\Delta^3 u$, $\Delta^4 u$, etc. geben, so kann man sich auch unmittelbar zu u_n erheben durch folgende Formel

$$u_n = u + n\Delta u + \frac{n(n-1)}{1.2}\Delta^2 u + \frac{n(n-1)(n-2)}{1.2.3}\Delta^3 u \ldots + \Delta^n u,$$

in welcher man augenscheinlich sieht, daß die beiden ersten Glieder u und $n\Delta u$ willkührlich bleiben. Es ist nunmehr leicht, diese Betrachtungen auf jede beliebige Ordnung auszudehnen.

Dieses führt ebenfalls nur zu einer Reihe unstetiger Werthe, wovon man das allgemeine Glied finden müßte, um einen analytischen Ausdruck von der gesuchten ursprünglichen Function zu bekommen.

§. 357. Man giebt auch hier der ursprünglichen Function den Namen Integral; u ist das Integral von Δu.

Um irgend ein Integral dieser Gattung zu bezeichnen, bedient man sich des Kennbuchstabens Σ; so würde das Integral von $f(x,h)$ durch $\Sigma f(x,h)$ angedeutet werden; auch hat man sich wohl zu erinnern, daß dieses Integral die Function ist, welche um die Größe $f(x,h)$ wächst, wenn x sich in $x+h$ verwandelt. Wo es eine Unterscheidung dieser Integralen von denen der Differentialen bedarf, gebraucht man die Benennung Differenzen-Integral.

§. 358. Die Regeln für die Integrirung der Differenzen sind in sehr geringer Anzahl, und unglücklicher Weise sind die Fälle, wo man sich derselben mit Erfolg bedienen kann, sehr eingeschränkt. Es folgt aus der Bildung der Unterschiede

1) daß

$$\Delta(X+Y-Z) = \Delta X + \Delta Y - \Delta Z;$$

und wieder zu den ursprünglichen Functionen aufsteigend, hat man

$$\Sigma(\Delta X + \Delta Y - \Delta Z) = X + Y - Z = \Sigma\Delta X + \Sigma\Delta Y - \Sigma\Delta Z,$$

welches die Integrirung der polynomischen Differenzen auf die der monomischen zurückführt;

2) daß
$\Delta . aX = a\Delta X$, woraus $\Sigma . a\Delta X = aX = a\Sigma\Delta X$, welches darthut, daß man einen beständigen Factor nach Belieben vor das Zeichen Σ heraustreten lassen, oder unter das Zeichen einführen kann.

3) Wenn $u = x^{m+1}$, und m eine ganze Zahl ist, so kommt

$$\Delta u = \frac{(m+1)}{1} x^m h + \frac{(m+1)m}{1.2} x^{m-1} h^2 + \frac{(m+1)m(m-1)}{1.2.3} x^{m-2} h^3 + \frac{(m+1)m(m-1)(m-2)}{1.2.3.4} x^{m-3} h^4 \ldots + h^{m+1} x^0.$$

Glied für Glied jede Seite dieser Gleichung integrirt, in die erste wieder x^{m+1} statt u gesetzt, und die beständigen Factoren vor das Zeichen Σ hinausgebracht, bekommt man

$$x^{m+1} = \frac{(m+1)}{1} h \Sigma x^m + \frac{(m+1)m}{1.2} h^2 \Sigma x^{m-1} + \frac{(m+1)m(m-1)}{1.2.3} h^3 \Sigma x^{m-2} \ldots + h^{m+1} \Sigma x^0.$$

Durch diese Gleichung würde das Integral Σx^m bekannt, wenn man Σx^{m-1}, Σx^{m-2}, ... Σx^0 hätte, weil man daraus zöge

$$\Sigma x^m = \frac{x^{m+1}}{(m+1)h} - \left\{ \frac{m}{1.2} h \Sigma x^{m-1} + \frac{m(m-1)}{1.2.3} h^2 \Sigma x^{m-2} \ldots + \frac{1}{m+1} h^m \Sigma x^0 \right\}.$$

Schreibt man in dieses letzte folgeweise $m-1$, $m-2$, $m-3$, etc. für m, so wird man Ausdrücke von Σx^{m-1}, Σx^{m-2}, Σx^{m-3}, etc. bilden, welche nur von den Integralen der Potenzen von x, die gegenseitig niedriger als sie selbst sind, abhängen. Man kann diese Werthe auch im Zurücksteigen bilden; und nimmt man zuvörderst $m=0$, so kommt $\Sigma x^0 = \frac{x}{h}$, weil die allgemeine Formel nur eine Anzahl m mit dem Zeichen Σ behafteter Glieder in sich schließen darf. Dieser Schluß bewährt sich überdies geradehin entweder, indem man bemerkt, daß aus $u=x$ sich $\Delta x = h.x^0$, $x = h\Sigma x^0$, und folglich $\Sigma x^0 = \frac{x}{h}$ ergiebt, oder, indem man die Differenz der ursprünglichen Function $\frac{x}{h}$ nimmt, für welche man findet

$$\frac{x+h}{h} - \frac{x}{h} = 1 = x^0.$$

Macht man hierauf $m=1$, $m=2$, $m=3$, etc, und substituirt folgeweise für Σx^0, Σx^1, Σx^2, etc. die Werthe, zu welchen man gelangt, so bildet sich diese Tafel:

$$\Sigma x = \frac{x}{h}$$

$$\Sigma x^1 = \frac{1}{2}\frac{x^2}{h} - \frac{1}{2}x$$

$$\Sigma x^2 = \frac{1}{3}\frac{x^3}{h} - \frac{1}{2}x^2 + \frac{1}{2.3}xh$$

$$\Sigma x^3 = \frac{1}{4}\frac{x^4}{h} - \frac{1}{2}x^3 + \frac{1}{2.2}x^2h$$

$$\Sigma x^4 = \frac{1}{5}\frac{x^5}{h} - \frac{1}{2}x^4 + \frac{1}{3}x^3h - \frac{1}{5.6}xh^3$$

$$\Sigma x^5 = \frac{1}{6}\frac{x^6}{h} - \frac{1}{2}x^5 + \frac{5}{2.6}x^4h - \frac{1}{2.6}x^2h^3$$

etc.

Statt diese Induction weiter zu treiben, kann man im Allgemeinen voraussetzen

$$\Sigma x^m = Ax^{m+1} + Bx^m + Cx^{m-1} + Dx^{m-2} + \text{etc};$$

von jeder Seite die erste Differenz genommen, findet man

$$x^m = A\frac{(m+1)}{1}x^m h$$
$$+ A\frac{(m+1)m}{1.2}x^{m-1}h^2 + A\frac{(m+1)m(m-1)}{1.2.3}x^{m-2}h^3$$
$$+ \text{etc.}$$
$$+ B\frac{m}{1}\quad x^{m-1}h \quad + B\frac{m(m-1)}{1.2}x^{m-2}h^2 + \text{etc.}$$
$$+ C\frac{(m-1)}{1}x^{m-2}h + \text{etc.}$$
$$+ \text{etc.}$$

und die mit einerlei Potenz von x behafteten Glieder unter sich verglichen, erhält man zwischen den Coefficienten A, B, C, D, etc. folgende Beziehungen

$$A = \frac{1}{(m+1)h}$$

$$B = -A\frac{(m+1)h}{2} = -\frac{1}{2}$$

$$C = -A\frac{(m+1)mh^2}{2.3} - B\frac{mh}{2}$$

$$D = -A\frac{(m+1)m(m-1)h^3}{2.3.4} - B\frac{m(m-1)h^2}{2.3}$$
$$-C\frac{(m-1)}{2}h$$

etc.

mit welchen man die Coefficienten des Ausdruckes von Σx^m, welches auch der Exponent m sein mag, leicht aus einander ableitet. Durch unmittelbare Berechnung der zwölf ersten Glieder findet man

$$\Sigma x^m = \frac{x^{m+1}}{(m+1)h} - \frac{1}{2}x^m$$
$$+ \frac{1}{2}\frac{mh}{2.3}x^{m-1} - \frac{1}{6}\frac{m(m-1)(m-2)h^3}{2.3.4.5}x^{m-3}$$
$$+ \frac{1}{6}\frac{m(m-1)(m-2)(m-3)(m-4)h^5}{2.3.4.5.6.7}x^{m-5}$$

$$- \frac{3}{10} \frac{m(m-1)\ldots(m-6)h^7}{2.3\ldots\ldots 8.9} x^{m-7}$$

$$+ \frac{5}{6} \frac{m(m-1)\ldots(m-8)h^9}{2.3\ldots\ldots 10.11} x^{m-9}$$

$$- \frac{691}{210} \frac{m(m-1)\ldots(m-10)h^{11}}{2.3\ldots\ldots 12.13} x^{m-11}$$

$$+ \frac{35}{2} \frac{m(m-1)\ldots(m-12)h^{13}}{2.3\ldots\ldots 14.15} x^{m-13}$$

$$- \frac{3617}{30} \frac{m(m-1)\ldots(m-14)h^{15}}{2.3\ldots\ldots 16.17} x^{m-15}$$

$$+ \frac{43867}{42} \frac{m(m-1)\ldots(m-16)h^{17}}{2.3\ldots\ldots 18.19} x^{m-17}$$

$$- \frac{1222277}{110} \frac{m(m-1)\ldots(m-18)h^{19}}{2.3\ldots\ldots 20.21} x^{m-19}$$

$$\text{etc.} \qquad + \text{const.}$$

in welcher Formel die in Zahlen ausgedrückten Coefficienten Aufmerksamkeit verdienen, weil sie oft in der Theorie der Reihen wieder vorkommen.

Ich mache vor der Beendigung dieses §s noch bemerklich, daß, wenn Σx^m mit h multiplicirt, und diesen Zuwachs unter das Zeichen Σ bringt, man diese Gleichung erhält

$$\Sigma x^m h = \frac{x^{m+1}}{m+1} - \frac{1}{2} x^m h + \frac{1}{2} \frac{m h^2}{2.3} x^{m-1} - \text{etc.} + \text{const.},$$

deren zweite Seite $\frac{x^{m+1}}{m+1}$ + const. zur Grenze hat, wenn h verschwindet, in welchem Falle $\Sigma x^m h$ sich in $\int x^m dx$ verwandelt, dem gemäß, was man in §. 211. gesehen hat.

§. 359. Das Vorhergehende liefert das Mittel, alle algebraische, rationale und ganze Functionen in dem Falle zu integriren, wo die unabhängige veränderliche Größe einen beständigen Zuwachs empfängt.

Ich

Ich nehme als Beispiel die Function

$$Ax^3 + Bx^2 + Cx + D;$$

und da nun

$$\Sigma(Ax^3 + Bx^2 + Cx + D) = A\Sigma x^3 + B\Sigma x^2 + C\Sigma x + D\Sigma x^0$$

ist, so findet man, für Σx^3, Σx^2, Σx und Σx^0 ihre Werthe gesetzt,

$$\Sigma(Ax^3 + Bx^2 + Cx + D) = \frac{A}{4h}x^4 - \frac{3Ah - 2B}{6h}x^3 + \frac{Ah^2 - 2Bh + 2C}{4h}x^2 + \frac{Bh^2 - 3Ch + 6D}{6h}x + \text{const.}$$

§. 360. Es giebt eine Gattung rationaler Functionen, welche sich mit der größten Leichtigkeit integriren lassen; dies sind die Producte von der Form $u = x(x+h)(x+2h)\ldots[x+(m-1)h]$.

Nämlich wenn man den Unterschied nimmt, so bekommt man

$$\begin{aligned}\Delta u &= (x+h)(x+2h)(x+3h)\ldots(x+mh) \\ &\quad - x(x+h)(x+2h)\ldots\ldots[x+(m-1)h] \\ &= (x+h)(x+2h)\ldots\ldots[x+(m-1)h]\,mh\end{aligned}$$

und da

$$\Sigma\frac{\Delta u}{mh} = \frac{\Sigma\Delta u}{mh} = \frac{u}{mh}$$

ist, so hat man

$$\Sigma(x+h)(x+2h)\ldots[x+(m-1)h] = \frac{x(x+h)(x+2h)\ldots[x+(m-1)h]}{mh} + \text{const.}$$

Schreibt man nunmehr $x-h$ statt x, und $m+1$ statt m, so kommt

$$\Sigma x(x+h)(x+2h)\ldots[x+(m-1)h] = \frac{(x-h)x(x+h)(x+2h)\ldots[x+(m-1)h]}{(m+1)h}.$$

Man sieht hier, daß die Anzahl der Factoren diejenige der Factoren der Differenz um eins übersteigt, und daß der Divisor $m+1$ ist, welches mit der Formel $\int x^m dx = \frac{x^{m+1}}{m+1}$ viel Aehnlichkeit hat.

Man integrirt auch den Bruch

$$u = \frac{1}{x(x+h)(x+2h)\ldots[x+(m-1)h]},$$

indem man durch Differentiiren findet

$$\Delta u = \begin{cases} \frac{1}{(x+h)(x+2h)(x+3h)\ldots(x+mh)} \\ -\frac{1}{x(x+h)(x+2h)\ldots[x+(m-1)h]} \end{cases}$$

$$= \frac{-mh}{x(x+h)(x+2h)\ldots(x+mh)};$$

geht man zu den Integralen zurück, so kommt, für u seinen Werth gesetzt,

$$\Sigma \frac{-1}{x(x+h)(x+2h)\ldots(x+mh)} = \frac{u}{mh}$$

$$= \frac{1}{mhx(x+h)(x+2h)\ldots[x+(m+1)h]};$$

und wenn man $m-1$ statt m schreibt, um die Anzahl der Factoren des Nenners der mit dem Zeichen Σ behafteten Größe auf m zurückzubringen, so bekommt man

$$\Sigma \frac{1}{x(x+h)(x+2h)\ldots[x+(m-1)h]}$$

$$= \frac{-1}{(m-1)hx(x+h)(x+2h)\ldots[x+(m-2)h]}.$$

§. 361. Die obigen Formeln können auch zur Integrirung der Functionen von der Form

$$Ax^\alpha + Bx^\beta + Cx^\gamma + \text{etc.}$$

dienen, weil diese Functionen sich in Producte von Factoren, deren Differenzen beständig sind, verwandeln lassen. Um dies zu zeigen, wähle ich dieses sehr einfache Beispiel: x^3, und mache

$$x^3 = (x+h)(x+2h)(x+3h) + A(x+h)(x+2h) + B(x+h) + C,$$

indem ich annehme, daß h den Zuwachs von x bezeichnet. Entwickelt man und ordnet nach den Potenzen von x, so erhält man

$$\begin{aligned} x^3 = x^3 &+ 6hx^2 + 11h^2x + 6h^3 \\ &+ Ax^2 + 3Ahx + 2Ah^2 \\ &\quad + Bx \quad + Bh \\ &\quad\quad + C; \end{aligned}$$

und die mit einerlei Potenzen von x behafteten Glieder unter sich vergleichend, bildet man die Gleichungen

$$\begin{aligned} &6h + A = 0, \\ &11h^2 + 3Ah + B = 0, \\ &6h^3 + 2Ah^2 + Bh + C = 0, \end{aligned}$$

aus welchen man zieht

$$A = -6h,\ B = 7h^2,\ C = -h^3,$$

und

$$x^3 = (x+h)(x+2h)(x+3h) - 6h(x+h)(x+2h) + 7h^2(x+h) - h^3,$$

welches, vermöge des vorhergehenden §s,

$$\Sigma x^3 = \frac{1}{4h} x(x+h)(x+2h)(x+3h)$$

$$- 2x(x+h)(x+2h) + \frac{7}{2} hx(x+h) - h^2 x$$

$$+ \text{const.}$$

giebt.

§. 362. In Hinsicht der Integrirung der transcendenten Functionen werde ich mich auf die Exponential- und Kreis-Functionen beschränken. Man hat für die ersteren

$$\Delta . a^x = a^x (a^h - 1),$$

woraus

$$a^x = \Sigma a^x (a^h - 1)$$

und

$$\Sigma a^x = \frac{a^x}{a^h - 1}$$

hervorgeht.

§. 363. Für die Kreis-Functionen hat man

1) die Gleichung

$$\cos A - \cos B = -2 \sin \frac{1}{2}(A - B) \sin \frac{1}{2}(A + B),$$

welche

$$\Delta \cos x = \cos(x + h) - \cos x = -2 \sin \frac{1}{2} h \times \sin\left(x + \frac{1}{2} h\right)$$

giebt, woraus man

$$\sin(x + \tfrac{1}{2}h) = -\frac{\Delta \cos x}{2 \sin \frac{1}{2} h}, \text{ und } \sin x = -\frac{\Delta \cos(x - \frac{1}{2}h)}{2 \sin \frac{1}{2}}$$

zieht, indem man $x - \frac{1}{2}h$ statt x schreibt; hierauf das Integral von jeder Seite der letztern Gleichung, genommen, bekommt man

$$\Sigma \sin x = -\frac{\cos(x - \frac{1}{2} h)}{2 \sin \frac{1}{2} h} + \text{const.}$$

2) Die Gleichung

$$\sin A - \sin B = 2 \sin \tfrac{1}{2}(A - B) \cos \tfrac{1}{2}(A + B)$$

giebt

$$\Delta \sin x = \sin(x + h) - \sin x = 2 \sin \tfrac{1}{2} h \cos(x + \tfrac{1}{2} h),$$

woraus folgt

$$\cos(x + \tfrac{1}{2} h) = \frac{\Delta \sin x}{2 \sin \frac{1}{2} h}, \cos x = \frac{\Delta \sin(x - \frac{1}{2} h)}{2 \sin \frac{1}{2} h},$$

$$\Sigma \cos x = \frac{\sin(x - \frac{1}{2} h)}{2 \sin \frac{1}{2} h} + \text{const.}$$

3) Die Umwandlung der Potenzen von Sinus, Cosinus und ihrer Producte in eine Function von Sinus, Cosinus vielfacher Bogen führt auf die beiden vorhergehenden Formeln die Integrirung der allgemeinen Function $\sin x^m \cos x^n$ zurück, wofern die Exponenten m und n positive ganze Zahlen sind.

Diese Function nämlich wird in eine Reihe von Gliedern von der Form A sin q x oder A cos q x verwandelt, deren Integralen sich aus denen von A sin x und A cos x dadurch, daß man q x und q h statt x und h schreibt, ableiten lassen; und man sieht leicht ein, daß man im Allgemeinen

$$\Sigma \sin(p+qx) = -\frac{\cos(p+qx-\frac{1}{2}qh)}{2\sin\frac{1}{2}qh} + \text{const.}$$

$$\Sigma \cos(p+qx) = \frac{\sin(p+qx-\frac{1}{2}qh)}{2\sin\frac{1}{2}qh} + \text{const.}$$

erhält.

§. 364. Der Nutzen, den der Ausdruck von Σu für die Summirung der Reihen gewährt, hat die Analytiker veranlaßt, sich viel damit zu beschäftigen, und sie sind dahin gelangt, ihm mehrere sehr zierliche Formen zu geben. Euler machte denselben von den Differential-Coefficienten und von dem Integral $\int u\,dx$ abhängig. Man kommt zu diesem Resultate, indem man von der Formel ausgeht:

$$\Delta z = \frac{dz}{dx}\frac{h}{1} + \frac{d^2z}{dx^2}\frac{h^2}{1.2} + \frac{d^3z}{dx^3}\frac{h^3}{1.2.3} + \text{etc.},$$

welche

$$z = \frac{h}{1}\Sigma\frac{dz}{dx} + \frac{h^2}{1.2}\Sigma\frac{d^2z}{dx^2} + \frac{h^3}{1.2.3}\Sigma\frac{d^3z}{dx^3} + \text{etc.}$$

giebt. Macht man $\frac{dz}{dx} = u$, so kommt $z = \int u\,dx$, und

$$\int u\,dx = h\Sigma u + \alpha h^2 \Sigma\frac{du}{dx} + \beta h^3 \Sigma\frac{d^2u}{dx^2} + \text{etc.},$$

durch α, β, γ, etc. die Zahlen-Coefficienten vorgestellt; man zieht hieraus

$$\Sigma u = \frac{1}{h}\int u\,dx - \alpha h \Sigma\frac{du}{dx} - \beta h^2 \Sigma\frac{d^2u}{dx^2} - \text{etc.}$$

Wenn man nunmehr die Differential-Coefficienten jeder Gleichungsseite mit dem Bemerken nimmt, daß

$\frac{d.\Sigma u}{dx} = \Sigma \frac{du}{dx}$, was sehr leicht zu bewähren ist, so bekommt man diese Folge von Gleichungen:

$$\Sigma \frac{d}{dx} = \frac{1}{h} u - \alpha h \Sigma \frac{d^2 u}{dx^2} - \beta h^2 \Sigma \frac{d^3 u}{dx^3} - \text{etc.}$$

$$\Sigma \frac{d^2 u}{dx^2} = \frac{1}{h} \frac{du}{dx} - \alpha h \Sigma \frac{d^3 u}{dx^2} - \beta h^2 \Sigma \frac{d^4 u}{dx^4} - \text{etc.}$$

$$\Sigma \frac{d^3 u}{dx^3} = \frac{1}{h} \frac{d^2 u}{dx^2} - \alpha h \Sigma \frac{d^4 u}{dx^4} \beta h^2 \Sigma \frac{d^5 u}{dx^5} - \text{etc.}$$

etc.

dieser letztern Gleichungen bedient man sich, um folgeweise aus dem Werthe von Σu die Functionen

$$\Sigma \frac{du}{dx},\ \Sigma \frac{d^2 u}{dx^2},\ \Sigma \frac{d^3 u}{dx^3},\ \text{etc.}$$

zu eliminiren, und es ist leicht einzusehen, daß das Resultat nothwendig von der Form

$$\Sigma u = \frac{1}{h} \int u\, dx + A u + B h \frac{du}{dx} + C h^2 \frac{d^2 u}{dx^2} + \text{etc.}$$

sein wird. Die Bestimmung der Coefficienten A, B, C, etc. bewerkstelligt sich hier, wie im §. 347., durch die Betrachtung der besondern Function e^x, für welche man

$$\Sigma e^x = \frac{e^x}{e - 1},\ \int e^x\, dx = e^x,\ \frac{d^m . e^x}{dx^m} = e^x$$

findet, und hieraus folgt

$$\frac{1}{e^h - 1} = \frac{1}{h} + A + Bh + Ch^2 + \text{etc.}$$

welches zeigt, daß die Coefficienten A, B, C, etc. nichts anders sind, als diejenigen, welche die Potenzen von h in der Entwickelung der zu einer steigenden Reihe in Bezug auf diesen Kennbuchstaben zurückgeführten Function $\frac{1}{e^h - 1}$ multipliciren.

§. 365. Man bekommt auf eben dieselbe Art und ohne mehrere Schwierigkeit die Integralen $\Sigma\Sigma u$

oder $\Sigma^2 u$, $\Sigma\Sigma^2 u$ oder $\Sigma^3 u$, im Allgemeinen $\Sigma^m u$; denn die Formel

$$\Delta^m z = \frac{d^m z}{dx^m} h^m + \alpha \frac{d^{m+1} z}{dx^{m+1}} h^{m+1} + \beta \frac{d^{m+2} z}{dx^{m+2}} h^{m+2} + \text{etc.}$$

führt auf

$$z = h^m \Sigma^m \frac{d^m z}{dx^m} + \alpha h^{m+1} \Sigma^m \frac{d^{m+1} z}{dx^{m+1}} + \beta h^{m+2} \Sigma^m \frac{d^{m+2} z}{dx^{m+2}} + \text{etc.}$$

hierauf $\frac{d^m z}{dx^m} = u$ gesetzt, erhält man $z = \int^m u\, dx^m$, und folglich

$$\Sigma^m u = \frac{1}{h^m} \int^m u\, dx^m - \alpha h \Sigma^m \frac{du}{dx} - \beta h^2 \Sigma^m \frac{d^2 u}{dx^2} - \text{etc.};$$

werden die Differential-Coefficienten von jeder Seite dieser letzten Gleichung genommen, so bildet man folgende Gleichungen:

$$\Sigma^m \frac{du}{dx} = \frac{1}{h^m} \int^{m-1} u\, dx^{m-1} - \alpha h \Sigma^m \frac{d^2 u}{dx^2} - \beta h^2 \Sigma^m \frac{d^3 u}{dx^3} - \text{etc.}$$

$$\Sigma^m \frac{d^2 u}{dx^2} = \frac{1}{h^m} \int^{m-2} u\, dx^{m-2} - \alpha h \Sigma^m \frac{d^3 u}{dx^3} - \beta h^2 \Sigma^m \frac{d^4 u}{dx^4} - \text{etc.}$$

etc.

mit deren Hülfe man $\Sigma^m \frac{du}{dx}$, $\Sigma^m \frac{d^2 u}{dx^2}$, etc. aus dem Ausdrucke von $\Sigma^m u$ hinwegschafft. Die Endgleichung wird

$$\Sigma^m u = u \frac{1}{h^m} \int^m u\, dx^m + \frac{A}{h^{m-1}} \int^{m-1} u\, dx^{m-1} + \frac{B}{h^{m-2}} \int^{m-2} u\, dx^{m-2} \ldots + \frac{M}{h} \int u\, dx$$

$$+ Nu + Ph \frac{du}{dx} + Qh^2 \frac{d^2u}{dx^2} + \text{etc.}$$

vorgestellt werden können; und wenn man $u = e^x$ macht, so wird sie

$$\frac{1}{(e^h - 1)^m} = \frac{1}{h^m} + \frac{A}{h^{m-1}} + \frac{B}{h^{m-2}} \ldots\ldots + \frac{M}{h}$$
$$+ N + Ph + Qh^2 + \text{etc.};$$

die Coefficienten A, B, ... M, N, etc. sind daher auch hier wiederum diejenigen, welche die Potenzen von h in der Entwickelung von $\frac{1}{(e^h - 1)^m}$ multipliciren; und es geht daraus zwischen den Integralen und den negativen Potenzen eine Aehnlichkeit hervor, die nur die Fortsetzung von der ist, welche die Differenzen mit den positiven Potenzen haben, so daß man die Integralen als die Differenzen einer Ordnung, deren Exponent negativ ist, zu betrachten hat. Es ist nämlich sichtbar, daß man nach dem so eben Gesehenen

$$\Sigma^m u = \frac{1}{\left(e^{\frac{du}{dx}h} - 1\right)^m}$$

schreiben kann, wofern man nur nach der Entwickelung die positiven Potenzen $\frac{du^p}{dx^p}$ in $\frac{d^p u}{dx^p}$ und die negativen Potenzen $\frac{du^{-p}}{dx^{-p}}$ in $\int^p u\,dx^p$ verwandelt; und da man (§. 547.)

$$\Delta^m u = \left(e^{\frac{du}{dx}h} - 1\right)^m$$

hat, so ist einleuchtend, daß der Ausdruck von $\Sigma^m u$ in dem von $\Delta^m u$ begriffen ist, aus welchem er sich dadurch ableiten läßt, daß man den Exponenten m mit dem Zeichen — versieht.

§. 366. Das theilweise Integriren läßt sich eben sowohl bei den Differenzen als bei den Differentialen ausüben. Es seien P und Q zwei beliebige Functionen von x; man mache

$$\Sigma PQ = Q\Sigma P + z,$$

wo z eine unbekannte Function derselben veränderlichen Größe ist; und nehme die Differenz von jeder Seite dieser Gleichung, so hat man

$$PQ = (Q + \Delta Q)\Sigma(P + \Delta P) - Q\Sigma P + \Delta z;$$

entwickelt und reducirt mit dem Bemerken, daß $Q\Sigma\Delta P = PQ$ ist, kommt

$$o = \Delta Q\Sigma(P + \Delta P) + \Delta z \text{ oder } \Delta z = -\Delta Q\Sigma(P + \Delta P),$$

und folglich

$$z = -\Sigma\Delta Q\Sigma(P + \Delta P),$$

sodann

$$\Sigma PQ = Q\Sigma P - \Sigma\Delta Q\Sigma(P + \Delta P) \ldots\ldots (A),$$

welche Formel

$$\Sigma PQ = Q\Sigma P - \Sigma\Delta Q\Sigma P_1 \ldots\ldots (1)$$

wird, wenn man P_1 für $P + \Delta P$ schreibt.

Verwandelt man in der Formel (A), Q in ΔQ, P in ΣP_1, und erwägt, daß

$$\Sigma P_1 + \Delta\Sigma P_1 = \Sigma(P_1 + \Delta P_1) = \Sigma P_2$$

ist, so leitet man daraus

$$\Sigma\Delta Q\Sigma P_1 = \Delta Q\Sigma^2 P_1 - \Sigma\Delta^2 Q\Sigma^2 P_2$$

ab; und die Formel (1) wird

$$\Sigma PQ = Q\Sigma P - \Delta Q\Sigma^2 P_1 + \Sigma\Delta^2 Q\Sigma^2 P_2 \ldots (2).$$

Hierauf in der Gleichung (A), Q in $\Delta^2 Q$, ΣP_1 in $\Sigma^2 P_2$ verwandelt, und bemerkend, daß

$$\Sigma^2 P_2 + \Delta\Sigma^2 P_2 = \Sigma^2 P_3,$$

findet man

$$\Sigma\Delta^2 Q\Sigma^2 P_2 = \Delta^2 Q\Sigma^3 P_2 - \Sigma\Delta^3 Q\Sigma^3 P_3,$$

und die Formel (2) wird

$$\Sigma PQ = Q\Sigma P - \Delta Q\Sigma^2 P_1 + \Delta^2 Q\Sigma^3 P_2 - \Sigma\Delta^3 Q\Sigma^3 P_3,$$

aus welcher das Gesetz dieses zierlichen, zuerst von Taylor in den philosophischen Transactionen gegebenen Ausdruckes

$$\Sigma PQ = Q\Sigma P - \Delta Q\Sigma^2 P_1 + \Delta^2 Q\Sigma^3 P_2 - \Delta^3 Q\Sigma^4 P_3 + \Delta^4 Q\Sigma^5 P_4 - \text{etc.}$$

erhellet.

Setzt man darin für P_1, P_2, P_3, etc. ihre Werthe in P, und bewerkstelligt die Integrirungen, welche möglich werden, so verwandelt derselbe sich in

$$\Sigma PQ = Q\Sigma P - \Delta Q(\Sigma^2 P + \Sigma P) + \Delta^2 Q(\Sigma^3 P + 2\Sigma^2 P + \Sigma P) - \Delta^3 Q(\Sigma^4 P + 3\Sigma^3 P + 3\Sigma^2 P + \Sigma P) + \text{etc.}$$

Unter dieser Form hat Condorcet ihn dargestellt in seinem Versuche über die Anwendung der Analysis auf die Wahrscheinlichkeit der Entscheidungen, S. 163. (Essai sur l'application de l'Analyse à la probabilité des décisions).

Er bricht allemal ab, wenn die Function Q auf beständige Differenzen in irgend einer Ordnung führt; und ist die Function P einer hinreichenden Anzahl von auf einander folgenden Integrirungen empfänglich, so gelangt man zu dem genauen Integral der Function PQ.

Anwendung der Differenzen-Rechnung auf die Summirung der Reihen.

§. 367. In einer beliebigen Reihe

$$u,\ u_1,\ u_2,\ \ldots\ u_{n-1},\ u_n$$

kann das allgemeine Glied u_n als der Unterschied der Function, welche die Summe der ihm vorhergehenden Glieder ausdrückt, betrachtet werden; so daß, wenn man

$$u + u_1 + u_2 \ldots + u_{n-1} = \dot{S}_{n-1}$$

setzt, man

$$\Delta S_{n-1} = u_n \text{ und } S_{n-1} = \Sigma u_n \text{ (§. 357.)}$$

erhält.

Es folgt hieraus, daß die ganze Summe, das allgemeine Glied darin mit begriffen,

$$S_n = \Sigma u_n + u_n$$

ist.

Man sieht auch, daß, da S_n aus S_{n-1} durch die Verwandlung von n in $n+1$ entspringt, der Ausdruck von S_n sich aus dem von Σu_n auf dieselbe Weise ableiten läßt.

Wenn daher $f(x,h)$ das allgemeine Glied irgend einer Reihe bezeichnet, in welcher der Unterschied der unabhangigen veränderlichen Größe h ist, so wird die Summe dieser Reihe, welche ich durch $Sf(x,h)$ vorstelle,

$$Sf(x,h) = \Sigma f(x,h) + f(x,h)$$

sein, oder aber sich dadurch erhalten lassen, daß man $x+h$ statt x in $\Sigma f(x,h)$ setzt.

Man findet demnach Sx^m dadurch, daß man $x+h$ statt x in den Ausdruck von Σx^m (§. 358.) setzt.

Entwickelt man insbesondere Sx^2, und macht $h=1$, so kommt nach den Reducirungen

$$Sx^2 = \frac{2x^3 + 3x^2 + x}{6} + \text{const.}$$

Durch dasselbe Verfahren leitet man ab aus den Formeln des 360 §s

$$Sx(x+h)(x+2h)\dots[x+(m-1)h] =$$
$$\frac{x(x+h)(x+2h)\dots(x+mh)}{(m+1)h} + \text{const.},$$

$$S\frac{1}{x(x+h)(x+2h)\dots[x+(m-1)h]} =$$
$$\frac{-1}{(m-1)h(x+h)(x+2h)\dots[x+(m-1)h]} + \text{const.}$$

Indem man folgeweise $m = 1$, $m = 2$, etc. setzt, und in dem ersten dieser beiden Resultate $h = 1$ nimmt, so bildet man die Summen von den Reihen der figurirten Zahlen (weitere Ausführung der Anfangsgründe der Algebra), nämlich

$$Sx = \frac{x(x+1)}{2} + \text{const.}$$

$$S\frac{x(x+1)}{2} = \frac{x(x+1)(x+2)}{2 \cdot 3} + \text{const.}$$

$$S\frac{x(x+1)(x+2)}{2 \cdot 3} = \frac{x(x+1)(x+2)(x+3)}{2 \cdot 3 \cdot 4} + \text{const.}$$

etc.

Aus den §. §. 362, 363. wird man schließen, daß

$$Sa^x = \frac{a^{x+h}}{a^h - 1} + \text{const.}$$

$$S\sin x = -\frac{\cos(x + \frac{1}{2}h)}{2\sin\frac{1}{2}h} + \text{const.}$$

$$S\cos x = \frac{\sin(x + \frac{1}{2}h)}{2\sin\frac{1}{2}h} + \text{const.}$$

ist.

Endlich giebt der allgemeine Ausdruck von Σu des 364. §s. eine allgemeine Formel für Su.

Die in den Differenzen=Integralen und in den Summen beigefügten beständigen Größen werden eben so wie bei den auf die Differentialen sich beziehenden Integralen bestimmt; aber es ist bequemer, diese Integralen oder diese Summen zwischen gegebenen Grenzen, wie im 209. §., zu nehmen.

Indem man die Reihen der figurirten Zahlen bei dem Anzeiger $x = 0$ anfangen läßt, findet man, daß ihre gegenseitigen Summen die oben beigebrachten, von der beständigen Größe befreiten Ausdrücke sind.

Um z. B. die Summe der Reihe

$$\sin a,\ \sin(a+h) \ldots\ldots \sin(a+nh)$$

zu bekommen, muß man $S \sin x$ von $x = a - h$ bis zu $x = a + nh$ nehmen, und es kommt

$$\frac{\cos(a - \frac{1}{2}h) - \cos(a + nh + \frac{1}{2}h)}{2 \sin \frac{1}{2} h} =$$

$$\frac{\sin(a + \frac{1}{2}nh) \sin \frac{1}{2}(n+1)h}{\sin \frac{1}{2} h}.$$

Von der Integrirung der Differenzen-Gleichungen mit zwei veränderlichen Größen.

§. 368. Bisher habe ich angenommen, die Differenz der gesuchten Function sei durch die unabhängige veränderliche Größe ausgewickelt gegeben; ich werde mich nunmehr mit den Fällen beschäftigen, wo man blos eine Gleichung hat, enthaltend die gesuchte Function, ihre Differenzen, die unabhängige veränderliche Größe und ihre Zuwachse. Wenn die gesuchte Function y von der veränderlichen Größe x abhängt, deren Zuwachs, als beständig betrachtet, gemeinhin mit h bezeichnet wird, so ist die vorgegebene Gleichung unter der allgemeinen Formel

$$F(x, h, y, \Delta y, \Delta^2 y, \text{etc}) = 0$$

begriffen. Es ist hier eine gelegene Bemerkung, daß man aus ihr die Differenzen Δy, $\Delta^2 y$, etc. verschwinden lassen kann, indem man diese durch die nach einander folgenden Werthe von y ersetzt, da man

$$\Delta y = y_1 - y, \ \Delta^2 y = y_2 - 2y_1 + y, \text{ etc. } (\S.\ 343.)$$

hat; und das Resultat nimmt die Form

$$F(x, h, y, y_1, y_2, \text{etc.}) = 0$$

an, in welcher man sieht, daß jede Differenzen-Gleichung den Werth der gesuchten Function vermittelst einer gewissen Anzahl von vorhergehenden Werthen kennen lehrt.

Wenn die Gleichung z. B. von der ersten Ordnung wäre, so hätte man y_1 vermittelst y; wenn sie von der zweiten wäre, so zöge man daraus y_2, durch y_1 und y ausgedrückt, und so fort an.

Es ist leicht wahrzunehmen, daß eine beliebige Differenzen-Gleichung einer Reihe gleich gilt, in welcher man jedes Glied bekommt vermittelst seines Verhaltens zu den ihm vorhergehenden und zu dem Anzeiger, welcher den Rang, den dasselbe einnimmt, bemerklich macht. Hat man nämlich z. B. $y_2 = f(x, h, y, y_1)$, so leitet man daraus

$$y_3 = f(x + h, h, y_1, y_2), \ y_4 = f(x + 2h, h, y_2, y_3), \text{ etc.}$$

ab, und bildet so die Reihe

$$y, y_1, y_2, y_3, y_4, \text{ etc.}$$

vermittelst ihrer beiden ersten Glieder.

Dieser besondere Fall reicht hin, um zu zeigen, daß in der aus einer beliebigen Differenzen-Gleichung entspringenden Reihe es immer eben so viele willkührliche Glieder giebt, als Einheiten in dem Ordnungs-Exponenten dieser Gleichung sind.

§. 369. Man kann jede Differenzen-Gleichung in eine Differential-Gleichung von einer unbegrenzten Ordnung dadurch verwandeln, daß man statt Δy, $\Delta^2 y$, etc. ihre Entwickelungen nach §. 347. substituirt, und es ist nicht weniger einleuchtend, daß man auch jede Differential-Gleichung in eine Differenzen-Gleichung von einer unbegrenzten Ordnung verwandeln würde, indem man für die Differential-Coefficienten ihre aus der Formel des 348. §s. gezogenen Entwickelungen setzt.

Es scheint nicht, daß diese Umformungen, welche den Uebelstand haben, eine unendliche Anzahl von Gliedern einzuführen, im Allgemeinen für die Integrirung der Gleichungen sehr nützlich sein könnten; allein sie sind sehr geeignet, den Unterschied, welcher zwischen der Differential- und Differenzen-Rechnung vorhanden ist, bemerklich zu machen. Sie thun dar, daß vermöge der Natur dieser letztern die Differenzen der unabhängigen veränderlichen Größe nothwendig einen bestimmten Werth haben müssen; denn wenn man eine Gleichung zwischen

$$x, \ y, \ \Delta x, \ \Delta y, \ \Delta^2 y, \text{ etc.}$$

hätte, in welcher Δx unbestimmt bliebe, und man entwickelte dieselbe nach den Potenzen von Δx, Δy, $\Delta^2 y$, etc., welches ihr die Form

$$\left.\begin{array}{l} A\Delta x + B\Delta y \\ + C\Delta x^2 + D\Delta x\Delta y + E\Delta y^2 + F\Delta^2 y \\ + \text{etc.} \end{array}\right\} = 0$$

geben würde, so könnte man darin statt Δy, $\Delta^2 y$, etc.

ihre Entwickelungen substituiren; und da Δx hierin noch unbestimmt bliebe, so müßten die Coefficienten der verschiedenen Potenzen dieses Zuwachses von selbst verschwinden. Man würde sonach zwischen den veränderlichen Größen x, y und ihren Differentialen eine unendliche Anzahl von Gleichungen bekommen, welche unter sich übereinstimmen müßten, damit die vorgegebene Bedeutung hätte; und in diesem Falle wäre sie nur der ersten dieser Gleichungen gleichgeltend, wovon die andern die auf einander folgenden Differentialen werden würden.

Indem man setzt, die Differenzen-Gleichung sei nur von der ersten Ordnung, wodurch sie auf

$$A\Delta x + B\Delta y + C\Delta x^2 + D\Delta x\Delta y + E\Delta y^2 + \text{etc.} = 0$$

gebracht wird, und

$$\Delta y = \frac{dy}{dx}\frac{\Delta x}{1} + \frac{d^2y}{dx^2}\frac{\Delta x^2}{1.2} + \frac{d^3y}{dx^3}\frac{\Delta x^3}{1.2.3} + \text{etc.}$$

nimmt, so kommt

$$\left.\begin{matrix} \left.\begin{matrix} B\frac{dy}{dx} \\ +A \end{matrix}\right\}\Delta x + E\frac{dy^2}{dx^2} \\ +D\frac{dy}{dx} \\ +C \\ +\frac{B}{1.2}\frac{d^2y}{dx^2} \end{matrix}\right\}\Delta x^2 + \text{etc.} \Bigg\} = 0,$$

woraus man

$$B\frac{dy}{dx} + A = 0,\ E\frac{dy^2}{dx^2} + D\frac{dy}{dx} + C + \frac{B}{1.2}\frac{d^2y}{dx^2} = 0,$$

etc.

zieht; und wenn diese Folge von Gleichungen nicht Statt haben kann, so wird die vorgegebene sich nur dadurch bewähren, daß man für Δx einen besondern Werth angiebt.

§. 370.

§. 570. Nach diesen vorläufigen Feststellungen gehe ich zur Sache durch die Integrirung der allgemeinen Gleichung vom ersten Grade und von der ersten Ordnung. Ich nehme an, man habe, indem die Differenz der veränderlichen Größe x, oder Δx, 1 ist, die Gleichung $\Delta y + Py = Q$, eine der in §. 257. behandelten Differential-Gleichung ähnliche, so leitet ein dergleichen Verfahren als das des angeführten §s. auf das Integral der erstern.

Macht man $y = uz$, so kommt

$$\Delta y = u \Delta z + z \Delta u + \Delta u \Delta z,$$

wodurch die vorgegebene Gleichung sich in

$$u \Delta z + z \Delta u + \Delta u \Delta z + Puz = Q$$

verwandelt; für sich

$$z \Delta u + Puz = 0, \text{ oder } \Delta u + Pu = 0$$

gesetzt, bleibt $u \Delta z + \Delta u \Delta z = Q$, woraus man

$$\Delta z = \frac{Q}{u + \Delta u} \text{ und } z = \Sigma \frac{Q}{u + \Delta u}$$

zieht; die Frage führt sich daher auf das Integriren der Gleichung

$$\Delta u + Pu = 0$$

zurück, in welcher man die veränderlichen Größen sondern kann, indem man ihr die Form $\frac{\Delta u}{u} = -P$ giebt, da man von P voraussetzt, daß es nur x enthalte. Es sei $u = e^t$, so ergiebt sich hieraus

$$\Delta u = e^t(e^{\Delta t} - 1) \text{ und } \frac{\Delta u}{u} = e^{\Delta t} - 1 = -P,$$

woraus man

$$e^{\Delta t} = 1 - P, \; \Delta t = l(1 - P) \text{ und } t = \Sigma l(1 - P)$$

zieht. Da aber die Summe der Logarithmen der Function $1 - P$ dem fortgehenden Producte der auf einander folgenden Werthe, welche $1 - P$ zwischen den Grenzen des Integrals empfängt, d. h. dem

$(1-P_{x-1})(1-P_{x-2})(1-P_{x-3})\ldots(1-P_0)$ entspricht, so erhält man, wenn man dieses Product mit $[1-P_{x-1}]^x$ bezeichnet, durch den Exponenten x die Anzahl der Factoren ausgedrückt,

$$t = l[1-P_{x-1}]^x,$$

woraus man

$$u = e^t = [1-P_{x-1}]^x$$

folgert; und wenn man darauf Acht hat, daß $u + \Delta u = u_1$ ist, so bekommt man

$$u + \Delta u = [1-P_x]^{x+1} \text{ und } z = \Sigma \frac{Q}{[1-P_x]^{x+1}},$$

was endlich

$$y = [1-P_{x-1}]^x \Sigma \frac{Q}{[1-P_x]^{x+1}}$$

giebt, wo die willkührliche beständige Größe in dem angezeigten Integrale mitbegriffen ist.

Fast auf diese Weise hat Lagrange, welcher zuerst die Aehnlichkeit zeigte, welche die Differenzen-Gleichungen des ersten Grades mit den Differential-Gleichungen desselben Grades haben, im Jahre 1761 die oben behandelte Gleichung integrirt; er wendet hernach sein Resultat auf die Gleichung $y_1 = Ry + Q$ an, welche auf $y + \Delta y = Ry + Q$ zurückkommt. Vergleicht man diese letzte mit $\Delta y + Py = Q$, so kommt $P = 1 - R$, $1 - P = R$, und man hat folglich

$$y = [R_{x-1}]^x \Sigma \frac{Q}{[R_x]^{x+1}}.$$

Obgleich die Entwickelung des Productes $[1-P_{x-1}]^x$ vorauszusetzen scheint, daß der Unterschied von x gleich der Einheit sei, so kann man nichts desto weniger den vorhergehenden Ausdruck für $\Delta x = h$ beibehalten, indem man sich vorstellt, daß derselbe dem

$$(1-P_{x-h})(1-P_{x-2h})(1-P_{x-3h}) \text{ etc.}$$

entspricht, oder auch die vorgegebene Gleichung in eine andere umformen, indem man $x = hx'$ macht, welches $\Delta x = h \Delta x'$ und $\Delta x' = 1$ geben würde

Wofern der Coefficient R beständig ist, hat man

$$y = R^x \Sigma \frac{Q}{R^{x+1}};$$

und ist dies eben so mit Q, so läßt sich die angezeigte Integrirung leicht bewerkstelligen; man bekommt in diesem Falle

$$\Sigma \frac{Q}{R^{x+1}} = Q \Sigma R^{-x-1} = \frac{Q R^{-x-1}}{R^{-1} - 1} = \frac{Q}{R^x (1 - R)}$$

(§. 362.)

und

$$y = R^x \left\{ \frac{Q}{R^x (1 - R)} + \text{const.} \right\}.$$

Im Allgemeinen bekommt man den Werth von y, von dem Integrirungs-Zeichen befreit, allemal, wenn Q eine rationale und ganze Function von x ist.

§. 371. In den im vorhergehenden §. angeführten Untersuchungen wendet Lagrange auf die Differenzen-Gleichungen des ersten Grades und einer beliebigen Ordnung die Methode an, welche d'Alembert für die Differential-Gleichungen des ersten Grades gegeben hat, und mit deren Geiste ich §. 367. bekannt gemacht habe; er ist aber im Jahre 1 7, auf diesen Gegenstand wieder zurückgekommen durch eine weit einfachere Methode, welche ich sofort auseinandersetzen werde.

Es sei

$$y_{x+n} + P_x y_{x+n-1} + Q_x y_{x+n-2} \ldots + U_x y_x = V_x \quad (A),$$

eine Gleichung von einer beliebigen Ordnung und vom ersten Grade in Beziehung auf die Function y_x, so thut man, wie im 284. §., dar, daß sich ihre Integrirung auf die von

$$z_{x+n} + P_x z_{x+n-1} + P_x z_{x+n-2} \ldots + U_x z_x = 0 \; (B)$$

zurückbringen läßt, und daß man den vollständigen Werth von z_x bekommt, wenn man eine Anzahl n besonderer Werthe von denselben kennt.

Der letztere dieser Sätze ist fast durch sich selbst einleuchtend; denn es ist klar, daß, wenn

$$z'_x,\ z''_x,\ z'''_x,\ \ldots$$

Functionen von x sind, welche der Gleichung (B) Genüge thun, der Ausdruck

$$z_x = C z'_x + C' z''_x + C'' z'''_x + \text{etc.}$$

gleichfalls derselben Genüge thun wird, ohne Bestimmung der beständigen Größen C, C', C'', etc.; und wenn die Anzahl ihrer als unter sich durchaus unzurückführbar angenommenen Glieder n ist, so ist derselbe das vollständige Integral dieser Gleichung, da er n willkührliche beständige Größen in sich schließt.

Wenn man, nachdem dies festgestellt, diese beständigen Größen als Functionen von x betrachtet, und bei dieser Voraussetzung z_x in y_x verwandelt, oder

$$y_x = C_x z'_x + C'_x z''_x + C''_x z'''_x + \text{etc.}$$

macht, so leitet man daraus zuvörderst ab:

$$y_{x+1} = C_{x+1} z'_{x+1} + C'_{x+1} z''_{x+1} + C''_{x+1} z'''_{x+1} + \text{etc.}$$

welches Resultat sich, indem man für C_{x+1}, C'_{x+1}, etc. ihre Werthe

$$C_x + \Delta C_x,\ C'_x + \Delta C'_x, \text{ etc.}$$

setzt, in

$$y_{x+1} = C_x z'_{x+1} + C'_x z''_{x+1} + C''_x z'''_{x+1} + \text{etc.}$$
$$+ z'_{x+1} \Delta C_x + z''_{x+1} \Delta C'_x + z'''_{x+1} \Delta C''_x + \text{etc.}$$

umformt, und sich, wofern man

$$z'_{x+1} \Delta C_x + z''_{x+1} \Delta C'_x + z'''_{x+1} \Delta C''_x + \text{etc.} = 0 \; (1)$$

macht, auf

$$y_{x+1} = C'_x z'_{x+1} + C''_x z''_{x+1} + C'''_x z'''_{x+1} + \text{etc.}$$

zurückführt, eben so, als wenn die Größen C'_x, C''_x, C'''_x, etc. beständig geblieben wären. Indem man von neuem x sich ändern läßt, bekommt man

$$y_{x+2} = C'_{x+1} z'_{x+2} + C''_{x+1} z''_{x+2} + C'''_{x+1} z'''_{x+2} + \text{etc.}$$

$$= C'_x z'_{x+2} + C''_x z''_{x+2} + C'''_x z'''_{x+2} + \text{etc.}$$

$$+ z'_{x+2} \Delta C'_x + z''_{x+2} \Delta C''_x + z'''_{x+2} \Delta C'''_x + \text{etc.}$$

welches Resultat man durch die Annahme von

$$z'_{x+2} \Delta C'_x + z''_{x+2} \Delta C''_x + z'''_{x+2} \Delta C'''_x + \text{etc.} = 0 \quad (2)$$

auf

$$y_{x+2} = C'_x z'_{x+2} + C''_x z''_{x+2} + C'''_x z'''_{x+2} + \text{etc.}$$

zurückführt. Läßt man x sich zum drittenmal ändern, so gelangt man,

$$z'_{x+3} \Delta C'_x + z''_{x+3} \Delta C''_x + z'''_{x+3} \Delta C'''_x + \text{etc.} = 0 \quad (3)$$

gesetzt, zu

$$y_{x+3} = C'_x z'_{x+3} + C''_x z''_{x+3} + C'''_x z'''_{x+3} + \text{etc.}$$

und man fährt so fort bis zu den Gleichungen

$$y_{x+n-1} = C'_x z'_{x+n-1} + C''_x z''_{x+n-1} + C'''_x z'''_{x+n-1} + \text{etc.}$$

$$z'_{x+n-1} \Delta C'_x + z''_{x+n-1} \Delta C''_x + z'''_{x+n-1} \Delta C'''_x + \text{etc} = 0 \quad (n-1).$$

Wenn man nunmehr in dem Werthe von y_{x+n-1}, x in $x+1$ verwandelt, so findet man

$$y_{x+n} = C'_x z'_{x+n} + C''_x z''_{x+n} + C'''_x z'''_{x+n} + \text{etc.}$$

$$+ z'_{x+n} \Delta C'_x + z''_{x+n} \Delta C''_x + z'''_{x+n} \Delta C'''_x + \text{etc.};$$

in die Gleichung (A) die Werthe von

$$y_x,\ y_{x+1},\ \ldots\ y_{x+n-1},\ y_{x+n},$$

gesetzt, mit dem Beachten, daß vermöge der Annahme und zufolge der Gleichung (B)

$$z'_{x+n} + P_x z'_{x+n-1} + Q_x z'_{x+n-2} \ldots + U_x z'_x = 0$$
$$z''_{x+n} + P_x z''_{x+n-1} + Q_x z''_{x+n-2} \ldots + U_x z''_x = 0$$
$$z'''_{x+n} + P_x z'''_{x+n-1} + Q_x z''_{x+n-2} \ldots + U_x z'''_x = 0,$$
etc.

ist, so bleibt
$$z'_{x+n} \Delta C'_x + z''_{x+n} \Delta C''_x + z'''_{x+n} \Delta C'''_x + \text{etc.} = V_x(n).$$

Man begreift leicht, daß man mit Beihülfe der Gleichungen (1), (2), ... (n—1), (n die Differenzen $\Delta C'_x$, $\Delta C''_x$, $\Delta C'''_x$, etc. als Functionen von x bestimmt, wodurch die Aufsuchung der Größen C', C'', C''', etc. auf die Integrirung der Functionen einer einzigen veränderlichen Größe zurückgeführt wird.

§. 372. Die Gleichung
$$z_{x+n} + P_x z_{x+n-1} + Q_x z_{x+n-2} + R_x z_{x+n-3} \ldots + U_x z_x = 0$$

weiß man im Allgemeinen nicht zu integriren; wofern aber ihre Coefficienten, statt Functionen von x zu sein, beständige Größen sind, oder man blos
$$z_{x+n} + P z_{x+n-1} + Q z_{x+n-2} + R z_{x+n-3} \ldots + U z_x = 0 \ldots (C)$$

hat, so thut man ihr dadurch ein Genüge, daß man $z_x = m^x$ macht, woraus sich
$$z_{x+1} = m^{x+1},\ z_{x+2} = m^{x+2}, \ldots\ldots z_{x+n} = m^{x+n}$$
ergiebt; denn sie wird
$$m^n + P m^{n-1} + Q m^{n-2} + R m^{n-3} \ldots + U = 0 \ldots\ldots (D),$$

und bewährt sich, wenn man für das unbestimmte m die Wurzeln dieser letztern nimmt. Wenn man daher mit m', m'', m''', etc. diese verschiedenen Wurzeln bezeichnet, so erhält man (vorhergehend. §.)
$$z_x = C' m'^x + C'' m''^x + C''' m'''^x + \ldots\ldots$$

Dieser Ausdruck stellt in Beziehung auf die Größen m', m'', m''', etc. dieselben Umstände dar, als das Integral der Differential-Gleichung.

$$d^n z + P dx d^{n-1} z + Q dx^2 d^{n-2} z \ldots\ldots + U z dx^n = 0 \text{ (§. 285.)}.$$

Es kann sich ereignen, daß die Wurzeln der Gleichung (D) alle ungleich sind, oder daß sich gleiche unter ihnen vorfinden; im ersten Falle ist der Werth von z vollständig; hört aber im zweiten auf, dies zu sein. Man muß sich alsdann zu analytischen Kunstgriffen wenden, ähnlich denen, die bei der Differential-Gleichung gebraucht worden sind; allein ich kann mich hier nicht in diese nähern Erörterungen einlassen, auch nicht in diejenigen, welche die imaginären Wurzeln betreffen.

§. 373. Die Gleichung (C), welche als der Ausdruck von der Natur einer Reihe, deren beliebiges, durch z_{x+n} vorgestelltes Glied von den n ihm vorhergehenden Gliedern abhängt, betrachtet werden kann, gehört unter die recurrirenden Reihen (Weitere Ausführung der Anfangsgründe der Algebra), deren allgemeines Glied z_x, und deren Beziehungs-Scale

$$-P,\ -Q,\ \ldots\ldots\ -U$$

ist; die Integrirung dieser Gleichung entspricht daher der Aufsuchung des allgemeinen Gliedes der vorgegebenen Reihe; indem man aber nur auf das Gesetz ihrer Bildung Rücksicht hat, so sind ihre n ersten Glieder nothwendig willkührlich; und wenn man diese als zum voraus gegeben annimmt, dieselben mit

$$z_0,\ z_1,\ z_2,\ z_3,\ \ldots\ldots\ z_{n-1}$$

bezeichnend, so kann man die Gleichungen

$$\begin{aligned}
z_0 &= C' + C'' + C''' + \text{etc.}\\
z_1 &= C'm' + C''m'' + C'''m''' + \text{etc.}\\
z_2 &= C'm'^2 + C''m''^2 + C'''m'''^2 + \text{etc.}\\
z_3 &= C'm'^3 + C''m''^3 + C'''m'''^3 + \text{etc.}\\
&\ldots\ldots\ldots\ldots\ldots\ldots\ldots\ldots\\
z_{n-1} &= C'm'^{n-1} + C''m''^{n-1} + C'''m'''^{n-1} + \text{etc.}
\end{aligned}$$

bilden, vermittelst welcher man die beständigen Größen C′, C″, C‴, ... bestimmt, deren Anzahl auch gleich n ist. Die Auflösung dieser Gleichungen, welche überdies nur vom ersten Grade sind, kann durch Kunstgriffe vereinfacht werden, deren Auseinandersetzung nicht in einem Handbuche vorkommen kann; man findet dieselben in dem schon mehrmals erwähnten vollständigen Lehrbegriffe; ich beschränke mich darauf, hier bemerklich zu machen, daß diese Untersuchung sich an jene von den Gesetzen der Phänomene zufolge der Beobachtungen anschließt.

Von der Natur der willkührlichen durch die Differenzen-Integrirung eingeführten Größen, und von der Construction dieser Größen.

§. 374. Die durch die Integrirung der Differenzen-Gleichungen mit zwei veränderlichen Größen eingeführten willkührlichen Größen sind nicht nothwendig beständig, wie diejenigen, welche die Integralen der Differential-Gleichungen vervollständigen; sondern um den Resultaten die ganze Allgemeinheit, deren sie empfänglich sind, zu geben, muß man diese willkührlichen Größen als veränderlich betrachten. In der That drückt die Gleichung $\Delta y = 0$ nicht schlechthin aus, daß die Function y beständig sei, sondern blos, daß sie nicht ihren Werth verändere, wofern x zu $x + \Delta x$ wird.

Wenn z. B. Δx gleich 1 ist, so kann man für y alle Functionen von x nehmen, welche denselben Werth behalten, wenn man darin $x+1$ statt x setzt. Man sieht nun aber leicht ein, daß unter den Kreis-Functionen sich eine unendliche Anzahl findet, welche diese Eigenschaft besitzen: dergleichen sind die Functionen von $\sin 2\pi x$, wenn π den Halbkreis bezeichnet; denn es ist $\sin 2\pi(x+1) = \sin 2\pi x$. Anderseits, da $\sin z = \sin(\pi - z)$ ist, so würde man, indem man $y = \sin 2\pi x$ nähme, auch noch $\Delta y = 0$ erhalten, wenn sich x in $\frac{1}{2} - x$ verwandelt; allein dies geschieht nicht, wenn $y = \cos 2\pi x$ ist. Wenn man daher eine Function bilden will, welche nur dann $\Delta y = 0$ giebt, wenn x zu $x+1$ wird, so muß man sie dergestalt zusammensetzen, daß ihr Werth von dem Zeichen des Cosinus sowohl als des Sinus abhängt; dies nun ist es, was man unter

$$y = \varphi(\sin 2\pi x, \cos 2\pi x)$$

als dem Integrale von $\Delta y = 0$ statt $y = \text{const.}$ versteht, indem man überdies die Function φ als ganz willkührlich betrachtet.

Es ist einleuchtend, daß die Function, welche das Integral der Gleichung $\Delta y = 0$, in der Voraussetzung von $\Delta x = 1$ genommen, vervollständigt, auch das von jeder andern Differenzen-Gleichung der ersten Ordnung, in derselben Voraussetzung genommen, vervollständigen würde; man muß daher in dem §. 370. von der allgemeinen Gleichung der ersten Ordnung gegebenen Integrale statt C die Größe $\varphi(\sin 2\pi x, \cos 2\pi x)$ substituiren. Wofern $\Delta x = h$ ist, schreibt man $\varphi\left(\sin\frac{2\pi x}{h}, \cos\frac{2\pi x}{h}\right)$.

§. 375. Die Bestimmung der willkührlichen Functionen, welche die Integralen der Differenzen-Gleichungen vervollständigen, läßt sich dadurch nicht bewerkstelligen, daß man diese Integralen der Bedingung unterwirft, einer begrenzten Anzahl von gegebenen Werthen Genüge zu thun; denn es ist sichtbar, daß jede willkührliche Function eingewickelter Weise eine unendliche Anzahl von willkührlichen Werthen begreift. Es sei als Beispiel die Gleichung

$$y_x = X\varphi(\sin 2\pi x, \cos 2\pi x),$$

aus welcher man eine gewisse Anzahl von Werthen

$$y_0 = a, \; y_1 = a', \; y_2 = a'', \text{ etc.}$$

ziehen solle. Wenn diese Werthe zu

$$x = 0, \; x = 1, \; x = 2, \text{ etc.}$$

gehören, so kann man im Allgemeinen nur der ersten der aufgegebenen Bedingungen genugen; denn sobald man für $\varphi(\sin 2\pi x, \cos 2\pi x)$ einen bestimmten ersten Werth angegeben hat, aus welchem sich $y_0 = a$ ergiebt, so folgt, da dieser selbe Werth für die Anzeiger $x = 1$, $x = 2$, etc. sich wieder finden muß, daß die auf diese Anzeiger sich beziehenden Werthe von y_x ebenfalls bestimmt sind; daher mussen die gegebenen Größen a', a'', etc. zwischenfallenden Anzeigern entsprechen.

Wenn man, anstatt eine begrenzte Anzahl isolirter von einander unabhangiger Werthe anzugeben, annimmt, daß in dem zwischen $x = 0$ und $x = 1$ begriffenen Zwischenraume der Ausdruck y_x dieselben Werthe liefern solle, als eine gegebene Gleichung $y_x = f(x)$, so ist die Frage bestimmt. Namlich, wenn es darauf ankäme, den Werth von y zu finden, welcher einem Anzeiger entspricht, der irgend einer ganzen Zahl m sammt einem Bruche n, entweder einem commensurabeln oder incommensurabeln, gleich ist, so wurde man den Werth von y_n aus der Gleichung $y_x = f(x)$ berechnen; das Resultat mit dem, welches alsdann die Gleichung

$$y_n = X_n \varphi(\sin 2\pi n, \cos 2\pi n)$$

giebt, verglichen, würde man für diesen Fall den Werth von

$$\varphi(\sin 2\pi n, \cos 2\pi n)$$

erhalten, welcher derselbe sein soll, als der von

$$\varphi[\sin 2\pi(m+n), \cos 2\pi(m+n)];$$

und die Gleichung

$$y_x = X\varphi(\sin 2\pi x, \cos 2\pi x),$$

hierdurch

$$y_{m+n} = X_{m+n}\varphi(\sin 2\pi n, \cos 2\pi n)$$

werdend, würde gänzlich bestimmt sein.

Die alleinige Bedingung, welcher die Gleichung $y_x = f(x)$ sich unterworfen findet, ist, daß man daraus für y_0 und für y_1 dieselben Werthe, als aus der Gleichung

$$y_x = X\varphi(\sin 2\pi x, \cos 2\pi x)$$

ziehe.

§. 376. Die vorhergehenden Bemerkungen bieten sich durch die geometrischen Betrachtungen von selbst dar. Wenn man über der geraden Linie AR, Fig. 56., die in einem beliebigen Abstande von der Abscissen-Axe OX, dieser Axe parallel, gezogen und in Theile AA', A'A'', A''A''', etc. gleich Δx getheilt worden, dergleichen Curven construirt, wie Fig. 56

ABA'B'A''B''A'''S, ACA'C'A''C''A'''T
ADA'D'A''D''A'''U, etc.

durch die Puncte A, A', A'', A''', etc. gehend und zwischen diesen Puncten aus gleichen und ähnlichen Theilen zusammengesetzt, so werden diese Curven der Gleichung $\Delta y = 0$ Genüge thun. Dies ist zuvörderst für die Puncte A, A', A'', A''', etc. einleuchtend, und man sieht hernach, daß, $AP = x$, $AP' = x + \Delta x$ genommen, da die Bogen

AL und A'L', AM und A'M', AN und A'N', etc.

gleich und ähnlich sind, auch die Ordinaten

LP und L'P', MP und M'P', NP und N'P', etc.

gegenseitig gleich sein werden, und folglich erhält man für jede Curve $\Delta y = 0$.

Da die Bedingung $\Delta y = 0$ die Stetigkeit in den Resultaten nicht mit sich führt, so werden die Curven AS, AT, AU, etc. diesem Gesetze nicht unterworfen sein. Das Vieleck EFE′F′E″F″E‴....V, aus ähnlichen Theilen EFE′, E′F′E″, etc. zusammengesetzt, giebt gleichfalls $\Delta y = 0$ in den durch Δx bezeichneten Zwischenräumen; es würde sich eben so verhalten mit einer Folge von gleichen und ähnlichen Bogen irgend einer Curve, dieselben auf eine unstetige Art zusammengestellt, wie es die Bogen GH, G′H′, G″H″, etc. sind.

Es ist sichtbar, daß die Gleichung

$y = \varphi\left(\sin\frac{2\pi x}{\Delta x}, \cos\frac{2\pi x}{\Delta x}\right)$ Linien gewährt, welche den obigen Bedingungen Genüge thun.

§. 377. Die Construction der Differenzen-Gleichungen stimmt vollkommen mit dem §. 375. über die analytische Bestimmung der willkührlichen Functionen Gesagten überein. Es sei $\Delta y = F(x, y)$ eine Gleichung dieser Art und von der ersten Ordnung; ist nun
Fig. 57. der erste Punct B Fig. 57. der gesuchten Curve willkührlich gewählt, oder zufolge der Bedingungen der Frage bestimmt worden, so kann man, da die vorgegebene Gleichung nichts über die sammtlichen dem Abscissen Stücke $AA' = \Delta x$ entsprechenden Puncte lehrt, und blos die Ordinate $A'B' = y$, giebt, durch die Puncte B und B′ ein Stück einer beliebigen Curve hindurch gehen lassen. Ist dies geschehen, so nehme man, um das der Abscisse A′A″ entsprechende Stück zu bekommen, rückwärts von einem beliebigen Puncte P′ dieser Abscisse einen Abstand $PP' = AA' = \Delta x$, und führe, nach Errichtung der Ordinate PM, MD′ mit PP′ parallel; hierauf aus der Gleichung $\Delta y = F(x, y)$ den Werth von Δy für die Abscisse AP gezogen, wird dieser Werth die gerade Linie D′M′ geben, welche, zu

P'D'=PM gesetzt, den Punct M' kennbar macht. Eben so findet man alle Puncte des Bogens B'B''; dieser Bogen, seinerseits wie der Bogen BB' gebraucht, giebt diejenigen des dritten Bogens B''B''' und so der Reihe nach.

Es ist einleuchtend, daß man durch dasselbe Verfahren die Curve rückwärts von dem Puncte A fortsetzen könnte, und daß dieselbe in allen Fällen der vorgegebenen Gleichung Genüge thun wird, da die Differenzen $\Delta y = D'M'$ aus dieser Gleichung erschlossene Werthe haben werden. Ich überlasse es dem Leser, die Anwendung dieses Verfahrens auf die Gleichungen der zweiten und höhern Ordnungen zu machen.

Man hat hier nur die auf die Annahme von $\Delta x = \text{const.}$ sich beziehenden Differenzen-Gleichungen betrachtet; die andern lassen sich durch ein sehr einfaches von Laplace herrührendes und in dem Lehrbegriffe der Differential- und Integral-Rechnung aufgenommenes Verfahren auf jene zurückbringen.

Anwendung der Integral-Rechnung auf die Theorie der Reihen.

§. 378. Als die Integrirung der Differentialen mit einer einzigen veränderlichen Größe auf Reihen geführt hatte, schloß man daraus, daß man eine Reihe durch ein Integral vorstellen könnte; und wie man Methoden hat, den Werth eines Integrals zwischen gegebenen Grenzen (§. 213.), wenigstens durch Annäherung, zu berechnen, so suchte man von einer Reihe zu dem Integral, wovon dieselbe eine seiner Entwickelungen ist, zurückzugehen. Vermöge dieser Betrachtungen hat Euler für die Summirung der Reihen und die Auffindung ihres allgemeinen Gliedes sehr sinnreiche Methoden geschaffen, wovon hier einige Beispiele:

Es sei zuvörderst

$$\frac{\alpha+\beta}{a+b}x+\frac{2\alpha+\beta}{2a+b}x^2\ldots+\frac{n\alpha+\beta}{na+b}x^n+\text{etc.}$$

die vorgegebene Reihe; multiplicirt man mit px^r die beiden Seiten der Gleichung

$$s=\frac{\alpha+\beta}{a+b}x+\frac{2\alpha+\beta}{2a+b}x^2\ldots+\frac{n\alpha+\beta}{na+b}x^n,$$

und geht hierauf zu den Differentialen über, so erhält man

$$pd(sx^r)=\frac{p(1+r)(\alpha+\beta)x^r dx}{a+b}\ldots\ldots$$

$$+\frac{p(n+r)(n\alpha+\beta)x^{n+r-1}dx}{na+b}.$$

Der Factor $na+b$ würde aus dem Nenner des allgemeinen Gliedes und folglich aus allen verschwinden, wenn man $p(n+r)=na+b$ hätte; man mache daher $np=na$, $rp=b$, wodurch

$$p=a,\ r=\frac{b}{a},$$

welches diese Gleichung

$$\frac{ad\left(sx^{\frac{b}{a}}\right)}{dx}=(\alpha+\beta)x^{\frac{b}{a}}+(2\alpha+\beta)x^{1+\frac{b}{a}}\ldots\ldots\ldots$$

$$+(n\alpha+\beta)x^{n-1+\frac{b}{a}}$$

geben wird, deren zweite Seite keinen Nenner mehr in sich schließt. Neue Operationen, ähnlich der vorhergehenden, würden die Factoren, welche übrig blieben, wenn der Nenner deren mehr als einen enthielte, verschwinden lassen.

Indem man dieselbe Gleichung mit $p x^r dx$ multiplicirt, und hernach das Integral von jedem Gliede nimmt, kommt

$$p a \int x^r d\left(s x^{\frac{b}{a}}\right) = \frac{p a (\alpha + \beta)}{a + b + r a} x^{1 + \frac{b}{a} + r} \ldots$$

$$+ \frac{p a (n\alpha + \beta)}{n a + b + r a} x^{n + \frac{b}{a} + r};$$

der Factor $n\alpha + \beta$ des Zählers wird verschwinden, wenn man

$$n p a \alpha = n a, \; \beta p a = b + r a$$

macht, und daraus folgt

$$p = \frac{1}{\alpha}, \; r = \frac{\beta}{\alpha} - \frac{b}{a},$$

$$\frac{a}{\alpha} \int x^{\frac{\beta}{\alpha} - \frac{b}{a}} d\left(s x^{\frac{b}{a}}\right) = x^{\frac{\beta}{\alpha} + 1} + x^{\frac{\beta}{\alpha} + 2} \ldots\ldots\ldots$$

$$+ x^{\frac{\beta}{\alpha} + n}$$

$$= x^{\frac{\beta}{\alpha} + 1} \left\{1 + x + x^2 \ldots\ldots + x^{n-1}\right\},$$

und mithin

$$\frac{a}{\alpha} \int x^{\frac{\beta}{\alpha} - \frac{b}{a}} d\left(s x^{\frac{b}{a}}\right) = x^{\frac{\beta}{\alpha} + 1} \left(\frac{1 - x^n}{1 - x}\right).$$

Man zieht hieraus

$$s = \frac{\alpha \int x^{\frac{b}{a} - \frac{\beta}{\alpha}} d\left[x^{\frac{\beta + \alpha}{\alpha}} \left(\frac{1 - x^n}{1 - x}\right)\right]}{a x^{\frac{b}{a}}}.$$

§. 379. In der oben betrachteten Reihe war die Anzahl der Factoren, sei's des Zählers oder des Nenners, für jedes Glied dieselbe; es giebt aber eine Classe von Reihen, die Euler mit dem Namen hypergeometrische bezeichnet, in welcher diese Anzahl von einem Gliede zum andern zunimmt: die Reihe

$$s = \frac{\alpha+\beta}{a+b}x + \frac{(\alpha+\beta)\ (2\alpha+\beta)}{(a+b)(2a+b)}x^2 \ldots\ldots\ldots$$

$$+ \frac{(\alpha+\beta)\ldots\ldots(n\alpha+\beta)}{(a+b)\ldots\ldots(na+b)}x^n$$

ist von dieser Classe. Man wird sogleich sehen, daß ihre Summirung sich auf die Integrirung einer Differential-Gleichung zuruckbringen läßt.

Indem man die beiden Seiten der obigen Gleichung mit px^r multiplicirt, und ihre Differentialen nimmt, bekommt man

$$\frac{pd(sx^r)}{dx} = \frac{p(1+r)(\alpha+\beta)}{(a+b)}x^r \ldots\ldots\ldots$$

$$+ \frac{p(n+r)(\alpha+\beta)\ldots(n\alpha+\beta)}{(a+b)\ldots(na+b)}x^{n+r-1}.$$

Man läßt den Factor $na+b$ aus dem Nenner dadurch verschwinden, daß man

$$np+rp = na+b$$

setzt, woraus

$$np = na,\quad rp = b$$

$$p = a\ ,\quad r = \frac{b}{a}$$

$$\frac{ad(sx^{\frac{b}{a}})}{dx} = (\alpha+\beta)x^{\frac{b}{a}} + \frac{(\alpha+\beta)\ (2\alpha+\beta)}{(a+b)}x^{1+\frac{b}{a}}$$

$$+ \frac{(\alpha+\beta)\ldots\ldots(n\alpha+\beta)}{(a+b)\ldots[(n-1)a+b]}x^{n-1+\frac{b}{a}}.$$

Dieses Resultat mit $px^r dx$ multiplicirt, und das Integral von jeder der Gleichungsseiten genommen, findet man die Gleichung

$$pa\int x^r d(sx^{\frac{b}{a}}) = \frac{pa(\alpha+\beta)}{a+b+ra} x^{1+\frac{b}{a}+r} \dots\dots\dots$$

$$+ \frac{pa(\alpha+\beta) \dots\dots\dots\dots (n\alpha+\beta)}{(na+b+ra)(a+b)\dots[(n-1)a+b]} x^{n+\frac{b}{a}+r}$$

und der Factor $n\alpha+\beta$ wird aus dem Zähler, wenn

$$np a\alpha + pa\beta = na + b + ra$$

oder wenn

$$p = \frac{1}{\alpha},\ r = \frac{\beta}{\alpha} - \frac{b}{a}$$

ist, verschwinden. Sondert man hernach auf der zweiten Gleichungsseite den gemeinsamen Factor $x^{\frac{\beta}{\alpha}+1}$ ab, so kommt

$$\frac{a}{\alpha}\int x^{\frac{\beta}{\alpha}-\frac{b}{a}} d(sx^{\frac{b}{a}}) = x^{\frac{\beta}{\alpha}+1} \left\{ 1 + \frac{(\alpha+\beta)x}{a+b} \dots\dots + \frac{(\alpha+\beta)\dots[(n-1)\alpha+\beta]x^{n-1}}{(a+b)\dots[(n-1)a+b]} \right\}.$$

Die zwischen den Hauptklammern der zweiten Seite dieses Resultats begriffene Reihe ist nichts anders, als die vorgegebene, wovon man das letzte Glied weggenommen, und zu welcher man die Einheit hinzugefügt hat; man wird daher aus dem Vorhergehenden folgern

$$\frac{a}{\alpha}\int x^{\frac{\beta}{\alpha}-\frac{b}{a}} d(sx^{\frac{b}{a}}) = x^{\frac{\beta}{\alpha}+1} \left\{ 1 + s - \frac{(\alpha+\beta)\dots\dots(\alpha n+\beta)}{(a+b)\dots\dots(an+b)} x^n \right\}.$$

Differentiirt man diese Gleichung zweimal nach einander, so befreit man sie von der Integrirung und Differentiirung, welche darin angezeigt sind, und bekommt die Gleichung, wovon die gesuchte Summe abhängt.

Dieses Beispiel zeigt, wie man bei andern verwickeltern Fällen aus der Classe der Reihen, wovon dasselbe einen Theil ausmacht, zu Werke geben müßte, indem man erwägt, daß jede Integrirung das Mittel darbietet, einen Factor des Zählers, und jede Differentiirung, einen Factor des Nenners verschwinden zu lassen.

§. 380. Wenn man von dem letzten Gliede absähe, so hätte man, statt der besondern Summe, die Grenze der bis ins Unendliche betrachteten Reihe, oder die e r z e u g e n d e Function dieser Reihe; denn es ist sichtbar, daß die obigen Verfahrungsarten die umgekehrten von denen sind, durch welche man die Reihen bestimmt, die gegebenen Differential-Gleichungen Genüge thun.

Sollte z. B. die Grenze der Reihe

$$s = 1x - 1.2x^2 + 1.2.3x^3 - \text{etc.}$$

gefunden werden, so könnte man zu dieser Aufsuchung die erste Umformung des vorhergehenden §s. gebrauchen, indem man

$$\alpha = 1,\ \beta = 0,\ a = 0,\ b = 1$$

machte; allein man gelangt dazu geradezu, indem man die beiden Seiten der hier oben aufgestellten Gleichung mit x multiplicirt, und sie hernach differentiirt. Man bekommt auf diese Weise

$$sx = 1x^2 - 1.2x^3 + 1.2.3x^4 - \text{etc.}$$

$$\frac{d(sx)}{dx} = 1.2x - 1.2.3x^2 + 1.2.3.4x^3 - \text{etc};$$

und die letzte Gleichung mit x multiplicirt, entsteht die Gleichung

$$x\frac{d(sx)}{dx} = 1.2x^2 - 1.2.3x^3 + 1.2.3.4x^4 - \text{etc.},$$

deren zweite Seite offenbar gleich $x - s$ ist; sonach erhält man

$$x - s = \frac{xd(sx)}{dx}$$

oder

$$ds + \frac{s(x+1)}{x^2}dx = \frac{dx}{x}.$$

Das Integral dieser letzten Gleichung ist

$$s = \frac{e^{\frac{1}{x}}}{x}\int e^{-\frac{1}{x}}dx \text{ (§. 257.)}$$

Damit der obige Ausdruck der vorgegebenen Reihe entspreche, muß das Integral für $x = 0$ verschwinden; und wenn man dasselbe bis zu $x = 1$ nimmt, so erhält man die der divergirenden Reihe

$$1 - 1.2 + 1.2.3 - 1.2.3.4 + \text{u. s. w.}$$

entsprechende Größe.

§. 381. Eben auf diese Weise dienen die begrenzten Integralen zur Werthbestimmung der Größen, welche man schwerlich durch andere Mittel bekommen haben würde; sie nehmen oft merkwürdige Werthe an.

Man sieht bei der bloßen Betrachtung der besondern im 173. §. angeführten Fälle des Integrals $\int^{1}\frac{x^{m-1}dx}{\sqrt{1-x^2}}$, daß diese Ausdrucke sich auf ein einziges Glied abkürzen, wenn man sie zwischen den Grenzen $x = 0$ und $x = 1$ nimmt; da nun der Bogen A dem Viertelkreise gleich wird, so hat man diese beiden Reihen

$$\int\frac{dx}{\sqrt{1-x^2}}=\frac{\pi}{2}, \qquad \int\frac{x\,dx}{\sqrt{1-x^2}}=1,$$

$$\int\frac{x^2\,dx}{\sqrt{1-x^2}}=\frac{1.\pi}{2.2}, \qquad \int\frac{x^3\,dx}{\sqrt{1-x^2}}=\frac{2}{3},$$

$$\int\frac{x^4\,dx}{\sqrt{1-x^2}}=\frac{1.3\pi}{2.4.2} \qquad \int\frac{x^5\,dx}{\sqrt{1-x^2}}=\frac{2.4}{3.5},$$

$$\int\frac{x^6\,dx}{\sqrt{1-x^2}}=\frac{1.3.5\pi}{2.4.6.2} \qquad \int\frac{x^7\,dx}{\sqrt{1-x^2}}=\frac{2.4.6}{3.5.7},$$

$$\int\frac{x^8\,dx}{\sqrt{1-x^2}}=\frac{1.3.5.7\pi}{2.4.6.8.2} \qquad \int\frac{x^9\,dx}{\sqrt{1-x^2}}=\frac{2.4.6.8}{3.5.7.9},$$

etc.

und nach dieser Tafel hat man im Allgemeinen

$$\int\frac{x^{2r}\,dx}{\sqrt{1-x^2}}=\frac{1.3.5\ldots\ldots(2r-1)}{2.4.6\ldots\ldots\ldots2r}\,\frac{\pi}{2},$$

$$\int\frac{x^{2r+1}\,dx}{\sqrt{1-x^2}}=\frac{2.4.6\ldots\ldots\ldots2r}{3.5.7\ldots\ldots(2r+1)},$$

woraus folgt

$$\left(\int\frac{x^{2r}\,dx}{\sqrt{1-x^2}}\right)\left(\int\frac{x^{2r+1}\,dx}{\sqrt{1-x^2}}\right)=\frac{1}{2r+1}\,\frac{\pi}{2}.$$

Dividirt man im Gegentheil die zweite Formel durch die erste, so findet man

$$\frac{\int\frac{x^{2r+1}\,dx}{\sqrt{1-x^2}}}{\int\frac{x^{2r}\,dx}{\sqrt{1-x^2}}}=\frac{2}{\pi}\,\frac{2.2.4.4\ldots\ldots\ldots2r.2r}{1.3.3.5.5\ldots(2r-1)(2r-1)(2r+1)}.$$

Um zu erfahren, was die erste Seite wird, wenn man die Anzahl der Factoren der zweiten bis ins Unendliche fortsetzt, oder wenn man r unendlich macht, nehme ich $x^{2r}=z$; so sind die Grenzen von z dieselben, als von x; aber man hat

$$x = z^{\frac{1}{2r}}, \quad dx = \frac{1}{2r} z^{\frac{1}{2r}-1} dz$$

$$\int \frac{x^{2r+1} dx}{\sqrt{1-x^2}} = \frac{1}{2r} \int \frac{z^{\frac{2}{2r}} dz}{\sqrt{1-z^{\frac{1}{r}}}}$$

$$\int \frac{x^{2r} dx}{\sqrt{1-x^2}} = \frac{1}{2r} \int \frac{z^{\frac{1}{2r}} dz}{\sqrt{1-z^{\frac{1}{r}}}}.$$

Der Verhältnißname der Differentialen, welcher $z^{\frac{1}{2r}}$ ist, nähert sich um so viel mehr z^0 oder 1, als die Zahl r zunimmt; und beim Uebergehen zur Grenze kann man diesen Verhältnißnamen als gleich 1 betrachten; es wird alsdann eben so mit dem der Integralen bewandt sein, da diese zu gleicher Zeit anfangen und enden: man wird daher hieraus schließen

$$1 = \frac{2}{\pi} \cdot \frac{2.2.4.4.6,6.8.8.10.10.\text{ u.s.w.}}{1.3.3.5.5.7.7.9.9.11.\text{ u.s.w.}}$$

und folglich

$$\frac{\pi}{2} = \frac{2.2.4.4.6.6.8.8.10.10.12.\text{ u.s.w.}}{1.3.3.5.5.7.7.9.9.11.11.\text{ u.s.w.}}$$

§. 382. Dieser Ausdruck des Kreisumfanges rührt von Wallis her; er tritt mit ein bei einer von Stirling gegebenen Formel, zur Berechnung der Summe einer Reihe von Logarithmen, zu Zahlen in Progression nach Unterschieden gehörig, und zu welcher man, wie folgt, gelangen kann:

Vermöge des 367. §s. hat man $Slx = \Sigma lx + lx$; in diese Gleichung für Σlx das gesetzt, was aus dem Ausdrucke Σu des 364. §s. wird, wenn man $u = lx$ und $h = 1$ macht; und erwogen, daß $\int dx\, lx = xlx - x$ ist (§. 182.), bekommt man

$$Slx = xlx - x + (1 + A)lx$$
$$+ \frac{B}{x} - \frac{C}{x^2} + \frac{2D}{x^3} - \text{etc.} + \text{const.};$$

dann die Entwickelung der Function $\frac{1}{e^h - 1}$ nach den Potenzen von h berechnend, findet man

$$A = -\frac{1}{2}, \; B = \frac{1}{12}, \; C = 0, \; D = -\frac{1}{720}, \text{ etc.}$$

Die beständige Größe vermag man dadurch nicht zu bestimmen, daß man $x = 1$ macht, weil die Reihe der Coefficienten A, B, etc. am Ende divergirend wird; man nimmt zu dem Ausdrucke von π des vorhergehenden §s seine Zuflucht. Indem man zu den Logarithmen übergeht, und bei der geraden Zahl $2x$ in dem Zähler inne hält, bekommt man

$$l\pi - l2 = \begin{cases} 2l2 + 2l4 + 2l6 + 2l8 + 2l10 \ldots + 2l(2x-2) \\ \qquad + l2x \\ -l1 - 2l3 - 2l5 - 2l7 - 2l9 \ldots - 2l(2x-3) \\ \qquad - 2l(2x-1); \end{cases}$$

und die Grenzen in der Voraussetzung von x unendlich genommen, findet man vermittelst des vorhergehenden Ausdruckes von Slx

$$l1 + l2 + l3 + l4 \ldots + lx = \text{const.} + (x + \tfrac{1}{2})lx - x$$
$$l1 + l2 + l3 + l4 \ldots + l2x = \text{const.} + (2x + \tfrac{1}{2})l2x - 2x$$
$$l2 + l4 + l6 \ldots + l2x = Slx + xl2 = \text{const.} + (x + \tfrac{1}{2})lx$$
$$+ xl2 - x.$$

Wird die dritte Reihe von der zweiten abgezogen, so kommt

$$l1 + l3 + l5 + l7 \ldots + l(2x-1) = xlx + (x + \tfrac{1}{2})l2 - x,$$

woraus man folgert

$$\left.\begin{array}{l} 2l2 + 2l4 + 2l6 \ldots + 2l(2x-2) + l2x \\ -2l1 - 2l3 - 2l5 \ldots - 2l(2x-3) - 2l(2x-1) \end{array}\right\}$$
$$= \begin{cases} 2\,\text{const.} + 2(x + \tfrac{1}{2})lx + 2xl2 - 2x - l2x \\ - 2xlx - 2(x + \tfrac{1}{2})l2 + 2x; \end{cases}$$

und da die erste Seite dieser Gleichung gleich $l\pi - 2$ ist, so bekommt man nach der Abkürzung der zweiten

$$l\pi - l2 = 2\,\text{const.} - 2l2,$$

und hieraus

$$\text{const.} = \frac{1}{2}(l\pi + l2) = \frac{1}{2}l2\pi = l\sqrt{2\pi},$$

ein sehr merkwürdiges Resultat, zufolge dessen man

$$Slx = \frac{1}{2}l2\pi + xlx - x + \frac{1}{2}lx + \frac{1}{12x} - \frac{1}{360x^3} + \text{etc.}$$

hat. Man macht diese Gleichung dadurch zu einem beliebigen Logarithmen-Systeme geeignet, daß man die Glieder, in welchen keine Logarithmen vorkommen, durch den Modul multiplicirt.

§. 383. Euler, sich mit der obigen Formel beschäftigend, bediente sich derselben zur Findung der Summe der Logarithmen von den 1000 ersten Zahlen der Tafeln, d. h. des Werthes von

$$l1 + l2 + l3 \ldots . + l1000.$$

Indem der Kennbuchstabe l hier gemeine Logarithmen bezeichnet, werde der Modul der Kurze wegen durch M vorgestellt; und da $x = 1000$ ist, so kommt

$$\begin{aligned}
x\,lx &= 3000{,}000000000000\\
+\frac{1}{2}lx &= 1{,}500000000000\\
+\frac{1}{2}l2\pi &= 0{,}399089934179\text{o}\\
-Mx &= -434{,}294481903251\text{8}\\
+\frac{M}{12x} &= +0{,}000036191206\text{8}\\
-\frac{M}{360x^3} &= -0{,}000000000001\text{2},
\end{aligned}$$

zusammen $2567{,}604644222152\text{8}$;

aber nach der Bezeichnung des 370. §s. ist

$$l1 + l2 + l3 \ldots\ldots + l1000 = l1.2.3\ldots.1000 = l[1000]^{1000};$$

man hat also

$$l[1000]^{1000} = 2567,6046442221328.$$

Hieraus lernt man, daß die Zahl $[1000]^{1000}$, deren Berechnung fast unausführbar ist, 2568 Ziffern haben muß, und daß die sieben ersten Ziffern zur Linken 4023872 sind, so daß sie zwischen den Zahlen, welche aus 4023872 und 4023873, jeder 2561 Nullen angehängt, entspringen, begriffen ist. Diese Kenntniß ist in vielen Untersuchungen zureichend, wo man nur die Verhältnißnamen von den Producten der großen Zahlen verlangt; und in diesem Falle wird der Näherungswerth dieser Verhältnißnamen schätzbar wegen der Unmöglichkeit, worin man sich befindet, die zur Auffindung des genauen Werthes nothwendigen Rechnungen zu verrichten. Die Länge dieser Rechnungen stellt alsdann ein eben so unübersteigliches Hinderniß dar, als die Schwierigkeit eine transcendente Function auf strenge Art auszudrücken. Laplace hat diese Untersuchung, deren Anwendungen in der Wahrscheinlichkeitsrechnung sehr häufig sind, weit ausgedehnt.

§. 384. Die begrenzten Integralen verschaffen auch das Mittel, Stücke der Reihe

$$u + \frac{du}{dx}\frac{h}{1} + \frac{d^2u}{dx^2}\frac{h^2}{1.2} + \text{etc.},$$

von einem beliebigen Gliede ausgehend, darzustellen. Auf folgende Weise gelangt d'Alembert hierzu, und beweis't zu gleicher Zeit den Taylorschen Lehrsatz (Recherches sur différens points importans du système du monde, Band 1, Seite 50):

Es sei u' das, was aus der Function u wird, wenn man darin x in x + h verwandelt; setzt man

$$u' = u + P,$$

und differentiirt in Beziehung auf h, welches in u nicht vorkommt, so ergiebt sich

$$\frac{du'}{dh} = \frac{dP}{dh}, \text{ und hieraus } P = \int \frac{du'}{dh} dh,$$

$$u' = u + \int \frac{du'}{dh} dh.$$

Es sei

$$\frac{du'}{dh} = \frac{du}{dx} + Q;$$

differentiirt man von neuem in Beziehung auf h, so hat man

$$\frac{d^2u'}{dh^2} = \frac{dQ}{dh}, \text{ und hieraus } Q = \int \frac{d^2u'}{dh^2} dh,$$

$$\frac{du'}{dh} = \frac{du}{dx} + \int \frac{d^2u'}{dh^2} dh, \int \frac{du'}{dh} dh = \frac{du}{dx} \frac{h}{1} + \iint \frac{d^2u'}{dh^2} dh^2,$$

$$u' = u + \frac{du}{dx} \frac{h}{1} + \iint \frac{d^2u'}{dh^2} dh^2.$$

Macht man wiederum

$$\frac{d^2u'}{dh^2} = \frac{d^2u}{dx^2} + R,$$

so findet man

$$\frac{d^3u'}{dh^3} = \frac{dR}{dh}, \text{ und hieraus } R = \int \frac{d^3u'}{dh^3} dh,$$

$$\frac{d^2u'}{dh^2} = \frac{d^2u}{dx^2} + \int \frac{d^3u'}{dh^3} dh$$

$$u' = u + \frac{du}{dx}\frac{h}{1} + \frac{d^2u}{dx^2}\frac{h^2}{1.2} + \int\!\!\int\!\!\int \frac{d^3u'}{dh^3} dh^3.$$

So fortfahrend würde man zu

$$u' = u + \frac{du}{dx}\frac{h}{1} + \frac{d^2u}{dx^2}\frac{h^2}{1.2} \ldots\ldots\ldots\ldots$$

$$+ \frac{d^{n-1}u}{dx^{n-1}} \frac{h^{n-1}}{1.2\ldots(n-1)} + \int^n \frac{d^n u'}{dh^n} dh^n$$

kommen, die Integralen so genommen, daß sie für $h = 0$ verschwinden.

§. 385. Es sei der Kürze wegen $\frac{d^n u'}{dh^n} = H$, so erhält man (§. 220.)

$$\int^n H dh^n =$$

$$\frac{1}{1.2\ldots(n-1)} \left\{ h^{n-1} \int H dh - \frac{(n-1)h^{n-2}}{1} \int H h dh \right.$$

$$\left. + \frac{(n-1)(n-2)h^{n-3}}{1.2} \int H h^2 dh - \text{etc.} \right\};$$

und man sieht leicht ein, daß man für die obige Reihe den Ausdruck

$$\frac{1}{1.2\ldots(n-1)} \int H(t-h)^{n-1} dh,$$

von $h = 0$ an genommen, wird setzen können, wofern man nur nach der Integrirung t in h verwandelt; denn wenn man diesen Ausdruck entwickelt, die Potenzen von t, welche die verschiedenen Glieder multipliciren, aus dem Zeichen $\int$ hinaustreten läßt, und hernach $t = h$ macht, so kommt man wieder auf die obige Reihe zurück.

Hieraus folgt, daß

$$u' = u + \frac{du}{dx}\frac{h}{1} + \frac{d^2u}{dx^2}\frac{h^2}{1.2} \ldots\ldots\ldots\ldots$$

$$+\frac{d^{n-1}u}{dx^{n-1}}\frac{h^{n-1}}{1.2\ldots(n-1)}+\frac{1}{1.2\ldots(n-1)}\times$$

$$\int\frac{d^n u'}{dh^n}(t-h)^{n-1}dh,$$

wofern man nur das Integral dergestalt nimmt, daß es für $h=0$ verschwindet, und hernach t in h verwandelt.

Man kann in dieser Formel $\frac{d^n u'}{dh^n}$ in $\frac{d^n u'}{dx^n}$ verwandeln (§. 21.); und wenn man unter dem Integral-Zeichen $t-h=zt$ oder $h=t(1-z)$ macht, so erhält man

$$dh=-tdz, \int\frac{d^n u}{dx^n}(t-h)^{n-1}dh$$

$$=-\int\frac{d^n u'}{dx^n}t^n z^{n-1}dz.$$

Die Grenzen des Integrals sind alsdann $z=1$, $z=0$; man macht dasselbe dadurch positiv, daß man die Ordnung dieser Grenzen umkehrt, d. h. daß man es von $z=0$ bis $z=1$ nimmt; endlich t^n vor das Zeichen $\int$ gebracht, und h statt t geschrieben, so wird das letzte Glied der obigen Formel

$$\frac{h^n}{1.2\ldots(n-1)}\int\frac{d^n u'}{dx^n}z^{n-1}dz.$$

Es hat Lagrange diesen letztern Lehrsatz gegeben, aber auf eine andere Art, in der Theorie der analytischen Functionen, §. 47. u. f. f.

Er bedient sich desselben, um darzuthun, daß man die Summe von allen Gliedern der Taylorschen Reihe, von einem gegebenen Gliede ausgehend, immer kleiner als das vorhergehende machen könne. Wenn M und m den größten und den kleinsten der Werthe bezeichnen, welche $\frac{d^n u'}{dx^n}$ in dem Zwischenraume von x bis x + h annimmt, so wird man sich leicht vergewissern, daß

$$\int \frac{d^n u'}{dx^n} z^{n-1} dz < \int M z^{n-1} dz \text{ und } > \int m z^{n-1} dz$$

ist, wenn der Differential-Coefficient $\frac{d^n u'}{dx^n}$ in diesem Zwischenraume sein Zeichen nicht ändert oder nicht unendlich wird (§. 211.). In den gegebenen Grenzen sind diese beiden letztern Integralen $\frac{M}{n}$ und $\frac{m}{n}$; und indem man h von einer gehörigen Kleinheit nimmt, wird man die Größe $\frac{h^n}{1.2\,..\,n} M$ gegen $\frac{h^{n-1}}{1.2\ldots(n-1)}$ so klein, als man nur will, machen.

Ende.

Berichtigungen.

Seite 3 Zeile 15, 20, 22, sollten die erklärten Wörter: Function, veränderliche, beständige, wie hier, mit größerer Schrift gesetzt sein.

— 5 — 6, $ax^3 =$, man lese $ax^3 +$.

— 8 — 6 v. u., w, m. l. u.

— 12 — 5, in $v + \beta$, m. l. in $v + \beta$, w in $w + \gamma$.

— 15 — 1, $u = x$, m. l. $u = x^r$.

— — — 4 in d. Nennern, $s v^{-1} \ldots . s r$, m. l. $s v^{s-r} \ldots . s x$.

— — — 4 v. u. in d. Anmerk., $n x^{-1} dx$, m. l. $n x_n^{-1} dx$.

— 17 — 6, $u = z$, m. l. $u = z^n$.

— 18 — 10, $\frac{d(-x^2)}{2\sqrt{a^2-x^2}}$, m. l. $\frac{d(a^2-x^2)}{2\sqrt{a^2-x^2}}$.

— — — 10 v. u. im Nenner, $x^4 + a^2 x^2 - x^4$, m. l. $a^4 + a^2 x^2 + x^4$.

— 21 — 2 im Nenner, dx^8, m. l. dx^3.

— 23 — 11, $\sqrt[3]{(a^2+x^2)^2}$, m. l. $\sqrt[3]{(a^2-x^2)^2}$.

— 24 — 4 u. 6 v. u., u', m. l. u'.

— 25 — 4 v. u. in der Anmerk. im Zähler, 2, m. l. 1.

— 27 — 10 v. u. hinter: bestimmen, scheint in der Urschrift der Zusatz zu fehlen: wenn $k > 1$ ist.

— 30 — 13 v. u. in der Klammer, $-u \frac{u^2}{2} -$, m. l.

$$-u - \frac{u^2}{2} -.$$

— 31 — 2, $\frac{1}{3}\left(\frac{z}{2n+z}\right)$, m. l. $\frac{1}{3}\left(\frac{z}{2n+z}\right)^3$.

— 33 — 7 v. u., $d.(ln)^n$, m. l. $d.(lx)^n$.

— 34 — 10, dz^y, m. l. $d.z^y$.

Seite	34	Zeile	9 v. u., sollte stehn mit größerer Schrift: Kreis-Functionen.
—	40	—	10 v. u., streiche man hinter 24 das x weg.
—	42	—	6, sollte mit größerer Schrift gesetzt sein: gesonderte Gleichungen.
—	43	—	5 in d. Anmerk., Sh^2 m. l. Sh^3.
—	49	—	8 v. u., wenn, m. l. wie wohl.
—	53		zwischen Zeile 6 u. 7, setze man gerade unter D, wie hier, etc.
—	54	—	11, $\frac{dy}{dx}$, m. l. $\frac{dy}{du}$.
—	—	—	14, d^3u, m. l. du^3.
—	55	—	2 u. 1 v. u. sollte stehn mit größerer Schrift: Größtes (Maximum)... Kleinstes (Minimum).
—	57	—	11 u. 10 v. u., kleinere — größere, m. l. größere — kleinere.
—	66	—	6, und, m. l. aber.
—	67	—	12, m. l. $\frac{0}{0}$, wenn $x = a$, und die zweite, wenn $x = 1$ ist.
—	71	—	3 im Nenner, $\sqrt{a^2 + h^2}$, m. l. $\sqrt{a^2 - h^2}$.
—	72	—	2, $\frac{lx}{x}$, m. l. $\frac{lx}{x^n}$.
—	73	—	5, a, m. l. a^x.
—	—	—	1 v. u. $(x\ a)^{n-1}$, m. l. $(x - a)^{n-1}$.
—	76	—	20, Größe der, m. l. Größe im Allgemeinen der.
—	77	—	7 in d. Anmerk., lls, m. l. als.
—	82	—	3 v. u., m. l. (Trig. §. 64.).
—	84	—	10 v. u., $x^3 +$, m. l. $x^3 -$.
—	85	—	18, setze man ax) .... av).
—	—	—	2 v. u., xy, m. l. x und y.
—	87	—	8 v. u., $x^3 +$, m. l. $x^3 -$.
—	88	—	1, $x - ty$, m. l. $x = ty$.
—	89	—	6 v. u. im Zähler, N'N, m. l. M'N.
—	90	—	6 im Zähler, MOM, m. l. MOM'.
—	—	—	10 v. u., mit größerer Schrift: Abschnitts.
—	94	—	1 v. u., finden, m. l. wiederfinden.
—	96	—	5 v. u., m. l. $y = b + c(x - a)^m$.
—	97	—	1 v. u., entgegengesetztem, m. l. entgegengesetzten.

Seite 98 Zeile 2, Nenner, m. l. Nenner aber.
— — — 1 v. u., m. l. im Exponenten des Nenners: $1 - m$.
— 99 — 14, Exponent, m. l. Exponent m.
— 100 — 3 v. u. bx, m. l. bx^2.
— 101 — 14 v. u., $x^3 (b - c) x^2$, m. l. $x^3 + (b - c) x^2$.
— — — 13 v. u., $x - c$, m. l. $x + c$.
— 102 — 2 v. u. in d. Anmerk. ist das Beiwort: französischen, als Zusatz des Uebersetzers, in Klammern zu schließen.
— — — 15, in der zweiten sich nur, m. l. nur in der zweiten sich.
— 103 — 17, die bestimmt, m. l. diejenige bestimmt.
— 106 — 15, Kleinsten zu erhalten, m. l. Kleinsten von x zu erhalten (§. 80.).
— 107 — 6, Puncte an, m. l. Puncte, das andere H und dessen analoge an.
— 109 — 2 v. u., m. l. Zweige X, X′ darbieten.
— 111 — 8 u. 9, Ordinaten .... Ordinate, m. l. beidemal: Coordinaten.
— 115 — 2 v. u., ist Evolute in Klammern zu schließen.
— 119 — 8 v. u., x und y (wie auch in der Urschrift steht), m. l. x′ und y′.
— 120 — 11, sollte (Osculatrix) gleich neben: Schmiegungslinie stehn.
— 121 — 4, Curve, m. l. Krümmung.
— — — 11 v. u., dxy, m. l. $dxdy$.
— 122 — 14, $m^{\frac{1}{2}}$, m. l. m^2.
— 126 — 3, setze man hinter: Differentialen, ein Comma.
— — — 9, γ, m. l. y.
— — — 14, vor dem Absatze setze man: §. 102.
— 127 — 1 v. u. in d. Anmerk., oben, m. l. weiter unten.
— 129 — 12, $(ay)^{\frac{3}{2}}$, m. l. $(ay)^{\frac{1}{2}}$.
— — — 11 v. u. $\sqrt{2a\beta - \beta^2}$, m. l. $\sqrt{-2a\beta - \beta^2}$,
— 132 — 7 v. u., durchlaufenden, m. l. durchlaufenen.
— 135 — 13, m. l. Abscissenaxe AB.
— 137 — 13, v. u., AT″, m. l. AT′.
— 139 — 12 v. u., $(t = m)$, m. l. $(t - m)$.

Seite 140 Zeile 19, Coordinaten, m. l. Ordinaten.

— 141 — 1 v. u., vorgegebenen, m. l. vorgegebenen Curve.

— 142 — 5 v. u., des Bruches $\frac{du}{dt}$, m. l. der Function $\frac{du}{dt}$ oder.

— 144 — 1 v. u., enthalten, m. l. enthalte.

— 145 — 2, worden, m. l. werden.

— — — 7, die Bogen, m. l. den Bogen.

— 148 — 11 v. u., als die, m. l. als denen.

— 150 — 8 v. u, das Differential der sie behaftenden unabhängigen, m. l. das sie behaftende Differential der unabhängigen.

— 151 — 1, $\frac{dz}{dx}$, m. l. $\frac{dz}{dy}$.

— 153 — 11 v. u., setze m. vor den Absatz: §. 122.

— 155 — 12 — — — — — : §. 123.

— 157 — 4 im Nenner, y^3, m. l. y^2.

— 160 — 8, m. l. Binomiums.

— 162 — 4, au, m. l. auf.

— — — 11, und, m. l. und y.

— — — 12 v. u., noch, m. l. nach.

— — — 5 v. u., Größe, m. l. Größe y.

— 168 — 15, hat sich zwischen den beiden Gliedern der Gleichung das — nicht abgedruckt.

— 169 — 16, 1 Ss., m. l. 21 Ss.

— — — 10 v. u., m. l. $\frac{du}{dy}$ y.

— 170 — 10, hat sich A nicht abgedruckt.

— 173 — 13 v. u., hiernach, m. l. demnächst.

— — — 7 v. u., und ihren Zeichen festsetzen kann, m. l. festsetzen kann, und von ihren Zeichen.

— 174 — 2, streiche m. das Wort: man, aus.

— — — 5 v. u., m. l. $h = -\alpha \pm$.

— 176 — 11, jeder gleich Null, m. l. jeden gleich Null gesetzt.

— 178 — 9, x, m. l. y.

— 179 — 6, dz^2, m. l. d^2z.

— — — 8, $\frac{A}{C}+$, m. l. $\frac{A}{C}=$.

— 180 — 16 v. u., Ebene x und z, m. l. Ebene der y und z.

Seite 181 Zeile 15, werden, m. l. worden.
— 182 — 6 v. u., der Ebenen, m. l. den Ebenen.
— 183 — 18, auf x und y, m. l. auf x' und y'.
— 184 — 7 u. 6 v. u., einer Function von dem von x und y abhängigen z, (wie es in der Urschrift unrichtig steht), m. l. einer von x und y abhängigen Function z; (auch scheint des Folgenden: diese Gleichung, wegen es daselbst vollständig heißen zu müssen: einer von x und y durch eine Gleichung abhängigen Function z.).
— 188 — 2 in §. 146., ma, m. l. mA.
— 190 — 4 in §. 148., Ich, m. l. giebt. Ich.
— 194 — 2, Formel, m. l. Form.
— 196 — 4, setze m. N, N', N als Exponenten.
— 208 — 7 v. u., in dem, m. l. in den.
— 209 — 4, Nenner, m. l. Zähler.
— 210 — 4, im Nenner, m. l. $d.^u (x^2 + 2ax + a^2 + \beta^2)^n$.
— 211 — 8 v. u., $\frac{u'}{p}$, m. l. $\frac{u'}{q}$.
— 215 — 12 v. u. erhielte man $\sqrt{A + Bx + Cx^2}$, m. l. hätte man $\sqrt{A + Bx - Cx^2}$.
— 216 — 10, $x\sqrt{-C}$, m. l. $-x\sqrt{C}$.
— 219 — 11, $\sqrt{-1 \sin z}$, m. l. $\sqrt{-1} \sin z$.
— 222 — 6, ersten Werth, m. l. zweiten Werth.
— 223 — 14, y^x, m. l. y^u.
— — — 2 v. u., §. 169., m. l. §. 167.
— 229 — 6 v. u. setze man vor den Absatz: §. 170.
— 230 — 2 v. u. im Zähler, x^{m-1}, m. l. x^{m-n}.
— 231 — 6, $\int x^{m-n-1}$ (wie auch in der Urschrift steht), m. l. $\int x^{m-1}$.
— 235 — 3, setze m. hinter $\frac{1.2\ 4\ 6}{1.3\ 5\ 7}$ eine Klammer.
— 236 — 8 v. u., $\int \frac{dx}{\sqrt{1-x^2}}$, m. l. $\int \frac{dx}{2\sqrt{1-x^2}}$.
— 240 — 12, dasjenige auszuwählen, welches, m. l. diejenige auszuwählen, welche.
— 244 — 6, x^5, m. l. u^5.
— 250 — 4 v. u., §. 180., m. l. §. 184.

Seite 251 Zeile 12 v. u., (lx), m. l. l(lx).
— 254 — 11 im Nenner, x^{t+1}, m. l. x^{n-1}.
— 254 — 8 v. u., $\frac{l(a)^{n-1}}{(n-1)n-2)\ldots 1}$, man lese $\frac{(la)^{n-1}}{(n-1)(n-2)\ldots 1}$.
— 257 — 9, ex. m. l. e^x.
— — — 2 v. u., sin — x, m. l. sin = x.
— 259 — 5 v. u., $\frac{1}{n}\cos nz$, m. l. $-\frac{1}{n}\cos nz$.
— 262 — 5 v. u., $\frac{1}{\sqrt{1}}$, m. l. $\frac{1}{2\sqrt{-1}}$.
— — — 3 v. u., $\frac{1}{2n}$, m. l. $\frac{1}{2^n}$.
— 267 — 2, Nenner, m. l. Zähler.
— — — 6, ersten, m. l. ersten Gleichung.
— — — 7, v^2, m. l. v.
— — — 11, u +, m. l. $u^n +$.
— 271 — 15, cos x —, m. l. cos x =.
— 273 — 8 v. u. im letzten Gliede der Gleichung $\cos z^2$, m. l. $\cos z^0$.
— 275 — 11 v. u., sin z m, m. l. sin z^m.
— 276 — 5 v. u., n^{-2}, m. l. n — 2.
— 280 — 10 v. u., Beziehungen, m. l. Benennungen
— 282 .... statt bestimmtes, unbestimmtes Integral mußte es genauer, nach dem Französischen, begrenztes, unbegrenztes Integral (intégrale définie, indéfinie) heißen; was aber im Französischen Ursprung des Integral heißt, wird im Deutschen gewöhnlich Anfang des Integrals genannt.
— — — 15, x — b, m. l. x = b.
— 283 — 9, Function x (welches auch in der Urschrift steht), m. l. Function X.
— — — 12 v. u., b = a, m. l. b — a.
— 284 — 8, welche, m. l. welcher.
— — — 11, α_2, m. l. α^2.
— 285 — 14 v. u. y, m. l. y_1.
— 287 — 4, $\frac{\alpha^3}{1.2.3.4}$, m. l. $\frac{\alpha^4}{1.2.3.4}$.
— 291 — 5 v. u., Reihe, m. l. Reihen.

Seite 292 Zeile 11, $e^{-\frac{2}{x}}$, m. l. $e^{-\frac{1}{x}}$.
— 294 — 3, denselben, m. l. demselben.
— 295 — 8 v. u., kännte, m. l. kennte.
— — — 3 v. u., $\frac{d^2 v}{dx^2} X dx$, m. l. $\frac{d^2 v}{dx^2} = X dx$.
— 296 — 10, statt Operationen, wie es in der Urschrift steht, muß es hier wohl bestimmter Integrationen heißen.
— 297 — 19, dx^9, m. l. dx^3.
— 298 — 12 v. u. im Nenner, m — 1, m. l. m — n.
— 311 — 4, Halbmesser, m. l. Halbkreise.
— 314 — 11, (§. 102.), m. l. (§. 162.).
— 316 — 12 v. u., $gq = mg$, m. l. $gq - mg$.
— 318 — 2, von dem, m. l. von der.
— 320 — 6, a^9, m. l. a^3.
— 321 — 16, ...gh, m. l. qh.
— 323 — 10 v. u., z, m. l. y.
— — — 3 v. u., du^2, m. l. d^2u.
— 324 — 16, $\frac{dx}{x^2+y^2}$, m. l. $\frac{dy}{x^2+y^2}$.
— 327 — 17, AFEC, m. l. BFEC.
— 328 — 2, FHQphf, m. l. FHQqhf.
— 329 — 16 v. u., den, m. l. dem.
— 331 — 13, Function, m. l. Function u.
— 333 — 9 v. u., $\frac{x^{n+1}}{n+1}$, m. l. $\frac{y^{n+1}}{n+1}$.
— 334 — 4 v. u., Qx für z, m. l. Qx für y, etc.
— 335 — 14, wo Z und Z, m. l. wo Z und Z_1.
— 336 — 9 v. u., einem, m. l. einen.
— 338 — 2 v. u., §. 25., m. l. §. 257.
— 341 — 9, by^2px, m. l. by^2dx.
— — — 2 v. u., allgemeinen, m. l. allgemeinern.
— 358 — 6, die, m. l. den.
— 359 — 17, c + ax, m. l. c' + ax gesetzt,.
— — — 11 v. u., Betrachtung, m. l. Erwägung.
— — — 7 v. u., fähig, m. l. gleichfalls fähig.
— 361 — 19, einer Gruppe, m. l. Gruppen.
— 363 — 11 v. u., unter dem, m. l. unter eben dem.
— 368 — 10, hierauf, m. l. hieraus.
— 370 — 7, 2C, m. l. 2c.
— 371 — 13 v. u., Integral-Rechnung, m. l. Differential-Rechnung.

Seite 373 Zeile 12 v. u., $\frac{py}{p}$, m. l. $\frac{dx}{p}$.

— 376 — 3, $X' =$, m. l. $X =$.

— 380 — 3 v. u., in der, m. l. in dem.

— 383 — 8 v. u., Gleichung von, m. l. Gleichung nur von.

— 385 — 12, Gleichung der zweiten, m. l. Gleichung nur mit Beihülfe einer Gleichung der zweiten.

— 387 — 8 v. u., an seine, m. l. an seiner.

— — — 5 v. u., §. 81., m. l. . 281.

— 389 — 10, anderer, m. l. andern.

— 394 — 12 v. u., würde, m. l. werde.

— — — 5 v. u., $dy = ydx + mx^n dx$, m. l. $dy + ydx = mx^n dx$.

— 395 — 7, ma, m. l. na.

— 398 — 10, ersten, m. l. letzten.

— 404 — 4, e, m. l. c.

— 407 — 5, $x^2 - y$, m. l. $x^2 + y^2$.

— 408 — 1, diesen beide, m. l. diese beiden.

— — — 17, den, m. l. dem.

— 409 — 13 v. u., diese, m. l. diesen.

— — — 12 v. u., ihrer, m. l. seiner.

— — — 8 v. u., o, m. l. n.

— 411 — 4 v. u., und man dann, m. l. wofern man.

— 413 — 5 v. u., Exponent, m. l. Exponent m.

— 414 — 7, mit jenen, m. l. mit den Wurzelzeichen.

— — — 16, welches, m. l. welcher.

— 415 — 11 v. u., einer einzigen, m. l. eine einzige.

— 416 — 9, Y, m. l. X.

— 417 — 1, die, m. l. der.

— 418 — 17, haben, m. l. haben (§. 64.),.

— 420 — 14 u. 13 v. u., die über einerlei mit diesen Curven beschriebene Axe, m. l. die, mit diesen Curven über einerlei Axe beschrie=ben,.

— 423 — 1 v. u., auch, m. l. auch hier.

— 434 — 4 v. u., mit M und N (wie auch in der Ur=schr. steht), m. l. mit dM und dN.

— 435 — 10 v. u., Pdx, m. l. Pdy.

— — — 3 v. u., noch x (wie in der Urschrift), m. l. noch y.

— 439 — 12, $dz +$, m. l. $dz =$.

Seite 441 Zeile 9 u. 8 v. u., lassen sich unter die erste Form bringen, m. l. gehören unter die erste Form.
— 442 — 7, Wenn, m. l. kommen. Wenn.
— 449 — 1 v. u. Anmerk., Seiten, m. l. Saiten.
— 450 — 2 v. u., und, m. l. in.
— 451 — 11, daß eine, m. l. daß einer.
— 455 — 10 v. u., Coordinaten, m. l. Ordinaten.
— 457 — 10, Zeile, m. l. Linie.
— — — 9 in der Anmerk., $y + dy$, m. l. $y + \delta y$.
— 458 — 1 v. u., Variation δx, m. l. Variation, δx.
— 459 — 15 v. u., den Grad, m. l. den ersten Grad.
— 468 — 15 v. u., $u = \int u$, m. l. $u = \int U$.
— 470 — 8 v. u., den unterworfenenen, m. l. dem unterworfenen.
— 480 — 12, δ's (wie in der Urschrift), m. l. $d\delta$s.
— — — 3 v. u., $- o$, m. l. $= o$.
— 481 — 9 v. u., $= + \text{const.}$, m. l. $+ \text{const.}$
— 496 — 12, dies, m. l. das.
— — — 8 v. u., hat, aus, m. l. hat, oder aus.
— 499 — 13 in der Anmerk. mehrerer, m. l. zweier.
— 500 — 6 v. u. in d. Anmerk., die letztern, m. l. die letztere.
— — — 3 v. u. in d. Anmerk., ein schwerer, m. l. ein allerdings schwerer.
— 501 — 2 v. u. in d. Anmerk., wurden, m. l. würden.
— 505 — 10 v. u., unter $\Delta^{n+2} u$ setze man: etc.
— 506 — 3 v. u. setze man an die zweite Klammer den Exponenten n.
— 510 — 2, $x + h$ gestrichelt, m. l. $x + h'$.
— 511 — 8, daß $e^{\frac{du}{dx}h}$, m. l. $e^{\frac{du}{dx}h'}$
— 517 — 12 v. u., $U'' = \frac{\Delta^2 u}{1.2.3 h^3}$, m. l. $U = \frac{\Delta^3 u}{1.2.3 h^3}$.
— 521 — 15, $\Delta^2 u$, m. l. $\Delta^2 u_1$.
— — — 18, Δu, m. l. $\Delta^3 u$.
— 522 — 15 v. u., ausgewickten, m. l. ausgewickelten.
— 527 — 6 v. u., $2 x^m$, m. l. Σx^m.
— 528 — 13 v. u., wenn, m. l. wenn man.

Seite 530 Zeile 14 v. u. im Nenner, $x+(m+1)h$, m. l. $x+(m-1)h$.

— 534 — 5, βh^2, m. l. $-\beta h^2$.

— — — 10 v. u., $\frac{e^x}{e-1}$, m. l. $\frac{e^x}{e-1}$.

— 534 — 4 v. u., Kennbuchstaben, m. l. Buchstaben.

— 535 — 3 v. u., wird, m. l. wird durch.

— — — 2 v. u., $\Sigma^m u = u \frac{1}{h^m}$, m. l. $\Sigma^m u = \frac{1}{h^m}$.

— 537 — 4 v. u. ΣP_1 (wie auch in der Urschrift), m. l. P.

— 557 — 6 v. u., wie, m. l. da.

— 567 — 1, $l\pi - 2$, m. l. $l\pi - 12$.

Seite 126 Zeile 14], setze man vor den Absatz: §. 102.

— IV in der Vorrede Zeile 10, immer jenes, m. l. immer, jenes.

In den Kupfern: Taf. I. Fig. 7., TM,, m. l. T, M,.

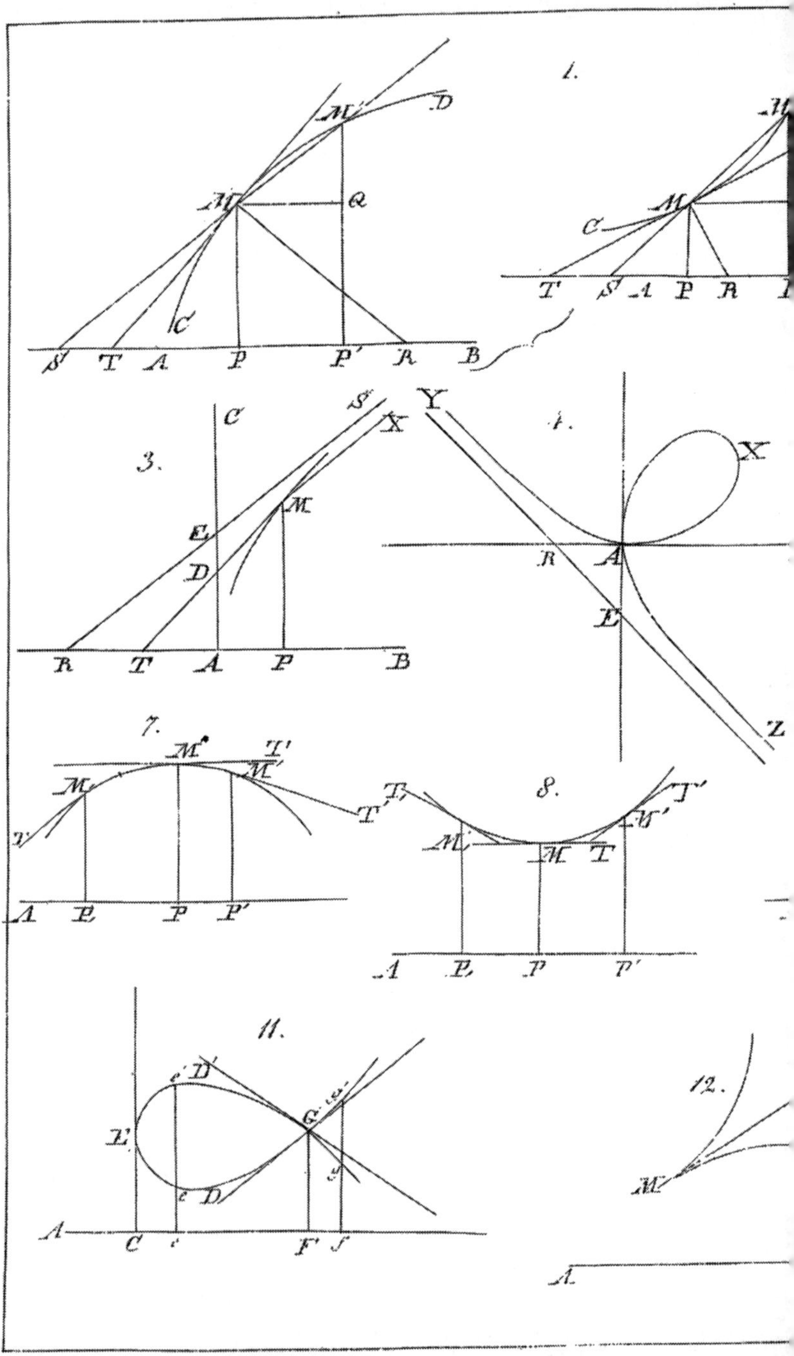

1.
M′ D
M Q
C
S T A P P′ R B
M
C
T S A P R
3.
C S X
M
E
D
R T A P B
Y
4.
X
R A
E
Z
7.
M M′
T′
M′
T
T
A P P P′
8.
T T′
M′
M M T
A P P P′
11.
e D
G
E
g
e D
A C e F f
12.
M
A

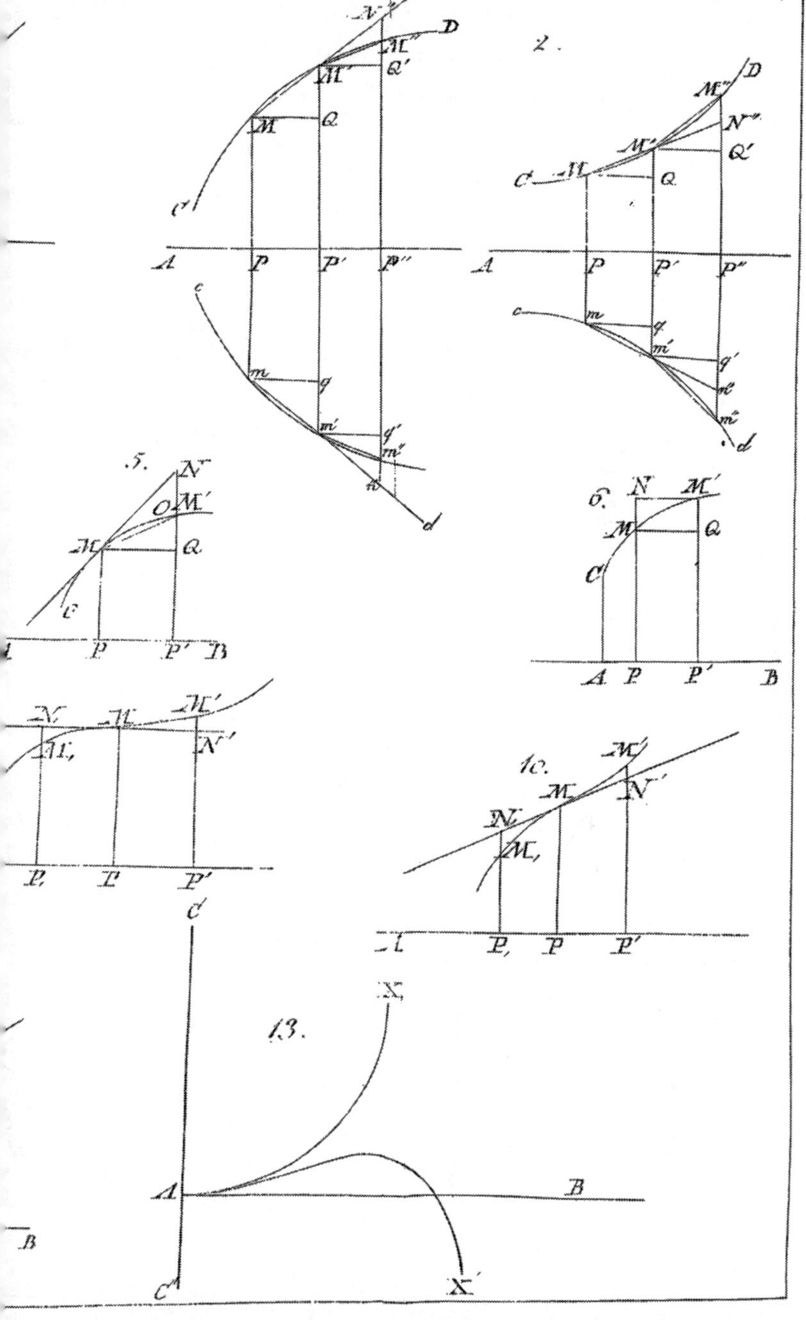
2.
5.
6.
10.
13.
A
B
C
D
M
M′
M″
N
N′
N″
P
P′
P″
Q
Q′
m
m′
m″
q
q′
c
d
X,
X′

14.

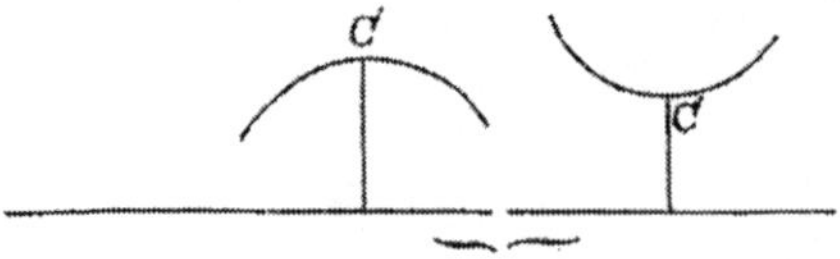

15.

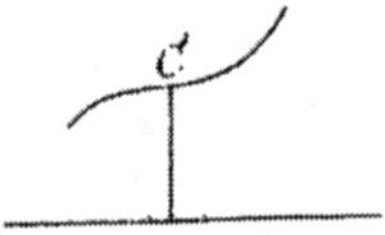

19.

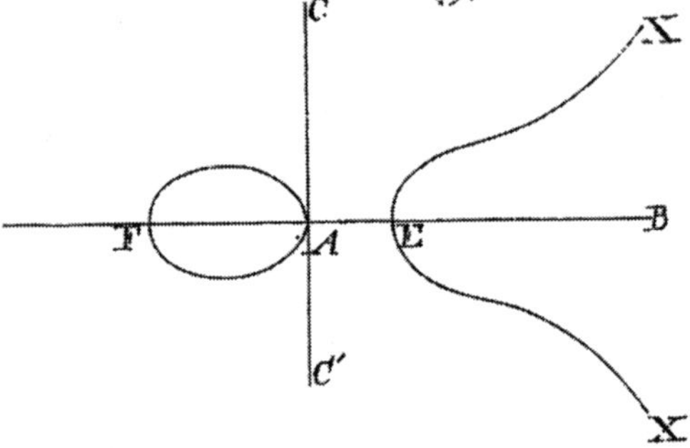

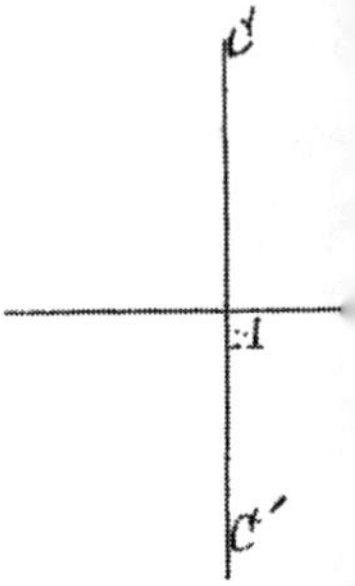

23.

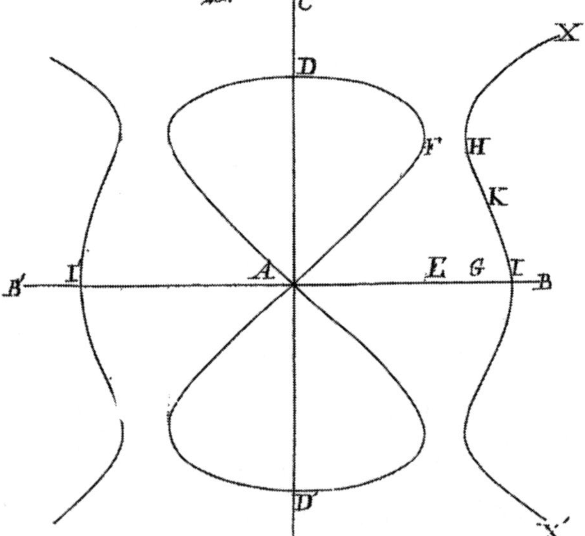

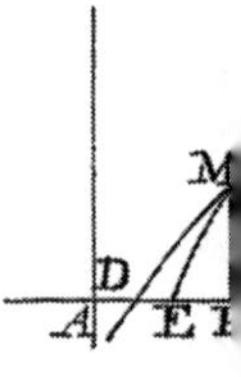

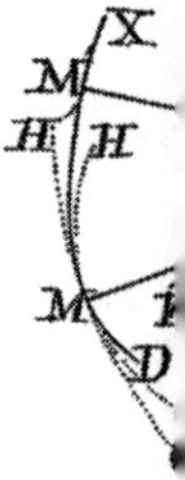

Taf: II.

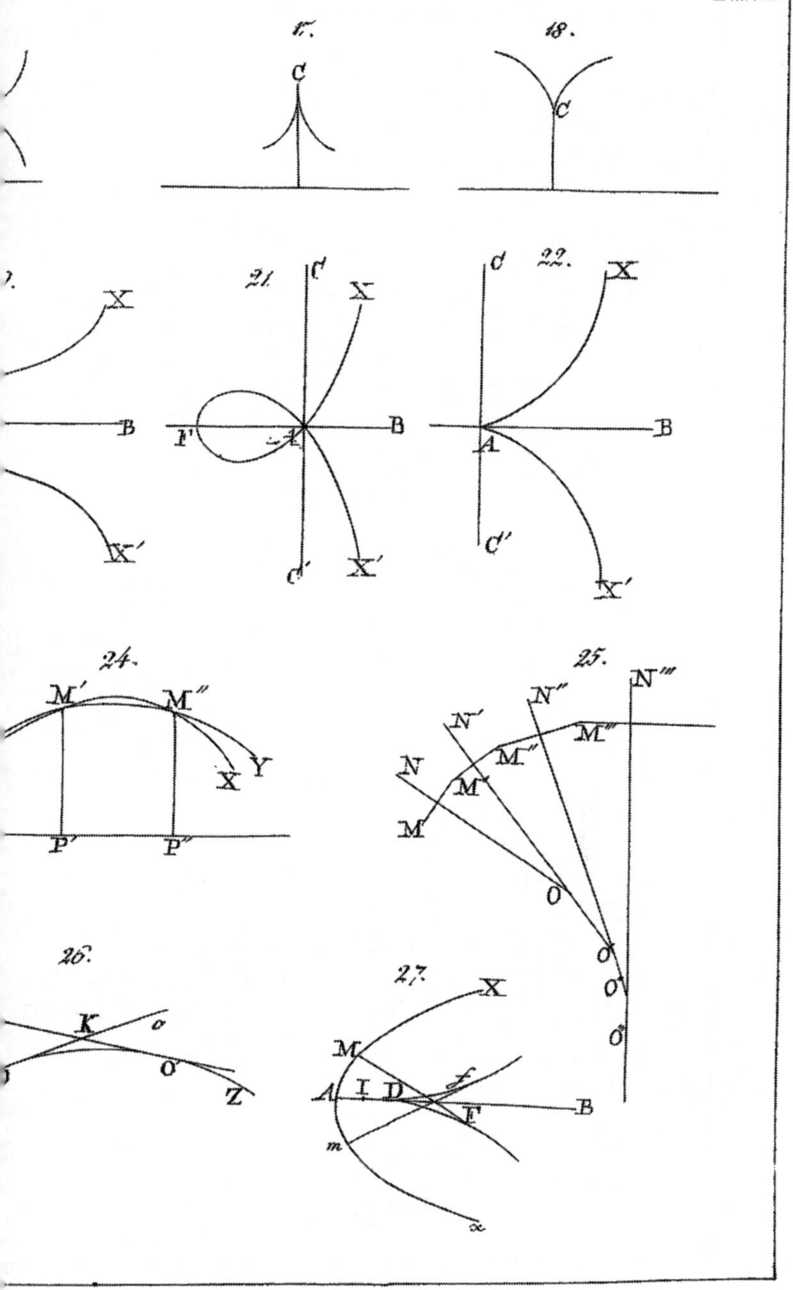

17.
C
18.
C
21.
C
X
B
F
A
C′
X′
22.
C
X
A
B
C′
X′
X
B
X′
24.
M′
M″
X
Y
P′
P″
25.
N‴
N″
N′
M‴
N
M″
M′
M
O
O′
O″
O‴
26.
K
o
O′
Z
27.
X
M
A
I
D
f
F
B
m
x

28.

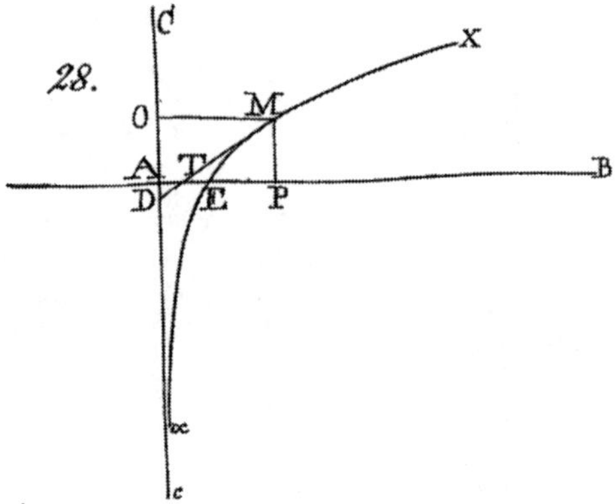

30.

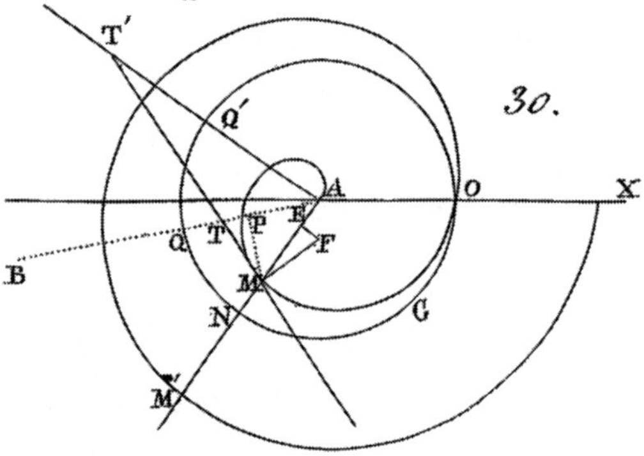

33.

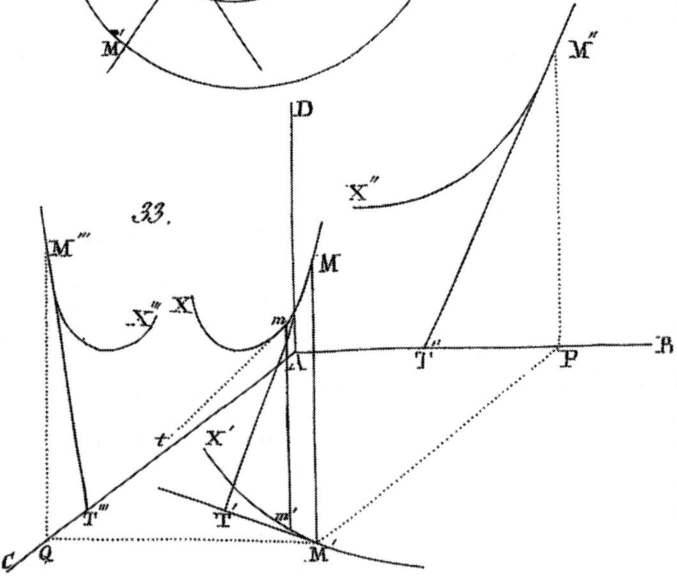

Taf: III.

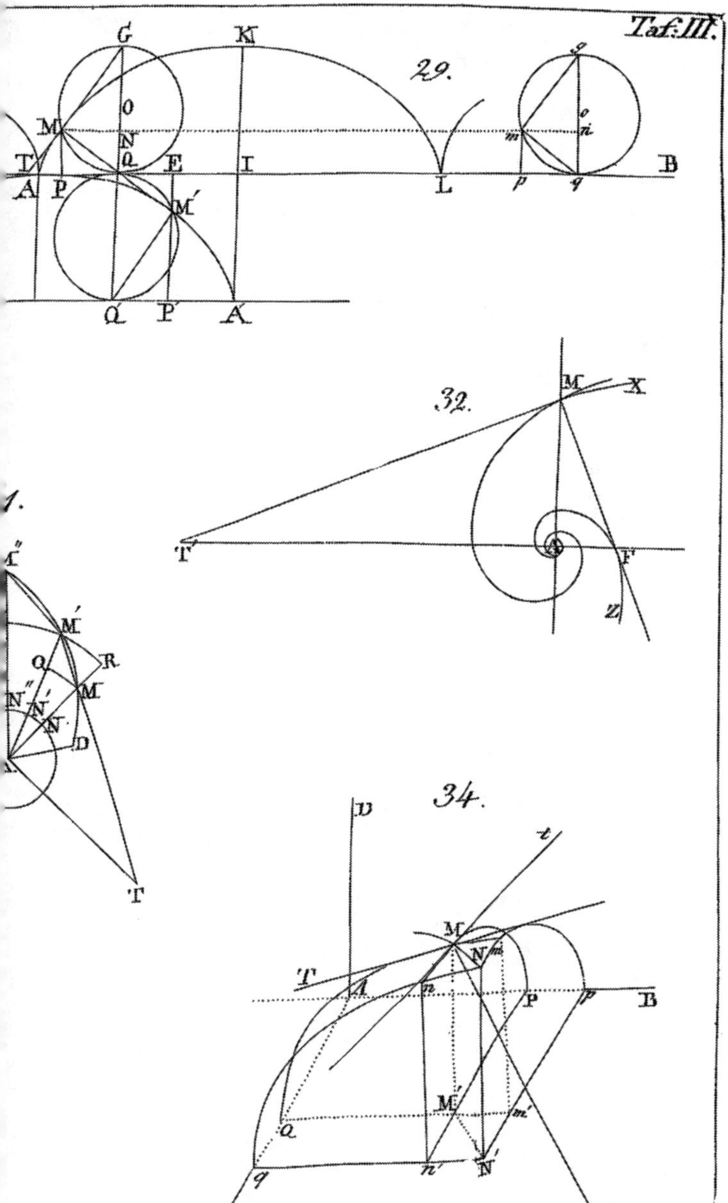

35.

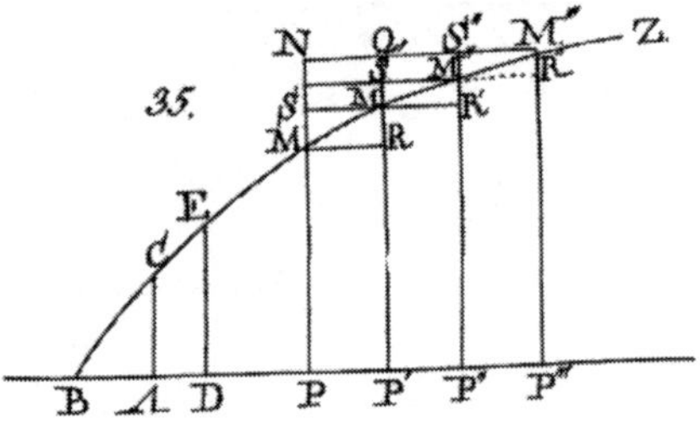
N Q S'' M'' Z
S M R
M R
E
C
B A D P P' P' P''

36.

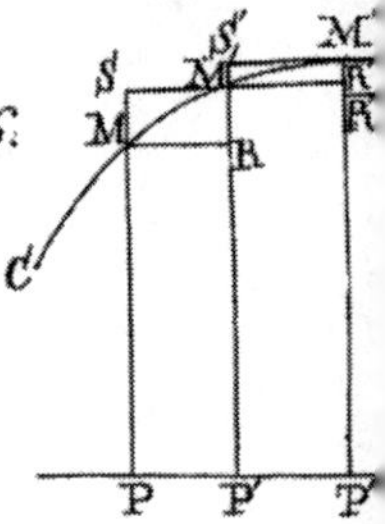
S S' M'
M R
C
P P' P'

38.

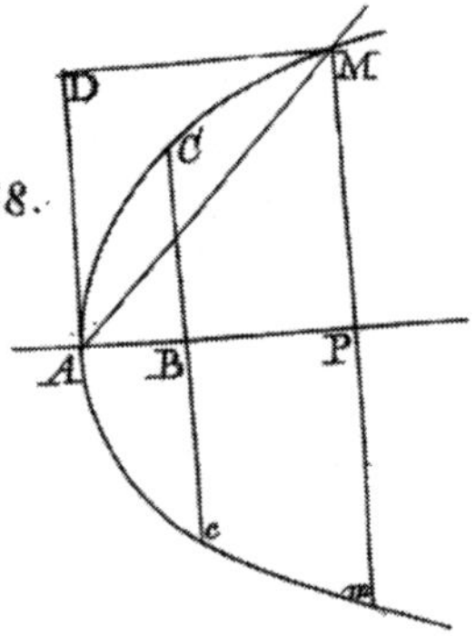
D M
C
A B P
c
m

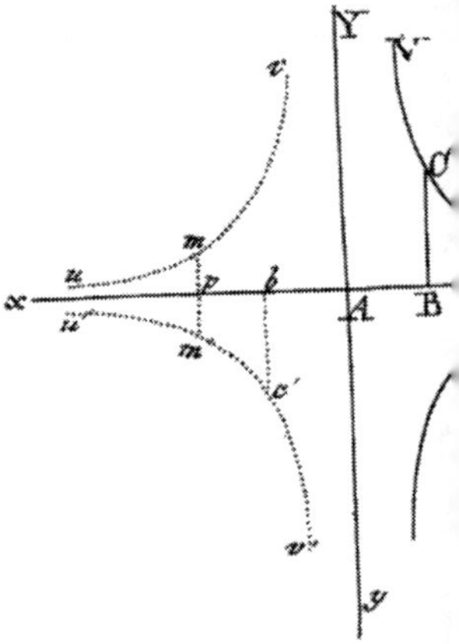
Y V
v
C
m
u p b
x A B
u
m
c
v
y

41.

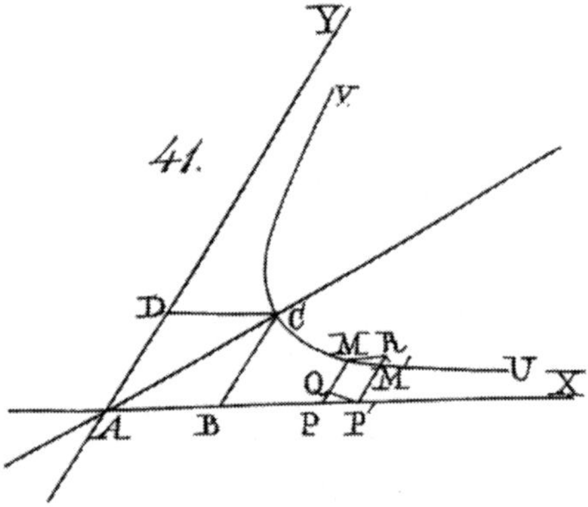
Y
V
D C
M R
Q M' U X
A B P P'

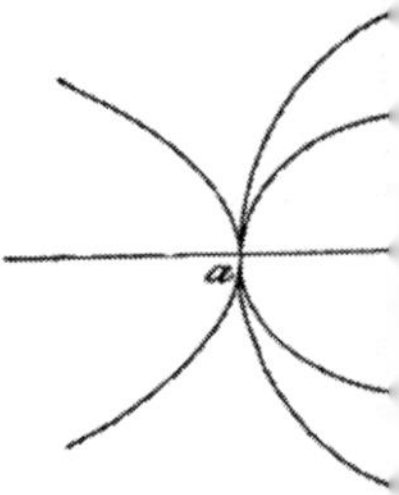
a

44.

C O K
M
m n
A P I L q B

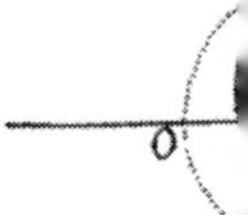
O

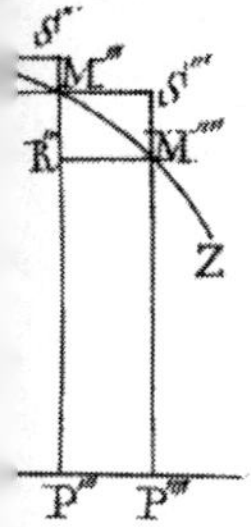

37.

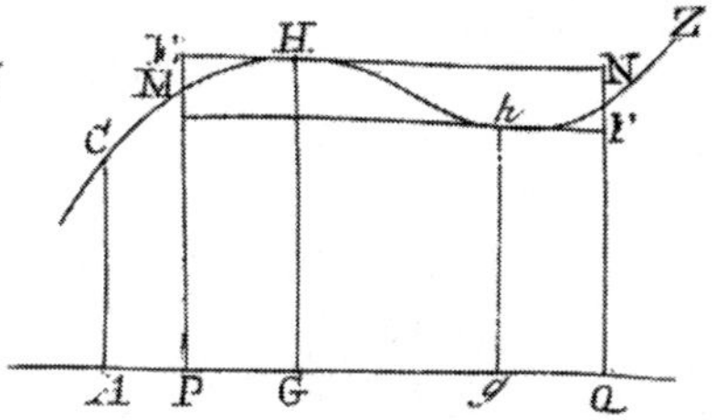

9.

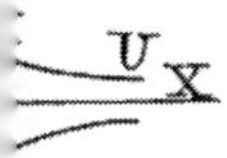

40.

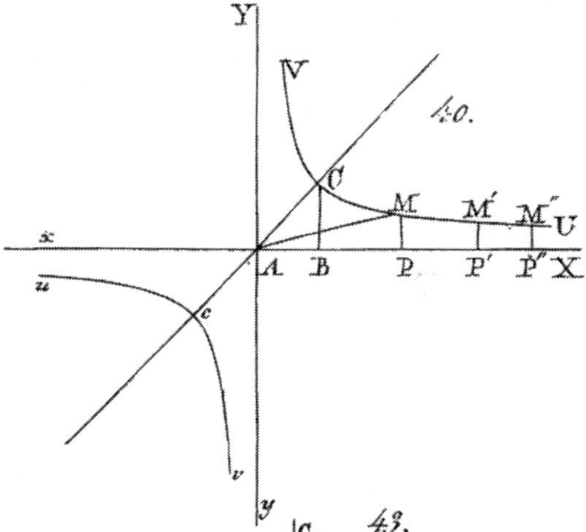

42

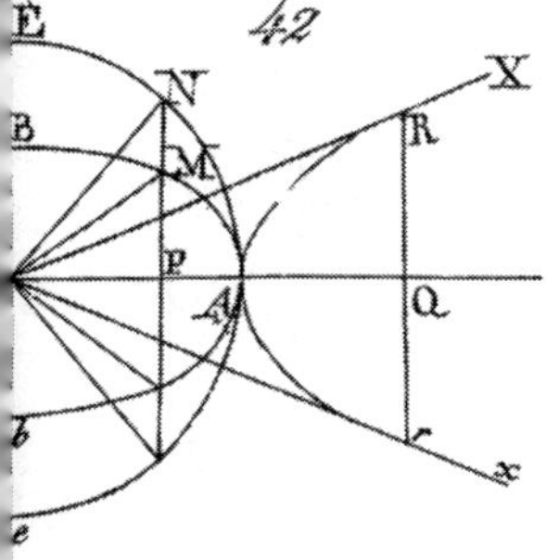

43.

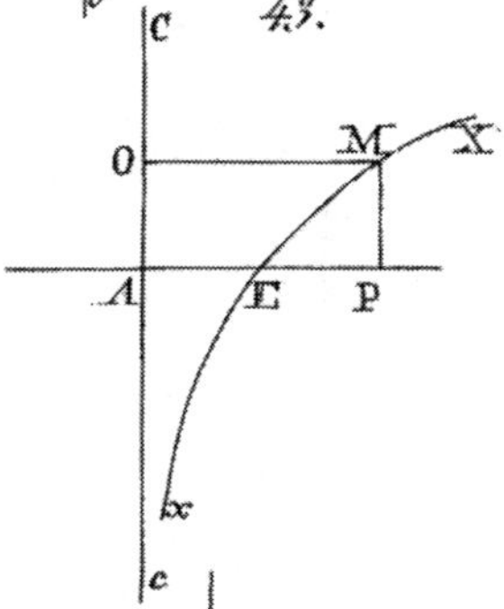

45.

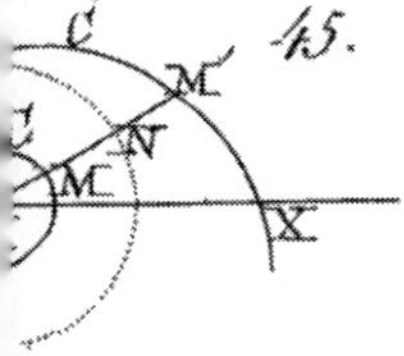

46.

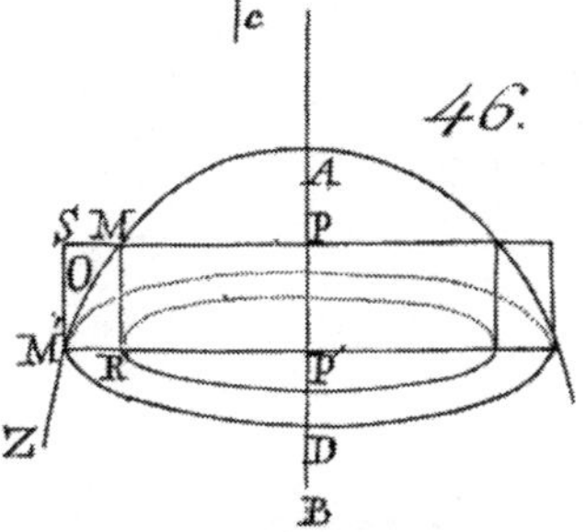

47.

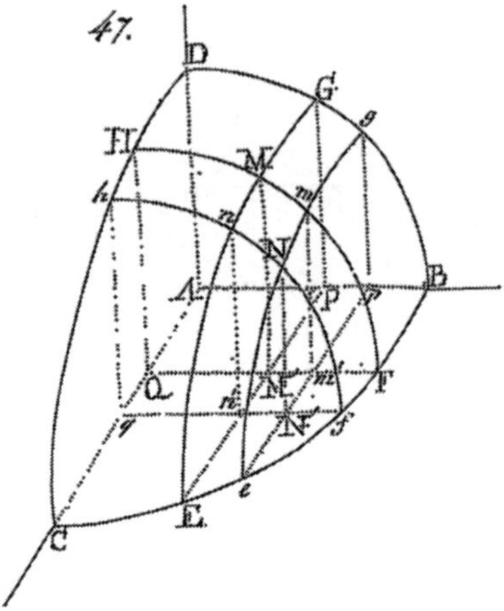

48.

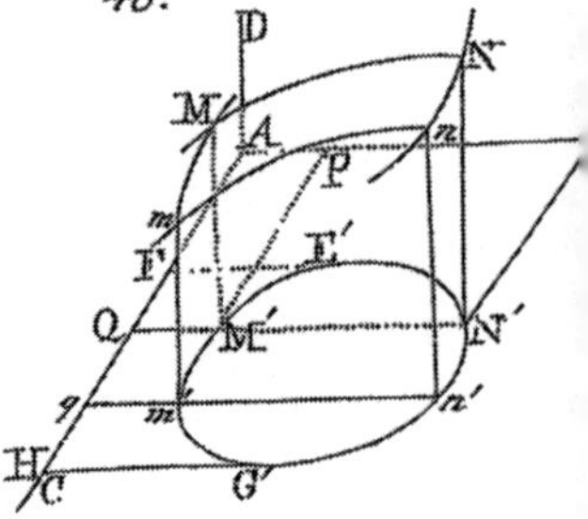

52.

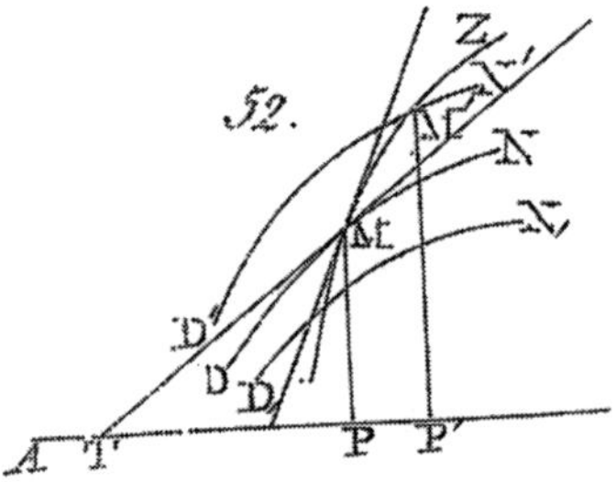

51.

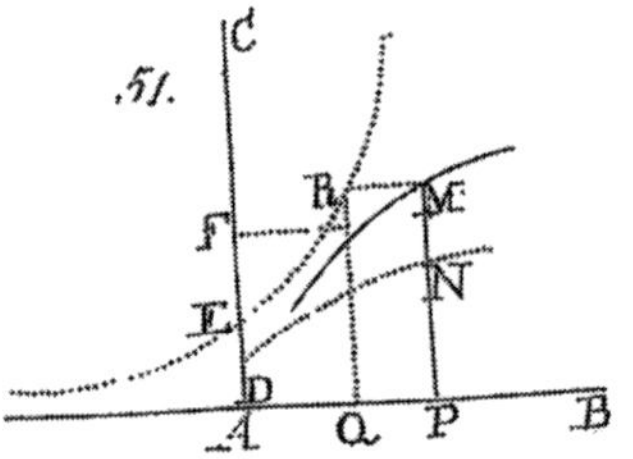

56.

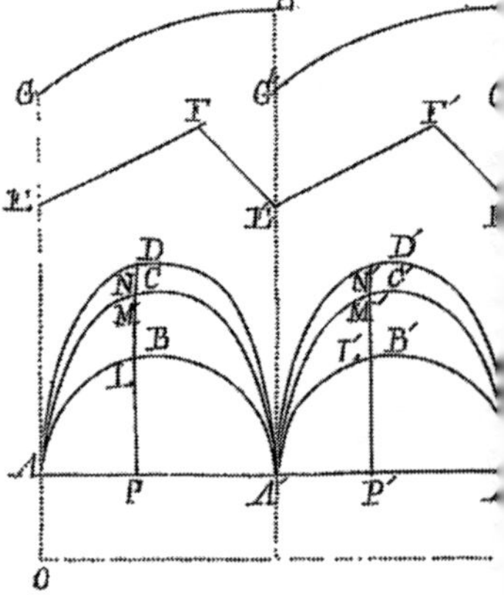

55.

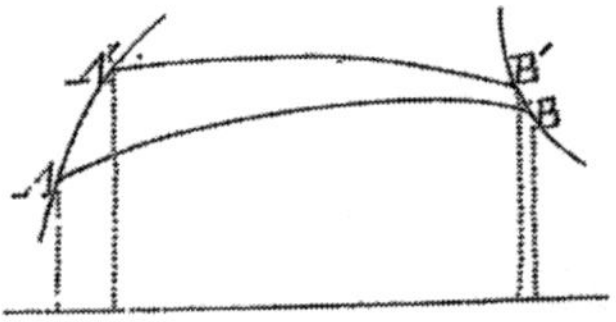

49

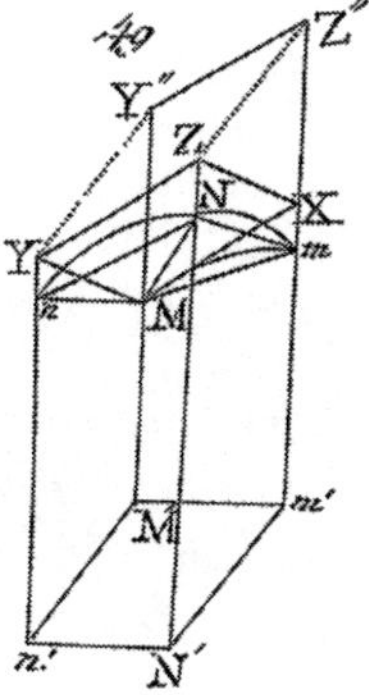
Z''
Y''
Z
N
X
Y
m
n
M
M
m'
n'
N'

50

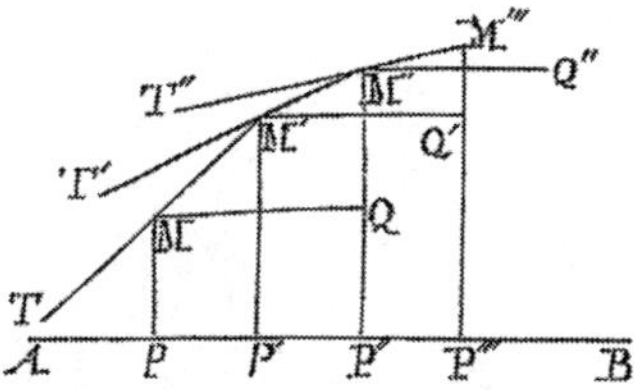
M'''
Q''
T''
M''
T'
M'
Q'
M
Q
T
A
P
P'
P''
P'''
B

53.

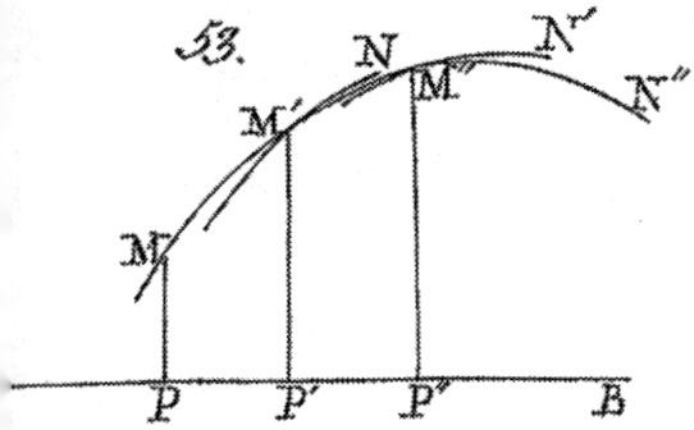
N
N'
M'
M''
N''
M
P
P'
P''
B

54.

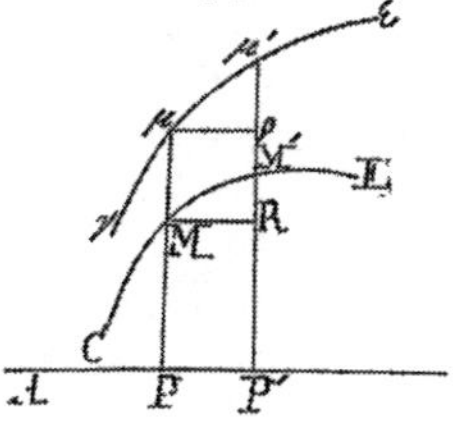
ε
μ'
μ
ρ
M'
E
η
R
M
C
A
P
P'

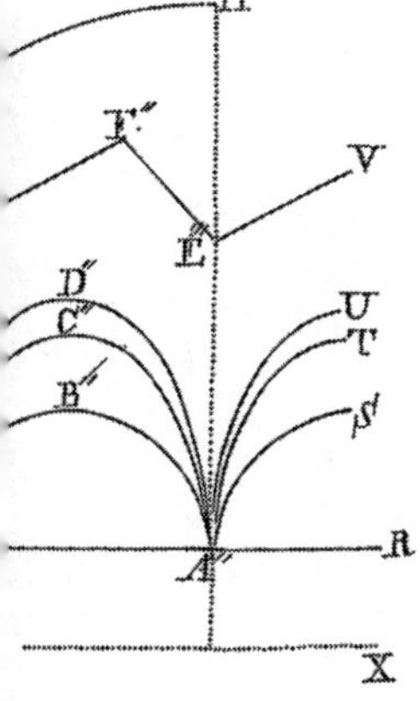
H''
F''
V
E''
D''
C''
U
T
B''
S'
A''
R
X

57.

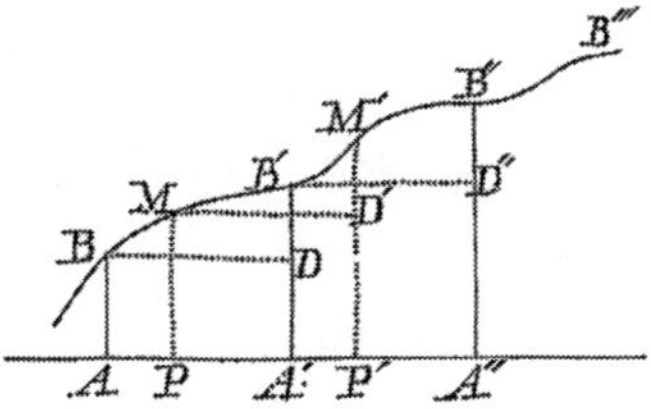
B'''
B''
M'
B'
D''
M
D'
B
D
A
P
A'
P'
A''

FSC®
www.fsc.org
MIX
Papier | Fördert gute Waldnutzung
FSC® C083411

Kolibri 360 GmbH
Ferdinand-Jühlke-Straße 7
99095 Erfurt, Deutschland
produktsicherheit@kolibri360.de